BUIATRICS

牛病学

〈第三版〉

Third Edition

編集
明石博臣
江口正志
神尾次彦
加茂前秀夫
酒井　豊
芳賀　猛
眞鍋　昇

近代出版

〈第三版〉の序

『牛病学〈第二版〉』が刊行されたのは1988年であり，爾来四半世紀の歳月が経過した。1980年刊行の初版が8年後に改訂されたことから考えると，いかに長期間改訂されていなかったかがわかる。この間，我が国において牛を取り巻く環境は大きく変化した。肉用牛飼育数は，1988年当時の265万頭から2010年に289万頭と微増したものの，乳用牛は202万頭から148万頭と大きく飼養数を減らしている。しかし，最も顕著な変化は農家数の動きであって，1988年の肉用牛飼育農家数は7万戸であり，乳用牛が26万戸であったのに対し，2010年にはそれぞれ2万2千戸と7万4千戸に激減している。すなわち，肉用牛，乳用牛とも飼育の大規模化が進んできたことを示している。

一方，家畜衛生の面でも大きな変化があった。2001年に牛海綿状脳症（BSE）発症牛が我が国で初めて報告された。当時，人の変異型クロイツフェルト・ヤコブ病とBSEの関係が疑われていた関係上，牛由来産物へのプリオン混入を避けるため，屠畜牛の全頭検査および死亡牛の検査が導入された。幸いBSE発生数は減少し，我が国では2009年以降発生はない。このため，2013年に国際機関よりBSE清浄国に認定され，同年6月には全頭検査が廃止された。この間，食品の安全性確保のためのトレーサビリティ制度も完備し，市販されている牛肉から飼育されていた農場へと遡って牛の飼育歴を知ることも可能となった。

さらに特記すべき事項として，2000年および2010年の口蹄疫発生があげられる。特に，2010年には宮崎県下において292例の発生が報告され，牛，豚など30万頭にも及ぶ動物が殺処分された。疾病の流行拡大を阻止できなかった反省から，2011年4月には家畜伝染病予防法が，10月には飼養衛生管理基準が改正された。改正された法および基準では，農場バイオセキュリティの強化が謳われ，遵守が求められるとともに，違反者には罰則が科せられることとなった。このように，家畜衛生に対する取組みの必要性が，以前に増して強く求められている。

上記のように，牛の飼育環境は大きく変わりつつある。特に，農場バイオセキュリティの強化は諸刃の剣であり，農家に負担を強いる一方，その厳密な履行によって感染症の軽減による経営改善に結びつく可能性を秘めている。この時期に，〈第二版〉以降の牛を取り巻く環境の変化を再認識し，日本の畜産の将来を俯瞰するため，24年ぶりに『牛病学』を改訂することができたことは大きな意味をもつ。内容的に〈第二版〉を一新したため，構成は〈初版〉を踏襲することとし，生理・育種，栄養・肉質，繁殖，繁殖障害，感染症の制御，各種疾病各論とした。また，畜産経営の一助とすべく，新たに経済疫学の項を追加した。本書が畜産農家にとって牛の飼育に対する道しるべになることを強く願っている。

なお，本書の刊行にあたり執筆者各位に感謝をするとともに，本書の改訂を快諾していただいた近代出版社長・菅原律子氏ならびに編集の労にあたられた関田晋吾氏に甚大な謝意を表する。

2013年7月

編集委員代表　明石　博臣

〈第二版〉の序

1980年に『牛病学』の初版が発行されてから８年を経た現在，わが国の畜牛産業界は牛肉の国際貿易自由化決定により，かつて経験したことのない厳しい条件に直面することになった。急増する人口に対処するため，古代の人々が家畜化に成功した動物，特に植物線維を動物性蛋白の合成に有効に利用する特性をもつ牛を大切に保護し，その改良・繁殖・有効利用を促進することは人類に課せられた義務であり，この分野の科学と産業の進展が折々の社会情勢によって停滞することは許されない。わが国の畜牛産業が諸外国の産業パワーに拮抗しながら発展を続けるためには，牛資源の損耗防止と生産性の向上，および飼料の生産・利用の合理化の強力な推進が不可欠な条件とされている。

この時期に際して，学問的に高度な内容でかつ理解し易く，牛の疾病の迅速な診断と予防・治療・事後処理など，牛の損耗防止と生産性向上に関する情報と技術を網羅し，単に研究者のみでなく，牛を対象とする臨床家ならびに飼育管理者のための実用書とすることを目標に『牛病学〈第二版〉』を企画発刊することになった。企画時の目標を貫ぬくため，本書では初版の構成と内容がほぼ全面的に改訂された。たとえば，初版では膨大なページを占めた牛の解剖・生理などの基礎的事項については，必要に応じて病体の変化と比較して取り上げるにとどめ，その分はそっくり牛の疾病の診断に関する項目に振り向けた。

本書の冒頭には臨床検査法の章を置き，牛の一般臨床検査法について解説すると共に，臨床症状から推定される疾病をすべて網羅する一覧表を設け，各疾病の各論記載ページを併記する形式をとった。これは，身近な牛に認められる臨床症状から，幾つかの病気をすばやくスクリーニングできるという本章執筆者の創意によるものである。次いで臨床病理学的検査診断法の章では，野外で実施しやすい理化学的，生化学的，微生物学的諸検査や，寄生虫および原虫検査，心電・心音図検査，画像検査診断法，細胞診断法および病理解剖法を詳細に解説記述し，第１章で類推した疾病を確定診断するための手技や検査依頼時の要点を述べた。この両章に全体の18%に相当する130ページ余りが充当され，初版の面影は完全に一新されている。第３章では，母子免疫や局所免疫を含む牛の免疫機構や，予防免疫，免疫療法などのほか，牛の血液型と輸血の項目も新しく設けられた。

第４章以下第18章までは，冒頭で類推された諸疾病が順次各論的に記述され，各分野の権威者が随所に最新の知見を紹介しているほか，本書の実用性を高めるため，本邦で多発する疾病には多くのページ数をあて，またすべての病気について診断・治療・予防の記載に重点が置かれるよう配慮した。

本書の末尾には牛の繁殖プログラムおよび衛生プログラムの章を設けて日常業務の参考としたほか，牛の疾病予防，飼養と出荷，環境保全，乳の規格，枝肉の廃棄，へい獣処理，家畜共済廃用認定基準，家畜改良増殖法の改正点，獣医師の権利と義務など，経済的な面にも関係が深い法規とその解説を選定併録して関係者の便宜に資した。巻末の，牛の増体曲線や牛用の飼養標準，飼料添加物，ワクチン，抗菌物質，ホルモン剤などの一覧表式付録も，臨床獣医師や実務家には欠かせない資料になろう。

本書の企画に賛同され，執筆をしていただいた各位に深謝申し上げ，また本書の企画をされた近代出版社長・菅原律子氏ならびに編集の労にあたられた二宮恵一氏に感謝の意を表する。

1988年7月

編集委員代表　清水　髙正

初版の序

牛は，国民の貴重な食料である牛乳・乳製品および牛肉などの畜産物を提供する家畜として，きわめて重要な地位を占めている。しかも，その飼料は穀物など輸入飼料に対する依存度が低く，牧草などの粗飼料を中心としているため，自給性の高い家畜としても評価されている。

一方，わが国の乳・肉用牛飼育の現状をみると，経営の急激な合理化に飼養技術が伴わず，それによる疾病の多発や飼育管理の能率低下などの問題が起こっており，畜産経営の合理化という目的とは逆に，その畜産物は世界的に最高の価格を示している。そのため，飼育管理技術や環境衛生ならびに疾病対策の早急な改善が強く要望されている。

飼育上の最大の問題点である疾病も，その多発の原因として，飼養効率を追求する多頭飼育経営の性急な普及に伴って，素牛や種牛などが不足し，それらを多数輸入したため，同時に多様な病原体の侵入をゆるしたことがあげられる。

また，戦前のような少頭数の飼育ではほとんど問題にならなかった病原性の弱いウイルスや細菌も，多頭飼育下では容易に混合感染を起こし，環境の悪化に伴うストレスなどによってしばしば重篤な疾病の原因となっている。とりわけ肉不足のピンチヒッターとして登場した乳用雄子牛の哺育，育成，肥育などの集団管理においては，多頭飼育の弊害が端的に現われている。この場合，まず消化器病として下痢，呼吸器病として肺炎が多発し，それらによる斃死または廃用が50パーセントに達することも珍しくない。このほか，外来性のウイルス病，たとえば牛ヘルペスウイルス1型感染症や牛RSウイルス感染症，原虫病，乳房炎，更に各種繁殖障害や代謝病など多くの疾病があげられるが，これらはいずれも飼育効率の低下をもたらしている。

一方，飼育技術面では，早期離乳技術の未熟による育成障害，粗飼料の効率的給与技術の遅れなどによる飼育の非能率性が問題となっている。また，いわゆる霜降り肉を重視するあまり，飼料効率を低下させることなども畜産物の価格上昇の大きな原因となっている。

このような状況に対応するために，獣医学と畜産学の適用が必要とされる。獣医学は家畜の疾病を防除し，その生産性を高めることを主な使命とし，畜産学は育種・繁殖や飼育・管理面からの生産性向上を使命としているが，両者の相互協力があってはじめて畜産の健全な発展が期待できると考える。しかし，これまで，両者とも同じ根に育った分野でありながら，学問の進展分化に伴い，互いの領域にあまり関心がもたれていなかった傾向があったことは否定できない。

以上の点をふまえ，わが国の獣医学・畜産学両学界の権威者である諸先生方のご賛同を得て本書『牛病学』を編集・発行できたことは，きわめて有意義なことと考える。

本書は，まず疾病の理解に必要な分野である解剖，生理，免疫機構，病理解剖をとりあげ，ついでウイルス病，細菌および真菌病などのほか，寄生虫病，代謝病，運動器疾患，中毒，繁殖および繁殖障害，泌乳障害など多くの非感染病を網羅した。また，牛の特性上，外科手術，舎飼い牛と放牧牛に対する衛生管理技術，臨床検査の項を設け，更に，予防・治療のための生物学的製剤および抗生物質を詳述するとともに，最近食品衛生上の問題となっている飼料添加物・薬品などの残留問題や乳肉衛生についても言及した。これらはすべて，学界最先端の知見が紹介されており，今後の研究の方向を示唆するものと思う。

本書は，さきに近代出版より上梓された『豚病学』の姉妹篇ともいうべきもので，獣医学・畜産学研究者，獣医師ならびに家畜保健衛生所，畜産指導機関などの関係者，更には獣医・畜産学専攻の学生にとって好適の参考書となることを願ってやまない。

本書の企画に当って積極的にそれぞれの専門分野を分担ご執筆いただいた諸先生方に心から感謝する。

最後に本書出版に際し，熱心なご援助をいただいた近代出版の納谷正夫ならびに編集担当者として終始多大の努力を惜しまれなかった同社の菅原律子氏に感謝する。

1980年10月

編集委員代表　大森　常良

執筆者一覧（五十音順）

明石 博臣（あかし ひろおみ）* 東京大学大学院農学生命科学研究科獣医学専攻

秋庭 正人（あきば まさと） 独立行政法人農業・食品産業技術総合研究機構動物衛生研究所細菌・寄生虫研究領域

安斉 了（あんざい とおる） 日本中央競馬会競走馬総合研究所

五十嵐郁男（いがらしいくお） 帯広畜産大学原虫病研究センター高度診断学分野

石井三都夫（いしいみつお） 帯広畜産大学臨床獣医学研究部門

磯貝 保（いそがい たもつ） 農林水産省生産局畜産部畜産企画課畜産環境・経営安定対策室

板垣 匡（いたがき ただし） 岩手大学農学部共同獣医学科獣医寄生虫病学

伊藤 寿浩（いとう としひろ） 株式会社微生物化学研究所研究開発本部

井上 昇（いのうえ のぼる） 帯広畜産大学原虫病研究センター節足動物衛生工学分野

猪島 康雄（いのしま やすお） 岐阜大学応用生物科学部共同獣医学科食品環境衛生学

内田 郁夫（うちだ いくお） 独立行政法人農業・食品産業技術総合研究機構動物衛生研究所寒地酪農衛生研究領域

江口 正志（えぐち まさし）* 元 独立行政法人農業・食品産業技術総合研究機構動物衛生研究所

永西 修（えにし おさむ） 独立行政法人農業・食品産業技術総合研究機構畜産草地研究所家畜生理栄養研究領域

大澤 健司（おおさわ たけし） 宮崎大学農学部獣医学科産業動物臨床繁殖学

大西 義博（おおにし よしひろ） 大阪府立大学大学院生命環境科学研究科獣医学専攻獣医国際防疫学

岡崎 克則（おかざき かつのり） 北海道医療大学薬学部

小川 博之（おがわ ひろゆき） 日本動物高度医療センター

小川 洋介（おがわ ようすけ） 独立行政法人農業・食品産業技術総合研究機構動物衛生研究所細菌・寄生虫研究領域

長田 侑子（おさだ ゆうこ） エム・アール・アイリサーチアソシエイツ株式会社社会公共システム部

甲斐知恵子（かいちえこ） 東京大学医科学研究所実験動物研究施設

勝田 賢（かつだ けん） 独立行政法人農業・食品産業技術総合研究機構動物衛生研究所病態研究領域

金子 一幸（かねこ かずゆき） 麻布大学獣医学部獣医学科臨床繁殖学

神尾 次彦（かみお つぎひこ）* 独立行政法人農業・食品産業技術総合研究機構動物衛生研究所温暖地疾病研究領域

神谷 充（かみや みつる） 独立行政法人農業・食品産業技術総合研究機構九州沖縄農業研究センター畜産草地研究領域

加茂前秀夫（かもまえひでお）* 東京農工大学大学院農学研究院動物生命科学部門獣医臨床繁殖学

河合 一洋（かわい かずひろ） 麻布大学獣医学部獣医学科衛生学第一研究室

川手 憲俊（かわて のりとし） 大阪府立大学大学院生命環境科学研究科獣医学専攻

川本 哲（かわもと さとし） 酪農学園大学獣医学群獣医学類生産動物医療分野生産動物内科学Ⅱ

菅野 徹（かんの とおる） 独立行政法人農業・食品産業技術総合研究機構動物衛生研究所国際重要伝染病研究領域

菊池 直哉（きくち なおや） 酪農学園大学獣医学群獣医学類感染・病理分野獣医細菌学

北澤 春樹（きたざわ はるき） 東北大学大学院農学研究科生物産業創成科学専攻食品機能健康科学講座動物資源化学分野

久和 茂（きゅうわ しげる） 東京大学大学院農学生命科学研究科獣医学専攻実験動物学

口田 圭吾（くちだ けいご） 帯広畜産大学畜産衛生学研究部門

窪田 力（くぼた ちから） 鹿児島大学共同獣医学部獣医学科臨床獣医学獣医繁殖学

黒澤 隆（くろさわ たかし） 酪農学園大学獣医学群獣医学類生産動物医療分野生産動物内科Ⅰ

小岩 政照（こいわ まさてる） 酪農学園大学獣医学群獣医学類生産動物医療分野生産動物内科Ⅱ

小崎 俊司（こざき しゅんじ） 大阪府立大学大学院生命環境科学研究科獣医学専攻感染症制御学領域獣医感染症学

小西美佐子（こにしみさこ） 独立行政法人農業・食品産業技術総合研究機構動物衛生研究所ウイルス・疫学研究領域

小林 創太（こばやし そうた） 独立行政法人農業・食品産業技術総合研究機構動物衛生研究所ウイルス・疫学研究領域

小林 秀樹（こばやし ひでき） 独立行政法人農業・食品産業技術総合研究機構動物衛生研究所動物疾病対策センター

今内 覚（こんない さとる） 北海道大学大学院獣医学研究科動物疾病制御学講座感染症学

酒井 豊（さかい ゆたか）* 元 独立行政法人家畜改良センター

坂本 研一（さかもと けんいち） 独立行政法人農業・食品産業技術総合研究機構動物衛生研究所国際重要伝染病研究領域

佐藤 国雄（さとう くにお） 独立行政法人農業・食品産業技術総合研究機構動物衛生研究所動物疾病対策センター

佐藤 繁（さとう しげる） 岩手大学農学部共同獣医学科産業動物内科学

澤田 拓士（さわだ たくお） 日本獣医生命科学大学名誉教授

篠田 直樹（しのだ なおき） ASEAN 事務局（元 農林水産省消費・安全局畜水産安全管理課）

芝原 友幸（しばはら ともゆき） 独立行政法人農業・食品産業技術総合研究機構動物衛生研究所病態研究領域

嶋崎 智章（しまざき ともあき） 農林水産省消費・安全局動物衛生課

白井 淳資（しらい じゅんすけ） 東京農工大学農学部共同獣医学科獣医伝染病学

末吉 益雄（すえよし ますお） 宮崎大学産業動物防疫リサーチセンター防疫戦略部門

杉本 喜憲（すぎもと よしかず） 公益社団法人畜産技術協会附属動物遺伝研究所

髙井 伸二（たかい しんじ） 北里大学獣医学部獣医学科獣医衛生学

高鳥 浩介（たかとり こうすけ） NPO 法人カビ相談センター

高橋 正弘（たかはし まさひろ） 大阪府立大学大学院生命環境科学研究科獣医学専攻

髙橋 芳幸（たかはし よしゆき） 北海道大学名誉教授

田川 裕一（たがわ ゆういち） 独立行政法人農業・食品産業技術総合研究機構動物衛生研究所細菌・寄生虫研究領域

竹之内直樹（たけのうちなおき） 独立行政法人農業・食品産業技術総合研究機構九州沖縄農業研究センター畜産草地研究領域

田中 知己（たなか ともみ） 東京農工大学大学院農学研究院動物生命科学部門獣医臨床繁殖学

玉田 尋通（たまだ ひろみち） 大阪府立大学大学院生命環境科学研究科獣医学専攻

田村 豊（たむら ゆたか） 酪農学園大学獣医学群獣医学類衛生・環境学分野食品衛生学

筒井 俊之（つつい としゆき） 独立行政法人農業・食品産業技術総合研究機構動物衛生研究所ウイルス・疫学研究領域

恒光 裕（つねみつ ひろし） 独立行政法人農業・食品産業技術総合研究機構動物衛生研究所寒地酪農衛生研究領域

津曲 茂久（つまがり しげひさ） 日本大学生物資源科学部獣医学科

寺田 裕（てらだ ゆたか） 独立行政法人農業・食品産業技術総合研究機構動物衛生研究所細菌・寄生虫研究領域

長井 誠（ながい まこと） 東京農工大学農学部共同獣医学科獣医伝染病学

中井 裕（なかい ゆたか） 東北大学大学院農学研究科環境システム生物学

中田 健（なかだ けん） 酪農学園大学獣医学群獣医学類衛生・環境学分野ハードヘルス学

中村 成幸（なかむら しげゆき） 農林水産省動物医薬品検査所検査第一部

中村 義男（なかむら よしお） 独立行政法人農業・食品産業技術総合研究機構動物衛生研究所細菌・寄生虫研究領域

西川 義文（にしかわ よしふみ） 帯広畜産大学原虫病研究センター生体防御学分野

能田 健（のうだ けん） 農林水産省消費・安全局畜水産安全管理課

野村 哲郎（のむら てつろう） 京都産業大学総合生命科学部生命資源環境学科

芳賀 猛*（はが たけし） 東京大学大学院農学生命科学研究科獣医学専攻感染制御学

秦 英司（はた えいじ） 独立行政法人農業・食品産業技術総合研究機構動物衛生研究所寒地酪農衛生研究領域

畠間 真一（はたま しんいち） 独立行政法人農業・食品産業技術総合研究機構動物衛生研究所寒地酪農衛生研究領域

林 智人（はやし ともひと） 独立行政法人農業・食品産業技術総合研究機構動物衛生研究所寒地酪農衛生研究領域

林 美紀子（はやし みきこ） 農林水産省消費・安全局畜水産安全管理課

早山 陽子（はやま ようこ） 独立行政法人農業・食品産業技術総合研究機構動物衛生研究所ウイルス・疫学研究領域

福士 秀人（ふくし ひでと） 岐阜大学応用生物科学部共同獣医学科獣医微生物学

前田 健（まえだ けん） 山口大学共同獣医学部獣医微生物学

眞鍋 昇*（まなべ のぼる） 東京大学大学院農学生命科学研究科附属牧場

向井 文雄（むかい ふみお） 公益社団法人全国和牛登録協会

武藤顕一郎（むとうけんいちろう） 北里大学名誉教授

村上 賢二（むらかみ けんじ） 岩手大学農学部共同獣医学科獣医微生物学

村瀬 哲磨（むらせ てつま） 岐阜大学応用生物科学部獣医学講座臨床獣医学系獣医臨床繁殖学

森 康行（もり やすゆき） 独立行政法人農業・食品産業技術総合研究機構動物衛生研究所細菌・寄生虫研究領域

保田 昌宏（やすだ まさひろ） 宮崎大学農学部獣医学科獣医解剖学

梁瀬 徹（やなせ とおる） 独立行政法人農業・食品産業技術総合研究機構動物衛生研究所温暖地疾病研究領域

山川 睦（やまかわ まこと） 独立行政法人農業・食品産業技術総合研究機構動物衛生研究所ウイルス・疫学研究領域

山口 道利（やまぐち みちとし） 京都大学大学院薬学研究科医薬産業政策学

山中 典子（やまなか のりこ） 独立行政法人農業・食品産業技術総合研究機構動物衛生研究所病態研究領域

山根 逸郎（やまね いつろう） 独立行政法人農業・食品産業技術総合研究機構動物衛生研究所ウイルス・疫学研究領域

山本 健久（やまもと たけひさ） 独立行政法人農業・食品産業技術総合研究機構動物衛生研究所ウイルス・疫学研究領域

吉岡 耕治（よしおか こうじ） 独立行政法人農業・食品産業技術総合研究機構動物衛生研究所病態研究領域

吉川 泰弘（よしかわ やすひろ） 千葉科学大学危機管理学部動物危機管理学

*：編集委員

略語一覧

ACTH	adrenocorticotropic hormone	副腎皮質刺激ホルモン
ADT	agar-gel diffusion test	寒天ゲル拡散試験
AGID	agar gel immunodiffusion	ゲル内沈降反応
AIDS	acquired immune deficiency syndrome	後天性免疫不全症候群
ALT	alanine aminotransferase	アラニンアミノトランスフェラーゼ
AMP	adenosine monophosphate	アデノシン一リン酸
AST	aspartate aminotransferase	アスパラギン酸アミノトランスフェラーゼ
ATP	adenosine triphosphate	アデノシン三リン酸
AVP	annual value of production	年間生産総額
BCS	beef color standard	牛肉色基準
BCS	body condition score	ボディコンディションスコア
BFS	beef fat standard	牛脂肪色基準
BLUP 法	best linear unbiased prediction	
BMS	beef marbling standard	牛脂肪交雑基準
BRDC	bovine respiratory disease complex	牛呼吸器病症候群
BSA	bovine serum albumin	牛血清アルブミン
BSE	bovine spongiform encephalopathy	牛海綿状脳症
BVDV	bovine viral diarrhea virus	牛ウイルス性下痢ウイルス
CDR	complementarity-determining region	相補性決定領域
CF	complement fixation	補体結合
CIDR	controlled internal drug release	
CJD	Creutzfeldt-Jakob disease	クロイツフェルト・ヤコブ病
CK	creatine kinase	クレアチンキナーゼ
CPE	cytopathic effect	細胞変性効果
CPK	creatine phosphokinase	クレアチンフォスフォキナーゼ
CRH	corticotropin-releasing hormone	副腎皮質刺激ホルモン放出ホルモン
CT	clotting time	凝固時間
DCP	digestive crude protein	可消化粗蛋白質
DE	digestible energy	可消化エネルギー
DEC	diarrheagenic *Escherichia coli*	下痢原性大腸菌
DGV	direct genomic value	直接ゲノム価
DHT	5alpha-dihydrotestosterone	5αジヒドロテストステロン
DIVA	differentiating infected from vaccinated animals	
DM	dry matter	乾物量
DMI	dry matter intake	乾物摂取量
DNA	deoxyribonucleic acid	デオキシリボ核酸
DT	definitive type	
E_2B	estradiol benzoate	安息香酸エストラジオール
EBV	estimated breeding value	推定育種価
eCG	equine chorionic gonadotropin	馬絨毛性性腺刺激ホルモン
EHEC	enterohemorrhagic *Escherichia coli*	腸管出血性大腸菌
EIA	enzyme immunoassay	酵素免疫測定法
ELISA	enzyme-linked immunosorbent assay	エライザ
ETEC	enterotoxigenic *Escherichia coli*	腸管毒素原性大腸菌
FA	fluorescent antibody technique	蛍光抗体法
FAO	Food and Agriculture Organization of the United Nations	国際連合食糧農業機関
FSH	follicle stimulating hormone	卵胞刺激ホルモン
GE	gross energy	総エネルギー

GHRH	growth hormone releasing hormone	成長ホルモン放出ホルモン
GMP	guanosine monophosphate	グアノシン一リン酸
GnRH	gonadotropin releasing hormone	性腺刺激ホルモン放出ホルモン
GOT	glutamic oxaloacetic transaminase	グルタミン酸オキサロ酢酸トランスアミナーゼ
GPCR	G protein-coupled recepter	G蛋白共役受容体
GPT	glutamic pyruvic transaminase	グルタミン酸ピルビン酸トランスアミナーゼ
GTH	gonadotropin	性腺刺激ホルモン
HA	hemagglutination	赤血球凝集反応
hCG	human chorionic gonadotropin	人絨毛性性腺刺激ホルモン
HI	hemagglutination inhibition	赤血球凝集抑制
IBR	infections bovine rhinotracheitis	牛伝染性鼻気管炎
ID_{50}	median infective dose	50%感染量
IFA	indirect fluorescent antibody technique	間接蛍光抗体法
Ig	immunoglobulin	免疫グロブリン
IGR	insect growth regulators	昆虫成長制御剤
IP	inorganic phosphorus	無機リン
IPV	intrapulmonary percussive ventilator	酸素陽圧換気法
IS	insersion sequence	挿入配列
LAMP	loop-mediated isothermal amplification	
LDH	lactate dehydrogenase	乳酸脱水素酵素
LH	luteinizing hormone	黄体形成ホルモン
LOS	lipooligosaccharide	リポオリゴ糖
MAT	microscopic agglutination test	顕微鏡凝集試験
MCV	mean cell volume	平均赤血球容積
MDBK 細胞	Madin-Darby bovine kidney cells	
ME	metabolisable energy	代謝エネルギー
MHC	major histocompatibility complex	主要組織適合遺伝子複合体
MRL	maximum residue limit	最大残留基準値
NAIS	national animal idenntification system	全国家畜個体識別制度
NCD	neonatal calf diarrhea	新生子牛下痢
NE	net energy	正味エネルギー
NK 細胞	natural killer cell	
NSAIDs	non-steroidal anti-inhlammatory drugs	非ステロイド性抗炎症薬
OECD	Organisation for Economic Co-operation and Development	経済協力開発機構
OIE	Office International des Épizooties	国際獣疫事務局
PBP	penicillin binding protein	ペニシリン結合蛋白質
PBS	phosphate buffered saline	リン酸緩衝食塩液
PCR	polymerase chain reaction	ポリメラーゼ連鎖反応
PDA	patent ductus arteriosus	動脈管開存症
PFGE	pulsed-field gel electrophoresis	パルスフィールドゲル電気泳動法
$PGF_{2\alpha}$	prostaglandin $F_{2\alpha}$	プロスタグランジン $F_{2\alpha}$
PHA	passive hemagglutination	受身赤血球凝集反応
PIM	pulmonary intravascular macrophage	肺血管内マクロファージ
PL	persistent lymphocytosis	持続性リンパ球増多症
PMSG	pregnant mare serum gonadotropin	妊馬血清性性腺刺激ホルモン
PRID	progesterone releasing intravaginal device	プロジェステロン腟内徐放剤
PRL	prolactin	プロラクチン
QTN	quantitative trait nucleotide	量的形質塩基
RDS	respiratory destress syndrome	呼吸窮迫症候群
RIA	radioimmunoassay	放射免疫測定法

RNA	ribonucleic acid	リボ核酸
RPHA	reversed passive hemagglutination	逆受身赤血球凝集反応
rRNA	ribosomal RNA	リボソーム RNA
RT-PCR	reverse transcription polymerase chain reaction	逆転写ポリメラーゼ連鎖反応
SARA	subacute ruminal acidosis	亜急性ルーメンアシドーシス
SCID	severe combined immunodeficiency	重度複合免疫不全
SNP	single nucleotide polymorphism	一塩基多型
SRY	sex-determining region Y	性決定領域
TAI	timed artificial insemination	定時人工授精法
TDN	total digestible nutrients	可消化養分総量
TMR	total mixed ration	混合飼料
TNF	tumor necrosis factor	腫瘍壊死因子
TRH	thyrotropin-releasing hormone	甲状腺刺激ホルモン放出ホルモン
TSH	thyroid stimulating hormone	甲状腺刺激ホルモン
VFA	volatile fatty acid	揮発性低級脂肪酸
カルタヘナ法		遺伝子組換え生物等の使用等の規制による生物の多様性の確保に関する法律
感染症法		感染症の予防及び感染症の患者に対する医療に関する法律

目次

Ⅲ 繁　殖

Ⅳ 繁殖障害

V　感染症の制御

Ⅵ ウイルス病，プリオン病

Ⅶ 細菌病

Ⅷ　真菌病

Ⅸ　原虫病

Ⅹ　寄生虫病

Ⅺ　非感染性疾病

XII 経済疫学

XIII 関連法規等

口絵写真

写真提供：寺田　裕

ウイルス病，プリオン病

口蹄疫（本文 214 頁）

（原図：宮崎県農政水産部畜産新生推進局家畜防疫対策課）

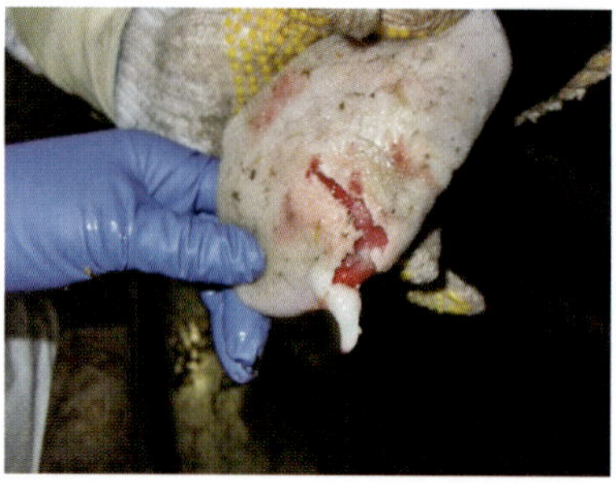

写真１　舌の水疱が破裂した上皮（黒毛和種）

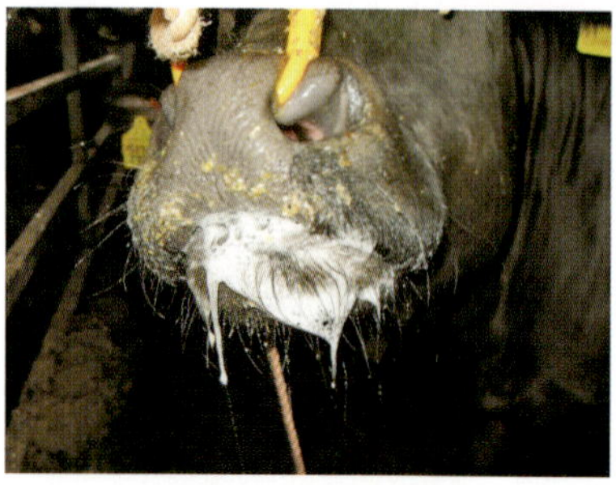

写真２　泡沫性流涎

牛伝染性鼻気管炎（本文 217 頁）

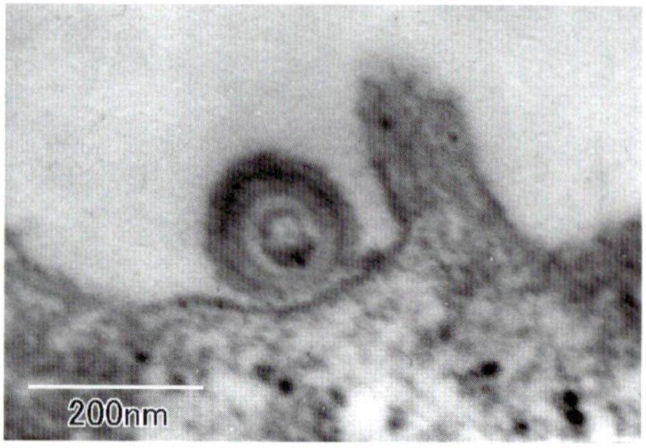

写真３　MDBK 細胞表面に吸着した BHV-1

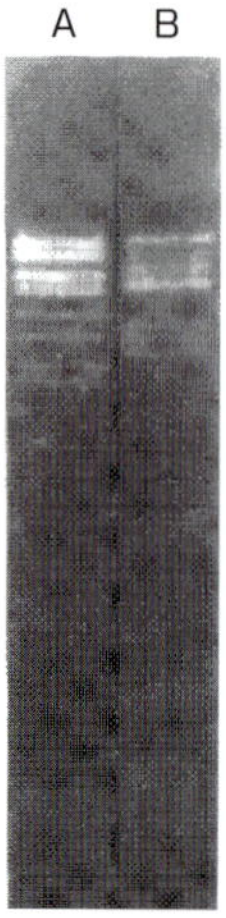

写真４　制限酵素による BHV-1 ゲノムの切断↗
精製ウイルスから DNA を抽出し，*Hin*d Ⅲで消化したものをアガロースゲル電気泳動に供した
レーン A：BHV-1.1
レーン B：BHV-1.2a

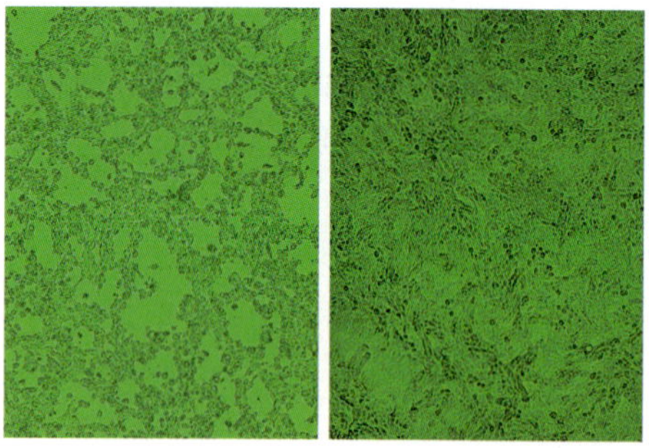

写真５　BHV-1 感染 MDBK 細胞（左）
ウイルス感染によって細胞は円形化し，培養全面にわたって網状化している。右は，正常 MDBK 細胞を示す

牛ウイルス性下痢ウイルス感染症（本文 219 頁）

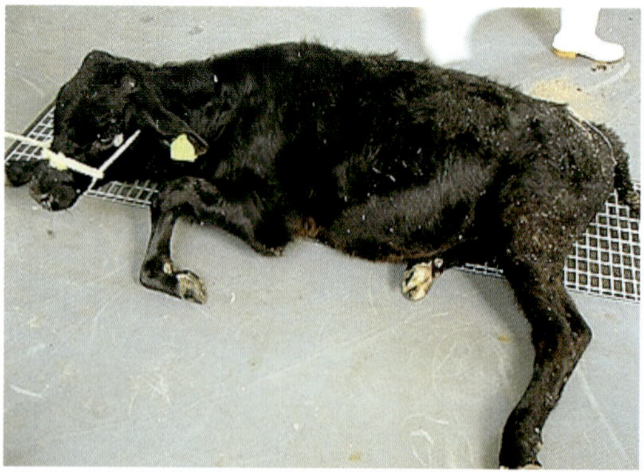

粘膜病を発症した子牛

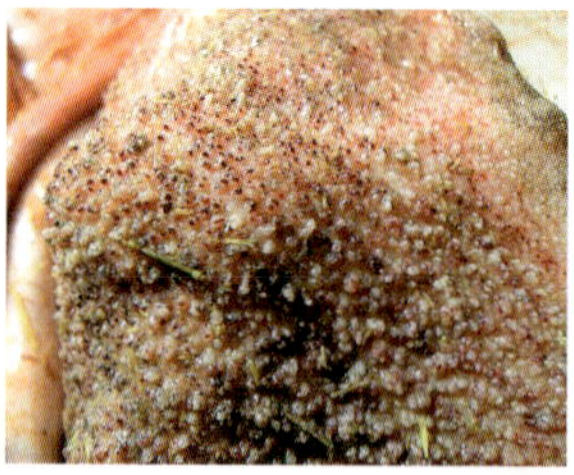

第１胃絨毛の出血

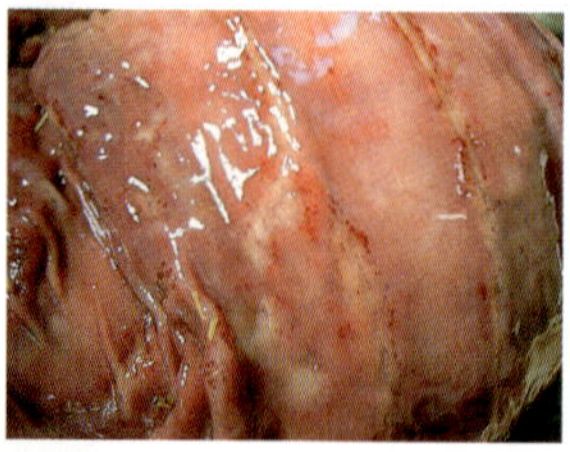

第４胃粘膜の充出血

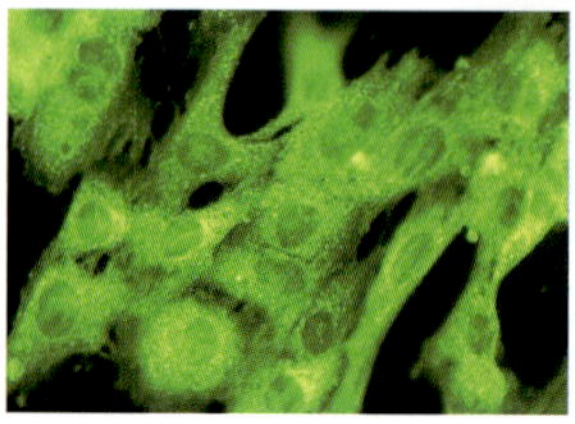

分離ウイルスの IFA 像

（原図：熊本県中央家畜保健衛生所　幸野亮太）

アカバネ病（本文 222 頁）

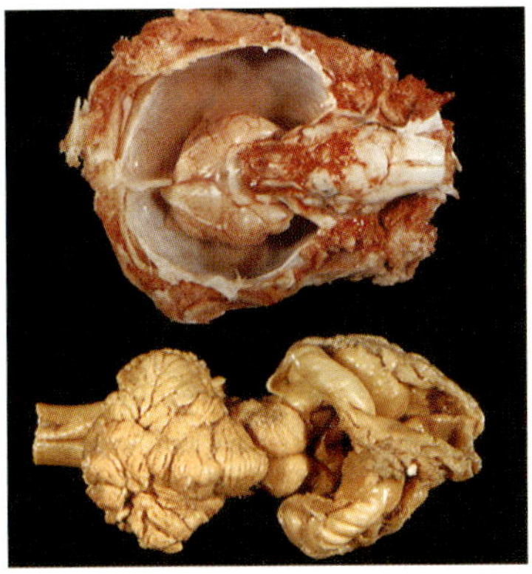

写真６　実験感染例の内水頭症
大脳皮質は菲薄化し，脳底部のみが残存する。空隙には脳脊髄液が貯留する

（写真６，７：『動物の感染症』〈第三版〉，近代出版より引用）

写真７　子牛の四肢の彎曲症
（原図：岡山県）

アイノウイルス感染症（本文 224 頁）

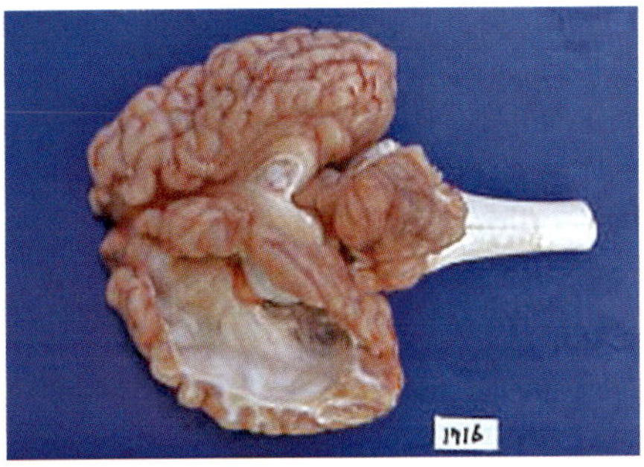

写真８　先天異常牛の側脳室拡張，小脳形成不全，脳幹矮小（原図：浜名克己）
（『動物の感染症』〈第三版〉，近代出版より引用）

イバラキ病（本文 231 頁）

写真 12　嚥下障害を起こした病牛

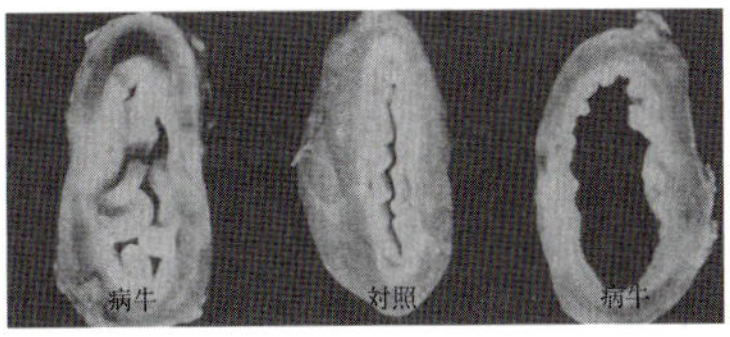

写真 13　嚥下障害を起こした病牛の食道の横断面（写真 12，13：稲葉右二：『牛病学』〈第二版〉，近代出版より引用）

牛白血病（本文 227 頁）

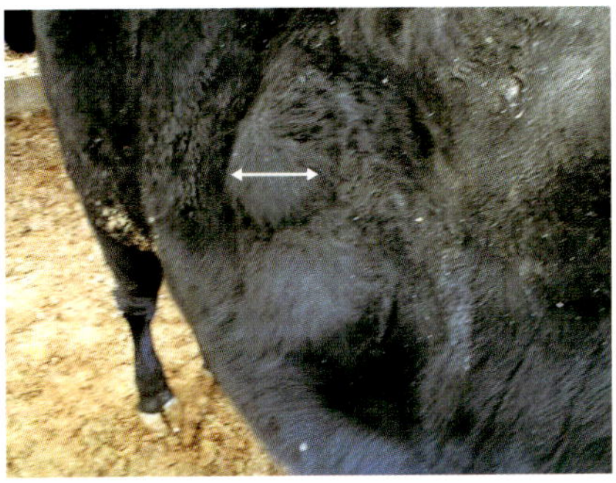

写真９　体表リンパ節の腫大

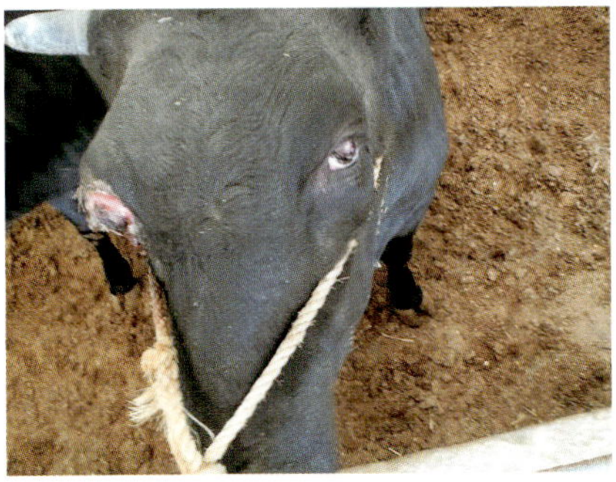

写真 10　眼窩深部のリンパ節腫大による眼球突出と二次感染による全眼球炎

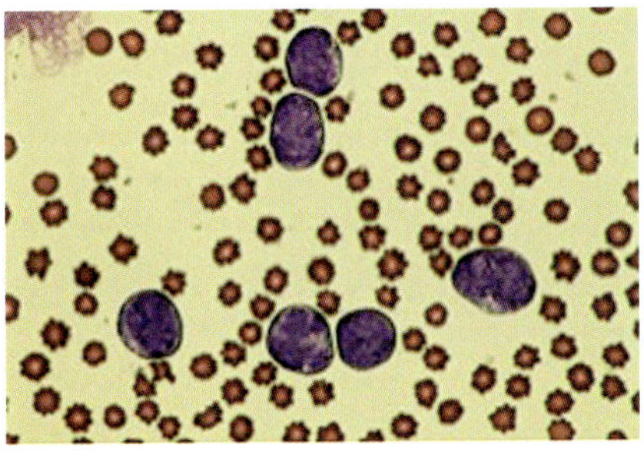

写真 11　血液塗抹

牛流行熱（本文 233 頁）

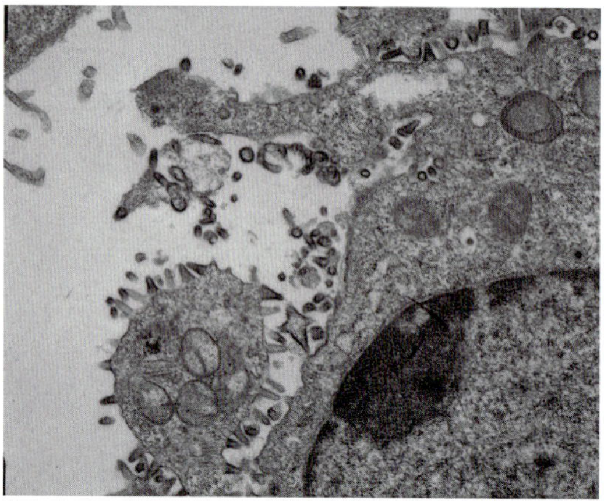

写真 14　牛流行熱ウイルスに感染した HmLu-1 細胞の電子顕微鏡像
弾丸型ウイルス粒子の出芽がみられる

写真 15　起立不能に陥った牛
（原図：佐賀県中央家畜保健衛生所）

牛 RS ウイルス病（本文 235 頁）

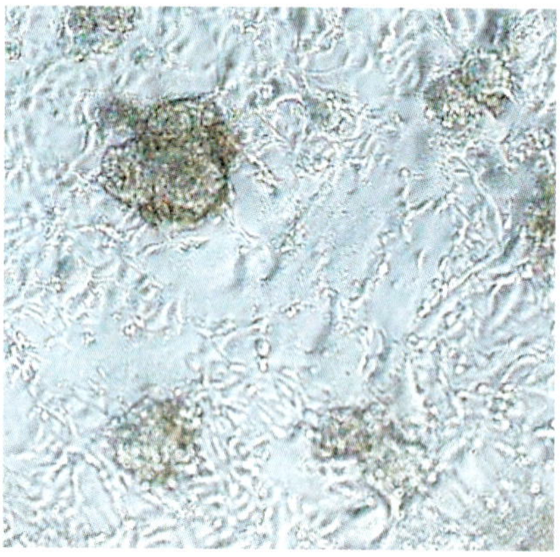

写真 16　BRSV 感染細胞の合胞体形成

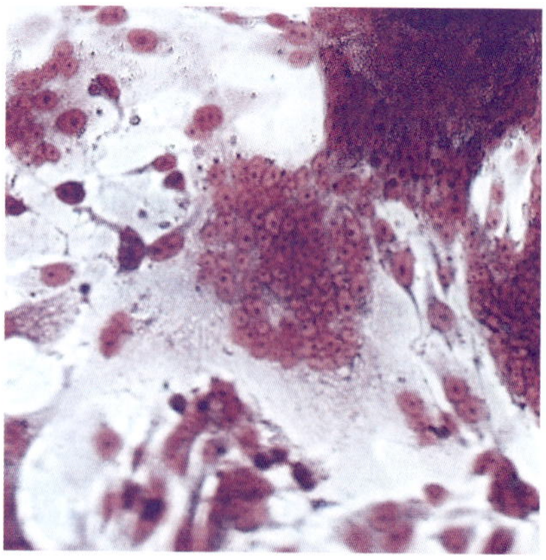

写真 17　BRSV 感染細胞の合胞体（ギムザ染色）

牛ロタウイルス病（本文 237 頁）

写真 18　ロタウイルスの電子顕微鏡像

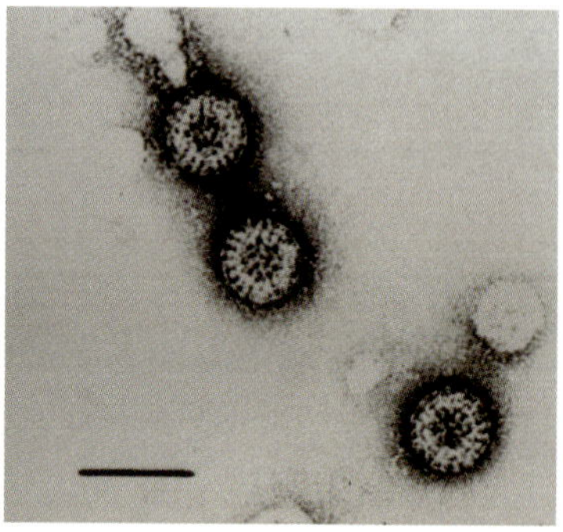

写真 19　新生子牛の牛 A 群ロタウイルス病
（原図：小原潤子）

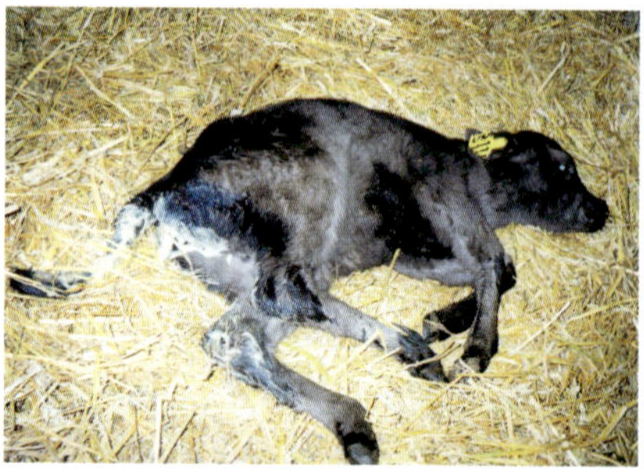

写真 20　牛 B 群ロタウイルスによる成牛の集団下痢
（原図：葛城粛仁）

チュウザン病（本文 241 頁）

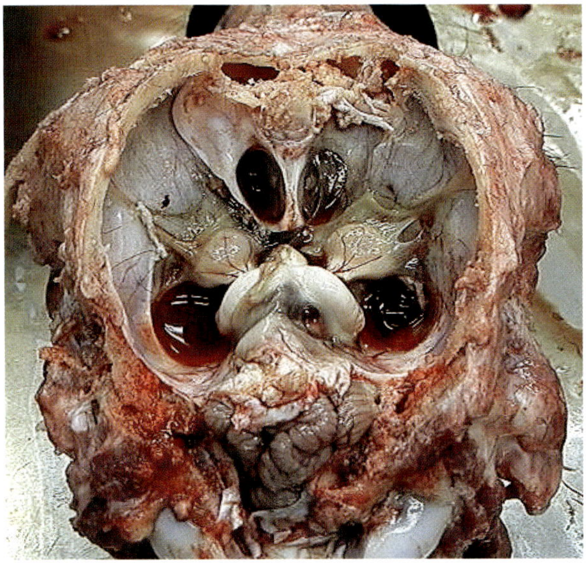
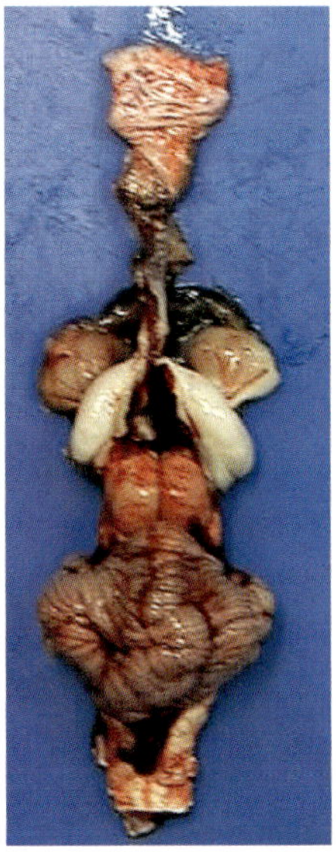

写真 22　チュウザン病罹患牛の脳にみられる水無脳症・小脳形成不全
頭蓋内には大脳欠損によって脳脊髄液の貯留が認められる（左図）。脳幹部を残して大脳が消失・膜状化しており，小脳は左右非対称に矮小化している（右図）

牛コロナウイルス病（本文 239 頁）

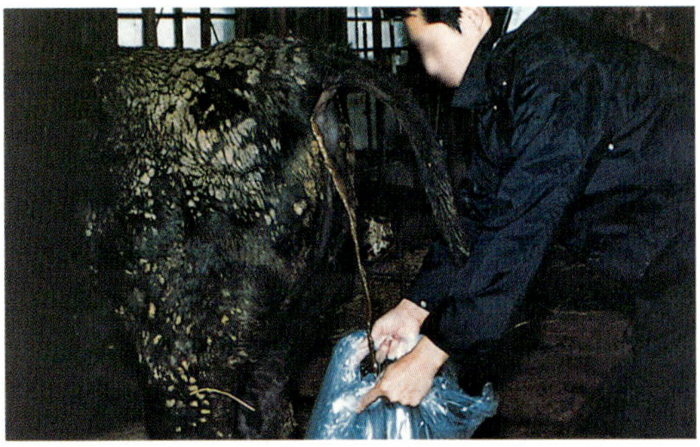

写真 21　成牛の褐色水様性下痢
ときに血液を混じることがある

パラインフルエンザ（本文 242 頁）

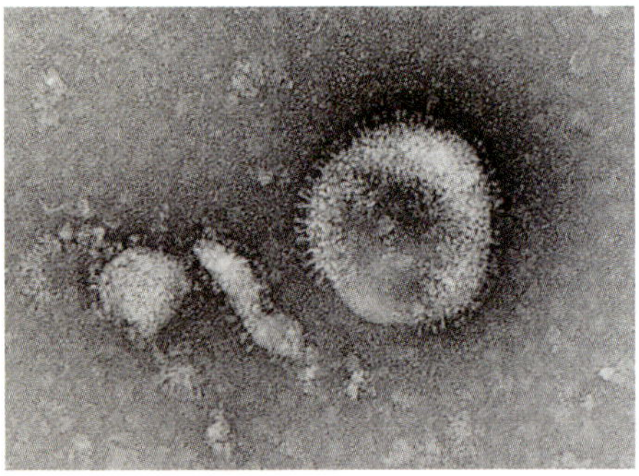

写真 23　モリブデン酸アンモニウムで陰性染色した BPI3 粒子

牛乳頭腫症（本文 244 頁）

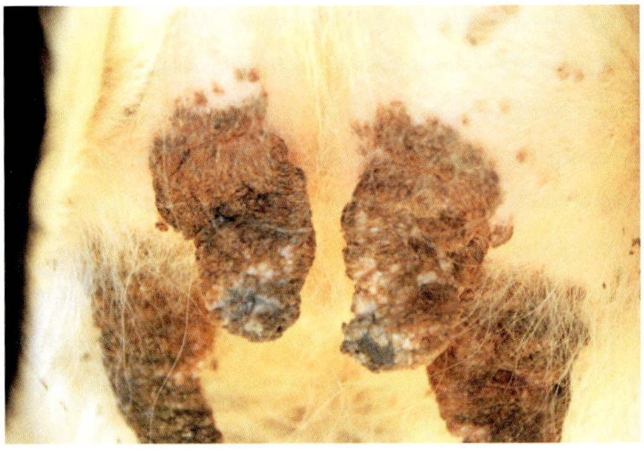

写真 24　BPV-9 による乳頭腫によって変形した牛の乳頭

水胞性口炎（本文 247 頁）

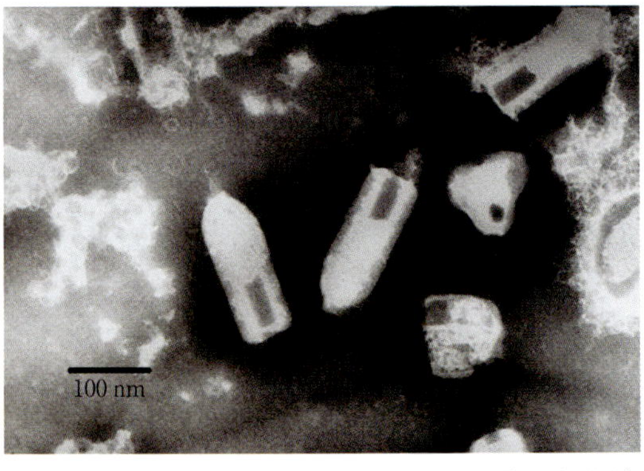

写真 25　水疱性口炎ウイルス New Jersey 型の電顕写真

牛海綿状脳症（本文 254 頁）

ELISAによるスクリーニングテスト

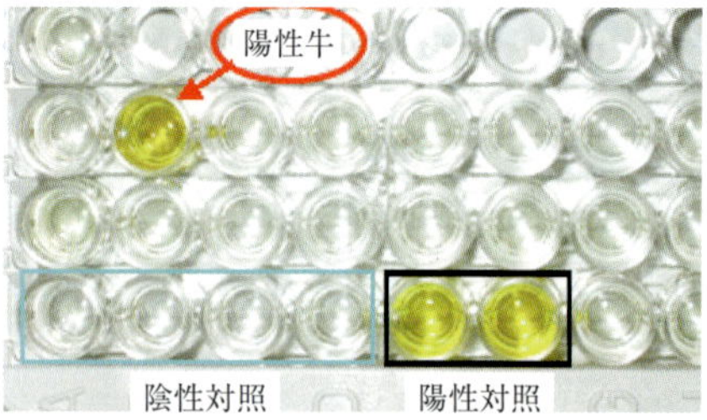

ウエスタンブロットを用いたプリオン検出

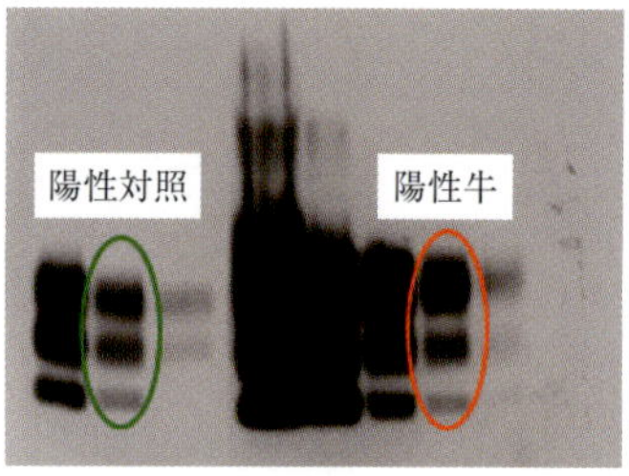

海綿状変性と花弁状プラーク

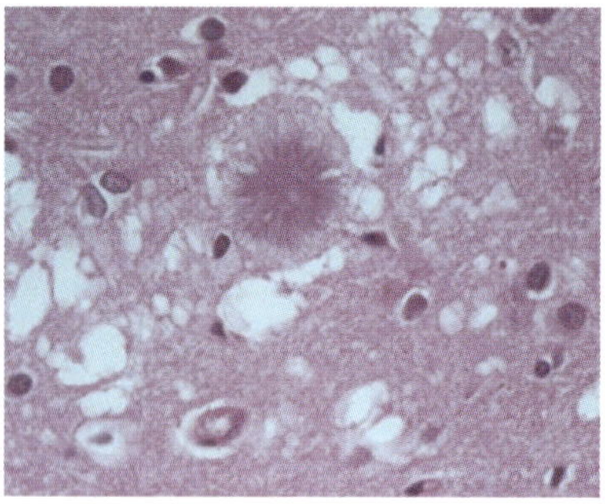

免疫組織染色

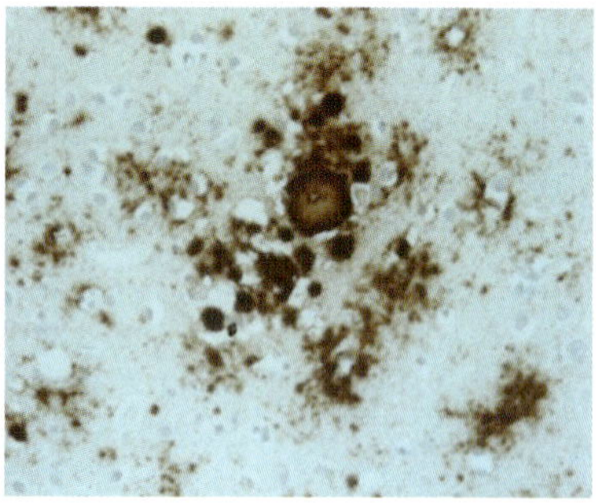

写真 26　BSE の診断法

細菌病

ヨーネ病（本文 260 頁）

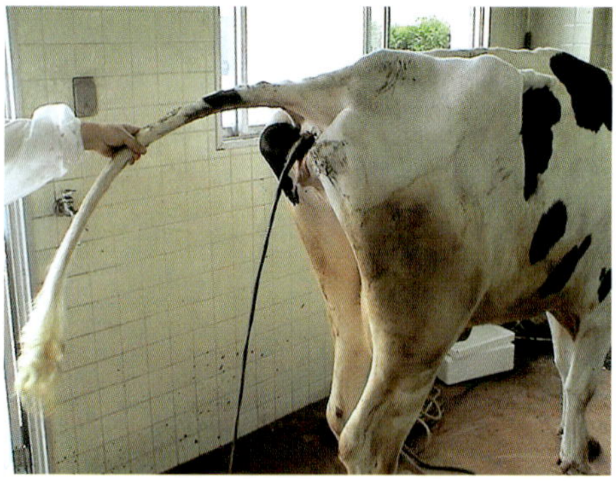

写真 27　ヨーネ病発症牛の水様性下痢

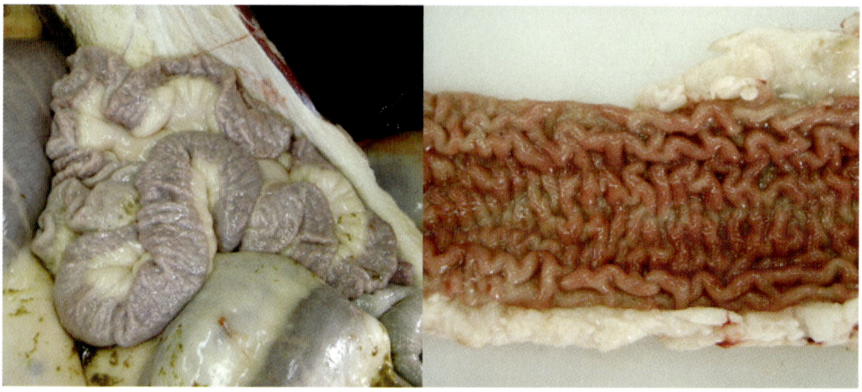

写真 28　ヨーネ菌実験感染牛の腸管（左）と肥厚し，皺状に隆起した粘膜表面（右）

子牛の大腸菌性下痢（本文 264 頁）

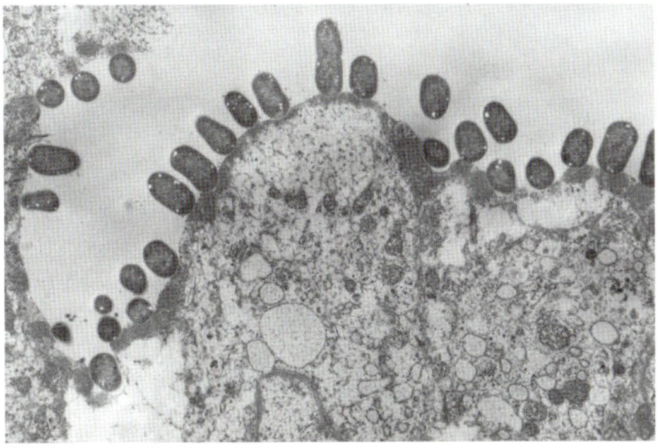

写真 29　腸管出血性大腸菌の腸管粘膜付着像
（電子顕微鏡写真）
（原図：末吉益雄）

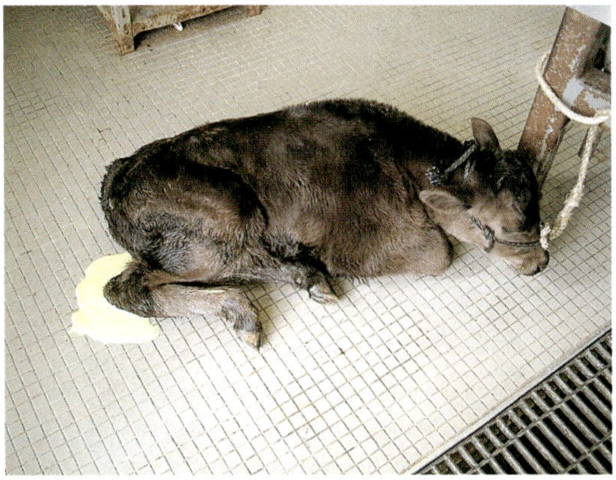

写真 30　大腸菌下痢症に罹患した子牛の下痢便
（原図：末吉益雄）

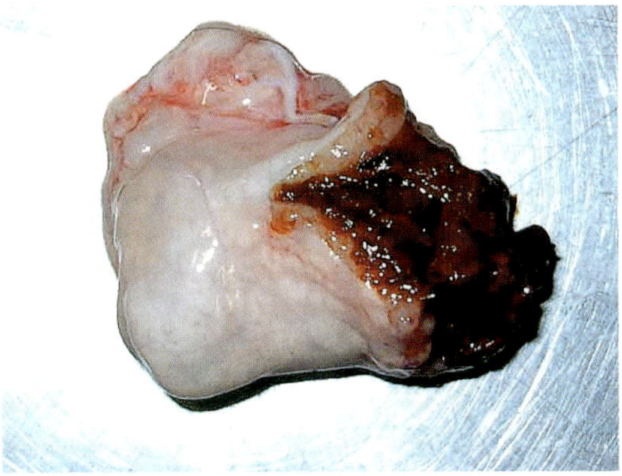

写真 31　赤痢に罹患した子牛の盲腸
（原図：末吉益雄）

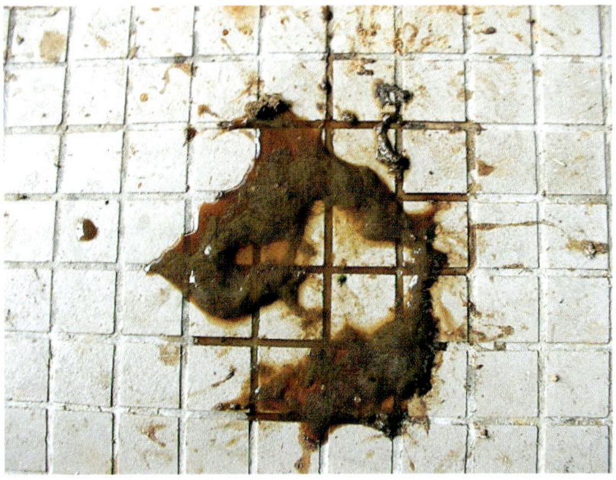

写真 32　大腸菌下痢症に罹患した子牛の血液を混じた下痢便
（原図：末吉益雄）

牛の肝膿瘍（本文 272 頁）

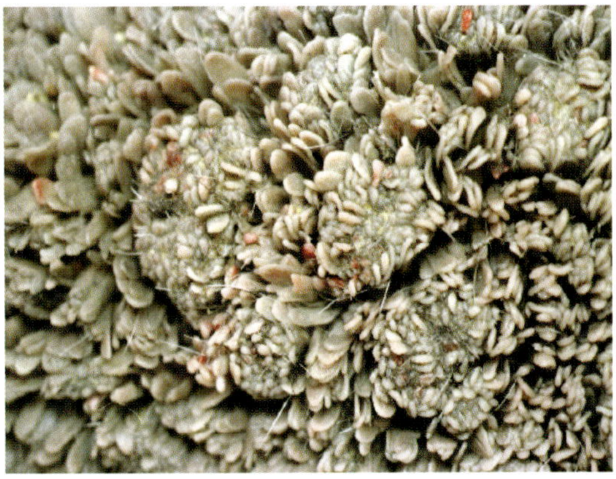

写真 33　第一胃乳頭の接着
濃厚飼料の粘性成分によって，第一胃乳頭は塊状に接着し，そのなかに毛や飼料片が挟まれている。このような部位の粘膜上皮細胞は正常な増殖や角化を障害され，ルーメンパラケラトーシスを起こしている

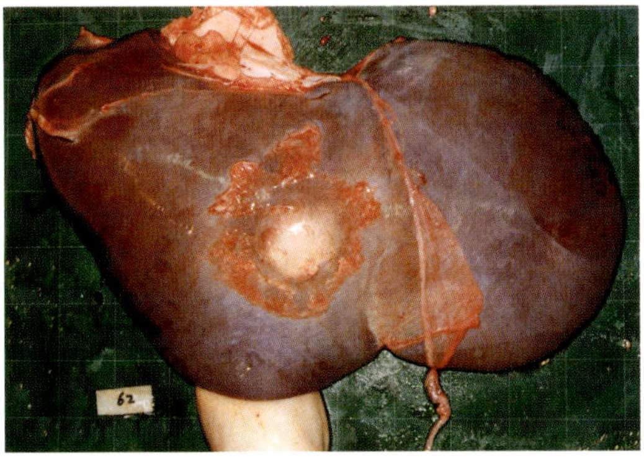

写真 34　肝臓の横隔面に形成された肝膿瘍
癒着した横隔膜を取り除いた肝臓で，中央に肝膿瘍がみられる。膿瘍周囲には癒着痕がみられ，ここで横隔膜と癒着していたことがわかる

炭疽（本文 281 頁）

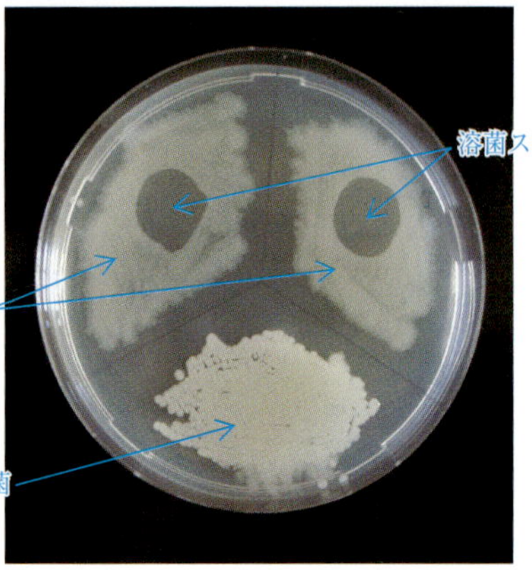

写真 35　ファージテスト
被検菌が炭疽菌であれば，γ-ファージを置いたところには菌が発育せず，周囲のみ発育する

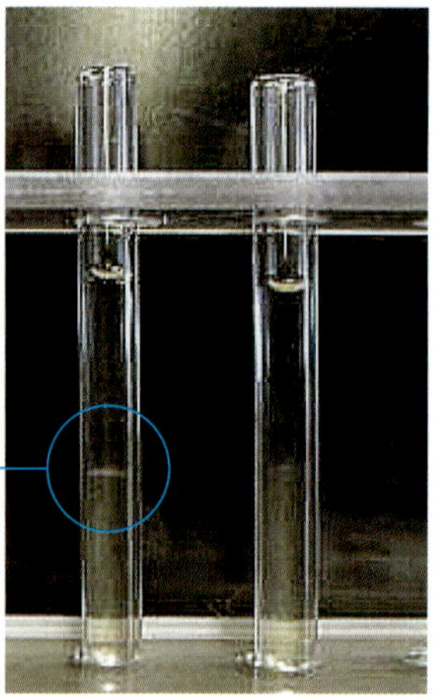

写真 36　アスコリーテスト
血清（上層）と抗原液（下層）の接触面に白輪が生じた場合を陽性とする

牛の出血性敗血症（本文 284 頁）

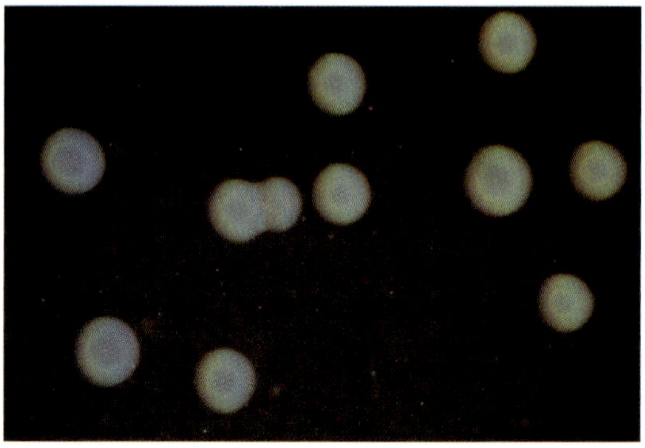

写真 37　*P. multocida* の集落
（原図：澤田拓士）

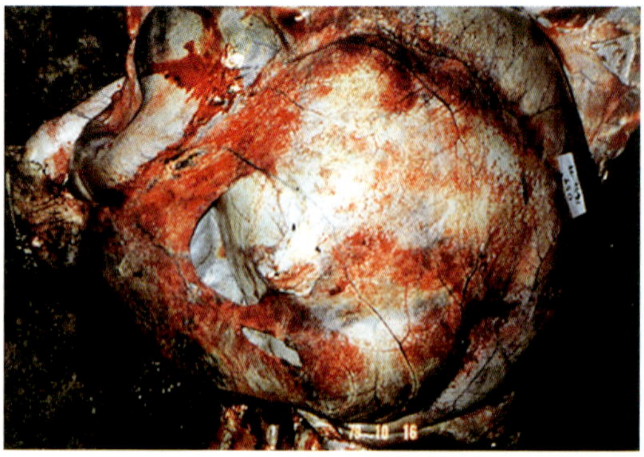

写真 38　胃漿膜・腹膜の点状出血
（原図：平棟孝志）

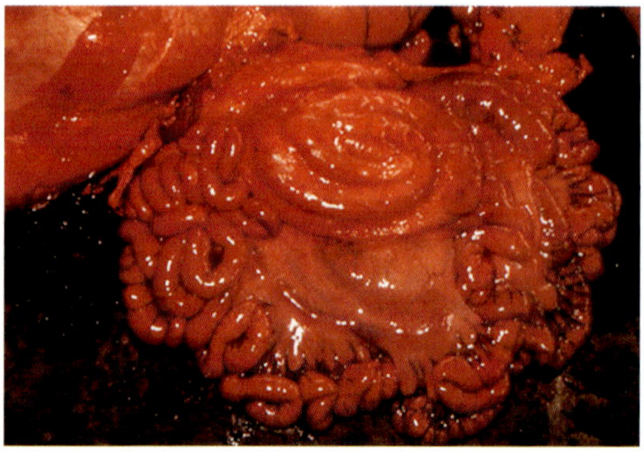

写真 39　腸管漿膜の充出血
（原図：Ramdani Chancellor：Reseach Institute for Veterinary Science, Bogor, Indonesia）
（写真 38，39：『動物の感染症』〈第三版〉，近代出版より引用）

デルマトフィルス症（デルマトフィルス・コンゴーレンシス感染症）（本文 289 頁）

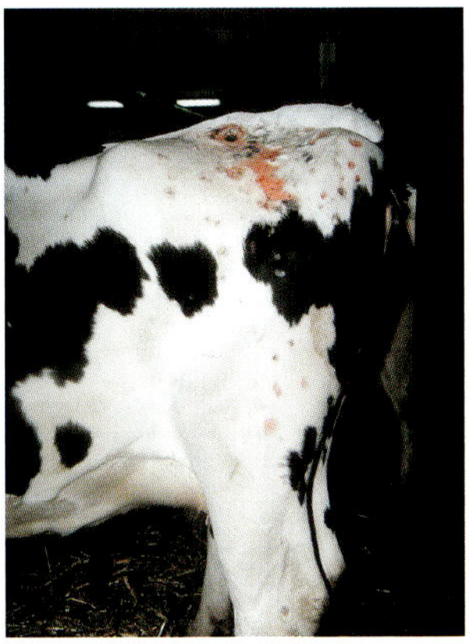

写真 40　本症の特徴である円形の赤い病変
単独の円形病変といくつかの病変が癒合して不整形を示す病変

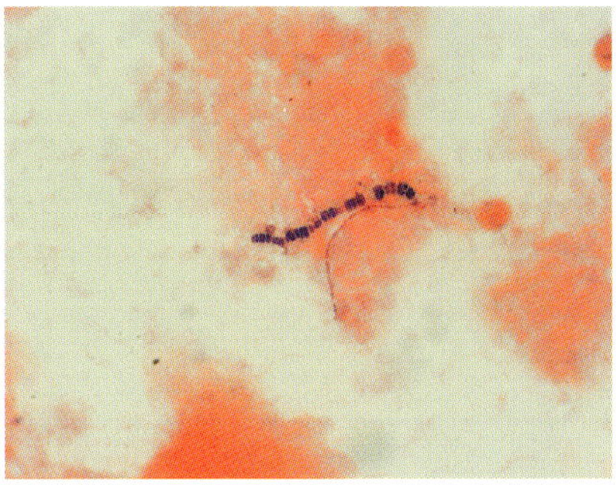

写真 41　本菌が連鎖した特徴ある並び方
病変部のかさぶたを剥がして表面を綿棒で強くこすった後，スライドガラスに塗って染色した標本の顕微鏡写真

牛の趾皮膚炎（本文 291 頁）

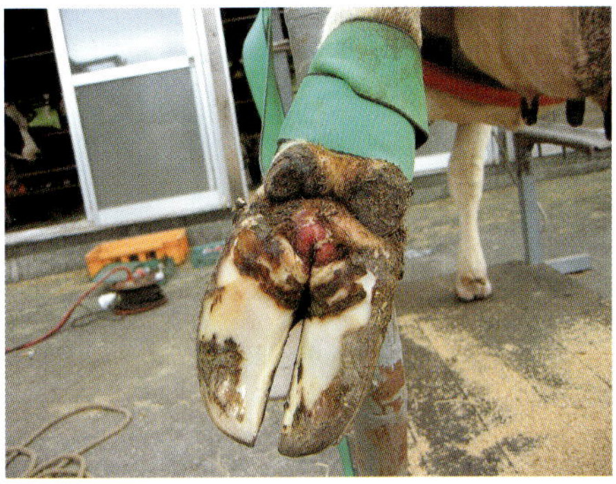

写真 42　牛の趾皮膚炎の赤色病変
病変は後趾蹄球に隣接する趾間隆起部付近に認められる
（原図：真鍋　智）

アクチノマイコーシス（アクチノマイセス・ボビス感染症）（本文 298 頁）

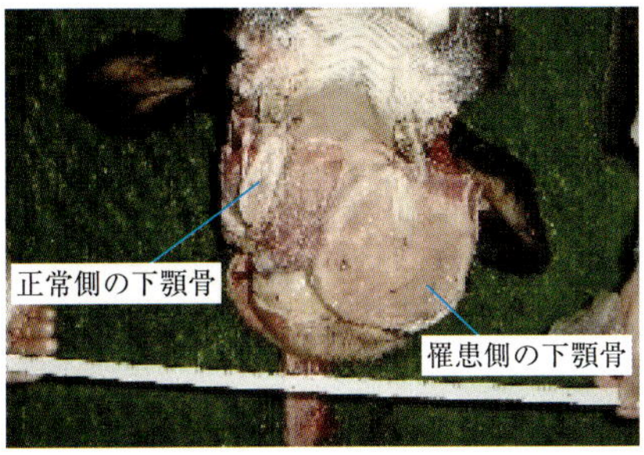

写真 43　下顎骨の変形
罹患側の下顎骨は著しく太くなっている。骨の内部には肉芽組織が増生している

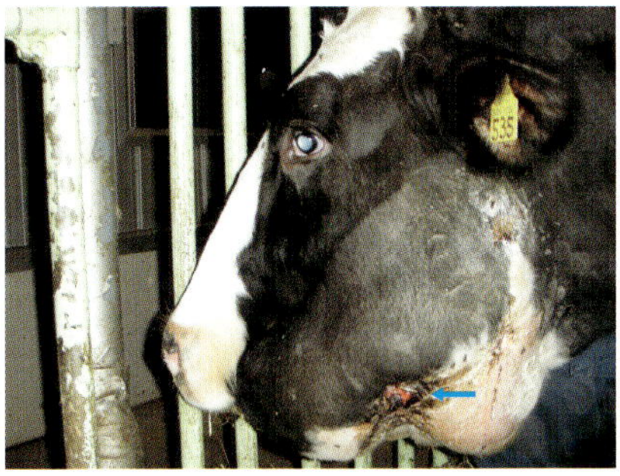

写真 44　*A. bovis* に感染した牛の下顎
左の下顎が大きく腫れ皮膚が自潰し膿汁が排泄されている（矢印）

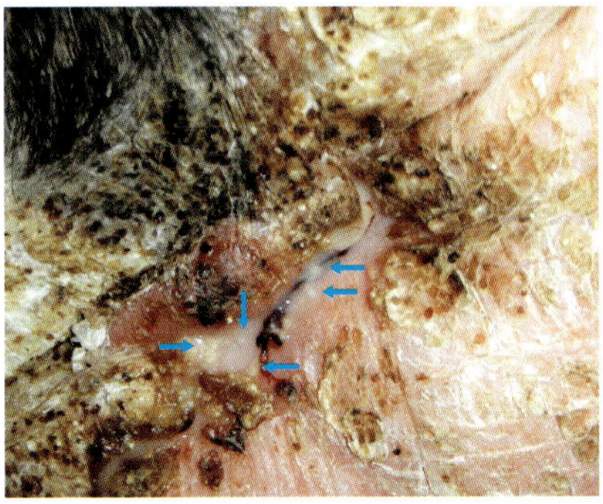

写真 45　腫れた顎の自潰部位
皮膚の自潰部位から流れている膿汁にはすでに硫黄顆粒（矢印）が認められる

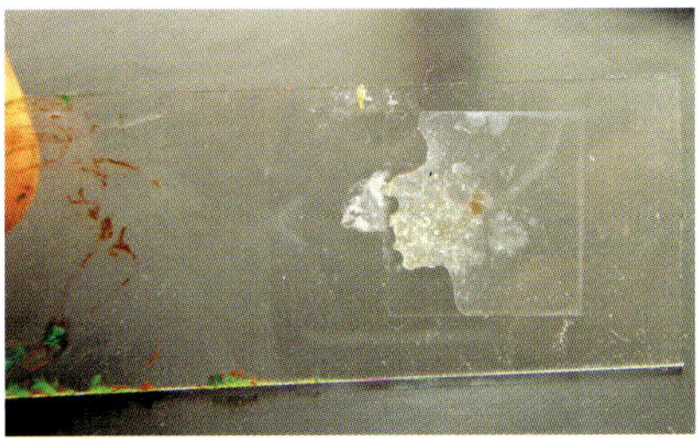

写真 46　硫黄顆粒の確認方法
採取した濃汁をスライドガラスに広げ，カバーガラスで圧すると濃汁中に細かな黄白色の顆粒（硫黄顆粒）が観察される

趾間壊死桿菌症（本文 300 頁）

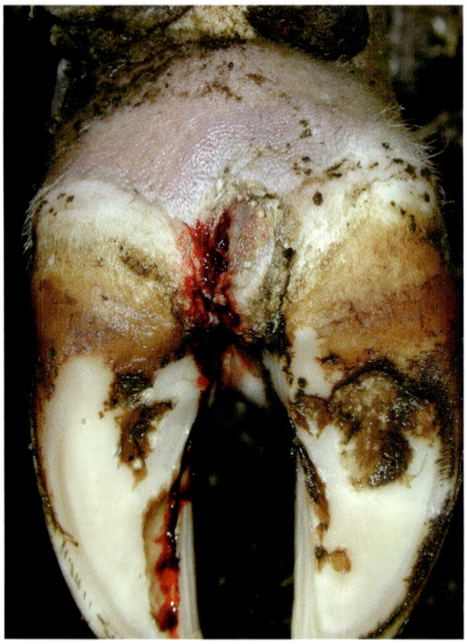

写真 47　軽症例

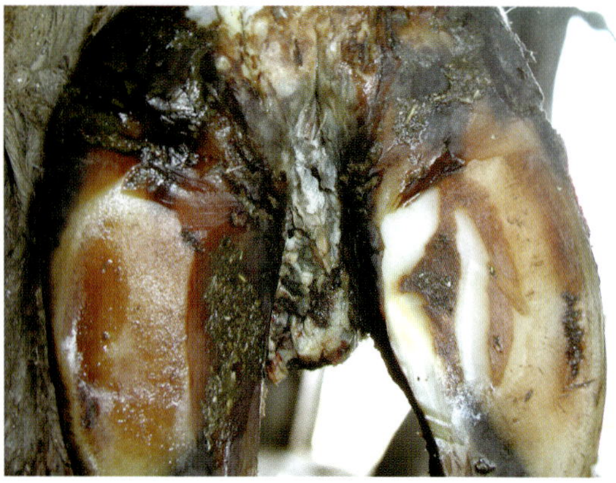

写真 48　重症例

アナプラズマ病（本文 304 頁）

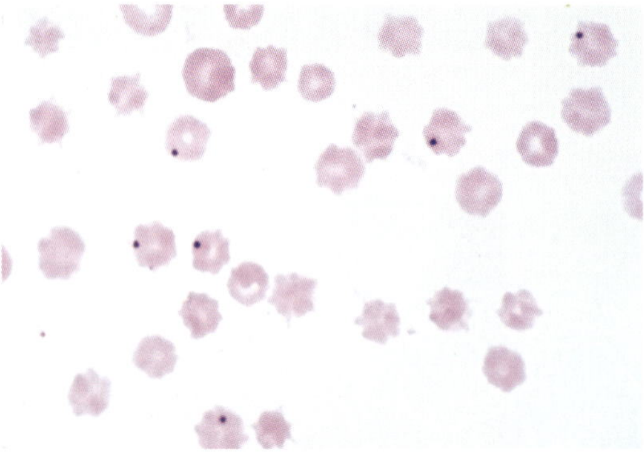

写真 49　牛赤血球内の *A. marginale*

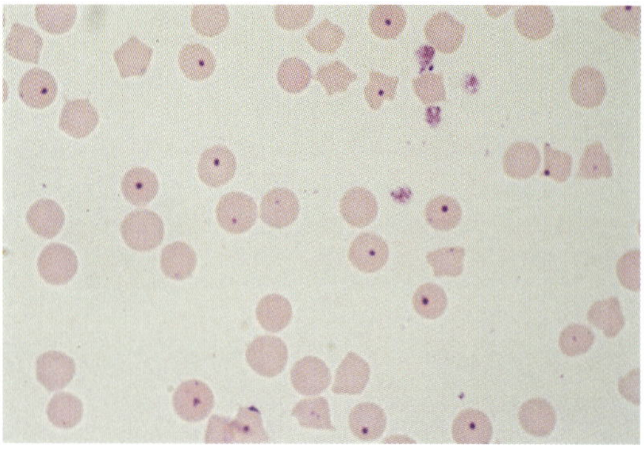

写真 50　牛赤血球内の *A. centrale*

乳房炎（本文 306 頁）

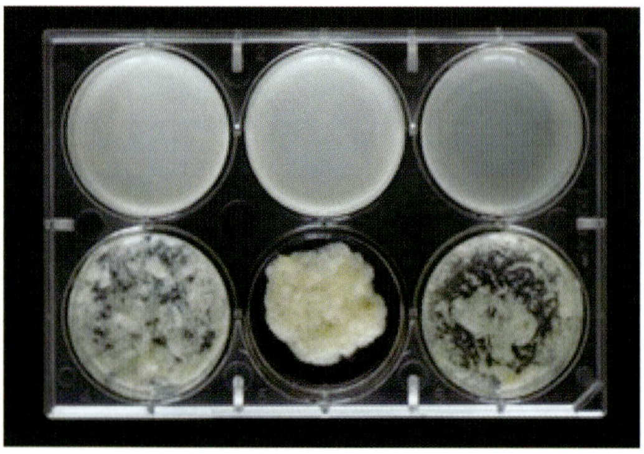

写真 51　黄色ブドウ球菌の牛乳房感染試験による乳汁の肉眼的変化

上段：非感染分房乳

下段：黄色ブドウ球菌感染分房乳

（約 50 cfu 分房内投与）

真菌病

皮膚糸状菌症（表在性皮膚糸状菌症）（本文 324 頁）

写真 52　皮膚糸状菌症

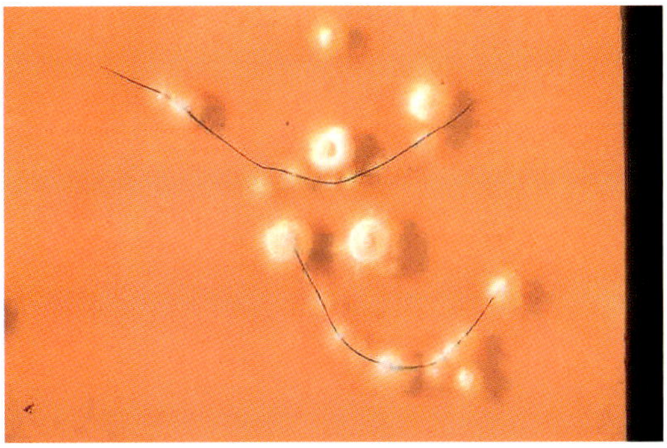

写真 53　*T. verrucosum* の感染被毛からの分離培養
チアミン添加サブローデキストロース寒天培地 37℃，1 週間培養

カンジダ症（本文 325 頁）

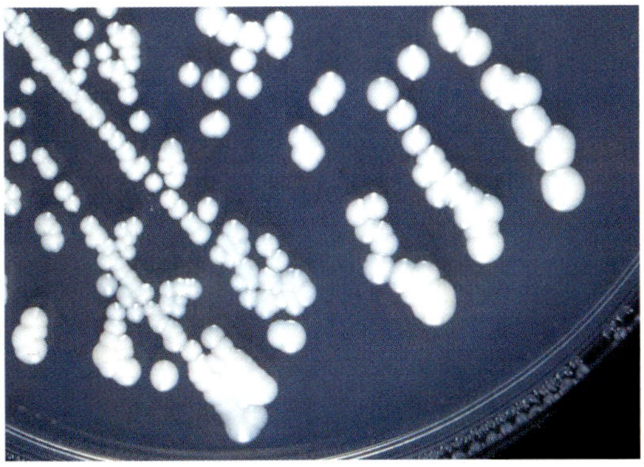

写真 54　*C. albicans* 培養集落
ポテトデキストロース寒天培地，37℃，５日培養

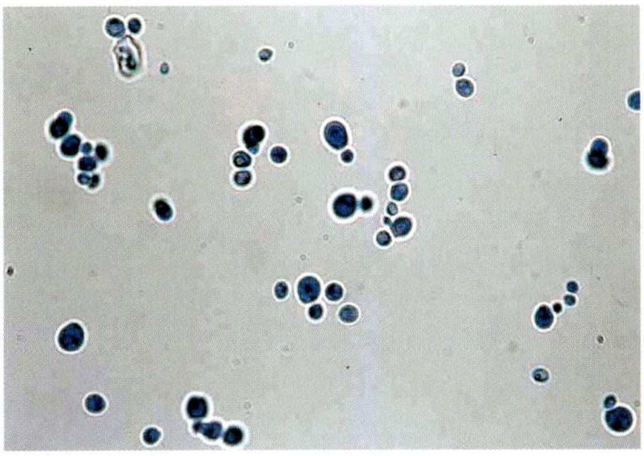

写真 55　*C. albicans* 培養形態

アスペルギルス症（本文 326 頁）

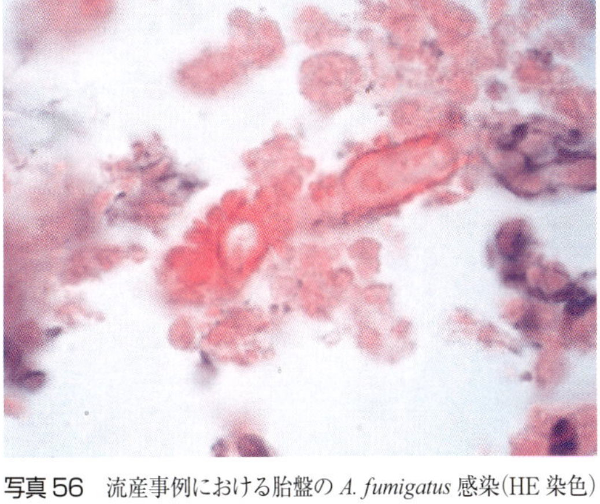

写真 56　流産事例における胎盤の *A. fumigatus* 感染(HE 染色)

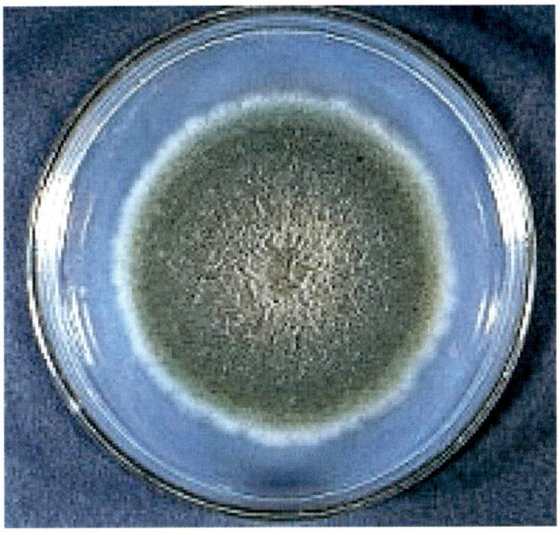

写真 57　*A. fumigatus* の培養集落
ポテトデキストロース寒天培地で 37℃，７日間培養

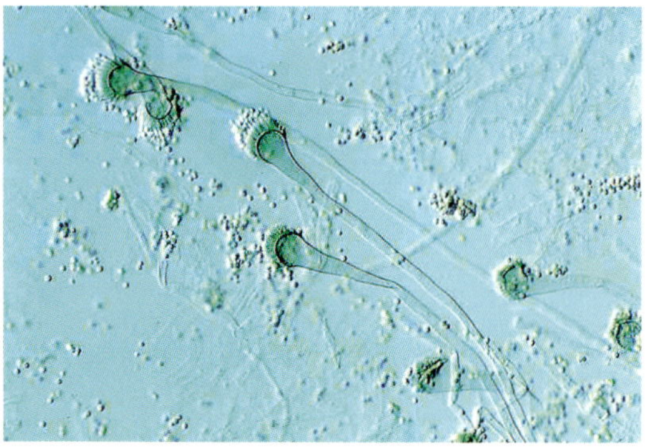

写真 58　*A. fumigatus* の形態

ムーコル症（本文 327 頁）

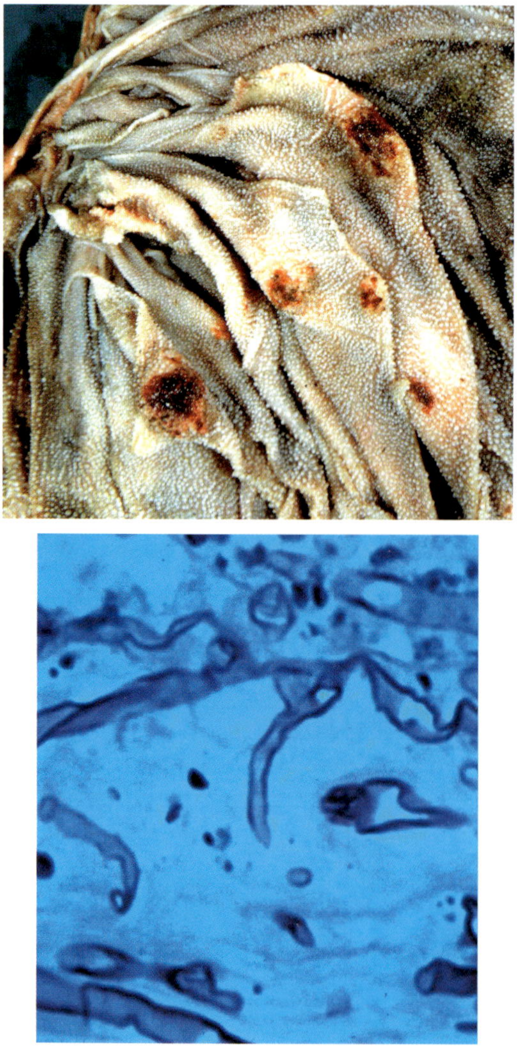

写真 59　*A. corymbifera* による胃粘膜感染
上：ルーメン粘膜面の出血病巣
下：無隔壁菌糸

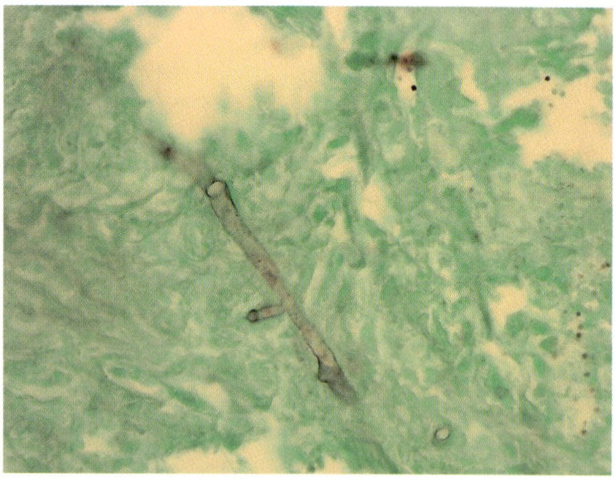

写真 60　肝臓感染像

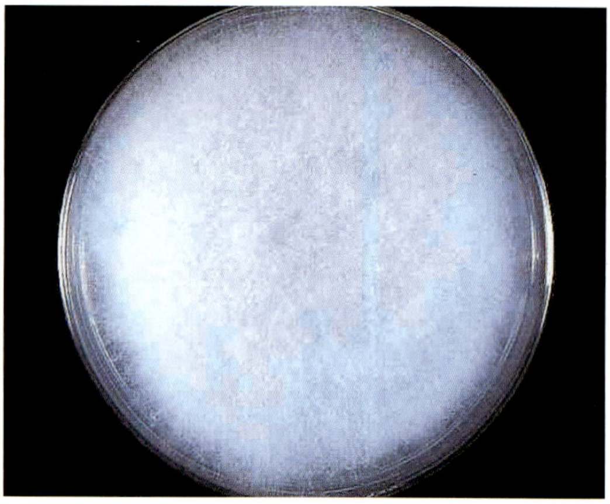

写真 61　*A. corymbifera* の培養集落
ポテトデキストロース寒天培地 37℃，7 日間培養

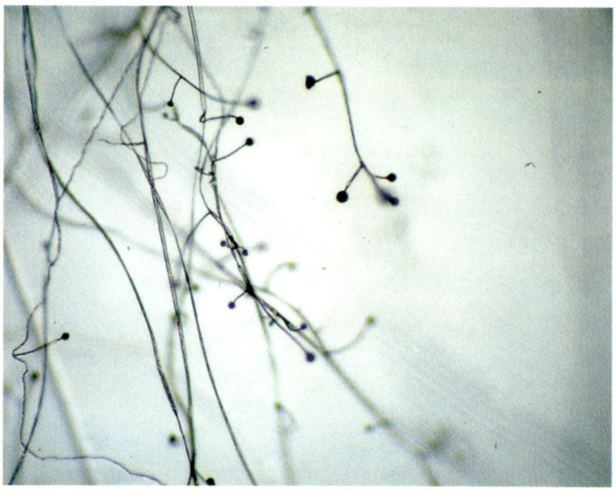

写真 62　*A. corymbifera* の形態

原虫病

ネオスポラ症（本文 332 頁）

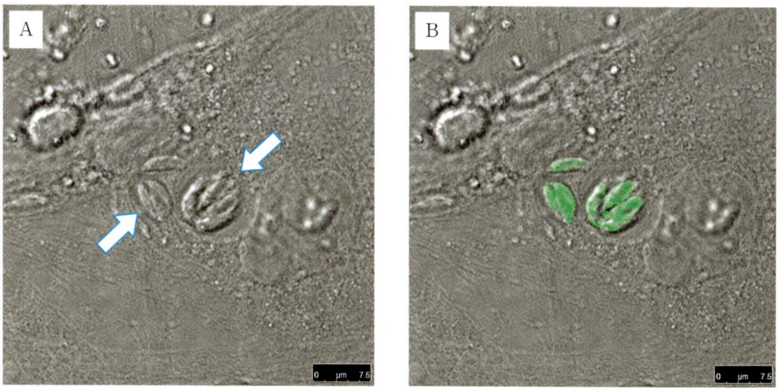

写真 63　*Neospora caninum* の顕微鏡像

A：Vero 細胞に感染した *N. caninum* のタキゾイト（矢印）

B：抗 *N. caninum* サイクロフィリン抗体を用いた蛍光染色

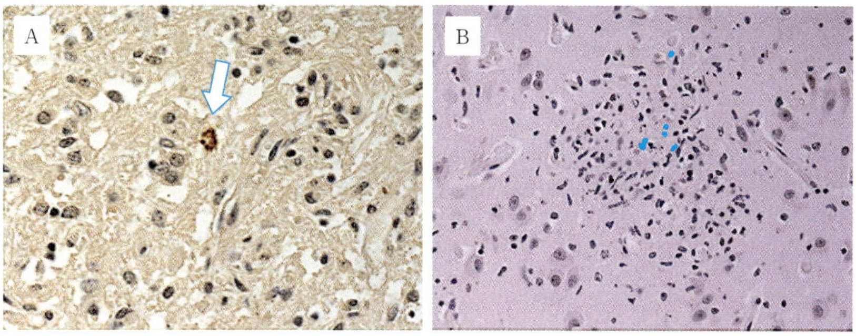

写真 64　牛流産胎子の組織病変

A：免疫組織化学染色により検出された延髄のシスト（矢印）

B：免疫組織化学染色により脳における単核細胞の浸潤巣内に検出されたタキゾイト（青）

（原図：北海道十勝家畜保健衛生所）

タイレリア病（本文 337 頁）

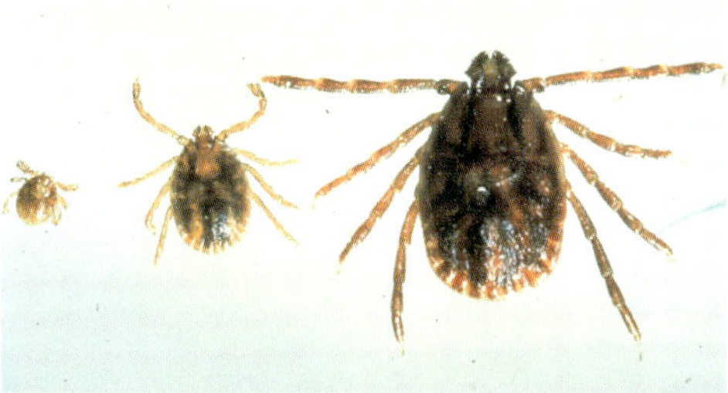

写真 65　小型ピロプラズマ原虫の主媒介者であるフタトゲチマダニ

左から順に幼ダニ，若ダニ，成ダニ

（原図：神尾次彦）

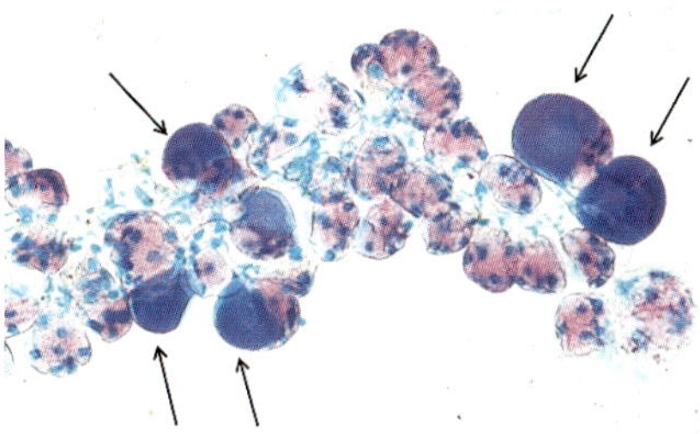

写真 66　マダニ唾液腺内に形成されたスポロゾイト塊（MGP 染色）

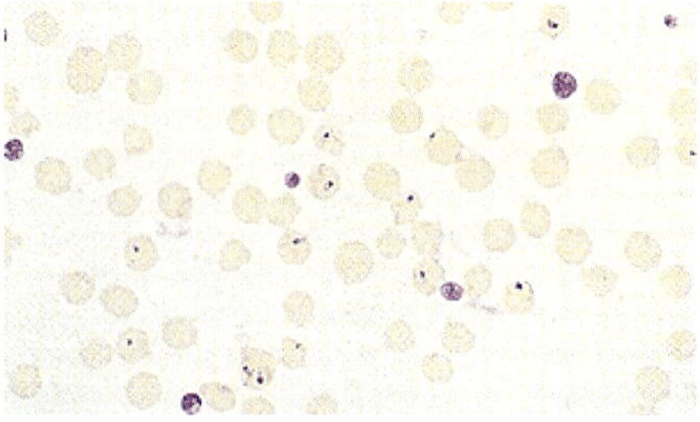

写真 67　赤血球内のピロプラズム（ギムザ染色）

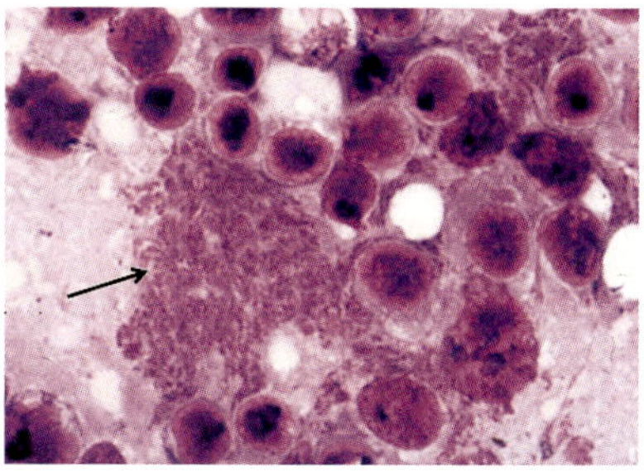

写真 68　リンパ節内のシゾント(ギムザ染色)

（原図：神尾次彦）

バベシア病
（本文 340 頁）

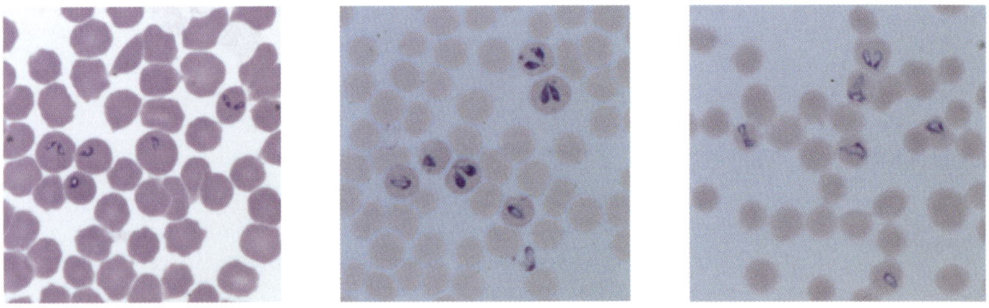

写真 69　*Babesia bovis*（左），*B. bigemina*（中），*B. ovata*（右）

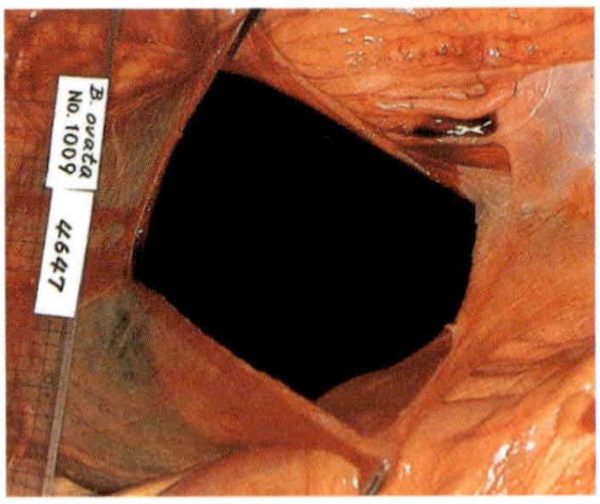

写真 70　*B. ovata* 感染牛で認められた膀胱内の血色素尿

トリパノソーマ病（本文 342 頁）

A

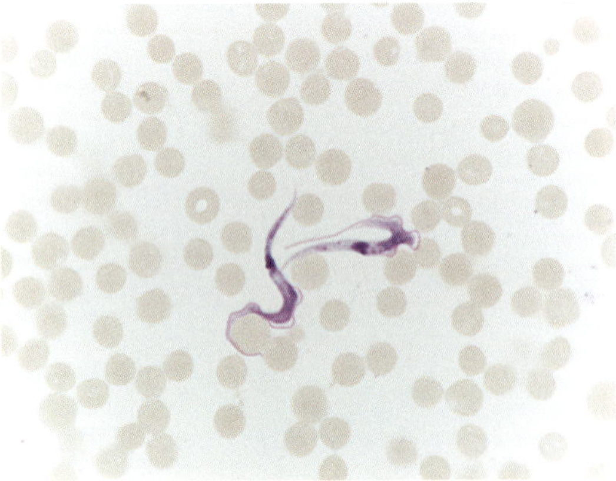

B

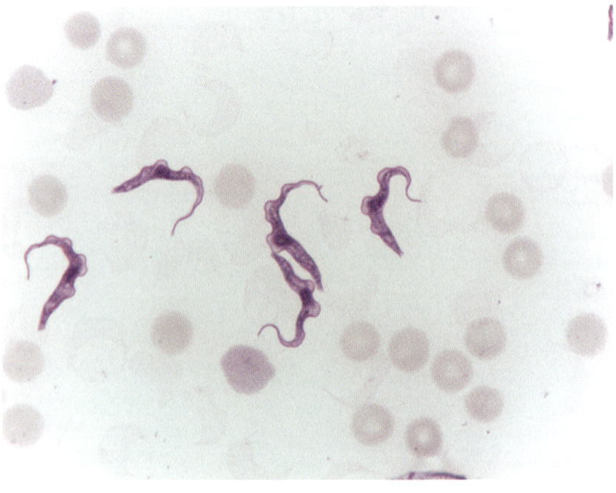

写真 71　北海道の自然感染牛血液中に認められた *T. theileri*（A）と実験感染マウス血液中の *T. evansi*（B）

トリコモナス病（本文 344 頁）

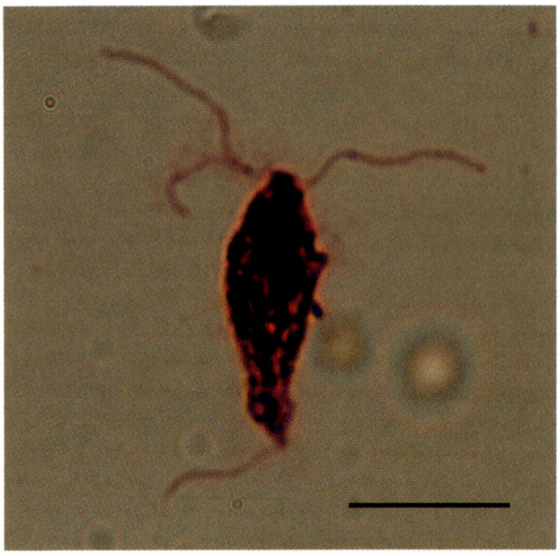

写真 72　ギムザ染色像
（Bar＝10 μm）

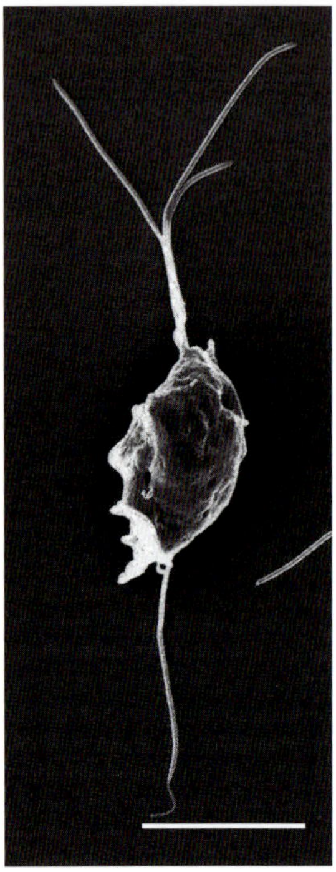

写真 73　走査電子顕微鏡像
（Bar＝5 μm）

寄生虫病

外部寄生虫病（本文 356 頁）

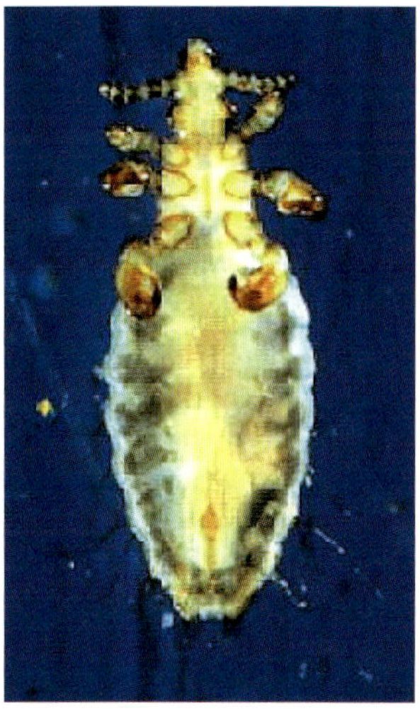
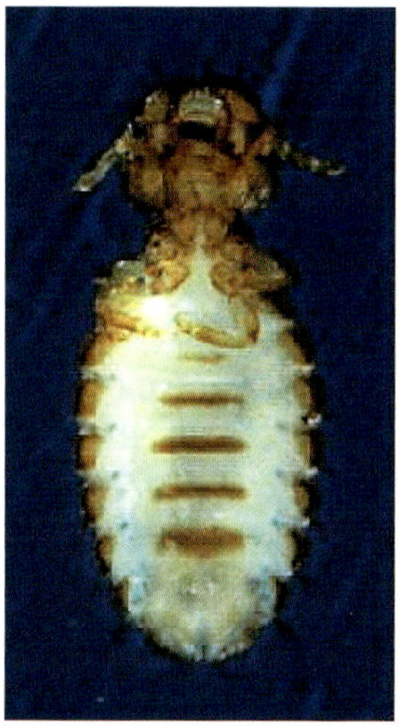

写真 74　シラミとハジラミ
左：ウシホソジラミ，右：ウシハジラミ
（原図：神尾次彦）

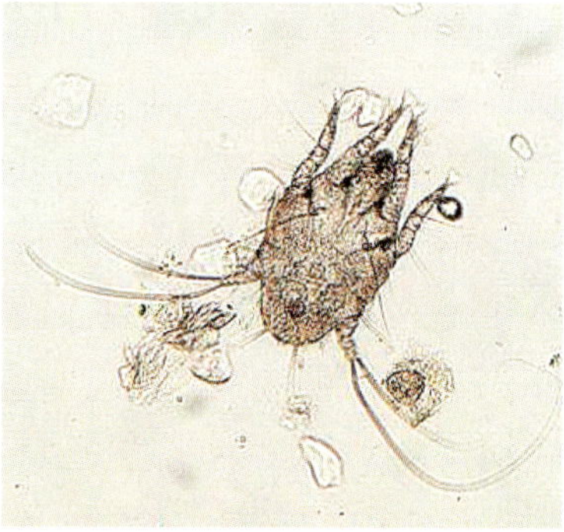

写真 75　牛のショクヒヒゼンダニ
（原図：小松耕史）

写真 76　フタトゲチマダニ
左：牛を吸血する成ダニ，右：草上で宿主を待つ幼ダニ

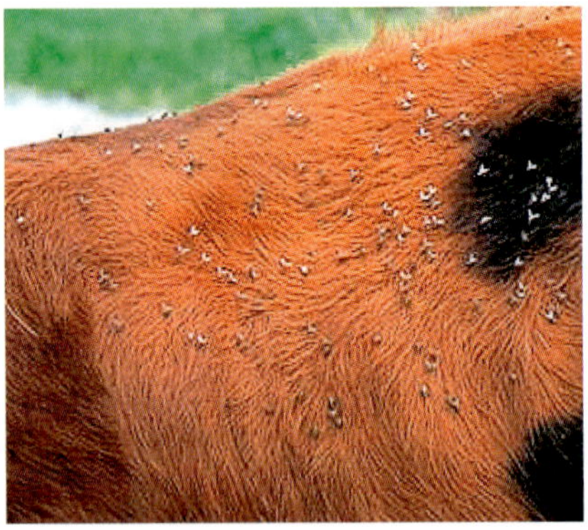

写真 77　ノサシバエ
頭部を地表に向けて止まるのが特徴

写真 78　アカウシアブ
1 回の吸血量は 500 mg に及ぶ

非感染性疾病

中毒（本文 365 頁）

アセビ

キョウチクトウ

写真 79　中毒の原因となる有毒植物

I

生理・育種

1 生　理

この章では牛の生理について，組織学的，体系的に記述しつつ疾病や治療に関連する生理学的機能に簡潔に言及する方針をとった。

牛を構成する細胞は，1個の受精卵から発生し，様々な形と機能を備えた細胞へと分化する。分化し特定の形と機能をもった細胞の集まりを組織という。組織には上皮組織，支持組織，筋組織および神経組織がある。支持組織は結合組織，軟骨，骨組織，血液とリンパ組織からなる。それぞれの組織が様々な形で組み合わさった構造を器官という。脳，眼球，第一胃，肝臓，腎臓，心臓，皮膚等が器官である。一定の機能をもった器官同士がまとまって呼吸器系，消化器系，神経系等の系を構成する。

A．牛の組織

1．細　胞

a．細胞質

細胞の一般的な形状は，球形，多角形，卵形，錐体，立方状，円柱，紡錘形，鱗状細胞ないし扁平細胞，樹状ないし星状およびアメーバ様など多彩で，動物体を構成する細胞の数は体重1kg当たり1兆個と推定されている。

細胞は細胞膜（形質膜）で，内形質と外形質に分けられる。内形質は細胞質で占められ，多くの細胞小器官がみられる。細胞膜の全体の厚さは7～10 nmで，4～5 nm厚のリン脂質2重層からなり，膜内蛋白質はその間に入り込み，膜の機能に関与する。

細胞小器官として細胞核，細胞骨格，中心体，小胞体，ミトコンドリア，ゴルジ複合体，水解小体，パーオキシゾーム等があり，分泌顆粒，グリコーゲン顆粒，脂肪滴，色素顆粒等もみられる。

b．細胞の表面構造と接着装置

単細胞から多細胞に分化して，各細胞が機能状態になるため，それに相応しい突出，陥入および接着等表面装置を具備している。突出構造にはアメーバ様，指状，糸状，層板状およびポリープ様の各突起，微絨毛（光学顕微鏡的な線条縁，刷子縁），線毛および鞭毛，嵌入には微ヒダおよび基底陥入，細胞内分泌細管等がある。また接着装置として，指状嵌合，密着結合，接着結合，接着斑すなわちデスモゾーム，半デスモゾーム，基底膜，細隙結合（ネクサス），神経接合，神経筋接合等がある。さらに細胞が取り込む際に形成される，食小胞や飲小胞，または分泌する際に出現するアポクリン分泌直前の頂突起，開口分泌直前の細胞膜と顆粒膜の連結等一時的なものもみられる。

2．組　織

組織は上皮組織，結合組織（支持組織），筋組織および神経組織に区分され，動物体を構成する細胞は，このいずれかの範疇に入る。

a．上皮組織

体表面（表皮），体腔表面（腹腔，胸腔，心膜腔等），管腔器官（消化管，呼吸器，尿生殖器等）の内腔面を覆う細胞群で，上皮といわれる。発生学的に外胚葉，内胚葉および中胚葉のいずれかに由来し，機能的にも多種多様であり，上皮を構成する細胞の形状，配列，発生学的由来および機能により名称も多岐に及んでいる。

上皮細胞は扁平，立方および円柱（柱状）を呈し，それぞれ扁平上皮細胞，立方上皮細胞および円柱（柱状）上皮細胞といわれる。層配列により単層，偽重層（移行上皮を含む）ないし重層を呈する。

b．支持組織（結合組織）

狭義の結合組織と，機能的に分化した結合組織（骨組織，軟骨組織，血液とリンパ）を総称して支持組織といい，細胞と線維成分および基質からなる。細胞には定着性および遊走性の細胞があり，定着性細胞として骨細胞，軟骨細胞，線維細胞，細網細胞，脂肪細胞等，遊走性の細胞として，線維芽細胞，形質細胞，肥満細胞，リンパ球，組織球（大食細胞）等がある。

線維は10数種型のコラーゲン細線維からなる膠原線維や弾性線維があり，基質はグルコサミノグリカンやプロテオグリカン等多様である。基質の特性で水分含量，硬度，強靭性，弾粘性等が調整され組織の特徴となる。線維性結合組織，軟骨組織，骨組織は固型結合組織に，血液，リンパは液型結合組織に大別される。

c．筋組織

筋収縮性を有する筋細胞で構成される組織である。骨格筋組織・心筋組織および平滑筋組織がある。骨格筋細胞は筋芽細胞が多数合体して筒状になった合胞体（シンシチウム）で細胞周囲に多数の核が位置するが，そこには筋の重度の損傷時に幹細胞として分裂を始め，筋を修復させる機能をもつ筋衛星細胞の介在もある。細胞膜を筋鞘といい，筋内膜で包まれるが，それを多数束ねる筋周膜，筋周膜を束ねて肉眼的に筋膜といわれる筋上膜でくくられ，1つの筋肉となる。太い筋においては小さい束の筋周膜を内筋周膜，それを束ねて外筋周膜となる。筋周膜には大量の脂肪が蓄積することも多く（霜降り），また筋運動の状態を中枢に伝える筋紡錘もみられる。筋細胞の細胞質は筋形質といわれ，アクチン，ミオシン筋細糸が配列する筋細線維でコーンハイム野を形成，その間にミトコンドリアや筋小胞体等の細胞小器官が分布する。筋細線維はアクチン細糸を主とするI帯（単屈折帯，明帯）とアクチン細糸とミオシン細糸が並ぶA帯（複屈折帯，暗）とで横紋構造を示す。I帯の中央はZ線で，アクチン筋細糸の起点となる部位，Z線間を筋細糸の単位区間として筋節という。筋細胞は色調や運動性，ミオシンATPase活性等から，白筋，赤筋や速筋，遅筋等と分類される。筋には神経系の運動終盤等もみられる。

d．神経組織

身体の器官，組織や細胞の機能の調節をする組織で，脳，脊髄の中枢神経系と脳神経，脊髄神経および自律神経系の末梢神経系に分けられる。神経組織は神経細胞（ニューロン）と神経膠組織からなり，神経細胞には細胞体（核周囲部），樹状突起，神経突起（軸索）があり，細胞体には核と自由リボゾームと粗面小胞体の集塊でできた色素好質（ニッスル小体）が多数みられる。神経細胞質内にはゴルジ複合体，ミトコンドリア等とともに神経細糸，神経細管も特徴的である。神経細胞は単極，双極，偽単極および多極神経細胞に分類され，多極神経細胞は長軸索型と短軸索型に細分される。神経細胞の集団は中枢神経系において神経核，末梢神経系では神経節といわれる。

神経膠組織は神経膠細胞により構成され，中枢神経系においては星状膠細胞，稀突起膠細胞および小膠細胞からなる。星状膠細胞は神経細胞を保護するように働き，特に血管との間では，血液脳関門を形成する。稀突起膠細胞は中枢神経系の神経突起をミエリン塩基性蛋白質とプロテオリピッド蛋白質で形成された髄鞘で被鞘する細胞で，小膠細胞は食作用があり，細胞死した神経細胞を清掃する細胞であると同時に免疫系の各種レセプターやサイトカイン等含有し，免疫担当細胞としての役割も示唆されている。上衣細胞は脳室系の壁を構築する細胞であり，脈絡叢の上皮は，脳脊髄液を生産するように分化した上衣細胞である。末梢神経系において，膠組織は神経節膠細胞，髄鞘を構築する鞘細胞（シュワン細胞）がある。

B．各器官の機能

1．消化器系

消化器官は消化管（管腔性器官）と唾液腺，肝臓および膵臓のような腺（実質性器官）で構成される。哺乳類の消化器および呼吸器は，幼子が母乳を飲むことに都合のよい構造と機能を特徴としている。子牛は口唇を母牛の乳頭に隙間なく密着させ，舌を後方に牽引，下顎を上下させながら筋肉性の頬をすぼめ，そして口蓋帆挙筋等の筋で軟口蓋を上に引き上げることにより口腔内に強い陰圧が生じて母乳を吸引することができる。さらに切歯も乳離れするまでの間，母牛の乳頭を傷つけないように柔らかい乳歯が生えている。

a．口　唇

口は口唇を開口部として，なかに口腔を形成する頬，歯，舌，口蓋等の器官で構成され，口峡で咽頭に連続する。牛の上唇は鼻とともに鼻唇平面を形成する。粘膜は重層扁平上皮で構成され，密生結合組織からなる粘膜固有層は発達するが，粘膜筋板や粘膜下組織はみられない。これは下唇の口腔側にみら

表1　牛の歯の萌出週（乳歯）または月齢（永久歯）

	切歯			（犬歯）	前臼歯				後臼歯		
	1	2	3	4	1	2	3	4	1	2	3
乳歯（週）	2	2	2	2		1	1	1			
永久歯（月）	18～24	24～30	36～42	42～48		24～30	18～30	20～36	6	12～18	24～30

れる唇乳頭とともに，深層の口輪筋の運動が口唇をぶれずに動かして口腔の食塊をこぼさない機構の１つとされている。口輪筋は比較的発達が悪く，筋線維の束が細く，口唇全体に連続することもなく上唇の中央部にはみられず，上唇挙筋も馬のように厚い筋腹がみられず，終止部も強力な腱とならずに細腱として上唇に分散し，牛の口唇のしまりなく唾液を垂らしている要因である。

b．歯

牛の歯は食物をくわえ，咀嚼粉砕して，堅い植物性飼料の線維膜を噛み破り，唾液を十分に浸み込ませ，消化液を容易に導入させる消化作用の第１段階を担う器官である。これらは，乳歯から永久歯に生え替わる２代性歯または最初から永久歯として生える１代性歯がある。また切歯，犬歯，前臼歯および後臼歯と，その生える位置，機能により形が様々に変わる異型歯である。

牛の歯の配列は歯式で表され，乳歯が0/4 0/0 3/3の全数20本，永久歯は0/4 0/0 3/3 3/3の全数32本である。上顎には切歯・犬歯がなく，下顎の切歯・犬歯があたる領域に歯床板を形成する。下顎の切歯・犬歯は，内側から鉗歯，内中間歯，外中間歯，隅歯とも呼ばれる。

牛の年齢鑑定法としては乳牛の場合のように，分娩期ごとに洞角の根本に栄養状態の変化のために輪状のへこみができる角輪を数える方法もあるが，歯を観察することが最も一般的であり，また歯の生える時期や抜け換わる時期を知ることも年齢鑑定の１つの参考となる。２歳以上では下顎第２永久切歯が生えることから年齢鑑定法として用いられる（**表１**）。

歯は，その用途の性質上，動物体のなかでも最も硬い組織で，エナメル質，セメント質，象牙質の区別がある。歯冠の最外層は一番硬く，半透明乳白色のエナメル質で囲まれている。エナメル質はほとんどが無機質からなり，有機質はわずかに３～５％程度で，水分にも乏しい。セメント質は歯根部を被い，黄褐色で骨とよく似た構造をしている。象牙質は歯の主成分で直接歯髄腔を囲んでいる。黄白色で骨よりも硬い。歯髄は歯の成長に欠くことのできない重要な組織で，赤色骨髄に似たジェリー様均質の結合組織で，歯髄腔を埋め，血管や神経が歯根尖孔（歯根の先端で外部と歯髄腔を連絡）を通って入り込んでいる。

c．舌と咽頭

舌は固有口腔の底部を占める採食・咀嚼・嚥下・発声・味覚・温度感覚・痛覚等の多機能を有す可動性の高い筋性器官である。舌の表面は重層扁平上皮で覆われ，舌背部の粘膜は厚く，固有層と粘膜下組織からなる。粘膜下組織は豊富な膠原線維と弾性線維を密に絡めた舌腱膜となり，舌正中部では深部へ発達して舌中隔となって舌筋群を分ける。舌体には舌腱膜や舌中隔に付着し，かつ細い筋束で互いに連絡する縦走性・横走性・垂直性の横紋筋性の固有舌筋（舌下神経が分布）が発達し，運動が自在である。

舌根部にはリンパ小節の集塊である舌扁桃がみられる。舌乳頭は舌背から舌側の粘膜に作られる粘膜固有層を基礎とする特徴的な小隆起で，糸状乳頭や円錐乳頭，味蕾をもつ茸状乳頭や有郭乳頭等がある。舌の腹側には下顎腺管と単孔舌下の導管である大舌下腺管が開く舌下小丘等がみられる。

咽頭は呼吸気道と交差する位置にある管腔型器官で，咽頭腔を形成する。呼吸時ないし嚥下時の違いにより，軟口蓋と喉頭蓋の構造は連動的に動く。

牛では咽頭壁の背部に１対の大きな内側咽頭後リンパ節が発達していて，これが結核菌等に侵されると大きく腫れて，ついには嚥下や呼吸が困難になることがある。耳管咽頭口は中耳とつながる耳管の開口部で，中耳と外界の気圧の調整に利用される。

d．唾液腺

ⅰ）唾液腺の形態

牛の唾液腺は，大口腔腺（大唾液腺）と小口腔腺（小唾液腺）に大別される。大口腔腺がいわゆる唾液腺で耳下腺，顎下腺，単孔舌下腺，多孔舌下腺がある。小口腔腺は粘膜に付属する腺で，口唇腺，舌腺，頬腺（背側，中間，腹側），口蓋腺等がある。

耳下腺は不規則な四角形または三角形で，耳介の根本から下顎の後縁にそって下方に伸び一部で下顎腺の表面を被う。耳下腺には粘液細胞がなく，その唾液は漿液性であり，牛では腺の実質を区画する結合組織の量が多いので質が硬く，耳下腺の導管である耳下腺管は，腺の下部に始まり，下顎の内面を迂回して血管切痕の部位に顔面血管とともに現われて咬筋の前線に沿って上昇し，上顎第二後臼歯に面する頬粘膜にある耳下腺乳頭に開口する。耳下腺の導管は唾液の単純な通路だけでなく，電解質や水分の調節を行い，唾液の最終調節に重要な意義をもつ。

ii）唾液の機能

成牛の乾物摂取量は，1日当たり泌乳牛で体重の約3％，乾乳牛で約2％，また，その飲水量は体重の10～15％に達する膨大なものである。

牛の口唇は活動的ではなく，飼料の摂取に当たっては活発な長い舌がその主役を演ずる。上顎に切歯犬歯を欠き，歯肉の上皮が硬く厚く角質化し，そこの真皮には太い線維が縦横に入り交り弾力性のある歯床板を形成し，下顎切歯の「包丁」に対する「まな板」的関係になっている。牛は活動的で丈夫な舌で飼料や草類を巻き込み，下顎切歯と上顎の歯床板の間で草等を切り取り，また粉砕飼料は丸め込むようにして口内に運ぶ。

咀嚼によって飼料の臼歯による磨砕が行われるが，同時に唾液分泌が促進され，飼料は唾液と混合されて食塊となり嚥下される。成牛の1食塊の大きさは140～160 g であるが，その乾物量は22～24 g にすぎず，残りは唾液その他の水分で占められる。成牛の1日当たりの咀嚼回数は40,000～45,000回に及ぶ。

唾液は大量の水分を供給し，乾いた飼料を湿らせて嚥下を助け，第一胃内の適正な水分含量を保持するとともに，唾液中に含まれる無機物ならびに尿素は第一胃内微生物の栄養源として役立てられるので，第一胃発酵を円滑に進めるうえで多量の唾液は大きな役割を果している。

乳用雌牛は1日当たりの細胞外液量にほぼ匹敵する100～200 L の唾液を分泌する。食道の閉塞によって消化管の外へ唾液が流れ出てしまうような異常状態下では，急速に脱水状態となり，アシドーシスに陥る。唾液分泌量は休息，反芻，採食等の条件によって変化する。例えば，休息時の混合唾液の分泌速度は34～95 mL/分であるが，採食時には平均250 mL/分と2～4倍に増加してくる。また，反芻時にも分泌量は増加するが，その増加量は採食時とほぼ等しい。

反芻動物の唾液は重炭酸塩を多量に含み，第一胃内 pH 値の調節に重要な役割を演じている。唾液中の pH 緩衝能は主に重炭酸塩に由来するが，その他リン酸塩による緩衝作用もみられる。耳下腺唾液では pH 6.0～7.0 の範囲に強い緩衝作用がみられる。したがって，唾液分泌量の不足は第一胃内 pH の維持・調節に混乱を生じる。

唾液成分は給与飼料の相違によって変化する。例えば，高蛋白飼料を給与すると，唾液中の尿素含量が増加してくるが，これは高蛋白飼料によって第一胃内アンモニア濃度が増加し，これを反映して血中および唾液中の尿素濃度が高まるためである。また Na 欠乏飼料を給与するとき，唾液中の Na：K 比に変化がみられる。

e. 食　道

食道は咽頭と胃の間にある長さ90～105 cm の管で，頚部，胸部，腹部の3部に区分される。食道の内径がかなり広く弛緩時径6 cm で，その壁も拡張性に富む。食道の頚部ははじめ気管の背側を走るが，気管の左側に位置し，第一肋骨間を通過する際には，左背側にあり，胸部に入ると胸腔を左右に仕切る縦隔膜に挟まれて，再び気管の背側に戻り，やがて気管分岐部の後方で気管から離れて後走し，横隔膜の食道裂孔を貫通し，腹部となって，第一胃に連絡する。食道頚部が気管の左側を走ることは，反芻回数や内服薬の嚥下の確認等にも利用されている。臨床的には，後縦隔リンパ節の肥大で食道が圧迫され，第一胃ガスの曖気を妨げる危険がある。食道腹部は，厳密にいえば死後変化で，胃の牽引により腹腔に引き出された部分といわれている。

食道の筋層は嚥下運動に関係する重要な層で，食塊を胃へ輸送し，または胃の内容を反芻あるいは嘔吐する場合の原動力となる。反芻類では食道筋は全長にわたり横紋筋で作られ，反芻または嘔吐することが可能である。筋層は内外2層があり，2層とも食道の始まりの部分では輪状に回転し，やがてらせん状になって相互に交差しながら下降し，終わりに近づいて外層が縦走，内層が輪走となり，特に内層は胃に近づくに従って厚さを増してくる。反芻類では食道筋が横紋筋のまま第二胃溝の筋層に入り込んでいる。

食塊が食道を通って胃に送られるのは食道筋の蠕動運動による。咽頭の嚥下圧により食道入口に達した食塊はその部分を拡張させ，その刺激により蠕動が起こる。蠕動は食塊直後の筋層が収縮して食塊を胃の方へ押しやることによって始まり，この収縮運動が波状的に後方に及ばされて収縮波を生じることによる。

f. 胃

反芻類の胃形成は，食道末端の一部が参画して反芻胃原器が形成され，第一胃，第二胃，第三胃からなる前胃と第四胃（腺胃）に分かれる。

成牛の胃容量は，160～235L と種および月齢により差があり，実際の内容物量は，ほぼ体重の 10～20％に相当する内容物を含む場合が多く，４室に区画されている。すなわち第一胃（ルーメン，瘤胃），第二胃（蜂巣胃），第三胃（葉胃あるいは重弁胃），第四胃（皺胃）からなる。第一胃単独の容量は 97～148L である。第三胃は７～18L で，第四胃は第一胃に次ぐ容量をもち 10～20L で，第一胃は牛の腹腔の左側全部と右の大部分を占める。

第一胃～第三胃の粘膜は食道と同じ重層扁平上皮であるが，第一胃粘膜には葉状，舌状，丘状等長さ２～３cm に及ぶ多数の絨毛様の第一胃乳頭がみられる。第一胃乳頭内には毛細血管が発達し，乳頭間の温度環境の恒常性，すなわち冷環境から食した餌には温度を与え，異常発酵により高温化した場合には吸熱する等の血液循環による機構を活用し，また第一胃内の養分の吸収に貢献している。

摂取した飼料は食道より第一胃に送り込まれるが，第二胃溝が閉鎖するとき，飼料は第三胃を経て第四胃に到達する。第二胃溝は噴門部から第二・第三胃口に通じる溝であるが，周辺の唇が管状に収縮するとき（第二胃溝閉鎖），食道から第三胃に飼料が直達する経路が形成される。幼動物では，吸乳時に反射的に第二胃溝が閉鎖し，乳は第三胃管を経て第四胃に達する（第二胃溝反射）。幼牛にみられる第二胃溝反射は動物が成長すると消失する。この反射の消失は生乳給与の中止によるものとされ，液状飼料の給与を持続することにより，成牛でも飼料を第四胃に送り込む飼料給与法（ルーメンバイパス）が可能であることが報告されている。

第三胃は第三胃葉が大，中，小および細葉，しばしば最小葉の４～５ランクの第三胃葉が第三胃の長軸方向に整然と配置し，大葉間に中葉，中葉と大葉の間に小葉，さらにその間に細葉がある。第三胃葉の表面には第三胃乳頭が明瞭で，食塊のさらなる摩砕や水分の吸収に関与している。

第一胃と第二胃は食塊の貯蔵・発酵の役目をなし，食物である草は食道よりこれらの２室に入るとルーメンバクテリアにより発酵し，生じた揮発性脂肪酸は第一胃と第二胃壁から吸収されて動物の栄養源となる。第三胃で菌を含む食塊の水分が吸収され半乾燥状態となることで，第四胃での消化が容易となり，ルーメンバクテリアを増殖させその代謝産物を栄養源とする。摂取した草の栄養ばかりでなく，ルーメンバクテリアが生産する揮発性低級脂肪酸（VFA）も吸収して栄養源となる。菌体は第四胃で消化されて栄養源となる。

第四胃には粘膜がヒダ状を呈し胃腺が発達し，噴門腺，胃底腺および幽門腺がある。噴門腺は明るい粘液分泌細胞からなる。胃底腺は胃粘膜の陥凹でできる胃小窩に続く管状腺で浅い方から腺頸部，腺体部，腺底部と大別され，頸粘液細胞（粘液分泌），壁細胞（HCl 分泌），主細胞（消化酵素分泌）および胃内分泌細胞等で構成される。幽門腺は大部分の粘液細胞と少数の胃内分泌細胞で構成される。

g. 腸

腸は小腸と大腸に，そして小腸は十二指腸，空腸および回腸に，大腸は盲腸，結腸および直腸に区分される。十二指腸は５～７cm 径，約１m 長，第 10 肋骨遠位端付近で幽門から肝臓に沿って前背方に向かい，肝門近くでＳ状ワナを描いて背走，右腎臓付近に至る（前部），ここで前十二指腸曲を作って下行部として尾方に向かい，寛結節付近で後十二指腸曲を作って頭方に反転，上行部となり，肝臓近くの十二指腸空腸曲で空腸に移行する。空腸は大型の牛で 40～50 m，小型の牛で 27～37 m の長さで，空回腸間膜で吊られ，結腸円盤の縁に沿って蛇行しながら盲腸側に進み，回盲腸ヒダで盲腸と結ばれる短い回腸に移行する。回腸は盲腸と結腸の移行部にみられる盲結口のヒダの部分に回腸口で，回腸乳頭を作って連絡し，この部は，いわゆる回盲結口となる。盲腸は 10～13 cm 径，約 70～85 cm 長の盲端を骨盤側に向けた円筒状の腸である。結腸は結腸近位ワナに続き，円盤状の結腸となり，結腸らせんワナの求心回で２～2.5 回まわり，中心曲で反転し，遠心回で同じ回数まわって結腸遠位ワナに移行する。この部分は門型の結腸の上行結腸に相当する部位である。空腸リンパ節は結腸遠心回と空腸の間で連続した数珠状に配列し，長いものでは1mに達するものもある。これらの腸は大網の深壁でハンモック状に作られた網嚢上陥凹に収まっている。直腸は直腸間膜を介して脊柱の腹側に直線的に肛門に向かって走行する。肛門の筋層は平滑筋性の内肛門括約筋の他に，横紋筋性の外肛門括約筋，広仙結節靭帯ないし坐骨棘から起始し，直腸側面を肛門に至る肛門挙筋等がある。

腸粘膜は，常に，抗原に晒されており，顆粒球・リンパ球・マクロファージ等の免疫系細胞が多い。粘膜上皮はわずか数μmの厚さで腸内容物からの侵襲を防いでいる。

ⅰ）小腸壁の構造

小腸は，単層円柱上皮で内貼りされ，粘膜固有層，粘膜筋板，粘膜下組織が明瞭に区別される。小腸粘膜は輪状ヒダが明瞭で，幽門部に近い部位に胆管の開口部である大十二指腸乳頭がみられる。牛は主膵管がなく，副膵管が小十二指腸乳頭に膵液を出す。筋層は輪走の内筋層と縦走の外筋層で構成され，単層扁平上皮の漿膜で覆われる。内腔に密生する腸絨毛の大きさは0.5～0.7 mm長，0.2 mm径，1 mm^2当たりおよそ20～50個，上皮は単層円柱上皮，絨毛内は粘膜固有層の連続で，その中心部を細動脈が遊離縁に向かい，先端で絨毛全体に広がる毛細血管に分枝，絨毛の上皮基底側を網状に分布しつつ，上皮で吸収された養分を運搬するシステムになっている。腸絨毛の基部では腸腺（腸陰窩，腸液腺またはリーベルキューン腺）があり，腺上皮には杯細胞，胃腸内分泌細胞等も含まれるが，馬等他の動物でみられる好酸顆粒細胞（パネート細胞）は牛において認めがたい。粘膜筋板を貫通して粘膜下組織に粘膜下腺が発達している。牛ではこの腺は幽門より後方，0.6～1.2 mの範囲で，粘液性の分泌物を特徴とする。小腸粘膜には，セクレチン，コレシストキニン（cholecystokinin：CCK）・パンクレオチミン等膵液や胆汁等の分泌促進に関与する腸内分泌細胞（基底顆粒細胞）が存在する。

ⅱ）大腸壁の構造

粘膜に腸絨毛を欠き，表面上皮は単層円柱，粘膜固有層，粘膜筋板，粘膜下組織が明瞭で，筋層は内筋層（輪走），外筋層（縦走）で漿膜に包まれる。粘膜には孤立リンパ小節，腸腺（腸陰窩）があり，杯細胞の分布が多いことから腸粘液腺ともいわれる。胃腸内分泌細胞もみられる。

ⅲ）腸のリンパ組織

消化管の全長にわたる粘膜系には，多数の形質細胞とリンパ球・リンパ小節が散在的にみられ，末端にいくに従って数や大きさが増す傾向がある。部位と腸管機能に応じ相当数のマクロファージ・樹状細胞・好中球・好酸球が混在する。消化管粘膜は体外環境からの刺激や侵襲に速やかに特異的に適切に対応する粘膜免疫系としての関門系を形成している。

パイエル板は，空回腸の粘膜固有層～粘膜下組織にあるリンパ小節の集合装置で，組織学的にリンパ上皮と粘膜固有層からなるドーム，小リンパ球と胚中心からなりB細胞依存領域であるリンパ小節，小節周囲に高内皮性細静脈がある。小節間領域はT細胞依存領域で，リンパ小節における免疫担当細胞の主役はB細胞と濾胞樹状細胞で体液性免疫応答に，また小節間領域における免疫担当細胞の主役はT細胞と指状嵌入細胞（interdigitating cell）で細胞性免疫応答に，それぞれ重要な役割を演じている。パイエル板を覆う上皮細胞には，豊富な微絨毛をもつ円柱状の吸収上皮の他に，微絨毛をほとんど欠くM細胞（microfold cell，membranous epithelial cell，高分子物質や細菌等を取り込む）がある。M細胞の表面には厚い粘液層や糖衣を欠いている。腸内容の抗原物質を細胞内に取り込み，隣接のリンパ球や固有層内のマクロファージに抗原情報を提示する働きがあるとみられている。

ⅳ）腸壁からの栄養吸収の機序

経口的に摂取された食塊のうち，栄養源として糖質（単糖），蛋白質（アミノ酸または小ペプチド），脂質（脂肪酸とモノグリセロイド，グリセロール），ビタミン，水分，電解質等を小腸吸収上皮から取り込む機序は，およそ以下のようである

1腸絨毛には，約5,000個の吸収上皮細胞があるとされる。腸陰窩底から上皮細胞が分裂して絨毛頂部へと移動し，24～36時間で上皮は入れ替わる。個々にリズム時に動く腸絨毛の頂部でのみ物質の吸収が行われる。1上皮細胞表面に約2,000本の微絨毛（大きさは0.5～1.5μm長，0.1～0.5μm径，0.1μmの間隙）をもつ微絨毛膜には，それぞれの消化過程に必要な各種酵素があり，その表面は糖衣で覆われる。

吸収された栄養分のうち，アミノ酸やグルコース等は腸絨毛の毛細血管を経て肝門脈から肝臓へ，脂肪酸やグリセリン等は膜消化を受けずに上皮細胞に取り込まれ，滑面小胞体で再合成され腸絨毛の中心リンパ管を経て腸リンパ本幹・内臓リンパ本幹・腹腔リンパ本幹から乳糜槽を経て胸管へ運ばれる。糞の量/体重当たりの1日の糞量は，牛は25～30 kg/400 kg，通常70～80%の水分が含まれる。

h. 肝臓と胆嚢

肝臓は赤褐色ないし暗褐色の内胚葉に由来する最大の実質型器官であり，横隔膜の腹腔面に接してやや右寄りに位置し，頭側に向かって凸な形状を示す。栄養分の貯蔵，代謝，排泄，解毒，合成，食作用等とともに胆汁の分泌を行う。牛の肝臓は体重比約1%で4.5～6.5 kg，葉間裂は浅く，分葉数も少なく，肝左葉，方形葉，肝右葉および尾状葉の4葉である。方形葉と尾状葉を合わせて中間葉ということもある。肝臓の表面には，背縁に食道圧痕，大静脈溝，腎圧痕等，腹縁に葉間切痕，臓側面に十二指腸圧痕等がみられる。肝臓の腹腔内の保定には，後大静脈，肝静脈，肝冠状間膜，左・右の三角間膜，肝鎌状間膜等がかかわる。

ⅰ）肝臓の組織構造

肝臓は間膜付着部以外を漿膜と漿膜下組織で覆われ，その下層の線維膜で全体が包まれる。線維膜は実質内に入り，小葉間結合組織またはグリソン鞘といわれ，血管や胆管を含む，管周囲線維鞘につながる。牛の肝臓は，管周囲線維鞘の発達が悪く，小葉像が不明瞭である。門脈系で機能血管としての小葉間静脈，栄養血管としての小葉間動脈そして小葉間胆管が観察される。肝細胞は，小葉内では連続した肝細胞板を形成し，洞様毛細血管（類洞）に接している。小葉間静脈は分枝しつつ各肝小葉の周りを巡り，類洞として小葉内に進入し，中心静脈に収斂する。小葉間動脈は細分し，小葉間毛細血管となり，その周囲の結合組織等諸構造に酸素や栄養を供与，さらに類同に合流し，肝小葉の構成員に酸素や栄養を供給する。肝細胞板は中心静脈から放射状に配列し，肝細胞と類洞の血管内皮細胞との間に類洞周囲腔（ディッセ腔）がみられる。

肝細胞は多角形の細胞で，細胞質は明るく核も大きく中央位にあり，しばしば2核の細胞もある，多くのミトコンドリアやゴルジ装置，活面小胞体，グリコーゲン粒子等も発達する

星状大食細胞（クッパー星細胞）：粗大な異物を取り込む食細胞で，血流に抗しながら洞壁に定住する。

類洞周囲脂質細胞（肝星細胞あるいは伊東細胞，Ito cells）：脂肪滴を有し，その半量は脂溶性ビタミンAで，ビタミンAの貯蔵・代謝に関与する。脂肪摂取細胞ともいわれ，ディッセ腔内に存在する。

ピット細胞：細胞質内に丸い大きな顆粒（アズール顆粒でギムザ染色で好染）を含有する細胞。肝臓に常在する大顆粒リンパ球で，natural killer（NK）細胞と呼ばれる。核の一側に細胞小器官が偏在し，他側にはよく発達する長い偽足がある。この偽足を，類洞内皮の穴に挿入し，星状大食細胞と広い面で密に接着することで，類洞壁に強固に付着している。ときに類洞外へ遊出する。星状大食細胞とともに，肝臓における早い時期の免疫的防御系を形成するとみられている。

ⅱ）胆嚢と胆汁

胆嚢は肝臓の臓側面やや右側寄りの胆嚢窩のなかに位置し，胆汁を一時的に貯蔵する盲嚢型器官である。胆汁を濃縮・貯蔵あるは酸性化し，必要に応じて十二指腸に排出する。総胆管の開口部の括約筋（オッジ筋）は腸内容物がないときには胆汁が腸内にいかないように閉鎖しているが，十二指腸内の脂肪酸，アミノ酸やCa^{2+}の刺激でCCKが内分泌され，それにより括約筋が弛緩，胆嚢および胆管の平滑筋が収縮して胆汁が出される。胆嚢および胆管の平滑筋は交感神経と副交感神経により支配されている。

胆汁はリン脂質，胆汁酸，コレステロールおよび胆汁色素等の混液で，脂肪の消化に働き消化産物を可溶化する。胆汁酸は肝細胞の滑面小胞体において，コレステロールから作られる。胆汁酸は回腸で吸収され，門脈を介して肝臓に戻る。腸肝循環で肝臓に戻った胆汁酸は胆汁の生成を刺激する。このように胆嚢が収縮したとき，正のフィードバック系が開始する。胆汁は腸における胃酸の中和にも関与する。

i. 膵　　臓

膵臓は胃の後方で十二指腸に沿って位置する。帯淡橙色の扁平な実質性器官で，右葉，膵体および左葉からなり，膵体凹側に，肝門脈や前腸間膜動・静脈が通過する膵切痕がある。膵臓実質は被膜に続く小葉間結合組織で小葉に分けられる。小葉内ないし間質には外分泌部と内分泌部がある。

ⅰ）膵外分泌部（exocrine pancreas）

膵液を生産・分泌する腺房（終末部）は複合管状房状腺で，やや長い介在導管，小葉内，間導管と続く。牛の膵臓の導出管は膵管を欠き，副膵管のみである。腺房細胞は漿液性で腺腔側には酵素原果粒を含み，基底側に発達した層板状の粗面小胞体，核内腔側に大型のゴルジ複合体が観察され，活発な蛋白合成機能を示す。膵液には15種類ほどの消化酵素が含まれており，消化の主役を担っている。腺房細胞にはCCKやアセチルコリンの受容体が存在する。

ⅱ）膵内分泌部（endocrine pancreas）

膵島細胞としてグルカゴン細胞（α細胞），インスリン細胞（β細胞），ソマトスタチン細胞（δ細胞）およびpancreatic polypeptide分泌細胞（PP細胞）が認められる。牛の膵島においてはインスリン細胞が大勢を占め，グルカゴン細胞の集団が辺縁に局在し，ソマトスタチン細胞は島内に散在する傾向にあり，PP細胞の出現は少ないが，左葉から膵体部にかけてグルカゴン細胞を豊富にもつ島（α-rich islets）や，膵右葉にPP細胞を豊富にもつ島（PP-rich islets）がわずかに存在することも知られている。牛の胎生後期から新生子期にかけて，膵臓内には一次膵島あるいは巨大膵島と呼ばれる大きな膵島がみられる。これらは外分泌部ないし間質にかけて位置し，インスリン細胞が主体で，離乳するとアポトーシスにより退縮する。その盛衰はVFA代謝と関係することが示唆されている。膵臓特有の膵島腺房門脈系が認められ，膵島ホルモンが外分泌部に機能的に関与していることが示唆されている。

2．呼吸器系

鼻，喉頭，気管，肺で構成される一連の気道系である。嗅覚，発声，呼吸および気管関連リンパ組織等多様な機能的構造を備える。外鼻孔は卵円形，上唇と結合した鼻唇平面は，鼻唇腺の分泌液で湿潤して鼻鏡となり，そこに作られる模様は鼻紋として，牛籍に利用される。鼻は鼻前庭（鼻涙口が開く）と必要な広さをもつ鼻が区別される。外鼻孔に続く左右の鼻は鼻中隔（鼻中隔軟骨・骨部・膜部を区分）で境界される。鼻中隔軟骨後方に伸びる後突起の一部は咽頭中隔の基礎となる。鼻粘膜は，鼻および鼻甲介の全内面を覆い，前庭部，呼吸部，嗅部を区別し，吸気に対する瞬間的加温・加湿の機能をもつ。

喉頭の全体は函型を呈し，舌骨と気管の間にあって軟骨性骨格と筋性に保定され，肺に出入りする空気の通路となり，また発声器を備える。

a．気管と気管支

ⅰ）気管

気管は，哺乳類では不完全なＣ型を呈する気管軟骨とその間をつなぐ気管輪状靭帯で構成される長い中腔型器官で，頸部と胸部を区分する。気管軟骨の欠ける間を埋める平滑筋性の気管横筋（気管筋）は気管の背側壁にあり，管径の拡張・収縮の調節に関与する。気管粘膜は，多列線毛上皮で，粘膜固有層には弾性線維層，粘膜下組織に気管腺を形成する。粘膜にはリンパ小節が多数存在する。最外層に外膜をもつ。

ⅱ）気管支

肺門の近くで，気管末端の右側壁から直接起こる気管の気管支の他，気管分岐部で左・右幹気管支に分かれる。気管支は肺に入るとほぼ直線的に肺底に向かうが，その経路で各肺葉に対して葉気管支を出し，これから区域気管支を分けて各肺区域に分布する。気管粘膜には粘膜筋板，また粘膜下組織に気管支腺や気管支リンパ小節が存在する。粘膜上皮に球状白血球が出現する。

b．肺

ⅰ）肺の構造

肺は左肺と右肺に分かれ胸腔に収容される。海綿状で弾性があり収縮傾向の強い器官であって，胸腔内が陰圧の状態にあるので，胸腔の拡縮に伴って肺は拡張吸気または収縮排気する。肺は横隔膜に接する横隔面，その側を肺底，頭方に肺尖，腹側の鋭縁，背側の鈍縁，心切痕，肋骨面，内側面，各葉間の葉間面等が識別される。肺の内側面に心圧痕，大動脈圧痕，食道圧痕，後大静脈溝がみられる。肺の外表面は，肺胸膜と漿膜下組織に覆われる。

牛の肺葉は右肺が前葉前部，後部，中葉，後葉および副葉，左肺が前葉前部，後部および後葉に葉間裂で分けられる。リンパ管には肺実質に分布する深在リンパ管と肺胸膜下の表在リンパ管の２系統があり，両者は連絡する。

肺の血管には，機能血管（肺動脈・肺静脈の系統で，ガス交換に関与する）と栄養血管（気管支動脈と気管支静脈の系統で，栄養や酸素を供給する）の分布がある。肺動脈は第４～５肋骨位，また肺静脈は第６肋骨位にある。

各葉気管支は区域気管支を分けて各肺区域に分布し，さらにこれから多くの側枝，細気管支を次々に分枝して気管支樹が作られる。

ii）肺胞の構造

呼吸細気管支，肺胞管の壁に肺胞があり，ここでガス交換が行われる。壁には多数の毛細血管が綱工を作っている。肺胞はおよそ５～６億個数え，個々の肺胞は100～350μm径の大きさで肺胞の上皮と毛細血管との間には基底膜がある。上皮には呼吸上皮細胞（Ⅰ型肺胞上皮細胞）と大肺胞上皮細胞（Ⅱ型肺胞上皮細胞）がある。呼吸上皮細胞は小型の扁平な細胞で，核の部分以外はきわめて薄く，基底膜を介して肺胞中隔の毛細血管との間に血液空気関門を作る。大肺胞上皮細胞は分泌細胞とも呼ばれ，背の高い大型細胞で，細胞質には粗面小胞体とゴルジ装置がよく発達し，核上部には層板様顆粒をもち，白色の泡状物質・肺サーファクタントを産生し，肺胞内面を小量の液層で被覆して表面張力を減弱させて肺胞の虚脱を防ぎ，呼吸運動を円滑にする。

肺の間質結合組織は膠原線維と弾性線維が主要素である。弾性線維は肺胞口のまわりに沿って網目構造に分布し，分かれた弾性線維は肺胞中隔に入り込んでいる。膠原線維は弾性線維に絡まって肺胞全体に分布し，肺胞の過度の拡張を防いでいる。肺胞中隔の毛細血管周囲には塵挨細胞と呼ばれる食細胞も存在する。牛の肺は１日約１万Ｌの換気を行い，１時間におよそ100～125Lの炭酸ガスが排出されるといわれる。肺には自律神経と少量の知覚神経が分布する。気道内の分岐部や細気管支と肺胞間の境界部等には，化学受容器としての神経上皮小体が存在する。

３．循環器系

循環器系には血液系とリンパ系がある。前者は心臓，動脈，毛細血管，静脈を巡って，全身に栄養および生理活性物質を運び，また代謝産物を回収してしかるべき器官に届ける機構である。後者は細胞外マトリックスの液状物を回収し，最終的には静脈系を介して血液循環と共同的に働く機構である。

a．心　臓

心臓は全身へ血液を循環させる駆動ポンプの中枢的であり，拍動は自律神経系により調節される。心臓の位置は，胸腔の縦隔内で，心膜により構築された心膜腔に納まっている。

心膜腔には，心臓外層の心外膜と心膜との潤滑に関与する，少量の漿液（心膜水）が含まれる。胸郭が背腹方向に長い哺乳類では，通常，心臓の位置は第４～８肋骨の間で腹側1/4から1/2の辺りに位置し，正中よりやや左よりにある。動・静脈の出入する心底を背側に，心尖は後腹側に傾いている。

ｉ）心臓の構造

心臓は血管の特殊化したもので，心臓の壁構造は心内膜，心筋層，心外膜の３層から構成される。心内膜は心臓の内面を覆う内皮細胞と内皮下層からなる。心筋層は著しく強大な筋層からなり，複雑ならせん状の走行をとる。心外膜は一層の扁平上皮と結合組織の心外膜下組織からなり，血管，神経，脂肪組織が存在する。心室では強大な筋が心室壁を構成する。左心室は右心室よりも内腔が狭く壁が厚い。心臓は左右の心房と心室の４室からなる。心房と心室を輪状に分ける溝が冠状溝で，心臓に血液を供給する冠状動脈が通る。外観より左右の心室を分ける室間溝は，冠状動脈の枝が通過する溝であり，心臓前面の円錐傍室間溝には左冠状動脈の円錐傍室間枝，後方の洞下室間溝には，牛では左冠状動脈の洞下室間枝が通る。静脈は円錐傍室間溝を通る大心臓静脈と洞下室間溝を通る中心臓静脈が洞下室間溝の上端で合流し，冠状静脈洞として右心房に開口する。

心臓の内部では，左右の心房は心房中隔により，左右の心室は心室中隔によって完全に区切られる。心房と心室の間には房室弁が，左心室と大動脈の間および右心室と肺動脈の間には半月弁があり，血液の逆流が阻止される．房室弁と半月弁は冠状溝の心室側で，房室口，肺動脈口，大動脈口にあり，その壁は強固な線維輪がこれらの弁の基礎になっている。線維輪は強靭な線維性結合組織であり，牛で大動脈線維輪に２個の心骨が形成される。

右心房と右心室の間の房室弁は三尖弁からなる。右心室と肺動脈の境界に３枚の半月弁からなる肺動脈弁がある。左心房から左心室への間には２尖弁で僧帽弁とも呼ばれる。左心室と大動脈の境界は３尖弁からなる大動脈弁が血液の逆流を阻止している。

ii）刺激伝導系

心臓の拍動は自律的なものであるが，拍動の増減となる収縮－弛緩の調節は自律神経系の支配を受ける。１回の心臓の収縮，弛媛により肺動脈と大動脈に血液を送り，右心房と左心房で血液を受け入れるため，心臓各部の収縮と弛緩は全体的な統制がとれるよう調整される。心臓内部での刺激の伝達は神経線維でなく，伝導心筋線維群で構成され，心内膜下に分布する以下の２つの系からなる刺激伝導系により行われる。

洞房系：右心房内面，前大静脈口で洞房結節を作り，ここで律動的なインパルスが始まり，心房内面に分布する特殊心筋に伝える。洞房結節は刺激発生装置であることから，ペースメーカーと呼ばれる。

房室系：洞房結節で発生した電気的刺激を受けて，右心房冠状静脈洞の開口近くの房室結節（田原の結節）が興奮，そのインパルスはヒス束（Hisの房室束）に伝えられ，左脚，右脚に分かれて心室の内膜下を走行し，末梢の伝導心筋線維により左右の心室各部を刺激し，心筋を収縮させる。

b. 血 管 系

ｉ）動 脈 系

心臓から出る血液は全身を巡る体循環（大循環）と肺を往復する肺循環（小循環）があり，体循環では，動脈血が酸素を運び，静脈血が炭酸ガスを持ち帰る。肺循環では，肺動脈が炭酸ガスを大量に含み，肺静脈が酸素を沢山含有している。牛の体循環での血圧は，収縮期 145 mmHg，拡張期 90 mmHg。一方，肺循環では収縮期 35 mmHg，拡張期 10 mmHg といわれている。大動脈と肺動脈の間で胎子期には未発達の肺に必要以上の血液を送らないための動脈管が閉塞した動脈管索がみられる。

体循環は心臓の左心室に始まる。心臓から頭側に出た上行大動脈は最初の分枝，冠状動脈を心臓に送り，弯曲して尾方に向かう。この部位が大動脈弓（aortic arch）で，これに続く本幹は体腔の背側を尾側へと向かう下行大動脈なる。

大動脈弓から（総）腕頭動脈が出てすぐに，左頸部，胸壁，前肢に向かう，左鎖骨下動脈を分け，次に両頸動脈と右鎖骨下動脈を分ける。両頸動脈から頭に向かう左右の総頸動脈が分枝する。

牛では大脳に向かう内頸動脈を欠き，顎動脈で代替している。総頸動脈から分枝した舌顔面動脈は顔面動脈として下顎骨の顔面血管切痕を横断して頬，口唇あたりに分布する。

下行大動脈は，胸部では胸大動脈，腹部では腹大動脈となり，腹腔動脈や腸間膜動脈で腹腔器官に精巣または卵巣動脈でそれぞれの器官に，腎動脈，骨盤部で内腸骨動脈から骨盤腔器官および腹，骨盤壁に，後肢への外腸骨動脈を分岐した後，急激に細くなり正中仙骨動脈として尾部に分布する。

ⅱ）静 脈 系

静脈系は，体躯の前位は前大静脈にまとまり，後位は後大静脈に合流して右心房に流入する。基本的には静脈は動脈に伴行し，動脈と同じ名称を共有する。また消化器系の静脈は一度合流した後の肝臓に流入して，再度分枝する肝門脈系を作る。

動・静脈壁の特徴を**表2**にまとめた。

ⅲ）脾　　臓

脾臓は一般的に暗赤色を呈して，左肋骨角と第一胃の背側左側の間に位置し，第 11 肋間隙の上端域が生検材料の採取部位である。牛の脾臓は舌状で長く，重量 650～1,150 g，脾臓背端には脾門があり，血管・神経が通る。脾臓は全血の 1/6 量を収容する能力をもち，造血，赤血球，血小板の貯蔵や老化赤血球の破壊，血小板処理，鉄代謝に関与する。

脾臓の表面は緻密な結合組織性の被膜に覆われている。被膜の結合組織は内部に伸長して多数の脾柱を形成している。脾柱は血管や神経の通路となる。脾臓の実質は脾髄と呼ばれ，赤血球が多く赤色を呈する赤脾髄と，リンパ球が多く白色斑点状を呈する白脾髄からなる。赤脾髄は脾洞と脾索からなる。脾洞は静脈の始まりで広く，脾索は細網細胞と線維によって形成される細網組織で脾洞間を埋めている。脾索内には赤血球やマクロファージ等の血球が多数含まれる。白脾髄はリンパ球を主成分とする構造で，これのなかを白脾髄動脈（中心動脈）が通る。白脾髄にはＢ細胞を主体とする脾リンパ小節が認められ，また中心動脈の周囲にはＴ細胞が多く分布する。免疫応答が活発な時期には，脾リンパ小節は胚中心が発達した二次小節となり，Ｂ細胞が増殖する。

4．リンパ系

組織内の細胞外液は組織液と呼ばれ，この組織液はリンパ管に入ってリンパとなり，最終的に静脈に入る。リンパ系は組織内で毛細リンパ管として始まり組織液を受け入れる。毛細リンパ管は次第に集まってリンパ管となり，最終的には胸管か右リンパ本管を経て静脈へ連絡する。このリンパ管の経路に沿って体内の各部でリンパ節が形成される。リンパ管は複雑に連絡しあってリンパ管叢を構成するが，同一の流域をもつリンパ節は多数集まってリンパ中心

表2　血管壁の構造比較

	大動脈	中動脈	小動脈	細動脈	毛細血管	細静脈	小静脈	中静脈	大静脈
内膜	内皮細胞 内皮下層 膠原線維 弾性線維 細網線維 線維細胞 線維芽細胞 平滑筋細胞 弾性線維網	内皮細胞 内皮下層 膠原線維 弾性線維 細網線維 線維細胞 平滑筋細胞 内弾性板	内皮細胞 内皮下層 内弾性板	内皮細胞	内皮細胞	内皮細胞	内皮細胞 内皮下層	内皮細胞 内皮下層	内皮細胞 内皮下層
中膜	輪走性の弾性組織	輪走性の平滑筋細胞	平滑筋細胞	平滑筋細胞	周皮細胞（類洞にはない）	周皮細胞	平滑筋細胞	平滑筋細胞（輪走性または縦走性）	発達が悪い
	線維細胞 有窓弾性膜 平滑筋細胞 膠原線維 脈管の脈管 弾性板								
外膜	疎性結合組織	疎性結合組織	疎性結合組織	疎性結合組織			疎性結合組織	疎性結合組織 平滑筋細胞 （主として縦走性） 膠原線維 弾性線維 （主として縦走性）	疎性結合組織 平滑筋細胞 （主として縦走性） 膠原線維 弾性線維 （主として縦走性） 脈管の脈管
	輪走性の弾性組織 線維細胞 平滑筋細胞 脂肪細胞 膠原線維 脈管の脈管	輪走性の弾性線維 線維細胞 平滑筋細胞 膠原線維 脈管の脈管	線維細胞 膠原線維 弾性線維	（線維細胞）			膠原線維 弾性線維 平滑筋細胞		
備考					有窓性または無窓性		（静脈弁）	静脈弁	静脈弁

を形成する。これらは体の表面や，頸部，腋窩，鼠径部，縦隔，腹腔内に多く，また消化管で吸収された脂肪酸とグリセリンは乳糜槽を介して胸管に入る（図1）。リンパ管には静脈と同様に多くの弁があり，リンパの逆流を防いでいる。

リンパ循環の機能としては，①毛細血管濾液を血液循環系に返す，②組織間隙および漿膜腔からの浸出液および異物の除去，③リンパ球の再循環のための通路の提供，④乳糜の運搬等があげられる。

a．リンパ節とリンパ小節

リンパ節は卵円形のやや硬い器官で，リンパ管系に沿って分布しており，頸部，腋窩，腸間膜等様々な部位に認められる。これの表面は線維性結合組織からなる被膜に覆われている．表面には輸入リンパ管が侵入するが，一側は門の構造を形成して輸出リンパ管と血管がここを通る。リンパ節はリンパを濾過するとともに，組織に侵入してきた外来抗原を捕捉して免疫応答を開始するという役割をもつ。

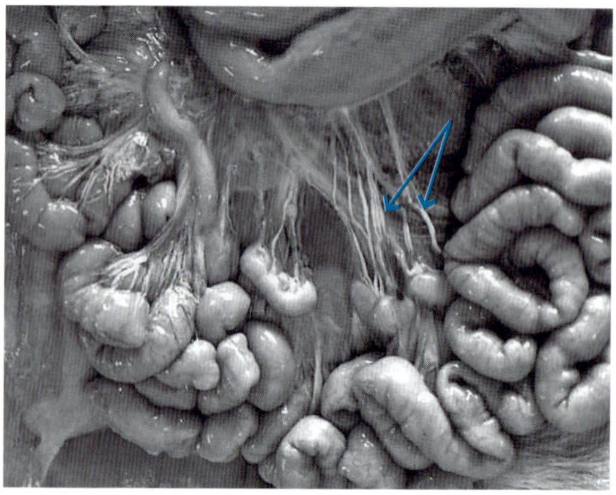

図1　山羊新生子に牛乳を給餌し，約60分後に観察された乳糜（矢印）

被膜の結合組織は実質内に伸張して小柱を形成し，この小柱に沿って血管や神経が分布する。小柱間の間隙にはリンパ球が密に分布している。皮質，傍皮質部および髄質に区分される。皮質にはB細胞を主体とする小節が形成され，骨髄依存領域といわれるが，小節には胚中心がある二次小節と，胚中心が未発達の一次小節がある。傍皮質部はT細胞を豊富に含み胸腺依存領域といわれ，髄質には形質細胞が多く分布し，胚中心と合わせて bursa (equivalent organ) dependent area といわれる。

b．胸　　腺

胸腺ははじめ腺構造を示すが，間もなく充実した上皮塊となり，さらに上皮性細網細胞に変形して全体に網状組織を造り，網眼内をリンパ球が埋めてできあがる。胎子や出生後の若い個体では，腺体は灰白色の軟らかい組織で，特に反芻類において大きく，左右の頭葉，頸葉および胸葉を区別するが，成体では退化萎縮的で小さい頸葉や胸葉からなる。

胸腺の構造は疎性結合組織性の被膜に覆われ，実質は被膜から伸張する皮質中隔によって多数の小葉に区分される。小葉は上皮性の細網細胞を含む細網組織とその間隙を埋めるリンパ球からなっている。小葉内は周縁部の皮質と中心部の髄質に識別される。皮質は髄質より多くのリンパ球を含み，これらのリンパ球は核が濃染して細胞質が少なく，髄質より暗調を呈する。髄質には，胸腺細網細胞が扁平化して，同心円状に配列した胸腺小体（ハッサル小体）がみられる。骨髄から胸腺に移行した未成熟のリンパ球はいわゆる「胸腺での教育」によって選択され，T細胞へと分化して末梢のリンパ組織へ移動する（図2）。

c．骨　　髄

骨髄では洞様毛細血管（類洞）の間に細網線維と細綱細胞からなる細網組織が支持構造を形成し，これの間隙に造血系幹細胞や脂肪細胞が分布している。類洞周囲に血球芽細胞や巨核球が密集ないし散在する。リンパ球を含めて血液中のすべての細胞は，未分化な多機能性の造血系幹細胞に由来する。リンパ球のうち，B細胞は骨髄で分化する。

健康な牛の造血能力の正常な骨髄は，赤色を呈し，赤色骨髄といわれるが，加齢により造血細胞の減少と脂肪細胞の増加により，黄色を呈し黄色骨髄といわれるようになる。また飢餓，重度の疾病等により造血細胞が疲弊した場合には膠様骨髄となる。

未熟胸腺細胞

↓

正の選択

自己の MHC 分子が提示する抗原に対して適切な強さで反応する細胞のみが増殖・分化

↓

負の選択

自己の MHC 分子が提示する抗原に対して一定以上の強さで反応する細胞は死滅

↓

成熟T細胞

（末梢のリンパ組織へ移動）

図2　胸腺でのT細胞の教育

5．血液の成分と機能

a．血　　漿

牛の血液量は，体重の 5.7～5.9％（64～82 mL/kg）である。血液は多くの液体成分および多種多数の細胞で構成されている。血液は液型結合組織であり，定着性細胞（血管内皮細胞），遊走性細胞（各血球），線維成分（フィブリノーゲン，フィブリン）および基質（血清）で構成されている。血管内皮細胞と血球は発生過程で共通の幹細胞から派生したものである。

血漿は無機質が約 0.8％，有機質が約 0.2％，そして水分が 90％の組成である。Na^+ と Cl^- が血液浸透圧の主要な因子であり，K^+，Ca^{2+}，Mg^{2+}，HCO_3^-，HPO_4^{2-}，SO_4^{2-} 等がその他の無機イオンとなる。これら各イオンには各々に生理的作用がある。微量元素として，鉄，マンガン，コバルト，銅，亜鉛，ヨウ素等が含まれている。

有機物は炭水化物，蛋白質，非蛋白窒素化合物，脂質，有機酸，ホルモン，ビタミン，色素等が含まれ，血漿の帯淡黄色はビリルビン含量による。血液中に含まれる炭水化物を総称して血糖といい，主成分はグルコースで，一般的には血液グルコースを指す。牛では可消化炭水化物のほとんどが第一胃内で VFA に変換され，代謝系も吸収された VFA を利用する系となっているので，食餌性高血糖は起こらない。血漿中には蛋白質が6～8％含まれている。

血漿蛋白質の大部分の等電点は血漿 pH 値 7.4 付近より酸性側にあり，陰イオンとして作用し，また組織蛋白質に対する窒素供給元になりうる。血漿蛋白質はアルブミン，グロブリンおよびフィブリノーゲンの3種で，グロブリンはさらに α，β，γ 等に分画される。アルブミンは血漿蛋白質の約 50％を占め，血液の膠質浸透圧の種要因で，血管内の水分の保持，血管内外の物質交換に関与する。

アルブミンはまた，カルシウムやリン等の金属イオン，脂肪酸，アミノ酸，ビリルビン等，一方，グロブリンはサイロキシン，ステロイドホルモン，インスリン等のホルモンや鉄，脂質等と結合して血中を運搬し，必要とされる部位でそれらの物質を供与すると同時に，腎臓からの排泄を妨げる。

血漿蛋白質は免疫グロブリンが形質細胞から，その他のグロブリン，凝固因子やアルブミンが肝臓で生成される。アルブミンとグロブリン含量比は A/G 比といわれ，牛で 0.91 とほぼ一定しているが，肝臓の蛋白質代謝障害や栄養失調では下がり，細菌性感染では上昇する。

血漿中の脂質にはトリグリセリド，コレステロール，リン脂質，遊離脂肪酸，そして牛では VFA 等が含まれる。これらの含量は飼料，採食後時間等で大きく変動する。

その他の有機酸として，乳酸，ケトン体等，酵素にはヒドロラーゼ，トランスヒドロゲナーゼ，トランスアミラーゼ類等が知られている。

b. 血　球

i）血液の生成と造血

血球は，骨髄性細胞（赤血球と顆粒球）とリンパ性細胞の2群に大別できる。胎生期には，胎子体外の血島の血管内で有核性の原始赤芽球が作られるが，それ以後は体内の造血となる。

血球分化の初期段階では，リンパ球系の前駆細胞が現れる。次いで赤芽球前駆細胞，巨核芽球，顆粒芽球や単芽球が形成される。骨髄の他に，胎～幼子期，胸腺やパイエル板等末梢の造血組織でもリンパ球の造血，また反芻類では，血リンパ節にも造血像をみる。

赤血球：牛の赤血球の正常値は $6.4 \pm 0.7 \times 10^6$ 個/μL，大きさは直径が4～9 μm と多様である。脱核により球形から中央部が陥凹した扁平構造になり，血球容積に対して表面積が 30％程拡大したと概算されている。ヘモグロビンは赤血球 33～36％，水分が 60％，残りは電解質である。牛の赤血球の寿命は 160 日程度。

血小板（栓球ともいう）：大きさ1～4 μm 径，2～4 $\times 10^5$ 個/μL，骨髄の巨核芽球から分化した径 60 μm の巨核球の細胞質の分断片化で生成され，無核。血小板顆粒をもつ。血液凝固機構の中心的役割を果たす。寿命は7～12 日。プロトロンビン，Ca^{2+} のもとで複数の偽足を伸ばし，偽足同士で網工を作って血球を捕捉する血液凝固機序が知られている。

白血球は，総数 $7.4 \pm 1.8 \times 10^3$/μL 個で顆粒性白血球と無顆粒性白血球に大別される。

①顆粒性白血球（顆粒球）

骨髄球系共通前駆細胞→骨髄芽球→各前骨髄球から分化する。

❶好中球（中性好性白血球）は大きさ 10～13μm 径，出現率 38.0±18％。核の分葉が起こっていない桿状核の幼弱好中球から分葉核をもつ分葉核好中球まで幅広い変異が知られる。末梢血中に幼若な少分葉核が多くなる現象を核の左方移動といい，また老化型の多分葉核が多くなれば右方移動という。細胞質中に好中果粒やアズール顆粒をもつ。寿命は2～3日。

好中球は侵入してきた細菌や異物（外来抗原）から種々の刺激を受けて活性化し，感染局所に動員され，産生する活性酵素を活用し，貪食・殺菌・脱顆粒・消化等の機能を果たす等生体防御機構の中心的役割を担っている。好中球は細菌刺激がなくても，ストレスが負荷されると，交感神経の緊張で活性化する。そのため生体がストレスに晒された際，好中球が増多し，反応性に富んだ活性酸素を多く出し組織に侵襲を与える。

❷好酸球（酸性好性白血球）は大きさ 10～15μm 径，出現率 7.9±6.7％。馬蹄形ないし2葉核，好酸顆粒をもつ。貪食能や殺菌能は弱い。寄生虫侵襲の抑制，アレルギーや炎症反応を抑制する働きとそれを促進・惹起する作用の両側面をもつ。骨髄内で生まれた好酸球が末梢血中に 25 時間ほど滞在し，血管外に遊出して6日程度の寿命といわれている。

❸好塩基球（塩基好性白血球）は大きさ 10～16μm 径，出現率 0.5±0.2％。一般的に2分葉核，異調染色性を呈し，水解酵素，ヘパリン，ヒスタミン，セロトニン等を容れた好塩基果粒をもち，肥満細胞に類似している。アレルギー症状の発現を促す。寿命は1～1.5 日。

②無顆粒性白血球

❶単球は大きさ12～20μm径，10～16μm径，出現率4.1±3.8%。馬蹄核または類円形～分葉核，多量のアズール好性顆粒をもつ。末梢組織や体腔に出て大食細胞に分化する。寿命は数カ月～数年。

❷リンパ球は大きさ5～12μm径で，出現率46.9±10.6%。大リンパ球（9～15μm径）と小リンパ（6～9μm径）とその中間の中リンパ球に区別される。小リンパ球は核細胞質比が大きく異染色質が多く，一部陥凹した球形核が特徴。アズール好性顆粒をもつ有顆粒リンパ球ともたない無顆粒性リンパ球があるが，アズール好性顆粒をもつ大リンパ球をLGL（large granular lymphocyte）という。リンパ球には，T，Bおよびナル（null）リンパ球があり，末梢血ではリンパ球の72%がTリンパ球，28%がBリンパ球である。Tリンパ球は胸腺由来で，細胞表面にCD3を発現し，多数のTリンパ球はα，β鎖よりなるT細胞受容体（TCR）を，少数のものではγ，δ鎖よりなるTCRを発現している。各々液性および細胞性免疫に関与している。

6．腎・泌尿器系

a．腎　臓

腎臓は左右1対あり，一般的に腹膜外器官といわれる。腹膜と腎臓固有の線維被膜の間に脂肪被膜として脂肪を蓄えており，枝肉の格付はこの脂肪の状況も参考にされる。重量は合計1.2～1.5kgで，通常は左腎がやや重い。牛の右腎は最後肋骨と第二・三腰椎の間の横突起腹面に位置し，前方は肝臓の腎圧痕に接し，肝腎間膜で結ぶ。左腎は第二～五腰椎間の下で，腹膜に包まれて吊るされたように位置し，第一胃に押されて右腎と前後に並ぶことが多い。第一胃内容の状態で若干可動性があり遊走腎ともいわれる。

牛の腎臓は表面に凹凸が明瞭で大きさの多様な12～15の腎葉からなる。小形の葉は元来の小腎，大形の葉は2～5小腎の融合の結果であり，小形の葉の乳頭は円錐形であるが，大形の葉では数葉の融合を示唆し，乳頭は大形で円味を帯びる。隣接の腎葉の皮質および髄質は融合している。1腎当たりの乳頭数は18～22で，尿管は腎門から入ると前後に分かれ，腎臓の両極に向かう。この枝はさらに分かれて18～22分枝となり，それらの各々が腎杯につながる。腎杯は杯形の構造物で，各々の腎乳頭を包む。

腎臓は皮質と髄質からなり，皮質は赤褐色で，点状の腎小体（マルピギー小体）が多数みられる。また放線部（直管部）もあり，腎乳頭から被膜側に放射線状に走る。皮質は外帯（辺縁帯）と内帯（髄傍帯）に分けられるが，髄質もまた，皮質に接する部分が血管に富み暗赤色で髄質の外帯，髄質の内帯は灰色を呈する。糸球体包から集合管への移行部までを腎単位（ネフロン）といい，腎小体の尿細管出口側を尿細管極という。糸球体包（ボウマン嚢），近位曲尿細管，近位直尿細管，薄壁尿細管，ネフロンループ，薄壁尿細管，遠位直尿細管，遠位曲尿細管で構成される。遠位曲尿細管は必ず元発した糸球体の血管極を通過し，その際に尿細管緻密斑を呈し血管極の輸入（糸球体）細動脈等と相接して糸球体傍複合体を作る。

腎臓は，まず血漿のすべてのものを血管外に出してから，必要なものだけを再吸収することで，老廃物や毒素を効率よく体外に排出する。尿細管における再吸収で重要な役割を果たしているのがNaClで，一度糸球体から排出された後，その99%が再吸収される。特にNaイオンの再吸収は他のイオンや溶質の再吸収にも大きな影響をもつ。近位尿細管の血管側の上皮細胞はNa-K-ATPase系を使い，常に血液にNaイオンを能動輸送し，これにより，細胞内のNa濃度が下降，また負の電位をもつようになり，尿細管からはNaが受動的に流れ込むことになる。そこではNaとともに他のイオン，ブドウ糖やアミノ酸等を細胞内に運び込む担体が存在し，Naの吸収力を利用して他の有用物質を体内に再吸収する。

ブドウ糖の再吸収は，健常な動物では99.95%以上で，ほとんど無駄なく再吸収される。アミノ酸は20種類あり特性が異なるので，それぞれ応じて5種類の再吸収系がある。①中性α-アミノ酸輸送系：Ala，Leu，Met，②塩基性アミノ酸輸送系：Lys，Arg，③酸性アミノ酸輸送系：Glu，Asp，④イミノ酸，グリシン系：Pro，Gly，⑤β-アミノ酸系：β-Ala，タウリン。

ネフロン各区画の機能の要約

糸球体：血液の濾過（牛の腎血漿流量3,500～4,500mL/分，濾過量 約1,100L/日）

近位尿細管：濾過された水分と溶質の大量の再吸収，胆汁酸塩，シュウ酸塩，尿酸塩等糸球体で濾過されない有機酸塩の尿細管内への移送

薄壁尿細管：対向流での交換による髄質高張性の維持

遠位直尿細管：Na^+，K^+，Cl^-の再吸収，Ca^{2+}，Mg^{2+}等２価の陽イオンの再吸収，髄質高張性の形成，尿細管液の希釈

遠位曲尿細管：NaCl の再吸収，Ca^{2+}，Mg^{2+}等２価の陽イオンの再吸収，尿細管液の希釈

集合管系：電解質，尿素，酸－塩基および水の排泄速度の最終調整

b. 尿　管

腎臓とともに，腹膜後隙における腹部からやがて骨盤部の尿生殖ヒダ内を走り，膀胱壁の尿管ヒダ・尿管柱を斜めに貫通し，尿管口に開く。排尿後，膀胱壁は収縮し顕著な粘膜ヒダを作る。粘膜上皮は，機能形態時に変化する移行上皮である。粘膜筋板の発達が悪く，粘膜固有層と粘膜下組織の境界は不明瞭。筋層は内縦走筋層・外輪走筋層，腹膜との間の外膜内に血管，神経の分布がみられる。

c. 膀　胱

膀胱が縮んでいるときは骨盤腔内にあるが，尿が充満すると腹腔にせり出す伸縮性に富む嚢状器官である。膀胱尖，膀胱頂，膀胱体，背側面，腹側面および膀胱頸が識別される。若齢牛では膀胱頂部に胎子期の尿膜管の遺残である正中臍索が瘢痕様にみえ，外側膀胱索に臍動脈の遺残を認めることがある。

膀胱頸の背壁内面に逆ハ字状を呈して尿管ヒダ・尿管柱が走り，裂隙状の尿管口が開く。尿管が膀胱壁内を斜めに貫通することは，排尿前の膀胱充満時で膀胱壁が拡張，尿管壁も圧平され，尿の逆流を防ぐ弁機構となっている。膀胱頸部を内層の平滑筋と外層に横紋筋性の括約筋が囲む。骨盤腔内では，外側膀胱間膜および腹正中側の正中膀胱間膜により保定される。

膀胱壁には交感および副交感神経が分布し，交感神経は膀胱の筋を弛緩させて貯尿を容認し，副交感神経は膀胱筋層（排尿筋）を緊張させるように働いている。排尿は多数の反射が相次いで起こる一連の反射の結果である。

7. 神経系

牛の脳重量は 410～550 g，脳は大脳，小脳および脳幹に大別されるが，脳および脊髄は硬膜，クモ膜，軟膜で構成される髄膜により包まれている。側脳室，第三および第四脳室の脈絡叢で脳脊髄液を生産し，各脳室および脊髄中心管を巡った髄液は第四脳室外側孔を抜けてクモ膜下腔に入り，やがて矢状静脈洞内のクモ膜顆粒を介して静脈に戻る。

間脳からは視床上部，視床，視床下部が発達し，中脳から中脳蓋，中脳被蓋，黒質および大脳脚，髄脳から延髄，後脳から小脳と橋が発達する。

これらの脳脊髄は脳室に関係する。嗅脳の嗅脳室，半球の側脳室，間脳の第三脳室，そして菱脳由来の第四脳室で，側脳室と第三脳室は室間孔，第三・第四脳室間は中脳水道で連絡している。

第三脳室底は菱形窩で延髄，橋の背壁になる。小脳脚に挟まれた後髄帆が狭まって厚い閂（obex）となるが，この前後 1 cm が異常プリオンの好発部位として BSE 検査対象になっている。

大脳半球は浅層が灰白色を呈し，灰白質，深層が白色を呈し，白質といわれ，灰白質は神経細胞が分子層，外顆粒層，外椎体層，内顆粒層，内椎体層および多型細胞層（紡錘細胞層）の６層に配列し，前３層が外基礎層で求心性，後３層が内基礎層で遠心性である。最近この６層が直径 0.5～1 mm のカラムを構築し，記憶等の機能単位となっていることが示されている。

中脳は正常な体位を保つ機能を有し，延髄は血管運動，心臓抑制中枢，発声，呼吸中枢，吸引，咀嚼中枢，唾液分泌中枢，嚥下中枢，嘔吐中枢，眼瞼閉鎖中枢，涙液分泌中枢等生命維持に関する重要な機能を有している。橋は多くの脳神経核が存在し，Ⅴ～Ⅸ脳神経が出る部位である。脳幹を経由する多くの伝導路が通過する他，大脳皮質からの運動性出力を橋核，中小脳脚を経由して，小脳へと伝える経路等が存在する。

小脳も灰白質と白色が明瞭に区別でき，灰白質は分子層，神経細胞層（プルキンエ細胞層）および顆粒層の３層で構成されている。運動の実行と筋緊張の統制，運動の準備や計画に関与，体の平衡，加速度覚，頭部と眼球の協調等に関与し，小脳の障害で，運動失調，推尺異常，意図振戦，眼振等が起こる。

脳に入る血管は一般的に左右の内頸動脈および腹側脊髄動脈に続く脳底動脈が合流して，動脈性の輪を作り，そこから前，中および後大脳動脈，小脳や眼その他に分布するが，反芻類は内頸動脈を欠き，代わりに顎動脈が前後２枝に分かれて眼窩正円孔と卵円孔から脳頭蓋に入り，間脳底部の脳硬膜内の海

綿静脈洞や海綿間静脈洞内で前硬膜上怪網を形成，動・静脈がからみ合っている。

脊髄は内側のH型の灰白質を白質が包むように配置し，中心に上衣細胞で裏打ちされた脊髄中心管がある。背側中央の（背）正中溝，腹側に（腹）正中裂で左右対象になっている。灰白質の背側には白質を貫通して背角に神経線維を送る背根，腹側には腹角から神経線維が出ていく腹根があり，側角から交感神経系の神経線維が出る。白質は有髄神経線維が主で，正中溝と背根の間が背索，背根と腹根の間を側索，腹根と正中裂の間が腹索となり，さらに背索は薄索，楔状索等に区分される。また求心性の上行路，遠心性の下行路等，左右を結ぶ白交連もある。

白質の軟膜から硬膜に密性結合組織性の歯状突起が出て，脊髄の保定に関与する。背根から椎間孔に向かう途中に偽単極神経細胞を含む脊髄神経節（背根神経節）があり，この部もまた異常プリオンの発現しやすい部位として注目されている。

末梢神経系は12対の脳神経，脊髄神経は，頸神経（1～8），胸神経（胸椎数13），腰神経（腰椎数6），仙骨神経（仙椎数5），尾骨神経（4～6対），脳神経の構成と分布，成分，頭蓋骨から出入りする孔について**表3**にまとめる。

自律神経系は交感神経と副交感神経からなる。両者とも節前・節後神経により内臓の機能を制御する。節前神経細胞は脊髄または脳幹内に存在し，節前線維は脊髄神経または脳神経とともに末梢に出て，自律神経節を構成する節後神経節細胞の1つ以上とシナプス結合する。次いで，これらの神経節から出る無髄の節後線維が心筋，平滑筋，腺細胞に分布する。

8．運動器系

a．骨

運動器は骨，筋および関節で構成される。関節を支点して筋肉が動的運動器，骨が被動的運動器となるが，骨には頭蓋腔，胸郭，骨盤腔等，脳，胸腔，骨盤腔の各器官を保護するという役割もある。頭骨，脊柱，肋骨および胸骨で軸性骨格を構築する。脊柱は頸椎（7），胸椎（13），腰椎（6），仙椎（5），尾椎（18～20）で，仙椎は癒合して1個の仙骨となる。牛の環椎は横突孔を欠き，軸椎の歯突起は円筒状，背縁（棘突起）は烏帽子状，胸椎は棘突起が高くそびえ，前後に広く，腰椎の横突起も前後に広く，仙骨は正中仙骨稜，外側仙骨稜ともに明瞭で，前位尾椎の椎体腹側に血管突起がみられる。胸郭は胸椎と肋骨〔真肋（8），仮肋（5）〕，そして扁平棒状の胸骨〔胸骨柄，胸骨体（7），剣状突起〕で構成される。椎骨の弯曲は頭部弯曲，頸胸弯曲，腰部弯曲，仙尾弯曲で，棘突起が後ろ向きと前向きの境界である対傾椎骨（集棘椎骨）は牛で第13胸椎である。

四肢の骨格は付属性骨格ともいわれ，前肢は帯骨として肩甲骨，自由前肢骨として上腕骨，前腕骨（橈骨と尺骨），手根骨格，中手骨，指骨（基節骨，中節骨，末節骨）となるが，指は第3指と第4指で主蹄を作るので，中手骨も第1および第2中手骨が全く消失，第5中手骨も痕跡的で，第3・4中手骨は癒合して1本の管骨となっている。しかし，背・腹側縦溝や溝中の中手管，3指，4指への滑車と滑車間切痕で癒合したことが明確に理解される。

後肢の帯骨は腸骨，坐骨および恥骨で作る寛骨であり，寛骨臼関節面は大部と小部に分かれている。自由肢骨は大腿骨，下腿骨（脛骨，腓骨），足根骨，中足骨，そして趾骨で構成される。中足骨と趾骨の関係は前肢と大差はないが，手根骨が6個，足根骨が5個である。下腿骨の腓骨はほとんど退化し，腓骨頭が脛骨に癒合，腓骨体は消失，遠位端は果骨となり，脛骨遠位外側端に果骨との関節面を作っている。

前肢の帯骨と体幹は筋肉で連結される筋性連結で，後肢は寛骨において仙骨と耳状面同士が半関節でつながる骨性連結である。

b．関　節

関節は線維性関節，軟骨性関節および滑膜性関節に区分されるが，滑膜性関節が狭義の関節で，可動関節である。線維性関節には靭帯結合，縫合（鋸状縫合，鱗状縫合，葉状縫合，直線縫合）や歯と歯槽の関係となる釘植がある。軟骨性関節には軟骨結合，線維軟骨結合があるが，加齢に伴い骨結合に替わることが多い。滑膜性関節は狭義の関節で関節頭，関節窩，関節軟骨，関節腔，関節包，側副靭帯を備え，関節に関与する骨の数による分類として単関節と複関節（手根関節，足根関節等）が知られる。関節の可動方向と形状で一軸性の平面関節，顆状関節，車軸関節，蝶番関節，滑車関節，らせん関節，二軸性の鞍関節，楕円関節そして三軸性の球関節，臼関節と分類される。また，関節腔内に軟骨性の関節半月を入れる膝関節や，関節円板を入れる顎関節

表3　脳神経の起始，走行，出入孔

	神経名	起始	機能	神経節	支配領域	出入孔
1	嗅神経	嗅上皮の知覚ニューロン	特殊内臓求心性		嗅粘膜	篩孔
2	視神経	網膜の神経上皮	特殊内臓求心性		網膜	視神経管
3	動眼神経	中脳	一般体性運動性		背側直筋，腹側直筋，内側直筋，腹側直筋	眼窩正円孔
			特殊内臓運動性	毛様体神経節	上眼瞼挙筋，毛様体筋，瞳孔括約筋	
4	滑車神経	中脳	一般体性運動性		背側斜筋	眼窩正円孔
5	三叉神経	後脳				
	上顎神経		一般体性求心性	三叉神経節	眼窩，眼窩下皮膚，上歯槽	眼窩正円孔
	下顎神経		特殊内臓運動性	翼口蓋神経節	咬筋，翼突筋，頬筋	卵円孔
	眼神経		一般体性求心性	毛様体神経節	涙腺，上眼瞼，前頭洞，内眼角	眼窩正円孔
6	外転神経	髄脳	一般体性運動性		外側直筋，眼球後引筋	眼窩正円孔
7	顔面神経	髄脳	特殊内臓運動性		表情筋，顎二腹筋，アブミ骨筋	内耳道－茎乳突孔
			特殊内臓求心性	膝神経節	味覚，舌の前２/3	
			一般内臓運動性	下顎神経節，翼口蓋神経節	下顎腺，舌下腺，涙腺	
			一般内臓求心性	膝神経節	下顎腺，舌下腺，涙腺	
			一般体性求心性	膝神経節	耳道の皮膚	
8	内耳神経	髄脳	特殊体性求心性	前庭神経節 らせん神経節	半規管，卵形嚢，球形嚢 コルチ器（らせん器）	内耳道
9	舌咽神経	髄脳	特殊内臓運動性		茎突咽頭筋，	頸静脈孔
			特殊内臓求心性	遠位神経節	味覚舌の後 1/3	
			一般内臓運動性	耳神経節	耳下腺	
			一般内臓求心性	遠位神経節	頸動脈洞，咽頭	
			一般体性求心性	近位神経節	外耳	
10	迷走神経	髄脳	特殊内臓運動性		咽頭収縮筋，喉頭の内在筋	頸静脈孔
			特殊内臓求心性	遠位神経節	後咽頭粘膜と喉頭粘膜	
			一般内臓運動性	終神経節	気管，気管支，心臓，消化管の平滑筋	
			一般内臓求心性	遠位神経節	舌根，咽頭，喉頭，気管，心臓，食道	
			一般体性求心性	近位神経節	胃，腸，頸動脈洞，外耳道	
11	副神経	髄脳	特殊内臓運動性		僧帽筋，胸骨頭筋と上腕頭筋	頸静脈孔
12	舌下神経	髄脳	一般体性運動性		舌筋	舌下神経孔

もある。

頭蓋の関節には顎関節，脊柱の関節には環椎後頭関節，関節突起関節，肋椎関節，肋骨肋軟骨関節（半関節），胸肋関節がある。

前肢の関節には肩関節，肘関節，近位橈尺関節，遠位橈尺関節，手根関節，中手指節関節（球節または繋関節），近位指節間関節（冠関節），遠位指節間関節（蹄関節）がある。

後肢の関節には骨盤結合（恥骨結合，坐骨結合），仙腸関節（耳状面），股関節，膝関節，大腿脛関節，大腿膝蓋関節，近位脛腓関節，遠位脛腓関節，足根関節（飛節），中足趾節関節，近位趾節間関節，遠位趾節間関節がある。

c．筋　肉

筋肉は，随意性の横紋筋で，起始部と終止部を骨や軟骨とする骨格筋の他に，関節包に着く関節筋，皮膚の皮筋もあるが，一般的には骨格筋にくくられている。また，舌，食道などにある内臓の横紋筋もある。

筋の基本形は紡錘形で筋頭，筋腹および筋尾があり，筋頭は起始部で一般的に頭側ないし体軸側，固点ともいわれる。筋腹は筋の中央部で紡錘形の厚い部分，筋尾は終止部で，一般的に尾側ないし反軸側で動点ともいわれる。筋の付属装置として，筋膜，腱，腱画，腱鞘，滑液包（滑液鞘），支帯および種子骨等があり，筋と骨はシャーピー線維でつながれる。

腱または腱膜との結合状態により筋名となったものは，紡錘状筋，二頭筋，三頭筋，二腹筋，鋸筋，多裂筋等があるが，筋頭が複数の筋，筋腹が複数の筋，そして筋尾が複数のものが多裂筋である。筋の形態による筋名としては，長筋，最長筋，短筋，広筋，円筋，輪筋，三角筋，菱形筋，梨状筋，僧帽筋等がある。

9．感覚器系

感覚は視覚，平衡覚，聴覚，嗅覚，味覚，触覚，温冷覚等，生活上欠かせない情報入力システムである。

a．視覚器

視覚器は眼球と眼瞼，涙器，眼筋からなる副眼器で構成される。眼球は角膜外層，水晶体，網膜，視神経，強膜，脈絡膜，毛様体，角膜の内層等で構成され，眼窩内にある。眼球壁は角膜と強膜からなる外層，虹彩，毛様体および脈絡膜からなる眼球血管膜（ブドウ膜）と総称される中層そして網膜の内層の３層構造である。角膜は眼球前縁の透明な膜で，角膜前上皮，前境界板（ボウマン膜），角膜固有質，後境界膜（デスメ膜），角膜後上皮で構成され，血管の進入はない。強膜は膠原線維と弾性線維が入り組んだ交織線維性の強い膜で，視神経を通過させる部位に強膜篩板を作る。

眼球血管膜はブドウ膜ともいわれ，虹彩，脈絡膜，毛様体の基質からなり，瞳孔経由以外の入光を遮断する。牛の瞳孔は馬と同様，横に細長く，眩しさを避けることができ，また，広く視野がとれるといわれている。

神経層は外側から，視細胞層，外境界層，外顆粒層，外網状層，外顆粒層，内網状層，視神経細胞層，視神経線維層および内境界層に階層分けされる。視細胞は光受容細胞で，視細胞には杆体および錐体細胞がある。杆体細胞は色（波長）の違いを区別できない光感受性色素，ロドプシンを含む。ロドプシンはオプシンとビタミンＡ誘導体であるレチナールの複合体。牛の錐体細胞はオプシンとしては，短波長型と長波長型の２種類が知られる。

b．平衡聴覚器

聴覚器は外耳，中耳および内耳からなり，内耳には平衡覚（加速度覚）も共存する。外耳道は皮膚の連続で，中耳との境界は鼓膜で皮膚層を作る。

中耳は耳管，鼓室，鼓膜の粘膜層でなる。耳管は咽頭と連絡し，中耳と外界の気圧を調整し，鼓膜への気圧によるストレスを軽減する。鼓室上陥凹にはツチ，キヌタおよびアブミ骨（耳小骨）が鼓膜壁と迷路壁の前庭窓の間を結び，鼓膜に達した音情報を内耳に増幅伝達する。鼓膜は皮膚部，固有層および粘膜層からなり，固有層は放線状層（外）と輪状層（内）の線維を細い線維が束ねる。

前半規管と後半規管は垂直方向に，外側半規管は水平に張り出し，前，後，外側膨大部で卵形嚢に連絡する。半規管はそれぞれが直角に配置され，Ｘ軸・Ｙ軸・Ｚ軸のように三次元の回転運動を感知することができる。

蝸牛管は球形嚢の腹側端から管状に突出し，らせん状に回転しつつ発達する。球形嚢とは結合管で連絡する。蝸牛管の膜迷路の上下に前庭階と鼓室階が分化し，外リンパを容れる。蝸牛管は蝸牛軸を中心に牛で３～４回弱回転し，聴覚器を備え，らせん器（コルチ器）といわれる。

c．嗅覚器

嗅上皮の鼻腔面は粘膜固有層の嗅腺と支持細胞から分泌された粘液層となり，吸い込まれた匂い分子を嗅覚受容器に接着させる。嗅細胞は外界にさらされている神経細胞で，基底細胞が分化して新しい嗅細胞になる。寿命は２，３週間である。

嗅線毛が匂い物質に触れることによって，その匂いに対する感覚が生じる。線毛には匂い物質に対する受容器がある。嗅覚にはＧ蛋白共役受容体（GPCR）が関与する。この受容体は1,000種以上の亜型がみつかっている。ある匂いに反応するレセプターは嗅粘膜にモザイク状に分布していることがわかり，匂いの種類や強さの感覚はいくつかの受容体の組合せによって認識される。

d．味覚器

味蕾の発生は舌の重層上皮の基底細胞層の分裂に始まる。上皮基底部に不規則な配列の数十個の細胞塊が現れ，その遊離縁側に上皮内空隙ができ，やがて外に開いて味蕾の原型になる。味蕾は茸状乳頭，有郭乳頭に存在するが，茸状乳頭では口腔面に，有郭乳頭では溝に面する乳頭側面にみられ，牛では

25,000個ある。味蕾は舌ばかりでなく，咽頭，食道粘膜にも出現する。

牛の味覚は甘味，塩味，酸味および苦味の4味で有郭乳頭上皮内の味細胞の味毛に甘味受容反応があることが知られている。

10．内分泌器官

a．内分泌器官とホルモン受容体

内分泌器官は，ホルモンを分泌する器官で，内分泌腺としてまとまった器官や，他の器官と共存する腺または単細胞性の内分泌細胞が散在すること等多様である。ホルモンは，ある器官で合成・分泌され，体液を通して体内を循環し，別の決まった器官でその効果を発揮する生理活性物質で，生体内の特定の器官の機能を調節するための情報伝達を担う物質である。内分泌細胞は，その分泌物により，①ペプチドホルモン産生細胞，②アミンホルモン産生細胞，③ステロイドホルモン産生細胞，④アミノ酸誘導体ホルモン産生細胞等に分類される。

栄養分とは異なり，ホルモンの体液中の濃度はきわめて微量である。例えば，典型的なペプチドホルモンの血液中の濃度は，9～10 mol/L程度と，きわめて低濃度である。ホルモンが作用を発揮する器官を，ホルモンの標的器官（target organ）と呼び，ホルモン分子に特異的に結合する蛋白質であるホルモン受容体（ホルモンレセプター）が存在し，受容体がホルモンと結合することが，その器官でホルモンの作用が発揮される初動となる。ホルモン受容体蛋白質が，ホルモン分子とだけ強く結合する性質を有することにより，標的器官が非常に低濃度のホルモンに鋭敏に反応する。ホルモンによって行われる，ある器官の機能の調節のことを，体液循環を介した調節であることから液性調節という。液性調節は，神経伝達物質を介した神経性調節に比べて，時空間的には厳密なコントロールができない一方，遠く離れた器官に影響を与えることができる。

ホルモンの特徴を整理すると次のとおりである。ホルモンは特定の細胞で作られ，血流で遠くの器官や組織に働き，特定の反応を惹起させる。ホルモンの特徴は①特定の細胞で作られる，②血流で運ばれる，③微量である，④特定の器官に作用する（成長ホルモンはほとんどの組織に作用し，例外的である），⑤化学物質である。

b．フィードバック調節機能

ホルモンにとってフィードバックはとても重要な意味をもつ。フィードバックには2種類，「正のフィードバック」と「負のフィードバック」がある。正のフィードバックでは特定のホルモンが存在することによってほかのホルモンが分泌される。例えば，甲状腺ホルモンが分泌されるには甲状腺刺激ホルモン（TSH）が必要であり，TSHが分泌されるには甲状腺刺激ホルモン放出ホルモン（TRH）の作用が必要である。一方，ホルモンの量が多くなるとホルモン生産を抑制する必要がある。このとき，生産されたホルモンが生産される前のホルモン（または自分自身）に働いて不活化させる。これが負のフィードバックである。

c．主な内分泌器官とホルモン

ⅰ）松果体（pineal body，松果腺）

発生的には，間脳胞の蓋板の尾側端から松果体芽として生じ，成体では第三脳室背後方の視床上部で松果陥凹の外に向かって突出する。哺乳類では，無髄神経線維や血管を含む結合組織性中隔で小葉に分けられ，小葉内には明調または暗調の松果体細胞，神経膠細胞および神経線維がみられる。しばしば，細胞間にカルシウム沈着物である脳砂がみられる。松果体細胞において，メラトニンはセロトニンから生成され，光刺激で交感神経末端のノルアドレナリンの分泌が抑制され，メラトニン合成は減少，暗期は逆転し，分泌を行うことで日周変化（生物時計）の元になっている。

ⅱ）視床下部（hypothalamus）

視床下部は交感神経・副交感神経機能および内分泌機能を全体として総合的に調節し，摂食行動や飲水行動，性行動，睡眠等の本能行動の中枢および怒りや不安等の情動行動の中枢でもある。また視床下部には，体温調節中枢，浸透圧受容器，そして下垂体ホルモンの調節中枢等がある。構造的には，視床下部の前部でオキシトシンを産生する室傍核，視索の背外側および腹内側にあるバゾプレッシン（抗利尿ホルモン）を産生する視索上核があり，それらのニューロンの電気的活性は脳の他の領域からの求心性のシナプス入力により調節されている。

一方，下垂体前葉（腺性下垂体）の内分泌細胞は，哺乳類においては，神経の直接支配を受けないものの，それらのホルモンは神経分泌細胞の支配下にある。弓状核の成長ホルモン放出ホルモン（GHRH）

ニューロン，視索前野の性腺刺激ホルモン放出ホルモン（GnRH），室傍核の副腎皮質刺激ホルモン放出ホルモン（CRH）等は，腺性下垂体の成長ホルモン産生細胞，性腺刺激ホルモン産生細胞および副腎皮質刺激ホルモン（ACTH）産生細胞を刺激し，各々のホルモンの生産と分泌を亢進させる。

iii）下垂体（hypophysis, pituitary gland）

下垂体は，口窩の下垂体嚢（ラトケ嚢）から発達した腺性下垂体（下垂体前葉と中間部）と間脳視床下部から突出して腺性下垂体と合体する神経性下垂体（下垂体後葉）で構成される。腺性下垂体の後葉と接する部分が中間部となり，前葉と中間部の間に下垂体腔が認められ，腔内に膠質が貯留することがある。中頭蓋窩の下垂体窩に収容され，前硬膜上怪網を伴って脳硬膜に包まれる。

腺（性）下垂体ないし前葉は，隆起部（血管分布に富む），主部ないし末端部（洞様毛細血管に富む）および中間部（中間葉）を分ける。下垂体嚢の遺残である下垂体腔の表面は立方状ないし円柱状のまれに線毛をもつ細胞で覆われ，ときに杯細胞が存在する。牛では下垂体腔に向かって中間部の中央，前腹側から，下垂体主部の腺細胞を含む下垂体円錐がある。

下垂体には上下垂体動脈が前葉に向かい２分し，一部はそのまま腺性下垂体に入り類洞性の毛細血管網を作る。他の一部は正中隆起部に入り一次毛細血管網を形成してやがて数本にまとまり，腺性下垂体に入り二次毛細血管網を構築，類洞性の毛細血管網に合流して，一次毛細血管網で託された神経ホルモンを前葉細胞に届ける機構となっている。下垂体動脈は後葉に入り，類洞性の毛細血管網を構築し後葉ホルモンを搬出する。

神経（性）下垂体（neurohypophysis）は，間脳底壁から腹方に突出した部分で，第三脳室に続くロートと神経葉（後葉）からなる。組織学的に，神経分泌細胞の神経線維と中枢性膠細胞の後葉細胞，類洞からなる。後葉ホルモンはオキシトシンとバゾプレッシンの２種で，産生する細胞は視床下部の室傍核と視索上核の神経分泌細胞で後葉にはなく，神経分泌物は軸索流として軸索血管シナプスに至り，神経下垂体類洞に放出される。しばしば軸索内に神経分泌物蓄積小体（ヘリング小体）がみられる。

iv）甲状腺（thyroid gland）

甲状腺は薄い被膜で覆われ，結合組織が実質に入り込んで多くの小葉に分ける。小葉はコロイドで満ちた円形ないし卵円形の小胞（濾胞）からなる。甲状腺峡部は，牛では細い腺性峡部，腺体はほぼ第２～３気管輪の外腹側に位置する。後に上皮と連結を断って消退する。

甲状腺ホルモンの分泌量は，いくつものホルモンによって調節されているが，代表的なのは前葉から分泌されるTSHである。TSHは，甲状腺濾胞内に蓄積されたサイログロブリンが濾胞上皮細胞内へ再吸収されるのを促進する。サイログロブリンは，細胞内のリソソームで消化を受け，甲状腺ホルモン（T_3またはT_4）が遊離し，濾胞の外側に放出され，これが毛細血管より血中に入り全身に還流する。濾胞上皮細胞内で遊離した甲状腺ホルモンは，その後，細胞内で蓄積されないため，TSHの刺激により，血中への分泌量が増加する。

TSHの分泌量は，間脳の視床下部から放出されるTRHによって調節される。全身のほとんどの細胞に甲状腺ホルモン受容体は発現する。甲状腺ホルモン受容体は核内受容体であり，ホルモンと受容体が結合すると，その複合体は核内DNAに結合し，特定のRNAの転写活性を調節する。甲状腺ホルモンの作用により，全身の各細胞では呼吸量，エネルギー産生量が増大し，基礎代謝量が促進される。

v）上皮小体（parathyroid gland）

第３～４咽頭嚢上皮から起こり，発生母地から分離して存在する。第３鰓嚢由来は外上皮小体ないし第３上皮小体といい，反芻類では甲状腺，咽喉頭，下顎腺の外面等に，また第４咽頭嚢由来は内上皮小体ないし第四上皮小体といい，反芻類では甲状腺実質内に埋まって存在する。

上皮小体細胞は，骨質のCa溶出，骨崩壊，血中カルシウム濃度維持に働くパラトルモンを分泌する明主細胞・暗主細胞の２種の他，主細胞とミトコンドリアを豊富に含む酸好性細胞および基底細胞からなる。上皮小体の機能亢進時には（ビタミンD過剰投与，慢性腎疾患時にも）全身性石灰沈着を発症する。

vi）胸腺（thymus）

上皮性細網細胞からペプチドの胸腺ホルモン，すなわちサイムリン，サイモシン，サイモポエチン等が産生・分泌され，Tリンパ球の活性化に関与する。その他に胸腺因子といった免疫に関与する生理活性物質の産生にも関与する。上皮性細網細胞は胸腺小体（ハッサル小体）となり，髄質中では本小体が形成されたり退縮したりする。網状組織の網眼では，ここに入り込んだ骨髄由来（胎生期においては血島，後に肝臓由来）のT前駆細胞の胸腺リンパ球（thymocytes）への誘導，変換が促されてリンパ性組織の構成に参加する。胸腺は，去勢後肥大し，また妊娠中は萎縮する。胸腺ホルモンはサイトカインでもある。

vii）副腎（adrenal gland，腎上体）

腹大動脈に接して腎門の前内位に位置する。近くの動脈から複数の副腎動脈が進入する。赤褐色～黄白色を呈し，左右で形状を異にする。哺乳類では発生・組織構造・機能の全く異なる外側の皮質と内側の髄質の合体によって構成される内分泌器官である。

①皮　　質

皮質は，中胚葉起源の器官組織で，中腎の頭内側の体腔上皮が増殖して間腎組織となる。アルドステロン等，約10種類のステロイドホルモンを産生する。機能的には物質の代謝調節，生殖腺の発育，微量の雄性および雌性ホルモン，および電解質の調節に関与し，また，アレルギー発現抑制・抗炎症作用にも関与する。胃や腸の働きを活発にする他，大脳を覚醒させる作用がある。老齢個体ではストレスに対する生体防御機構で重要な役割を果たす。

糖質コルチコイドのコルチコステロンは球状帯，束状帯および網状帯から，コルチゾールと性ホルモンは束状帯および網状帯から分泌される。糖質コルチコイドは標的細胞内に遊離の状態で入り，細胞内の受容蛋白質と結合し，さらに核内のDNAと可逆的に結合，結果，関連するmRNAの合成が促進し，特別の機能をもつ酵素系の形成が亢進される。糖新生の増加，肝臓のグリコーゲンの合成，蛋白質分解からグルコース前駆体の生産，脂肪代謝によるトリグリセリドやケトン体の増加，腎臓糸球体濾過量への影響，血中リンパ球，好酸球，好塩基球の減少と赤血球，血小板および好中球の増加にも関与する。ストレスの緩和，ヒスタミンやキニンの放出抑制等もある。

糖質コルチコイドの分泌はACTHにより支配されている。ACTHは副腎皮質の発育，構造，機能の維持にも関与する。ACTHにより増加した糖質コルチコイドは視床下部や下垂体前葉に作用して，AVP，CRHおよびACTHの分泌抑制を促す（負のフィードバック）。

②髄　　質

髄質は，神経堤由来の外胚葉性細胞で，交感神経節と関連の神経細胞が内分泌細胞となって上腎組織を作る。髄質細胞は重クロム酸カリを含む固定液で処理すると，細胞質にモノアミンが存在するために褐色～黄褐色に染まるクロム親和反応を示すことから，クロム親和性細胞ともいう。

髄質細胞は，明るい好塩基性の明細胞（A細胞，アドレナリン分泌細胞）および暗調で強褐性の暗細胞（NA細胞，ノルアドレナリン分泌細胞）を分ける。髄質は皮質からの血管を受け入れるとともに，被膜から直行する貫通動脈（髄質動脈）が分布し，髄質静脈叢や類洞を形成し，中央部に太い中心静脈にまとまって副腎を出た後，大静脈に合流する。貫通動脈は髄質の栄養ないし酸素の供給に有益で，皮質からの血管は皮質ホルモンを含み，髄質細胞のカテコールアミンの制御等，機能的に関与していることから，皮質－髄質門脈循環的一面とみてとれる。

神経堤ないしそれと並列関係にある特殊なクロム親和反応を有する神経細胞・内分泌細胞からなる小体型器官は神経旁節ないしパラガングリオンと呼ばれる。アミン産生ないしアミン取込みの特徴が知られている。

内分泌細胞とそのホルモンについて，**表4**に示す。

11．生殖器系

a．雄の生殖器

生殖器は生殖腺，生殖道および交尾器からなる。

i）精　　巣

精巣は生殖細胞を生産する生殖腺であると同時に，雄性ホルモンを分泌する内分泌器官でもあり，精巣下降により体腔外の陰嚢内に収まっている。牛の精巣重量は250～300 gである。卵円形で長軸が体軸に直角で，頭端は背方，精巣上体縁は尾方を向く。和牛では右が大きい傾向がある。

①精巣の構造

被膜：精巣の表面は鞘膜で，強靭な白膜で裏打ちされている。白膜は膠原線維からなり，深層に豊富な血管を含み，血管層（膜）ともいわれる。白膜は実質中に入り込んで，精巣縦隔を作る。

間質：白膜は精巣頭端の精巣上体縁で肥厚し，長軸に沿って実質中に侵入し，精巣縦隔を作る。この縦隔から精巣中隔が精巣周縁に向かって放射状に派生し，実質を多くの精巣小葉に分ける。さらに精巣中隔は精細管の間に侵入して精巣間質を作る。ここに雄の２次性徴に関与する男性ホルモン（アンドロゲン）を生産・分泌する間細胞（ライディヒ細胞）が存在する。

実質：精巣実質は迂曲した径 0.1～0.3 mm の精細管からなり，精子形成を行う曲精細管が大部分を占める。曲精細管の周囲には筋様細胞が配置し，細管内の精子を絞り出す働きがあるといわれている。曲精細管は小葉の頂点に集まり，迂曲度を減じて，直精細管に移行し，さらに多数が集まって精巣網に連絡する。これより牛で 13～15 本の精巣輸出管を介して精巣上体に連絡する。

ii）精巣上体

精巣上体は精巣輸出管と精巣上体管からなる。精巣上体頭，体，尾があり，精巣とともに精巣白膜で包まれる。精巣輸出管は頭部に集まって精巣上体小葉を作る。精巣上体管は１本で，全体で 33～35 m になる。尾部に向かって蛇行しつつ太くなり，精管に移行する。精子は精巣上体管を移動する間に受精能を獲得するとされている。

iii）陰　嚢

陰嚢は腹壁が嚢状に突出したもので，反芻類では臍に近い恥骨部にある。外層から順に陰嚢皮膚（外皮），肉様膜，精巣挙筋および精巣鞘膜の４層に区別される。

iv）蔓状静脈叢

精巣動脈は精索前縁の近位精巣間膜（血管ヒダ）を通って著しく迂曲する。これに精巣静脈が複雑に迂曲しまとわりついて蔓状静脈叢を作る。この静脈叢は精巣に入る精巣動脈の血液温度を低下させる一方で，腹腔に戻る精巣静脈の血液温度を上昇させる熱交換システムといえる。

v）雄の副生殖腺

尿道には，精漿の大部分を生産・分泌する副生殖腺が開口する。これらの腺は性成熟に伴って発達する。次の３つの腺と膨大部腺がある。

精嚢腺：膀胱頸の背側，精管膨大部の外側に位置し，充実した腺体として左右１対ある。組織学的には分岐管状腺で，単層の円柱上皮からなる。導管は１本にまとまって精管末端と合して，射精口で精丘に開口する。

前立腺：膀胱頸の背位で尿道基部に存在し，腺体は小塊状で伝播部が発達する。伝播部は厚さ１～1.5 cm で尿道骨盤部全域の尿道周囲に分布する複合管状腺，尿道筋で包まれる。

尿道球腺：尿道骨盤部背壁で骨盤腔出口に近く尿道に沿って存在する左右１対の複合管状腺。１本の尿道球腺管で尿道に開口する。表面は球海綿体筋で被われる。

膨大部腺：膀胱頸に近い精管末端部が太くなり，その固有層に発達する分枝管状腺である。

vi）雄の尿道

尿道は尿および精液の導管で，膀胱頸の内尿道口から始まり陰茎先端の外尿道口に至る。初め骨盤腔内を骨盤結合に接して後走する。この部を尿道骨盤部という。尿道球腺のところで狭くなり，これを尿道峡という。坐骨弓の背側で憩室様の尿道凹窩（尿道上憩室）があり，このことにより，尿道カテーテルの導入が困難になっている。骨盤腔を出た尿道は海面体部となり，陰茎の尿道溝に沿って尿道海綿体に囲まれ，陰茎の末端に向かう。海面体部の初めは結節状に肥厚して尿道球を作る。外尿道口の尿道の末端は尿道突起となる。

vii）陰　茎

陰茎は坐骨結合の後端に始まり，陰茎根に近い部位において陰茎堤靱帯で保定される。陰茎Ｓ状曲を作り，陰嚢中隔の基部を通過して下腹部の正中腺に沿い，臍部に達し，ここで包皮に包まれる。陰茎の主体は陰茎海綿体で，中隔によって左右に分けられる。海綿体は毛細血管が特に拡大したもので，動脈および静脈と結合して，交尾に際し血液の流入で陰茎を勃起させる。陰茎海綿体は坐骨弓の中央両側において，１対の陰茎脚として球海綿体筋に囲まれて起こり，直ちに相合して走り，先端は多くの端に分かれる。陰茎の背面には陰茎背動脈が走行する浅い陰茎背溝があり，腹面は尿道溝である。尿道海綿体の白膜は尿道溝の間を架橋し被蓋を作り，その外側に陰茎後引筋が付着する。牛の陰茎も先端は膨大するが，亀頭の境界は明瞭でない。

viii）包　皮

包皮は腹壁皮膚の連続で嚢状に陰茎の先端を包む。包皮口を作って腹壁から遊離する。外板と内板を区別する。牛では臍皮筋に由来する包皮筋がある。

b．雌の生殖器

雌の生殖腺は卵巣，卵管，子宮，腟で構成される。

表4　内分泌細胞とホルモン

器官名		ホルモン	機能	受容器	備考
松果体（松果腺）		メラトニン（melatonin）	性腺抑制作用，生体リズムの調節作用，催眠作用，深部体温低下作用，抗酸化作用，	MT1，MT2 受容体	
視床下部		成長ホルモン放出ホルモン（growth hormone releasing hormone：GHRH，GRH）	成長ホルモン（GH）分泌を特異的に促進する	グレリンをリガンドとするオーファン受容体	成長ホルモンから負のフィードバック
		成長ホルモン放出抑制ホルモン（somatotropin-release-inhibiting hormone：SRIF，somatostatin）	下垂体前葉：GH 産生細胞抑制，プロラクチン産生細胞抑制 膵臓：インスリン産生細胞，グルカゴン産生細胞 胃腸：ガストリン，モチリン，セクレチン産生細胞抑制	G 蛋白質共役型受容体 サブタイプ1，2	
		プロラクチン放出ホルモン（prolactin releasing hormone：PRF）	プロラクチンの放出を促進	G 蛋白質共役型受容体	プロラクチンから負のフィードバック
		プロラクチン抑制ホルモン（prolactin-inhibiting hormone：PIH）	プロラクチンの放出を抑制	G 蛋白質共役型受容体	
		副腎皮質刺激ホルモン放出ホルモン（corticotropin-releasing hormone：CRH）	副腎皮質刺激ホルモン（ACTH）の分泌を促進	G 蛋白質共役型受容体 サブタイプ1，2	副腎皮質ホルモンから強い負のフィードバック。 ACTH から弱い負のフィードバック
		甲状腺刺激ホルモン放出ホルモン（thyrotropin-releasing hormone：TRH）	下垂体前葉からの甲状腺刺激ホルモンやプロラクチンの分泌促進	G 蛋白質共役型受容体	TSH 分泌上昇でフィードバック
		性腺刺激ホルモン放出ホルモン（gonadotropin releasing hormone：GnRH）	下垂体からゴナドトロピン（LH と FSH）の分泌促進	G 蛋白質共有型受容体，下垂体，妊娠時の胎盤	ゴナドトロピンから負のフィードバック。性ホルモンから負のフィードバック
		メラニン細胞刺激ホルモン放出ホルモン（melanocyte-stimulating hormone releasing hormone：MSH-RH，メラノトロピン放出ホルモン melanotropin releasing hormone）	下垂体中間部メラニン産生細胞刺激ホルモン MSH の分泌促進		
		MSH-RH	蛙のメラニン細胞刺激ホルモンの抑制する因子として牛視床下部から単離されたが，人，ラットでの効果はなく，生理的意味不明		
下垂体前葉	GH 細胞	成長ホルモン（growth hormone，somatotropin）	成長促進，蛋白質合成増進〔GH 直接作用とソマトメジン C（インスリン様成長因子-1，IGF-1）を介する作用がある〕	G 蛋白質共役型受容体	視床下部の GRH 分泌に負のフィードバック
	プロラクチン細胞	プロラクチン（prolactin：PRL）	乳腺の分化・発達，乳汁合成，乳汁分泌，妊娠維持	チロシンキナーゼ受容体	視床下部の PRH 分泌に負のフィードバック
	ACTH 細胞	副腎皮質刺激ホルモン（adrenocorticotropic hormone：ACTH）	副腎皮質の糖質コルチコイドなどの副腎皮質ホルモンの分泌促進	G 蛋白質共役型受容体	CRH に依存，視床下部の CRH 分泌に負のフィードバック。副腎皮質ホルモンから負のフィードバック
	TSH 細胞	甲状腺刺激ホルモン（thyroid stimulating hormone：TSH）	甲状腺ホルモンの分泌促進	G 蛋白質共役型受容体	視床下部の TRH 分泌に負のフィードバック

表4つづき

器官名		ホルモン	機能	受容器	備考
	FSH 細胞	卵胞刺激ホルモン（follicle stimulating hormone：FSH）	卵巣内では未熟卵胞の成長を刺激し成熟化。精巣のセルトリ細胞のアンドロゲン結合蛋白質の産生増進，精子形成に重要。	G 蛋白質共役型受容体	視床下部のGRHに依存。視床下部のGRH分泌に負のフィードバック。性ホルモンから負のフィードバック
	LH 細胞	黄体形成ホルモンまたは黄体化ホルモン（luteinizing hormone：LH）	卵巣の顆粒膜細胞でエストロゲンやプロゲステロンが産生亢進。精巣ライディッヒ細胞でテストステロン産生亢進	G 蛋白質共役型受容体	
下垂体中間部		メラニン細胞刺激ホルモン（melanocyte-stimulating hormone：MSH）	ネズミのメラニン産生細胞において黒色メラニン産生に関与	G 蛋白質共役型受容体	
下垂体後葉		抗利尿ホルモン（antidiuretic hormone：ADH，バソプレッシン vasopressin）	尿量抑制，血圧上昇	G 蛋白質共役型受容体	血漿浸透圧低下でフィードバック
		オキシトシン（oxytocin：OXT, OT）	平滑筋の収縮に関与し，分娩時の子宮収縮。乳腺の筋上皮細胞を収縮，乳汁分泌を促進	G 蛋白質共役型受容体	
甲状腺	濾胞上皮細胞	トリヨードチロニン（triiodothyronin：T_3）	全身の各細胞の呼吸量，エネルギー産生量，増大。全身の細胞の基礎代謝量の維持・促進	核内受容体	視床下部のTRH分泌に負のフィードバック。下垂体前葉のTSH分泌に負のフィードバック
	濾胞上皮細胞	チロキシン（thyroxin：T_4）			
	濾胞傍細胞	カルシトニン（calcitonin）	血中のカルシウム濃度を低下	G 蛋白質共役型受容体	血中 Ca^{2+} 濃度低下でフィードバック
上皮小体	主細胞	パラトルモン（parathormone）	血中のカルシウム濃度を上昇	G 蛋白質共役型受容体	血中 Ca^{2+} 濃度上昇でフィードバック
副腎皮質		グルココルチコイド（glucocorticoid）	蛋白質を脱アミノ基，糖に変換，血糖量を上昇させる。	核内受容体	血圧上昇でフィードバック
		ミネラルコルチコイド（mineral corticoid）電解質コルチコイド	尿細管でナトリウムイオンの再吸収，カリウムイオンの排出促進，体内の電解質と水分の調節	核内受容体	
副腎髄質	A 細胞	アドレナリン（adrenaline）	心筋収縮力上昇，心，肝，骨格筋の血管拡張，瞳孔散大，皮膚，粘膜の血管収縮，消化管運動低下	G 蛋白質共役型受容体（αとβがある）	
	NA 細胞	ノルアドレナリン（noradrenaline）	心筋収縮力上昇，心，肝，骨格筋の血管拡張，瞳孔散大，皮膚，粘膜の血管収縮，消化管運動低下	G 蛋白質共役型受容体（αとβがある）	
膵臓	α 細胞	グルカゴン（glucagon）	肝臓に蓄えられたグリコーゲンをブドウ糖に変えて血液中に放出し，血糖値を高める	G 蛋白質共役型受容体	血糖値上昇でフィードバック↑
	β 細胞	インスリン（insulin）	肝細胞，筋肉細胞がブドウ糖をグリコーゲンに変えて貯蔵。余ったブドウ糖は，脂肪に変えて脂肪細胞に貯蔵。血糖値を低下させる	チロシンキナーゼ共役型	血糖値低下でフィードバック
	δ 細胞	ソマトスタチン（somatostatin：SST）	下垂体の成長ホルモン分泌の抑制。膵島からのインスリン，グルカゴンの産生・分泌の抑制。消化管からの栄養吸収の抑制。セクレチン，ガストリン，胃液，胃酸の分泌抑制	G 蛋白質共役型受容体	視床下部にもある
	PP 細胞	膵ポリペプチド（pancreatic polypeptide：PP）	食後に小腸から分泌され，脳に満腹感を伝える		
胃底部	EC 細胞	セロトニン（serotonin），5-ヒドロキシトリプタミン（5-hydroxytryptamine：5-HT）	消化器系や気分，睡眠覚醒周期，心血管系，痛みの認知，食欲などを制御	受容体は11種，5-HT3受容体のみがイオンチャネル連結型，他はG蛋白質共役型受容体	脳腸ホルモン

表4つづき

器官名	ホルモン	機能	受容器	備考
胃粘膜ECL細胞	ヒスタミン（histamine） 胃腸ホルモンとして	平滑筋収縮，血管拡張，腺分泌促進，胃酸分泌亢進	G蛋白質共役型受容体	肥満細胞からも分泌される
X細胞または A-like細胞	グレリン（ghrelin）	下垂体の成長ホルモン分泌促進し，視床下部に働いて食欲を増進	G蛋白質共役型受容体	
幽門部G細胞	ガストリン（gastrin）	胃腺壁細胞に胃酸を分泌させる。 ECL細胞や肥満細胞からヒスタミンを放出させ，ヒスタミンは壁細胞のH_2受容体に結合して，胃酸分泌が起きる	G蛋白質共役型受容体	
十二指腸S細胞	セクレチン（secretin）	膵液（水分と重炭酸塩）の分泌促進，胃の塩酸分泌を抑制，腸内pHの調整	G蛋白質共役型受容体	ホルモンとされた最初の分泌物
十二指腸M（I）細胞	コレシストキニン－パンクレオザイミン（cholecystokinin-pancreozymin：CCK-PZ）	消化酵素に富む膵液の分泌を促進。 胆嚢収縮，胆汁の排出促進	G蛋白質共役型受容体	CCKとPZは別々に発見され，後で同一と判明
小腸　Mo細胞	モチリン（motilin）	胃腸運動の生理的周期性運動亢進サイクル増大，低pHで，胃の筋肉運動を抑制，高pHでは，促進作用	G蛋白質共役型受容体	
小腸　VIP細胞	血管作動性腸管ペプチド（vasoactive intestinal peptide：VIP）	消化管平滑筋の弛緩させ（下部食道括約筋，胃，胆嚢），膵液と胆汁の分泌を刺激，膵臓の炭酸水素塩の分泌を刺激し，ガストリンによる胃酸分泌を抑制，幽門括約筋収縮。 その他，脳，自律神経系，心臓でも機能がある。	G蛋白質共役型受容体	脳腸ホルモン
小腸　K細胞	糖依存性インスリン放出ペプチド（glucose-dependent insulin-releasing peptide：GIP）	消化管内の糖・脂肪酸の存在によりインスリンの放出を刺激	G蛋白質共役型受容体	
小腸　N細胞 腸管神経叢	ニューロテンシン（neurotensin）	血圧降下作用，腸管収縮作用，鎮静。 副腎皮質刺激ホルモン放出，体温低下，運動低下，食行動抑制	G蛋白質共役型受容体	脳腸ホルモン
小腸＆大腸　L細胞	グリセンチン（glicentin：GLI-1）	腸管上皮増殖促進	G蛋白質共役型受容体	
精巣　ライディヒ細胞 卵巣　卵胞の顆粒層細胞	アンドロゲン（androgen）	雄の二次性徴を発現，精子形成の維持，下垂体前葉からのLHの分泌抑制。 卵胞上皮細胞で芳香環化されてエストロゲンに変換	核内受容体	ゴナドトロピンに依存。 視床下部のGRH分泌に負のフィードバック。 下垂体前葉のゴナドトロピンに負のフィードバック
卵巣　顆粒膜細胞，外卵胞膜細胞，胎盤，副腎皮質，精巣間質細胞	エストロゲン（estrogen）	雌の性活動，二次性徴を促進	核内受容体	
精巣　セルトリ細胞 卵巣　卵胞の顆粒層細胞	インヒビン（inhibin）	FSH分泌を特異的に抑制	チロシンキナーゼ型	負のフィードバックで下垂体のFSH分泌抑制
精巣 卵巣	アクチビン（activin）	精子形成を促進する FSH）の合成と分泌を促進	チロシンキナーゼ型	
卵巣　卵胞の顆粒層細胞	プロゲステロン（progesterone）	子宮を着床準備，受精した場合は妊娠の維持	核内受容体	
心臓　特殊心房筋細胞	心房性ナトリウム利尿ペプチド（atrial natriuretic peptide：ANP）	利尿，血管拡張	グアニル酸シクラーゼ 受容体	体液量減少でフィードバック
腎臓　筋様内分泌細胞	レニン（renin）	アンギオテンシノーゲンをアンギオテンシンI に変換し血圧上昇		
皮質と髄質の境界部の近位尿細管周囲の間質細胞	エリスロポエチン（erythropoietin：EPO）	赤血球の産生を促進。肝臓にもある（約10%）が，主に腎臓で（90%）生成される	チロシンキナーゼ型	血中酸素飽和度上昇でフィードバック
脂肪組織	レプチン（leptin）	食欲低下	チロシンキナーゼ型	脂肪組織減少でフィードバック

ⅰ）卵　　巣

卵巣は卵子を作る器官で，卵円形，腰部において腎臓の後縁に位置し，腹膜の連続である卵巣間膜または卵巣提索によって体壁から吊るされている。この卵巣間膜は境界なく子宮間膜に移行し，また子宮に面する部分において，卵巣は固有卵巣索によって子宮角に結合する。

牛の卵巣は２～３（長）×１～2.5（幅）×１～1.5（厚）cm と比較的小さく，楕円形ないし豆形を呈するが，活動期には卵胞がせり出して不定形を呈する。卵巣間膜が付着する縁が間膜縁で，ここが卵巣門となって，ここから脈管，神経が卵巣内に出入する。間膜縁の反対側は自由縁で腹腔に臨み，ここに大型卵胞が発達する。間膜縁は卵巣の長軸に沿って走り，その一端は卵管端で，他端は子宮端となる。卵管腹腔口は卵管采を作っていて，その采の一端は伸びて卵巣を被って卵巣采となる。子宮端と子宮角の間には太い固有卵巣索があり，これより膜状のヒダが卵巣と卵管の方へ伸びて卵管間膜となり，ここにできる窪みが卵巣嚢となる。

①卵巣の構造

卵巣の自由縁は腹膜の連続で表面上皮（表在上皮）である。単層の立方上皮で，かつては原始生殖細胞の起源と思われ，胚上皮と称されていた。表面上皮を裏打ちする結合組織性の膜を白膜という。卵巣は皮質と髄質に区別され，皮質は多数の卵胞を含むので実質帯といわれるが，皮質の浅層は多数の幼若卵胞を含む卵胞帯となる。髄質は血管に富むので血管帯とも称され，卵巣門から卵巣の中央部にわたって位置し，多量の血管，神経，弾性線維を含む結合組織からなる。

②卵胞の発生と発育

卵巣の主要部である皮質中には種々の発育程度の卵胞がみられ，卵粗細胞と単層扁平の卵胞上皮からなる卵胞を原始卵胞という。卵粗細胞が体細胞分裂により一次卵母細胞となり，一次減数分裂の双糸期で停止し，立方状の卵胞上皮細胞で囲まれた一次卵胞となる。一次卵母細胞は卵黄を蓄積して肥大，その周囲に透明帯ができ，多層の卵胞上皮で囲まれた二次卵胞に発達する。卵胞はさらに発達し，透明帯の周囲は卵胞上皮細胞からなる顆粒層で囲まれ，この細胞間に卵胞液が出現し卵胞腔を形成し，腔はやがて融合し１つの卵胞腔にまとまる（胞状卵胞）。卵胞はさらに大きくなって嚢状を呈し，顆粒層細胞（卵胞上皮細胞）は６～12 層となり，透明帯に接する顆粒層の細胞は円柱状となり１列に配列して放線冠を形成する。排卵前の卵胞は成熟卵胞（グラーフ卵胞）ともいわれるが，卵胞腔の出現から成熟卵胞まで多様な卵胞を三次卵胞という。胞状卵胞の顆粒層の一部は一次卵母細胞を架上し，それを取り囲んで卵胞の内腔に突出させる卵丘を作る。顆粒層の外側には内外２層の卵胞膜があり，このうち内層は線維が疎性で，多くの卵胞膜上皮細胞や神経，血管に富むが，外層は緻密な結合組織よりなる。卵胞は成熟するとその壁の一部が卵巣表面に達し，そこが破れて排卵されて，卵母細胞は透明帯，放線管とともに卵管に入る。

一般的には１卵胞には１個の卵母細胞のみを容れる。牛では１回１個の成熟卵が排卵される。排卵に際して卵胞壁が破れ出血斑を呈し，出血体（赤体）という。排卵後は卵胞壁細胞が卵胞腔内に増殖しにルティン色素を含む黄体細胞として増殖し，集合体は黄体といわれる。もし卵子が受精して子宮に着床すると黄体は妊娠維持ホルモンを産生し妊娠期間中存在する妊娠黄体となる。妊娠しない際には，黄体は間もなく退化消失することから，月経黄体または発情黄体という。

卵胞はすべてのものが成熟し排卵されるとは限らず，一部のものは発達途中に退化変性する。このような卵胞を閉鎖卵胞という。妊娠黄体は妊娠維持ホルモン等の産生のために血管が発達することから，その消失に際して血管とともに黄体中に侵入した周囲の結合組織が縮小して斑痕状の白体として残存する。

ⅱ）卵　　管

卵管は迂曲した細管で，卵管間膜に包まれて卵巣と子宮を結ぶ。卵管の前端は卵管ロートを作って拡大し，卵管腹腔口になる。卵管の腹腔口に近い前半は管腔が拡大しており，この部位が卵子と精子の出合いの場で卵管膨大部といい，これに続く卵管は狭く卵管峡部という。

卵管の構造は，内側から粘膜，筋層，漿膜の３層が区別される。粘膜には膨大部では卵管ヒダがよく発達する。粘膜上皮は単層円柱上皮で，線毛をもつ線毛細胞ともたない分泌細胞が混在する。両者は互いに移行しない。粘膜筋板の発達が悪く，粘膜下組織を識別することが難しい。筋層はよく発達した平滑筋からなり，輪層筋で少量の斜走筋がある。漿膜は最外層で，卵管間膜から連続し，漿膜下に血管層がある。

iii）子　宮

反芻類の子宮は双角子宮の変型とされている。子宮体は外観的に長くみえるが，内腔は両子宮角の内面が結合して子宮帆を形成，子宮体は長さがわずか2～3.5 cm にすぎない。両子宮角は 35～45 cm 長で子宮体の部位から卵管接合部にかけて次第に細くなり，腹側に向けて捻れ，その尖端は恥骨櫛を超えて腹腔内に達する。子宮角の分岐部には角間間膜があり，直腸検査の際の子宮の固定に有用である。

妊娠していないときには子宮体は骨盤腔にある。子宮角は延長して腹腔に伸び，付近の腸に囲まれ，その先端は卵巣に接する。体軸の両側を縦走する壁側腹膜は子宮広間膜として子宮に至り，ここで２葉に分かれて子宮外膜となり，両葉の間に多量の筋線維を含み，子宮筋と結合する。子宮広間膜は一方では骨盤と接する。妊娠した子宮は拡大して，周径，長径ともに増大する。

外側から漿膜（外膜）筋層，内膜からなる。筋層は薄い外縦走筋層と厚い内層の輪走筋層からなる。外縦走筋層と内輪走筋層の間には血管層がある。

子宮内膜は厚く，粘膜にはヒダがある。子宮の粘膜固有層には分岐管状腺である子宮腺がみられる。この子宮腺は子宮頸では全く消失する。子宮内膜には子宮小丘が認められ，長さ 15～17 mm，幅６～９ mm で，内膜面に１列に 10～14 個のものが４列に並ぶ。この部位には子宮腺はなく，妊娠の際には個々に胎盤が形成される。子宮頸の内腔は著しく狭く，子宮頸管を形成し，腟に続く。この子宮に続く部分を内子宮口といい，腟に開口する部分を外子宮口という。頸管粘膜は腟に突出して子宮頸腟部となり，その周りが腟円蓋となる。

妊娠子宮では子宮筋線維は肥大し，その長さが増加し，不妊時の約 10 倍になる。また子宮粘膜も肥大し，子宮腺はよく発達して粘膜面に開口する。また子宮壁に分布する血管もよく発達し，妊娠が進むと口径を拡大して，不妊時の約４倍になる。

iv）腟および腟前庭

腟と腟前庭は発生学的には起源が異なり，腟は中腎傍管の末端であり，腟前庭は尿生殖洞に属する。家畜では腟前庭が長く発達し，腟とともに一連の管を構成している。

腟は嚢状の拡張性に富んだ器官で，子宮頸に続き，後方は腟前庭を経て陰門に開口する。背方は直腸，腹方は膀胱および尿道で，骨盤腔に位置する。牛の外尿道口の開口部に尿道下憩室がある。これは盲端に終わる嚢状のもので，しばしば尿道への通路と誤認される。また，陰核側壁の粘膜下に大前庭腺があり，２～３本の導管がある。これは外尿道口の後位に開口する。

腟および腟前庭は内側から粘膜，筋層，漿膜または外膜からなる。粘膜上皮は重層扁平上皮で，厚く縦ヒダに富む。粘膜上皮は性周期に伴って変化する。筋層はよく発達した内層の輪走筋と薄い外層の縦走筋からなる。腟前庭ではその表面にさらに横紋筋が発達する。横紋筋はいずれも輪走する括約筋で，前庭収縮筋と陰門を取り巻く陰門収縮筋がある。いずれも随意筋である。

v）陰　門

陰門は雌の尿道の末端部で，開口部両側には隆起した陰唇を有し，これは背腹両端において左右のものが合して背側および腹側陰唇交連をなす。腹側陰唇交連の外側は厚く鈍状に突出する。腹側陰唇交連に抱かれて陰核窩があり，そこに小円錐形の小隆起がみられ，これを陰核と称し，雄の陰茎に相同の器官である。前庭の外界への出口は陰裂と称する。肛門と外生殖器との間を会陰という。

12. 外皮系

外皮は動物体の全表面を被って体を保護する生体で最も広い器官である。皮膚，毛，爪（鈎爪，蹄），角，皮膚腺等によって構成される。乳腺もまた皮膚由来の器官である。

a. 皮　膚

皮膚は表皮，真皮および皮下組織からなる。

i）表　皮

表皮は外胚葉由来で，組織学的に成獣では表面から順に，角質層，淡明層，顆粒層，有棘層，基底層の各細胞層により構成される。ただし，淡明層はかなり厚い皮膚でのみみられ，また有棘層と基底層をあわせて胚芽層ともいう。表皮細胞の間にはメラニン細胞，表皮内大食細胞「ランゲルハンス」，触覚上皮様細胞「メルケル」等も存在する。基底層とそれを支える基底膜は平坦ではなく，下層の真皮内に網状釘（rete pegs）として突出し，真皮乳頭（後述）と密接に絡み合っている。

ⅱ）真　　皮

真皮は中胚葉由来で，密線維性結合組織からなり，乳頭層，網状層からなるが，皮膚の厚い動物ではさらに網状下層が明瞭である。乳頭層は真皮乳頭として表皮内に突出している。網状層には各種結合組織線維と関連する細胞，毛包やそれに関連する諸構造および生体防御系の細胞，色素細胞，脂肪細胞等が存在する。牛の真皮は厚く，毛包，毛乳頭や汗腺が皮下組織に達することはない。網状下層は馬や牛のように皮膚の厚い動物で認められ，線維成分が豊富で，皮革の主成分となる。

ⅲ）皮下組織

皮下組織は中胚様由来で，疎線維性結合組織からなり，皮膚を骨や軟骨または筋（浅筋膜として）に結合させる。疎線推により形成された皮膚支帯の間に脂肪組織が充満し脂肪小葉を形成する。皮下組織の深層に皮下脂肪層がみられることが多い。

ⅳ）皮膚の脈管と神経

皮膚の血管は乳頭内毛細血管，乳頭下動脈網，真皮動脈網，浅乳頭下静脈叢，深乳頭下静脈叢，深真皮静脈叢があり，皮膚動・静脈に続く。

皮膚は感覚器としても重要で，知覚，温覚，痛覚に関係する神経が分布する。神経終末の形式は自由終末と特殊の終末神経小体（触覚器）に終わる場合がある。家畜の皮膚にみられる特殊な触覚器にはメルケル触覚小体，マイスナー触覚小体，層板小体，球状小体等がある。

ⅴ）皮膚の色

表皮の胚芽層に含まれる微細なメラニン色素顆粒によって灰色，褐色，黒色等を呈する。特に濃厚な色調を示す鼻翼，陰嚢，包皮，陰門，肛門等では，しばしば真皮にもメラニン色素細胞が認められる。

b．毛と毛包

毛は毛尖，毛幹，毛根および毛球からなり，前2者は表皮外，後2者は皮膚内に位置する。毛包は上皮性および結合組織性毛包からなる。毛と毛包の構成により，毛は被毛と触毛に区別される。被毛はさらに上毛（一次毛）と下毛（二次毛）に分けられる。上毛は脂腺，アポクリン汗腺を付属させ，立毛筋を付着させる。睫毛，タテガミ等は上毛の特に発達した毛である。下毛は動物の体温維持に関与し，季節的脱毛がある。下毛の毛包に脂腺，アポクリン汗腺はつかない。牛の毛は1つの毛穴から1本だけ毛が生える単毛性毛包である。

c．爪および蹄

動物の四肢端は皮膚が特別に分化して，爪，蹄等の指器を形成する。反芻類では第三・四指（趾）の蹄が主蹄，第二・五指（趾）の蹄が副蹄となる。蹄は表皮の角質が発達した蹄鞘と蹄真皮および皮下組織から構成される。蹄壁，蹄冠縁で皮膚と境界され，外側面を蹄壁，掌側面を蹄底という。蹄壁と蹄底の境界を白線という。蹄底縁は着地し，蹄壁の蹄鞘は表皮葉と蹄真皮からの真皮葉が組み合わさって丈夫な蹄を構築する。蹄の皮下組織が特殊化し，膠原線維や弾性線錐の綱工の間に脂肪を容れクッションとなる蹠枕がある。

d．皮膚腺

皮膚腺は表皮の基底層が真皮中に入って分化発達したもので，汗腺と脂腺に大別される。汗腺はさらにアポクリン汗腺とエックリン汗腺に分けられる。両汗腺の構造的違いは，一般的にアポクリン汗腺の終末部が大きく腺腔も広く，毛包に導管を結合させるが，エックリン汗腺は終末部の腹腔が狭く，表皮内をらせん状に走行する導管をもつことである。脂腺もまた毛包に結合し，上毛と毛包の間にはアポクリン汗腺と脂腺の分泌物が滲み出ており，毛穴から両者の混合分泌物が排出される。

e．乳　　腺

乳腺は胎子時代に表皮上に出現した乳腺堤からできた乳点に由来する器官で，乳頭，皮膚（脂肪層，線推層）と乳腺で乳房を形成する。動物種により，乳房と乳頭の数が異なり，雌牛の場合，片側1乳房であるが，2乳頭を有し，それぞれの乳頭への乳腺は乳区として独立し，1乳房，2乳頭，2乳区となっている。乳房は左右間に乳房間溝が明瞭である。特に乳房が大きく発達する牛では，乳房の保定装置も発達し，恥骨下腱から下方に広がり乳房後縁ないし側面を覆う外側板と，腹黄膜，白線に起始し左右の乳房間に板状に仕切る乳房堤靭帯（内側坂）がある。

乳腺全体は腱板に包まれ，乳腺の実質組織は，乳腺葉を包む葉間結合組織から腺葉内に侵入して乳腺小葉間中隔で仕切られる。乳腺葉は，乳管，乳腺胞管，乳汁分泌をする乳腺細胞，腺胞周囲の星状筋上皮細胞（籠細胞ともいう）などから構成される。乳汁分泌は腺胞単位に行われる。乳腺細胞は，有形成分として，分娩後，数日間は蛋白顆粒初乳小体を含む。その他に脂肪滴，変性した乳腺細胞の断片，白血球，また泌乳期には塩基好性の澱粉様小体などを含む。乳腺細胞はアポクリン分泌と開口分泌の両方を示す。筋上皮細胞は泌乳に際し，プロラクチンなどの刺激で収縮し，乳腺房内の乳汁を搾り出す機能を有す。また乾乳期に，筋上皮細胞は泌乳期に拡張した腺房の乳腺細胞がアポトーシスにより脱落した際の腺房内腔物の漏出防止機能や泌乳期に拡張した腺房を乳管側へ「たぐり寄せる」働きがあることも推察されている。

乳房に入る動脈は外腸骨動脈の枝の外陰部動脈が主幹となる。外陰部動脈は前後の乳腺動脈に分枝，前乳房動脈は前方で腹壁の浅後腹壁動脈と吻合し，中乳腺動脈を乳房内に送る。中，後乳腺動脈は乳腺に枝を分けながら最終的には乳頭に達する。この他に乳房に入る動脈は内腸骨動脈から分枝した内陰部動脈の一枝，腹側会陰動脈もあり，乳房後位でその皮膚に分布する。静脈は動脈と伴行する外陰部静脈および浅後腹壁静脈がある。後者は特に乳牛で発達して乳静脈といわれ，腹壁を前走し，剣状軟骨後縁脇にある皮膚陥凹部（乳窩）から胸腔に入り，内胸静脈，前大静脈と続く。乳汁生産には，分泌乳汁の約500倍の血液量が必要とされており，乳量が1日20Lの乳牛の場合の血流量は6～10L/分である。雌牛の乳房のリンパ節は乳房リンパ節といい，雄の浅鼠径リンパ節に相当する。

〔武藤顕一郎〕

C．生体の恒常性維持

1．恒常性維持

恒常性（homeostasis）とは生体の内部環境，外部環境の変化にかかわらず生体の状態が一定に保たれるという性質，あるいはその状態を示し，健康を定義するための重要な要素である。

生体を構成する細胞は細胞膜を介して外部と絶えず物質交換を行っている。細胞を取り巻く生体内の環境は組織間隙液であり，その浸透圧，水素イオン濃度（pH），体液量等は様々な仕組みで一定の状態に維持されている。常に変化する生体外環境に対しては，生体機能の周期的変化や比較的長期間にわたる適応的変化によって動的に平衡状態を保ち，恒常性の維持が図られる。維持の仕組みはフィードバック制御，生体リズムおよび適応に大別される。

視床下部－下垂体を中心とした内分泌系は体内の様々なフィードバック機構によって巧みに調整されている。体液のpHはヘモグロビン，重炭酸－炭酸系の化学緩衝系等により調整されている。化学緩衝系に機能不全が生じ体液のpHが正常範囲から大きく離れると至適pHで作用する酵素活性も阻害され，細胞の代謝機構も著しく障害される。

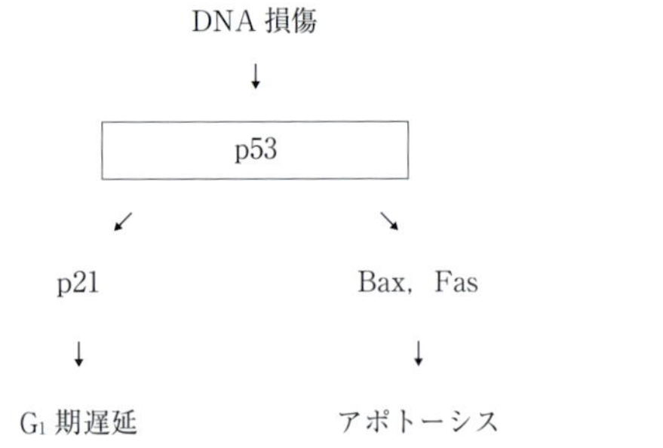

図3　p53の機構

DNA損傷が生じると，その情報がp53に伝えられる。p53は別々の蛋白質の転写を制御することにより，細胞をG_1期遅延あるいはアポトーシスに向かわせる。

生体リズムの主体はいわゆる体内時計（circadian rhythm）であり，周期的な環境変化，特に昼夜変化に生体機能を合わせ，恒常性を維持している。例えば，松果体から分泌されるメラトニンの血中濃度は夜間に上昇し，ピーク時には昼間の5～10倍程度という変化を繰り返している。

適応の例として牛の寒冷地への生体の反応性の変化がある。環境変化に比較的長時間曝露されると，生体の反応性が様々なレベルで変化し，その変化が固定され，制御機構のパラメータが変化する。寒冷環境の長期間曝露により初期は主にふるえ（四肢の拮抗筋群の同時興奮）によって産熱しているものの，次第に代謝性の産熱割合が増加し，さらに体表をおおう被毛の発育等の変化が生じる。

2．細胞の修復機能（DNAの損傷・修復とアポトーシス）

細胞のDNAは外因性の紫外線，放射線，内因性のフリーラジカル等によって常に損傷を受ける危険にさらされ，一定の頻度（例えばDNA中のシトシンの脱アミノ化は1日に1細胞当たり100カ所程度）で損傷を受けている。DNA損傷を化学的変化でみると，塩基に変化が生じる場合は塩基損傷であり，糖・リン酸部分が損傷した場合はDNA鎖切断になる。DNA損傷が重篤な場合は蛋白質p53を介してアポトーシスの機構が働く（図3）。

3．放射線被曝

自然放射線から受ける被曝線量の約半分はラドン呼吸器被曝である。また，生体を構成する物質にも放射性物質が一定の割合で含まれており，その放射能は日本人ではカリウム 40（^{40}K）が 4,000Bq（ベクレル：1秒間に何個の崩壊が起こるかを表した数値，天然カリウムの 0.017％は ^{40}K），炭素 14 が 2,500Bq，ルビジウム 87 が 500Bq，鉛 210・ポロニウム 210 が 20Bq になる。同様に 50 kg の新生子牛の体には約 0.01 g の ^{40}K が存在し，その放射能は約 3,000Bq になる。

2011 年3月の福島第一原子力発電所（福島原発）の事故により，大量の核分裂物質〔テルル 129 m，ヨウ素 131，セシウム 134，セシウム 137（^{137}Cs）等〕が環境中に飛散した。同年 4 月 22 日をもって福島原発から 20 km 圏内が警戒区域として設定され，原則的に立ち入り禁止となった。福本らが警戒区域内で安楽死（期間は同年 8 月 29 日〜11 月 15 日）された牛 79 頭（妊娠牛 3 頭含む）について臓器別放射性物質の同定と濃度計測を行った。末梢血と各臓器の ^{137}Cs 放射能濃度は相関しており，相関係数は臓器によって異なっていた。^{137}Cs 濃度は異なる部位の骨格筋間で有意差はなく，血中の 21.3 倍であった。血中 ^{137}Cs 濃度の中央値は 19Bq/kg，臓器の ^{137}Cs 濃度の中央値は筋肉で最も高く 563Bq/kg（胸最長筋）であった。他の臓器では筋肉 ^{137}Cs 濃度の 1/5〜1/2 の値が得られた。親・胎子の放射能濃度は臓器にかかわらず胎子では親の 1.3 倍であった。

〔酒井　豊〕

2 育 種

A. 乳用牛の育種

1. 概 要

酪農の生産構造とその変化を表1に示した。我が国の生乳生産が，酪農家戸数が減少するなかにあって，飼養規模の拡大と経産牛1頭当たり年間乳量の増加により支えられてきたことがわかる。乳用牛の育種の成果は，この乳量の増加に最も顕著に表れている。

表1 酪農の生産構造

	2010 年度	1990 年度
酪農家戸数*	21 千戸	60 千戸
経産牛頭数*	933 千頭	1,285 千頭
1戸当たり経産牛頭数*	44.4 頭	21.5 頭
経産牛1頭当たり年間乳量	8,046kg	6,383kg
生乳生産量	7,631 千 t	8,203 千 t
自給率（牛乳・乳製品）	68%	78%
農業産出額	7725 億円	9055 億円

*：2010 年度は 2011 年 2 月 1 日，1990 年度は 1991 年 2 月 1 日時点

我が国で飼養されている乳用牛は，そのほとんどがホルスタイン種である。国内の乳用牛の育種は，酪農経営の生産性の向上を目的として，ホルスタイン種の遺伝的能力の改良（以下，改良）を中心に行われている。

改良は，優れた遺伝的能力を有する個体の選抜・利用に他ならない。そのため，対象とする形質を定め，データを収集し，個体の遺伝的能力を評価する必要がある。

生乳1kgの生産コストは「1頭当たり生産コスト÷1頭当たり乳量」である。産乳に要する飼料費以外のコスト，すなわち維持に要する飼料費，労働費，施設機械の償却費等は乳量に比例して増減するわけではない。そのため，酪農経営の生産性には，1頭当たり乳量がきわめて大きく影響する。実際に，平均乳量が 7,000～8,000kg の酪農家と 9,000～10,000 kg の酪農家の間には，1kg 当たりの生産コストに6円程度の差がみられている。単純に平均出荷量 360 t を乗じても，200 万円以上の所得差があることになる。

また，生乳の品質（販売価格）を確保するためには乳成分が重要である。加えて，泌乳しない育成期間（約 25 カ月間）のコストは，初産分娩から廃用になるまでの全乳量で負担するため，耐用年数にかかわる強健性も重要である。

このため，従来，乳量，乳成分，強健性にかかわる体型が，改良の対象となる主要な形質とされてきた。

さらに，農林水産省が 2010 年に定めた「家畜改良増殖目標」では，飼料利用性の向上および繁殖性・抗病性の改善のため，泌乳能力の向上を図りながら，牛体への負担が大きい泌乳のピークが低く，泌乳後期の乳量減少が少ない，泌乳持続性が高い乳用牛へ改良を進めることとされている。

なお，改良は，遺伝率が低い形質，すなわち飼養環境等の影響を大きく受ける形質ほど難しい。後述する遺伝的能力評価に用いられている遺伝率をみると，乳量や乳成分量は 0.42～0.48，体型は 0.05～0.53（乳房の深さ 0.46，肢蹄 0.13 等），泌乳持続性（分娩後 60 日目と 240 日目の乳量の差）は 0.19，体細胞スコアや気質は 0.08 などとなっている。

2. 牛群検定

牛群検定とは，酪農家が飼養している乳用牛の能力検定である。検定員が1カ月に1日，搾乳に立ち会い，1頭ごとの搾乳量を計るとともに，乳成分および体細胞数の分析のためのサンプルを採取する。また，飼料給与量や授精月日等の聞き取りも行われる。それらの結果と予測乳量等が検定成績として集

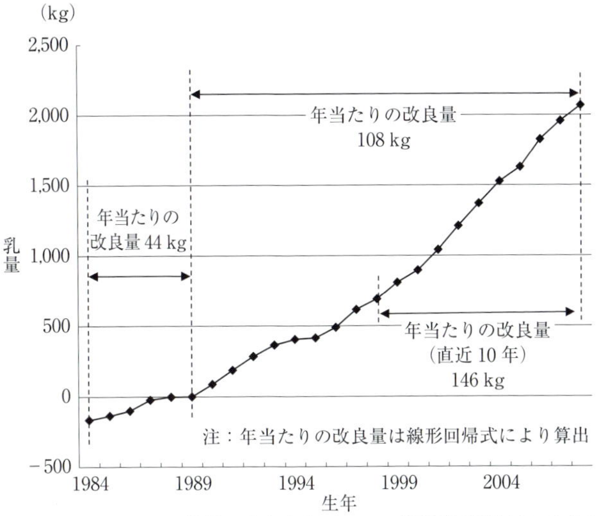

資料：家畜改良センター「乳用牛評価 2011-8 月」

図１　牛群検定牛の遺伝的能力の推移（乳量）

計され，毎月，各酪農家に提供される。また，後述する遺伝的能力評価で得られた，雌牛１頭ごとの遺伝的能力評価値と酪農家ごとの飼養環境の効果等も，定期的に提供される。

酪農家にとっては，効率的な飼養管理や繁殖管理にとって重要な情報であるとともに，後継牛を残す個体の選抜や交配する種雄牛の選定といった牛群改良の情報となる。また，体細胞数の多い個体の発見にも不可欠である。

牛群検定は，1974 年に国の補助事業として開始され，国内の酪農家の５割弱（経産牛の約６割）にまで普及したものの，自らデータを収集・分析することが難しい家族経営が主体の酪農主要国のなかでは低い水準にある。さらなる普及と情報の有効活用が期待されている。

３．後代検定

凍結精液を用いた人工授精の普及により，種雄牛の影響はきわめて大きくなった。後代検定とは，自らは泌乳しない種雄牛の遺伝的能力を，娘牛（後代）を検定することで予測する仕組みであり，

①優れた雌牛と種雄牛の計画的な交配による候補種雄牛の作出（計画交配）
②候補種雄牛の娘牛を偏りなく配置するための全国の雌牛への交配（調整交配）
③娘牛の能力検定（牛群検定および体型を審査する体型調査）
④遺伝的能力の評価と，その結果に基づく種雄牛の選抜

の各段階からなる。計画交配から種雄牛の選抜までには６～７年を要する。国内では，家畜改良センターと３つの民間事業体が候補種雄牛を作出し，毎年 185 頭が後代検定にかけられている。

遺伝子解析技術を応用した，効率的な候補種雄牛の作出や遺伝的能力評価の信頼性向上等の検討も進められている。

なお，我が国の後代検定は，1969 年に候補種雄牛の娘牛を検定場で同期比較するステーション方式で始まり，1984 年に牛群検定を行っている酪農家の雌牛に候補種雄牛を交配し，牛群検定を通じて得られたデータを活用するフィールド方式に移行した。それを機に，民間を含む全国的な後代検定となり，1989 年に最初の種雄牛が選抜され，その利用が始まった。図１には，牛群検定牛の乳量の遺伝的能力の推移を，1989 年生まれを±０として示した。年当たりの遺伝的改良量は，1989 年に選抜された種雄牛の娘牛が誕生した 1990 年生まれを境に 44 kg から 108 kg へと２倍以上向上したことがわかる。

４．遺伝的能力評価

家畜を改良するためには，遺伝的能力が高い個体を選抜・利用する必要があり，遺伝的能力をどれだけ正確に評価できるかが鍵となる。

それぞれの形質には，遺伝的能力の他，飼養環境

等が影響する。例えば，乳量（y）は個体の遺伝的能力である育種価（u），飼養環境等の効果（h），後天的に個体に備わった効果（p），残差（e）の和として，

$$y=u+h+p+e$$

と表すことができる。このように，個体の育種価を扱う評価モデルは，アニマルモデルと呼ばれている。

飼養環境等の効果は，同一牛群で同一時期に分娩した乳用牛に対する管理グループの効果や，産次や分娩時月齢の効果といったとらえ方ができる。実際の評価に用いられる評価モデルは，遺伝的能力をより正確に評価できるよう，飼養環境等の効果のとらえ方等について様々な工夫がなされ，改善が重ねられている。

得られたデータを評価モデルに沿って数式化し，個体間の血縁関係の情報や遺伝率を含めた方程式（混合モデル方程式）から，BLUP（best linear unbiased prediction）法と呼ばれる方法で，育種価の予測値等未知数の解を得る。泌乳しない種雄牛の育種価の予測値も，血縁関係から解が得られる。

なお，アニマルモデルでは，解を求める未知数が個体数を上回るために方程式が膨大な大きさとなる。そのため，種雄牛のみを評価する場合には，個体の育種価（u）ではなく，個体に伝達される種雄牛（父牛）の育種価（s）を扱うサイアモデル（$y=1/2s+h+e$）等も用いられる。

乳用牛の遺伝的能力評価は，家畜改良センターで行われており，2012年8月の評価では，泌乳形質（乳量や乳成分量・率の7形質），体型形質（得点5計質および乳房の深さ等線形18形質），体細胞スコア，在群期間，泌乳持続性，難産率・死産率，気質・搾乳性の評価が行われている。

多形質の評価値をバランスよく利用することは難しいため，選抜の基本的な指標となる「総合指数（NTP）」のほか，生産寿命や繁殖性の改善に重点をおいた「長命連産効果」等，主要な形質に重みづけした指数が同時に示されている。

また，種雄牛については，国際機関であるインターブル（Interbull）において，各国が実施した遺伝的能力評価を利用した国際評価が行われており，日本の種雄牛は上位を占めている。

〔磯貝　保〕

B. 肉用牛（和牛）の育種

1. 概　要

我が国の家畜牛の来歴は，魏志倭人伝に「牛馬なし」との記述からもうかがえるように縄文・弥生時代における牛馬の実態は明らかではなく，古墳時代後半に主として朝鮮半島から渡来した *Bos taurus*（ヨーロッパ家畜牛）に由来すると考えられているが，一部南方からの渡来も否定しきれない。

大和民族には遊牧時代がなく農耕主体の発展過程をたどり，さらに仏教の影響を強く受けた天武天皇による肉食禁断の詔勅（676年）以来，鹿やいのしし，うさぎを除く哺乳動物の肉食禁止令が時の為政者により発せられ，長く社会の表舞台から食肉文化が欠落するという世界的にも稀有な国であった。万葉から明治維新までは，牛は主として農用牛（耕作，運搬，堆肥），鉱山での役用牛，さらには武具や馬具の生産財として使役され，必然的に地方の風土や用途に見合った牛が各地域において飼育されてきたことは想像に難くない。馬は武士支配階級の家畜であったのに対し，牛は農民庶民の家畜であったため，牛の特徴や飼養形態の詳細はほとんど残されていないが，平安時代の絵巻や1310年に寧直麿が著した「国牛十図」からそれぞれの地方に特徴をもった牛が濃密に存在していたことをうかがうことができ，当時の在来牛の姿は現存する見島牛や口ノ島牛から偲ばれる。

今日一般に和牛と称される肉用品種は第2次世界大戦の終戦前年1944年に一定の斉一性を具備したとして「黒毛和種」「褐毛和種」「無角和種」が，遅れて1957年に「日本短角種」が品種として認定され，我が国の4種の牛品種が成立した。以来，半世紀を経た今日，「Wagyu」として世界に通じる肉用種へと育種改良されてきた歴史的な過程を概説し，今後の黒毛和種が備えるべき総合能力と改良の方向について述べる。

2. 育種改良の歴史

我が国の牛の体系的な育種改良は明治維新とともに始まり，時の政府は，近代化と富国強兵に伴う乳肉の需要拡大に応えるべく，当初，大型で泌乳能力の優れた外国種を導入し，純粋繁殖によって需要を満たすことを目指したものの，風土に適さず，地域

に根ざした在来牛を改良する要望が高まった。1900年には広島県に七塚原種牛牧場が設立され，外国種との交雑が推進された。各県・地方では，大型化と泌乳能力を高めるという漠たる方針のもとに乳肉兼用種で大型から中型の様々な外国種が交雑に用いられた。雑種は体格や増体能力，泌乳能力に改善がみられたものの，在来牛の性質温順，資質良という美点が失われ，斉一性を欠き役用牛としての能力が劣化，肉利用においても肉質や可食肉量の低下を招き，雑種奨励はわずか10年間で終焉を迎え，在来牛には役利用に加え新たに乳肉の供給という用途が課されることになった。

外国種の導入による交雑種生産とその混乱を経て，在来牛と外国種の美点を兼備する改良和種造成の基本が1912年に打ち出され，1919年以降，１県１品種の方針の下，各県が独自の理想像を設けて固定種の造成に取り組み，鳥取県を初めとして，主要生産県では標準体型を定め整理固定を進めた。各県ともに目標とする体型・資質には大差なかったことから，全国的に統一された登録が1937年頃に開始され，共通の審査標準の運用により，外貌の斉一化が進められた。黒毛和種の外貌上の特色は，褐色を帯びた黒毛で資質に優れ，体躯は緊実，四肢強健で，後躯を除いて充実していた。

終戦後，1948年には全国和牛登録協会が創立され，選択登録により，発育や外貌上の斉一化を目指した。1950年からは，江戸末期に中国地方で篤農家により造成された雌牛系統（いわゆる蔓牛）から派生した系統が時代を経て有名無実となっていたため，新たな蔓の造成が試みられ４蔓牛が認定された。その成果を受けて兵庫，岡山，広島，鳥取，島根の５県が参加した優秀個体計画生産研究会が1958年に設立され，積極的な系統の造成が実施されるに及び，育種を推進する核となる育種組合の設置，育種登録制度の導入により，能力による選抜が図られた。

戦後の混乱期を経て高度経済成長期を迎え，堆肥生産や役用の用途は急激に薄れ，肉専用種への転換が急務となった。

産肉能力の改良上欠かせない種雄牛の能力評価法として，雄牛の増体能力や飼料利用性を評価する能力検定（和牛産肉能力検定直接法）と後代の枝肉形質から産肉能力を評価する後代検定（同・間接法）が公認の検定場において1968年に開始され，種雄牛の２段階にわたる選抜法が確立された。以来，平成３年に至るまで，直接検定には全国で年間約400頭，間接検定には100頭程度が供されてきた。1970年代初頭までは，肉量の絶対供給量を増やすために赤肉量の改良に重きがおかれていたが，徐々に質量兼備に移行した。1980年代には肉質重視へと移行し，1991年の牛肉輸入自由化を契機に輸入牛肉に対する国産牛肉の優位性を確保するために，一層の肉質の向上と斉一化が急務となった。

そのためには，従来の検定場方式の検定法では，検定頭数や調査牛の制約から十分でなかった選抜強度や正確度の向上を図り，加えて雌牛の遺伝的評価の実施が必須であることから，全国和牛登録協会は，枝肉市場から収集された枝肉格付記録を活用したアニマルモデルBLUP法による育種価評価事業を道府県単位に開始した。同時期に，検定場方式の間接検定に加え，フィールドを活用した現場後代検定法が導入され，育種価情報の生産現場への普及によって，種雄牛の産肉能力の検定法の主流であった検定場方式の後代検定法から現場後代検定法へ漸次移行した。現在では産肉能力，とりわけ枝肉形質の育種価評価は49道府県・地域で実施され，種雄牛は全頭，遺伝の半分を担う雌牛についても，集団中50～60%の個体が評価されており，育種価情報は，計画交配の指針，種牛候補の選抜，子牛市場名簿への表記など生産現場において不可欠の改良増殖指針として活用され，肉質，特に脂肪交雑に飛躍的な改良をもたらした。加えて，国は1999年度より従来の各道府県の検定場単位の検定から県域を越えた肉用牛広域後代検定推進事業に着手，20道県が参加して全国的に供用できる種雄牛評価を開始している。

３．産肉能力の現状

育種価評価事業の進展により，多数の種牛が改良すべき形質の正確な選抜指標を備えるようになり，強い選抜強度を加えることが可能となった。

図２には，各地域で供用されている雌牛の誕生年ごとの枝肉６形質の推定育種価の推移（遺伝的趨勢）を相加的遺伝標準偏差単位で表示した。全国的に最も重要視されてきた脂肪交雑は推定育種価による選抜保留の効果が歴然とし，最も増加速度が高くなっている。2000年頃までは，枝肉重量やロース芯面積，バラの厚さなど肉量にかかわる形質の増加率は脂肪交雑に比べて低く，地域間でも大きな差異が

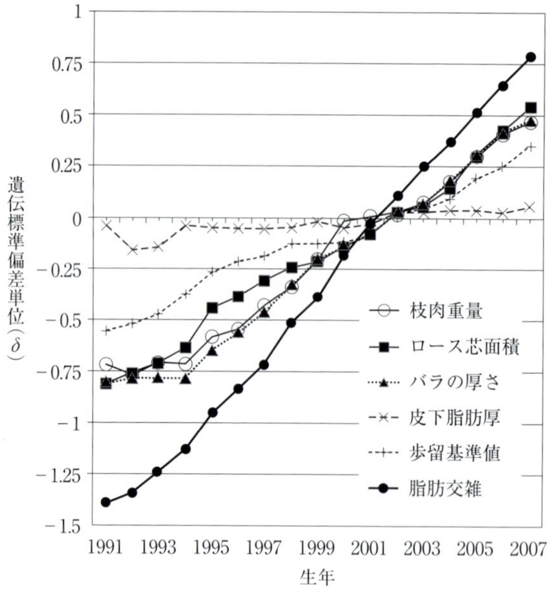

図2　黒毛和種繁殖雌牛集団の枝肉形質の遺伝的趨勢の比較
主要地域の遺伝的趨勢の平均値から算出

認められたが，2003年以降に増加率は脂肪交雑と大差がなくなっている。一方，あまり意識されない皮下脂肪厚についてはほとんど変化はみられない。

このような繁殖集団の遺伝的能力水準の推移を反映して，1989年以降22年間に，日本枝肉格付協会が報告している枝肉市場での黒毛和種去勢牛の枝肉重量の平均は415 kgから474 kg，ロース芯面積は47.8 cm^2から55.8 cm^2にほぼ直線的に増加している。バラの厚さについても7.1 cmから7.7 cmへ増加しており，出荷月齢は28.4カ月から29.5カ月と1カ月以上も長期化しているが，肉量については飛躍的に向上している。脂肪蓄積の指標である，皮下脂肪厚は2.5 cmと変わらず，脂肪交雑についてはBMS No.は6.8から6.0へと数値上は低下している。しかし，ロース芯断面の粗脂肪含量は現行の枝肉格付規格が施行された当時にはBMS No.12で33%程度であったものが，現状ではNo.6程度でも30%を超え，No.12.では50%を超えるといわれ，筋肉内脂肪量はBMS No.以上に着実に増加している。

和牛の特質である脂肪交雑だけではなく肉量についても，生産現場からの膨大な枝肉格付情報を用いた遺伝的能力評価体制の確立と飼養管理技術の改善によって顕著な進展を遂げ，今や「Wagyu」として世界的に認知される肉用品種になった。育種価情報を指針とした選抜交配の活用がその原動力となったことは間違いなく，明確な改良目標，情報の収集と選抜交配への活用，という育種改良の原則に従った成果といえよう。

4．総合能力の改良

1991年の牛肉自由化は我が国の肉用牛生産構造に大きな変化をもたらし，特に肉質の一層の向上と斉一化への改良増殖，生産目標の重点化は，和牛4品種の頭数分布にも少なからず影響を与えた。繁殖雌牛集団の構成は黒毛和種が96%超となり，無角和種や日本短角種，高知の褐毛和種は激減し，熊本を起源とする褐毛和種も1.5万頭程度に減少している。まさに，脂肪交雑という肉質への生産目標の偏重が肉用種の構成に深刻な影響を及ぼし，時代の要求に適用できなければ品種の消長にかかわるという字義通りの現象が生じている。選抜が集団の遺伝的構造に及ぼす影響は諸刃の剣であり，特定の形質への偏った選抜は供用種雄牛の偏重を招き，和牛の改良の源泉となった多様な系統の消失を引き起こしている。近年，集団の遺伝的有効サイズは世界の牛品種の標準である100頭を下回る20～30頭程度に減少し，近交係数の上昇の懸念が高まるなど，育種の原動力である遺伝的多様性の維持拡大が喫緊の課題となっている。

世界の食料事情の逼迫，食料自給率の低下や食品の安全性への懸念から国産農産物への需要が高まり，さらに健康志向などが牛肉生産のあり方にも大きな影響をもたらすことが見込まれており，きたるべき社会経済状況の変化を見据えた育種改良目標を設定しなければならない。

遺伝的多様性の減少は，中長期的には育種改良の停滞や需要の変化に対応できなくなるだけではなく，品種の維持にもかかわる問題である。和牛は我が国が育ててきた貴重な遺伝資源，経済資源であり，和牛の近代的な育種改良の黎明期がそうであったように，多様な経済能力の改良目標に対応しうる遺伝子プールを保持することが重要で，同時に純粋種を用いた肉牛生産に必要な生物学的（反芻動物としての）生産効率の向上を図らなければならない。さらに多様な消費者ニーズに応えるためには，脂肪交雑だけではなく美味しさにかかわる脂肪酸組成や呈味成分の客観的評価法の確立と育種改良への導入が必要である。

我が国の和牛生産を安定的に持続するためには，繁殖から育成，肥育管理に至る飼いやすさや強健性（抗病性など）に代表される飼育管理形質は当然として，繁殖能力や母性能力，飼料利用性などの家畜に求められる総合的能力の改良が必須であり，改良の原則である「改良目標に応じた正確な選抜指標を用いた強度の選抜による種牛の世代交代の促進」を可能にする育種改良システムの構築が必要である。加えて，我が国が育種改良してきた和牛という品種の持続的な改良を目指す限り，多岐にわたる特性の改良を可能にする遺伝的な多様性を維持拡大しておくことが何よりも欠かせない要件となる。

〔向井文雄〕

C．遺伝的解析技術の応用

1．遺伝子の発現と制御

育種において遺伝的な要因をどのように推定するかは重要な問題であるが，家畜育種理論のなかではブラックボックスとされてきた。近年，分子生物学や分子遺伝学の進歩によってゲノムそのものを解析することが可能となり，遺伝子の発現とその制御によって牛の経済形質が影響される様相の一部が明らかになってきた。例えば，染色体14番に検出されていた枝肉重量QTLは*PLAG1*遺伝子の発現を1.2～1.3倍増加させる一塩基置換であった。

a．和牛（黒毛和種）の枝肉重量

和牛における枝肉重量の遺伝率は40～50%と高く推定されている。ゲノム解析の結果，ほぼ同程度の効果をもつ3つの遺伝子座*CW-1*，*CW-2*，*CW-3*は全分散の20%を説明することがわかった。*CW-1*は転写因子*PLAG1*のプロモーター部分に位置する量的形質塩基（quantitative trait nucleotide : QTN）によって優良型*Q*と非優良型*q*となり，この違いで全分散の7%を説明したが，*Q*は*q*と比べ*PLAG1*の発現を20%上昇させる程度であった。おそらく，転写因子は経路の上流に位置するので，この程度の変化で十分かもしれない。このようなQTNはmRNAの発現プロファイル解析で検出することは困難であり，ゲノム解析で初めて検出できるものだろう。*CW-2*と*CW-3*の候補QTNはそれぞれ見出されているが，証明はこれからである。

b．和牛の過排卵処理反応性（採卵性）

過排卵処理を行って多数の受精卵を採取することは子牛の生産性向上に大きな意味をもつ。特に，初産次のホルスタイン雌に和牛受精卵を移植する需要は高い。しかしながら，供卵牛の採卵性に関する個体差は著しく，その解決が望まれていた。杉本らは全農ET研究所・家畜改良センターと共同でゲノム解析を行い，採卵性に影響する遺伝子*GRIA1*のアミノ酸変異QTN（Ser307Asn：*Q*はSer型，*q*はAsn型）を見出した。*GRIA1*はグルタミン酸レセプターの1種であり，神経系で重要な役割を演じている。*Q*は*q*と比べ，培養視床下部細胞のグルタミン酸刺激による性腺刺激ホルモン産生を増加させ，供卵牛の過排卵処理時の黄体ホルモンサージを早めた。QTNによって性ホルモン系が影響されていると考えられる。

c．乳牛の乳房炎抵抗性

我が国の乳房炎による損害は年700億円と甚大である。家畜改良センターと共同で行われたホルスタイン種の家系解析の結果，大腸菌などの刺激により活性化する転写因子*FEZL*のグリシン（glycine : G）鎖へのG挿入が抵抗性に影響することが見出された。12G（*Q*）は抵抗性を示すが，挿入された13G（*q*）は感受性であった。*Q*は*q*と比べ転写活性が高く，下流のSEMA5Aの発現を促進してサイトカイン合成を上昇させ，細胞性免疫を高めていた。

d．乳牛の生時体重

ホルスタイン種の初産次は難産の危険性が高いた

め，生時体重に影響する遺伝子に関心がもたれている。家畜改良センターにおいて雌新生子の集団を対象にゲノム解析が行われた結果，生時体重に影響する遺伝子 *SLC44A5* の 5'- 非翻訳領域に QTN（A-326G）が見出された。*SLC44A5* は，細胞膜で重要なリン脂質ホスファチジルコリンの成分であるコリンのトランスポーターで，細胞内のコリンを排出する。G アリルは A アリルと比べ，*SLC44A5* の発現を高めて細胞内コリンレベルを下げることで，生時体重を小さくし，難産の頻度を低下させると考えられる。

〔杉本喜憲〕

2．ジェノミック評価

家畜の DNA 研究は，家畜の生産性や畜産物の品質等の経済的に重要な形質（有用形質）を効率的に改良することを目標として，有用形質に関与する遺伝子を解明し，責任遺伝子の構造と機能を明らかにする研究が進められてきた。

近年では多数の遺伝子マーカーを迅速に分析できるようになり，ベイズ統計モデル（Bayesian statistical model）等の遺伝統計解析技術の進展と相俟って，責任遺伝子を特定しないまま，多数の一塩基多型（single nucleotide polymorphism : SNP）にかかる遺伝子情報を基に育種価を推定し優良牛を選抜する手法も実用化されている。米国が先行し現在各国で行われているホルスタイン種に関する手法を示すと，娘牛の能力が判明している後代検定成績をもつ種雄牛の推定育種価（estimated breeding value : EBV），SNP 情報（約 5 万個の SNP チップデータ）および血統情報を基に遺伝統計学的手法により直接ゲノム価（direct genomic value : DGV）を求め，得られた直接ゲノム価を推定育種価や両親育種価の平均値（parent average : PA）と組み合わせ，より信頼度の高い遺伝的能力評価値を得ようというものである。種雄牛評価の国際機関（インターブル）において，2010 年よりジェノミック評価の国際間比較を行い評価結果を定期的にフィードバックしており，我が国も 2011 年より参加している。

〔酒井　豊〕

3．遺伝的多様性の確保

生物には，同一の種であっても個体間や個体群間の遺伝子構成に違いが認められる。このような遺伝子構成の違いを遺伝的多様性という。種内に保有される遺伝的多様性は，種が新たな環境や環境の変化に適応して進化するための素材となる。育種の視点からは，集団内の遺伝的多様性の大きさは選抜による遺伝的改良の効率を決定する最も重要な要因であり，また，将来の改良目標の変化や新たな疾病の流行などを含めた環境の変化に集団が柔軟に対応できるかどうかを決める要因でもある。牛は生物学的には単一の種を形成するが，種内には主として外貌上の特徴に基づいてまとめられた多くの品種が存在する。育種の立場から牛の遺伝的多様性について考える場合，遺伝的多様性を品種間と品種内の 2 つのレベルでとらえる必要がある。品種間の遺伝的多様性は品種間の遺伝子構成の違いによるものであり，品種内の遺伝的多様性は品種内の個体間の遺伝子構成の違いによるものである。

国際連合食糧農業機関（FAO）が 2007 年にまとめた「世界家畜遺伝資源白書」によれば，牛ではこれまでに 1,311 品種が記録されているが，そのうちすでに絶滅した品種が 209 品種，絶滅の危機にある品種が 210 品種にのぼる。さらに，今回の調査で頭数などの十分なデータが得られず危機の程度が「不明」に分類された品種が 393 品種あり，それらには絶滅あるいはその危機にある品種が相当数含まれるものと考えられる。これらの絶滅あるいはその危機に瀕した品種の多くは，限られた地域で飼養されている在来品種である。乳牛のホルスタイン種に代表される改良品種に比べて，在来品種は一般に生産性が劣るため，在来品種から改良品種への飼養の移行，あるいは改良品種との無計画な交雑による遺伝的浸食が，在来品種の絶滅の最大の原因である。在来品種は，各地の気候風土や文化・生活様式に適するように長い年月をかけて作り上げられてきた品種である。したがって，在来品種は改良品種がもたない遺伝子を保有している可能性がある。例えば，アフリカのいくつかの牛品種には，トリパノソーマの感染に対して抵抗性遺伝子をもつものが報告されている。遺伝的に特徴をもつ在来品種を維持し，品種間の遺伝的多様性を確保する目的で，品種の遺伝的類縁関係や絶滅の危険度に基づいて優先して保全すべき在来品種を特定する取組みが試みられている。

一方，安定した頭数を維持している先進国の改良品種は絶滅そのものの危険度は低いが，特定の形質に高い遺伝的能力をもつ少数の種雄牛が集中的に繁

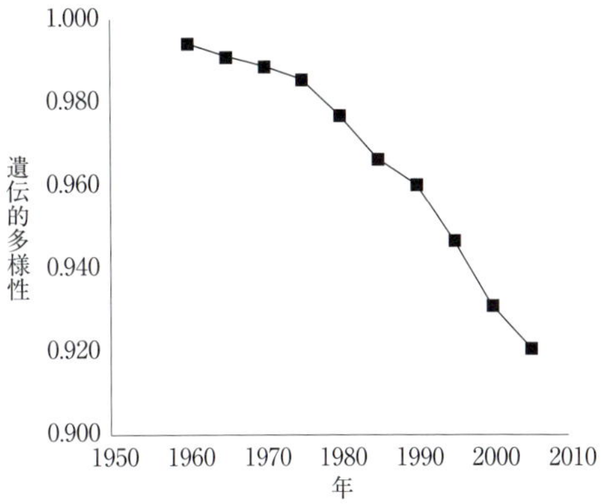

図３　家系図を用いた分析から推定された黒毛和種集団の遺伝的多様性（相対値）の年次変化

図４　サンプル耳標

殖に利用されることにより，品種内の遺伝的多様性が急激に低下しているケースが多くある。例えば，我が国の代表的な肉用種である黒毛和種では，近年，肉質，特に脂肪交雑に優れた特定の系統あるいは種雄牛に繁殖供用が著しく偏り，地域で連綿と維持されてきた多数の系統が消失することにより，品種内の遺伝的多様性が急激に低下している（図３）。将来の市場のニーズや改良目標の変化に備えて品種内の遺伝的多様性を確保するためには，遺伝的な特徴をもつ複数の系統を構築するなどの方策が有効である。

〔野村哲郎〕

D．個体識別制度

1．沿　革

牛個体識別制度の初期システムは，1997年度から５カ年間の補助事業として，オランダ，デンマーク等の先行事例を参考にしつつ，乳用牛のモデル事業として実施された。補助事業の最終年度である2001年度には秋田県，北海道をはじめ全国の約30万頭のホルスタイン種に耳標を装着し，その履歴を管理し日々発生する出生・異動等のデータを入力し活用する牛群管理システムを構築していた。事業の目的は，牛個体には，血統登録，農業共済，牛群検定，家畜人工授精等の制度・事業ごとに番号が付されている状況を改善し，個体識別番号に一本化することであり，個体管理の簡便化，システム経費の軽減，データの高度利用等を促進することにより酪農経営の安定的発展に資することであった。

2001年９月，牛海綿状脳症（BSE）発症牛の初めての発見に伴う生産・加工段階の混乱をきっかけに，モデル事業のシステムをベースにし，我が国で飼養されているすべての牛が10桁の個体識別番号で管理されることとなった。2003年６月に公布された「牛の個体識別のための情報の管理及び伝達に関する特別措置法（牛トレーサビリティ法）」に基づき，国内で生まれたすべての牛と輸入牛について，牛の管理者に対し，個体識別番号を示す耳標（図４）の装着や出生，異動の届出が義務化された。

2．制度の内容と活用

a．制度の内容（図５）

個体識別番号によって，その牛の性別や種別（黒毛和種等）に加え，出生から，肉用牛であれば肥育を経てと殺（食肉にするためのと畜・解体処理）まで，乳用牛であれば生乳生産を経て廃用・と殺までの飼養地等がデータベースに記録されている。その牛がと殺され牛肉となってからは，枝肉，部分肉，精肉へと加工され流通していく過程で，その取引にかかわる販売業者等により，個体識別番号が表示され，仕入れの相手先等が帳簿に記録・保存される。

これにより，牛肉については，牛の出生から消費者に供給されるまでの間の追跡・遡及，すなわち生産流通履歴情報の把握が可能となる。生産者，加工業者，流通業者等関係者の国（委託を受けて家畜改良センターが牛個体識別台帳を管理）への漏れのない正確な届出が基本になっている。

b．米国の状況

米国では2003年のBSE発生を受け，任意ではあるものの，全国統一的な初めての家畜トレーサビリ

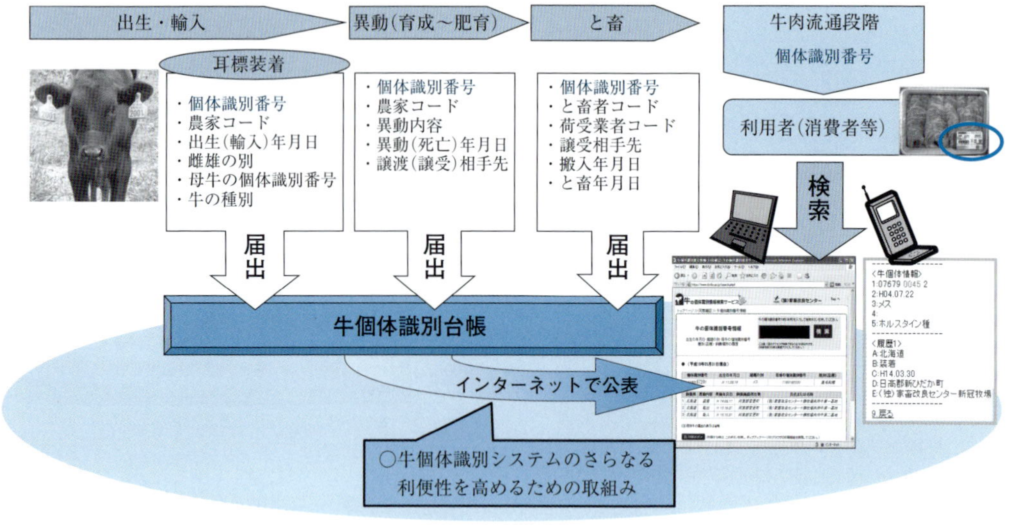

図5　牛個体識別制度の仕組み

ティ制度として，翌2004年に全国家畜個体識別制度（national animal identification system : NAIS）が開始されたが，生産者の反発等から十分な進展が得られずに廃止された。2011年8月，米国農務省はNAISに代わる制度として家畜のトレーサビリティに関する新たな規則案を公表した。この規則案は州境を越える家畜に対してのみトレーサビリティを義務づける内容となっている。また，牛肉については，当面18カ月齢以上の牛に適用する等の段階的措置がとられている。

c．制度の活用事例

牛トレーサビリティ法の目的には「牛肉の安全性に対する信頼確保やBSEのまん延防止措置の的確な実施等」があげられている。

i）牛肉の履歴の閲覧，生産情報の開示

個体識別システムのさらなる利便性を高めるため，牛個体識別台帳の情報をインターネットで公表しており，消費者が牛肉に表示されている個体識別番号を端末から入力すると，出生年月日，種別，性別，異動履歴，と畜年月日等の情報が閲覧できるようになっている。さらに付随するシステムによって，ワクチン接種状況，給与飼料の種類等の生産情報を開示している経営もある。

ii）同居牛等関連牛の検索

BSEは異常プリオンの混入した飼料を早期に経口摂取することが原因と考えられている一方，潜伏期間は長期にわたることから，関連が疑われる牛の動静を正確に把握し，まん延防止措置を的確に実施することが必要である。牛個体識別台帳を検索することにより，過去の同居牛（BSE疑似患畜）等関連牛，管理者等を迅速に特定できる。

iii）育種分野の利用

ホルスタイン種の遺伝能力評価，血統登録は個体識別番号で管理されており，育種分野で不可欠のシステムとなっている。さらに，交配日，交配雄の個体識別番号等の家畜人工授精情報を併せて取得することにより，出生子牛の登録事務の簡素化を図っている。

iv）その他の利用

飼養管理の効率化や関連団体の補助事業等に活用するため，個人情報保護に留意しつつ，牛の管理者の同意の下，情報提供が行われている。行政が地域を指定してワクチンを接種しようとする場合，対象となるの管理者，頭数を正確に把握することが可能である。

〔酒井　豊〕

Ⅱ

栄養・肉質

1 栄　養

A. 乳用牛

1. 栄養要求量

a. 概　要

家畜や家禽が健康な状態で正常に発育，繁殖し，効率的な生産を行うためには，エネルギー，蛋白質，ミネラルおよびビタミンを過不足なく摂取する必要がある。家畜や家禽でのこれらの栄養要求量は家畜・家禽の品種，雌雄，成長速度，泌乳量，産卵率，妊娠の有無などによって異なる。これらの条件での家畜や家禽の栄養要求量を示したものが飼養標準である。我が国では1965年に飼養標準（乳牛）が初めて設定されてから，肉用牛，豚，家禽およびめん羊の日本飼養標準が設定されており，畜産情勢の変化，栄養学や生理学の進展，育種改良による生産性の向上など，新たな研究知見の蓄積に基づき定期的に改訂が行われている。なお，乳牛の飼養標準は1974年に第一次の改定が行われ，その後1987年，1994年，1999年に改訂版が刊行され2006年版に至っている。

栄養要求量は維持，成長，妊娠（胎子の発育），産乳のそれぞれに必要な量を求め，合計したもので，飼養標準では栄養要求量を1日当たり，あるいは飼料中の各栄養成分含量が示されている。また，栄養要求量の単位としては代謝エネルギー（ME）を基本単位としているが，家畜飼養現場での利便性も考慮し可消化エネルギー（DE）や可消化養分総量（TDN）も併記している。

乳牛の栄養要求量を過不足なく給与するためには，設計した飼料全量を実際に採食可能かの判断が重要である。そのため，飼料の乾物摂取量を正しく推定することが必要である。乳牛の乾物摂取量に影響する要因としては，動物にかかわる要因として体重，成長速度，乳量，胎子発育，飼料にかかわる要因としては，飼料構成，水分や繊維含量などの成分組成，消化率，消化管内通過速度，発酵品質，物理性などがある。これらに加えて環境温湿度，飼料の給与方法（分離給与，混合給与），飼育密度など環境条件や飼養管理法も飼料の摂取量に影響する。このように飼料摂取量に影響する要因は多いが，そのなかで最も乾物摂取量に影響を及ぼすのは体重と乳量で，現場レベルでも数値の把握も容易であることから実用的な推定式のパラメータになりうる。そのため，我が国の乾物摂取量の推定式は公設試験研究機関などから，分娩後15週間の体重と4％補正乳量〔4％補正乳量（FCM : kg）＝乳量（kg）×0.15×乳脂肪（％）＋0.4〕ならびに乾物摂取量のデータを収集・解析し作成された。なお，泌乳初期では乳量の増加より遅れて分娩後の乾物摂取量の増加が起こるため，この間は栄養要求量を充足できるだけの乾物を摂取できない。また，初産牛では経産牛に比べ牛そのものの成長も考慮しなければならない。このため，飼養標準での乳牛の乾物摂取量の推定式は，初産牛と2産以降の牛で別の推定式となっている。また，泌乳初期の牛の乾物摂取量については補正係数を用いることになっている。

泌乳安定期（分娩後11週齢以降）

・2産以降

乾物摂取量（kg）＝1.3922＋0.05839×代謝体重（kg）＋0.40497×FCM（kg）

・初産

乾物摂取量（kg）＝1.9120＋0.07031×代謝体重（kg）＋0.34923×FCM（kg）

一方，泌乳量に見合うだけの乾物を摂取できない泌乳初期（11週齢まで）では，補正係数を用いて乾物摂取量を補正する。

・2産以降

補正係数＝1.0－0.3531×$e^{(-0.3247\times 週齢)}$

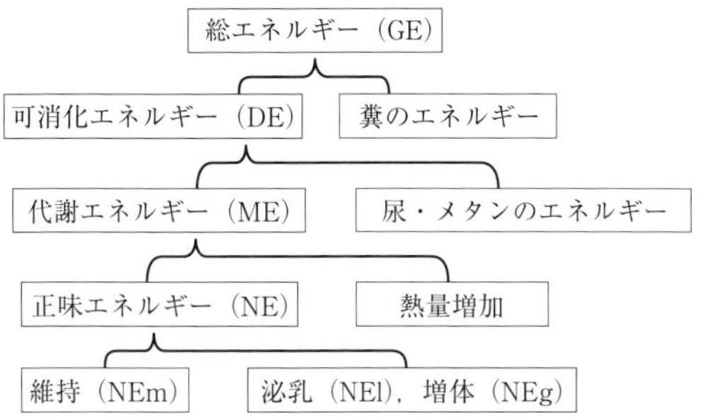

図1　牛での飼料エネルギーの動態

・初産

補正係数$=1.3671-0.6558\times e^{(-0.0498\times 週齢)}$

乾乳牛の乾物摂取量も公設試験研究機関などで得られたデータを解析し，

乾物摂取量（kg）＝0.017×体重（kg）

分娩1週間前については，胎子の発育を考慮し，乾物摂取量（kg）＝0.016×体重（kg）である。

育成牛の乾物摂取量については，

1週齢（体重45 kg）：体重の約10％（全乳のみを給与）

2週齢～離乳（体重60 kg）：全乳4.5 kg＋代謝エネルギーの不足分をカーフスタータ（乾物率88％，代謝エネルギー含量3.15 Mcal/kg乾物）で補う。

離乳後の育成牛

公設試験研究機関のデータを解析し，

乾物摂取量（kg）＝0.49137＋0.01768×体重（kg）＋0.91754×増体日量（kg/日）の推定式が示されている。

また，環境温度が20℃を越えると乾物摂取量が低下するため，環境温度による補正が必要である。

b．エネルギー（図1）

飼料がもつ化学エネルギーでエネルギー源となる栄養素としては，炭水化物，蛋白質および脂肪があり，脂肪の燃焼エネルギーは炭水化物や蛋白質に比べ著しく高い。飼料をボンブ熱量計を用いて完全燃焼した際に発生する熱量を総エネルギー（GE）という。GEから糞中に排泄されるエネルギーを引いたものがDEで，さらにDEより尿中に排泄されるエネルギーとメタンとして失われるエネルギーを引いたものをMEと呼ぶ。尿中のエネルギーとして排泄される物質としては，尿素，尿酸，クレアチニン，アラントインなどの窒素化合物と有機酸である。正味エネルギー（NE）はMEから飼料摂取に伴う熱量増加を引いたもので，家畜が維持，成長，生産に用いることができる真のエネルギーである。飼料の摂取に伴い，咀嚼，消化・吸収，消化管の運動，呼吸などの必要なエネルギーが熱量増加であり，反芻家畜では第一胃内での発酵熱も加わる。MEは維持のための代謝エネルギー（MEm），生産のための代謝エネルギー（MEp）に分けることができる。さらにNEについてもその利用目的により，維持のための正味エネルギー（NEm），泌乳のための正味エネルギー（NE1），増体のための正味エネルギー（NEg）に分けられる。NEは家畜が必要とする真のエネルギーであることから，エネルギー要求量は本来NEを用いるべきである。しかし，NEm，NE1およびNEgで飼料のエネルギーが正味エネルギー変換される利用効率が大きく異なることから，それぞれについてNEを示す必要がある。また，正味エネルギーの測定は容易ではないことから，牛ではME，DEを用いることが多い。

飼料の成分（粗蛋白質：CP，粗脂肪：EE，粗繊維：CF，可溶無窒素物：NFE）の含量に，それぞれの消化率を乗じ（粗脂肪のみ乗じた数値に2.25倍する），総量を求めたものがTDNである。

TDN（％）＝CP含量（％）×CP消化率（％）＋EE含量（％）×EE消化率（％）×2.25＋CF含量（％）×CF消化率（％）＋NFE含量（％）×NFE消化率（％）

我が国ではTDNが広く使われているが，尿，メタン，熱量増加によるエネルギーの損失を反映していないため，これらの損失が大きい粗飼料において栄養価が過大評価されている問題が指摘されている。

なお，エネルギー要求量の算出では代謝試験成績からMEを求め，ME＝0.82×DE，TDN 1 kg＝4.41 Mcal DEの式よりDEおよびTDNを換算する。

i）維持に要するエネルギー

家畜が生命を維持するために体温を保ちつつ体内で物質の代謝が行われるが，その際に体内でのエネルギー収支が蓄積も損失もない状態となるエネルギー量を維持に要するエネルギー量という。国内のエネルギー試験結果から基礎代謝量は代謝体重当たり80 kcalと設定し，エネルギー代謝率（ME/全エネルギー）を0.6とし，維持のエネルギー要求量を116.3 kcalを用いる。なお，維持に要するME量は飼料の質によって異なり，乾乳牛に低質粗飼料を給与した場合に，維持要求量は10%程度高くなる。

ⅱ）子牛の維持・成長に要するエネルギー

子牛の成長に要するエネルギーは維持と増体のエネルギーの合計量として示される。

・哺乳期子牛

維持要求量：MEm（Mcal/日）＝0.1183×代謝体重（$W^{0.75}$）

成長要求量：MEg（Mcal/日）＝0.1205×増体日量（kg/日）

合計量（Mcal/日）＝ MEm＋MEg

・離乳後～体重120 kg未満

維持要求量：MEm（Mcal/日）＝0.1183×代謝体重（$W^{0.75}$）

成長要求量：MEg（Mcal/日）＝0.1293×増体日量（kg/日）

合計量（Mcal/日）＝MEm＋Meg

・体重120 kg以上

維持要求量：MEm（Mcal/日）＝0.1163×代謝体重（$W^{0.75}$）

成長要求量：MEg（Mcal/日）＝0.1355×増体日量（kg/日）

合計量（Mcal/日）＝MEm＋MEg

なお，子牛の熱発生量は外気温により変動するため，季節（夏季，冬季）で要求量に10%の幅を設けている。

ⅲ）産乳に要するエネルギー

牛乳のエネルギー含量（kcal/kg）は0.0913×乳脂率（%）＋0.3678から求められ，代謝試験成績から牛乳生産のためのMEの利用効率は0.62として以下のように計算する。

牛乳1 kg生産に必要なエネルギー（Mcal/日）＝（0.0913×乳脂率（%）＋0.3678）÷0.62

ⅳ）妊娠末期に加えるエネルギー量

分娩前9週間から分娩までの間では胎子の発育に必要とするエネルギーを増給する必要がある。また，胎子の品種や数によっても必要とするエネルギー量は異なる。ホルスタイン種では妊娠末期9週間に要するME量を平均的に摂取させた場合として求めているため，9週間の前半（分娩前9～4週）ではエネルギー摂取が過剰，後半（分娩前3週～分娩）では不足することになる。そのため，妊娠末期の9週間でのエネルギー，蛋白質，ミネラル（カルシウム，リン）の要求量は，その要求量の90%を前半，120%を後半の要求量としている。

妊娠牛（ホルスタイン種）の増給に必要なME要求量

・分娩前9～4週

エネルギー要求量（Mcal/日）＝（妊娠280日の胎子のエネルギー蓄積量－妊娠217日の胎子のエネルギー蓄積量）÷63÷0.14×0.9

・分娩前3週～分娩

エネルギー要求量（Mcal/日）＝（妊娠280日の胎子のエネルギー蓄積量－妊娠217日の胎子のエネルギー蓄積量）÷63÷0.14×1.2

なお，妊娠t日目の胎子のエネルギー蓄積量（Mcal）は，（$0.00159\times t^2-0.0352\times t-35.4$）÷46 ×生時体重（kg）で求められる。この式では子牛の生時体重を46 kgとしているので，実際の生時体重を入れて補正を行う。また，妊娠280日から217日までの63日間の胎子へのエネルギー蓄積量なので，63で割り1日当たりの要求量として示す。MEの胎子の増体での利用効率は14%（0.14）としている。

c．蛋白質要求量（図2）

乳牛の飼養標準では蛋白質の評価はCPベースで行われてきたが，日本飼養標準・乳牛1999年版に代謝蛋白質システムの前提である分解性蛋白質の要求量および供給量が掲載された。反芻家畜では飼料より摂取した蛋白質は第一胃内での分解性により分解性蛋白質と非分解性蛋白質に分かれる。分解性蛋白質の多くは第一胃内微生物によりペプチド，アミノ酸，アンモニアまで分解され，アンモニアなどは微生物体蛋白質の再合成に利用される。なお，微生物体蛋白質の合成にはエネルギーが必要であり，飼料から摂取した第一胃内で発酵可能な炭水化物が使われる。微生物体蛋白質と非分解性蛋白質は第四胃以降で消化・吸収され家畜の蛋白質源として利用されるが，反芻家畜が真に利用可能な代謝蛋白質要求量ならびにその供給量に基づいた給与体系を代謝蛋白質給与システム（図3）と呼ぶ。

第一胃内での蛋白質の分解率は多くの要因によって影響を受けるが，第一胃内からの飼料の通過速度（流出速度）が速くなると，第一胃内微生物の分解作用を受ける時間が短くなり分解率が低下する。そのため，飼料蛋白質の第一胃内分解率を固定値とするのではなく，通過速度の違いを反映した相対的に変化する有効分解性蛋白質への変更が行われている。日本飼養標準・乳牛2006年版では蛋白質の評価を

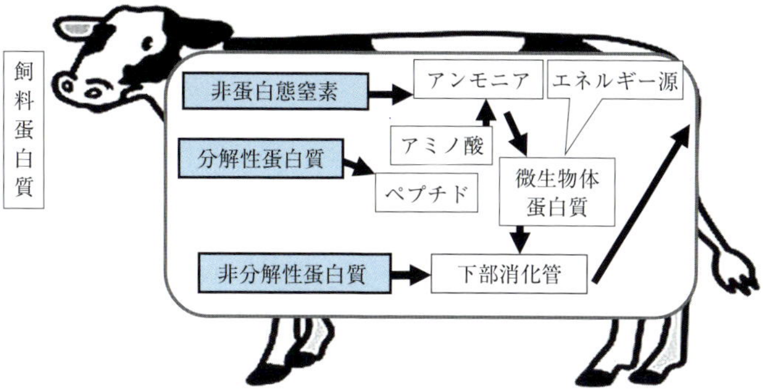

図2　牛での飼料蛋白質の第一胃内での動態

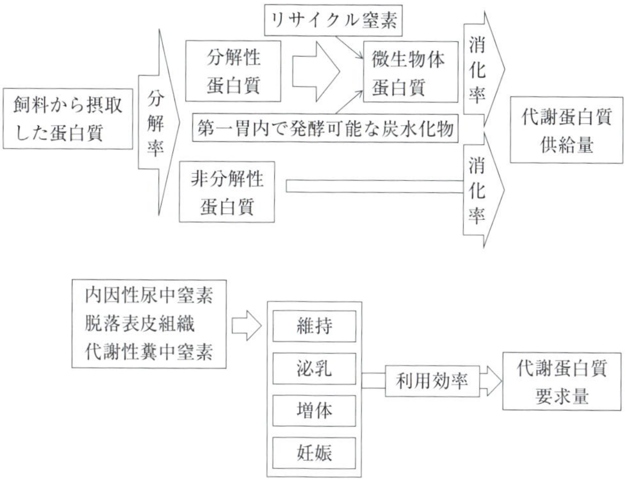

図3　代謝蛋白質給与システムの概念

より精密にするために，CP 要求量を示すとともに，分解性蛋白質から有効分解性蛋白質への転換を図っている。

ⅰ）維持の CP 要求量

蛋白質の維持要求量は体蛋白質の蓄積・損失がない場合でも合成や分解といった代謝が行われている。この際に分解・損失するものとしては内因性尿窒素（UN），脱落表皮蛋白質（SP），代謝性糞中窒素（FN）がある。CP の維持要求量は国内での乾乳牛の窒素出納試験に基づき，可消化 CP 要求量（g/日）＝2.71×代謝体重（$W^{0.75}$）であることが示されている。

ⅱ）子牛の維持・成長の CP 要求量

維持の要する CP 要求量として内因性尿窒素×6.25，落表皮蛋白質，代謝性糞中窒素×6.25 に，子牛の成長に必要な蛋白質量の合計を正味の CP 要求量とし，正味蛋白質と粗蛋白質との変換効率を用いて CP 要求量を求める。それぞれの項目については以下のように求められる。

FN（g/日）＝30×乾物摂取量（kg/日）/6.25

FN（g/日）＝12.5×乾物摂取量（kg/日）/6.25（体重 66 kg まで）

UN（g/日）＝ 2.75×代謝体重（$W^{0.75}$）/6.25

SP（g/日）＝ 0.2×体重（$W^{0.6}$）

また，増体中の蛋白質量は育成牛の体組成に関する研究から 23.5505×$W^{-0.0645}$ であり，増体日量を乗じて増体に伴う蛋白質蓄積量を求める。これらを合計したものが粗蛋白質要求量となる。

ⅲ）産乳の CP 要求量

産乳での粗蛋白質要求量では乳脂率と乳量を変数とした粗蛋白質要求量の式が示されている。

産乳 1 kg の CP 要求量（g/日）＝〔26.6＋5.3×乳脂率（%）〕×乳量（kg）÷0.65

表1　有効分解性蛋白質要求量

乳量（kg/日）		0	10	20	30	40	50
乾物摂取量（kg/日）		8.9	12.9	17.0	21.1	25.2	29.2
CP 要求量（乾物中%）		6.7	10.5	12.7	14.3	15.5	16.5
TDN 含量（乾物中%）	60	8.3	8.4	8.4	8.5	8.5	8.5
	65	9.0	9.1	9.1	9.1	9.1	9.1
	70	9.7	9.7	9.8	9.8	9.8	9.8
	75	10.4	10.4	10.4	10.4	10.4	10.4
	80	11.1	11.1	11.1	11.1	11.0	11.0

日本飼養標準・乳牛 2006 年版より作成

表2　飼料の有効分解性蛋白質含量

乳量（kg/日）	0	10	20	30	40	50
乾物摂取量（kg/日）	8.9	12.9	17.0	21.1	25.2	29.2
飼料通過速度（%/時間）	3.5	4.2	4.9	5.5	6.2	6.9
イネ科生草	76	74	72	70	69	67
オーチャードグラス	78	76	74	73	71	70
イタリアンライグラス	83	81	80	79	77	76
チモシー	70	68	65	63	61	60
マメ科生草	81	79	78	76	75	74
アルファルファ	79	78	76	75	74	73
アカクローバー	89	88	88	87	87	86
トウモロコシ（粉砕）	66	63	60	58	56	54
トウモロコシ（蒸気圧ペン）	46	42	40	37	35	41

日本飼養標準・乳牛 2006 年版より作成

iv）妊娠末期に加える CP 量

胎子への蛋白蓄積量（PP : g）は品種や胎子数によって異なるためホルスタイン種，黒毛和種（単胎，双胎），交雑種について式が示されている。胎子への PP は，分娩時の PP（280）から分娩前 9 週の PP（217）を差し引き，9 週間（63 日）で平均して求める。なお，子牛の生時体重はエネルギー要求量の算定と同様に 46 kg としているため，実際の生時体重（kg）を 46 で割り補正を行っている。また，飼料の CP から代謝蛋白質への変換効率を 70%（0.7），代謝蛋白質から胎子として蓄積される蛋白質への変換効率を 33%（0.33）としている。

日本飼養標準・乳牛 2006 年版には**表1**に示すような有効分解性蛋白質要求量が掲載されている。例えば，乳量が 30 kg/日で TDN が 75%の飼料を給与する場合，CP 含量は 14.3%で，有効分解性蛋白質を 10.4%含む飼料を用いることになる。飼料中の適正な有効分解性蛋白質含量は，0.131×TDN（乾物中%）+0.00106×乳量（kg/日）+0.557 より求める。

一方，主な飼料の有効分解性蛋白質含量は**表2**に示されている（一部抜粋）。それぞれの飼料の有効分解性蛋白質含量を組み合わせて給与飼料全体の有効分解性蛋白質含量を求める。なお，有効分解性蛋白質含量がデータがない飼料については，飼料特性が類似する飼料で代替するか，ポリエステルバッグ法などで有効分解性蛋白質含量を測定する必要がある。

d. 繊　維（図4）

飼料の繊維成分はセルロース，ヘミセルロース，リグニンからなり，飼料作物の品種や生育ステージなどにより繊維成分組成は異なる。飼料中の繊維含量を表す方法としては，中性デタージェント繊維（NDF），酸性デタージェント繊維（ADF），総繊維（OCW），粗繊維（CF）がある。しかし，粗繊維は古くから利用されてきたが，ヘミセルロースやリグニンを含まないため飼料含量を示す表示法としては使われなくなっている。なお，NDF および ADF の表記で，それぞれの繊維に灰分を含まない場合は NDFom，ADFom と記載する。反芻家畜での繊維の役割としては，栄養素の供給のほか第一胃内発酵の安定に重要な役割を果たす。飼料の繊維含量が不足し，非繊維性炭水化物が多すぎる場合には，第一胃

中性デタージェント繊維		ヘミセルロース	セルロース	リグニン
酸性デタージェント繊維			セルロース	リグニン
総繊維	ペクチン	ヘミセルロース	セルロース	リグニン

図4　飼料分析での飼料の繊維画分

内での発酵が急速に進みpHが低下し，それが続くと蹄葉炎，第一胃不全角化症，第四胃変異などの疾病が発症する可能性がある。飼料の繊維は採食時や反芻時での咀嚼を促進する働きを有しており，咀嚼時に分泌される唾液に含まれる重炭酸塩は第一胃内のpHを安定させる機能を有している。一方，繊維含量は乾物摂取量に影響し栄養要求量の充足を妨げることにもなるため上限値を考慮する必要がある。そのため，飼養標準では乳量・乳成分，乾物摂取量，第一胃内性状の面から飼料中のNDF含量を35%とすることを奨励している。なお，同じNDF含量であっても咀嚼刺激効果は粗飼料と濃厚飼料で異なるため，第一胃内発酵に関する繊維の機能はNDF含量だけでなく，その飼料の種類に影響される。近年，混合飼料（TMR）の乳牛への給与が増えているが，その飼料原料として製造副産物（エコフィード）が注目されている。しかし，製造副産物の繊維は脆弱なものが多く，同じNDF含量であっても期待した咀嚼行動を確保できない場合がある。繊維の物理性の評価法の1つとして粗飼料価指数（RVI）がある。これは乾物摂取1kg当たりの咀嚼時間（採食時間＋反芻時間）を示したものである。乳脂率3.5%を確保するためにはRVIが31分との報告があり，濃厚飼料に比べて粗飼料のRVIは高いが，同じ飼料であっても細切，成形などの加工処理によりRVIは大きく異なる。そのほかの繊維の物理性評価法として有効（e）NDFがある。これは第一胃内に滞留する一定以上の大きさの飼料片が反芻を刺激するとの考えに基づき，1.18mm以上のふるいに残留した飼料の乾物重量にNDF含量を乗じたものである。高泌乳牛でのeNDF要求量は飼料中19%であることが示されている。

e．ミネラルおよびビタミン

ミネラルは家畜の骨や歯の主要な構成成分であり，蛋白質や脂肪の構成成分，酵素活性，浸透圧，酸塩基平衡，情報伝達など体内の恒常性維持に深くかかわっている。多量に必要なミネラルをマクロミネラルといい，微量必要とするミネラルがミクロミネラルである。乳牛に必須の主要ミネラルとしては，カルシウム，リン，マグネシウム，カリウム，マグネシウム，カリウム，ナトリウム，塩素，イオウ，モリブデン，セレンなどがある。一方，ミクロミネラルとして鉄，亜鉛，銅，マンガンなどがある。乳牛でのミネラル要求量は維持，成長，妊娠，産乳などの生理条件や飼料中でのミネラル含量やその形態で異なる。なお，日本飼養標準・乳牛に記載されているミネラル要求量は我が国で行った飼養試験や外国データをとりまとめて示したものである。ミネラルの要求量は他の栄養成分に比べて少ないが，欠乏すると生産性に大きく影響し，欠乏が継続すると欠乏症を発症する場合がある。一方，過剰摂取した場合には中毒症状を発症する場合がある。カルシウムとリンは骨の主要な構成成分であるほか，体内の恒常性維持に需要な役割を果たしているため，乳牛のミネラル給与ではカルシウムとリンの要求量を充足させることが重要である（**表3〜5**）。

ⅰ）維持のカルシウムおよびリン要求量

我が国の飼養試験に基づき以下の要求量が示されている。

カルシウム＝0.0154×体重（kg）÷0.38

リン＝0.0143×体重（kg）÷0.5

なお，吸収効率はカルシウムを0.38，リンを0.5としている。

ⅱ）子牛，育成牛の維持・成長のカルシウムおよびリン要求量

子牛や育成牛のカルシウムおよびリン要求量は体重別に求める。

・体重90kg未満

カルシウム＝0.0213×体重（kg）＋20.9×増体日量（kg/日）

リン＝0.0156×体重（kg）＋10.79×増体日量（kg/日）

・体重90〜250kg未満

カルシウム＝8＋0.0367×体重（kg）＋8.48×増体日量（kg/日）

リン＝ 0.884＋0.05×体重（kg）＋4.86×増体日量（kg/日）

・体重250〜400kg未満

カルシウム＝13.4 ＋ 0.0184×体重（kg）＋7.17×増体日量（kg/日）

表3　育成に要する栄養要求量（1日当たり）

体重（kg）	週齢（週）	増体日量（kg/日）	乾物量（kg）	粗蛋白質（g）	可消化粗蛋白質（g）	可消化養分総量（kg）	可消化エネルギー（Mcal）	代謝エネルギー（Mcal）	カルシウム（g）	リン（g）	ビタミンA（1,000 IU）	ビタミンD（1,000 IU）
100	11	0.80	2.99	413	282	1.94	8.55	7.01	18	10	7.8	0.60
		0.90	3.09	446	308	2.05	9.05	7.42	19	10	7.8	0.60
		1.00	3.18	478	335	2.17	9.55	7.83	20	11	7.8	0.60
200	26	0.60	4.58	552	332	2.91	12.82	10.51	20	14	15.6	1.20
		0.80	4.76	628	391	3.30	14.57	11.95	22	15	15.6	1.20
		0.90	4.85	666	421	3.50	15.45	12.67	23	15	15.6	1.20
300	44	0.50	6.25	633	351	3.67	16.18	13.27	23	17	23.4	1.80
		0.70	6.44	708	409	4.21	18.56	15.22	24	18	23.4	1.80
		0.90	6.62	783	467	4.75	20.94	17.17	25	19	23.4	1.80
400	67	0.40	7.93	714	369	4.22	18.60	15.25	24	18	31.2	2.40
		0.60	8.11	788	426	4.89	21.55	17.67	25	19	31.2	2.40
		0.80	8.30	861	483	5.56	24.51	20.10	26	21	31.2	2.40
450	81	0.40	8.81	773	392	4.61	20.32	16.66	27	26	35.1	2.70
		0.60	9.00	846	449	5.34	23.54	19.31	28	28	35.1	2.70
		0.80	9.18	919	506	6.07	26.77	21.95	29	29	35.1	2.70

日本飼養標準・乳牛 2006 年版より作成

表4　成雌牛の維持に要する栄養要求量（1日当たり）

体重（kg）	乾物量（kg）	粗蛋白質（g）	可消化粗蛋白質（g）	可消化養分総量（kg）	可消化エネルギー（Mcal）	代謝エネルギー（Mcal）	カルシウム（g）	リン（g）	ビタミンA（1,000 IU）	ビタミンD（1,000 IU）
350	5.95	365	219	2.60	11.48	9.41	14	10	14.8	2.1
400	6.80	404	242	2.88	12.69	10.40	16	11	17.0	2.4
450	7.65	441	265	3.14	13.86	11.36	18	13	19.1	2.7
500	8.50	478	287	3.40	15.00	12.30	20	14	21.2	3.0
550	9.35	513	308	3.65	16.11	13.21	22	16	23.3	3.3
600	10.20	548	329	3.90	17.19	14.10	24	17	25.4	3.6
650	11.05	581	349	4.14	18.26	14.97	26	19	27.6	3.9
700	11.90	615	369	4.38	19.30	15.83	28	20	29.7	4.2
750	12.75	647	388	4.61	20.33	16.67	30	21	31.8	4.5
800	13.60	679	408	4.84	21.33	17.49	32	23	33.9	4.8

日本飼養標準・乳牛 2006 年版より作成

表5　産乳に要する栄養要求量（牛乳1kg当たり）

乳脂率（%）	粗蛋白質（g）	可消化粗蛋白質（g）	可消化養分総量（kg）	可消化エネルギー（Mcal）	代謝エネルギー（Mcal）	カルシウム（g）	リン（g）	ビタミンA（1,000 IU）
2.8	64	41	0.28	1.23	1.01	2.6	1.5	1.3
3.0	65	43	0.29	1.26	1.04	2.7	1.5	1.3
3.5	69	45	0.31	1.35	1.11	2.9	1.7	1.3
4.0	74	48	0.33	1.44	1.18	3.2	1.8	1.3
4.5	78	50	0.35	1.53	1.26	3.4	1.9	1.3
5.0	82	53	0.37	1.62	1.33	3.6	2.1	1.3

日本飼養標準・乳牛 2006 年版より作成。乳量 15 kg 当たり維持と産乳に要する栄養養分量を分離給与では 4 %，TMR 給与では 3.5%増給する。ビタミン D の産乳に要する要求量は体重 1 kg 当たり 4.0 IU とする

リン＝7.2＋0.0215×体重（kg）＋6.02×増体日量（kg/日）

・体重 400 kg 以上

カルシウム＝25.4＋0.00092×体重（kg）＋3.61×増体日量（kg/日）

リン＝13.5＋0.00207×体重（kg）＋8.29×増体日

量（kg/日）

iii）産乳のカルシウムおよびリン要求量

FCM（kg/日）からカルシウムおよびリンの要求量を求める。

カルシウム＝（1.20×FCM）÷0.38

リン＝（0.90×FCM）÷0.5

なお，吸収効率はカルシウムを0.38，リンを0.5としている。

iv）妊娠末期に加えるカルシウムおよびリン要求量

カルシウムとリンの要求量は胎子の品種により異なる。胎子が乳用種の場合は，

カルシウム＝0.0078×1.23×体重（kg）÷0.38

リン＝0.0047×1.23×体重（kg）÷0.5

分娩前9～4週は上記の式の90%，分娩前3週間から分娩までは120%を給与する。肉用牛の受精卵を移植した場合には，単胎では70%，双胎では110%，交雑種では85%を給与することになっている。

ビタミンには脂溶性（ビタミンA，D，E，K）と水溶性（ビタミンB群，C）があり，ビタミンB群とKは第一胃内微生物により合成され，ビタミンCは組織内で合成される。ビタミンAやDは視覚を正常に保つ作用，カルシウムの代謝機能調節など重要な役割を果たしている。

v）維持のビタミンA，D要求量

我が国の飼養試験に基づき以下の要求量が示されている。

ビタミンA＝0.0424×体重（kg）

ビタミンD＝0.006×体重（kg）

vi）子牛，育成牛の維持・成長のビタミンA，D要求量

子牛や育成牛のビタミンAとDの要求量は体重を変数とした式より求める。

ビタミンA＝0.078×体重（kg）

ビタミンD＝0.006×体重（kg）

vii）産乳のビタミンA，D要求量

ビタミンA＝1.3×乳量（kg/日）

ビタミンD＝0.004×体重（kg）

viii）妊娠末期に加えるビタミンA，D要求量

カルシウムとリンの要求量は胎子の品種や胎子数によりミネラルのような補正は行わない。

ビタミンA＝0.0336×体重（kg）

ビタミンD＝0.004×体重（kg）

f．飼料給与での留意点

i）安全率の考慮

飼料設計では，乳牛の維持要求量に成長，泌乳，妊娠のそれぞれのステージに応じた要求量を加えて算定することになる。しかし，飼料に含まれる栄養素含量は，品種，施肥条件，気象条件，生育ステージ，加工・調製などによって変動する。また，飼料給与での食べ残しやこぼし，飼料の変敗などのロスが生じる。そのため，日本飼養標準では実際の飼料給与量を求める際に，飼料の栄養素含量の変動や給与でのロスを考慮した安全率が示されている。

ii）暑熱環境下での飼養

高温環境下の泌乳牛では体温の上昇，飼料摂取量が減少し，乳量・乳質や受胎率の低下が認められる。高温環境での泌乳牛の生産性の低下は24～27℃で起こるが，その程度は牛の体重，泌乳量などによって異なる。畜舎での暑熱対策としては，送風，散水，細霧装置を設置し，それらを組み合わせたシステムが普及している。また，低質な繊維を多く含む粗飼料は第一胃内での発酵熱が多く，採食量も低下することから暑熱環境下での給与は避ける。さらに蛋白質は炭水化物や脂肪より体内での代謝で発生する熱量が多いことから，蛋白質の過剰な給与には注意する。高温時には体温を一定に保つため体内深部より体表面への血流量や呼吸数が増加し，それに伴い代謝量（Van't Hoffの効果）も増大する。日平均気温26℃以上，相対湿度60%では維持に要するME量が約10%増加することが示されている。一方，初産牛では30℃，経産牛では26℃を越えると乾物摂取量が適温域より10%以上低下することが示されている。このように高温環境下では乳牛のエネルギー要求量は増大するものの，乾物摂取量が低下することから，繊維含量などの必要量は確保しつつ，脂肪酸カルシウムなどの利用も視野に入れ飼料のエネルギー含量を高めることが必要になる。

2．栄養と飼養管理

a．哺育期

分娩直後から離乳までの期間で，この時期には液状飼料を哺乳する。哺育期での牛は第一胃が未発達であるが，反芻胃の形態や機能は離乳の前後で急激に発達する。離乳期間については2週間程度の超早期離乳から半年以上かけて離乳を行うなど，管理者の経験や考えに基づき様々な離乳プログラムが提案

されている。我が国では６週齢までの早期離乳で十分な第一胃の発達とその後の増体が得られることが明らかになっていることから，６週齢での離乳が一般的な離乳法となっている。

新生子牛の飼養管理では常乳に比べてカロテン，ビタミンA，D，E，免疫グロブリンを多く含む初乳を十分に与える必要がある。小腸での免疫グロブリンの吸収能は生後24時間を過ぎると急激に低下し，一方で第四胃の蛋白質分解酵素の活性の高まることから，なるべく早く初乳を飲ませる必要がある。日本飼養標準・乳牛では生後４時間以内に1〜2L程度，６時間までに2Lを与え，最低でも３日間は初乳を与えることが推奨されている。

さらに，早期離乳方式での液状飼料の給与例としては，代用乳（公定規格CP 22％以上，TDN 75％以上）600 g（体重の約２％）を40℃の温水に溶解あるいは牛乳4.5 kgを給与する。さらに，生後１週間頃より離乳用固形飼料（人工乳：公定規格CP 17％以上，TDN 70％以上）を段階的に増量して給与する。また，良質の乾草や新鮮な水を給与する。離乳時には第一胃内微生物で主要な種が定着し，生後２〜３カ月には成牛と同様の微生物叢になることが示されている。

消化器疾患や呼吸器疾患を防止するために，換気や快適な温度管理，敷料の交換，糞尿による汚れ防止，日光浴や運動を積極的に取り入れることが推奨される。

b．育 成 期

育成期間での乳用種雌牛の発育速度は，泌乳性，繁殖性および供用年限などに影響を及ぼす可能性がある。しかし，栄養条件が極端に過度あるいは不足する状況でない限り子牛の発育速度は最終的な成熟体重や体格に影響を及ぼさない。そのため，育成方式は目標とする供用年限や管理方式，後継牛の確保状況などから決定される。牛の発育の基準を示したものとして発育曲線がある。これらは多くの酪農家や公設試験研究機関などの牛の発育の調査結果から作られたもので，体重を発育の指標として用いられている。

初産種付け時期については，受胎率，分娩時の事故，乳生産性の向上などに影響することから，その時期は重要なポイントである。子牛が繁殖可能となる時期は初回発情前の発育速度によって異なるものの，体重260 kg前後，体高115 cm前後に到達した時点とされている。子牛に高栄養飼料を給与して発育速度を高めた場合では，脂肪の過剰な蓄積を招き，牛の乳腺組織の発達が抑制され乳生産性が低下することが知られている。そのため，増体日量は１kg以下にすることが推奨されている。また，初産牛は牛の体格に対して胎子の割合が大きいことから難産となりやすい。そのため，初産の種付けは体重300 kg前後から可能であるが，13カ月齢以降で体重が350 kg，体高が125 cmに達してから実施することが目標とされている。

乳用種の初産分娩月齢は家畜改良増殖目標によると26カ月齢であり，短縮により24カ月齢とする目標が記載されている。育成牛の必要頭数は牛群の淘汰，事故，廃用などでの供用年数と初産分娩月齢から求めることができる。初産分娩月齢が遅くなったり，供用年数が短くなると必要な育成牛の頭数が多くなり経営的な負荷が増加することから，分娩月齢の早期化は重要である。

c．泌 乳 期

ｉ）分娩前後の飼養

乳牛の分娩前後（乾乳，分娩，泌乳，受胎）は牛の生理状態が大きく変化し，代謝障害などの発生が多いため，事故の発生を防ぎ高い乳生産を実現するために重要な時期である。乾乳は分娩前60日前後が最適とされ，この時期での胎子の発育は著しいため，それに見合った栄養を給与する必要がある。この時期の飼養管理は乾乳直後から分娩前４週間までの乾乳前期とそれ以降分娩までの乾乳後期に分けられる。乾乳前期は酷使された乳腺組織の休息・回復を行う時期であり，栄養要求量はそれほど高くなく，乾乳をスムーズに行い過肥を防ぐために粗飼料主体の飼料で飼育する。乾乳後期（クローズアップ期）は胎子や子宮が急激に成長する時期で，その成長に必要な栄養を供給する必要がある。しかし，第一胃が圧迫され乾物摂取量が減少すると考えられている。そのため，分娩後の高栄養飼料に順応させることも兼ねて濃厚飼料の増給が必要となる，この時期から一定速度で濃厚飼料の給与量を高めていくリード飼養法（図５）は分娩後の高泌乳への対応を念頭においた飼料給与法であり，乾乳後期の乾物摂取量の低下による栄養不足の解消や分娩後の濃厚飼料増給に第一胃内微生物を順応させる点に利点がある。

乳牛は分娩後約４〜５週間で乳量がピークとなる

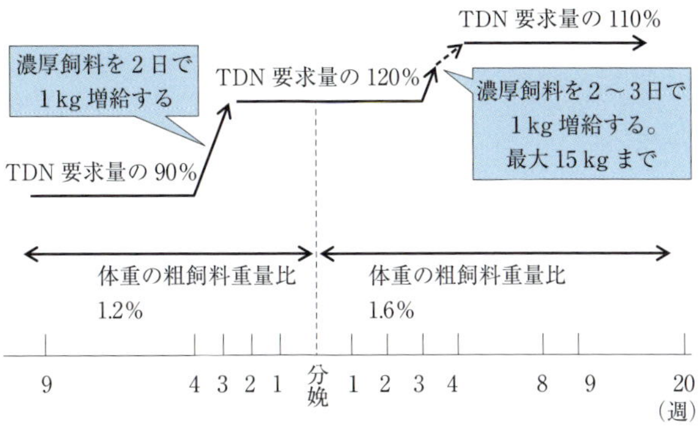

図５　分娩前後でのリード飼養法の一例

が，乾物摂取量のピークは８～10 週齢頃となるので，泌乳初期はエネルギー出納が負となると体脂肪などの体組織から動員して補うことになる。その結果，体重は分娩直後から減少し始め，３～４週間頃に最低となり，分娩直後の体重に戻るまで 10 週間程度かかる。このエネルギー出納が負の期間が長いと代謝障害や繁殖障害が起こることが多い。そのため，この時期の飼養管理としては無理なく乾物摂取量を高めることで，栄養濃度の高い飼料を給与する傾向にある。濃厚飼料の給与量を高めるには第一胃内の恒常性を保つために給与法の工夫が必要である。例えば，TMR の給与は乳牛が要求する栄養分が適正に配合され，かつ選択採食ができないため乳牛への負担が少ない給与法である。一方，分離給与の場合には給与回数を増やすこと，できるだけ飼料を均一に混合することが有効である。なお，泌乳量が 45～50 kg/日の乳牛の栄養要求量を充足させるための乾物摂取量はかなり多く，計算上は体重比で 4.3～4.6%となるが，一般的な飼養管理では４%前後が限界である。また，高泌乳時には飼料の栄養含量とそのバランスに留意する必要がある。標準的な飼料としては TDN 75%，NDF 35%，CP 16%以上が目安とされている。

なお，初産ならびに２産次の泌乳牛では維持と産乳の栄養要求量に加えて，成長の栄養要求量が必要である。そのため，成雌牛の維持に要する栄養要求量に，初産分娩から２産分娩までは 30%，２産次から３産分娩までは 15%の増給を行う。

栄養状態を反映した指標として皮下脂肪の蓄積の程度を数値化したものにボディコンディションスコア（BCS）がある。BCS の判定基準は国などで異なるが，我が国では著しい痩身の 1.00 から著しい肥満の 5.00 まで 0.25 刻みの 17 段階で示される場合が多い。判定は視覚を中心とする評価になりつつあるが，より評価を正確にするために評価者の訓練が重要である。各ステージにおける BCS の目標値は次のように考えられている。

乾乳期：3.25～3.75 で，変化させないか，あるいはわずかに増加させるようにする。

分娩時：3.50（3.25～3.75）

泌乳開始後：最大低下幅 0.75～1.00

分娩後 100 日頃に BCS の目標値の回復が生じるようにする。なお，BCS の１単位は体重約 56 kg に相当するとされている。

〔永西　修〕

B．肉用牛

1．栄養要求量

a．概　　要

日本で飼養されている主な肉用牛の栄養要求量は，日本飼養標準・肉用牛で明らかにされている。栄養要求量は育成牛，成雌牛，種雄牛，肥育牛の体重や１日当たりの増体量（DG）ごとに，乾物，TDN，DE，ME，CP，カルシウム（Ca），リン（P），ビタミン A の養分量および飼料中養分含量（乾物当たり%）として示されている。無機物は要求量と摂取許容限界について飼料中養分含量として示されている。また，栄養要求量に及ぼす環境条件（暑熱・寒冷）や飼育形態などの影響についても示されている。

エネルギー，蛋白質，ビタミン，ミネラルの他に，飼料中の繊維含量と粗脂肪含量に関しても基準が設けられている。反芻家畜は濃厚飼料の多給や飼料中

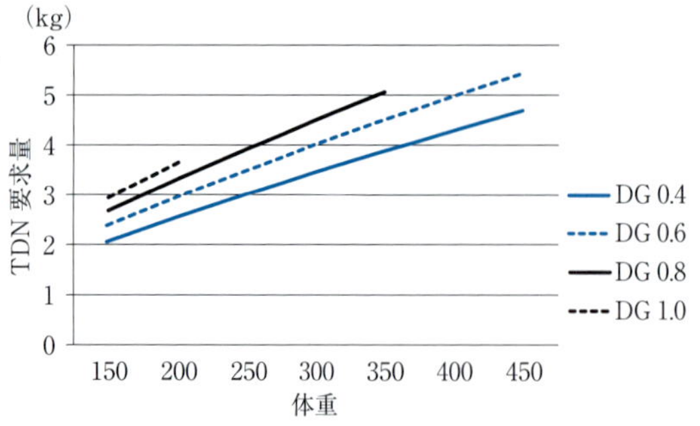

図6　雌牛育成の TDN 要求量

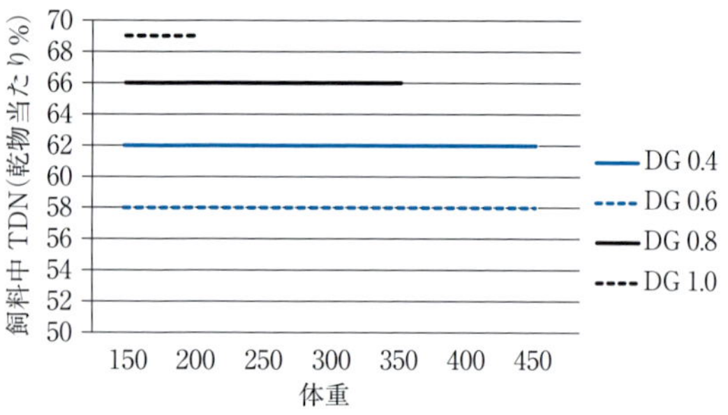

図7　雌牛育成の飼料中 TDN 含量

の繊維不足によってルーメンアシドーシスなどの症状を引き起こすため，飼料中の繊維含量を基準値以上に保つ必要がある。飼料中に最低限必要な繊維含量は乾物中の割合として，中性デタージェント繊維（NDFom）で 16%，粗繊維で 7 %，酸性デタージェント繊維で 10%以上とされている。濃厚飼料多給条件で飼育されている肥育牛では繊維不足になりやすく，実際には飼料中 NDFom 含量（乾物当たり %）は肥育前期で 30%，中期で 25%，後期で 20%以上の水準を維持することが推奨されている。また，反芻家畜に高脂肪飼料を給与すると繊維の消化率が低下するなどの負の影響が生じることが知られている。飼料中粗脂肪含量は乾物中 6 %以下が基準になっている。

一般的な飼料の成分値は日本標準飼料成分表に記載されており，飼料成分値と栄養要求量の情報を基に肉用牛の育成，繁殖，肥育用飼料の設計ができる。なお，飼料成分値は飼料の産地やロットによって異なるため，定期的に確認することが望ましい。特にサイレージや食品残渣など水分を多く含む飼料に関しては，水分含量を測定しておくと誤差が少なく飼料設計できる。

b. エネルギー

エネルギーの要求量は日本飼養標準・肉用牛において TDN，DE，ME として示されている。TDN，DE，ME の換算式は下記のとおりである。

TDN（kg）＝ME（Mcal）÷3.616

DE＝ME÷0.82

雌牛育成の TDN 要求量は体重や 1 日当たりの増体量（DG，kg/日）が高いほど多くなる（図6）。飼料中 TDN 含量は，DG 0.4 で 58%，DG 0.6 で 62%，DG 0.8 で 66%，DG 1.0 で 69%が目安である（図7）。

成雌牛の TDN 要求量は体重が大きいほど高くなり，維持期よりも妊娠末期 2 カ月間は TDN で 0.83 kg，授乳量 1 kg に対して TDN で 0.36 kg 多く必要になる（表6）。成雌牛の維持期における飼料中 TDN 含量は乾物当たり 50%であり，妊娠末期 2 カ月間は 55%前後，授乳期は授乳量 7 kg では 58%前後，授乳量 3.6 kg では 55%前後が目安である（表7）。

肥育牛に関しては肉用種去勢牛と乳用種去勢牛の育成・肥育期の TDN 要求量を図8，飼料中 TDN 含量を図9に示した。体重や DG が高いほど TDN 要求量は多くなり，飼料中 TDN 含量の高い飼料を用いる必要がある。

エネルギーの要求量は環境条件（暑熱・寒冷）の影響を受けることが知られている。肉用牛の上臨界温度は 26～30℃にあるとされており，湿度の上昇，放射熱の増加は上臨界温度を下げる方向に，雨や風は上臨界温度を上げる方向に作用する。環境温度が上臨界温度以上になった場合，維持エネルギー要求量は 110%に増加する。また，肥育牛では月平均 5℃以下になる時期はエネルギー要求量が 10～30%増加することがわかっている。したがって，暑熱環境および寒冷環境下においては，飼料中 TDN 含量を高める必要がある。

飼育形態も養分要求量に影響を及ぼすことがわかっている。繁殖牛の群飼では妊娠末期の TDN 要求量は 110～120%に増加する。肥育牛に関しては，群飼に伴う活動量の増加を 10%見込んでおり，日本飼養標準で計算された肥育牛の TDN 要求量は群飼であることが前提に計算されている。

c. 蛋白質

蛋白質の要求量は日本飼養標準・肉用牛において CP 要求量として示されている。

表6　成雌牛の TDN 要求量（kg）

			体重（kg）					
			350	400	450	500	550	600
維持期			2.5	2.8	3.0	3.3	3.5	3.8
妊娠末期２カ月間			3.3	3.6	3.9	4.1	4.3	4.6
	週齢	哺乳量						
授乳期	1	6.9 kg	5.0	5.2	5.5	5.8	6.0	6.2
	4	7.0 kg	5.0	5.3	5.5	5.8	6.0	6.3
	8	6.3 kg	4.8	5.0	5.3	5.5	5.8	6.0
	12	5.6 kg	4.5	4.8	5.0	5.3	5.5	5.8
	16	4.9 kg	4.3	4.5	4.8	5.0	5.3	5.5
	20	4.2 kg	4.0	4.3	4.5	4.8	5.0	5.3
	24	3.6 kg	3.8	4.1	4.3	4.6	4.8	5.0

体重は成雌牛の体重，授乳期の週齢は子牛の週齢（分娩後の週）

表7　成雌牛の飼料中 TDN 含量（乾物当たり％）

			体重（kg）					
			350	400	450	500	550	600
維持期			50	50	50	50	50	50
妊娠末期２カ月間			56	55	55	54	54	54
	週齢	哺乳量						
授乳期	1	6.9 kg	59	58	58	58	57	57
	4	7.0 kg	59	58	58	58	57	57
	8	6.3 kg	59	58	58	57	57	57
	12	5.6 kg	58	57	57	57	56	56
	16	4.9 kg	57	57	56	56	56	55
	20	4.2 kg	57	56	56	55	55	55
	24	3.6 kg	56	55	55	55	54	54

体重は成雌牛の体重，授乳期の週齢は子牛の週齢（分娩後の週）

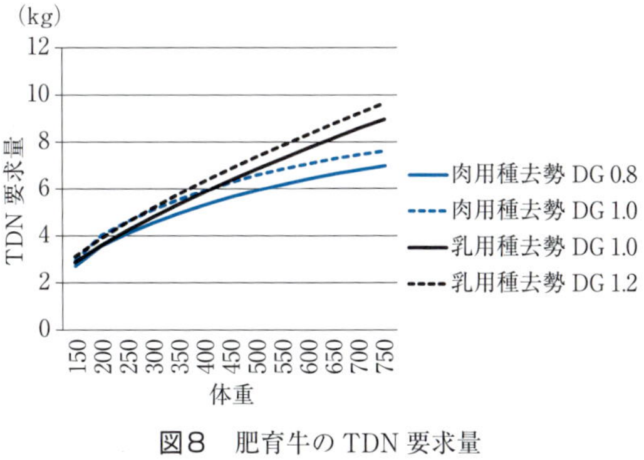

図8　肥育牛の TDN 要求量

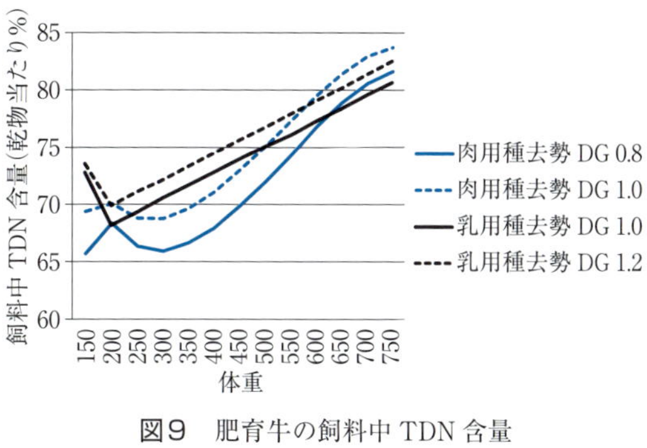

図9　肥育牛の飼料中 TDN 含量

雌牛育成の CP 要求量は体重や DG が高いほど多くなる（**図 10**）。飼料中 CP 含量は体重が小さい場合や DG が高い場合は CP 含量の高い飼料が必要になる（**図 11**）。

成雌牛の CP 要求量は体重が大きいほど高くなり，維持期よりも妊娠末期２カ月間は CP で 212 g，授乳期では授乳量 1 kg に対して CP で 97 g 多く必要になる（**表8**）。成雌牛の維持期における飼料中 CP 含量は乾物当たり８％必要であり，娠末期２カ月間は 10％前後，授乳期は授乳量 7 kg では 12％前後，授乳量 3.6 kg では 10～11％前後が目安である（**表9**）。

肉用種去勢牛と乳用種去勢牛の育成・肥育期の CP 要求量を**図 12**，飼料中 CP 含量を**図 13** に示し

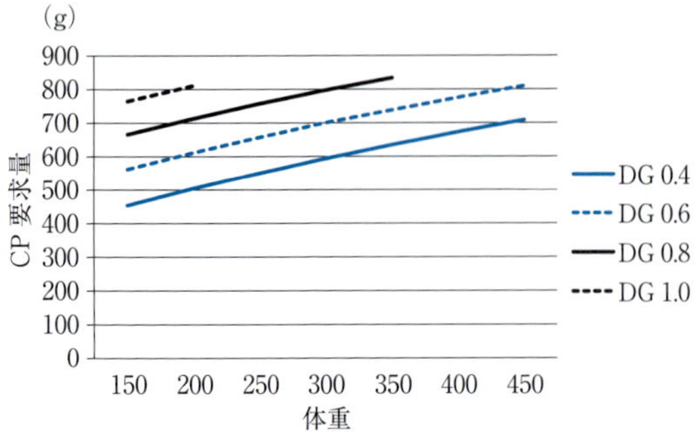

図10　雌牛育成のCP要求量

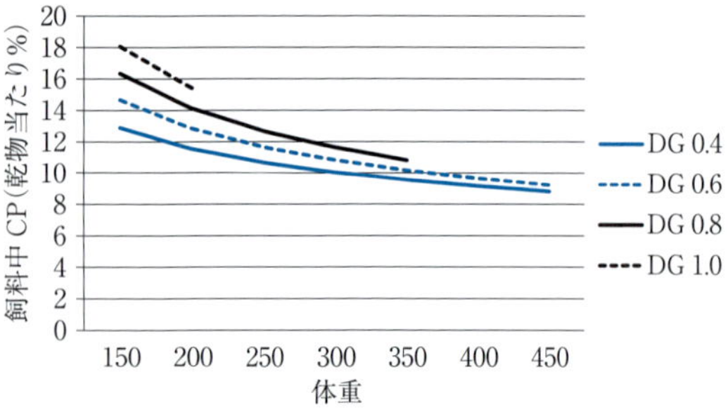

図11　雌牛育成の飼料中CP含量

表8　成雌牛のCP要求量（g）

			体重（kg）					
			350	400	450	500	550	600
維持期			402	441	479	515	551	585
妊娠末期2カ月間			614	653	691	727	763	797
	週齢	哺乳量						
授乳期	1	6.9 kg	1,071	1,110	1,148	1,184	1,220	1,254
	4	7.0 kg	1,081	1,120	1,158	1,194	1,230	1,264
	8	6.3 kg	1,013	1,052	1,090	1,126	1,162	1,196
	12	5.6 kg	945	984	1,022	1,058	1,094	1,128
	16	4.9 kg	877	916	954	990	1,026	1,060
	20	4.2 kg	809	848	886	922	958	992
	24	3.6 kg	751	790	828	864	900	934

体重は成雌牛の体重，授乳期の週齢は子牛の週齢（分娩後の週）

表9　成雌牛の飼料中CP含量（乾物当たり%）

			体重（kg）					
			350	400	450	500	550	600
維持期			8	8	8	8	8	8
妊娠末期2カ月間			10	10	10	10	10	9
	週齢	哺乳量						
授乳期	1	6.9 kg	13	12	12	12	12	11
	4	7.0 kg	13	12	12	12	12	12
	8	6.3 kg	12	12	12	12	11	11
	12	5.6 kg	12	12	12	11	11	11
	16	4.9 kg	12	11	11	11	11	11
	20	4.2 kg	11	11	11	11	11	10
	24	3.6 kg	11	11	11	10	10	10

体重は成雌牛の体重，授乳期の週齢は子牛の週齢（分娩後の週）

た。体重やDGが高いほどCP要求量は多くなるが，肉用種去勢牛に関しては体重400 kg前後から要求量がやや低くなる。飼料中CP含量は体重が小さい場合やDGが高い場合はCP含量の高い飼料が必要になる。

なお，計算上の飼料中CP含量が12%を下回る場合は，飼料の摂取量と飼料エネルギーの利用効率を最大にするために飼料中CP含量として12%前後まで高めることが推奨されている。

飼料中CPには第一胃内で分解されるもの（分解性蛋白質：CPd）と，分解されないもの（非分解性蛋白質：CPu）の2種類がある。CPdは第一胃内でアンモニアまで分解された後に第一胃内微生物の構成蛋白質（微生物蛋白質）になり，小腸で消化吸収

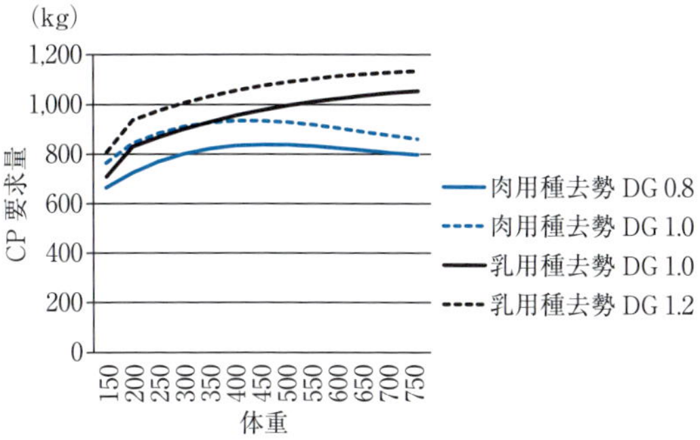

図 12　肥育牛の CP 要求量

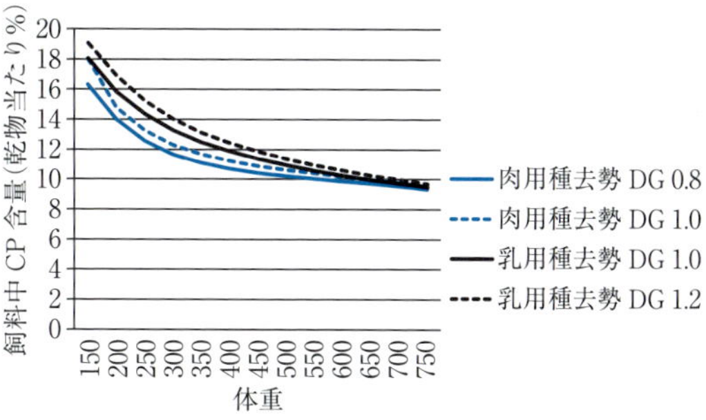

図 13　肥育牛の飼料中 CP 含量

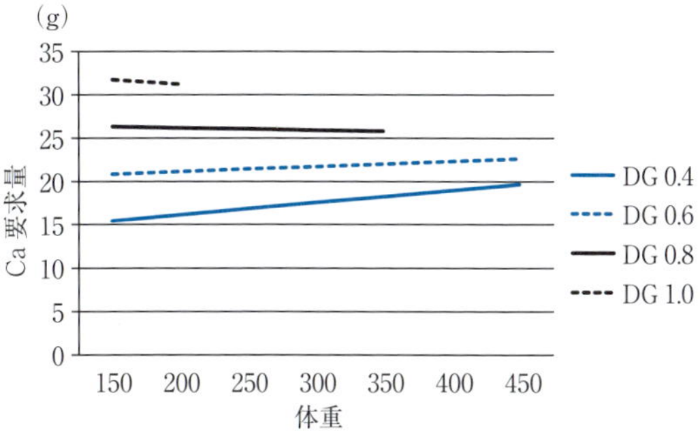

図 14　雌牛育成の Ca 要求量

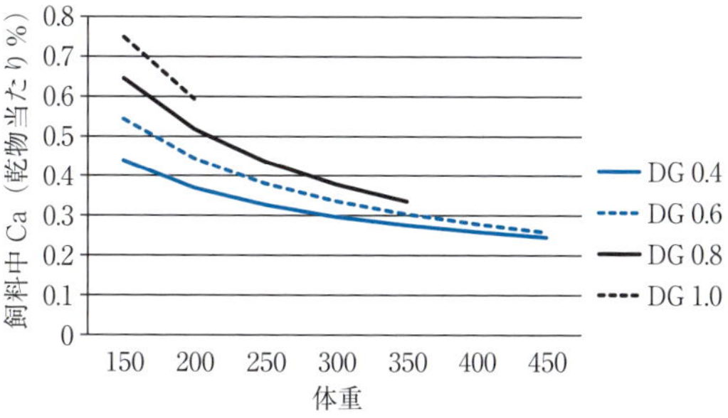

図 15　雌牛育成の飼料中 Ca 含量

される。一方，CPu は第一胃内で分解されず，第四胃等で分解されて小腸で消化吸収される。環境温度が肉用牛の上臨界温度（26〜30℃）を超える暑熱環境下では，第一胃内では窒素が過剰になるため，CPu の給与割合を増やすことが推奨されている。また，成長期など蛋白質要求量の高い時期には CPd から合成される微生物蛋白質のみでは蛋白質が不足するため，CPu の給与割合を増やすことが推奨されている。

d. ミネラルおよびビタミン

雌牛育成の Ca 要求量は DG が高いほど多くなる（**図 14**）。飼料中 Ca 含量は体重 150 kg では DG 0.4 設定で 0.45％程度，DG 1.0 設定で 0.75％程度が目安で，体重が多くなるに従い飼料中 Ca 含量は低下し，体重 450 kg では 0.25％程度が目安である（**図 15**）。

成雌牛の Ca 要求量は体重が大きいほど高くなり，維持期よりも妊娠末期 2 カ月間は Ca で 14 g，授乳期では授乳量 1 kg に対して Ca で 2.5 g 多く必要になる（**表 10**）。成雌牛の維持期における飼料中 Ca 含量は乾物当たり 0.24％前後であり，妊娠末期 2 カ月間は 0.4％前後，授乳期は授乳量 7 kg では 0.33％前後，授乳量 3.6 kg では 0.29％前後が目安である（**表 11**）。

肉用種去勢牛と乳用種去勢牛の育成・肥育期の Ca 要求量は体重 150〜750 kg の間では大きく変わらず，肉用種去勢牛の DG 0.8 設定では 26〜30 g，DG 1.0 設定では 31〜33 g，乳用種去勢牛の DG 1.0 設定では 33〜36 g，DG 1.2 設定では 38〜40 g 程度必要である（**図 16**）。飼料中 Ca 含量は体重 150 kg では肉用種去勢牛の DG 0.8 設定で 0.65％程度，DG 1.0 設定で 0.75％程度，乳用種去勢牛の DG 1.0 設定で 0.85％程度，DG1.2 設定で 0.95％程度が目安で，体重が多くなるに従い飼料中 Ca 含量は低下し，体重 750 kg では 0.35％程度が目安である（**図 17**）。

雌牛育成の P 要求量は体重および DG が高いほど多くなる（**図 18**）。飼料中 P 含量は乾物当たり 0.2〜0.3％程度が目安である（**図 19**）。

成雌牛の P 要求量は体重が大きいほど多くなり，維持期よりも妊娠末期 2 カ月間は P で 4 g，授乳期では授乳量 1 kg に対して P で 1.1 g 多く必要になる（**表 12**）。成雌牛の維持期，妊娠末期 2 カ月間，授乳期における飼料中リン含量は乾物当たり 0.25％前後が目安である（**表 13**）。

肉用種去勢牛と乳用種去勢牛の育成・肥育期の P

表10　成雌牛のCa要求量（g）

			体重（kg）					
			350	400	450	500	550	600
維持期			11	12	14	15	17	18
妊娠末期２カ月間			25	26	28	29	31	32
	週齢	哺乳量						
授乳期	1	6.9 kg	28	30	31	33	34	36
	4	7.0 kg	28	30	31	33	34	36
	8	6.3 kg	27	28	30	31	33	34
	12	5.6 kg	25	26	28	29	31	32
	16	4.9 kg	23	25	26	28	29	31
	20	4.2 kg	21	23	24	26	27	29
	24	3.6 kg	20	21	23	24	26	27

体重は成雌牛の体重，授乳期の週齢は子牛の週齢（分娩後の週）

表11　成雌牛の飼料中Ca含量（乾物当たり％）

			体重（kg）					
			350	400	450	500	550	600
維持期			0.22	0.22	0.23	0.24	0.24	0.25
妊娠末期２カ月間			0.41	0.40	0.40	0.39	0.39	0.38
	週齢	哺乳量						
授乳期	1	6.9 kg	0.33	0.33	0.33	0.33	0.33	0.33
	4	7.0 kg	0.33	0.33	0.33	0.33	0.33	0.33
	8	6.3 kg	0.33	0.32	0.32	0.32	0.32	0.32
	12	5.6 kg	0.32	0.32	0.32	0.31	0.32	0.32
	16	4.9 kg	0.31	0.31	0.31	0.31	0.31	0.31
	20	4.2 kg	0.30	0.30	0.30	0.30	0.30	0.30
	24	3.6 kg	0.29	0.29	0.29	0.29	0.29	0.30

体重は成雌牛の体重，授乳期の週齢は子牛の週齢（分娩後の週）

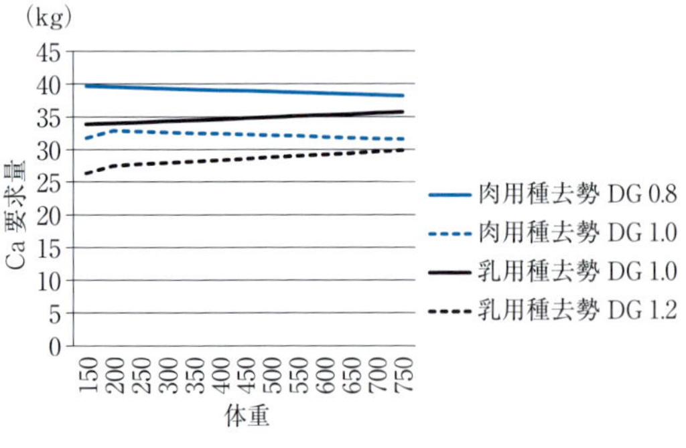

図16　肥育牛のCa要求量

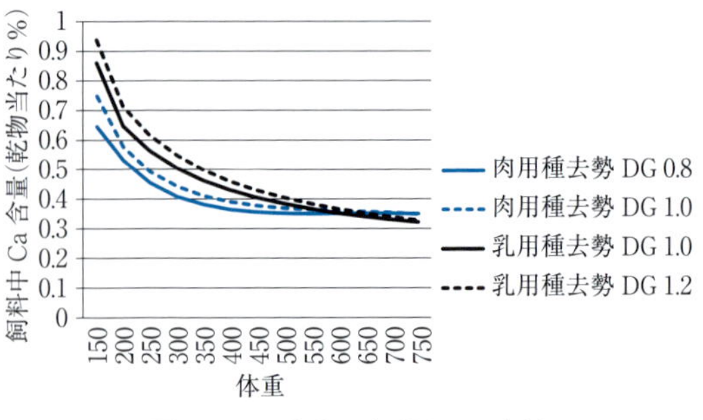

図17　肥育牛の飼料中Ca含量

要求量は体重およびDGが高いほど多くなる（図20）。飼料中P含量は乾物当たり0.2～0.4％程度が目安である（図21）。

飼料中のCa：Pの比率は1.5：1から2：1の範囲が推奨されており，推奨値よりもCaが多く給与されるとP吸収が大きく低下することが知られている。一方，肥育牛ではPを多給すると尿石症が発生するため，P含量の高い飼料を給与する場合は予防のために飼料中のCa含量を高めることもある。

日本の肉用牛においてCa，P以外で特に不足が懸念される無機物とその適正値（乾物中％またはppm）は，マグネシウム（0.1％），銅（8 ppm），コバルト（0.1 ppm），亜鉛（30 ppm），セレン（0.2 ppm）である。また，無機物の摂取許容限界は乾物中でCa

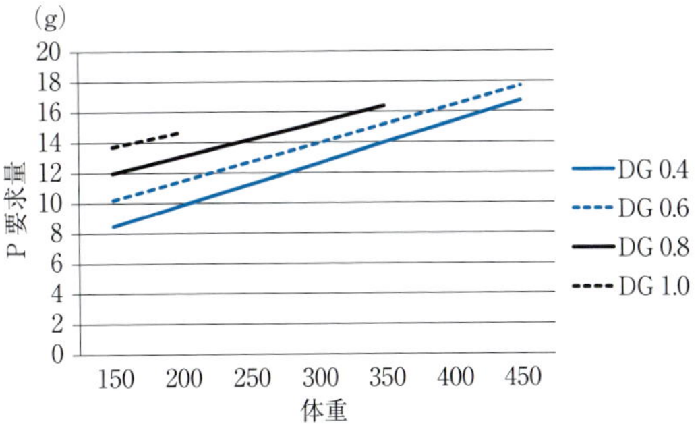

図18　雌牛育成のP要求量

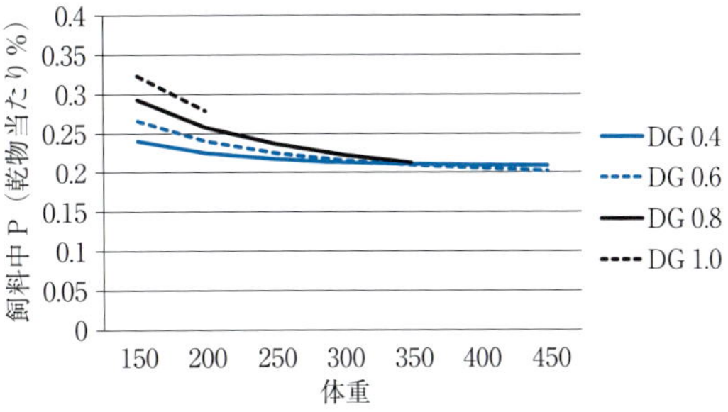

図19　雌牛育成の飼料中P含量

表12　成雌牛のP要求量（g）

			体重（kg）					
			350	400	450	500	550	600
維持期			12	13	15	16	18	20
妊娠末期2カ月間			16	17	19	20	22	24
	週齢	哺乳量						
授乳期	1	6.9 kg	19	21	22	24	26	27
	4	7.0 kg	19	21	23	24	26	27
	8	6.3 kg	18	20	22	23	25	27
	12	5.6 kg	18	19	21	23	24	26
	16	4.9 kg	17	19	20	22	24	25
	20	4.2 kg	16	18	19	21	23	24
	24	3.6 kg	15	17	19	20	22	24

体重は成雌牛の体重，授乳期の週齢は子牛の週齢（分娩後の週）

表13　成雌牛の飼料中P含量（乾物当たり%）

			体重（kg）					
			350	400	450	500	550	600
維持期			0.23	0.24	0.25	0.25	0.26	0.26
妊娠末期2カ月間			0.26	0.26	0.27	0.27	0.28	0.28
	週齢	哺乳量						
授乳期	1	6.9 kg	0.23	0.23	0.24	0.24	0.25	0.25
	4	7.0 kg	0.23	0.23	0.24	0.24	0.25	0.25
	8	6.3 kg	0.23	0.23	0.24	0.24	0.25	0.25
	12	5.6 kg	0.23	0.23	0.24	0.24	0.25	0.25
	16	4.9 kg	0.23	0.23	0.24	0.24	0.25	0.25
	20	4.2 kg	0.23	0.23	0.24	0.24	0.25	0.25
	24	3.6 kg	0.23	0.23	0.24	0.24	0.25	0.26

体重は成雌牛の体重，授乳期の週齢は子牛の週齢（分娩後の週）

2%，P1%，ナトリウム（食塩として）9%，カリウム3%，マグネシウム0.4%，イオウ0.4%，鉄1,000 ppm，銅100 ppm，コバルト10 ppm，亜鉛500 ppm，マンガン1,000 ppm，ヨウ素50 ppm，モリブデン6 ppm，セレン2 ppmである。

暑熱環境では飼料摂取量の低下に伴い無機物摂取量が低下し，さらに消化管からの無機物吸収率も低下する。加えて，発汗，流涎，脱毛による無機物の排出が増加するため，肉用牛の維持無機物要求量は，10%増しで計算することが推奨されており，暑熱環境下では飼料中ミネラル含量を高める必要がある。

ビタミンの要求量に関しては，ビタミンAは体重1 kg当たり42.4 IU，DGが1.0 kg以上の牛では

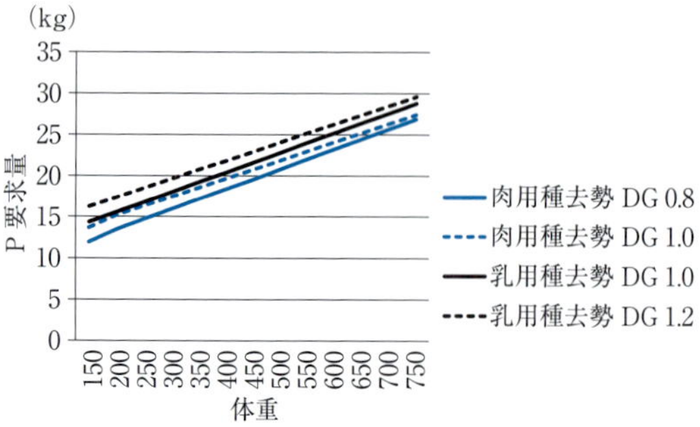

図20　肥育牛のP要求量

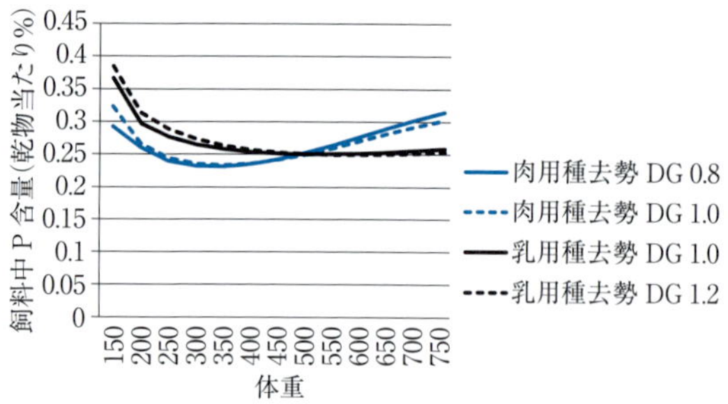

図21　肥育牛の飼料中P含量

体重1kg当たり66 IU，妊娠牛や授乳牛では体重1kg当たり76 IUである。また，飼料中の最大許容量は66,000 IU/kgである。血漿中ビタミンA濃度は通常85～200 IU/dLの間に制御されている。特に分娩前後の親牛にはビタミンAを補給する必要がある。また，和牛肥育では，霜降り肉生産を目的に肥育中期にビタミンAを低値に制御する技術によって，ビタミンAの栄養状態が低い状態で飼養されるが，ビタミンA欠乏症を防ぐには血漿中30 IU/dL以上になるようにビタミンAを給与する必要がある。

β-カロテンは植物性飼料には多く含まれ，牛が吸収すると肝臓や黄体でビタミンAに転換されるため，ビタミンAの重要な供給源になる。β-カロテンは繁殖成績にも影響すると考えられており，β-カロテンを補給すると繁殖成績が向上する結果も報告されている。血漿中β-カロテン濃度は150 μg/dL以上あればよいと考えられている。なお，牛におけるβ-カロテンとビタミンAとの換算式は次の通りである。

1IUビタミンA＝2.5 μg β-カロテン＝0.30 μg レチノール

ビタミンDは動物に日光浴をさせたり，天日乾燥した乾草を給与している場合には欠乏は起こらないが，ビタミンDの要求量は妊娠牛および授乳牛で体重1kg当たり10 IU，成長中の子牛で体重1kg当たり6 IUであり，飼料中の最大許容量は25,000 IU/kgである。

ビタミンEは脂溶性の抗酸化物質であり，特に分娩前後の親牛にはビタミンEを補給する必要がある。また肥育牛にビタミンEを補給すると牛肉の保存中における色素と脂質の酸化防止，ドリップの低減，筋繊維構造の安定化の効果がみられる。ビタミンEの要求量は飼料乾物1kg当たり15 IUであり，α-トコフェロールとして血漿中に150 μg/dL以上あることが推奨されている。

2．栄養と飼養管理

a．育成期

肉用種では離乳から9カ月齢前後の子牛市場出荷時期までが育成期になる。濃厚飼料は配合飼料が主体で大豆粕などを補給する場合もあり，濃厚飼料給与量は月齢に応じて増給する方法や5，6カ月齢からは一定量を給与する方法など様々である。粗飼料は乾草が主体で稲わらを併給する場合やサイレージを給与する場合もあり，給与量は自由採食を基本に月齢に応じて増給する方法がある。育成期間中の飼養方法は肥育成績にも影響を及ぼすことが報告されており，栄養管理が重要である。目標DGに必要なTDN，CPを過不足なく摂取させるために，濃厚飼料給与量および粗飼料の選択と給与量の設定が重要になる。去勢と雌の平均で生後9.5カ月齢，体重283 kg程度で市場に出荷されている。

繁殖雌牛の育成期では，濃厚飼料の給与量は月齢が進むに従い減量し，粗飼料の給与量は月齢に応じて増給する方法で管理される。春機発動時体重は220～240 kgであり，10カ月齢には性成熟に達する。繁殖供用開始時は最低でも体重300 kg，体高116 cm以上とすることが望ましく，13～14カ月齢から繁殖に用いることが目標とされている。この場合，DGは生後6カ月齢までは0.9 kg以下，生後6～12カ月齢までは0.6～0.8 kg，12～24カ月齢までは0.4～0.6 kgが目安となる。

b．繁殖雌牛

繁殖雌牛は乾草，サイレージ，生草，稲わらなどを主体に，維持期，妊娠末期，授乳期の栄養要求量

表14　肥育牛の肥育開始月齢，開始時体重，仕上げ月齢，仕上げ体重

		肥育開始		仕上げ	
		月齢	体重	月齢	体重
肉用種	去勢	9.2	290	29.4	750
	未経産雌	9.5	270	31.0	600
乳用種	去勢	6.8	280	21.4	760
	未経産雌	7.0	260	22.0	700
交雑種	去勢	7.8	270	27.0	750

去勢牛は平成21年度畜産物生産費，未経産牛は日本飼養標準・肉用牛（2008年版）から引用

に応じて配合飼料が給与されている。維持期から妊娠末期にかけて胎子の発育に伴い栄養要求量が増加するが，この時期に飼料が過剰給与されても母体の体脂肪が蓄積されるだけであり，過剰給与の期間が長いと母体の過肥を招き，難産と受胎性の低下とを誘発する原因にもなる。また，妊娠末期の低栄養水準の影響は，経産牛より初産牛で大きい。子牛のサイズには大きく影響しないが，分娩後の母牛の生理状態に影響し，泌乳性や繁殖性が低下することが知られており，栄養を過不足なく摂取させることが重要である。

授乳期は，泌乳および体重回復のために栄養が必要になる時期である。泌乳量や体重の推移を把握することが望ましいが，実際に把握をすることは難しいため，個体のボディコンディションを把握して管理する方法がある。この時期は要求量より多めに給与した方が繁殖機能および泌乳に好影響を及ぼすと報告されているが，蛋白質を過剰給与した場合は，卵子の受精能力，受精卵の生存性や黄体機能などに影響する可能性があり，受胎率の低下を招くことになるので注意が必要である。

c．肥育牛

肥育牛の肥育開始月齢，開始時体重，仕上げ月齢，仕上げ体重を表14に示した。肉用種では黒毛和種が大多数を占めている。増体や肉質に対して遺伝的な影響が大きく，増体に優れた系統や肉質に優れた系統，それらの合成系統が主流となっている。乳用種は黒毛和種よりも肉質は劣るが，肥育期間中も増体速度が速く，1日当たりの濃厚飼料摂取量も多い。また，維持に要するエネルギー要求量は肉用種よりも高く，肥育時も多くのエネルギーを必要としている。交雑種の肉質は乳用種よりもよく，増体速度や維持に要するエネルギー要求量は乳用種と黒毛和種の中間とされている。

肥育牛は育成から肥育まで一貫で飼育される方式，肥育素牛を導入して肥育する方式などの違いはあるが，去勢牛または未経産雌牛の肥育期間中に関しては肥育前期・後期または前期・中期・後期に分けて管理される。それぞれの肥育ステージで粗飼料と濃厚飼料の給与比率，粗飼料の種類および濃厚飼料中のエネルギー含量，蛋白質含量，ビタミンAの添加量等を変えるのが一般的である。肥育前期は乾草や稲わら等の粗飼料を給与し，濃厚飼料は肥育後期よりもエネルギー含量が低く，CP含量の高い飼料が給与されている。肥育後期は粗飼料が稲わら主体になり，小麦わら，フェスクストロー，ライグラスストローなども用いられる。濃厚飼料は肥育ステージに合わせた配合飼料を主体に，月齢によってフスマ，大麦，その他の補助飼料が給与されている。

〔神谷　充〕

C．栄養障害と内分泌・代謝性疾病

1．飼養管理が主因となる疾病

a．周産期疾病

周産期疾病は，乳牛の分娩前後にみられる種々の疾病の総称で，難産や子宮捻転，子宮脱などの分娩と関連した疾病のほか，乳熱・ダウナー症候群などの起立不能症やケトーシス，第四胃変位などの代謝病，産褥熱（産褥性子宮炎）や乳房炎などの感染症が含まれる。

i）原　　因

周産期疾病の発生には，分娩前後における乾物摂取量（DMI）の低下や胎子の発育，泌乳の開始による負のエネルギーバランス，栄養管理の失宜によるルーメン機能の低下，低カルシウム血症および免疫機能の低下などの要因が関連している（図22）。特に，栄養管理の変化と関連した分娩前後における第

一胃（ルーメン）機能の変化が重要な要因である。移行期における給与飼料組成の変化によって，ルーメン内環境が大きく変化し，また，飼料品質や給与方法の変化によって，多くの乳牛が一時的なルーメンアシドーシスに陥る。さらに，ルーメンアシドーシスのためにヒスタミンやエンドトキシンなどの有害物質が産生され，結果的に，蹄病の要因となる蹄葉炎や鼓脹症，第四胃変位の発生が増加することが指摘されている。

ⅱ）相互関係

周産期疾病の発生と栄養要因および代謝との間に密接な関連が認められている（図23）。栄養要因としては分娩前後のDMIの低下，ビタミン・微量元素および抗酸化物質の不足，乾乳期飼料中陽イオン・陰イオン差（DCAD）の高値や飼料中マグネシウムの低値，飼料中有効線維の不足などが重要である。DMIの低下は，負のエネルギーバランスを介してケトーシスや脂肪肝と，ビタミン・微量元素および抗酸化物質の不足は，免疫抑制を介して乳房炎や胎盤停滞，子宮炎の発生と関連がある。また，飼料中DCADの高値やマグネシウムの低値は，低カルシウム血症の要因となり乳熱や第四胃変位の発生と，さらに飼料中有効線維の不足は，ルーメンアシドーシスや第四胃変位の発生と関連がある。このように，周産期疾病は互いに密接な関連があり，乳熱発症牛では，その後にダウナーや胎盤停滞，ケトーシス，第四胃左方変位（LDA）発症のリスクが高く，胎盤停滞牛では産褥熱やケトーシス，LDA発症のリスクが，また，ケトーシス牛ではLDA発症のリスクが高い傾向にある。さらに，ケトーシスや胎盤停滞の牛では乳房炎や産褥熱が発生しやすいなど，代謝病の発生は感染症の発生とも関連している。

ⅲ）予　　防

予防の基本は，衛生的で快適な環境を整えるなど飼養環境の改善を図り，良好なDMIを維持すること，牛群における疾病の発生傾向を調査し，その要因を分析して適切な疾病予防対策を実施することである。すなわち，DMI低下の軽減や急激な飼料変換の回避など乾乳期や移行期における栄養管理の適正化を図ったうえで，低カルシウム血症，負のエネルギーバランスおよび免疫機能低下の予防など，各疾病を対象とした予防対策を実施する。妊娠後期には胎子や子宮の栄養要求が増大するのに対して，移行期，特に分娩前後にはDMIが低下する。また，分娩後には泌乳のために栄養要求が増大するのに対して，DMIの増加が遅延する。このように分娩前後における栄養要求とDMIのアンバランスが周産期疾病の発生要因となる。したがって，周産期疾病の予防では泌乳後期・乾乳期から泌乳初期・最盛期における栄養管理，特に適正範囲内のBCSを維持し，分娩前後におけるDMIの低下を最小限にするための栄養管理が重要である。

疾病の予防対策としては，分娩後の負のエネルギーバランスや低カルシウム血症を軽減するために乾乳期や移行期，特に分娩前後において各種薬剤の応用を検討する。

ケトーシスなどのエネルギー関連疾病：分娩前，分娩時あるいは泌乳初期・最盛期にグリセロールなど糖原物質を経口投与する。さらに必要な場合は，分娩前後のプロピオン酸ナトリウムやルーメンバイパスメチオニン，塩化コリン含有飼料添加剤の応用を考慮する。

乳熱などの低カルシウム血症：高泌乳牛や経産牛に対して分娩前のビタミンD_3注射，分娩前後のリン酸一水素カルシウムやクエン酸加グルコン酸カルシウムなどカルシウム剤の経口投与を行う。

乳房炎や産褥性子宮炎などの感染症：乳房炎の乾乳期治療，分娩前後の乳頭デイッピング，分娩介助時の消毒を徹底する。また，分娩前における各種ビタミンや微量成分など免疫賦活物質の応用を考慮する。

第四胃変位：第一胃容積の減少や揮発性低級脂肪酸（VFA）濃度の増加による第四胃運動の減退を予防するために，移行期の栄養管理によるルーメン機能の適正化を図るとともに，第四胃変位と関連のある低カルシウム血症や種々の合併症を予防する。

ⅳ）最近の研究成果と予防対策

脂肪肝とエネルギーバランス：分娩後における脂肪肝や負のエネルギーバランスの予防に関して，プロピレングリコールやグリセロール，ルーメンバイパスコリン投与の有効性が明らかにされ，生産現場で応用されている。

臨床的・潜在的低カルシウム血症：分娩後にみられる低カルシウム血症は，種々の周産期疾病の“引き金”になることが示された。また，乳熱の予防では，飼料中のDCADを低値に維持するような乾乳期・移行期の飼料給与が有効であることが明らかにされた。

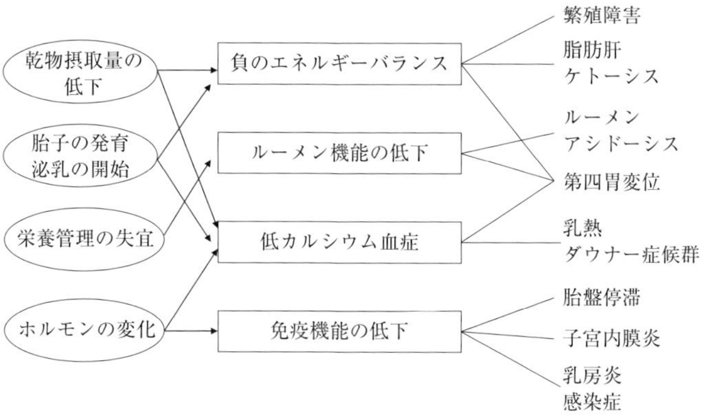

図 22　周産期疾病の発生要因と相互関係

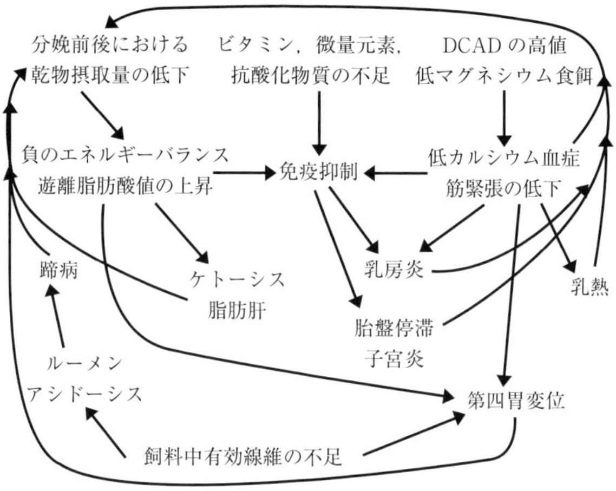

図 23　乳牛の分娩前後における栄養と疾病の相互関係
(Goff JP : J Dairy Sci 89 : 1292-1301, 2006)

亜急性ルーメンアシドーシス（SARA）：SARA は蹄病の原因となる蹄葉炎，DMI の低下，BCS の低下，低脂肪乳症候群，第四胃炎と潰瘍，第一胃炎，免疫抑制や炎症と関連がある。また，最近の研究では，SARA と免疫抑制との関連が重視されている。すなわち，グラム陰性菌の死滅によって産生されるルーメン内のエンドトキシンは，生体の免疫機能を抑制するほか，SARA による代謝性アシドーシスはインスリン分泌を減少させ，コルチゾール分泌を増加させて好中球機能を低下させることが明らかにされた。

酸化ストレス，抗酸化物質と免疫：妊娠後期，分娩時および泌乳最盛期の乳牛では，酸化ストレスあるいは反応性酸素代謝産物の産生が増加する。これら酸化ストレスは免疫細胞機能に悪影響を及ぼすが，微量元素（銅，セレン，亜鉛）やビタミン（ビタミン A，β-カロテン）投与は，反応性酸素代謝産物が増加した乳牛において，抗酸化物質のバランスを維持する作用のあることが明らかにされてきた。

分娩と子宮：胎盤停滞や子宮感染の発生と末梢血中の好中球などの免疫機能低下との間に関連のあることが明らかにされた。

b．ルーメンアシドーシス

ルーメンアシドーシスは，乳酸あるいは VFA などがルーメン内に異常に蓄積して pH が低下した状態である。高泌乳牛の栄養要求を充足させるためには可消化エネルギー濃度の高い濃厚飼料を多給する必要があるが，この濃厚飼料多給に対してルーメン微生物が対応できず，ルーメン液 pH が低下して種々の症状を呈する。飼料の急変や穀物飼料の盗食によって急激に大量の乳酸が産生されると，全身症状を伴う急性ルーメンアシドーシスを発症する。一

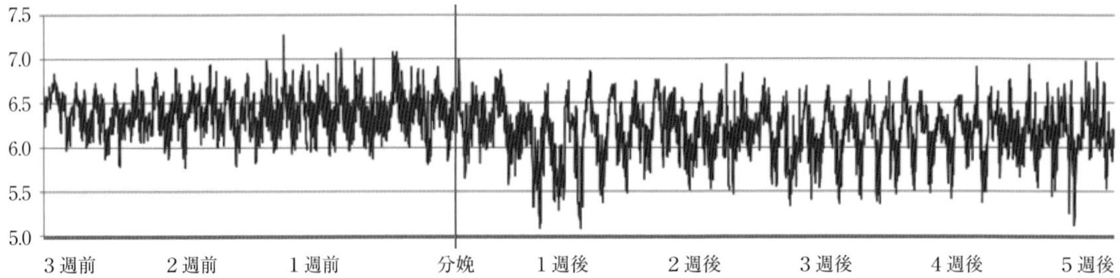

図24 乳牛の分娩前後におけるルーメン液pHの変動
(つなぎ飼養・飼料分離給与の典型例)

方，明らかな臨床症状は示さないが，牛群のなかに食欲低下，第一胃運動が減退して軟便・下痢を示す牛が多く，乳脂率の著しい低下あるいは乳量の低下がみられる場合は，SARAを疑う。

i）原　因

(1) 急性ルーメンアシドーシス

デンプン質飼料などの大量かつ急激な摂取によって起こる。これら原料には発酵されやすい炭水化物(易発酵性炭水化物；非構造性炭水化物)が多く含まれ，採食後は第一胃内で急速に分解される。ルーメン内pHの緩衝作用の低下，ルーメン絨毛によるVFAの吸収低下も関与している。穀物などの濃厚飼料を短時間で多量に摂取した場合，ルーメン内では乳酸やVFAの産生が増加し，pHが低下してデンプン分解菌の *Strepotococcus bovis* などのグラム陽性菌が急速に増殖し，さらにルーメン内pHが低下する。

ルーメン内pHの正常範囲はおおむね6～7の範囲であるが，デンプン質飼料の過剰摂取によってpHが低下すると繊維消化を担うセルロース分解菌が消滅し，乳酸を代謝・利用する細菌 (*Megasphaera elsdenii*, *Selenomonas ruminantium* など) も減少する。一方，デンプンを分解する *S. bovis* などの細菌はルーメン内pHが低下しても増殖し，乳酸を産生し続ける。このようにルーメン内微生物叢が急変するときには，エンドトキシンやヒスタミンが放出されて症状が悪化する。また，消化管内が高張になり大量の水分が消化管内に移行するので，著しい脱水のため循環障害をきたし代謝性アシドーシスが悪化する。

(2) SARA

SARAの発生にはルーメン内pHの日内変動が関与し，pH 5.8あるいはpH 5.5以下の持続時間が長いほど第一胃粘膜に対するリスクが大きくなる。粘膜上皮は炎症やびらんを起こし，粘膜の角化異常に発展することもある。飼料を分離給与した場合，ルーメン内pHは朝の給餌後，次第に低下して夕方の給餌時までにわずかに回復するが，濃厚飼料を多給した場合は，pHが急激に低下して著しい低値を示し，pHの回復も悪い傾向が認められる(**図24**)。

亜急性ルーメンアシドーシス牛では，ルーメン内のグラム陰性菌の死滅によって内因性エンドトキシンが産生される。吸収されたエンドトキシンは肝臓のクッパー細胞を刺激して種々の炎症性サイトカインを誘導するが，エンドトキシンやサイトカインはルーメン運動や第四胃平滑筋運動を抑制して第四胃変位のほか，循環系を介して蹄にも影響を及ぼす。エンドトキシンは直接的に，あるいは間接的に好中球機能を低下させるなど免疫機能を抑制する作用がある。

ii）症　状

(1) 急性ルーメンアシドーシス

穀物の大量摂取や盗食後2～3時間からルーメンおよび腹部が拡張し，下腹部を蹴るなどの疝痛症状を示す。重症例では沈うつ，痙攣，苦悶，歯軋りや背弯姿勢を呈し，頻脈と呼吸数の増加がみられる。種々の程度に下痢がみられ，酸臭を伴う。脱水のため眼球が著しく陥没し，結膜の充血やチアノーゼもみられる。腎血流量が低下するので尿が減少し，無尿になることもある。

(2) SARA

ルーメン液pHが反復して低下することが特徴で，その発生率は泌乳初期の乳牛で19%，泌乳中期の乳牛で26%，放牧牛でも10～15%と報告されている。また，亜急性ルーメンアシドーシス牛では蹄葉炎，食欲の減退や不定，BCSの低下，低乳脂肪症

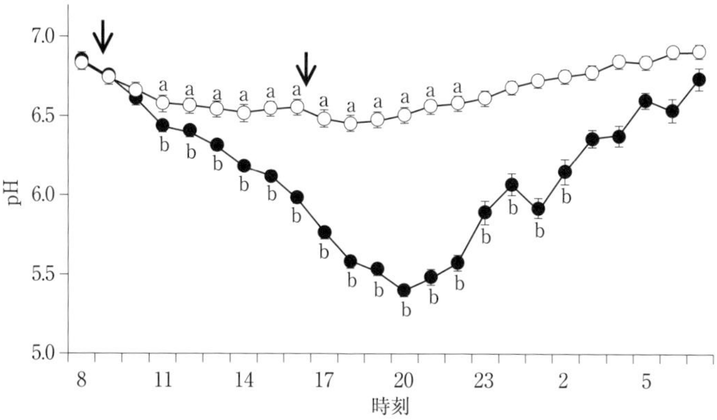

図 25　通常飼料給与時（○）と高蛋白飼料給与時（●）の乳牛における ルーメン液 pH の日内変動
↓：飼料給与，a：p＜0.05, b：p＜0.05（8：00 との有意差）

候群，第四胃の変位や潰瘍，第一胃炎などの発生が増加する。さらに，SARA と免疫抑制，炎症との関係が指摘されている。牛群のなかに食欲の減退，反芻の時間と回数の減少，被毛の失沢や BCS の低下，乳量や乳脂率の低下，軟便などを呈する牛が増加する。これらの牛は粗飼料の増給や栄養管理の改善によって速やかに症状が回復し，牛群における発生率も低下する。

iii）診　断

急性ルーメンアシドーシスでは給餌実態や盗食の有無などの確認，腹部の拡張や腹囲の膨大，脱水の程度によって病状を判断する。ルーメン液は灰（乳）白色で粘稠を増し，pH は低下して酸臭も強い。ルーメン液中のプロトゾアは著しく減少し，特に大型の原虫が消失して小型原虫のみになるか，あるいはすべて消失する。また，グラム陰性菌が主体の正常な細菌叢は崩壊する。VFA のうち酢酸が減少してプロピオン酸や酪酸が増加する。急性期にはルーメン液の乳酸濃度は上昇するが，SARA では必ずしも高くない。急性期には全身的な脱水によって血球容積，血中尿素窒素および血漿蛋白質の上昇，血漿グルコース，乳酸および無機リンの上昇と血漿カルシウムの低下がみられる。酸血症や代謝性アシドーシスになり血液の重炭酸や過剰塩基（BE）が低下し，尿は健康時のアルカリ性から酸性に傾く。

最近，無線伝送式 pH センサーが開発され，ルーメン液を採取することなくルーメン液 pH を長期間・連続測定してルーメン性状をモニターすることが可能となった。無線伝送式 pH センサーを用いて分娩前後の乳牛のルーメン液 pH を観察すると，濃厚飼料が増給される分娩後数日に著しい低値を示し，SARA の状態にあることが明らかである（図 25）。

iv）治療・予防

全身の脱水，循環障害やアシドーシスの程度を判断して治療法を選択する。濃厚飼料盗食の直後であれば，飲水を制限してルーメン内の急激な発酵を制限させる。その後は良質な乾草を与え，食欲が回復した後に自由飲水させる。第一胃内に蓄積した乳酸や VFA を中和させるため重曹を経口投与する。盗食などで第一胃 pH が 5.0 以下に低下して著しい頻脈を呈する例では，直ちに第一胃切開によって内容物を除去し，その後，健康牛由来のルーメン液移植を考慮する。脱水およびアシドーシスに対しては等張液，ビタミン B 群，アルカリ化剤の輸液が必要となるが，乳酸リンゲルは禁忌である。

予防は，易発酵性炭水化物の過剰給与を避け，唾液の分泌を促してルーメン液 pH の緩衝作用を維持するよう飼料給与を含めた栄養管理を見直し，これらを適正化する。また，緊急避難的に種々の緩衝剤や生菌製剤などの応用を考慮することもある。

c．蹄葉炎

蹄や趾間病変の発生には，飼料中の繊維不足や高デンプン質飼料の給与，不衛生で硬い牛床環境などの要因が関与している。慢性経過を呈する蹄・趾間の疾病が多発しており，蹄・趾間の疾病が牛の代謝や繁殖機能に及ぼす影響が注目されている。

蹄葉炎は，蹄の真皮層と葉状層における非感染性炎症のために，循環障害が起こり異常な角質が形成されたもので，蹄の充血と激しい疼痛を伴い特異的な肢勢と運動障害を呈する。角質において最初に現れる変化は，軟化，黄染，出血で，四肢の蹄，特に前肢蹄・蹄葉部の痛みのために，特異的な肢勢と強拘歩様，蹄形異常を示し，重症例では起立困難に陥る。潜在性蹄葉炎は，他の蹄病の基礎疾患となるので，蹄病が多発する牛群では本病の存在を疑う。

ⅰ）原　　因

食餌性の原因やストレス誘因が複合的に関与して発症する。デンプン含量の多い穀物多給後のルーメンアシドーシス，あるいは分娩後の子宮炎などの炎症性疾患において，血中に乳酸，ヒスタミン，エンドトキシンなどの血管作動性物質が増加し，これらが蹄の循環や組織障害の原因となる。蹄の葉状層へ血液を供給する動静脈吻合が血管作動性物質によって長時間拡張すると，血管透過性が亢進し，血栓が形成される。血栓形成によって蹄壁内部に限局性虚血，蹄冠部や蹄球部に充血，局所的な出血や浮腫が起こるため，蹄葉が蹄壁から分離し，蹄底に出血と変色を引き起こす。一方，蹄葉炎は周産期に発生することが多く，この時期の急激なホルモンや代謝の変化，乳房の肥大と体重・負重分布の変動，飼料の変化，周産期疾患の発生なども要因となる。

ⅱ）症　　状

急性蹄葉炎では蹄に明らかな異常はみられないが，跛行や背弯姿勢，歩様渋滞，強拘歩様，運動不耐性などの運動障害とともに元気沈衰や食欲不振などの全身症状が認められる。慢性・潜在性蹄葉炎では歩行困難を呈し，蹄角質の成長が阻害されて蹄の変形が起こり，蹄背壁の凹弯と不正蹄輪形成がみられる。また，蹄底角質の劣化や軟化が起こり，蹄底の黄色化や出血が認められる。

ⅲ）診　　断

急性蹄葉炎は特徴的な運動障害により，慢性蹄葉炎は蹄の変位と削蹄時の蹄の異常発見によって診断する。一般血液検査所見には著変がみられないが，初期には血中ヒスタミンやエンドトキシン濃度が上昇することがある。蹄のX線所見では蹄尖部の蹄骨の変位が開始したものは慢性例，変位のないものは急性ないし潜在性蹄葉炎と区別する。

ⅳ）治　　療

急性蹄葉炎で大量の穀物を摂取した牛では，急性ルーメンアシドーシスの治療を行う。また，非ステロイド性抗炎症薬（NSAIDs）や抗血小板作用を期待してアスピリンが用いられる。その他，虚血と疼痛の治療として鎮痛剤，ジメチルスルホキシド（DMSO）の全身・局所投与，ヘパリン，抗炎症薬，抗ヒスタミン剤の投与が行われる。慢性・潜在性蹄葉炎では過剰に伸長した蹄尖と蹄底を削切して蹄を整形する。

予防は，良質乾草など粗飼料の給与と栄養管理の改善などルーメンアシドーシスの予防が主体となる。

d. 蹄　　病

蹄病には趾間皮膚炎・趾間ふらん（フレグモーネ），趾皮膚炎（疣状皮膚炎），蹄底潰瘍，白帯病（白帯裂），蹄球びらんなどがある。蹄底潰瘍や白帯病，蹄球びらんのほか，蹄底・蹄球角質の形成不全や裂蹄は，潜在性蹄葉炎に継発した二次的病変と考えられる。

ⅰ）原　　因

蹄病の発生には，栄養と給餌，飼養と環境，疾病および遺伝的影響など多くの要因が関与している。特に給与飼料と関連した栄養的な要因が重視されており，ルーメンアシドーシスのために多量に生成されたエンドトキシンや乳酸，ヒスタミンによる蹄葉炎，蹄鞘の形成に重要なビオチンの欠乏が問題となる。一方，蹄病の最大の原因は，削蹄など護蹄管理の失宜である。湿潤して不潔な飼養環境の牛に多発し，また，ビール粕の多給や不良サイレージの給与は蹄角質の軟化を招き，高蛋白・高炭水化物の多給や粗飼料の不足はルーメンアシドーシスを招くことから，このような飼養環境の牛にも蹄病が多発する。

ⅱ）症　　状

コンクリート床で常時つなぎ飼養されている牛は，運動不足と硬い牛床のために蹄の平均的な摩耗が起こらず，擦過，滑走などにより変形蹄を生じやすくなる。蹄病は後肢に多くみられ，蹄部の疼痛や腫脹，熱感，機能障害を伴い，重症例では発熱や食欲不振，乳量減少などの全身症状を呈する。また，蹄病牛は起立を好まないため，乳頭が汚染されて乳房炎の要因にもなる。

趾間皮膚炎・趾間ふらん（フレグモーネ）：趾間にみられる炎症で，皮膚に限局しているものは趾間皮膚炎，炎症が趾間の皮下組織に広がり，壊死と化膿を伴うものは趾間ふらん（フレグモーネ）と呼称する。趾間の皮膚や蹄冠と球節の間（繋）の背側と底側の皮膚が腫脹・発赤し，疼痛を伴う。重症例では跛行を呈し，発熱や食欲減退などの全身症状を伴う。初期に適切な治療が行われない場合，蹄関節炎を併発することもある。

趾皮膚炎（疣状皮膚炎）：蹄冠縁に隣接する皮膚の限局性，表層性，感染性の炎症で，原因とされるスピロヘータ様らせん菌は伝染力が強く，牛群中に急速にまん延する。疼痛のために跛行を呈するのが特徴で，後肢に多く，両側に発生することもある。発生部位は蹄球と蹄球周囲の皮膚，蹄前面の蹄冠上部の皮膚，副蹄周囲の皮膚で，病変は多様であるが，直径1～4cmの限局した類円形で毛が長く伸び赤色イチゴ状の肉芽組織となる（**図26**）。

白帯病（白線裂）：白帯の角質が崩壊あるいは離開して蹄壁と蹄底が分離した状態で，後肢外蹄の反軸側で蹄球直後の部位に多くみられる。削蹄時に白帯の出血や黒色病変として発見され，白帯の離開が深部に達して真皮に膿瘍が形成された場合は，著明な跛行を呈する。

蹄底潰瘍：蹄の軸側の蹄底・蹄球接合部にみられる蹄底真皮の病変で，出血と蹄底の欠損がみられる。後肢，特に外蹄に多く，蹄球びらんを併発することもある。削蹄時に蹄底真皮に達する出血や黒色病変として発見され，蹄底の角質が欠損して肉芽組織が蹄底を穿孔したものは，著明な跛行を呈する。跛行は突然発症し，後肢外蹄に病変がある場合は，疼痛のために内蹄で負重するようになる。

蹄球びらん：蹄球に多数のあばた状の陥凹や深い裂溝が形成され，蹄球角質が不規則に失われた状態である。坑道が形成されて蹄球真皮が露出すると跛行を呈する。

ⅲ）治療・予防

治療の原則は，病変部の遊離した角質や壊死組織を除去し，真皮の開放と持続的な排液，病変部に加わる負重を軽減することである。逆性石鹸液，0.1%ポビドンヨード液，グルコン酸クロルヘキシジンなどを用いて患部の洗浄と消毒を行った後，抗菌薬入りの木タール，ヨードチンキ，ブロメライン軟膏などを塗布する。吸収性を高める目的でDMSOと混合して使用することもある。種々の消炎剤や鎮痛剤，酵素剤，ステロイド剤のほか，全身症状を呈しているものでは抗菌薬を投与する。

予防は，定期的な削蹄など護蹄管理を徹底することが基本となる。牛舎や牛床を清潔で乾燥した状態に保つこと，牛床の長さ，幅，傾斜にゆとりをもたせ，コンクリート牛床では表面に滑り止めとしてマットや敷わらなどを入れることも大切である。その他，蹄の洗浄や定期的な蹄浴により感染の防止を図り，適度な運動によって蹄質の強化と自然摩耗により過長蹄や変形蹄を防止し，適正な飼料給与を行い飼養管理の改善を図る。

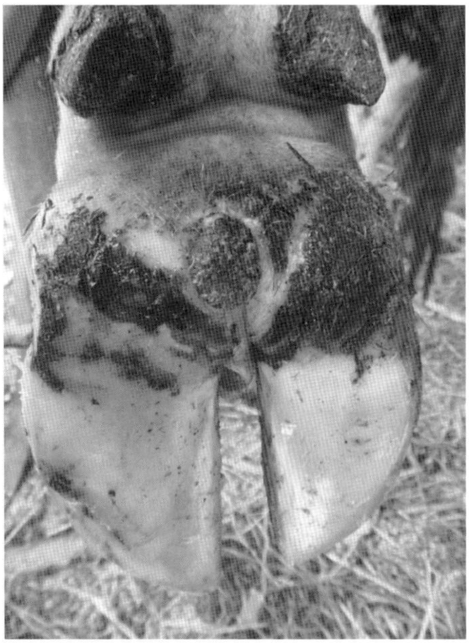

図26　乳牛の後肢にみられた趾皮膚炎

e．ビタミン代謝疾病・微量元素欠乏症

ビタミン代謝疾病として，脂溶性ビタミンではビタミンA，DおよびKの欠乏症と過剰症，ビタミンE・セレンの欠乏症，水溶性ビタミンではビタミンB_1（チアミン），B_2（リボフラビン），ニコチン酸（ナイアシン）・コリン欠乏症などがある（**表15**）。また，微量元素欠乏症としては，鉄，セレン，銅，亜鉛，ヨウ素，コバルト，マンガンなどの欠乏症がある（**表16**）。分娩前後の乳牛におけるビタミンE・セレン欠乏症のほか，ビタミンAやβ-カロテン，銅，亜鉛の欠乏症は免疫細胞の機能低下と関連がある。

ⅰ）原　　因

牛におけるビタミン欠乏症の発生要因としては，ビタミンの摂取不足と消費亢進，ビタミン不活化因子の存在，ビタミンの吸収抑制と拮抗物質の作用などがある。ビタミン摂取不足の要因としては，粗飼料の品質低下，濃厚飼料の過剰給与，給与飼料の内容（子牛への炭水化物の過剰給与によるチアミン欠

表15　牛の欠乏症と関連のあるビタミンの種類，必要量および欠乏症状

	名　称	IUPAおよびIUN*1による常用名	補酵素	機能：関与する代謝	必要量（体重1kg当たり）				欠乏症状
					子牛	成牛	泌乳牛	単位	
脂溶性ビタミン	ビタミンA プロビタミンA	レチノール レチナール レチノイン酸 カロテン		視覚（レチノイン酸を除く），骨，表皮，粘膜の正常維持（ムコ多糖類の合成），成長促進	36〜90	72〜136	136〜226	IU	夜盲症，粘膜障害，成長障害，繁殖障害
脂溶性ビタミン	ビタミンD，D_2 D_3 プロビタミンD	エルゴカルシフェロール コレカルシフェロール エルゴステロール 7-デヒドロコレステロール		活性型（1,25-ヒドロキシコレカルシフェロール）となってCa^{2+}の腸管からの吸収，骨からの動員	8	6〜8	6〜8	IU	くる病，骨軟化症
脂溶性ビタミン	ビタミンK_1 ビタミンK_2	フィロキノン メナキノン		血液凝固（Ⅱ，Ⅶ，Ⅸ，Ⅹ因子），骨蛋白の合成	ルーメンで合成				血液凝固阻止
脂溶性ビタミン	ビタミンE	トコフェロール トコトリエノール		生体内抗酸化作用，細胞膜の安定維持	30〜40*3	125〜150*3	1,000	IU	白筋症，麻痺性ミオグロビン血症，胎盤停滞
水溶性ビタミン	ビタミンB_1	チアミン	チアミンピロリン酸（TPP）またはチアミン二リン酸	糖質，分岐脂肪酸の代謝	ルーメンで合成（新生子，子牛で欠乏となることがある）				大脳皮質壊死症
水溶性ビタミン	ビタミンB_2	リボフラビン	フラビンモノヌクレオチド（FMN） フラビンアデニンジヌクレオチド（FAD）	生体内の酸化・還元	ルーメンで合成（0.03〜0.045）			mg	新生子の発育不良，脱毛，貧血，流涎，顔面皮膚炎（実験的発症例）
水溶性ビタミン	ナイアシン	ニコチン酸 ニコチンアミド	ニコチンアミドアデニンジヌクレオチド（NAD） ニコチンアミドアデニンジヌクレオチドリン酸（NADP）	生体内の酸化	ルーメンで合成				新生子の食欲不振，下痢，全身衰弱死（実験的発症例）
水溶性ビタミン	ビタミンB_{12}	シアノコバラミン ヒドロキソコバラミン	アデノシルコバラミンまたはメチルコバラミン（ビタミンB_{12}補酵素）	異性化反応，メチル化反応，脱離反応	15*2〜40（離乳まで）	ルーメンで合成		μg	食欲不振，消化障害，異嗜，削痩，貧血（くわず病）
水溶性ビタミン	ビタミンC	アスコルビン酸		生体内の酸化・還元	肝臓と腸管で合成（新生子牛で欠乏となることがある）				壊血病様疾患，感染防御と解毒機能の低下

＊1：IUPA：International Union of Pure and Applied Chemistry-International Union of Biochemistry（国際純正・応用化学連合），IUN：International Union of Nutritional Sciences（国際生化学連合）
＊2：飼料の乾物量1kg当たりの必要含量
＊3：生体の必要総量（日量）

乏，ルーメンアシドーシスによるビオチン欠乏），飼料調整過程での加熱による破壊などがある。また，ビタミン不活化因子としてB_1破壊因子は子牛の大脳皮質壊死症（チアミン欠乏）の発生と関連がある。さらに，体内で産生された活性酸素は，生体膜を構成するリン脂質中の高度不飽和脂肪酸を過酸化脂質

表16　牛の欠乏症と関連のある微量元素の種類，含有する生体成分，必要量および欠乏症状

元　素	元素が構成成分となる金属酵素および有機化合物	牛の必要量（飼料中 ppm/DM）	主な欠乏症状
コバルト（Co）	ビタミン B_{12}（シアノコバラミン）	0.07～0.1	消化障害，異嗜，削痩，貧血（くわず病）
銅（Cu）	金属酵素：チロシナーゼ，アスコルビン酸オキシダーゼ，セルロプラスミン，シトクロムオキシダーゼ，モノアミンオキシダーゼなど 金属蛋白：ヘパトクプレイン，エリスロクプレインなど	5～15	食欲不振，貧血，下痢，脱毛，被毛の退色，運動失調
鉄（Fe）	金属酵素：シトクロム *c*，シトクロムオキシダーゼ，ペルオキシダーゼ，カタラーゼ，キサンチンオキシダーゼなど 金属蛋白：ヘモグロビン，ミオグロビン，トランスフェリンなど	10～120	鉄欠乏症貧血
ヨウ素（I）	甲状腺ホルモン：チロキシン（T_4），トリヨードチロニン（T_3）など	0.2～2.0	甲状腺腫，新生子の虚弱，死産，生後直死，繁殖障害
マンガン（Mn）	金属酵素：グリコシルトランスフェラーゼ，ピルビン酸カルボキシラーゼ，酒石酸デヒドロゲナーゼなど	40～60	発育不良，関節肥大，無発情，受胎率低下
亜　鉛（Zn）	金属酵素：アルカリホスファターゼ，アルドラーゼ，ロイシンアミノペプチダーゼ，リボヌクレアーゼ，カルボキシペプチダーゼ A，数種のデヒドロゲナーゼなど	20～50	皮膚のパラケラトーシス，成長の抑制
セレニウム（Se）	金属酵素：グルタチオンペルオキシダーゼ	0.1～0.2	栄養性筋ジストロフィー

DM：dry matter（乾物量）

に酸化させ，細胞の変性・破壊を招くことによって組織障害を引き起こす。ビタミンEとセレンは，この脂質過酸化反応を抑制する作用があるので，その欠乏は免疫機能の低下を招くことになる。一方，微量元素は生体内に比較的含量が少ない元素で，その欠乏症の発生要因は，給与飼料中の含量不足によることが多い。

(1) ビタミンA欠乏症

ビタミンAは視覚色素（ロドプシン）の再合成，骨の正常な発育，皮膚と粘膜の上皮組織および生殖腺の機能維持に重要な役割を果たしている。飼料中の β-カロテン，ビタミンAの不足，種々の原因によるビタミンAの消化・吸収障害のためにビタミンA欠乏症になると，夜盲症などの眼症状のほか，末梢神経根損傷による骨格筋麻痺と頭内圧上昇による脳疾患などの神経症状，皮膚症状，泌尿器症状，繁殖障害および骨の発育障害などが発現する。肥育牛において，肉質向上を目的としたビタミンA欠乏給餌によるビタミンA欠乏症が問題となっている。

(2) ビタミン B_1 欠乏症（大脳皮質壊死症）

牛では粗飼料不足，濃厚飼料の過給によりルーメン内にチアミナーゼ産生菌が増殖し，チアミンが破壊されて発生する。すなわち，ルーメンアシドーシスの場合はルーメン微生物叢が変化し，チアミン合成量の低下，チアミン分解酵素（チアミナーゼ）活性の上昇によってチアミン濃度が低下し，チアミン欠乏症が起こる。主として若齢牛に発症し，失明，歩様異常および運動失調などの神経症状を主徴とした代謝性疾病である。突然の視力喪失，食欲の減退，舌・咽喉頭麻痺を伴う嚥下困難と泡沫性流涎，頭部下垂と茫然佇立，音や光に対する反応低下あるいは反応過敏，歩様蹌踉や強拘歩様などの運動失調，平衡失調などがみられる。病勢が進行すると弓なり緊張，起立不能や強直性・間代性痙攣などを示す。

(3) ビタミンE・セレン欠乏症

ビタミンE含量の少ない乾草や長期保存飼料の給与によるビタミンE欠乏，セレン含量の低い土壌

で生産された飼料の給与によるセレン欠乏によって起こる。ビタミンE・セレン欠乏症は子牛の白筋症の原因となる。白筋症はビタミンEとセレンの欠乏により，生体膜脂質の過酸化障害が進行し，筋線維の変性・破壊が生じて発症する。急性型では運動後に急死する例や運動不耐性，呼吸困難，頻脈，不整脈が，亜急性型では起立困難，強硬歩様，転倒などがみられる。一方，分娩前後の乳牛では血中ビタミンEおよびセレン濃度が低値を示し，これが免疫機能の低下と関連のあることが知られている。また，種々の疾病において酸化ストレスや活性酸素の関与が示唆され，これら疾病に対するビタミンAやβ-カロテン，ビタミンEとセレン，銅，亜鉛などの抗酸化作用が注目されている。

2．ケトーシス

ケトーシスは，糖質および脂質代謝障害によって生体内にケトン体が過剰に増量し，食欲不振や泌乳量低下などの症状を伴う疾病である。臨床症状を伴わず，血中ケトン体の増量がみられるものはケトン血症，尿中ケトン体の増量がみられるものはケトン尿症と呼ぶ。ケトーシスは高泌乳牛および分娩時に過肥状態の乳牛に多発し，分娩後6週以内，特に2～4週の泌乳最盛期に発症することが多い。

ｉ）原　因

ケトン体はアセトン，アセト酢酸および3-ヒドロキシ酪酸の総称で，その産生系の基質はアセチル-CoAである。アセチル-CoAから生成したアセト酢酸から，還元により3-ヒドロキシ酪酸が，脱炭酸によりアセトンが生成する（図27）。これらケトン体産生系酵素は主に肝臓に認められ，それ以外にも牛では第一胃・三胃壁および乳腺においてケトン体の産生と放出が観察されている。ケトン体はブドウ糖に代わるエネルギー源として重要な物質である。特に飢餓状態では肝臓を除く多数の臓器で利用され，過剰量でさえなければ生体にとって有用なものである。

ケトーシスは原発性と継発性に大別され，さらに原発性ケトーシスは低栄養性（飢餓性），食餌性，特発性および神経型に分類される。また，ケトーシスは病態生理学的にタイプⅠ型とタイプⅡ型に分類される。Ⅰ型ケトーシスは原発性ケトーシスと同様，血糖値とインスリン濃度が低下，ケトン体と遊離脂肪酸濃度が上昇している。糖補給などの治療によく反応する。Ⅱ型ケトーシスは分娩後早期に発症し，血糖値やインスリン濃度が高い。この病態は過肥牛に多く，要因として分娩前の急激な採食低下とエネルギー不足が考えられる。この型では肝臓への脂肪沈着が著しく，免疫機能の低下，耐糖性の低下などインスリン抵抗性を示す。

(1) 原発性ケトーシス

低栄養性（飢餓性）：高泌乳牛では泌乳初期から最盛期にかけてエネルギー要求量が増加し，相応の飼料が給与されない場合，糖新生の亢進および体脂肪分解によってエネルギー供給を行う。発症牛では血中クエン酸とコハク酸が低値，ピルビン酸と2-オキソグルタル酸が高値を示し，肝組織中ではオキサロ酢酸，グルタミン酸，2-オキソグルタル酸やアラニンが低下している。また，肝臓のグリコーゲン量が減少し，脂質含量は増加している。

食餌性：第一胃で産生される酢酸や酪酸，特に酪酸は大部分が第一胃・三胃壁で3-ヒドロキシ酪酸に交換されて吸収される。酪酸あるいは乳酸含量の多いサイレージの多給，高蛋白質飼料の給与によって第一胃内での酪酸産生が増大し，本症の原因となる。

特発性：高泌乳牛に発症するもので，著しい乳汁合成の亢進が原因となる。糖原性栄養素に比較して脂肪原性栄養素の不足が原因とも考えられる。

神経型：基本的には低栄養性と同様であるが，ケトン体の著しい増加により神経症状が発現する。症状発現の機序については不明な点が多く，ケトン体の分解産物であるプロパンジオールあるいは低血糖自体によると考えられる。

(2) 継発性ケトーシス

肝機能障害，消化器障害，過肥やミネラル欠乏などに起因するもので，各種慢性経過を示す疾病などに付随して発症する。

ⅱ）症　状

食欲の減退，泌乳量の低下およびケトン尿（血）症が認められるが，その病因が複雑であるため症状も多岐にわたる。臨床症状により消化器型，神経型，乳熱型および随伴型（継発型）に分類されているが，症状の基本は衰弱型である。

(1) 衰 弱 型

食欲減退と泌乳量低下が認められる。食欲減退はまず濃厚飼料，次いでサイレージの摂取を拒むようになるが，粗飼料の摂取は比較的維持する。泌乳量低下も著しく，体重が減少して削痩し，被毛粗剛と

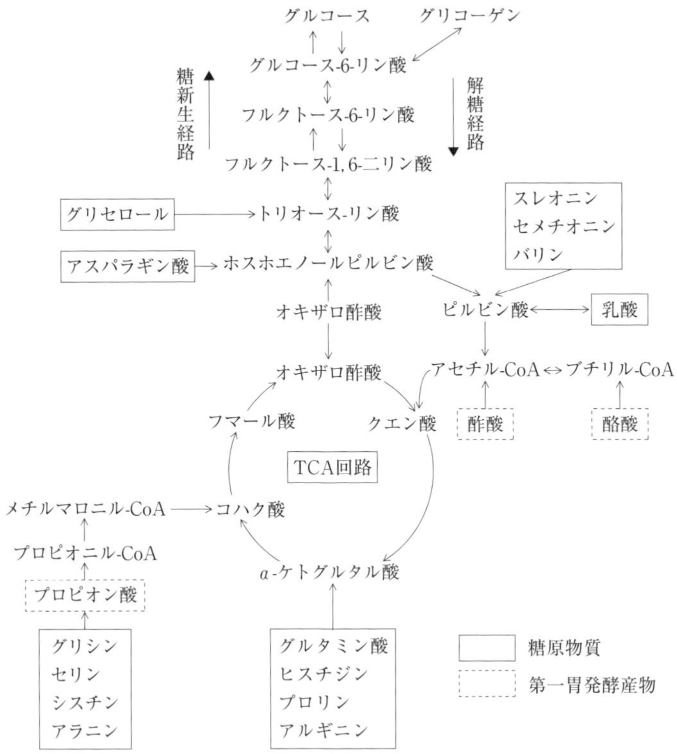

図 27　反芻動物の肝臓における糖新生経路と糖前駆物質の代謝
（Black, 1966）

なる。また，第一胃運動は減少ないし廃絶し，糞便は硬固であることが多いが，下痢を呈することもある。重症例では呼気，尿あるいは乳汁にアセトン臭を認める。

(2) 神 経 型

衰弱型に認められる主要な症状を伴い，神経症状が著しいことから神経型と分類される。衰弱型に比較してその発症は少ないが，病状は急激に進行する。神経症状としては流涎，舐癖，歯ぎしりや視力消失が認められる。また，頭部下垂，歩様異常，開張姿勢や興奮状態のほか，脿部や肩部の筋肉の痙攣，狂騒，斜頸，眼球振盪，後躯不全麻痺，嗜眠などが認められる。治療によく反応することも特徴である。

(3) 継 発 型

各種慢性経過を示す疾病や潜在性疾病の経過中に発現するもので，基礎疾病の症状に加えて衰弱型や神経型の症状が発現する。過肥を原因とする場合には沈うつなどの神経症状を示し，重篤な症状を呈することもある。

iii）診　　断

元気消失，食欲減退，泌乳量の低下，削痩や神経症状などの臨床症状，および尿中，乳汁中あるいは血中ケトンの検出によって診断する。血糖値は，原発性ケトーシスで低値（20～40 mg/dL）を示すのに対し，継発性では正常範囲内を示すこともある。血中ケトン体は 10～100 mg/dL に増加するが，継発性ケトーシスでは 50 mg/dL を超えることはまれである。また，尿中ケトン体は 80～1,300 mg/dL に増加し，乳汁中ケトン体は 5～50 mg/dL に増加する。FFA 値は上昇し，特に過肥によるケトーシスでは著しく上昇する。

iv）治療・予防

治療は，糖質および糖原物質の投与，飼養管理の適正化が主体となる。糖質としてはブドウ糖やキシリトールの静脈内投与を行う。1回投与による効果は一時的で再発する場合が多いので2～3日間反復投与する。キシリトールはインスリンを必要とせずに代謝され，エネルギー源として利用されるほか，グルココルチコイドの分泌促進やインスリン分泌促進作用がある。また，糖原物質としてはグリセロー

表 17　糖原物質の投与量と投与方法

糖原物質	投与量と投与方法	備　考
グリセロール	500 mL を 1 日 2 回あるいは 1,000 mL を 1 日 1 回 大量の微温湯で希釈して 2～3 日間経口投与	
プロピレン グリコール	300～500 mL を 1 日 1 回 大量の微温湯で希釈して 2～3 日間経口投与	分娩前に投与する場合 300 mL を 3～7 日間
プロピオン酸 マグネシウム	25%内用液 250 mL を 1 日 2～3 回あるいは 500 mL を 1 日 1 回，2～5 日間経口投与	
プロピオン酸 ナトリウム	内用液 125～250 g を 1 日 2 回 2～5 日間経口投与	

ルやプロピレングリコールなどの経口投与を行う（表 17）。その他，糖新生を促進させる副腎皮質ホルモン，糖新生の抑制作用および体脂肪分解の抑制作用により強い抗ケトン作用を示す持続性インスリン，種々の肝機能改善剤（パントテン酸カルシウム，チオプロニン製剤，メチオニン，ウルソデオキシコール酸など）が用いられる。

予防は，DMI 低下の軽減を目的とした移行期の栄養管理の適正化を主体に飼養管理の改善を図る。特に高泌乳牛では，酪酸や乳酸含量の多いサイレージと過剰な高蛋白飼料の給与を控えること，飼料の急激な変更や分娩時の過肥を避けること，また，泌乳初期から最盛期にかけてエネルギー要求に見合った飼料を給与することが重要である。DMI が極端に低下する場合は，グリセロールやプロピオン酸ナトリウムなどの糖原物質，ルーメンバイパスアミノ酸，ナイアシンなどの薬剤の応用を検討する。分娩後にグリセロールを経口投与すると，血糖値やトリグリセライド濃度が速やかに上昇し，ケトン体濃度が低下することから，負のエネルギーバランスの予防に用いられる。

3．過肥牛症候群（脂肪肝）

過肥状態の乳牛が分娩後に乳熱や胎盤停滞，乳房炎，第四胃変位などの周産期疾病を併発して食欲が低下し，急速に削痩する症候群である。過肥牛は分娩前から DMI が極端に低下するため，エネルギー不足を補うために大量の体脂肪が動員され，分娩後に脂肪肝に陥りやすくなる。脂肪肝牛は子宮炎，乳房炎，低カルシウム血症，ケトーシス，第四胃変位などの疾病を併発しやすい。本症は，分娩後 10 日以内に発生する例が多く，発症牛は健康牛に比べて分娩後の卵巣回復や初回発情が延長するので，繁殖成績に大きな影響を及ぼす。

ⅰ）原　　因

乾乳期の過肥と分娩後のエネルギー不足によって，肝細胞に大量の中性脂肪が蓄積することが最大の原因である。すなわち，乾乳前や乾乳期の過剰な飼料給与によって，脂肪組織や臓器に中性脂肪が著しく蓄積するが，分娩後の高泌乳によるエネルギー不足のために，蓄積している体脂肪が肝臓へ動員され，肝細胞質内に中性脂肪が蓄積して高度の脂肪変性に陥る。脂肪肝牛では肝機能および免疫機能が低下し，細菌に対する感受性が高まることによって，産褥熱や乳房炎などの感染症を併発しやすくなる。また，飼養管理の面では，泌乳初期に DM，可消化粗蛋白質（DCP）および TDN が不足し，泌乳後期から乾乳期に DCP と TDN が過剰になるような管理状態の乳牛で発生が多い。

ⅱ）症　　状

過肥状態の乾乳牛が分娩後に胎盤停滞や第四胃変位などの周産期疾病を併発し，著明なアセトン臭の発現を伴って元気沈衰，食欲不振ないし廃絶，泌乳量激減，第一胃運動減退，明瞭な膁部血管音の発現，尿ケトン体の強陽性反応を呈する。重症例では，アセトン臭の強い黒色下痢ないし泥状便の排泄，黄疸を伴って起立不能を呈するものもある。これらの症状は，泌乳最盛期に発生するケトーシスと類似しているが，ケトーシスとは異なり高張ブドウ糖を主剤とした治療を行っても効果がみられず，尿ケトン体陽性反応，アセトン臭の発現が長時間持続するのが特徴である。

ⅲ）診　　断

臨床所見と血液所見から診断可能であるが，肝生検が最も確実な方法である。臨床診断としては，飼養管理状況，栄養状態および尿所見が有力な指針となる。臨床病理所見では，血清遊離脂肪酸およびビリルビン値の増加，血清総コレステロールおよび血糖値の低下，血清 AST および γ-GTP 活性値の上昇，BSP クリアランスの延長が指標となる。脂肪肝の場合，生検で採取した肝小片は黄色ないし黄褐色を呈し，10％ホルマリン液中に投入すると上部に浮遊する。

ⅳ）治療・予防

本症の病態は脂肪肝であり，これに対する治療として高張ブドウ糖の静脈内注射と塩化コリンの経口投与を主体に，キシリトールおよびチオプロニンの投与などが行われるが，後者は有効な治療法である。キシリトール療法では，25％キシリトール 500〜1,000 mL にメチオニン製剤やパントテン酸製剤などの抗脂肪肝製剤，７％重曹注および 25〜40％ブドウ糖を併用して静脈内注射する。さらに重症例に対しては，インスリン（速効型）120〜200 単位の静脈内あるいは皮下注射，ビタミン B_1 や複合ビタミン B 剤を静脈内あるいは経口投与する。チオプロニン療法では，動物用チオプロニン注射液 50〜100 mL を静脈内注射する。

予防では，泌乳後期から乾乳期における過肥の防止が重要である。乾乳期に過肥状態の牛は，分娩後に脂肪肝を発症する可能性が高いので，良質乾草を給与するほか，分娩前後にルーメンバイパスメチオニンや塩化コリン含有飼料添加剤を投与する。また，泌乳初期に DMI や栄養成分含量が不足しないよう注意する。

4．分娩性起立不能症（分娩性低カルシウム血症）

分娩性起立不能症は，従来の産前・産後起立不能症，分娩麻痺，乳熱あるいは分娩性低カルシウム血症などの疾病を包含した症候群名である。ダウナー症候群も，その主因は分娩麻痺の虚血性筋麻痺の進行したものと考えられる。

ⅰ）原　　因

本症の発症要因として，発症時の起立不能ないしは起立困難を引き起こす要因と，その後の起立不能を持続させる要因が指摘されている。

起立不能ないしは起立困難を引き起こす要因：分娩前後の乳牛においては，初乳中への急速なカルシウム流出と腸管からのカルシウム吸収不全のために，血漿カルシウム濃度が著しく低下する。分娩前後における血漿カルシウム濃度の低下は，起立不能症発症牛ばかりでなく起立不能を示さない健康牛にも種々の程度に認められる。低カルシウム血症から起立不能に至る機序，あるいは発症牛と健康牛における低カルシウム血症に対する反応の差異については，いまだ不明な点がある。一方，分娩時の低カルシウム血症の発病機序を図 28 に示した。分娩前１〜２日から乳汁分泌が開始されるので，血漿カルシウム濃度は乳房容量に応じて徐々に低下する。さらに，エストロゲンの分泌亢進による食欲減退や妊娠子宮による消化管への機械的圧迫から，カルシウム摂取量が低下した状態で分娩する。分娩後初乳への急激なカルシウム分泌により，血漿カルシウム濃度はさらに低下し，消化管運動が抑制されて一過性の低カルシウム血症を起こす。このカルシウム低下に対して，主要なカルシウム調節ホルモンは十分機能していると考えられる。このように，本症では分娩前後の乳房へのカルシウム流出量と消化管からのカルシウム流入量との差が発病要因と考えられる。

起立不能を持続させる要因：起立不能を持続させる要因は，後肢の圧迫による虚血性壊死である。これを引き起こす物理的要因のため，治療によって低カルシウム血症が回復しても，持続的な起立不能に陥ると考えられる。

ⅱ）症　　状

症状は３期に分けられる。第１期は四肢筋肉の振戦，過敏症を伴った興奮とテタニーが短時間発現し，次いで後肢に強直が現れ，運動失調のために容易に転倒するようになる。第２期は犬座姿勢を示し，意識混濁，嗜眠状態を呈して頭頸部を膁部方向に屈曲させる典型的な乳熱姿勢を示す。心拍は微細となり，心拍数は増加する。第一胃運動の停止と便秘がみられる。さらに，第３期は横臥期で，昏睡状態を呈して四肢は弛緩伸長し，体温低下と循環障害が進行する。心音は聴取しにくく，心拍数は著しく増加し，低マグネシウム血症が併発するとテタニーと知覚過敏が著明となり，興奮症状を呈する。起立不能に陥ってから治療までの経過時間が長ければ長いほど治癒率は低下し，いわゆるダウナー牛症候群へと移行する。

ⅲ）診　　断

経産牛，特に３〜６産の高泌乳牛が分娩直前から分娩後２日以内に起立困難に陥り，麻痺と意識障害

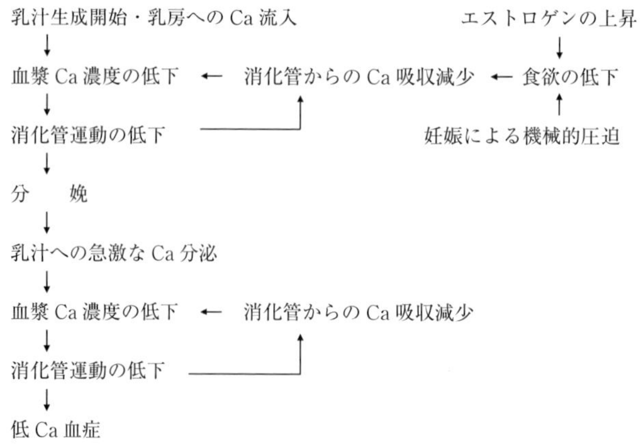

図 28　分娩前後の低カルシウム血症の発病機序
（内藤, 1985）

を呈する例は本症を疑う。また，発症から治療までの時間が短いときには，カルシウム剤の投与によって容易に起立するので，血液生化学的検査によって低カルシウム血症を確認する。一方，起立不能症に対する治療までの時間が長かったり，治療が不適であるために長時間起立不能を呈した牛では，大腿の大型筋に虚血性壊死が生じ，起立不能はさらに持続する。

初期における血液生化学的所見では，血漿中のカルシウムと無機リン値の低下がみられる。血漿カルシウム濃度は 5 mg/dL 以下を呈すると麻痺は必発するといわれるが，血漿カルシウム濃度の低下と麻痺の発生は必ずしも一致しない。

iv）治　　療

低カルシウム血症の治療は，カルシウム剤の投与が中心となるが，ボログルコン酸カルシウムの投与が最善である。標準的には 25％溶液 500～1,000 mL を静脈内に投与する。心筋への影響を考慮してカルシウム剤は緩徐に投与し，半量を静脈内注射して残りを皮下注射する場合もある。1 回の治療によって起立しない場合，12 時間間隔で 2 ～ 3 日間治療を繰り返す。以降のカルシウム剤投与は無効なことが多い。血漿無機リン濃度が低下している例では，15％リン酸ナトリウム液（200 mL）をリンゲル液やブドウ糖液とともに注射する。また，低マグネシウム血症があれば，20％硫酸マグネシウム注射液（200 mL）を皮下に投与する。一方，長時間起立できない牛に対しては，リン製剤投与とともにカリウム剤投与が有効なこともある。

v）予　　防

乾乳期飼料中の陽イオンと陰イオンのバランスを考慮した栄養管理を主体に，高泌乳牛や経産牛に対しては，分娩前におけるビタミン D_3 の筋肉内投与，分娩直前や直後におけるカルシウム剤（リン酸一水素カルシウムやクエン酸加グルコン酸カルシウムなど）の経口投与を実施する。従来，乾乳期にはカルシウム摂取量を制限することが推奨されてきたが，最近，乳熱の発生にはカルシウムよりも乾乳期飼料中の DCAD が関与することが明らかにされた。低カルシウム血症を予防するための DCAD の推奨値は，－10 mEq/100 gDM あるいは－10～－15 mEq/100 gDM であるが，DCAD の計算では給与するすべての飼料分析値が必要で，実際はかなり困難である。その場合，尿 pH を指標として DCAD を推定する。DCAD を調節する目的で塩化アンモニウムや塩化カルシウム，塩化マグネシウム，硫酸アンモニウム，硫酸カルシウム，硫酸マグネシウムなどが使用されるが，これらの塩類は一般に嗜好性が悪いので，DMI が低下しないように注意する。このように，DCAD 調節による低カルシウム血症の予防は解決するべき課題が多く，その効果についても我が国では一致した見解が得られていない。

一方，分娩前 2 ～ 8 日に 1000 万 IU のビタミン D_3 を 1 回筋肉内注射する方法が広く行われている。しかし，1000 万 IU のビタミン D_3 投与は中毒のリスクがあるので最大 2 回までとする。中毒のリスクがなく，急激な血漿カルシウム濃度が低下する分娩時に効果を発揮し，その後は急速に代謝されるビタミン D_3 のアナログ〔1 α,25（OH）2-D_3〕の効果が注目されている。

5．脂肪壊死症

腹腔や骨盤腔内の脂肪組織が変性・壊死して硬固な腫瘤物を形成し，これが腸管や妊娠子宮を圧迫して二次的に腸管狭窄や流産を引き起こす疾病である。主に黒毛和種雌の肥育牛や繁殖牛にみられ，4～9歳での発生が多く，老齢牛での発生率が高い。また，育成時に粗飼料不足の状態で飼養された牛にみられ，発症牛の系統調査から遺伝的に脂肪交雑の入りやすい系統の牛に多いことが知られている。

ⅰ）原　　因

原因や発病機序は現在のところ不明である。過肥牛に多く発生することから，脂肪組織の増大が局所の毛細血管を圧迫し，循環障害を起こして脂肪組織に壊死が起こると考えられる。また，飽和脂肪酸と不飽和脂肪酸のバランスが崩れ，飽和脂肪酸が多くなって脂肪が固く変性しやすくなることや，脂肪細胞膜が過酸化によって障害されて壊死に進行することも要因と考えられる。

ⅱ）症　　状

本症は慢性経過をたどることが多く，脂肪壊死塊が存在するだけでは著明な症状がみられない。症状の程度は腸間膜などに発生した壊死塊が次第に増大し，腸管を圧迫するために起こる腸の機能障害の程度によって異なる。食欲不振ないし廃絶，削痩，便秘や下痢，血便などの症状がみられ，その他に腹囲捲縮，疝痛，鼓脹などの消化器症状が認められる。症状が進行すると，排糞は少量頻回となり，兎糞様を呈するようになる。このような状態の牛では直腸検査による手の挿入が困難な場合が多く，腸管の狭窄や閉塞により死亡するものもある。

ⅲ）診　　断

本症は重症例以外では特異的な症状がみられないため，臨床所見によって診断されることは少ない。腹腔内壊死塊の存在によって診断される例が多いので，直腸検査が有力な診断法となる。直腸検査では骨盤腔内の直腸周辺や腹腔内の円盤結腸，腎周囲の脂肪壊死塊が触知できる。また，超音波診断装置により壊死塊の存在や腸管狭窄の有無を検出することが可能である。肝機能や脂質成分などの血液生化学的検査では，本症に特異的な所見は得られていない。

ⅳ）治療・予防

軽度ないし中等度の脂肪壊死症の治療として，従来からハトムギ給与が行われている。ハトムギ種子の粉末（ヨクイニン）を1日1頭当たり300～400 g を飼料に混ぜて3～4カ月間連日投与すると，壊死塊が軟化，縮小して消失することもある。牛の混合飼料の植物ステロール（ファイトステロール）の50％含有物（1日1頭当たり15～20 g）を飼料に混ぜて2～4カ月間投与すると，ハトムギと同様の効果があるとされている。しかし，これら物質の作用機序は不明である。その他，イソプロチオランの長期経口投与や植物油脂の給与，脂肪組織内の毛細血管の過酸化を防止するためのビタミンE給与も行われる。

現在のところ有効な予防法はないが，本症は腹腔内などの脂肪組織の増加と蓄積が発症の前提条件となることから，過肥を防止することが重要な対策である。このため若齢牛には適度な日光浴や運動をさせ，濃厚飼料の給与量や品質，粗飼料とのバランスを考慮した飼養管理を行う。また，腹腔内脂肪組織の過酸化脂質の産生を抑えて，壊死を防止するため，ビタミンEなどの抗酸化剤を投与することも効果がある。

6．尿石症

尿中に溶解している無機塩類が尿路系で結石となったものを尿石または尿路結石，このために尿道閉塞をきたして排尿障害などの臨床症状を伴ったものを尿石症あるいは尿路結石症という。結石の所在部位によって腎結石症，膀胱結石症，尿道結石症がある。本症は去勢肥育牛に多発する代表的な代謝性疾病である。

ⅰ）原　　因

濃厚飼料から過剰に摂取されたカルシウム，マグネシウム，アンモニウム，リン酸塩などの無機陽イオンが，尿中で過飽和状態となって不溶化し，脱落上皮細胞や壊死組織などの核を中心として長期間にわたって沈殿や結晶化を起こして結石が形成される。核の形成は，尿路感染による組織の炎症や壊死のほか，ビタミンAおよびβ-カロテン欠乏による上皮の脱落によって促進される。また，結石を促進する因子として尿管上皮のムコ蛋白が重要であるが，これは濃厚飼料の多給，粗飼料の不足，ペレット状飼料の給与によって増加する。我が国でみられる尿石症の組成は，リン酸アンモニウムマグネシウム，リン酸マグネシウム，リン酸カルシウムなどが主体で，尿酸塩，ケイ酸塩の結石もある。

ⅱ）症　状

腎臓や膀胱で形成される結石は，同部に留まっている場合，無症状で経過することが多いが，尿管や尿道内に移動して尿路の閉塞を起こすと重篤な症状を呈する。軽症例では陰茎先端の被毛に白色ないし灰白色の顆粒状，砂粒状の結石付着が認められる。重症例では直腸検査によって著しく腫大した膀胱が触知される，その他，発汗，苦悶，呻吟を示して頻尿または貧尿となり，尿閉を起こして膀胱破裂に至る。腰部を弯曲して疼痛を示し，尿閉に伴って急激な疝痛様症状を呈して腹囲が膨大する。その他，包皮炎，陰茎部の冷性浮腫，尿の淋歴や血尿なども認められる。

ⅲ）診　断

陰茎先端の被毛に白色ないし灰白色の顆粒状，砂粒状の結石付着によって発見される例が多い。尿は混濁し，血尿を呈することもある。重症例では血中尿素窒素の上昇（30〜80 mg/dL）のほか，クレアチニン，無機リンなど尿毒症の指標が上昇するので，予後判定の指標となる。新鮮尿では混濁や沈殿物の出現がみられ，遠心沈殿法やアンモニア添加法などの沈殿物検査によって早期診断が可能である。直腸から超音波画像検査を行えば，膀胱内や腎臓の結石が確認できる。

ⅳ）治療・予防

治療法としては薬物療法と外科的処置がある。薬物療法は軽症例が適応症となり，尿 pH を下げ，利尿を促す目的で塩化アンモニウムが投与される。アンモニウム投与はリン酸やマグネシウムを主成分とした結石には有効であるが，カルシウム塩やケイ酸塩を主成分とした結石には効果がない。通常，塩化アンモニウムを日量 10〜30 g で，３〜７日間連続投与するが，長期にわたって大量投与すると食欲低下がみられるので，投与しない期間を挟んで間欠的に投与する。一方，外科的処置は尿道閉塞した場合に行われる。S 字弯曲部で陰茎を切断し，上部尿道を肛門下に解放させて膀胱破裂を防止する方法などがある。すでに膀胱破裂を起こして尿毒症や腹膜炎を継発している例は予後不良である。

リン酸塩の尿石症予防のためには，高リン含有飼料を避け，カルシウムとリンのバランスのとれた飼料を給与する。大量のイネ科乾燥給与によって発生するケイ酸塩の結石予防には，水の摂取量を確保することが重要である。

〔佐藤　繁〕

2 肉　質

A. 牛肉の質および量

牛枝肉は,「同じ品質のものは, 全国どこでも同水準の価格で取引されるのが流通の原則である」という基本的な考え方から, 公益社団法人日本食肉格付協会の資格を有した格付員により, 牛枝肉取引規格に則って格付される。同規格は, 1988 年に改正されたものであるが, この改正は「歩留等級」の新規導入,「肉質等級」の見直し, 枝肉切開部位の統一, 等級区分および等級表示の変更といった大きな変革を伴うものであった。それまでは,「特選」「極上」「等外」といった等級呼称により表示する方式であったものを, A, B, C で表示される歩留等級と, 1～5 で表示される肉質等級とに分離評価される方式へと移行した。

牛枝肉は左半丸の第 6 − 7 肋骨間において平直に切り開き, 主にその切開面の状態で品種, 月齢, 性別にかかわらず格付が実施される。全国の食肉処理場で格付が実施されるが, **図 1a** のように胸椎を完全に切り落とした状態で格付される箇所はごく少数で, その大半が胸椎を完全に切開しない **図 1b** の状態で格付が実施される。

脂肪交雑, 肉の光沢, 肉の締まりおよびきめ, 脂肪の色沢と質の 4 項目がそれぞれ独立して評価され, それらのうち最も低い等級が, 肉質等級として決定される。

1. 牛肉の肉質等級

a. 脂肪交雑

脂肪交雑の判定は, 旧農林水産省畜産試験場で開発されたシリコン樹脂製の牛脂肪交雑基準 (BMS) によって判定されていた。この基準は, **図 2** に示すロース芯内における脂肪交雑の面積ならびに脂肪交雑の周囲長を等差級数になるよう作成し, 脂肪交雑の客観的評価ができるように開発されたものである。しかしながら, 当時の技術ではシリコン樹脂製の基準を作成するにあたって, 細かい脂肪交雑を挿入することが困難であったことから, 2008 年 10 月からは **図 3** で示す「写真による脂肪交雑基準」が適用されるようになり, 現在に至っている。

格付員は「写真による脂肪交雑基準」と実際の枝肉切開面を見比べ, BMS ナンバー (1～12) を判定するが, 判定された BMS ナンバーにより **表 1** に従って脂肪交雑等級 (1～5) が決定される。なお, 産肉能力検定における間接法 (間接検定) や現場後代検定法においては, 脂肪交雑評点 (脂肪交雑評価基準または脂肪交雑基準) が利用されることがあるが, この換算について **表 1** に併記した。

脂肪交雑の判定は, ロース芯内の脂肪交雑だけでなく, **図 2** に示す頭半棘筋ならびに背半棘筋の脂肪交雑の状態についてもあわせて判定することとなっている。運用上は, ロース芯のなかの脂肪交雑の程度に比較し, 他の周囲筋のそれが劣っている場合にのみ, 1 段階または 2 段階低い BMS ナンバーとして判定している。なお, **図 2** に示す僧帽筋や広背筋, 胸腹鋸筋は, 第 6 − 7 肋骨間切開面に現れる経済的に重要な骨格筋であるが, 牛枝肉格付においては, これらの脂肪交雑の状態は考慮されない。さらには, ロース芯に周囲から大きく食い込んでいる脂肪は脂肪交雑とはみなさず判定している。

品種や地域によって BMS ナンバーの平均値は大きく異なる。肉用に肥育したホルスタイン種去勢牛や日本短角種では, そのほとんどの枝肉が BMS ナンバー 2 と判定されるが, 黒毛和種去勢牛の 2011 年の全国平均は 5.8, その平均が高い都道府県は, 岐阜県 (6.9), 静岡県 (6.9), 宮城県 (6.7) などである。

八巻ら (1996) や広岡ら (1998) は, 格付の項目のなかでも脂肪交雑の程度が牛枝肉単価の決定に大きく影響を及ぼしていることを明らかとし, また, 黒

a

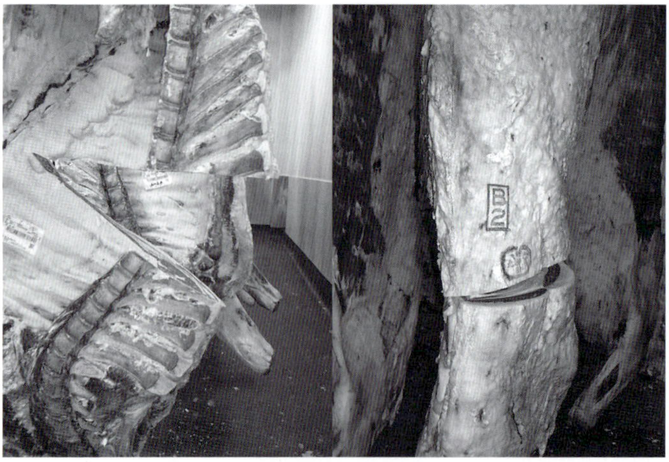

b

図１　我が国における牛枝肉左半丸の第６－７肋骨間切開面

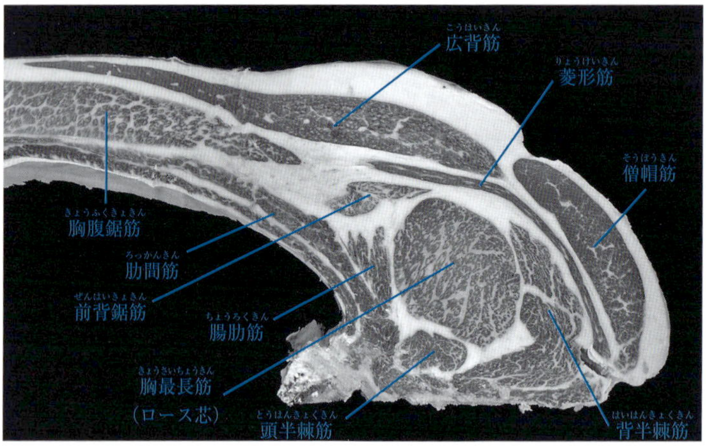

図２　牛枝肉の第６－７肋骨間切開面における骨格筋の名称

表１　BMSナンバー，脂肪交雑評価基準ならびに脂肪交雑の等級区分との関係

BMSナンバー	1	2	3	4	5	6	7	8	9	10	11	12
脂肪交雑評価基準	0	0＋	1－	1	1＋	2－	2	2＋	3－	3	4	5
等級	1	2	3		4			5				

毛和種や褐毛和種の種雄牛の造成にあたっても，脂肪交雑を最も優先度の高い改良形質としてきた。しかしながら，農林水産省が2010年に策定した「家畜改良増殖目標」においては黒毛和種種雄牛のBMSの育種価向上値目標数値が0と設定されるなど，これまでの脂肪交雑偏重からの路線転換が図られつつある。

なお，牛枝肉格付におけるBMSナンバーが，肉の光沢（BMSナンバーとの相関係数：0.89），肉の締まり（0.91），肉のきめ（0.89）に与える影響はきわめて大きく，脂肪交雑以外の肉質に関する格付（脂肪の色沢と質を除く）は脂肪交雑等級にほぼ連動している。

b．肉の色沢

「肉の色沢」は，肉の色と光沢の複合判定で決定される等級である。肉の色については，牛肉色の標準的な色値を基準として旧農林水産省畜産試験場で開発されたシリコン樹脂製の牛肉色基準（beef color standard：BCS）を用いて判定される。BCSはナンバー１～７の７段階で評価され，ナンバー１が淡赤

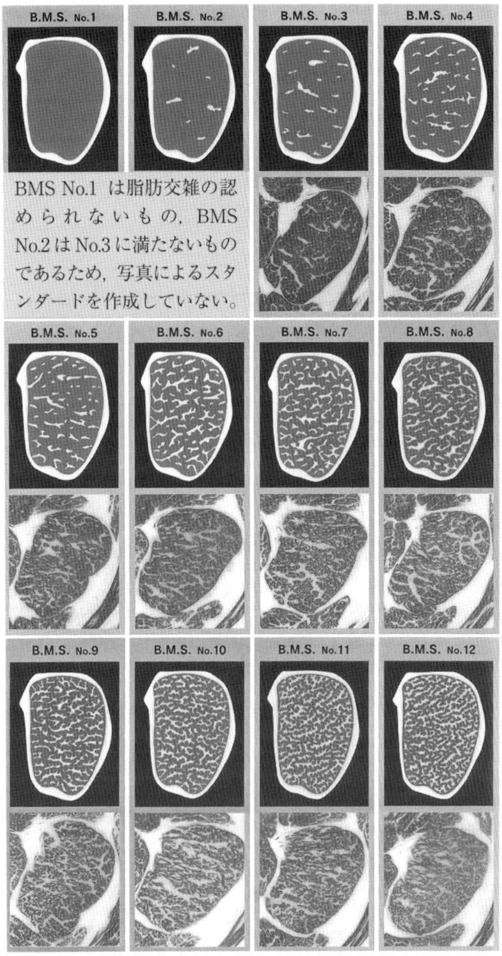

図3　シリコン樹脂製の脂肪交雑基準と写真による脂肪交雑基準

色であり，ナンバー7に向かって順次濃い赤色に代わるように，また中心であるナンバー4を鮮紅色とするよう策定されている。枝肉冷蔵庫内での判定時には，指定された懐中電灯を使う。肉色は淡すぎるもの，濃すぎるものは敬遠され，現在では，BCSナンバー3または4が評価の高い肉色である。2011年のBCSナンバーの全国平均は，黒毛和種去勢牛が3.9，肉用に肥育したホルスタイン種去勢牛が4.1であり，黒毛和種去勢牛では山口県および徳島県において3.7と最も淡い肉色を示した。

光沢は，「かなり良いもの」を5，「やや良いもの」を4，「標準のもの」を3，「標準に準ずるもの」を2，「それ以外のもの」を1とし，格付員により評価される。一般に脂肪交雑の量が多いと，光沢もよくなり，前述したようにBMSナンバーと光沢との相関係数は0.89ときわめて高い。なお，肉の色沢等級は**表2**に示すように決定される。

c．肉の締まりおよびきめ

肉の締まりは，筋肉中の蛋白質が含んでいる結合水が遊離して，筋肉切断面に滲出する浸出液の多少，切開面の陥没の程度に重点をおいて判定される。守田（2012）は，ロース芯中の粗脂肪含量と水分含量との相関係数を−0.991と報告しており，筋肉中の水分と脂肪とは非常に密接な関係にあるが，脂肪交雑程度の高い肉は，保水性が高く，締まりもよくなる。一般的には若齢で筋肉中の水分の多いものは締まりが劣る。近年では，締まりのよくない枝肉が頻出しており，黒毛和種においてBMSナンバー3（脂肪交雑等級3）と評価されたもののうち，9割の枝肉が肉の締まりを2と判定され，肉質等級が2となってしまっている。

きめは，筋肉を形成する一次筋束の太さといわれており，この太さが細かいか，粗いかについて判定する。筋束が細かく，結合組織によって緻密に結合しているものは，筋肉切断面もなめらかである。肉の締まりおよびきめの等級判定は，光沢と同様に，「かなり良いもの」を5，「やや良いもの」を4，「標準のもの」を3，「標準に準ずるもの」を2，締まりに関しては「劣るもの」，きめに関しては「粗いもの」をそれぞれ1として等級区分が決定される。

2011年の肉の締まりおよびきめ等級の全国平均は，黒毛和種去勢牛が3.7，肉用に肥育したホルスタイン種去勢牛が2.1であり，黒毛和種去勢牛では岐阜県，静岡県において4.2，宮城県，新潟県において4.1と高い締まりおよびきめ等級を示した。

d．脂肪の色沢と質

「脂肪の色沢と質」は，色，光沢および質の複合するもので，脂肪色については，旧農林水産省畜産試験場で開発されたシリコン樹脂製の牛脂肪色基準（beef fat standard：BFS）を用いて判定される。また，副次的に光沢と質を判定して等級を決定する。

BFSはナンバー1を白色とし，淡クリーム色，クリーム色，黄色へと変化し，ナンバー7までの牛脂肪色基準として作成されている。

脂肪色等級と光沢と質等級は，**表3**に示されるように決定される。脂肪の色沢と質はBMSナンバーとの関連があまり高くなく（r＝0.47），独立して評価されていることがうかがえる。

2011年のBFSナンバーの全国平均は，黒毛和種

表2　肉色および光沢の等級区分

等級		BCS ナンバー	光沢
5	かなり良いもの	3～5	かなり良いもの
4	やや良いもの	2～6	やや良いもの
3	標準のもの	1～6	標準のもの
2	標準に準ずるもの	1～7	標準に準ずるもの
1	劣るもの	等級5～2以外のもの	

表3　脂肪の色沢と質の等級区分

等級		BFS ナンバー	光沢と質
5	かなり良いもの	1～4	かなり良いもの
4	やや良いもの	1～5	やや良いもの
3	標準のもの	1～6	標準のもの
2	標準に準ずるもの	1～7	標準に準ずるもの
1	劣るもの	等級5～2以外のもの	

去勢牛が3.0，肉用に肥育したホルスタイン種去勢牛が2.3であり，黒毛和種の脂肪色が淡クリーム色であることがうかがえる。

〔口田圭吾〕

2．牛肉の呈味成分，理化学的特性

牛肉の食味には，風味，テクスチャーおよび多汁性が重要とされており，なかでも風味のよさが牛肉の好ましさに強く影響している。黒毛和種牛肉には，特有の香気である脂っぽく甘い香り，いわゆる和牛香が存在しており，この香りの存在ゆえに日本人に好まれると考えられている。

牛肉の風味には，粗脂肪含量，脂肪酸が影響しており，関連する脂肪酸として，オレイン酸（C18：1），不飽和脂肪酸が指摘されている。また，テクスチャーや多汁性といった食感にも，粗脂肪含量や脂肪酸組成が影響している。

脂肪自体は，不揮発性であり，鼻腔の嗅上皮をおおう膜に到達できず，無臭であることから，脂肪に溶解した，または，脂質から生成された揮発性物質が香りを発しているとされている。揮発性物質の生成機序は複雑であるが，脂質，特に中性脂肪の構成要素である脂肪酸の代表的な反応経路としては，酸化および加熱分解による反応を経て，メチルケトン類，アルデヒド類，ラクトン類等の揮発性物質が生成されていることが示唆されている。

さらに，グルタミン酸等の遊離アミノ酸，イノシン酸等の核酸関連物質が呈味に関与している。

全国で肥育された108頭の胸最長筋（第6－7～第10－11肋骨部）について，理化学分析を「食肉の理化学分析及び官能評価マニュアル」（家畜改良センター，2010）に基づいて行った結果を**表4**に示した。

3．肉質と飼養管理

肥育牛の遺伝的能力を最大限に発現させるためには，骨，筋肉，脂肪等の成長生理を把握し，各部位の発達時期を考慮した飼養管理が重要である。牛の各組織の発達期に関して，Hammondら，山崎らによって産肉生理理論が整理されており，体重や各組織の発達時期は**図4**のとおりである。生命維持に必要な内臓や体を支持するために不可欠な骨格等は相対的に早い時期に，脂肪交雑，皮下脂肪は遅い時期に発達する。

産肉生理理論では，生後13カ月齢までを育成期とし，頸・肩等の骨格や内臓の急速な発達期，その後18カ月齢までを肥育前期とし赤肉の充実期，さらに24カ月齢までを肥育後期とし脂肪交雑や脂肪組織の充実期としている。その後，24カ月齢以降も脂肪交雑が充実すること等が報告され，肉質や締まりの向上，枝肉重量の増加等を目的に肥育期間が数カ月延長する例が多い。

a．育 成 期

育成期は，消化器を発達させて肥育期間中に飼料を十分に採食できる内臓を作るとともに，骨格，筋肉を発達させて枝肉重量を大きくする重要な時期である。そのため，良質乾草等の粗飼料を十分に食い込ませて第一胃の容積を増やし，絨毛を発達させる

表４　全国で肥育された108頭の胸最長筋（第６－７～第10－11肋骨部）の理化学分析

項目（単位）	平均値	標準偏差
粗脂肪（％）	39.3	6.2
粗蛋白質（％）	13.7	1.5
剪断力価（kgf）	2.32	0.56
融点（℃）	26.8	4.4
ミリスチン酸（C14：０）（％）	3.1	0.5
パルミチン酸（C16：０）（％）	26.8	1.9
パルミトレイン酸（C16：１）（％）	4.2	0.6
ステアリン酸（C18：０）（％）	10.6	1.4
オレイン酸（C18：１）（％）	49.2	2.5
リノール酸（C18：２）（％）	2.3	0.6
飽和脂肪酸＊1（％）	41.9	2.7
不飽和脂肪酸＊2（％）	58.1	2.7
うち一価不飽和脂肪酸＊3（％）	55.6	2.6
うち多価不飽和脂肪酸＊4（％）	2.5	0.6

＊１：C12：０，C14：０，C15：０，C16：０，C17：０，C18：０およびC20：０の合計
＊２：C14：１，C16：１，C17：１，C18：１，C18：２，C18：３およびC20：１の合計
＊３：C14：１，C16：１，C17：１，C18：１およびC20：１の合計
＊４：C18：２とC18：３の合計

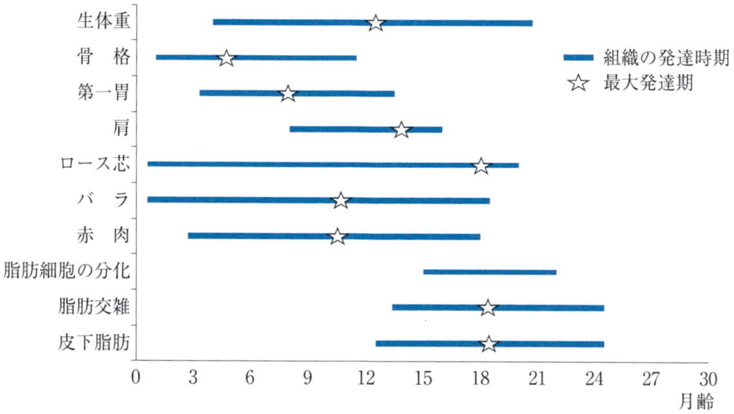

図４　産肉生理理論（牛組織の発達期）

ことが肝要である。また，蛋白質の多い飼料やミネラル，ビタミンを適切に給与することにより，骨格や筋肉の発達を促進する効果が期待できる。

骨格や筋肉とあわせて筋間脂肪の発達がこの時期に始まるとされており，濃厚飼料を多給すると，筋間の脂肪細胞の発達が促進されるものの，ロース芯等の筋肉の発達が阻害される。また，余剰エネルギーの貯蔵場所として筋間の脂肪細胞が優先されることから，筋肉内に脂肪交雑が入りにくくなる。

b. 肥 育 期

15～23カ月齢の間は，骨格と筋肉を発達させながら，筋肉内の脂肪前駆細胞が脂肪細胞へと増殖分化する重要な時期であり，十分なエネルギーを給与しつつビタミンAを制御する飼養管理が一般的に行われている。ビタミンAは，脂肪細胞への増殖分化を抑制することから，脂肪交雑を高めようとする場合，成長に伴うビタミンAに対する要求量増加を考慮し欠乏症を回避しつつビタミンAの給与を制限することが有効とされている。

制御手順として，岡らは，**図５**のパターンDが増体を確保しつつ，肉質を向上させると報告しており，現在，多くの肥育経営に支持され，濃厚飼料の

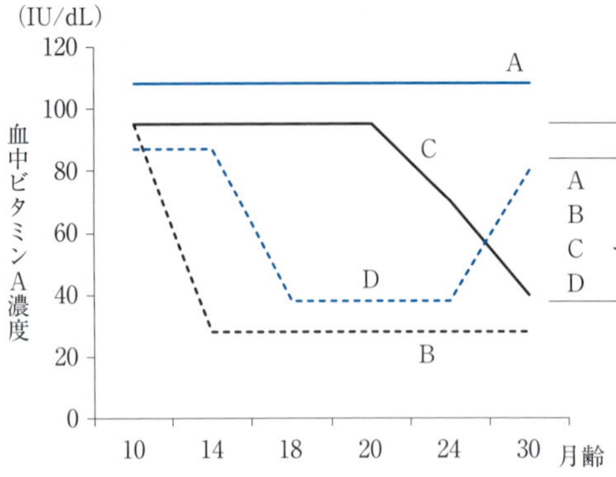

	増体	肉質
A	良	不良
B	不良	良(疾病)
C	やや不良	不良
D	良	良

図5　血中ビタミンＡ濃度の推移と肉質

給与量を徐々に増やすことにより増体速度を速めつつ，粗飼料をビタミンＡ含有量が多い乾牧草から少ない稲わらに切り替える技術等により実践されている。

肥育後期は，分化した脂肪細胞に脂肪が蓄積することにより脂肪細胞が肥大し，脂肪交雑が大きくなる時期であることから，飼養管理はエネルギーの高い濃厚飼料を飽食給与し，粗飼料は第一胃の機能を維持する程度に稲わらを給与することが基本となる。脂肪交雑の発達最盛期を過ぎているため，ビタミンＡの制限は不要であり，むしろこの時期のビタミンＡ欠乏は増体速度を落とし，枝肉の筋肉水腫（ズル）を生じさせるおそれがある。ビタミンＡ欠乏症は食欲の低下や肢の腫脹を主徴とする。重度になると瞳孔の散大，明反応の遅延，起立不能を引き起こし，生産性を大きく低下させる。増体性を改善し枝肉における瑕疵発生等を回避するため，必要に応じてビタミン剤を投与する。

脂肪を構成する脂肪酸は，飼料中の油脂に由来する外因性の脂肪酸と生体内でVFAやグルコースから合成される内因性の脂肪酸に分けられる。肥育中期までは飼料中の炭水化物の割合が多いことから，VFAで合成される脂肪酸は硬く白い脂肪が優勢となる。肥育後期に，コーンミール等の油脂を豊富に含む飼料を増やすことにより，不飽和脂肪酸が脂肪組織に蓄積し，融点がより低く風味のよい脂肪となる。

現在も様々な視点からの産肉生理に関する研究が行われており，例えば，肉質の超音波診断技術の開発は，産肉生理理論では十分説明できなかった枝肉形質の経時的変化を明らかにした。肉用牛生産に当たっては，牛の生理的特徴，最新の知見等を理解した上で，経営の目標に応じた最適な飼養管理プログラムを組み立てることが大切である。

〔酒井　豊〕

III

繁殖

1　繁殖生理

A. 繁　　殖

家畜化は，野生動物の繁殖を人間が管理するようになったことに始まる。繁殖は育種，栄養，飼育管理などとならび畜産を構成する重要な要素であり，乳肉の生産および生産性を向上させるためには，繁殖率を高めることがきわめて重要となる。牛の繁殖機能は季節などの環境要因や品種，飼養管理，栄養状態の良否などと密接に関係していることが知られている。これらの相互関係には非常に複雑な機構が働いており，科学的な裏づけが未解明なものも多い。牛の繁殖率向上は牛個体のもつ繁殖機能を十分に理解し，人間の飼育管理によってその機能を十分に発揮させて成果を上げることを基本とし，人工授精，繁殖機能の人為的調節，胚移植技術などを組み合わせることにより達成されるものであろう。この項では牛の繁殖生理について概説する。

B. 繁殖のホルモン調節

1．繁殖に関与するホルモンの特性

繁殖機能調節には内分泌腺および神経細胞から分泌されるホルモンが大きく関与する（表1）。繁殖機能調節に関与するホルモンを分泌する主な器官は視床下部，下垂体，性腺（卵巣および精巣），子宮および胎盤である。特に視床下部，下垂体，性腺の相互関係は繁殖機能におけるホルモン調節の中軸となるものであり，特に視床下部－下垂体－性腺軸と呼ばれる。視床下部の神経細胞の一部は神経と内分泌の両方の機能を併せもつ。牛の繁殖は様々な環境要因の影響を受けるが，環境の変化を受容した末梢神経は中枢神経系にその情報を伝達し，その環境の変化に適応するように視床下部はホルモン分泌を変化させ，繁殖機能を中枢性に制御する。

繁殖のホルモン調節には負のフィードバックと正のフィードバック機構が存在する（内分泌器官の項20頁参照）。卵巣から分泌されるインヒビンが下垂体前葉からの卵胞刺激ホルモンを抑制する作用は負のフィードバックの一例であり，搾乳時の乳汁放出を調節するオキシトシンと乳腺筋上皮細胞との間の作用様式は正のフィードバック機構の一例である。

ホルモンは血中に放出されて全身を循環するが，ホルモンに反応する組織（器官）は限定されている。これは特定の器官の細胞にのみホルモンに対する特異的なレセプターが存在するからである。繁殖ホルモンとレセプターの作用様式は主に2つあり，蛋白系ホルモンの作用様式である細胞膜レセプターに結合する様式と，ステロイドホルモンにみられる核内レセプターに結合する様式である（図1）。前者ではホルモンが細胞膜に存在するシグナルレセプター蛋白質に結合して，G蛋白質がアデニールシクラーゼを活性化し，細胞質内のアデノシン三リン酸（ATP）をcAMPに変換する。次いでcAMPはセカンドメッセンジャーとしてプロテインキナーゼを活性化し，新産生物が産生される。後者では血中の脂溶性ステロイドホルモンが結合蛋白と結合した状態で全身を循環しているが，細胞間隙において結合蛋白から遊離する。その後ステロイドホルモンは細胞膜を通過し，細胞質を通って核内のシグナルレセプターに結合する。そのホルモン・レセプター複合体は転写因子として作用し，核内でmRNAが合成され，新たな生理活性物質が産生される。

ホルモンがそれぞれの標的器官において作用するときの反応の強さは，血中のホルモンレベル，標的器官におけるレセプターの数およびホルモンとレセプターの親和性に左右される。血中のホルモンレベルは分泌細胞におけるホルモンの合成量や分泌量だけでなく肝臓や腎臓で代謝され血中から消失する速度に大きく依存する。特に泌乳牛では乳生産のため

表1　牛の繁殖に関与する主要ホルモン一覧

ホルモンの名称（英名）	略名	化学的性状（分子量）	産生部位	雄（♂）		雌（♀）	
				標的器官	生理作用	標的器官	生理作用
性腺刺激ホルモン放出ホルモン（gonadotropin-releasing hormone）	GnRH	ペプチド（1,182）	視床下部	下垂体前葉（ゴナドトロフ）	下垂体前葉から LH, FSH を放出	下垂体前葉（ゴナドトロフ）	下垂体前葉から LH, FSH を放出
黄体形成ホルモン（luteinizing hormone）	LH	糖蛋白（約 29,000）	下垂体前葉（ゴナドトロフ）	精巣（ライディヒ細胞）	アンドロジェンの合成と分泌を刺激	卵巣（内卵胞膜細胞と黄体細胞）	卵胞発育，排卵誘起 黄体形成，P_4 分泌調節
卵胞刺激ホルモン（follicle stimulating hormone）	FSH	糖蛋白（約 35,000）	下垂体前葉（ゴナドトロフ）	精巣（精細管，セルトリ細胞）	精細管での精子形成過程の前段を促進 セルトリ細胞の機能調節	卵巣（顆粒層細胞）	卵胞発育，卵胞での E_2 合成
プロラクチン（prolactin）	PRL	単純蛋白（約 22,000）	下垂体前葉（ラクトトロフ）	副生殖腺	副生殖腺の発育	乳腺	乳汁の生産と分泌
オキシトシン（oxytocin）	OT	ペプチド（1,007）	視床下部で合成されて下垂体後葉に貯蔵 黄体	精巣上体尾部，精管および精管膨大部の平滑筋	$PGF_{2\alpha}$ の合成， 射精前の精子の移動	子宮筋層，子宮内膜，乳腺の筋上皮細胞	子宮収縮 子宮内 $PGF_{2\alpha}$ の合成促進 乳汁排出
プロジェステロン（progesterone）	P_4	ステロイド（314）	黄体 胎盤			子宮内膜，子宮筋層 乳腺，視床下部	子宮内膜からの子宮乳分泌促進 妊娠維持，GnRH 分泌抑制 性行動抑制
エストラジオール-17β（estradiol-17β）	E_2	ステロイド（272）	卵胞の顆粒層細胞（♀） 胎盤（♀） 精巣セルトリ細胞（♂）	脳	性行動	視床下部 生殖器全体 乳腺	性行動，子宮収縮 GnRH サージの誘起 生殖器からの分泌物増加
テストステロン（testosterone）	T	ステロイド（288）	精巣ライディヒ細胞（♂） 卵胞の内卵胞膜細胞（♀）	副生殖腺，陰嚢の肉様膜 精細管，脳	二次性徴促進 精子形成の促進 副生殖腺からの分泌促進	脳，顆粒層細胞	E_2 合成の基質
インヒビン（inhibin）		糖蛋白（約 32,000）	卵胞の顆粒層細胞（♀） 精巣セルトリ細胞（♂）	下垂体前葉（ゴナドトロフ）	FSH 分泌の抑制	下垂体前葉（ゴナドトロフ）	FSH 分泌の抑制
アクチビン（actibin）		糖蛋白（約 24,000）	卵胞の顆粒層細胞（♀） 精巣セルトリ細胞（♂）	下垂体前葉（ゴナドトロフ）	FSH 分泌の促進	下垂体前葉（ゴナドトロフ）	FSH 分泌の促進
リラキシン（relaxin）		ペプチド（約 6,000）	黄体 子宮内膜 胎盤			骨盤周囲靭帯 子宮	仙腸結合の弛緩 子宮頸管の拡張
プロスタグランジン $F_{2\alpha}$（prostaglandin $F_{2\alpha}$）	$PGF_{2\alpha}$	脂肪酸（354）	子宮内膜（♀） 精嚢腺（♂）	精巣上体	精巣上体の収縮	黄体，子宮筋層 排卵卵胞	黄体退行，子宮収縮，卵胞局所に作用して排卵
胎盤性ラクトジェン（placental lactogen）	PL	単純蛋白（約 22,000）	胎盤			母畜の乳腺	乳腺の発育

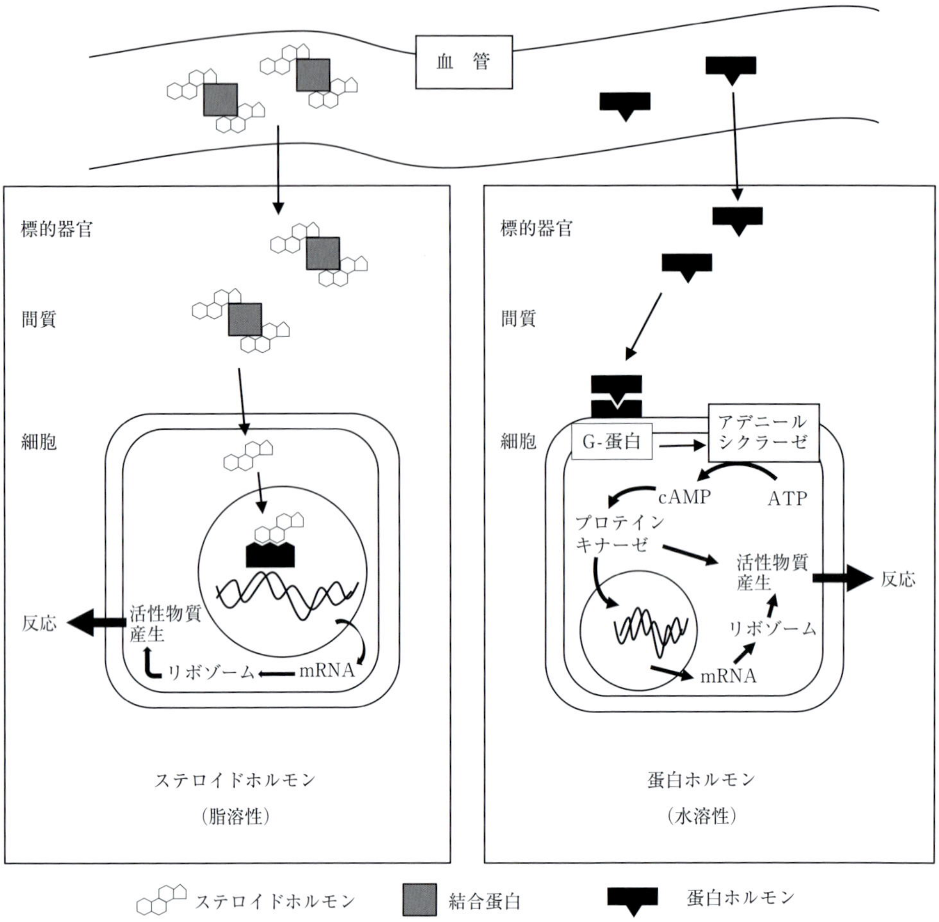

図1　ホルモンとレセプターの作用機序

に飼料を多給することで肝臓への血流量が増大し，非泌乳牛に比べるとホルモンの代謝速度が早いことが指摘されている。標的器官におけるレセプター数は様々な要因により変化する。ある種のホルモンは標的器官において他のホルモンレセプターの発現を増加させる作用がある。逆に長期間にわたりホルモンが持続的に作用するとレセプター数が減少し，そのホルモンの刺激効果が消失することがある。また，レセプターに対するホルモンの親和性は化学的特徴が大きく関与する。天然のホルモンに比べその類似体（または作動薬）はレセプターとの親和性が高く，強い生理活性が得られるため，繁殖用薬では天然のホルモンよりもその類似体が広く利用されている。

2．視床下部，下垂体ホルモン

a．視床下部と下垂体の構造と機能

視床下部の重要な役割は，神経性または液性に受容した内的，外的環境の変化をホルモン情報に変換し，下垂体からのホルモン分泌を制御して繁殖活動を中枢性に調節することである。下垂体は視床下部底に接して存在する小体で，蝶形骨の下垂体窩にあり，下垂体柄と正中隆起部によって視床下部と結ばれ，前葉，中葉および後葉からなる。

視床下部で産生されるホルモンは主に2つの経路を通り，下垂体からのホルモン分泌を調節する。1つは視床下部で産生されたホルモンが主として視床下部正中隆起部において特殊な血管系に分泌され，血液を介して下垂体前葉に運ばれる経路である。この特殊な血管系は，下垂体門脈と呼ばれる。視床下部から放出されるホルモンの一部は正中隆起の毛細管に放出されて下垂体門脈に入り，この経路を介し

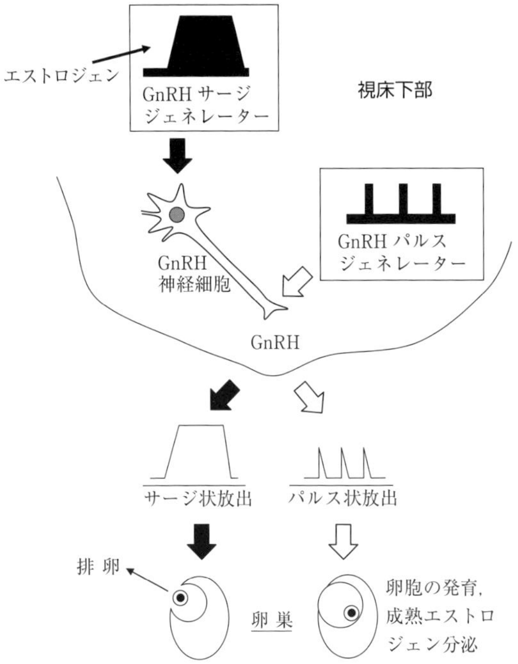

図2　雌動物のGnRH分泌を制御する視床下部機構の想定模式図

GnRH分泌はそれぞれ異なる神経機構であるGnRHパルスジェネレーターおよびGnRHサージジェネレーターにより制御されている。GnRHパルスジェネレーターによりGnRHは常時パルス状に放出されている（⇩）。パルス分泌頻度の増加は卵胞の発育と成熟およびエストロジェン分泌を促す。一方，エストロジェン濃度の増加はGnRHサージジェネレーターを駆動し，GnRHサージが起こる（⬇）。GnRHサージはLHサージを引き起こし，排卵を誘起する。
雄動物においてGnRHパルスジェネレーターの活動は精子形成にかかわり，GnRHサージジェネレーターは機能的に喪失または低下している。

て下垂体前葉からのホルモン分泌を調節している。もう1つの経路はホルモンを分泌する視床下部神経分泌細胞の軸索が下垂体後葉に終末し，直接下垂体後葉の血管系に分泌される経路である。生殖にかかわる重要な視床下部ホルモンは性腺刺激ホルモン放出ホルモン（GnRH）およびオキシトシン（OT）であり，前者は下垂体門脈を経由して下垂体前葉に作用し，後者は視床下部で産生されて下垂体後葉から分泌されるホルモンである。

b．性腺刺激ホルモン放出ホルモン

GnRHは主に視床下部の視索前野や弓状核に存在する神経細胞において，GnRH前駆体のプレプロGnRHから生成される。GnRHの構造は哺乳類で共通であり，10残基のアミノ酸配列をもつポリペプチドである。

GnRHは下垂体前葉のゴナドトロフに作用し，黄体形成ホルモン（LH）および卵胞刺激ホルモン（FSH）の合成および分泌を促進する。しかし，FSH分泌は卵巣から分泌されるインヒビンによって負のフィードバック制御を受けており，GnRH分泌の刺激効果は主にLH分泌に反映される。

雌雄ともにGnRHの分泌様式は通常パルス状（拍動性）である。パルス状分泌の発生頻度は繁殖ステージによって大きく変化し，GnRHパルス分泌頻度が増加するとLH分泌が刺激され，低下すると抑制される。このようなGnRHのパルス状分泌は視床下部に存在するGnRHパルスジェネレーター（GnRH pulse generator）と称される神経機構により支配されている（図2）。また，雌牛の卵胞期では特徴的なGnRHおよびLHの一過性の大量放出（サージ状分泌）が起こる。これはエストロジェンの正のフィードバック作用によるものであるが，GnRHパルスジェネレーターはこの現象に直接的には関与していない。GnRHサージの発現にはGnRHパルスジェネレーターとは異なる独立した神経機構の関与が推測されており，GnRHサージジェネレーター（GnRH surge generator）の存在が想定されている。家畜ではストレスや低栄養状態といった飼養管理の失宜により両ジェネレーターの活動が抑制されることが知られ，これらが牛の繁殖障害の発生に密接に関与していることが明らかとなっている。

c．繁殖に影響を及ぼすその他の脳内ホルモン

GnRH分泌は，主に性腺から分泌されるホルモンによってフィードバック調節を受けるが，脳内から分泌されるホルモンや種々の生理活性物質の影響も受けている。脳内では主にキスペプチン，副腎皮質刺激ホルモン放出ホルモン（CRH）およびメラトニンがGnRHの分泌に影響を及ぼすことが知られ，繁殖機能の調節に関与する。

i）キスペプチン

キスペプチンはGnRH分泌に対して強力な刺激作用を有することが明らかとなっている。キスペプチンは視床下部でも合成されており，GnRHパルスジェネレーターとサージジェネレーターを構築する中心的な役割を果たすホルモンと推定されている。キスペプチンのLHとFSHに対する分泌促進効果はGnRH分泌を介した作用によるものと考えられている。

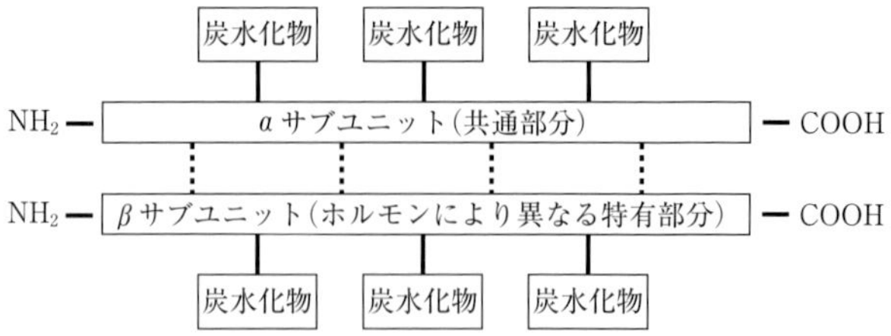

図3　繁殖に関与する糖蛋白ホルモンの構造の特徴

ⅱ）副腎皮質刺激ホルモン放出ホルモン

CRHは視床下部室傍核に存在する小型神経細胞で生成されるポリペプチドで，CRHの生成と分泌はストレスに対し敏感に反応する。種々のストレス刺激によって分泌されたCRHは下垂体門脈を介し，下垂体前葉の副腎皮質刺激ホルモン（ACTH）分泌を促進する。また，内因性オピオイドペプチドであるβエンドルフィンの分泌を刺激し，GnRH分泌を抑制する。ストレス環境下において牛の繁殖活動は抑制されるが，CRH分泌とGnRH分泌抑制を介した作用が関係していると考えられている。

ⅲ）メラトニン

メラトニンは松果体が主な産生器官であり，動物の季節繁殖性を制御する重要なホルモンである。松果体におけるメラトニンの合成と分泌は暗期に亢進し，季節における日長の変化はメラトニン情報に変換されGnRH分泌調節機構を変化させることで性腺機能が変化する仕組みとなっている。野生の牛属の多くは季節繁殖動物であるが，家畜化された牛では季節繁殖性はみられない。

d．下垂体ホルモン

下垂体前葉からはLH，FSHおよびプロラクチン（PRL）が繁殖にかかわる重要なホルモンとして分泌されている。その他，甲状腺刺激ホルモン，成長ホルモン，ACTH等の繁殖活動を修飾するホルモンも分泌される。これらのホルモンのうち性腺の活動を直接支配しているLHとFSHを性腺刺激ホルモン（GTH）と呼ぶ。プロラクチンも広義の意味では性腺の活動を調節する役割を有していることから，LHとFSHにプロラクチンを加えて性腺刺激ホルモンと呼ぶことがある。下垂体後葉では視床下部における神経内分泌細胞の軸索が終末し，オキシトシンが分泌される。

ⅰ）前葉ホルモン

LHとFSHはαとβと呼ばれる2つの異なるサブユニットから構成される糖蛋白質ホルモンである（図3）。これらのホルモンのαサブユニットは構造的に同一であるが，βサブユニットはLHとFSHで異なり，特異的なホルモン活性はβサブユニットによって決まる。また，これらの分子の片方のサブユニットのみでは生物活性は発現しない。

LHは特にGnRHの支配下で合成と分泌が制御されており，雌における最も重要な生理作用は卵胞の発育と成熟，排卵誘起および排卵後の黄体形成である。GnRHパルスジェネレーターの支配下でLHのパルス状分泌頻度が上昇すると，発育を開始した胞状卵胞に作用し，卵胞をさらに発育させエストロジェンの合成と分泌を促進する。一方，エストロジェンの血中レベルの増加はGnRHの一過性の大量放出（GnRHサージ）と，それに反応したLHサージを引き起こし，これが排卵の引き金となる。排卵後，排卵した卵胞を起源として黄体が形成され，プロジェステロン分泌が開始される。牛の黄体はある一定頻度以上のパルス状LH分泌の存在下によって正常な機能が維持される。雄においてLHは精巣における間質細胞（ライディヒ細胞）に作用して，その分化と増殖を刺激し，アンドロジェンの合成と分泌を促す。アンドロジェンはFSHと協同して精細管における精子形成を促進する。

FSHは雌において卵胞の発育や発育する卵胞数の調節に関与する。雄では精細管に作用して，精子形成の前段の過程を促進する。FSHは卵胞に作用して顆粒層細胞の分裂と増殖を刺激し，卵胞腔の形成と卵胞液の貯留を促進して卵胞を発育させる。しかし，FSH単独では卵胞を成熟させエストロジェンを分泌させることはできず，LHとの共同作用が必要である。雄ではFSHは精細管径を拡張することで精巣を発育させるが，間質細胞を刺激しない。

プロラクチンは単純蛋白質ホルモンで，催乳ホルモンまたは乳腺刺激ホルモンとも呼ばれ，エストロジェン，プロジェステロン，成長ホルモン，インスリン，甲状腺ホルモンや副腎皮質ホルモンなどと共同して，乳腺を発育させる。また，乳腺上皮細胞に作用してカゼインと乳糖の合成を促進し，さらに乳腺上皮細胞の電解質代謝を調節して，乳汁の生産と分泌を刺激する。プロラクチンは乳汁生産に不可欠であるが，牛ではいったん乳汁分泌が開始されると，その後はプロラクチンを必要としない。

ⅱ）後葉ホルモン

下垂体後葉からはオキシトシンが分泌される。オキシトシンはアミノ酸９残基の配列をもつペプチドで視床下部の室傍核および視索上核の神経分泌細胞において合成される。オキシトシン分泌は分娩や授乳などの生殖行動時において，子宮頸への機械的刺激や授乳（搾乳）中の乳頭への刺激に対して敏感に反応し，オキシトシンの血中濃度が高まる。オキシトシンの最も重要な生理作用は平滑筋収縮作用である。雌では特に乳腺や子宮の平滑筋を収縮させる。子宮における平滑筋の収縮は交配後における精子の子宮から卵管への移動を物理的に助け，分娩時には陣痛を起こして胎子の娩出を促す。子宮筋のオキシトシンに対する感受性は，エストロジェンによって高まり，プロジェステロンによって低下する。また，オキシトシンは乳腺の腺胞を取り巻く筋上皮細胞を収縮させ，腺胞内または小腺管内に貯留している乳汁を排出させる。雄では排出管系の平滑筋に作用し，精巣上体尾部から射出部位までの精子の移動を促進する。

3．性腺ホルモン

a．性腺から分泌されるホルモンの化学的性状

性腺からはステロイド，糖蛋白質，ポリペプチドの化学性状をもつホルモンが分泌される。繁殖に関与する主なステロイドホルモンは，性腺（卵巣と精巣）から分泌されるプロジェステロン，エストロジェンおよびアンドロジェンであり，主な糖蛋白質およびポリペプチドホルモンは，インヒビンおよびリラキシンである。

卵巣と精巣から分泌される性ステロイドホルモンは共通の基本骨格（シクロペンタノパーヒドロフェナントレン核）をもつ。ステロイドホルモンは性腺の他にも副腎皮質および胎盤から分泌されるが，いずれも酢酸，コレステロールから共通的な中間体ステロイドであるプレグネノロンを経ていくつかの合成酵素の作用により生合成される（図４）。主なステロイドホルモンのうち，プロジェステロンは炭素数

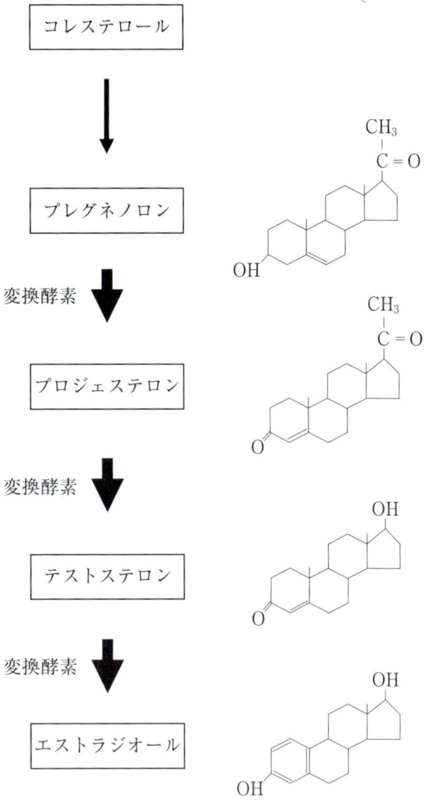

図４　性腺ステロイドホルモンの合成経路

21のプレグナン，テストステロンは炭素数19のアンドロスタン，エストラジオールは炭素数18のエストランをそれぞれ基本骨格としてもっている。

血中に放出されたステロイドホルモンは主に肝臓や腎臓でグルクロン酸や硫酸とエステル結合した抱合体となり，多くの場合，その活性を失って水溶性となり，一部は腎臓を経て尿中に，一部は胆汁を経て糞中に排出される。プロジェステロンは肝臓で不活化されて大部分は消化管内に，一部は尿中に排泄される。

b．プロジェステロン

プロジェステロンは主として卵巣の黄体で産生され，妊娠中には胎盤からも産生される。プロジェステロンの主要な生理作用は妊娠を成立させ，維持することである。子宮に対する作用としては，子宮腺を樹枝状に分岐，発達させて炭水化物を含む多量の子宮乳（uterine milk）を分泌させる。乳腺に対しては，エストロジェン，成長ホルモン，副腎皮質ホルモンなどと共同して腺胞系の発達を促進する。

プロジェステロンは子宮に作用して自発運動を抑

制し，オキシトシンに対する感受性を低下させ子宮の平滑筋収縮が起こりにくい状態にする。卵管に対して子宮端の括約筋を弛緩して胚の子宮内侵入を可能にする。また子宮内膜の分泌機能の亢進，子宮運動の抑制および頸管の緊縮などを起こす。このため，プロジェステロンの影響下で頸管粘液の粘稠性は高まり，外子宮口から子宮内への細菌などの侵入を防ぐ物理的障壁となる。このようなプロジェステロンの作用は胚着床以降の妊娠維持に必須である。

視床下部－下垂体系に対する抑制作用として，黄体期には高濃度のプロジェステロンが長期間作用することによって視床下部におけるGnRHのパルス状およびサージ状分泌が抑制される。その結果，下垂体のLHやFSH分泌は低下し，卵胞の成熟や排卵は抑制され無発情となる。牛では，これらの原理を応用しプロジェステロンを含有した腟内留置型徐放剤が開発されており，血中プロジェステロン濃度をコントロールして，発情周期の同期化や繁殖障害の治療に汎用される。

c. エストロジェン

代表的なエストロジェンはエストラジオール-17βとエストロンであり，血中に存在するエストロジェンは主として卵巣の卵胞で産生される。雌牛におけるエストロジェンの主要な生理作用は発情および発情徴候の誘発とGnRHサージを引き起こすことである。

エストロジェンは，牛の卵胞期において発情行動を誘発するとともに子宮の腫大と収縮力の増強および子宮頸管を弛緩させる。また子宮頸管の粘液分泌量を増加させ，この粘液は水分含量と塩分濃度の上昇に伴って水溶化し，粘稠性が増加する。このような粘液をスライドグラスに塗抹して乾燥させ鏡検すると，シダ状の結晶像が観察される。内分泌学的な事象として，血中エストロジェン濃度の上昇は，視床下部のGnRHサージジェネレーターに作用してGnRHサージとLHサージを引き起こす。これが排卵の引き金となる。

このようなエストロジェンの作用は生殖活動のステージのなかで，プロジェステロンの影響下において不活化される。エストロジェンの発情行動誘起，GnRH（LH）サージ分泌に対する正のフィードバック，子宮運動の促進，子宮頸管の弛緩などは血中プロジェステロン濃度がある一定値を越えて存在する場合，拮抗される。一方，プロジェステロンの前感作を受けた後に，エストロジェンが作用すると発情行動が強まることから，エストロジェンの作用の強さはプロジェステロンの調節を受けていることが示唆される。

d. アンドロジェン

代表的なアンドロジェンはテストステロンであり，主として精巣の間質細胞で産生される。テストステロンの主要な生理作用は雄の副生殖器の発育と機能および精子形成を促進し，二次性徴を招来させることである。

テストステロンは精巣においてFSHと共同して第二成熟分裂の後半以降の精子形成を刺激し，セルトリ細胞からの精子の離脱を促進して精子形成を促す。また，精巣上体内の精子の成熟を促して精巣上体尾部における精子の生存期間を延長させるとともに，副生殖器に作用して精子の代謝に重要な精漿成分である果糖，クエン酸，ホスファターゼなどの分泌を増加させる。

テストステロンの作用様式は3つある。第1はテストステロンが直接作用する様式であり，精子形成の促進がこれに当たる。第2はテストステロンが標的器官の細胞内で5αリダクターゼにより5αジヒドロテストステロン（5α-dihydrotestosterone：DHT）になり作用する様式である。DHTはテストステロンよりも数倍の生理活性があり，精巣上体や副生殖腺の発育促進作用がこの例に当たる。また，発生過程においてDHTは生殖結節と尿生殖洞に作用し陰茎，陰嚢，前立腺などの器官形成に関与する。第3は標的細胞内でテストステロンが芳香化酵素によりエストラジオール-17βに変換されて生理作用を及ぼす様式で，性行動の発現や脳の性分化の機構にかかわる。

e. インヒビン

インヒビンは糖蛋白質ホルモンでαとβサブユニットがジスルフィド結合した二量体である。インヒビンは卵巣において卵胞の顆粒層細胞から，精巣においてセルトリ細胞からそれぞれ分泌される。インヒビンの主要な生理作用は下垂体前葉に作用し，FSH分泌を特異的に抑制することである（負のフィードバック）。雌においてインヒビンは卵胞の発育に伴って血中濃度が上昇するが，排卵によってその分泌が停止し，血中濃度が減少する。この下垂体FSH分泌と卵巣からのインヒビン分泌によるフィードバック調節機構は，卵胞発育過程における卵胞出現の繰り返し（卵胞発育波）に関与している。

f．アクチビン

アクチビンはインヒビンのβサブユニットが結合した二量体である。アクチビンの産生部位は卵巣や精巣のみならず，下垂体，副腎，骨髄，脾臓，脳，胎盤など広範な組織に及ぶ。アクチビンの作用はインヒビンにより抑制される。アクチビンは下垂体からのFSH分泌を促進するとともに，成長ホルモンやACTHなどの下垂体ホルモン分泌にも影響を及ぼす。雄では精巣のテストステロン分泌がアクチビンにより抑制され，インヒビンにより促進される。

g．リラキシン

リラキシンは，22のアミノ酸残基をもつ鎖と16のアミノ酸残基をもつ鎖とがジスルフィド結合で結ばれたポリペプチドである。主として妊娠期の卵巣の黄体細胞から分泌される。リラキシンの主要な生理作用は妊娠の維持および分娩時に子宮頸管の拡張と骨盤靱帯の弛緩を招き胎子娩出を容易にすることである。牛の血中におけるリラキシン濃度は発情周期中は低いが，妊娠中期頃から上昇を始め，分娩の２～３日前に最高値に達し，分娩後に急激に減少する。分娩時には仙腸結合を弛緩させ，また頸管を拡張させて胎子の娩出を容易にする。これらの作用はいずれも，あらかじめエストロジェンが作用した場合に誘起される。

4．子宮，副生殖腺および胎盤ホルモン

a．プロスタグランジン

繁殖機能に関係するプロスタグランジン（prostaglandin：PG）としてプロスタグランジン$F_{2\alpha}$（$PGF_{2\alpha}$）とプロスタグランジンE_2（PGE_2）の生理作用が重要である。これらは生殖道における平滑筋収縮，局所レベルでの排卵誘起および黄体退行に関与する。$PGF_{2\alpha}$とPGE_2は子宮平滑筋に顕著な収縮を起こし，これらは分娩に伴う陣痛の発現に関与する。また，プロスタグランジン合成阻害剤は排卵を抑制することから，プロスタグランジンは局所的な排卵調節に関与していると考えられている。

一方，雄において$PGF_{2\alpha}$とPGE_2は精漿中に多量に含まれ，交配した雌の子宮や卵管の自発運動を増強して，精子の受精部位への移送を促進する。また，牛に$PGF_{2\alpha}$を投与すると，投与後の初回射出精液中の精子数が増加する。これは$PGF_{2\alpha}$が雄性生殖道の平滑筋収縮を刺激し，精巣や精巣上体から精管への精子の移行を促進するためと推測される。

子宮内膜で生成される$PGF_{2\alpha}$は雌牛における強力な黄体退行因子である。子宮内膜から子宮静脈に流入した$PGF_{2\alpha}$は，卵巣静脈にコイル状に巻きついて密着して走行する卵巣動脈へ対向流機構により移行して卵巣に運ばれる（図５）。この特殊な機構のため$PGF_{2\alpha}$は全身循環を経由せずに直接的に卵巣に到達することができ，効率的に黄体を退行させると推定されている。黄体を退行させる機序としては，黄体に対する直接作用，卵巣の動脈を収縮させて血液流入を減少させる作用，性腺刺激ホルモンの黄体維持効果に対する拮抗作用などが考えられている。天然型$PGF_{2\alpha}$や多くの類似体は牛の発情周期の同期化や分娩誘起，人工流産や黄体遺残などの繁殖障害の治療に広く臨床応用されている。

b．胎盤ホルモン

胎子胎盤を構築する絨毛膜からは種々の糖蛋白質ホルモンやステロイドホルモンが分泌される。牛ではステロイドホルモンと胎盤性ラクトジェンが分泌される。また，人および馬ではそれぞれ人絨毛性性腺刺激ホルモン（hCG）および馬絨毛性性腺刺激ホルモン（eCG，妊馬血清性性腺刺激ホルモンPMSG）が分泌されるが，これらは他の家畜においても性腺刺激ホルモン作用を有することから，牛の臨床において汎用される。

i）ステロイドホルモン

妊娠中，胎盤からはステロイドホルモンとして主にプロジェステロンおよびエストロジェンが分泌される。プロジェステロンは妊娠の維持に必須であるが，妊娠中のプロジェステロン分泌には胎盤由来のホルモンが深く関与する。牛では妊娠７カ月以降に卵巣の黄体を除去しても流産は起こらない。これは，妊娠を維持するためのプロジェステロン分泌は妊娠７カ月を過ぎると卵巣の黄体から胎盤由来（特に胎子胎盤）に移行していることを示している。胎盤由来のエストロジェンは子宮筋の肥大を促進し，妊娠末期には子宮筋のオキシトシンに対する感受性を上昇させ，子宮頸管の肥大と柔軟化を促進して分娩の準備状態を整える。また，プロジェステロンと共同して，乳房を発育させ，様々な妊娠性変化を引き起こす。

ii）胎盤性ラクトジェン

胎盤性ラクトジェンは糖蛋白ホルモンであり，合胞体性栄養膜細胞から分泌される。妊娠の前半から

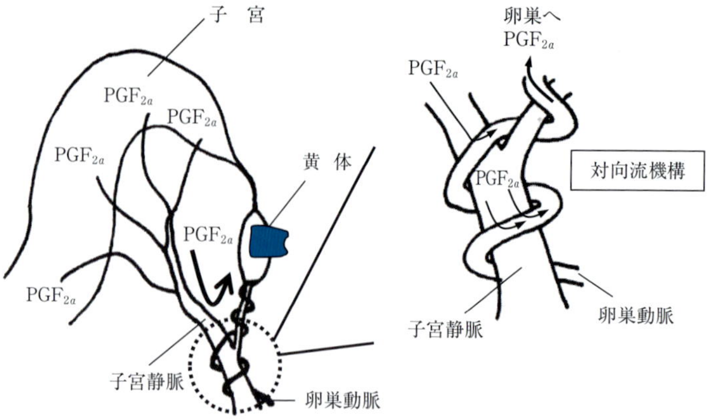

図5　黄体退行における内分泌調節の想定模式図
妊娠が成立しない場合，黄体は退行し，その機能を失う。黄体退行の過程では子宮内膜から $PGF_{2\alpha}$ が分泌される。子宮静脈内に移行した $PGF_{2\alpha}$ は対向流機構を介して直接卵巣動脈に移行し、黄体を退行させる。

中期にかけて母体血中に出現し，妊娠末期に最高値を示して分娩後速やかに消失する。成長ホルモン様作用により胎子の発育を刺激する作用やプロラクチンに類似した生理作用を有し，母体の乳腺を刺激する作用が認められている。

iii）人絨毛性性腺刺激ホルモン

hCG は妊娠初期の婦人の尿中に多量に出現する二量体糖蛋白質である。人胎盤における合胞体性栄養膜細胞において合成される。hCG は LH 様作用を有することから，雌牛における黄体機能刺激や排卵誘起，雄牛におけるテストステロン分泌亢進を期待して臨床的に利用されている。

iv）馬絨毛性性腺刺激ホルモン

eCG は胎子由来の絨毛膜細胞が母体の子宮内膜に侵入して形成される子宮内膜杯で合成され母体の血中に出現する。eCG は馬においては LH 様作用を示すが，牛に投与すると強い FSH 様作用と弱い LH 様作用を示して卵胞発育とその数を促進するため，過剰排卵誘起や卵胞発育障害の治療に利用される。

C．牛の性成熟，精子形成，発情周期

1．性成熟

性成熟とは，雄では雌と交配して妊娠させることができ，雌では雄と交配して妊娠することができる状態になったことを示す。性成熟はある程度の時間を要して達成されるもので，生殖器を含めた身体の生育と平行して発達する内分泌器官の相互作用の結果として発現する。また，春機発動とは，雌では腟開口ないし初回排卵の時期をいい，雄では精細管内への精子の出現する時期をいう。狭義には性成熟の開始時期を春機発動，完了の時期を性成熟期と呼んで区別している。

性成熟の開始時期は栄養状態，品種（系統），飼養環境などの様々な要因の影響を受ける。通常育成期に良好な栄養状態で飼育された場合，性成熟は早期に到達し，低栄養，寒冷，暑熱，疾病等により生育が阻害されると性成熟の到達は遅延する。性成熟は環境要因が大きく作用するため個体差が大きいが，一般に乳用種は肉用種よりも性成熟が早いといわれる。

2．雄牛の性成熟

生育のよい雄牛では３～４カ月齢になると精巣中に精母細胞がみられるようになる。６カ月齢には精娘細胞がみられるようになり，７カ月齢頃までに精巣の精細管内に精子が出現して春機発動する。交尾欲は平均 6.5 カ月齢（範囲６～11 カ月齢）で発現し，雌牛や雌子牛あるいは他の雄牛に対して乗駕を試みるようになる。またこの時期の雄子牛は雌牛の発情を鋭く嗅ぎ分けるようになる。射精能は８～11 カ月齢で備わり，14 カ月齢頃までに精巣の解剖学的，生理学的特性が成熟した雄と同程度となり，精子濃度や精子奇形率が正常値に達する。精巣の発育がほぼ一定の水準に達するのは 16 カ月齢以降である（表2）。

表2　雌雄牛における繁殖生理

雄　牛		雌　牛	
性成熟	6～11カ月齢	性成熟	6～18カ月齢 体重200～270 kg
繁殖供用開始時期	15～20カ月齢	繁殖供用開始時期	14～16カ月齢 体重350～400 kg
供用期間限度	10歳前後	供用期間限度	10歳前後
精巣重量（両側の総量）	約700 g	発情周期の長さ	18～24日
精子産生能力	11～12×10^6/精巣重量（g)/日	発情と発情徴候	乗駕を許して立っている（スタンディング），他牛に乗駕，乳量低下，運動量増加，透明粘液漏出等
精祖細胞から精子形成までに要する日数	60日	排卵卵胞の大きさ	直径12～20 mm
1つのA型精祖細胞から形成される精子数	64	排卵時間	発情開始後30時間（範囲：24～48時間） LHサージピーク後25時間
推奨される採精頻度	1～2回/日で3～4日間隔	黄体開花期の黄体の大きさ	長径20～25 mm

3．雌牛の性成熟

雌牛における性成熟の到達は通常排卵を伴う初めての発情発現を指標としている。初発情の発現は品種や系統によって異なるため，6～18カ月齢の幅がある。通常の飼育環境において，体重がホルスタイン種では270 kg前後，黒毛和牛では230 kg前後（範囲200～270 kg）に達した頃に初回発情が出現することが多く，ホルスタイン種では8～11カ月齢，黒毛和種や褐色和種では10～18カ月齢がこれに相当する。初回発情の発現は品種の違いに大きく左右されるが，同一品種内では栄養水準にかかわらず，一定の体重，体高あるいは体長に達したときに初回発情を迎える。

4．繁殖供用開始時期と供用期間

性成熟後，ただちに定期的な精液採取を実施しても雄牛の繁殖機能に明瞭な悪影響はみられない。しかし，性成熟直後の雄牛では精巣重量ならびに精巣内精子数は成熟個体のものに比べて少なく，精子産生能力は発達途上にあるといえる。したがって，実際の繁殖供用開始は性成熟到達より数カ月遅らせて12カ月齢以降で一般に15～20カ月齢とされる。雄牛の繁殖能力は通常3～4歳で最高に達し，5～6歳までは良好とされるが，それ以降は精液性状や授精能力は徐々に低下する傾向がみられる。10～12歳になると性欲も精巣重量も減少する。一般に大部分の種雄牛では7～10歳まで精液採取に供用可能であるが，ホルスタイン種の場合，よほどの優良牛でない限り，ある程度の凍結精液が確保された段階で淘汰されることが多く，10歳前後まで供用される例は少ない。肉用種の場合も10歳前後が供用限界とされている。

雌牛は性成熟に達してもまだ成長途上であるために，その後も発育を続ける。性成熟直後に受胎が成立しても妊娠中の胎子の発育や産後の泌乳によって母体の発育が損なわれるし，流産や難産の発生あるいは生後の子牛の発育に対する悪影響が考えられる。したがって，実際の繁殖供用開始は性成熟より数カ月遅らせるのが普通である。ホルスタイン種および黒毛和種の場合，繁殖供用開始時期は14～16カ月齢，体重が350～400 kgが推奨されている。一般に乳牛は老齢になると泌乳量が低下するために肉牛よりも早く淘汰される。一方，市場価格にも影響を受けるが，酪農経営では育成に要したコストを2産目の泌乳期中において取り戻すことができるとされ，早期の淘汰は採算性を悪化させる。乳牛，肉牛ともに20歳前後まで受胎する個体もあるが，経済的な供用期間の限界は10歳前後と考えられる。

5．雄牛の精子形成

a．精子の生産

雄牛において1日に産生される精子数は精巣重量との相関がみられ，成熟した（3歳以上）雄牛では精巣1日1g当たり11～12×10^6，1日1頭当たり6～8×10^9の精子が産生される。しかし，精巣で生産された精子がすべて射出されるわけではなく，射出されずに精巣上体管などの生殖道で吸収される精子も多い。特に射精頻度が低い場合は，吸収される精子がさらに増加し，射精が行われない場合には精子の生産と吸収が均衡状態となり，産生された精子がすべて吸収されるようになる。精子形成は精細管のなかで精祖細胞が分裂を開始することに始まる。精祖細胞が分裂を開始してから精子が完成するまでには約 60 日を要する。

b. 精液の量と性状

精液性状は年齢，季節（気温），栄養，飼育環境と運動，射精頻度などによる影響を受ける。雄牛では夏季の高温のために一時的に精液量，精子数が減少し，精子活力も低下し，奇形精子数が増加して受胎成績が低下するものがある。これを夏季不妊症という。よってストレスを与えない環境作りが造精機能を良好に保つために重要である。適度な運動時間は個体によっても差があるが，繁殖供用期間においては１日１～２時間とされている。また，精液性状を良好に維持するために適度な日数をおいて精液採取を実施することが重要である。種雄牛を最も効率的に，しかも長期間供用するためには採精頻度を３～４日間隔で１日に１～２回にとどめておくことが推奨されている。

c. 精子形成

精子形成は精子発生過程と精子完成過程に分けられる。精子は精祖細胞から発生し，精子発生過程では，精祖細胞の有糸分裂が４回起こり一次精母細胞となり，減数分裂によって二次精母細胞となるまでを指す（図６）。続いて，精子完成過程は二次精母細胞が精子細胞を経て，最終的に精子特有の形態となる過程である。精祖細胞１つから 64 の精子が作られる。

精子形成は視床下部からの GnRH 分泌の増加が内分泌学的な引き金となって起こる。GnRH の増加は下垂体前葉からの LH および FSH 分泌の増加を引き起こし，精子形成を刺激する。FSH は精子発生過程を刺激する。一方，セルトリ細胞はインヒビンを分泌して，ネガティブフィードバック作用により FSH を抑制する。また，LH は精巣の間質細胞（ライディヒ細胞）に作用してテストステロン分泌を刺激し，テストステロンは減数分裂以降の精子完成過程を促進する。

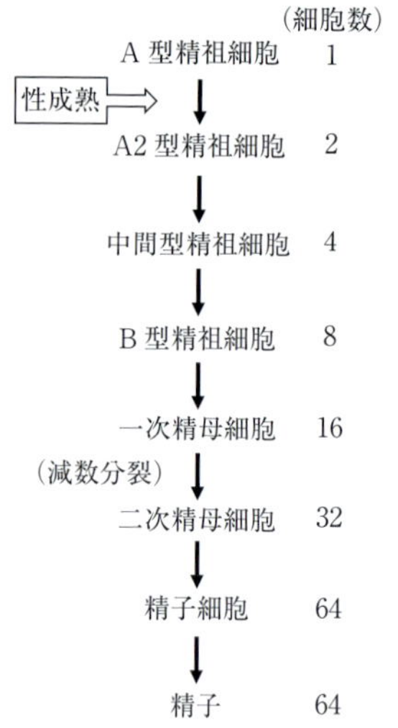

図６　牛の精子形成の発育過程

雄では性成熟に達すると A 型精祖細胞の有糸分裂が始まり，精子細胞になるまで分裂を繰り返す。減数分裂は一次精母細胞が二次精母細胞になる時に起こる。１つの A 型精祖細胞から最終的に 64 の精子が作られる。特徴的な精子形態への変態は精子細胞以降の過程で起こる。

６．雌牛の発情周期

a. 発情周期

牛の発情周期では平均 21 日間隔（範囲 18～24 日）で発情が繰り返される。発情とは，雄が交配するために乗駕するのを雌が性的に許容する状態をいう。発情は厳密には雄の試情によって判断されるが，実際の畜産現場では雌のみで家畜を飼育している場合が多く，牛では同居雌が乗駕しても，それを許容する行動（スタンディング発情）をもって発情の指標としている。発情持続時間は個体差が大きく，高泌乳能力を有する乳牛は泌乳期において発情が微弱化していることが指摘されている。

発情周期は卵胞期と黄体期に区分される。卵胞期では卵巣の機能上の主要な構造物は卵胞であり，卵胞から分泌されるエストロジェン（主にエストラジオール）が優勢なホルモンとして作用する（図７）。黄体期では卵巣の機能上の主要な構造物は黄体であり，黄体から分泌されるプロジェステロンが優勢なホルモンである。発情周期は５つの時期にも分けられる。それらは発情前期，発情期，黄体初期，黄体開花期，黄体退行期である。これらは，卵胞期と黄体期を細分化したものであり，発情前期と発情期は卵胞期に，黄体初期，黄体開花期，黄体退行期は黄体期に含まれる。

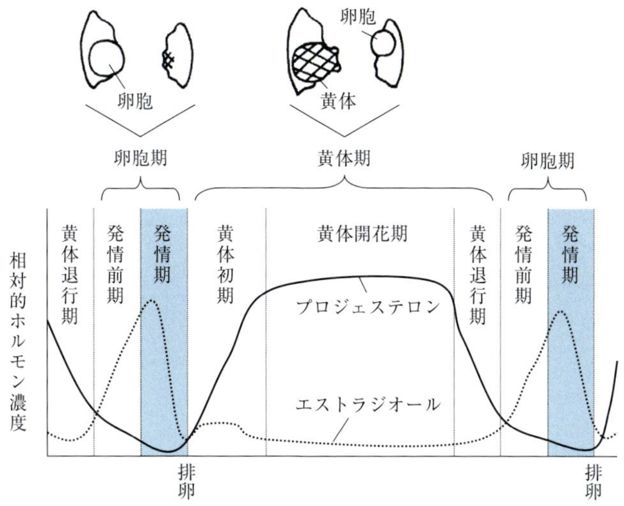

図7　発情周期における卵巣と卵巣ステロイドホルモンの変化の模式図
雌牛の発情は約21日周期で回帰する。卵胞期では卵胞および卵胞から分泌されるエストロジェンが主に機能する。黄体期では黄体および黄体から分泌されるプロジェステロンが主に機能する。雌牛は発情が回帰することで妊娠するための機会を繰り返し得ることができる。

発情前期は黄体退行期（または無発情期）に続く時期であり，排卵に向かう排卵卵胞の形成と発育が起こり，血中のエストロジェン濃度が上昇する時期である。この時期から性行動が発現する。発情前期に続く発情期では雄の交配を性的に許容（発情）し，排卵卵胞が成熟してエストロジェン分泌がピークとなる。雌牛の排卵は発情期が終了して間もなく起こる。

排卵が起こると排卵した卵胞を起源として黄体形成が始まる。黄体は徐々に大きくなり卵巣の相当部分の体積を占めるまでに発育する。この状態で黄体はプロジェステロンを分泌し，一定期間大きさと機能を維持するが，妊娠が成立しない場合，子宮から分泌される$PGF_{2\alpha}$により退行する。このように排卵から完全な黄体が発育を完了するまでを黄体初期，発育を完了した黄体がその機能を維持する時期を黄体開花期，黄体が退行を開始してその機能を失うまでを黄体退行期と呼ぶ。

b．卵胞期の卵胞発育と生殖器の変化

牛の卵胞期は通常4～5日である。卵胞期では卵巣における胞状卵胞の発育と成熟が起こり，卵胞が卵巣表面から隆起する。排卵直前には直径12～20 mmに達し，やがて排卵する。排卵数時間前は卵胞表面の一部に非常に薄い部分（スチグマ）が形成され，そこが破れて卵胞液とともに卵子が卵管に向けて排出される（排卵）。

卵胞の発育は卵胞期にのみ起こるのではなく，黄体期にも数回の卵胞の発育（卵胞発育の波）が起こっている。しかし，卵胞期以外に発育している卵胞はある一定の大きさまでは発育するが，やがて発育を停止して退行し消失する。これを卵胞の閉鎖退行という。これに対し，卵胞期では発育した卵胞が閉鎖退行せずに発育を続け，成熟し，排卵に至ることが大きな特徴である。牛では，発情周期の間に通常2～3回の卵胞発育波がみられる。

卵胞期では子宮が腫大して収縮性が明瞭となる。陰唇粘膜や腟粘膜の充血が顕著になり，透明な水飴状の頸管粘液が大量に分泌される。卵胞期の頸管粘液をスライドグラスに塗抹して観察すると，特徴的な羊歯状または羽毛状の結晶像が認められる。また，通常，発情終了後2～3日に子宮の出血に由来する出血（血様粘液～血液を混じた粘液）が陰門よりみられ，その出現率は未経産で高い。発情（排卵）が終了したことの指標となる。

c．卵胞期中のホルモンの変化

卵胞期では，視床下部からのパルス状GnRH分泌の増加と，それに反応した下垂体前葉からのパルス状LHおよびFSH分泌の増加が起こる。一方，卵胞の発育による血中エストロジェン濃度の増加は発情を誘導し，GnRHサージジェネレーターに作用して

GnRHサージとそれに反応したLHサージを誘起する。

LHサージが起こると発情は終息過程に入り，発情終了後間もなく排卵が起こる。LHサージのピークから排卵までの時間は約25時間である。排卵は発情開始から30時間前後に相当するが，発情が明瞭でない場合もあり，発情開始から排卵までの変動の範囲は24～48時間と大きい。また，発情終了から排卵までの時間はおよそ10時間であるが，これについても発情持続時間に幅があることからかなりの幅があることがわかっている。排卵数は通常1個であるが，2個以上排卵する割合は乳牛で5％，肉牛で0.5％といわれる。しかし，日量40kgを超えるような高泌乳牛では複数個の排卵する割合が増加していることが指摘されている。

d．黄体期の黄体形成と生殖器の変化

牛の黄体期は通常16～17日である。排卵直後，排卵卵胞の部位は一時的にくぼむが，出血による血液凝塊と組織液で満たされ，出血体となる。そして，その場所に黄体が形成される。黄体組織は大型黄体細胞と小型黄体細胞からなり，それぞれ卵胞を構成していた顆粒層細胞および内卵胞膜細胞が変化したものである。黄体細胞と血管および結合組織が盛んに増生し，黄体は大きさを増す。牛において顆粒層細胞（大型黄体細胞）は排卵後40時間，内卵胞膜細胞（小型黄体細胞）は80時間まで有糸分裂して，その数を増やし，その後，血管の発達と黄体細胞の増大を伴う黄体の発育が排卵後12日まで続く。発情後12日頃の牛黄体組織において，黄体細胞とその他の構造物（結合組織や血管など）の容積の割合はおよそ7：3になることが報告されている。黄体は最終的に黄体細胞と血管および結合組織が複雑に入り交じる楕円形の構造物となり，最大長径20～25mm，重さ約5gに達する。黄体は卵巣表面から突出するものが多く，その先端の噴火口状突起（黄体突起）や突起中央のくぼみが直腸検査において触知される。黄体期のプロジェステロンの作用により，子宮頸管粘液の分泌は少量で濃厚となり，腟粘膜は粘着性が増し色調が黄白色を呈するようになる。腟検査では，外子宮口が緊縮し閉鎖しているのが確認できる。卵胞期にみられていた子宮の収縮性も黄体期では低下し子宮は弛緩する。

e．黄体期中のホルモンの変化

黄体期では黄体細胞から活発なプロジェステロン分泌が起こる。血中のプロジェステロン濃度は，黄体初期において緩やかに上昇するが，黄体開花期ではほぼ一定のレベルで推移する。プロジェステロンは発情行動や子宮の平滑筋運動を抑制するが，排卵から黄体開花期までのプロジェステロン分泌は受胎に大きくかかわる。視床下部において，黄体期の血中プロジェステロンレベルの上昇はGnRHパルスジェネレーターに作用してGnRHのパルス状分泌（特に頻度）を抑制し，同時にサージジェネレーターの働きを抑制している。

妊娠が成立しない場合，黄体は機能的な役割を終え，黄体開花期から黄体退行期へと移行する。黄体退行は黄体期から卵胞期への移行に必須の現象である。黄体退行には子宮の作用が関与する。すなわち，ある一定期間子宮がプロジェステロンに曝露されると子宮内膜から$PGF_{2\alpha}$が放出され黄体の退行を誘起する。一方，妊娠が成立した場合は黄体は退行せず，分娩までその機能が維持される。これは子宮内の胚からインターフェロンτが分泌され，子宮内膜における$PGF_{2\alpha}$分泌を阻害することによる。

〔田中知己〕

2　妊娠診断

妊娠の成否を早期に診断することは，不妊牛の早期摘発と早期妊娠成立のため，ならびに妊娠牛の妊娠管理と分娩計画を適切に進める上で重要である。また適正な妊娠診断による空胎期間の短縮は繁殖牛群の生産性および収益の向上に有用である。実用的な妊娠診断法としては，①早期に診断が可能，②診断精度が高い，③方法が簡便で判定が容易，④母体と胎子への侵襲性が低い，⑤診断経費が安いことなどが条件となる。

各診断法は長所と短所がそれぞれあり，実施に適した時期も異なる。複数の診断法をあわせて行うことは，より確実な診断につながる。特に，胚移植では交配（自然交配と人工授精を含む）と比べ早期の胎子死が多く，移植胚として生体由来胚，体外受精胚，核移等の操作胚の順でその発生頻度は高く，胚移植では早期の診断後に妊娠が中断することも少なくない。そのことから，特に胚移植では早期の診断だけでなく再度妊娠診断を実施し，妊娠を確認することが望ましい。なお，胎子死の発生は胎盤形成期の妊娠３～４カ月以降は減少することから，その時期の再診は確実な子畜生産のために有効である。

A. ノンリターン法

妊娠の成立後は発情が回帰しなくなることに基づき，妊娠とみなす方法である。発情停止の期間により60日ノンリターン率，90日ノンリターン率などの表現で用いられる。不妊牛でも鈍性発情などの繁殖障害では明瞭な発情徴候が発現しないことがあり，妊娠牛でも発情徴候を示す個体がいるため，本法のみでの確定診断は困難である。しかし，無発情の期間が長いほど判定精度は高く，実施する上で器具等を必要としないことから農家での実用性は高い。診断精度は発情観察の熟練度に左右され，また乳牛で問題となっている鈍性発情の増加は誤診を増加させる要因となる。

B. 直腸検査法

1．羊膜嚢の触診

妊娠初期では，羊膜嚢はそれを包囲する尿膜絨毛膜と比べ子宮内での伸展は小さく尿膜絨毛膜より内圧が高いため，妊娠30～60日は境界が明瞭で緊張した球形の構造物として触知される。羊膜嚢を直接触知することから多胎妊娠の診断も可能であり，その大きさから妊娠週齢の推定もできる。しかし，早期における粗暴な羊膜嚢触知は羊膜破裂，胎子損傷，胎子死，新生子の腸管閉塞などを引き起こす危険性もあるため慎重に行う。

2．胎膜スリップ

妊娠経過に伴い胎膜（尿膜絨毛膜）は子宮内を伸展し，妊娠40日齢頃には子宮角内全体に広がる。この時期に子宮角を拇指と中指で静かにつかみ上げると，子宮角は指間に保持されたまま胎膜のみが滑り落ちる（胎膜スリップ）ことが子宮壁を介して触知できる。早期での実施は胎子への悪影響を避けるために不妊角で行う。

3．妊角の膨大による子宮の不対称

胎子の発育や胎水の増加により妊娠経過に伴い子宮は膨大し，妊娠２カ月に入ると妊角と不妊角との不対称性が明らかとなる。この時期の子宮壁は柔軟性に富み子宮は軽度の波動感を呈する。膨大した妊角と同側の卵巣には妊娠黄体が触知される。妊娠２～３カ月ではさらに胎水は増加するため，子宮の波動感が高まるとともに緊張した弾力感を呈し，子宮の不対称はより明瞭となる。その後も妊角の膨大は進行するが，妊娠４カ月以降は子宮角が腹腔内へ沈下するため，触知はやや困難となる。

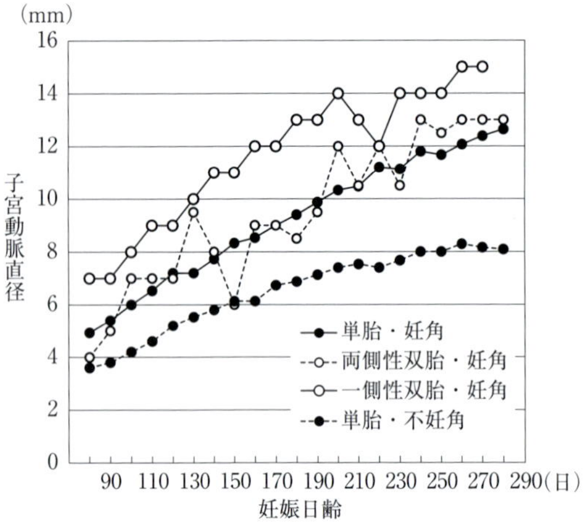

図１　妊娠経過に伴う子宮動脈の発育

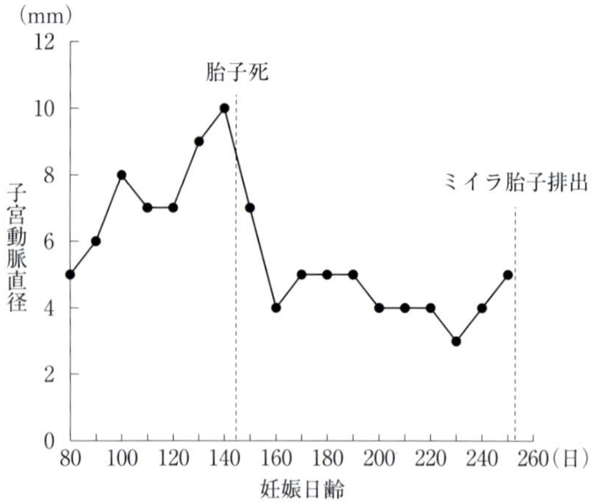

図２　胎子死を示した１例における子宮動脈直径の推移

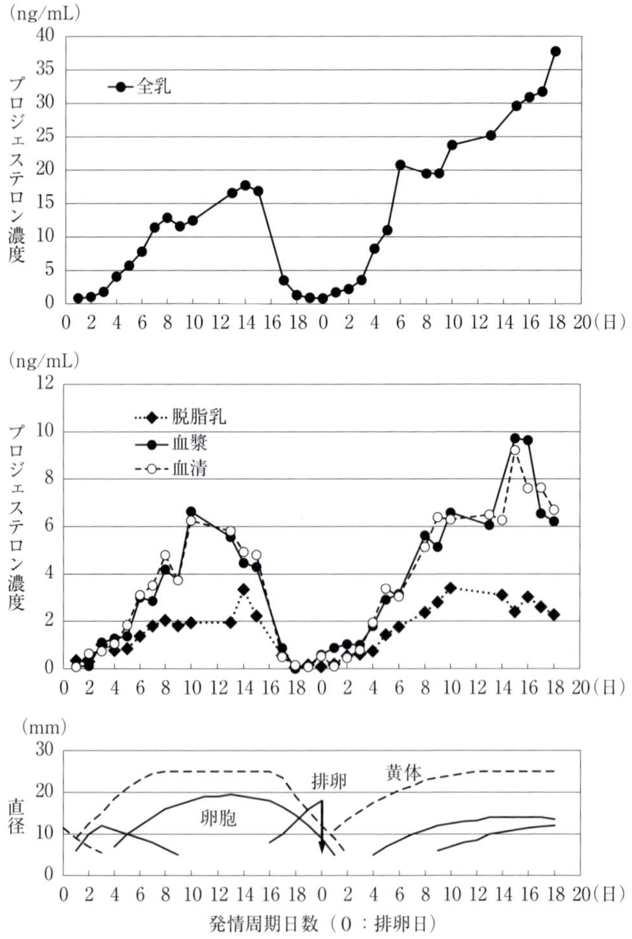

図３　発情周期中の血液および乳汁中プロジェステロン濃度および卵巣所見の推移

4. 胎子の触知

妊娠３カ月に入ると羊膜は伸展に伴い緊張性が低下する。そのため，早い時期では65日以降に胎子が触知されるようになる。また，胎動も確認できる。

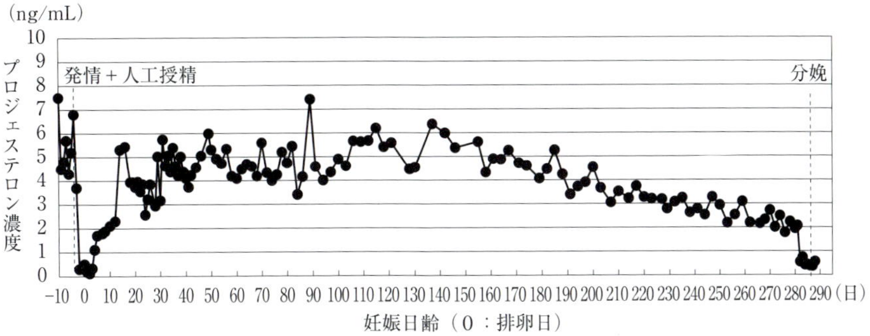

図4　乳牛の例における妊娠期間中のプロジェステロン濃度の推移

なお，この時期は胎盤形成期であり，3カ月末までに胎盤節が結節状の構造物として触知できるようになる。

5．子宮動脈の肥大と特異振動の触知

妊娠3カ月末以降，子宮動脈は肥大するのみならず特異的な振動を呈するようになり，特に他の診断が行えない妊娠中期以降～分娩直前までの時期は妊娠診断上重要となる。子宮動脈は骨盤壁を走行する内腸骨動脈より分枝する血管であり，分枝の後，腹腔内に遊離し子宮間膜の内面を頭側下方に走行する動脈として触知できる。また，特異振動は律動的に起こる血管壁の振動〔特異的振動（砂流感）〕であり，脈搏のみを示す他の動脈との区別は容易である。子宮動脈の肥大と振動は妊娠側でより明瞭で妊娠経過に伴い変化はさらに大きくなり，子宮内の胎子数とも関連して発達する（**図1**）。また，流産または胎子死が起こると子宮動脈は数日内に大きさを減じ振動も弱くなるため，妊娠継続を知る指標にもなる（**図2**）。

C．プロジェステロン測定法

牛では21日前後周期で発情を繰り返し，黄体期にはプロジェステロンは機能的な高い濃度を維持するが，黄体退行期～発情期～黄体期初期の数日間は低濃度で推移する（**図3**）。一方，妊娠牛では妊娠末期までプロジェステロン濃度は黄体期と同様に機能的な濃度を維持する（**図4**）。本法はこの差を利用した妊娠診断法であり，交配または胚移植を行った発情周期において発情後21～24日のプロジェステロン濃度を，放射性免疫測定法（radioimmunoassay：RIA）または酵素免疫測定法（enzyme immunoassay：EIA）により測定し，基準濃度以上を妊娠陽性，それ未満を陰性と判定する。測定用試料として血液系試料（血漿，血清）または乳汁系試料（全乳，脱脂乳）が主に用いられており，プロジェステロン濃度は各々異なるが，発情周期中の推移パターンはほぼ同等のため，いずれも測定用試料として利用可能である。血漿，血清ならびに脱脂乳の基準濃度は1 ng/mLであり，全乳では10 ng/mL以上を陽性，5 ng/mL未満を陰性とする。牛ではプロジェステロンは赤血球膜に存在する酵素により代謝されやすいため（**図5**），血液採取後は低温下で直ちに遠心分離を開始する。この現象は他の家畜では認められない。

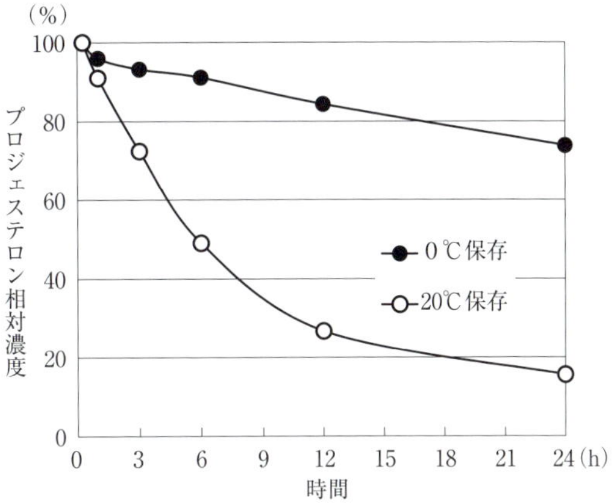

図5　牛における採血後の血漿分離開始までの経過条件とプロジェステロン濃度との関係
＊：0時間の濃度を100%としたときの相対濃度

牛は黄体依存型の妊娠動物である。そのため機能的な黄体が存在しない，すなわちプロジェステロン濃度が低い牛では妊娠の可能性はない。そのことから，本法による陰性の診断精度はほぼ100%となる。一方，発情周期を繰り返す牛でも黄体は存在し，プ

A

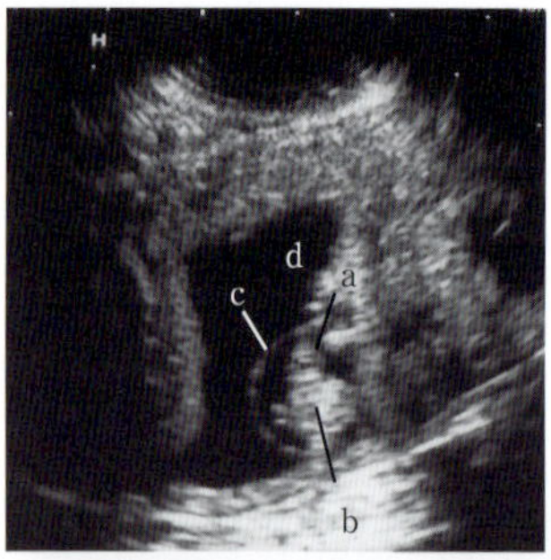

A：胎子画像
a. 胎子頭部
b. 胎子体幹
c. 羊膜
d. 尿絨毛膜腔

B：胎子画像
C：パルスドプラモードによる胎子心拍画像

（画像上１目盛りは１cm を表す）

B

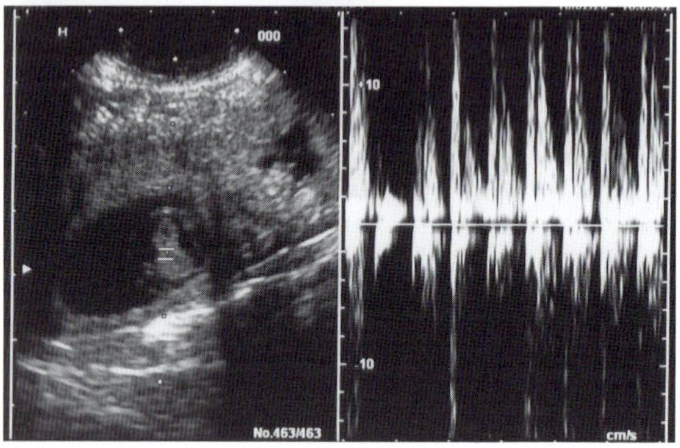

C

図６　牛の妊娠 35 日齢の胎子画像

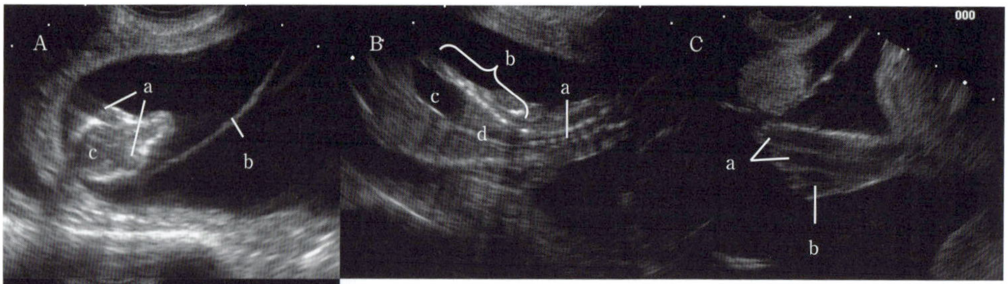

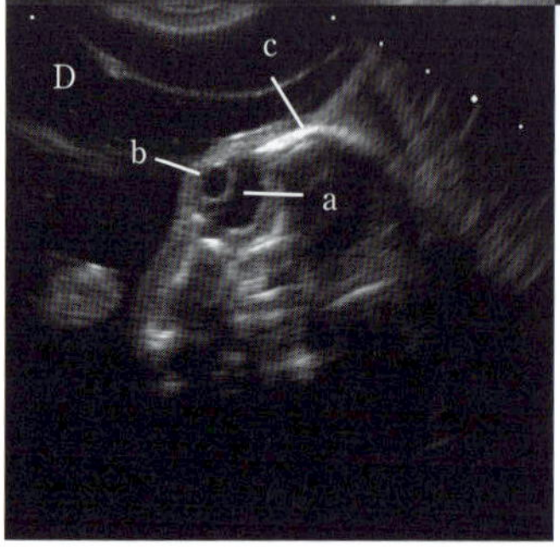

（画像上１目盛りは１cm を表す）

A：妊娠 62 日齢の胎子頭部
a. 眼窩　b. 羊膜　c. 脳野
B：妊娠 72 日齢の胎子頸部および体幹
a. 頸椎　b. 肋骨弓　c. 第四胃　d. 胸腔
C：妊娠 104 日齢の臍帯
a. 臍動脈　b. 臍静脈
D：妊娠 104 日齢の胎子頭部
a. 眼窩　b. 前眼房　c. 前頭骨

図７　牛の妊娠経過に伴う胎子各部の超音波画像

ロジェステロン濃度が高いことは妊娠特異的ではないため，陽性の診断精度は 100％となりにくい。

D. 超音波画像診断法

超音波画像診断法は直腸検査での触診と異なり，子宮や胎子および胎子付属物を視覚的に確認する画像診断法である。牛ではＢモードによる経直腸法が一般的であり，５MHz 以上の周波数が多く用いられる。妊娠 20 日頃から胎嚢がエコーフリー像として観察されるようになり，さらに妊娠 30 日前後以降は胎嚢に加えて，胎子とその心拍の確認により早期に確定診断ができる（図6）。同様に多胎妊娠も各胎子を確認することで確実に診断できる。早期妊娠診断後は定期的に検査を実施することにより妊娠状態の詳細について把握でき（図7），妊娠55〜60日では臍帯と生殖結節間の距離を計測することで雌雄鑑別も可能となる。なお，雄胎子は後駆間に陰嚢を確認することでも鑑別できる。胎子死は胎子心拍の消失や着床産物の変性退行像などにより診断する。

従来は超音波画像診断装置が高価で大型であり，研究機関や大学のみの利用に限定されていたが，現在では小型で比較的価格の安い機器が開発され，臨床現場での普及が進んでいる。

〔竹之内直樹〕

3　分娩と新生子

A．分娩機序

分娩の発来には胎子が重要な役割を果たす，すなわち，胎子副腎からのコルチゾール（副腎皮質ホルモンの1つ）が分娩の引き金になる，という仮説が，Liggins らのめん羊の研究成果に基づいて提唱されている。この説によると，分娩は胎子主導のもとに母体側のホルモンと胎子側のホルモンの共同作用によって生じるものと理解される（図1）。以下に，めん羊における分娩機序の概要を示す。

①分娩前に胎子の脳下垂体前葉から副腎皮質刺激ホルモン（ACTH）が放出され，その刺激を受けて副腎皮質からコルチゾールの分泌が増加する。ACTH が放出される原因については不明であるが，胎子の成熟が関与している可能性がある。

②胎子コルチゾールは胎盤の一部のステロイドホルモン合成酵素を活性化させ，プロジェステロンからエストロジェンへの転換が促進される。その結果，末梢血中のプロジェステロン（P_4）濃度は低下し，エストロジェン（E）濃度は増加する（E/P_4 比の増加）。

③ E/P_4 比の増加は母体側胎盤（胎盤節の母体の子宮内膜から形成される部分）でのプロスタグランジン（PG）$F_{2\alpha}$ の産生を増加させる。また E/P_4 比の増加は子宮のオキシトシン受容体（オキシトシン R）を増加させ，オキシトシンに対する感受性を高める。

④ $PGF_{2\alpha}$ とオキシトシンは子宮平滑筋を収縮させ，分娩時特有の子宮筋の周期的な収縮，すなわち陣痛を引き起こす。胎子による子宮頸管や腟への知覚神経刺激は，下垂体から多量のオキシトシンを放出させ（ファーガソン反射），子宮筋収縮を増大させ，胎子の娩出を促進する。

⑤エストロジェン，$PGF_{2\alpha}$ および黄体由来のリラキシンは頸管を軟化させ，頸管の拡張を促進する。

牛の分娩機序については，めん羊と類似すると考えられている。妊娠後半の性ホルモン分泌に関してめん羊と牛で異なる点は，めん羊のプロジェステロンの主たる分泌器官は胎盤であるのに対し，牛のそれは黄体であることがあげられる。分娩直前の牛ではエストロジェンの産生増加により，子宮もしくは胎盤から $PGF_{2\alpha}$ が放出され，黄体が退行すると想定されている。

B．分娩経過

分娩前や分娩中には事故（子宮捻転や難産など）の発生が多く，速やかに適切な処置を施す必要がある。そのためには，正常な分娩経過を理解する必要がある。

1．分娩前の外部徴候

分娩が近づくと外陰部は充血し，腫大する。子宮頸管をふさぐ粘液が分娩の数日前から軟化して，陰門から漏出する。分娩数日前から広仙結節靭帯と呼ばれる尻部の靭帯（尾根部両側の靭帯）が弛緩・軟化して陥没する。分娩が近づくと乳房が肥大し，数日前には乳汁は透明から不透明な状態に変化する。また，牛の体温は分娩1日前に約1℃下降するものが多い。

2．産出力

産出力は子宮筋と腹筋の収縮からなる。分娩時にみられる子宮筋の周期的な収縮を陣痛といい，疼痛を伴う。縦走筋の収縮により，子宮角は尾側方向に引き寄せられる。輪走筋の収縮により，子宮内腔は圧縮される。腹筋の収縮による腹圧（努責）は陣痛に伴い不随意に起こる。

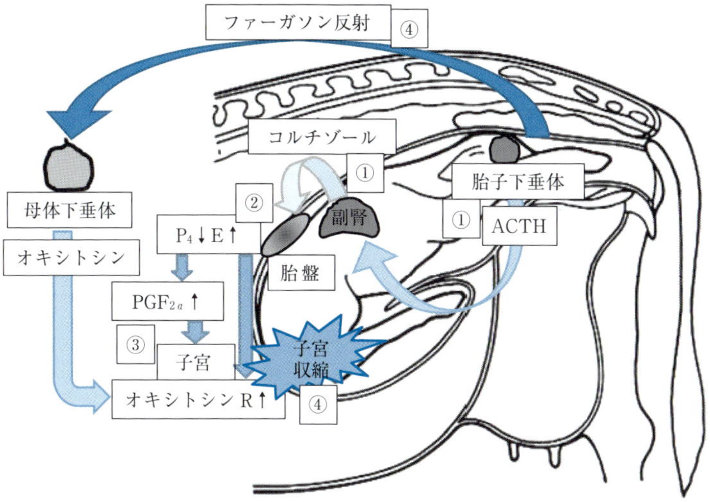

図１　めん羊の分娩機序；胎子および母体の性ホルモンの共同作用
図中の①～④の記号は本文のものに一致する（⑤は省略）

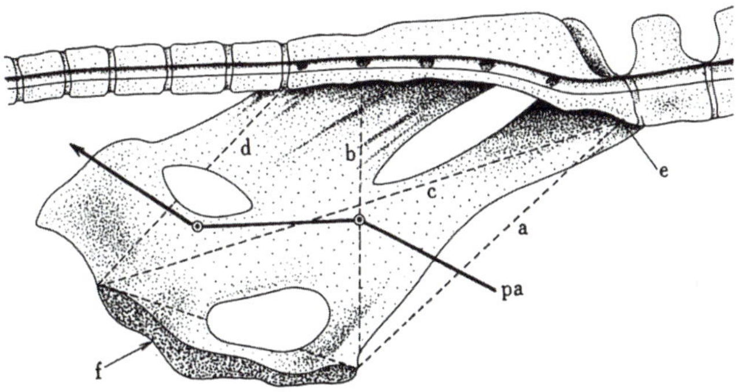

図２　牛の骨盤軸
pa：骨盤軸，a：骨盤入口の真結合線（上下径），b：骨盤の垂直線，
c：骨盤の斜結合線，d：骨盤出口の真結合線，e：仙骨岬，f：骨盤縫線
（山内亮監修：最新家畜臨床繁殖学，朝倉書店，1998.　p181，図 8.45 から引用）

3．子宮収縮とホルモン

分娩開始前のエストロジェンの増加，プロジェステロンの減少により，子宮筋細胞の膜電位が低下し，収縮の起こりやすい状態になる。プロスタグランジンやオキシトシンはカルシウムイオンの移動を起こすことで，子宮筋を収縮させる。なお，オキシトシンによる子宮の収縮は分娩の産出期（下記参照）に最も強くなる。

4．産　道

産道は胎子が分娩時に通過する通路であり，骨部産道と軟部産道からなる。骨部産道は，寛骨，仙骨および尾骨の一部からなる骨盤に囲まれ，骨盤腔ともいう（図２）。これらの骨接合部は靭帯で固定されているが，分娩が近づくと，エストロジェンとリラキシンの作用により弛緩する。軟部産道は，子宮頸，膣，陰門からなり，それらの軟部産道もエストロジェンとリラキシンの作用により軟化して開大すると考えられている。胎子の体の縦軸が骨盤腔を通過する仮想線を骨盤軸といい，胎子を牽引するときは，骨盤軸に沿って引かねばならない。牛では骨盤軸が上下に屈曲しているため（図２），胎子を牽引して取り出す場合は，その頸部が外部に出るまでは上方に，胸部が出るまでは水平に，最後は下方に引く。

5．分娩経過

分娩の経過は以下の３期に区分される。

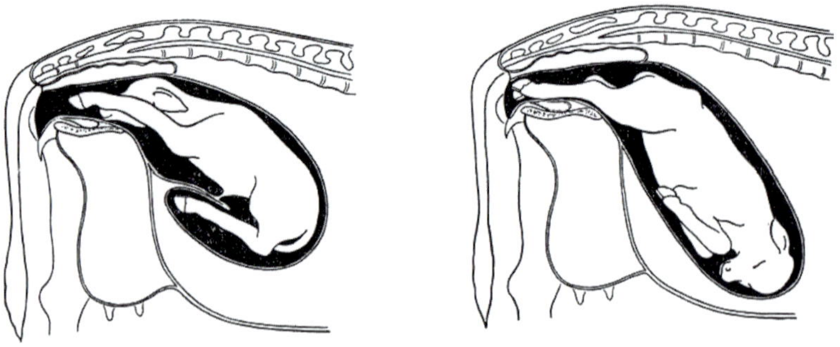

図３　牛の分娩における正常頭位（左）と正常尾位（右）
（Roberts SJ : Veterinary Obstetrics and Genital Diseases, 1971 から引用）

①開口期（第１期）

開口期は陣痛の開始から子宮頸管が子宮と膣を隔りなく拡張するまでの時期であり，産道を形成し，胎子を産出する準備をする時期である。開口期は経産牛では２～６時間，未経産牛では12時間程度かかるとされている。開口期の陣痛は規則的な子宮筋の収縮が特徴であり，経過が進むにつれて陣痛の間隔が短くなる。牛ではこの時期に胎子は側胎向（母体が起立した状態で胎子が横臥した状態）から上胎向（胎子が伏臥した状態）に回転するとされている。子宮の収縮により胎胞は胎子に先行してくさび状に子宮頸管内に進入し，陣痛のたびに子宮頸管を開大する。開口期の牛の外部分娩徴候として陣痛に起因する疝痛症状（食欲不振，落ち着きのなさ，肢の負重移動，尾を上げる等）がみられるが，外部分娩徴候の個体差は大きく，未経産牛では徴候が強いが，経産牛では弱いものが多い。

②産出期（第２期）

産出期は子宮頸管が拡張してから胎子が産出されるまでの時期である。産出期の開始は努責（腹壁の収縮）を行うことでわかる。産出期の初期には牛は起立しているが，胎子を娩出するときは，横臥するものが多い。牛の産出期は平均70分（30分～４時間）とされており，２時間を超えると人の介助が必要となる。この時期の陣痛間隔は最短となる。尿膜絨毛膜の破裂（第１破水）は産道内で生じることが多い。第１破水後に羊膜が破裂する（第２破水）が，羊膜破裂は胎子の蹄が羊膜に包まれて陰門外に露出した後に生じることが多い。胎子の蹄が羊膜に包まれたものを足胞と呼ぶ。第２破水で出てくる羊水は産道を滑らかにして，産出を容易にする。胎子の娩出は，頭位の場合，蹄，前肢，頭部，胸部，腰部の順で，尾位の場合，蹄，後肢，腰部，胸部，頭部の順で起こる（図３）。頭位では胎子の頭部は前肢の上に位置する姿勢，すなわち上胎向で出てくるのが正常である（図３左）。胎子後頭部が陰門に露出する時期に，陣痛と努責は最も強くなる。胸部が陰門を通過すると，後は速やかに出てくる。新生子の臍帯は，産出時に自然に切れる場合もあるが，母親が移動するまで切れないこともある。

③後産期（第３期）

後産期は胎子が産出されてから後産（胎子胎盤）が排出されるまでの時期である。胎子の産出後も子宮の収縮は続き，これを後産期陣痛という。後産期陣痛は後産の剥離を促進して，排出を助ける。牛の胎盤の排出は胎子産出後３～６時間を要する。12時間経過しても排出されない場合は胎盤停滞と診断する。

〔川手憲俊〕

C. 産褥期

胎子の娩出が終了してから生殖器が正常な状態に回復するまでの期間を産褥期という。後産期（胎子産出後の胎盤排出期）も産褥期に含まれる。ただし，この期間を過ぎても生殖器は妊娠前と全く同じ状態にはならない。妊娠によって，子宮角（妊角）は対側の不妊子宮角と比べて若干長くなり，膣および陰門は広くなる。また，外陰部の皮膚に小皺襞がみられるようになる。

後産の排出後も，子宮の収縮と蠕動が強い律動的な波となって続くが，徐々に弱くなって４日後にはほとんどみられなくなる。子宮の収縮運動は子宮筋線維の短縮に重要な役割を果たす。また，分娩後，子宮の充血や漿液浸潤が減退し，子宮組織は緻密となる。妊娠によって拡張した牛の子宮は，その大きさと長さがそれぞれ，分娩後5日および15日頃には半減する。子宮小丘は胎盤子宮部が壊死によって脱落するが，分娩後25日頃には組織学的な修復が完了する。分娩後30日頃までには左右の子宮角の直径はほぼ等しくなるが，子宮からの細菌排泄がなくなるのは分娩後40～45日頃である。早いものではこの時期から受胎することが可能であるが，多くの牛が受胎可能になるのは分娩後60日以降とされている。なお，子宮修復は哺乳によって促進されること，放牧牛の方が舎飼牛よりも子宮修復が早いこと，難産，双胎分娩，子宮感染症，胎盤停滞などは子宮修復を遅らせることなどが認められている。

子宮頸は分娩後1～2日で急速に収縮し，手を子宮内に挿入できなくなる。4日で指が2本入る程度になり，2～4週間で完全に閉鎖する。組織学的には分娩後30～45日で修復が完了する。

分娩後，液状の排出物である悪露がみられる。悪露は子宮内膜の分泌液，血液，胎膜，残留胎水，胎盤組織の変性分解物などからなり，はじめは赤褐色～チョコレート色を示すが，徐々に退色して絮状物を含む透明硝子様の粘液となり，やがて消失する。悪露は分娩後2～3日までが最も多く，その後減少して約2週間後には消失する。

分娩後には泌乳が始まるが，分娩後2～3日までに分泌される乳汁はその後のものと成分が大きく異なり，初乳と呼ばれる。初乳は常乳と比べて固形分，蛋白質，脂肪，灰分，ビタミン類などが多い。蛋白質では免疫グロブリン，ビタミン類ではビタミンAが特に多く含まれる。初乳には排便を促す作用があり，新生子の胎便排出は初乳を飲むことによって促進される。また，牛では胎盤の構造から免疫グロブリンの胎盤を介する移行はないので，新生子は初乳の免疫グロブリンを腸管から吸収することによって，母体から免疫抗体を賦与される。免疫グロブリンの新生子消化管における吸収は出生後24時間以内に減少するので，出生後できるだけ早く初乳を飲ませることが重要である。

分娩後は泌乳に伴うエネルギー不足（負のエネルギーバランス）や哺乳（吸乳）刺激により性腺刺激ホルモン放出ホルモン（GnRH）分泌が抑制されているため，性腺刺激ホルモン分泌が低下し，卵巣には一定期間，卵胞の発育がみられない。初産牛では，泌乳に加えて自らの発育にもエネルギーが必要なため，無発情は長期にわたる。経産牛では，一般的に泌乳能力に依存して無発情期間が長くなる傾向がある。摂食量の増加や乳量の減少によって負のエネルギーバランスが改善されると，GnRH分泌が回復して卵胞の発育が刺激される。卵胞ウェーブは分娩後数日に出現し，その後も退行と出現を繰り返すが，GnRHが抑制されているため，卵胞は十分な大きさにまで発育しない。GnRH分泌が回復すると卵胞は成熟するが，この卵胞には内分泌的に正常な機能をもたないものや排卵しないものが含まれている。また，分娩後の初回排卵では，発情徴候を示さないで排卵する鈍性発情が多く，排卵後に形成された黄体は寿命が短いことが多い。鈍性発情の発生率は，分娩後の初回排卵で77%であり，第2回で54%，第3回で36%であることが報告されている。分娩から次回妊娠成立までの期間を分娩後の空胎期間といい，牛では通常分娩後60日間は生理的空胎期間とされる。生理的空胎期間は，哺乳期間中の吸乳（吸乳）頻度が高いほど長くなり，飼養管理による影響が大きいことが知られている。哺乳（吸乳）刺激は性腺刺激ホルモンの分泌を抑制するものと考えられている。また，分娩後の卵巣機能回復を妨げる因子として，乳熱やアセトン血症などの産後疾患，乾乳期から泌乳最盛期までの栄養の過不足があげられる。

空胎期間を短縮するには，分娩後の卵巣機能回復と子宮修復を促進する必要がある。卵巣機能の回復を促進するためには，産後の乳熱やアセトン血症の早期治療と予防および適切な栄養管理が重要である。分娩前後の著しい低栄養は発情再帰やその後の受胎に悪影響を及ぼす。分娩後にはボディコンディションスコア（BCS）が減少する傾向があるが，急に減少した場合は，飼養管理を検討する必要がある。また，子宮修復を遅らせる難産，胎盤停滞，子宮感染症の発生を予防するとともに，発生した場合には適切な処置を施すことにより，子宮修復を促進することが重要である。さらにホルモン剤の投与による排卵誘起も試みられている。なお，空胎期間が長くなると過肥になりやすいので注意が必要である。

〔玉田尋通〕

D. フレッシュチェック

分娩直後の搾乳牛を fresh cow という。フレッシュチェックは，分娩後の繁殖機能回復を目的として，一般に分娩後 30～40 日の牛に対して直腸検査を実施し，卵巣機能や子宮の回復状態をみるための繁殖検診であり，繁殖障害牛の早期発見に有効である。海外では，繁殖検診のみならず他の疾病の有無も含めて検査を行う。主に搾乳牛主体で行われているが，黒毛和種繁殖牛で同様に実施しても問題はない。フレッシュチェックの時期は特に定まっていないが，定期繁殖検診の際に妊娠鑑定と同時に行う場合が多い。１週間に１回の繁殖検診を行っている農場であれば，分娩後 30～40 日の牛のチェックは可能である。フレッシュチェック時の卵巣機能や子宮回復のよし悪しは，その後の初回発情，初回授精，受胎率や空胎日数などの繁殖成績に影響を及ぼす。乾乳期からの飼養管理，分娩管理（分娩介助の時期・方法），個体管理，衛生管理を確実に行うことが繁殖障害予防の基本である。フレッシュチェック以降も発情回帰がみられない牛は再度チェックし，卵巣や子宮に異常が認められた牛に対しては積極的に治療を実施すべきである。

卵巣は，正常であれば分娩後 30 日以内に多くのもので初回の排卵が認められる。フレッシュチェックで卵巣静止の状態が多くの牛でみられた場合，原因の多くは移行期の栄養管理にある。移行期とは，一般的に分娩前後２～３週間の期間のことを指す。移行期は乳牛が分娩と産乳を開始するのに伴いホルモンと代謝が大きく変化する時期である。分娩直前に飼料摂取量が減る牛はエネルギーが不足する状態の負のエネルギーバランスに陥っており，分娩後に代謝病のケトーシス，第四胃変位，胎盤停滞などの周産期疾病を引き起こす。移行期の栄養管理が適切に行われ，分娩後の栄養が不足しなければ，フレッシュチェック時に卵巣の発情周期は正常に戻っている。移行期の栄養管理のほかに，卵巣の回復には暑熱や寒冷時のストレスからの影響もある。また，育成管理に問題があり，フレームサイズの不足した初産牛では卵巣の回復が悪い。著しい栄養不足の状態では，ホルモン剤治療にも反応しないため，乾物摂取量を増やすことが重要である。フレッシュチェック時までに発情の確認できない牛に対しては，黄体が存在すれば $PGF_{2\alpha}$ 製剤投与，黄体がなければ GnRH 製剤投与やプロジェステロン膣内徐放剤（progesterone releasing intravaginal device：PRID，controlled internal drug release：CIDR）の挿入を実施し，分娩後速やかな卵巣機能の回復を行う。

正常な牛の子宮は分娩後 25 日頃には妊娠前の状態に戻り，子宮内の細菌が清浄化される。子宮回復が遅れる原因として，難産，分娩時の衛生状態に起因する産褥熱，胎盤停滞，悪露停滞，炎症性子宮疾患（子宮炎，子宮内膜炎および子宮蓄膿症），代謝病など周産期疾患があげられる。子宮疾患では，分娩後の正常な子宮回復過程から逸脱し，子宮の回復が遅延する牛を摘発することが診断の基本となる。代謝病が原因となっている場合，移行期の栄養管理の改善が必要である。子宮疾患の類症鑑別は難しいが，直腸検査，膣検査，超音波検査，診断的子宮洗浄，子宮内膜細胞診器具（サイトブラシ）や頸管粘液採取器（メトリチェック）による検査がある。実際，臨床獣医師の人手や時間の不足および共済保険制度を考慮すると，直腸検査など簡易な検査後，子宮内に貯留物が存在する場合は $PGF_{2\alpha}$ 製剤投与，子宮内に貯留物なく炎症性子宮疾患と判断される場合は，子宮内薬液注入（ヨード剤，抗菌薬）や子宮洗浄などにより分娩後速やかな子宮の修復の実施が推奨される。

E. 新生子の生理

１．心肺機能の変化と機序

新生子牛は母牛の子宮内環境から娩出された時点で，外界の環境に順応しなければならない。胎生末期と新生子期をあわせた周生期は，急激な環境の変化に適応するため最も重要な生理的変化が集中する。

出生前の胎子の肺胞は肺水で満たされているが，陣痛が始まるとこの肺水の分泌は減少する。産道通過時には胸郭の圧迫により肺水の一部は排出され，残りの肺水は出生後間質腔を通して数日で排出される。出生後における新生子牛の自然な呼吸開始の機序として，胎盤の剥離，臍帯の閉塞などにより O_2 分圧と血中 pH が低下し，CO_2 分圧が上昇する。この刺激が横隔膜反射によって胸腔内を陰圧にし，閉鎖していた肺を拡張して呼吸が引き起こされる。通

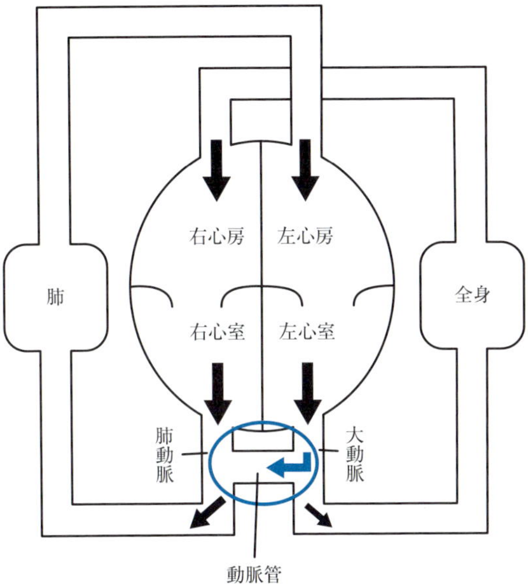

図４　動脈管開存症（PDA）の模式図

常，正常な分娩の場合，出生後１分以内に自発的な呼吸運動が開始される。呼吸運動による肺の拡張には，界面活性物質（レシチン，スフィンゴミエリン）による肺胞内表面張力の低下が不可欠である。もし自発呼吸が認められない場合，出生後２～３分以内に蘇生術を実施する。胎膜が上部気道を塞いでいれば除去し，後肢を吊り下げ頭部を強く振って胎水を排出させる。また，わらでこする皮膚刺激や，冷水をかける温度刺激によっても自発呼吸は促進される。

胎子期の血液循環について，出生後は末梢循環抵抗が増加するために大動脈圧が上昇する。出生後に肺呼吸が順調に開始されると O_2 分圧の増加により肺血管抵抗値は低下し，肺動脈圧と右心房圧が低下する。これにより肺への血流量は増大し，肺から還流する血液も増加するために左心房圧が上昇する。この結果，胎生期では右心房圧＞左心房圧であったため心房中隔に存在していた卵円孔は，出生後，右心房圧＜左心房圧となり癒着し閉鎖する。さらに動脈管が萎縮，閉鎖することで肺循環が徐々に完成し，新生子牛は肺による自発呼吸を獲得する。また，胎子胎盤や胎子血管で作られ胎子期に血管拡張作用を発揮していた PGE_2 が，出生時に PGE_2 産生源の胎盤と切り離されて急速に血中濃度が低下し，新生子牛の動脈管，臍動脈ならびに胎盤の血管は閉鎖すると考えられている。出生後に動脈管は O_2 分圧が高まることで閉鎖されるが，もし，出生後に呼吸窮迫症候群（respiratory distress syndrome：RDS）や新生子仮死のように呼吸や循環不全が起こると新たな PGE_2 が血管から放出され，動脈管の閉鎖が阻害され，動脈管開存症（patent ductus arteriosus：PDA）を併発する確率が高くなる（図４）。PDA の場合，大動脈血が動脈管を経由して，肺動脈へ逆流現象を引き起こす。肺血流量が増加し，肺と心臓の空回り循環が多くなり心臓に大きな負担がかかる。腸管や腎臓への血流量は減少するため，胃内の羊水吸収が遅れ，初乳摂取の低下が生じる。

２．体温調整機構

出生後，新生子牛の体温は環境温度が低くなるので一過性に低下する。体温低下を改善するには十分な栄養を与え，適温の環境下で分娩させる。

熱産生には，代謝による熱産生，随意筋運動による熱産生，振戦性熱産生，非振戦性熱産生の４つがある。成体では代謝と筋肉の振戦により熱産生が行われているが，新生子牛において振戦による熱産生はなく，代謝性の熱産生が主体である。しかし，寒冷感作を受けると副腎髄質や交感神経終末からノルアドレナリンが分泌され，褐色脂肪組織の脂肪を分解して熱産生を行う。白色脂肪はエネルギー源としての脂肪酸の貯蔵と供給をするが，ミトコンドリアが豊富に存在する褐色脂肪は子牛の腎臓や小腸周辺に多く存在し，新生子期の非振戦性熱産生に寄与する。

低体温の原因として内因性には中枢神経系異常，甲状腺機能低下症，極低体重新生子牛，外因性には寒冷感作などがある。持続性の低体温は新生子牛の発育に大きな影響を与える。新生子牛が低体温に陥るとノルアドレナリンが分泌され，肺動脈収縮が起こり，肺高血圧となり肺血流量が減少し，卵円孔および動脈管の閉鎖不全などが起こり低酸素血症となる。ノルアドレナリンは末梢血管も収縮させ，組織の低酸素血症，アシドーシスを引き起こす。低酸素血症においては脳や心臓などへ血流が優先され，消化器への血流は制限されるため，初乳の吸収が阻害される。また，低体温は下垂体からの成長ホルモン分泌を抑制するため，免疫機能低下を引き起こす。子牛の健全な発育のため，低体温防止対策はきわめて重要である。

3．消化器の生理

分娩後数日間分泌される初乳は，常乳に比べて固形分，蛋白質，脂肪，塩類，ビタミンAが多い。特に蛋白質には免疫グロブリンが多く含まれる。免疫グロブリンの子牛消化管での吸収は24時間以内に減少するので，出生後直ちに飲ませる必要がある。牛では胎盤の構造上，妊娠中は胎子への免疫グロブリンの移行がないので，新生子牛は初乳を通じて母牛から免疫抗体を受ける。また，初乳の塩類には新生子の胎便排泄を促す作用がある。また，出生時の新生子の第四胃には羊水が多く含まれており，この羊水が第四胃に停滞していると，初乳の効果的な吸収が困難となる。一方，新生子の消化器機能が正常であっても，品質が劣悪な初乳の場合は，急速に栄養不良と免疫グロブリン不足をきたし，子牛の正常な発育が阻害されることになる。したがって，初乳の性状や品質の確認は重要である。

〔高橋正弘〕

4　繁殖の人為的調節

A．人工授精

1．人工授精技術の発展と意義

人工授精は，基本的には特定の雄牛から精液を採取して発情雌牛に授精（注入）することにより，自然交配に頼らずに雌牛を妊娠させる技術であるが，現代の人工授精技術には精液の凍結保存や精液中のX精子・Y精子の選別・分取も含まれる。

a．人工授精技術の発展

牛の人工授精は1930年代から欧米で組織的な取組みが行われ，基本的な技術（人工腟による採精，直腸腟法による授精，卵黄－クエン酸希釈液など）が開発された。第二次世界大戦後には冷蔵保存精液を用いて世界中で実用化され，1950年代にはドライアイス（－79℃）保存による凍結保存法も開発された。さらに，1960年代に入ると液体窒素（－196℃）を用いた凍結保存，液体窒素保管器，プラスチックストローの開発により，凍結精液を用いた人工授精が世界中で普及した。2000年代にX精子・Y精子の選別・分取技術も開発・実用化された。

b．人工授精の意義

雄牛が自然交配できる雌牛の数には限度がある。一方，精液を採取して希釈・凍結保存すれば，1回の射出精液でも数百頭の雌牛に授精できる数の凍結保存精液（1年間に少なくとも数万本）を作製できる。凍結精液は液体窒素中に保管すれば半永久的な保存が可能なことから，国内外へ輸送していつでも授精することができる。したがって，優良遺伝形質を有する雄牛の息牛（種雄牛）や娘牛の生産増殖のみならず，多数の産子が必要な後代検定の実施と，それによる牛の育種改良に貢献してきた。また，X精子あるいはY精子を90％以上の精度で選別・分取できるため，雌あるいは雄産子の産み分けも可能になり，凍結保存精液を用いた人工授精は牛の改良増殖には欠かせない技術になっている。

一方，凍結精液の保存には液体窒素とその保管器が必要になる。季節繁殖を行っているため大多数の牛の授精時期が数カ月に限られるニュージーランドでは液状室温（18～24℃）保存の精液による人工授精が半数以上を占め，フランスなどの西欧やアフリカでも液状保存精液が使用されている。

c．人工授精の制限・規制

特定雄牛の凍結精液が広範囲に流通・供用されると，遺伝性疾患や伝染性疾患のまん延も危惧される。また，技術の失宜による生殖器病の発症・伝播，錯誤あるいは故意による異なる雄牛の精液を注入するなどの事故が起こることもある。このような弊害や事故をなくし，人工授精を適切に実施するために，種雄牛の検査（種畜検査），技術者の資格（獣医師，家畜人工授精師），実施場所（人工授精所）の制限が家畜改良増殖法で定められ，人工授精の記録，精液証明書の発行のほか，ストローの識別や譲渡・経由など凍結精液の流通管理も徹底されている。

2．精液の採取と検査

人工授精所における定期的な精液採取（採精）は3～4日間隔で週2日行われ，それぞれの採精日には15分前後の間隔で2回射精させて採精する。採取した精液は，人工授精，凍結保存に適した性状か否かを調べるとともに，希釈倍率を決定するための検査を行う。

a．精液の採取

通常の採精は，擬牝台あるいは台牛に雄牛を乗駕させ，人工腟内に陰茎を誘導して射精させる「横取り法」により行う（図1）。肢蹄の障害などにより乗駕不能な場合には，電極・プローブを直腸内に挿入し，射精にかかわる神経を刺激して射精を促す「電気刺激法」が用いられる。

一般的な人工腟を用いた横取り法では，精液の採

図1　人工腟と台牛を用いた精液の採取

取に先立ち，採取場所の消毒を行い，擬牝台あるいは台牛を準備する。擬牝台は床固定式と自走式，台牛は温和な去勢牛を複数準備し，雄牛の好みに応じて特定または複数の擬牝台と台牛を組み合わせて使用する。人工腟は精液を採取する器具で，硬質の外筒と柔らかなラテックス製ライナーの間に温湯（40～45℃）を入れ，温感と圧迫感を陰茎に与えることにより射精を促す。射出された精液は，外筒・ライナーに連続するコーンの先端部に装着した目盛つきの試験管（精液管）に採取される。通常は，採精前日から温湯を入れて恒温器内に保管し，使用時に恒温器から取り出して全体をカバーで覆い温度変化を防ぐ。

雄牛は包皮洗浄を行った後，乗駕の抑制と乗駕しても射精させずに擬牝台や台牛から降ろす処置（空乗り）を施して性的興奮を高める。最適な乗駕抑制，空乗りの組合せ条件は雄牛によって異なるが，通常は1～2回の空乗り後，2分程度乗駕を抑制し，再度1～2回空乗りさせてから射精・採精する。雄牛の性的興奮が高まり，包皮口からの陰茎露出，副生殖腺分泌液の滴下，陰茎の充血・硬化などを確認した後，人工腟を準備し，擬牝台あるいは台牛に乗駕させ，陰茎を人工腟内に誘導する。タイミングよく陰茎が人工腟内に入ると，1回の突き運動で精液が射出される。

b．精液・精子の検査

目盛つきの精液管に採取された精液の量，色調，臭気と pH を調べる。また，分光光度計を用いて精子数（濃度）を測定するとともに，顕微鏡下で37～38℃に加温した精子活力板を用い精子の活力（運動性）を検査する。さらに，必要に応じて塗抹固定・染色標本を作製して精子の形態（奇形率，生存率）も調べる。

通常の精液は無臭の乳白色（若齢牛では，ときに淡緑黄色）で pH6.2～6.4，射精量や精子濃度は品種，年齢，季節，採精頻度（採精間隔，回数），採精時の性的興奮度などによって異なるが，射精量4～10 mL，精子濃度10～20億/mL，総精子数40～200億であり，80～95%の精子はきわめて活発な前進運動（+++）を示し，奇形率は10%以下である。活力+++ が70%以下の精液や奇形率20%以上の精液は人工授精には使用しない。また，凍結・融解後に精子活力を調べ，活力 +++ が40%以上の精液を人工授精に供用する。

3．精液の凍結保存と取扱い

採取後，検査で異常のない精液は受胎率に影響しない程度の精子濃度に希釈して凍結保存する。すなわち，射出精液に1次希釈液を添加して4～5℃まで緩慢に冷却した後，凍害防止剤を含む2次希釈液を加え，プラスチックストローに分注・封入して比較的急速に冷却・凍結，液体窒素中に保存する。

a．精液の希釈と凍結保存

通常，1次希釈液には浸透圧と電解質のバランスを維持するクエン酸あるいはクエン酸塩，pH の変動を防ぐ緩衝能を有するトリスヒドロキシメチルアミノメタン，4～5℃に冷却したときにみられる細胞膜の傷害（コールドショック）を軽減する卵黄あるいは牛乳（全乳，脱脂乳），栄養源および非細胞膜透過型凍害防止剤の働きをもつ糖類（グルコース，フラクトース，ラフィノースなど），抗生物質（ペニシリン，ストレプトマイシンなど）が添加されている。また，2次希釈液は1次希釈液に細胞膜透過型の凍害防止剤（グリセリン）を添加したものを使用する。

精子は0～10℃に冷却するとコールドショックを受けるため，精液管に採取された精液は30℃前後の恒温槽に入れ1次希釈液で数倍に予備希釈してから，1～2時間かけて4～5℃までゆっくり冷却する。冷却した精液は，再度1次希釈液を添加して最終濃度の1/2まで希釈する。次いで，グリセリン（12～16%）を含む2次希釈液を加えて2倍に希釈する（グリセリン最終濃度6～8%）。2次希釈液を一度に加えると精子は浸透圧傷害を受けるので，数

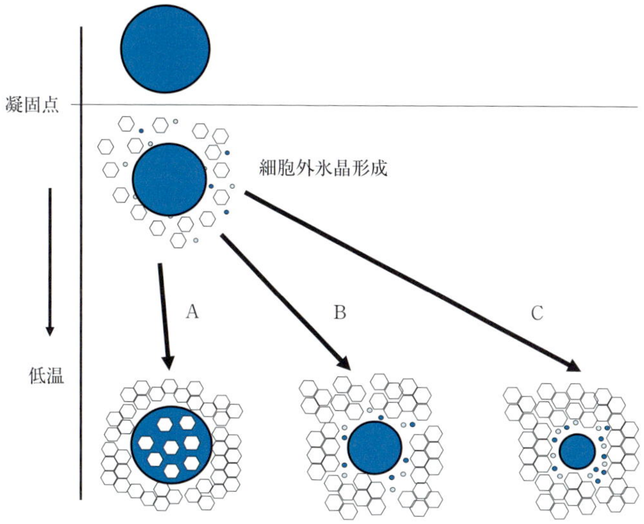

図2　凍結過程における冷却速度の違いによる細胞傷害の差異

回に分けて添加あるいは自動点滴装置を用いて添加する。2次希釈が終了した精液は，種雄牛の名号，採取日が印字された0.5 mL（海外では主に0.25 mL）ストローに分注・封入して（精子数平均1,000～2,000万/ストロー），凍結過程に入る。なお，グリセリンは15分前後で細胞内へ透過するので，封入作業の間に細胞内外のグリセリン濃度は平衡状態に達している。

精液を封入したストローを冷却すると凝固点付近で細胞外に氷晶が形成され，細胞外液の浸透圧が高まり精子は脱水される。さらに，適度の速度で冷却を続けると精子の脱水とグリセリン透過が徐々に進み，細胞外に氷晶が形成されても精子とその周辺はガラス化された状態（結晶構造のない固体）で凍結保存することができる（**図2B**）。冷却速度が速すぎると脱水不足による細胞内氷晶形成あるいは融解過程での浸透圧傷害を招く（**図2A**）。一方，冷却速度が遅すぎると精子は浸透圧傷害を受ける（**図2C**）。また，－15～－60℃は浸透圧傷害を受けやすいため急速に冷却する。そこで，通常は4～5℃から－10℃付近までは比較的ゆっくり（－5℃/分前後）冷却して細胞外の氷晶形成を促し，－10℃から－100～－140℃までは急速（－30～－50℃/分）に冷却した後，液体窒素内に移して凍結保存する。また，プログラムフリーザーを用いた場合，4～5℃から－10℃まで－5℃/分，－10℃から－100℃まで－40℃/分，－100℃から－140℃まで－20℃/分の冷却が標準的なプログラムである。

b．凍結精液の取扱い

凍結精液のストローは，プラスチックケインあるいはゴブレットに入れ，液体窒素を満たした保管器のなかのキャニスターに納めて保管する。ストロー内の温度が－130℃以上に上昇すると，ガラス化している精子周辺の細胞外液が脱ガラス化（結晶構造のない固体から液体に変化）して氷晶が形成され，細胞外液の浸透圧・塩類濃度が高まり，精子は浸透圧傷害を受ける。したがって，凍結精液保管器内の液体窒素量を少なくとも1/3以上に保ち，キャニスターを持ち上げる場合は上面が保管器開口部から10 cm下の位置にとどめ，10秒以内に液体窒素のなかに戻し，再び持ち上げる場合は20～30秒間液体窒素内に維持した後に行う。凍結精液は，風，太陽光，暖房器具の熱が当たらない場所で取り扱い，保管器の入替えはケインあるいはゴブレットごと移動し，個別のストローの取扱いは避ける。ストローの仕分け作業は，液体窒素を満たした魔法瓶や発砲スチロール箱にケインあるいはゴブレットを移して行う。個々のストローはピンセットあるいは鉗子を用いて取り扱い，外気への露出は突然の風を考慮して2～3秒（0.25 mLストローは1秒）にとどめる。

4．X精子およびY精子の選別処理

X精子のDNA量がY精子に比べて約3.8%多いことを利用して，精子をDNA特異的に結合する蛍光色素で染色し，紫外線レーザーを照射したときの蛍光強度の違いをフローサイトメーターで検出し

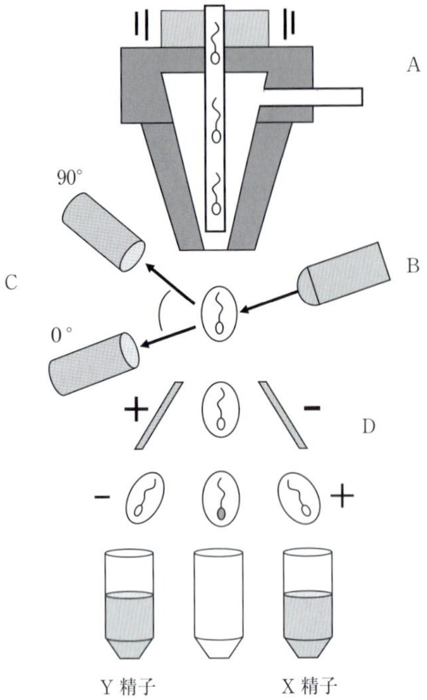

図３　フローサイトメーター・セルソーターを用いたX精子・Y精子の選別分取

て，セルソーターによってX精子あるいはY精子だけを選別・分取する（図３）。

a．フローサイトメーター・セルソーターによる選別・分取

処理精液の量を測定して抗生物質を添加した後，精子濃度と活力を調べ，一定の濃度に希釈してヘキスト33342で染色する。一定時間染色した精子浮遊液に卵黄添加溶液を加え，ナイロンメッシュで濾過して凝集精子，ゴミなどを除去する。そして，食用色素添加溶液を加え，細胞膜に傷害のある精子（死滅精子）のヘキスト染色を中和する。

染色処理精子の浮遊液をフローサイトメーターにかけると，内部が楕円形の特殊なノズル（cytonozzle）から流れるシース液によって，約70％の精子（扁平な頭部）は紫外線レーザー光が垂直方向から当たるように方向づけされる。また，ノズルにピエゾ振動を加えることによって，精子浮遊液とシース液の流れが個々の精子を含む微小滴になる（図３A）。この微小滴にレーザー光を照射（図３B）して２つの方向（0°と90°）から蛍光強度を検知（図３C）し，正しく方向づけされた精子，方向づけが偏った精子，死滅精子を識別する。正しく方向づけされた精子を蛍光強度に応じて荷電すると（図３D），電極板の間を通過するときに反対の極板に引かれ，卵黄添加回収液の入った試験管に分取される。現在，世界中で使用されている機械（MoFlo SX XDP）では，１秒間に約8,000個の精子を分取できる。また，XあるいはY精子の選別精度が90％以上になるように選別・解析領域を絞り込んでいる。

b．選別精液の凍結保存

分取された精液は，通常精液と同様にコールドショックを受けないように90分以上かけてゆっくり４～５℃まで冷却する。その後，遠心分離して回収液を取り除き，凍結保存用のグリセリンを添加した２次希釈液を加えて最終濃度（通常，210万個/ストロー）に調整する。この精子浮遊液の精子の濃度と活力（+++が70％以上）を確認した後，ストローに分注・封入してグリセリン平衡処理を行い，通常精液と同様に冷却・凍結する。

５．凍結精液の融解と授精

凍結精液は，ストローを温湯に浸けて急速に融解，直腸腟法により速やかに発情牛の子宮体あるいは子宮角内に授精（注入）する。

a．凍結精液の融解

通常の凍結精液は，前述のように細胞外液が脱ガラス化する－130℃以上の温度域，特に－60℃以上の温度域を緩慢に融解すると，脱ガラス化した細胞外液で氷晶が形成され，精子が浸透圧傷害を受けるため，急速融解が必要である。したがって，凍結精液のストローは１本ずつピンセットを用いて保管器から取り出して，35～37℃の温水中に40秒以上（0.25 mLストローは30秒以上）浸けて急速に融解する。また，融解精子の機能は徐々に低下するため，融解したストローは速やかに人工授精器（精液注入器）にセットして，融解後15分以内（選別精液は５分以内）に授精する。なお，融解精子は10℃以下の外気に曝されると傷害を受けるため，冬季においては保温した精液注入器を用い，ストローをセットした注入器は滅菌カバーに納めて胸元あるいはヒーターつき保温装置に入れて保温するなど，精液の温度を20℃以上に保つことが大切である。

b．融解精液の授精

精液の授精（注入）に当たっては，発情牛を保定して外陰部の清拭，消毒を行うとともに，腟内の微生物，汚染物を持ち込む危険性もあるので，注入器に滅菌カバーを装着する。通常は，注入器を腟内に

挿入した後，大動物直腸用長手袋をはめて粘滑剤を塗った手を直腸内に挿入して注入器を誘導し，先端が外子宮口に入ったらカバーから押し出す。注入器は子宮内まで誘導して子宮体あるいは子宮角内に精液を注入する。子宮体は狭い（1～3 cm）ため，頸管内に注入してしまうことがある。頸管腔は発情粘液の排出経路であり，そこに精液を注入すると多くの精子が排出されてしまう。したがって，両子宮角内あるいは成熟卵胞側の子宮角内に注入すると受胎率が高いという報告が多い。また，選別精液（受胎率は通常精液の 50～80%，平均 70%）は，成熟卵胞側の子宮角深部あるいは先端に注入すると高い受胎率が得られるとも報告されているが，子宮角内に注入する場合は子宮内膜を傷つけないように注意が必要である。

6．授精適期

雌牛を受胎させるためには，確実に発情をみつけ，最も受胎しそうな時期（適期）に授精を行わないと高い受胎率は望めない。適期に授精するためには，発情開始時期をできるだけ正確に把握するとともに，妊娠の有無と卵巣状態も確認しなければならない。

a．理論的な授精適期

自然交配では，雌牛の腟内に射出された精子のうち受精に関与する精子は，ゆっくり卵管狭部へ移送され，上皮細胞の線毛に接着・結合して運動を停止あるいは抑制された状態で排卵時まで貯蔵される（図４）。受精成立に必要な数の精子が卵管に貯蔵されるためには，交配後 12 時間以上（おそらく 15～16 時間）を要するので，凍結精液を子宮内に注入した場合にも 12 時間前後の時間が必要と推察される。一方，排卵はスタンディング発情発現後平均 26～28 時間（ホルスタイン種），あるいは平均 29～31 時間（肉用種）にみられるが，個体により前後 10 時間程度のばらつきがある。LH サージを受けて成熟卵胞内で核成熟した２次卵母細胞は排卵されてから高い発生能を獲得するが，精子との出合いが遅れると老化し，受精が成立しても発生途中で死滅する。牛の排卵卵子が正常な発生能を保有している時間は不明であるが，6～10 時間と推測されている。

卵管狭部に貯蔵されていた精子のうち，排卵時に上皮細胞との結合から解き放たれ，受精能を獲得した精子だけが受精に関与できる。卵管へ移送される途中あるいは排卵前に上皮細胞との結合が解け，「受精能獲得」と同じような変化を起こした精子は受精に関与できない。したがって，排卵時に多数の受精能獲得精子が卵管の貯蔵部位から放出されれば，発生能の高い卵子と速やかに会合できる確率が高いので，正常な受精・発生（受胎）が期待できる。自然交配では発情開始直後に交配しても，排卵時まで受精の成立に必要な数の精子が貯蔵されているため，発生能の高い卵子が確実に受精する（図４NB）。しかし，凍結・融解精子は少なからず傷害を受けているため，授精時期が早すぎると，多数の精子が卵管に貯蔵されても，排卵を待っている間に卵管上皮細胞との結合が解け，多くの精子が貯蔵部位から離脱する。その結果，排卵時に受精に関与できる精子の数が減少して高い受精率（受胎率）は期待できない（図４A）。一方，授精時期が遅れると，排卵時になっても受精の成立に必要な数の精子が卵管に移送・貯蔵されていない。排卵後に卵管に到達した精子は上皮細胞の線毛と結合せずに受精能を獲得しても，その卵管到達と受精能獲得は一定の時期に集中しないため，受精成立のタイミングが遅れて老化卵子が受精する確率が高くなり，正常な胚発生（高い受胎率）は期待できない（図４C）。そこで，適度に授精時期を遅らせると，排卵までに多数の精子が移送・貯蔵されているため，排卵時に受精成立に必要な数の受精能獲得精子が放出され，正常卵子への高い受精率（高い受胎率）が期待できる（図４B）。このような条件に合った時期が「授精適期」となる。しかし，凍結融解精子の卵管上皮細胞との結合能や受精・発生能保持時間は，精液の品質（精子の機能や傷害の度合い）で異なるため，授精適期は雄牛，精液のロット，選別処理の有無などによって左右される（図５）。

b．実際の授精適期

近年の凍結精液を用いたホルスタイン種経産牛の人工授精では，スタンディング発情の発現直後～4 時間以内の授精よりも，発情発現後 4～12 時間に授精を行った場合に受胎率が高く，発情発現後 16 時間以上経過してから授精すると徐々に受胎率が低くなる（図６）。また，ホルスタイン種経産牛における授精から排卵までの間隔と受精率・正常胚の割合を調べた結果でも，排卵前 12～24 時間の授精が排卵前 24～36 時間や排卵前 0～12 時間の授精よりも受精・正常胚率が高く，排卵時期（発情発現後 26～28

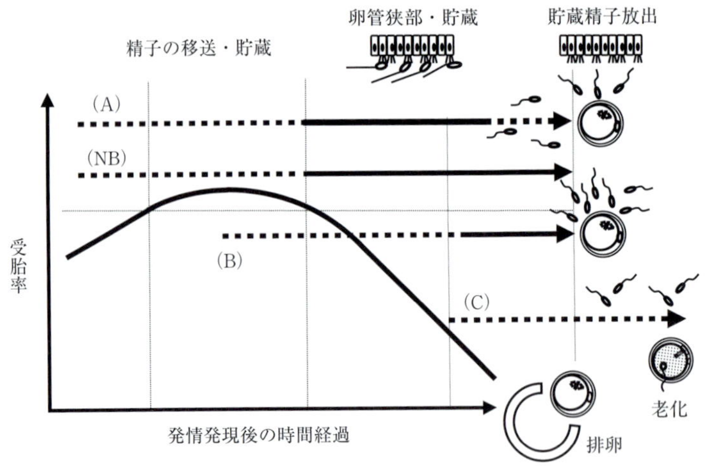

図4　理論的な授精適期

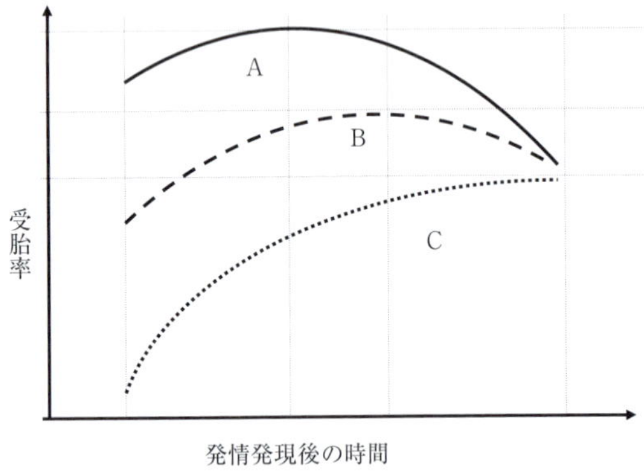

図5　精子の品質と授精適期

A：機能傷害の少ない精子，B：機能傷害が中程度の精子，
C：大きな機能傷害を受けている精子

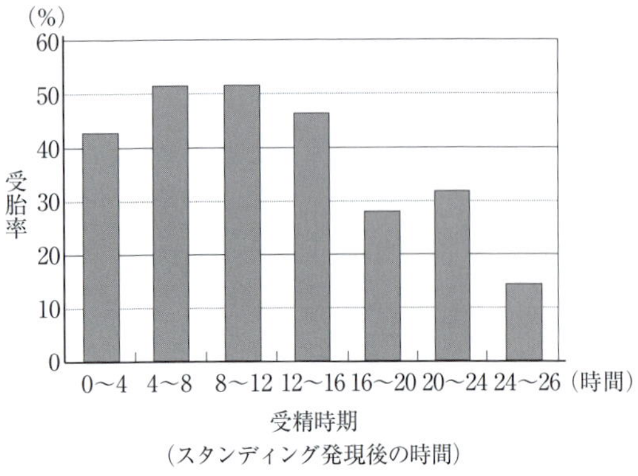

図6　授精時期と受胎率の関係

米国におけるホルスタイン種経産牛（合計 2,661 頭）のスタンディング発情を自動的に監視記録して，発情発現後の授精時期と受胎率の関係を調べたデータ（Dransfield *et al.*, 1998）から作成。

時間）を考慮するとスタンディング発情発現後 2～14 時間が授精適期と推測されている。このように現代の凍結精液を用いたホルスタイン種経産牛の人工授精における授精適期は「スタンディング発情発現後 2～16 時間」と考えられる。さらに，発情持続時間が平均 5～10 時間であることから，発情発現時期が不明な場合は，発情発見時から 6 時間以内の授精も推奨されている。

なお，前述のように授精適期は精液の品質（精子機能）によって異なり（**図5**），X 精子の選別処理をした選別精液では，通常の凍結精子より傷害を受けているため，発情発現後 12～16 時間の授精よりも同 16～24 時間の授精あるいは排卵前 12～24 時間の授精よりも同 0～12 時間の授精の方が受胎率は高いとも報告されている。

〔髙橋芳幸〕

B．発情，排卵の同期化

1．発情同期化，排卵同期化の利点

乳牛，肉牛を問わず，牛群の大規模化が進行している現代の牛の飼養形態において，効率的な繁殖管理は不可欠である。しかしながら，牛群の大規模化は発情観察に要する労力を増加させ，発情発見率の低下を招いている。さらに，乳牛においては高泌乳化に伴う発情徴候の微弱化が発情発見率の低下の一因となっており，不適期での人工授精にもつながり，結果として受胎率低下を引き起こしている可能

性も指摘されている。

繁殖成績を反映する指標として妊娠率が使われる。妊娠率は発情発見率×受胎率で表わされる。妊娠率を上げるためには，発情発見率と受胎率を上げることが必要であるが，発情発見率を上げるためには発情観察時間を増やす，人を雇う，発情発見補助ツールを利用することなどがあげられる。また，受胎率を上げるために必要なことは授精タイミングの最適化を図ることである。そのための発情・排卵同期化処置は重要な技術となっている。

発情同期化は，黄体期の短縮〔プロスタグランジン $F_{2\alpha}$（$PGF_{2\alpha}$）製剤投与による黄体退行法〕あるいは延長（プロジェステロン投与による人為的黄体期作出法）させる処置から始まり，その後，排卵同期化・定時人工授精法（timed artificial insemination：TAI）へと発展してきた。

発情同期化処置の利点として，①一度に多数の個体を同時に処置することで発情徴候が強くなる（同時に発情発現する個体が複数頭同じ牛群にいることにより発情兆候が強くなることが知られている）こと，②発情観察を担当する管理者の発情発見に対する注意が集中されること，③供胚牛と受胚牛の発情周期を揃えることでより多くの受胚牛に対して新鮮胚を移植することが可能となること，などがあげられる。

排卵同期化処置の利点は，①最適なプロトコールを選択することで任意の発情周期にある個体に対して処置を開始でき，授精のタイミングを調整できること，②排卵時刻の同期化により理論的には適期の定時授精が可能となること，③処置対象とする個体の全頭に対して授精実施することが可能であること（授精実施率＝発情発見率が100％になること），④農場外から訪問する人工授精師にとっては一度に多数の個体に対して授精を実施することで，農場との往来に関して省力化を図れること，⑤発情観察の労力が軽減される，あるいはなくなること，などである。ただし，⑤に関しては，排卵同期化処置に伴う薬剤投与にかかる労力と費用が別途加わることを忘れてはいけない。すでに60％以上の発情発見率を達成している牛群においては妊娠率の増加割合がわずかであることから，その費用対効果をよく見極めることが必要である。しかしながら，発情発見率が50％未満の牛群に対しては排卵同期化処置導入による繁殖成績（妊娠率）向上割合が大きく，農場の利益増加に貢献することが知られている。現在では十数種類に及ぶ定時授精プロトコールが報告されていて，それぞれの現場の状況に応じて実用化され，生産性向上に大きく寄与している。

2．発情同期化方法

a．$PGF_{2\alpha}$製剤投与による黄体退行法

発情同期化法として黄体を人為的に退行させることは有効であるが，1970年代以前は直腸を介しての用手による黄体除去が一部の獣医師の間で実施されていた。しかしながら卵巣出血などの弊害による副作用もあって，実用性という点では問題が大きかった。1970年代に入り，天然型および合成型（類似体）の $PGF_{2\alpha}$ 製剤が登場して以来，黄体退行による発情同期化方法が現場において急速に普及した。

黄体形成期間である排卵後4日までは黄体は $PGF_{2\alpha}$ に対して反応性を有さない。排卵後5日以降16日までの発育良好な黄体が存在する時期に $PGF_{2\alpha}$ 製剤を投与すると黄体は退行し，血中プロジェステロン濃度が24時間以内にほぼ基底値まで低下する。これは，外因性 $PGF_{2\alpha}$ が黄体からの内因性オキシトシン分泌を刺激する結果，子宮内膜由来の内因性 $PGF_{2\alpha}$ 分泌を引き起こし，$PGF_{2\alpha}$ とオキシトシンの相互作用により，$PGF_{2\alpha}$ がパルス状に分泌されることによる。すなわち，黄体が十分に成熟していない黄体形成期間にある個体や，子宮を摘出した個体あるいは内因性 $PGF_{2\alpha}$ が分泌されない状態の子宮を有する個体に外因性 $PGF_{2\alpha}$ を投与しても黄体は退行しない。

$PGF_{2\alpha}$ 製剤投与から発情発現までには３～７日の幅がある。この幅を左右するのは黄体の大きさではなく，卵胞ウェーブのステージである。すなわち，$PGF_{2\alpha}$ 製剤投与時に存在する主席卵胞の成熟度が高ければ投与後２，３日で発情が発現する（図７A）。一方，卵胞が主席性を獲得した直後に $PGF_{2\alpha}$ 製剤が投与された場合には卵胞が成熟するまでにより多くの時間を要するために，投与から５，６日経過した後に発情が発現することになる（図７B）。

任意の発情周期にある牛に対して11～14日間隔で２回 $PGF_{2\alpha}$ 製剤を投与すると大半の個体は第２回の $PGF_{2\alpha}$ 投与後に発情，排卵に至る。これは，第１回の投与時に機能性黄体を有さず，かつ投与後に発情徴候を示さない個体，すなわち発情周期の day 0（＝排卵日）から４日（day 4）以内にある個体

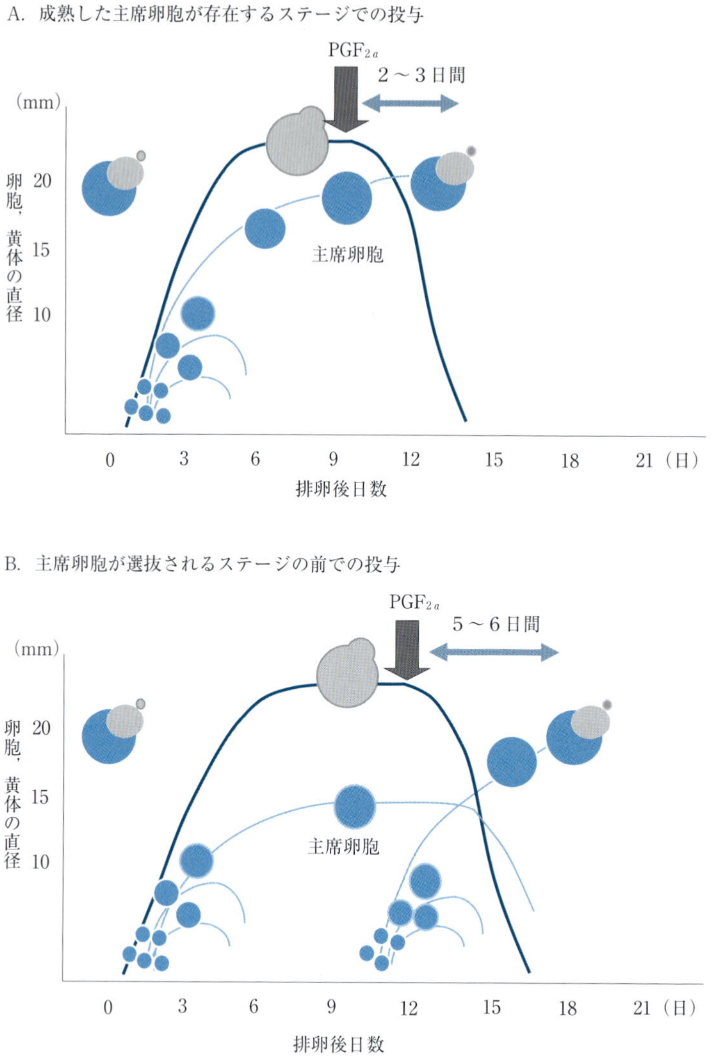

図7 PGF$_{2\alpha}$製剤の単回投与から排卵までの日数に及ぼす卵胞波ステージの影響

は，11～14日後にはday 11～15からday 15～18にあることから，正常な発情周期を営んでいる限り，第2回の投与時には機能性黄体が存在するステージ，あるいは黄体退行が始まったステージにあるからである。

b. プロジェステロン投与による人為的黄体期作出法

プロジェステロン（P_4）は負のフィードバックを介して視床下部におけるGnRHニューロンに対して抑制的に働き，下垂体からの性腺刺激ホルモン分泌を抑制する。したがって，高P_4環境下では主席卵胞は排卵することなく存続する。自然の発情周期においては黄体から分泌されるP_4の作用により主席卵胞の排卵が抑制され，黄体退行に伴ってLHパルス頻度が高まり，LHサージが惹起され，排卵に至る。この一連の生理作用を人為的に模倣することで発情を同期化させることが可能である。

P_4製剤の投与による牛の発情同期化処置は1950年代から報告がみられる。1960年代にはP_4製剤とエストロジェン製剤の筋肉内投与による発情同期化処置も実施されていたが，その後のPGF$_{2\alpha}$製剤の利用が進んだこともあり，P_4製剤の筋肉内投与による発情同期化法が広く普及することはなかった。一方，腟内留置型のP_4製剤がPRID（progesterone releasing intravaginal device）として1970年代にフランスで開発されたが，発情同期化法として世界的に，特に北米において普及し始めたのは，CIDR（controlled internal drug release）が導入された1990年代以降のことである。腟内留置型のP_4製剤が筋肉内投与と比較して優れている点は以下のとおりである。P_4の筋肉内投与では，一度上昇した血中の高P_4濃度を望むタイミングで低下させるようにコントロールすることが困難である。一方，P_4を含有したシリコンデバイス（PRIDは1.55 g，CIDRは1.9 gのP_4を含有）を腟内に留置し，抜去する方法は，生体のP_4レベルの増減を自由にコントロールすることが可能である点で優れている。CIDR挿入後1時間以内に血中P_4濃度は最高値に達し，挿入期間中は黄体期の血中P_4濃度を維持，そして抜去後8～24時間以内に基底値に低下する（**図8**）。高P_4環境によって抑制されていたGnRHニューロンは，P_4による負のフィードバック作用消失後にパルス状LH分泌を亢進させ，その結果，卵胞が発育・成熟してエストロジェンを活発に分泌するようになり，LHサージが起こり排卵する。さらに，発情同期化率を高めるには卵胞ウェーブのステージを揃えることが重要であり，P_4製剤留置時に卵胞ウェーブをリセットする目的でエストラジオール（E_2）製剤を同時に投与することも行われる。PRIDはシリコンデバイスにE_2含有のゼラチンカプセルが装着されており，CIDRの場合には，留置と同時にE_2製剤を筋肉内投与する方法が推奨されている。また，他の方法として主席卵胞を排卵させることで卵胞ウェーブのリセットが可能であることからGnRH製剤を投与する方法もある。

腟内への留置期間を14日間とした場合，自然の黄体期に近い期間となるものの，抜去後3日前後に発現する発情で授精しても受胎率は低いことが知られている。これは，留置期間中に発育している主席卵胞が排卵しないまま存続し続ける結果，排卵した卵子のエイジング（老化）が存続し続ける間に始まっているために受精しない，あるいは受精しても早期胚死滅のリスクが高くなることが原因だと考えられている。したがって，抜去後数日での授精を予定する場合におけるP_4製剤の留置期間は7～9日間が標準的である。また，人為的に黄体期を作出する本法は，卵巣静止牛に対する治療効果も有している。

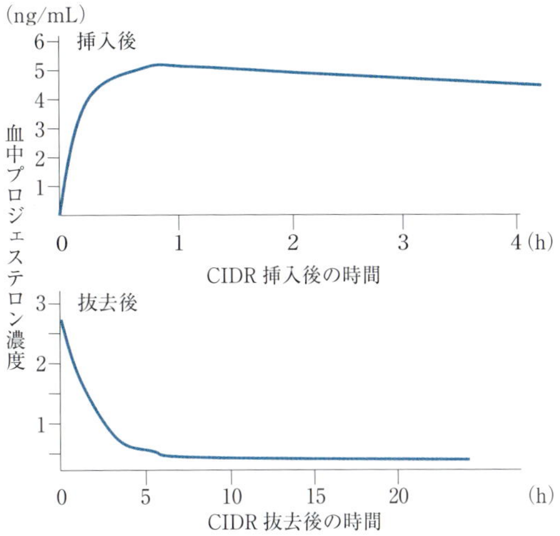

図8　CIDR挿入および抜去後の血中プロジェステロン濃度の推移（模式図）

3．排卵同期化方法

a．Ovsynch

$PGF_{2\alpha}$製剤投与から発情発現までの日数に幅があるという事実は，発情発見率が低下する要因でもある。実際のところ，現場においては発情誘起のために$PGF_{2\alpha}$製剤を投与しても授精に至らないケースが日常的に発生している。そこで，人工授精を確実に実施できる処置の開発が期待された。

$PGF_{2\alpha}$製剤投与時における主席卵胞の大きさを均一化する目的で開発されたのが，$PGF_{2\alpha}$製剤投与の7日前にGnRH製剤を投与するプロトコールである。主席性を獲得して主席卵胞になった直径8.5 mm以上の卵胞は投与したGnRHに反応して放出されたLHにより排卵し，新たにリセットされた卵胞ウェーブは排卵後1.5～2日後に出現する。そのウェーブの主席卵胞は5，6日後には直径10～12 mmに発育している。そこで，この時期，すなわちGnRH投与後7日に$PGF_{2\alpha}$の投与を行うと，発情発現時期は，7日前にGnRHを投与しない場合と比較して，より斉一化される。この方法は，発情発現日を集中化することにより発情発見率を高め，発情発見および人工授精に要する労力を軽減する。とはいえ，発情観察が必要であることには変わりない。この方法をさらに進化させたのが排卵同期化（ovulation synchronization：Ovsynch）である。Ovsynchは$PGF_{2\alpha}$製剤投与後30～48時間にGnRHを投与し，その後16～20時間に発情発現の有無にかかわらずTAIする（**図9**）。Ovsynchの基本的なポイン

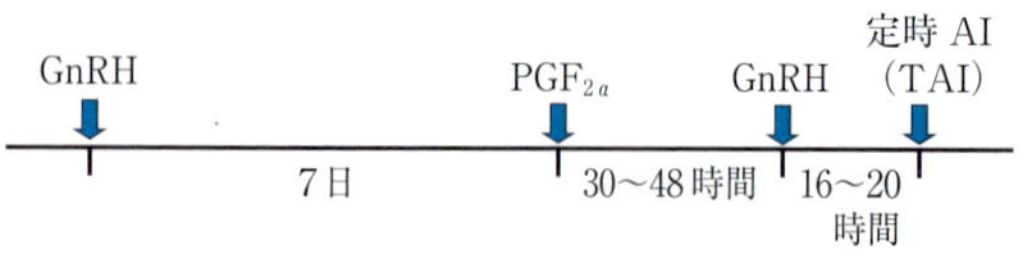

図9　Ovsynch プロトコール

トは以下のとおりである。

①卵胞ウェーブの同期化：GnRH を投与して LH サージを惹起し，主席卵胞に排卵を誘起することにより卵胞ウェーブをリセットする。

②リセットされた卵胞ウェーブの主席卵胞の適切な発育：機能性黄体存在下における主席卵胞の発育を図る。

③ $PGF_{2\alpha}$投与時に機能性黄体が存在し，同時に直径 8.5 mm 以上の大きさの主席卵胞が存在する条件を整えることにより発情前期の環境の作出を図る。

④発育・成熟卵胞の存在下において GnRH を投与して排卵を同期化し，同期化排卵前に TAI を実施する。

Ovsynch という名称は現在，登録商標化されているものの，日本を含む世界中の牛の繁殖管理の現場において一般名詞化した用語となっている。ちなみに，発情観察を行える農場の場合，第２回の GnRH 投与前に発情が観察された場合にはその観察された発情発見後に人工授精する，すなわち予定していた TAI 前に人工授精を実施する方が受胎率が向上すると報告されている。

本法による受胎率は，特に泌乳経産牛において従来の発情発見後に人工授精した場合の受胎率と比較して遜色ない成績である。また，人工授精実施率（＝発情発見率）が理論的に 100％であることから，牛群における妊娠率（発情発見率×受胎率）が向上する。したがって，1990 年代後半以降，牛群規模が特に大きい北米および南米を中心に飛躍的に普及した。日本国内においても普及が進んでおり，乳牛のみならず，黒毛和種牛における排卵同期化処置・定時授精プログラムの有用性が多数報告されている。なお，卵巣静止牛においては本法による受胎率が低いことから，後述のプロジェステロン製剤を併用した排卵同期化法が推奨される。

Ovsynch は GnRH-$PGF_{2\alpha}$-GnRH-TAI が標準的なプロトコールであるが，第２回の GnRH をエストロジェンあるいは hCG に置換したり，第２回の GnRH と TAI を同時に投与したりするなど多様なプロトコールが考案されていて，現場における有用性が知られている。また，Ovsynch 処置開始時における発情周期のステージ別に受胎率を比較すると，排卵後５～９日での Ovsynch 開始が最も受胎率が高いと報告されていることから，処置開始時に発情周期のステージが排卵後５～９日になるような前処置のホルモン投与が行われることもある。その１例として，$PGF_{2\alpha}$製剤を 14 日間隔で２回投与し，第２回の $PGF_{2\alpha}$製剤投与から 12 日後に Ovsynch 処置を開始するプレシンク（図 10）があげられる。前述のように 14 日間隔で２度 $PGF_{2\alpha}$を投与すると大半の個体は第２回の $PGF_{2\alpha}$投与後２～７日に発情が発現（発情徴候が微弱だとしても投与後３～８日に排卵）するので，第２回の $PGF_{2\alpha}$投与後 12 日で Ovsynch を開始するということは，多くの個体が発情後５～９日に初回の GnRH を投与されることを意味する。

b. プロジェステロンと他剤の併用投与法

任意の発情周期のステージに Ovsynch を開始した場合，第２回の GnRH 製剤投与前に発情が発現する個体の割合は約 20％であり，そのうちの約４分の１（全体の約５％）が $PGF_{2\alpha}$製剤投与までに発情を示す。前回の排卵から 13～16 日の個体に対して Ovsynch が開始されると，そのような状態が観察されることになる。第２回の GnRH 製剤投与の直前に発情を発現した個体は問題ないとしても，全体では 15％前後の個体が TAI では遅すぎる授精となる。したがって，TAI 前の排卵を防ぐための方策が必要である。

Ovsynch において，定時授精前の排卵を防ぐ有効な方法の１つとして，生体を高 P_4 環境下に曝露させることがあげられる。すなわち，Ovsynch における $PGF_{2\alpha}$製剤投与前に黄体が退行するタイミングであったとしても，外因性に P_4 を投与することにより発情および排卵を抑制することが可能である。P_4 腟内徐放剤を用いた排卵同期化処置・定時授精法も現場において広く応用されている（図 11）。P_4 腟内徐放剤として CIDR を用いる場合，挿入期間は７日間が一般的である。また，CIDR を８日間挿入して抜去前１日に $PGF_{2\alpha}$製剤を投与，抜去後 36 時間に第２回の GnRH 製剤を投与，その 18 時間後に TAI，あるいは抜去時に E_2 製剤を投与してその 48 時間後に TAI，といったプロトコールがある。P_4 腟

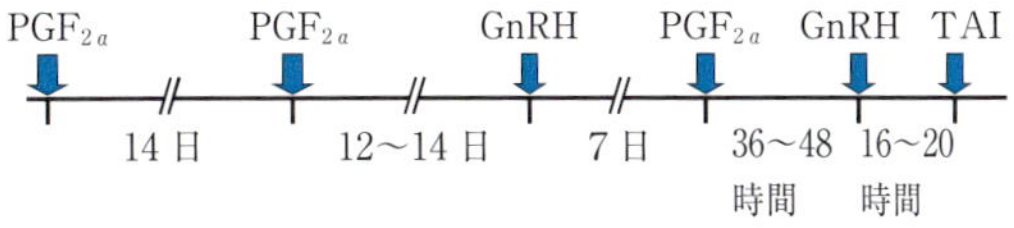

図10　プレシンクプロトコール

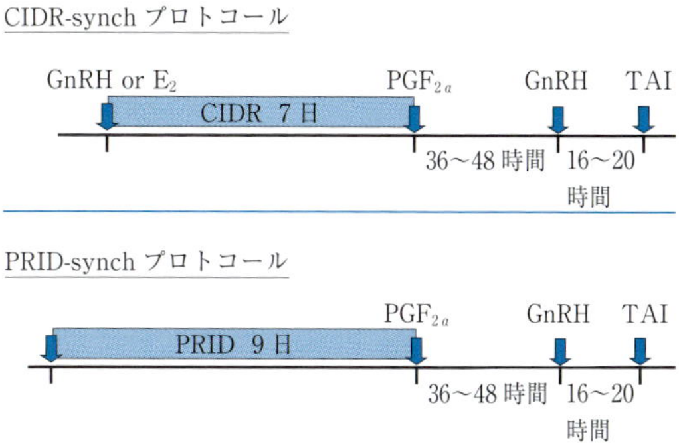

図11　プロジェステロン腟内徐放剤を用いた排卵同期化処置・定時授精法

内徐放剤としてPRIDを用いる場合は挿入期間を9日間とした方がよい。PRIDには10 mgの安息香酸エストラジオールカプセルが装着されていて，腟内において短時間で体内に吸収されるものの，挿入後の血中E_2濃度が高値を示す状態が，E_2製剤を1 mg筋肉内に投与したときと比較してやや長く持続することから，投与後の卵胞ウェーブの再開も2日程度遅れて起こる。したがって，主席卵胞のサイズが一定以上の大きさのときにTAIするためには抜去のタイミングを2日遅らせた方がよい。

授乳中の発情のみられない牛に対しても，腟内留置型プロジェステロン製剤を排卵同期化法に併用するプロトコールの有用性が報告されている。発情のみられない個体の初回排卵後に形成された黄体の寿命は正常な発情周期における黄体寿命と比較して短いことから，定時授精後の排卵に先立って外因性P_4により高P_4環境を作出することにより，TAI後に形成される黄体が十分な機能性を有することが期待できる。

〔大澤健司〕

C. 胚移植

雌牛が自然の条件で一生涯に生産できる子牛の数は7～8頭であるが，胚を子宮から取り出して他の雌牛（レシピエント，recipient）の子宮に移植すれば，レシピエントが娘牛あるいは息牛を生んでくれる。また，胚を提供する雌牛（ドナー，donor）に過剰排卵処置を施せば多数の胚を採取できるので，一度に多数の産子が得られる。さらに，胚を凍結保存して国内あるいは国外へ輸送すれば，いつでもレシピエントへ移植できるため，胚移植技術は優良遺伝形質を有する雌牛と雄牛の産子，すなわち種雄牛候補の息牛やエリート娘牛の生産，特定品種・系統の牛の増産などに世界中で活用されている。

1．過剰排卵処置

胚を採取しようとするドナーは，繁殖機能に問題がなく，法令で定められた伝染性疾患や遺伝性疾患をもっていないことを確認する。基本的には，ドナーが正常発情周期を繰り返すことを確認した後，黄体期，特に2回目の卵胞ウェーブが始まる発情後9～11日から3～4日間FSHを投与して多数の卵胞を発育させるとともに$PGF_{2\alpha}$を投与して黄体退行と発情・排卵を誘起する。FSH投与開始後48～72時間に$PGF_{2\alpha}$を投与すると，その40～56時間後に発情が誘起されるので，発情時に10～12時間間隔で2回の人工授精を行う。

FSHは半減期が約5時間と短いため，朝夕2回，用量を漸減しながら投与する。等用量を投与すると遅れて発育する卵胞が排卵せずにエストロジェンを分泌し続け，正常に排卵した卵子の受精・発生に必要な環境を乱す。FSHの投与量は合計20～40アーマー単位（armor unit：AU≒1 mg）とするが，品種，産次，体格などに応じて調節する。FSH投与を卵胞ウェーブの開始日あるいは1日前から始めると最も多くの卵胞発育・排卵が期待できる。投与開始時期が1～2日遅れると排卵数は減少する。発情周期における初回の卵胞ウェーブは排卵日であるが，2回目の卵胞ウェーブは発情後9～10日（3ウェーブの牛），あるいは10～11日（2ウェーブの牛）に始まるので，FSH投与開始時期を卵胞ウェーブ開始時期に合わせるためには，人為的に新たな卵胞ウェーブを誘起する。超音波ガイド経腟卵子採取の要領で直径5 mm以上の卵胞あるいは主席卵胞を含む2～3個の最大卵胞を吸引除去すると，1～2日後に新たな卵胞ウェーブが発現する。また，エストロジェン製剤を投与すると発育中の卵胞が閉鎖退行して4～5日後に新たな卵胞ウェーブが発現するので，通常は卵胞吸引除去後1日あるいは安息香酸エストラジオール（estradiol benzoate：E_2B）2 mg 投与後4日からFSH投与を開始する。さらに，卵胞除去日あるいはEB投与日（あるいは両処置の1日前）から$PGF_{2\alpha}$投与日までプロジェステロン腟内徐放剤を投与すれば，発情周期の任意の時期に過剰排卵処置を開始できる。

天然型$PGF_{2\alpha}$（ジノプロスト）は，通常用量（15～20 mg）を朝夕2回投与すると確実に黄体が退行し，正常な卵胞成熟と排卵が期待できる。過剰排卵処置を施した牛の排卵は一度に起こらない。大多数の卵胞は4～8時間で排卵するが，12時間を要することもある。そのため，人工授精は発情発現後12～14時間と17～24時間の2回，高品質の精液を用いて実施する。また，複数回の授精が困難な場合には発情発現後16～20時間に授精する。発情やLHサージの出現時期は個体により差異があるため，発情・排卵の同期化処置に準じてGnRHなどを投与して排卵を誘起し，発情観察を行わずに定時に授精する方法も考案されている。

繰返し過剰排卵処置を施す場合は，胚採取終了後に$PGF_{2\alpha}$を投与して多数の黄体を退行させる。短期間内に過剰排卵処置を反復すると卵巣反応が低下するので，通常は6～8週間隔で処置を繰り返す。なお，人為的に誘起した卵胞ウェーブの開始時期は個体によりばらつきがあり，卵胞ウェーブ開始時に動員される小卵胞の数も個体によって異なるため，過剰排卵処置後の卵巣反応に個体差が生じる。処置前に超音波検査により卵巣内の卵胞数を測定すればおおよその排卵数は予想できるが，個体差を解消できる処置法の開発が望まれる。

2．胚の採取と処理

牛の胚は，発情後4～5日には子宮に下降するので，5日以降にバルーンカテーテルを用いて子宮を灌流することによって胚を採取できる。しかし，若い胚は凍結保存後の生存率が低く，孵化胚盤胞は微生物に感染するリスクがあるため，通常は発情後7日（6～8日）に子宮灌流を行う。

ドナーは枠場内に保定して，尾椎硬膜外麻酔を施し，排糞，努責を防ぐ。灌流液および保存液には，ブドウ糖，ピルビン酸，牛血清アルブミン（bovine serum albumin：BSA）および抗生物質を添加したダルベッコ（Dulbecco）のリン酸緩衝液（修正リン酸緩衝液，修正D-PBS）のほか，種々の緩衝剤とBSAの代わりに高分子化合物を添加した溶液が市販されている。BSAや血清を添加した溶液を作製する場合は，微生物汚染を避けるためにウィルス検査済みの製品を使用する。

カテーテルは子宮角基部（角間間膜付着部よりも頭側部位）でバルーンが固定される程度に挿入し，37℃前後に暖めた灌流液を子宮より約1 mの高さに吊るして自然に子宮内に流入あるいは注射筒などを用いて注入する。左右の子宮角をそれぞれ500～1,000 mLの灌流液を使用して胚を洗浄・回収する。回収液は胚専用のフィルター（孔径約70 μm）で濾過することによって液量を減らした後，実体顕微鏡を用いて胚の検索を行う。灌流液から回収した胚は保存液に移し，倒立顕微鏡下（100～200倍）で形態検査を行い，品質を判定する。胚の検索・検査は衛生的な検査室のクリーンベンチのなかで行い，微生物による汚染を防ぐ。胚は室温（20～30℃）保存で受胎性に支障はないが，40℃以上になると傷害を受けるため，加温（37℃）する場合は装置の温度が上昇しないように管理・監視する。

胚の品質は，発育段階（ステージ）と細胞の形態を勘案して評価する。発情周期6～8日の胚は，直径が150～200 μmで透明帯に囲まれた桑実胚～拡張胚盤胞である（**図12**）。正常な胚は，発情・授精後6日では初期～収縮桑実胚（発育コード3～4），7日には収縮桑実胚～中期胚盤胞（発育コード4～6），8日には中期～拡張胚盤胞（発育コード6～7），9日には孵化（脱出）胚盤胞（発育コード8）に発育する（**表1**）。正常な発育ステージの胚について細胞の形態（大きさ，色調，均一性など）を調べ，正常細胞塊の割合によって，Excellent-Good（品質コード1：85％以上が正常），Fair（品質コード2：50％以上が正常），Poor（品質コード3：25％以上が正常）およびDead-Degenerating（品質コード4：重度変性，未受精，未分割，発生の著しく遅れた胚など）の4段階で評価する。

品質を判定して移植または凍結保存する胚は，新しい保存液に移動・洗浄（胚を含む保存液が100倍以上に希釈）する操作を10回以上繰り返し，微生物を含む夾雑物を取り除く。また，透明帯に付着する微生物を除去するため，トリプシン溶液を用いた洗浄・処理が推奨されている。透明帯に亀裂のある胚や脱出胚盤胞は病原微生物に汚染されている危険性があるため，販売・移植は避ける。牛の胚は室温（20

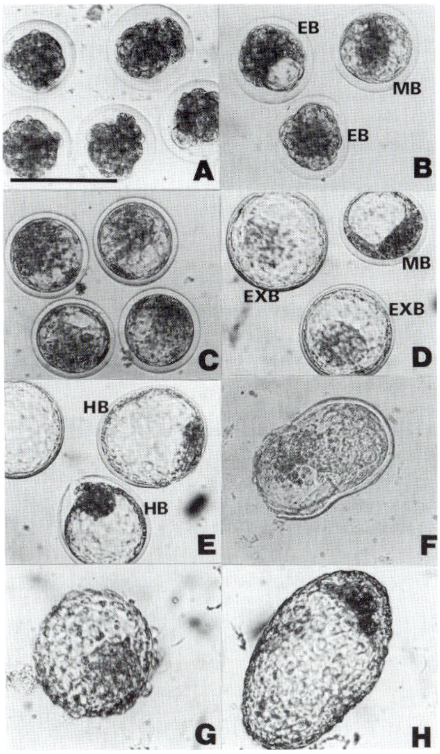

図12　発情周期6～9日の牛胚の形態

A：初期～収縮桑実胚，6日，B：初期（EB）および中期（MB）胚盤胞，7日，C：中期胚盤胞，7日，D：中期（MB）および拡張（EXB）胚盤胞，8日，EとF：透明帯から脱出中の孵化胚盤胞（HB），9日，G：透明帯から脱出した孵化胚盤胞，9日，H：拡張をはじめた孵化胚盤胞，9日

Aに付したスケールバー（200 μm）は，A～Hに共通

（高橋芳幸，1986）

～30℃）で6～8時間保存してから移植しても顕著な受胎率の低下はみられないが，保存時間の延長とともに徐々に受胎率は低下する。また，3時間以上保存してから凍結保存した胚の受胎率は低下するため，できるだけ速やかな検査・処理と移植あるいは凍結保存が肝要である。

3．胚の移植

レシピエントは，健康で発情周期や受胎性に問題のないものを選ぶ。異品種の胚を移植する場合は，難産にならないように体格も考慮する。また，発情・排卵の同期化処置を行う場合でも，前もって2回以上の正常発情周期を確認することが望ましい。胚の発育ステージとレシピエントの子宮環境が一致しなければ高い受胎率は望めない。レシピエントとドナーの発情発現時期あるいはレシピエントの発情

表1　牛胚の発育ステージ

発育コード	発育ステージ	発情・授精後の日数
2	16細胞期	5日
3	初期桑実胚	5～6日
4	収縮桑実胚	6～7日
5	初期胚盤胞	7日
6	中期胚盤胞	7～8日
7	拡張胚盤胞	8～9日
8	孵化（脱出）胚盤胞	9日
9	拡張中の孵化胚盤胞	9～10日

周期と胚の日齢（発育ステージ）が一致あるいは前後1日以内，特に前後12時間以内の違いであれば高い受胎率が期待できる。したがって，レシピエントの発情発現と排卵の時期を正確に把握しなければならない。また，移植を行う前には子宮の状態，黄体の形態を検査して，異常があればレシピエントから除外する。移植時に直径1.5～2 cmの主席卵胞が存在しても受胎性を損なうことはないが，子宮収縮が強い場合や発情様粘液がみられる場合は移植を見送る。

胚は人工授精と同じように器具を頸管から子宮角に誘導して注入・移植する（頸管経由法）。レシピエントは動かないように枠場などに保定する。尾椎硬膜外麻酔を施すと努責や排便を抑制することができるので，移植操作が容易になり，汚染防止にも役立つ。通常，移植胚は0.25 mLプラスチックストロー内に保存液とともに吸引収納し，精液注入器に類似した移植器具に装填する。酸化エチレンガスで滅菌したストローは，毒性残留を考慮して滅菌後2週間以上経過してから使用する。胚の移植は，微生物感染に対する感受性の高い黄体期に実施するため，微生物や他の汚染物を子宮内に持ち込まないように，陰部を洗浄，清拭・消毒するとともに，移植器具には滅菌外筒（外鞘）を装着して子宮頸管内まで誘導する。

胚は黄体存在側の子宮角に移植する。反対側に移植すると胚の生産するインターフェロンτの効果が十分に現れずに黄体退行を招くため，受胎率はきわめて低い。移植器具を黄体存在側の子宮角に誘導して子宮角の中央～先端2/3の部位に注入・移植すると高い受胎率が期待できるが，子宮内膜を傷つけないように注意を要する。通常の移植器を無理に子宮角先端方向へ挿入すると子宮内膜の損傷を招くため，柔らかいチューブ（内管）を伸ばして子宮角先

Ⅲ 繁殖

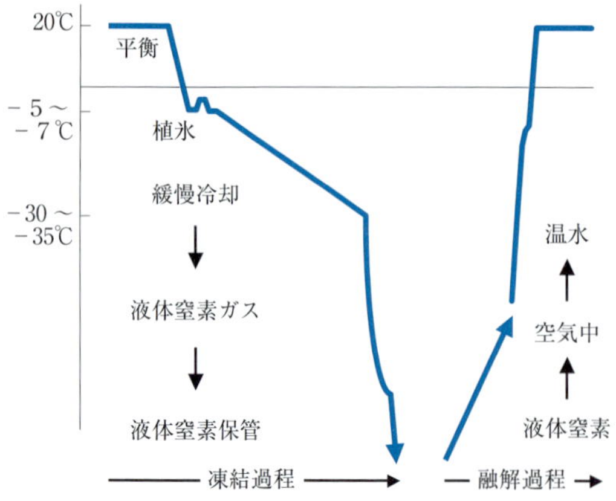

図13　一般的な牛胚の凍結と融解の概要

端に胚を注入できる移植器具も市販されている。熟練した技術者が良質の胚を適切なレシピエントに移植すれば，新鮮胚で60～70%，凍結胚で50～60%の受胎率が得られる。

4．胚の凍結保存と融解

基本的には品質のよい胚（品質コード1：Excellent-Good）を凍結保存する。通常，1.5 mol/L前後の凍害防止剤（凍害保護物質，耐凍剤）を添加した保存液とともに0.25 mL容量のプラスチックストロー内に収納・封入，冷却速度が自動的に制御できるプログラムフリーザーを用いて一定の低温域まで緩慢に冷却することによって細胞を適度に脱水させてから液体窒素に浸けて急速に冷却・凍結保存する（図13）。高濃度（5～8 mol/L）の凍害防止剤を添加した保存液に短時間浸けた胚を直接液体窒素に投入して急速に冷却し，細胞内と細胞外に氷晶を形成させずに固体にするガラス化保存法も開発されている。しかし，凍害防止剤の種類・濃度，処理時間，容器の有無・形状，融解法，凍害防止剤の希釈除去法などが多種多様なため，ガラス化保存胚は一般に販売・流通していない。

緩慢冷却による凍結保存には，従来グリセリン（10%，1.36 mol/L）を添加した保存液が使用されてきたが，融解後にグリセリンの希釈除去が必要なことから，融解後の凍害防止剤の希釈除去操作を必要としないグリセリン（10%）とスクロース（0.25 mol/L）を添加した保存液，エチレングリコール（1.5 mol/L）を添加した保存液あるいはエチレングリコール（1.5 mol/L）とスクロース（0.1 mol/L）を添加した保存液が広く利用されるようになった。いずれの場合も，はじめに凍害防止剤を添加した保存液に胚を移して，凍害防止剤の細胞内への透過と平衡を図るとともに識別標識をつけたストロー内に収納する。室温で一定時間（10～15分間）放置すれば，凍害防止剤は細胞内に透過して細胞内外の浸透圧が等しくなる。グリセリンを使用する場合は，2～3回に分けて徐々に高い濃度の凍害防止剤を添加した保存液に胚を移し，過度な細胞収縮による傷害を避ける。

ストロー内に収納して平衡処理の済んだ胚は，凝固点より少し低い－5～－7℃まで冷却する。この温度で，あらかじめ液体窒素などで冷却した鉗子やピンセットでストローを挟んで細胞外の氷晶形成を促す。この操作（植氷）を行わずに冷却すると過冷却状態で偶発的に氷晶が形成される。その結果，急激な凝固熱の発生とそれに続く急激な温度下降により細胞膜の機能が損なわれ，細胞内氷晶形成（細胞内凍結）という致死的な傷害を招く。細胞外の氷晶形成を確認したストローは10分間保持した後，0.3～0.6℃/分（通常，0.5あるいは0.6℃/分）の速度でゆっくり冷却する。この緩慢冷却により細胞外は氷晶形成が進み，氷晶が形成されていない液体部分の浸透圧が上昇して細胞は徐々に脱水される。－30～－35℃まで緩慢に冷却したストローは，液体窒素ガス中に投入して凍結した後，液体窒素中に移して保存する。10%グリセリンと0.25 mol/Lスクロースを添加した保存液を用いた場合，－25℃まで緩慢（0.3℃/分）冷却した後，液体窒素に移して急速に冷却する。適度に脱水され，細胞内の凍害防止剤や塩類の濃度が高まった胚は，急速冷却により周囲の保存液とともにガラス化されるため，ほとんど傷害を受けない。緩慢冷却の速度が速すぎると細胞が十分に脱水されずに細胞内凍結を招く。一方，冷却速度が遅すぎると細胞は長時間にわたり高浸透圧，高濃度の塩類・凍害防止剤に曝され，浸透圧傷害・塩害を受ける。

通常，凍結胚は液体窒素の中から取り出したストローを空気中で短時間（6～10秒間）保持してから温水（20～37℃）に浸け，10秒程度軽く振盪して融解する。ストローの空気中保持時間，温水温度などの条件は凍結胚を作製した会社等によって異なるため，胚に添付されている指示書に従って融解する。ストローを温水に浸ける前に空気中で保持するのは，－110℃以下の温度域を急速に融解された場合に発生する氷晶の亀裂（フラクチャープレーン）に起因する物理的傷害（フラクチャー傷害）を避けるためである。フラクチャー傷害はすべての胚にみられる傷害ではなく，氷晶の亀裂の直撃を受けた胚（20～40%）にみられる傷害である。なお，融解時にストローを長時間空気中で保持したり，風にあてたりすると，ストロー内の温度は急激に上昇して短時間で脱ガラス化と細胞内凍結を起こす温度に達する。したがって，融解作業は無風の場所で操作時間を守ることが大切である。また，液体窒素に保管されているストローは外気への露出を避け，移動（移し替え）や識別標識の確認においても，常に液体窒素に浸かった状態が望ましい。

グリセリン（10%）を用いて凍結保存した胚を直接子宮内あるいは等張液内に移すと，グリセリンが細胞内から流出する前に多量の水が細胞内に流入して，細胞は過度に膨張して傷害を受ける。したがって，融解胚を徐々に濃度の低いグリセリンを添加した保存液に移動（0.3 mol/L スクロースと 6.7，3.3 および０%グリセリン添加保存液に各５分間保持）あるいは 0.25～0.5 mol/L スクロース添加保存液へ浸けることによってグリセリンを除去する。一方，細胞膜透過性の高いエチレングリコールを添加した保存液や 10%グリセリンと 0.25 mol/L スクロースを添加した保存液を用いて凍結保存した胚は，融解後に直接等張液に浸けても過度な細胞膨張による傷害はみられないので，子宮内へ直接移植できる。なお，エチレングリコール添加保存液で凍結保存された胚の受胎率は，発育ステージによって差異がみられ，収縮桑実胚や初期胚盤胞（55%前後）が中期胚盤胞（50%）や拡張胚盤胞（45%）より高い成績が得られている。

〔髙橋芳幸〕

D．分娩調節

1．分娩誘起

牛の分娩発来機序は，基本的にはめん羊の分娩発来機序に類似していると考えられている。めん羊の分娩発来機序については，成長に伴う血流量や CO_2 の増加が胎子側胎盤（胎盤節の胎子絨毛膜絨毛から形成される部分）から PGE_2 を産生させ，胎子視床下部・下垂体を刺激することにより ACTH が胎子副腎のコルチゾールを増加させる。コルチゾールは妊娠末期において胎子側胎盤におけるプロジェステロン産生をエストロジェン産生へシフトさせ，増加したエストロジェンが母体側胎盤（胎盤節の母体の子宮内膜から形成される部分）からの $PGF_{2\alpha}$ 産生を誘導する。胎子側胎盤でプロジェステロンが産生されなくなり，プロジェステロン濃度が低下して，プロジェステロンによる子宮収縮抑制（プロジェステロンブロック）が解除されると同時に，$PGF_{2\alpha}$ とエストロジェンの共同作用による子宮頸管拡張と子宮収縮とが相まって分娩が開始されると考えられている（図 14）。一方，牛ではプロジェステロン産生源が分娩直前まで大部分を妊娠黄体に依存している点でめん羊と異なる。牛においては，コルチゾールは黄体のプロジェステロン産生を徐々に低下させ，胎子側胎盤からのエストロジェン産生を急増させる。加えて，出生直前に急激に増加した胎子由来コルチゾールは直接母体子宮に働いて $PGF_{2\alpha}$ 産生を刺激し，$PGF_{2\alpha}$ は妊娠黄体を急速に退行させると考えられている。

牛分娩誘起の目的は難産を防ぐための長期在胎の治療と昼間分娩調節（分娩立会）である。これまで牛の長期在胎の定義はホルスタイン種で 300 日を超える場合とされてきたが，臨床現場では分娩予定日を過ぎた場合には胎子過大（過大子）による難産を予防する目的で分娩誘起することが多くなっている。分娩誘起法としては分娩発来に関係する副腎皮質ホルモンあるいは $PGF_{2\alpha}$ の単独投与もしくは両剤が併用されることが多い。副腎皮質ホルモン製剤はデキサメサゾン 20～30 mg，フルメサゾン 10 mg の筋肉内注射，$PGF_{2\alpha}$ 製剤としてはジノプロスト（天然型）25～50 mg，クロプロステノール 500 μg の筋注が用いられる。デキサメサゾンと $PGF_{2\alpha}$ の同時投与の場合はデキサメサゾン投与量を半減してもよい。分娩発来機序を考慮した投与法として，予定日前２日にデキサメサゾンを投与して，その１日後に $PGF_{2\alpha}$ 製剤とエストリオール製剤を投与する方法が，特に胚移植による産子の分娩に利用されている。

分娩誘起処置に伴う副作用として胎盤停滞の発生があるが，分娩予定日より早い時期に処置すると，その発生率が高くなる。胎盤停滞の原因は従来明らかでなかったが，PG の前駆物質であるアラキドン酸の代謝産物（オキソアラキドン酸）が胎盤剥離酵

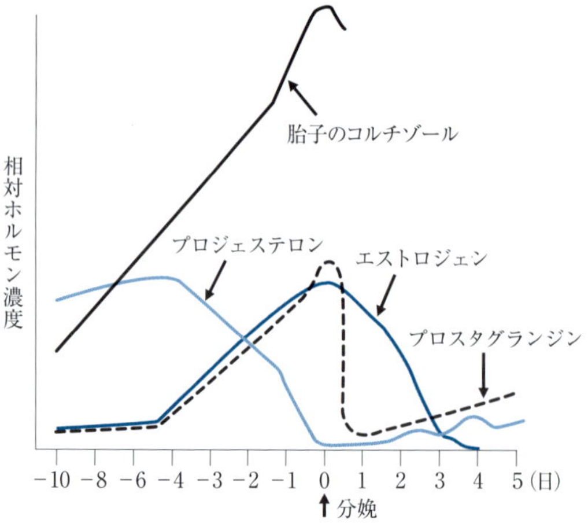

図 14　牛の分娩前後における血中ホルモン相対推移
(Singer PL, 2003)

素を刺激して胎盤剥離を促進することが近年明らかになっている。したがって，分娩誘起のための製剤を投与する際，オキソアラキドン酸を併用することにより胎盤停滞を予防できる可能性がある。

2．分娩延長

産業動物において切迫流産などの治療を行うことは通常ないが，夜間分娩を避けるために，子宮弛緩剤を投与して一定時間陣痛を抑制することはある。この目的に用いられる薬剤としてβ-アドレナリン作動薬の塩酸クレンブテロールがある。夕方に4時間間隔で塩酸クレンブテロールを2回投与することで深夜の分娩を避けられる可能性がある。この薬剤は開口期では効果を発揮するが，産出期にはあまり効果がない。なお，塩酸クレンブテロールは，胎子失位の整復に，胎子を一旦腹腔内に戻して整復する必要があるが，その際に陣痛が強すぎる場合に陣痛を弱めるために使用される。また，帝王切開術に際し，子宮収縮が強くて子宮壁から胎子を保持できない場合や，胎子摘出後の急激な子宮収縮を防ぐためにも使われる。

その他，肉牛においては分娩前1～2週間夜間のみに給餌する方法で7割程度の牛に昼間分娩が調節可能との報告がある。この原理は完全に解明されていないが，夜間に食事を集中することにより朝方にコルチゾールやPGE_2等が増加し，結果的に昼間分娩が増加すると考えられている。

〔津曲茂久〕

Ⅳ

繁殖障害

1　雄の繁殖障害

A．繁殖障害の原因と発生状況

種雄牛は肉用および乳用として優れた遺伝形質をもつ雄畜であり，種雄牛センター等特殊な機関で飼育され，精液を採取・凍結保存され，人工授精に使用されている。人工授精を目的とした採精を行う場合は，温湯を入れた人工腟へ横取り法により精液が採取され，直ちに精液検査および希釈・凍結操作が行われる。容量 0.5 mL のストローへ充填された精液は液体窒素内で半永久的に保存され，現在はほぼ100％の子畜がこのようにして作製された凍結精液による人工授精により生産されている。凍結精液供用開始前には，種雄牛の遺伝的特性が産子に受け継がれるかどうかを調べる後代検定が行われ，優良な個体が選抜され使用されている。農林水産省の畜産統計（2012 年 2 月 1 日現在）では，乳用牛の飼育頭数は 144 万 9,000 頭，肉用牛は 272 万 3,000 頭であり，これに対して種雄牛の飼育頭数は，乳用種で 1,023 頭（雌牛が血統登録された国内繋留種雄牛，日本ホルスタイン登録協会，2012 年資料），肉用種で，135 頭（枝肉成績を有する後代が 1 頭以上存在する種雄牛，2006 年，2012 年家畜改良センター資料より）あるいは 2,526 頭（飼育頭数，2003 年度，農林水産省資料より）である。しかし，凍結精液の人工授精による受胎率は乳用牛，肉用牛の別にかかわらず年々低下の一途をたどっている。

繁殖障害は，一時的に，あるいは永続的に生殖機能が停止している，あるいは低下している状態をいう。種雄牛における繁殖障害の原因を大きく分けると，先天性と後天性に分類される。先天性疾患には交尾欲減退・欠如，交尾不能症，包皮小体遺残，陰嚢ヘルニア，ミュラー管の遺残，または嚢胞形成，ウォルフ管の分化発育不全（一側性または両側性精嚢腺欠如，精嚢腺部分欠損症），ミュラー管の遺残および精巣上体管が先天的に盲端であることによる精液瘤，精液水瘤，精子うっ滞および精子肉芽腫，精巣発育不全，無精巣，単精巣，潜在精巣，鼠径ヘルニア，雄性間性，染色体異常がある。後天性の疾患はさらに，感染性の場合と非感染性に場合に大別される。感染性の繁殖障害では，細菌・真菌・ウイルスにより精巣炎，精巣上体炎，造精機能障害および亀頭包皮炎等が起きる。非感染性の場合は，外傷，内分泌異常，栄養失調，毒物，飼養管理失宜，精液採取技術失宜等による交尾欲減退，精液性状の異常，造精機能障害，精子輸送路の通過障害等がある（表 1）。

雄牛の繁殖障害は，我が国では，精液採取時や人工授精後の受胎率低下が認められた場合に発見されることが多いが，種雄牛は特殊な飼育機関で飼育されているため繁殖障害の発生状況が公表されない場合がある。そのため，原因が突き止められないまま種雄牛が廃用処分にされることが多く，正確な調査は困難である。しかし，海外における種雄牛の淘汰理由をみてみると，肉用牛では繁殖障害 47％，感染症 9％，子畜の資質 6％，精液採取困難 16％，事故 3％，その他 20％であり（1967 年），乳用牛では，繁殖障害 36.3％，感染症 14.2％，子畜の資質 15.8％，精液採取困難 11.8％，事故 4.2％であった（1969 年）。これらから繁殖障害により雄畜が淘汰される割合の高いことが伺える。

B．繁殖障害の診断検査と治療方針

1．解剖と生理

牛の精巣は長軸が垂直である縦位に位置し，精巣上体は精巣に対して尾側方向へ付着し，精巣上体尾は下方へ向く。精巣の間質細胞（ライディヒ細胞）は下垂体から分泌される黄体形成ホルモン（間質細胞刺激ホルモン）の刺激を受けてテストステロンを

表1　繁殖障害の原因の分類

個体レベル	環境	直接的原因
先天性		交尾欲減退・欠如，交尾不能症，包皮小体遺残，陰嚢ヘルニア，ウォルフ管の形成異常，ミュラー管の遺残，精巣発育不全・欠如，雄性間性，潜在精巣，染色体異常
後天性	非感染性	外傷，内分泌異常，栄養失調，毒物，飼養管理失宜，精液採取技術失宜
	感染性	細菌，真菌，ウイルス

産生する。下垂体から分泌された卵胞刺激ホルモンは間質細胞由来のテストステロンとともに精細管における精子形成を司る。副生殖腺として精嚢腺，前立腺（伝播部，体部），および尿道球腺をもつ。また，精管は精管膨大部を形成する。陰茎は弾性線維型でS状曲をもち，勃起時に伸長する。

2．繁殖障害の診断と治療

繁殖障害の診断・検査・治療においては，最初に禀告を聴取する。次いで病歴の聴取，視診，触診，必要に応じて一般臨床検査，性行動の観察，精液・精子の検査，および必要な場合，特殊検査を行う。

a．禀告・病歴の聴取

主訴を聞き，次いで過去の授精成績，血統，既往症，飼養管理法を聴取する。

b．視　　診

体型と姿勢，歩様，陰嚢・陰茎・包皮を観察する。また，精巣の発達程度をみる。

c．触　　診

陰嚢，精巣，精巣上体，包皮，陰茎を触診する。また，必要に応じて直腸検査により副生殖腺を触診する。副生殖腺の腫大，左右不対称，癒着，疼痛等を調べる。

d．一般臨床検査

歩様検査および一般臨床検査に準じて全身状態を調べる。尿検査，血液検査を行う。

e．性行動の検査

発情雌牛あるいは擬牝台を使用して，性行動を観察する。性欲（性的関心，性的興奮，求愛行動），乗駕欲（乗駕する状態と姿勢，陰茎の勃起，腟への挿入行動，挿入後の交尾行動と持続時間），射精行動，降駕を観察する。精液採取場所の環境，採精技術も確認する。

f．精液・精子の検査（一般精液性状検査）

通常一般精液検査として，以下の８項目の検査が行われる。

ⅰ）肉眼検査

精液量：採取された精液を採取管の目盛りにより測定する。正常範囲は３～10 mL，平均５mL である。

色：肉眼で色を確認する。乳白色～灰白色，ときに黄色（遺伝性，リボフラビン）である。白色の度合いが高いほど精子濃度は高い。なお，尿の混入では琥珀色，血液の混入では赤色，膿の混入では緑色となる。

臭気：採取管に入った精液の臭気を嗅ぐ。正常では無臭である。雄臭を有する場合があるが，これは正常である。

pH：pH 試験紙に精液を載せて比色することによりpH を測定する。正常範囲は 6.2～7.4 である。

ⅱ）顕微鏡検査

精子濃度：精液１mL 中に含まれる精子の数を精子濃度という。希釈・不動化した精子を血球計算盤上で計数し，濃度を求める。近年では光電比色計を使用して迅速に精子濃度を測定できる方法が使用されている。

精子活力：加温装置を使用して体温程度に保温しながら精子の運動性を顕微鏡下で観察し，－（運動しない），±（旋回または振子運動），＋（緩慢な前進運動），＋＋（活発な前進運動）および＋＋＋（きわめて活発な前進運動）に分類し，それぞれの運動性を示す精子の割合（合計で 100％）を主観的に判定する。

生存率：エオジン・ニグロシン染色により生存精子（エオジンの赤色に頭部が染まらない精子）の割合を求める。

奇形率：ローズベンガル染色やカルボールフクシン染色を行って精液塗抹・染色標本を作成し，精子の形態を観察する。奇形精子の割合を算出する。

g．特殊検査

内分泌学的検査：血中テストステロン，エストロジェン，甲状腺ホルモン，性腺刺激ホルモン（GTH）の濃度を測定する。また，刺激ホルモンを投与するなどの負荷試験を行い，その反応性をみることにより視床下部－下垂体－性腺軸における異常部位とその程度を調べる。

精液の生化学的検査：精子のDNA検査などや，精漿中のフルクトース濃度等の定量を行う。

精子機能テスト：一般精液性状検査結果が正常であるにもかかわらず人工授精後の受胎率が低下している場合に行う精子の機能検査で，精子侵入試験（透明帯除去ハムスター卵子への精子の侵入能力判定等を行う），ハイポオスモティックスウェリングテスト（低浸透圧液における精子の尾部の膨化を判定することにより精子の原形質膜の正常性を調べる），精子貫通試験（牛発情期子宮頸管粘液への精子の侵入距離を測定し，精子の運動性の良否を判定する），体外受精試験（体外における牛卵子への精子の侵入を調べ，精子の受精能力を判定する）が知られている。

精巣の組織学的検査：精巣組織をバイオプシーにより採取し，組織学的検査を行って，精子形成の有無，間質細胞，セルトリ細胞，精細胞の分化状態等を観察する。

超音波検査：精巣，精巣上体，副生殖腺等を検査し，炎症・腫瘍・石灰沈着の有無等を調べる。

陰茎の精密検査：鎮静剤として塩酸クロールプロマジン40～70 mg/kg体重を静脈注射して陰茎後引筋を弛緩させ，陰茎の検査を行う。

h．治療方針

精巣の疾患：夏季不妊症の場合は，夏季に発症した個体を休養させ，冬期に採取し凍結保存した精液を人工授精に供用する。精巣機能減退の症例では，ホルモン治療を行う。馬絨毛性性腺刺激ホルモン（eCG，妊馬血清性性腺刺激ホルモンPMSG）と人絨毛性性腺刺激ホルモン（hCG）をそれぞれ1,500単位ずつ連続投与する。

精巣上体の疾患：精子の運動性が低下し，尾部弯曲を示す精子が増加した精巣上体の機能異常では，頻回の連続採精を行うことにより精子の通過を早め，精液性状の改善を図る。

陰嚢と精索の疾患：陰嚢水腫では貯留液を排液し，薬剤感受性検査を行った後，抗菌薬と消炎剤の陰嚢内投与を行う。

精嚢腺の疾患：抗菌薬の投与および直腸壁を介する，精嚢腺のマッサージによる炎症性貯留液の排液を行う。予後不良の場合は淘汰する。

交尾障害：

①包皮炎，陰茎亀頭炎の場合は，生理食塩液等による包皮洗浄を行った後，ヨード剤や抗菌薬の軟膏等を陰茎へ塗布し，性的休養を与える。

②交尾欲減退～欠如症の場合は，遺伝的要因によるものでは治療困難であり，環境要因や飼料給与管理の失宜によるものでは，それらを改善する。内科および外科疾患が原因の場合はそれらを治療する。

③供用過度による場合は性的休養を与える（1～2カ月間）。

④精巣機能減退による交尾欲減退～欠如の場合は，hCG 1,000～2,000単位を3～4日間隔で数回投与あるいはテストステロン250～500 mgを2～4日間隔で数回投与する。甲状腺機能低下による場合はサイロキシン500 μgを1～3日間隔で2～3回投与する。

C．繁殖障害の種類と治療

1．交尾障害

a．交尾欲減退～欠如症

牛の性行動は，発情雌への求愛に始まり，陰部の探索，フレーメン，陰茎の勃起，透明液体の排出，chin resting（顎載せ）を行った後，乗駕し，勃起した陰茎の挿入，続いて射精反射が温覚により誘起され，一瞬の射精を行う。射精後直ちに降駕する。これら一連の交配行動はテストステロンおよび中枢神経により支配されている。本症では，発情雌動物に対し，性欲を全く示さない，性欲・乗駕行動・交尾行動の発現にやや時間がかかる，あるいは長時間を要する，射精までに長時間を要するものまで種々の段階の症状を示す。

原因：遺伝的要因，内分泌異常，栄養障害（ビタミンA，蛋白質等の不足），運動不足，供用過度（頻回射精），精液採取失宜による疼痛・恐怖の経験，全身性疾患，甲状腺機能低下，肺炎・肝臓障害・腎疾患・脂肪壊死・創傷性胃炎，*Arcanobacterium*感染症，熱性疾患などに罹患した場合に交尾欲が減退・欠如する。

診断：血液中のテストステロンなどのホルモン濃度を測定する。また，性腺刺激ホルモン放出ホルモン（GnRH）やhCGなどの負荷試験を行い，内分泌機能を検査する。

治療：先天性の場合は淘汰する。供用過度の場合は性的休息，栄養障害や管理失宜の場合は飼養管理法の改善を行う。内分泌障害の場合はテストステロン製剤（油性レポジトール型テストステロン 100～500 mg，5～10日間間隔で数回投与）あるいはhCG（5,000～10,000IU 4～7日間間隔で数回投与），甲状腺機能低下ではサイロキシン力価を有するヨードカゼイン1g/45 kg体重/日を投与する。

b．交尾不能症

交尾欲が正常またはわずかに減退している程度であるにもかかわらず，肢蹄の障害，陰茎・包皮の疾患および勃起不全のために雌動物と自然交尾する能力が欠如する。

原因：低栄養，内分泌異常，甲状腺異常，全身性疾患，運動器疾患（膝関節，球節等の障害），脊椎症，神経筋肉性痙攣症，陰茎の発育不全や陰茎後引筋の先天的異常（勃起不全），陰茎彎曲，短小陰茎，陰茎および包皮の腫瘍，陰嚢ヘルニア，臍ヘルニアなどによる。

診断：ホルモン濃度測定および負荷試験による。肢蹄障害（よくみられる膝関節炎，股関節脱臼，十字靭帯断裂，蹄葉炎等の蹄疾患，臀部諸筋の炎症・断裂など），歩様強拘と疼痛，脊椎の硬直などを診断し，あるいは陰茎・包皮の視診・触診により異常を診断する。乗駕試験により，陰茎の発育状態，損傷，彎曲，腫瘍の有無等を調べる。

治療：陰茎・包皮の疾患，肢蹄障害では外科処置，抗菌薬・抗炎症剤の投与を行う。内分泌障害の場合はテストステロン製剤（油性レポジトール型テストステロン 100～500 mg，5～10日間隔で数回投与）あるいはhCG（5,000～10,000IU 4～7日間隔で数回投与），甲状腺機能低下ではヨードカゼイン1 g/45 kg体重/日を投与する。

2．生殖不能症

交尾欲が正常で，交尾能力があるにもかかわらず，生殖機能の正常な雌動物を妊娠させることができない場合をいう。射精行動が正常に行われるため，一般に採取された精液を検査することにより本症が発見される。

a．無精液症

射精行動がみられるが，射出精液が認められないか極度に少ない症例をいう。

原因：先天性では精管の閉鎖または狭窄，後天性では，副生殖腺の炎症，癒着，新生物である。

治療：通過障害では外科的に管腔を拡張，副生殖腺の感染症では抗菌薬と抗炎症剤の投与を行う。遺伝的な例では淘汰する。治療後に精液を再度採取して予後を判定する。

b．無精子症

交尾欲・勃起能・射精能等性行動には異常が認められず，射精が完全に行われても，精液中に精子が存在しないか，わずかに認められる精液をいう。

原因：先天性では，精巣発育不全，精巣の欠如（無精巣症）や停留（潜在精巣），精巣上体または精管の欠如や狭窄，閉鎖である。後天性では，視床下部－下垂体－性腺の機能不全による造精機能障害，外傷や損傷，腫瘍，感染症，精巣の石灰沈着，発熱による精巣の温度調節失調である。

診断：精液検査，ホルモン負荷試験，超音波検査，精巣の病理組織検査による。

治療：先天性では，淘汰する。後天性では，ビタミンA・Eの投与，GTH，GnRHあるいは性ステロイドホルモンの投与（内分泌異常），抗菌薬・抗炎症剤の投与（感染症）を行う。

c．精子減少症

射出精液中の精子数が正常範囲から著しく低下している状態をいう。

原因：先天性あるいは後天性に発症する。後天性の場合は精巣発育不全，精巣の機能障害・損傷，精子通過障害，過度な採精が原因となる。

診断：精液検査による。

治療：先天性では淘汰する。後天性では，淘汰（精巣発育不全），性的休養（射精頻度が多い場合），GTH・GnRHの投与（内分泌異常），抗菌薬の投与（感染性）を行う。

d．精子無力症

採精直後に精液で生存率および活力が著しく低い場合をいう。

原因：精子減少症と同じ。

診断：精液検査で，活発な前進運動を示す精子の割合が50%以下であることを確認する。

治療：精子減少症と同じ。

e．精子死滅症

採精直後の精液で精子活力が認められず死滅している状態をいう。

原因：造精機能障害（精巣炎，精巣萎縮），副生殖腺や尿道の炎症性滲出物や尿の精液への混入，不適切な精液の処理による。

診断：精液検査により，精液量と精子数は正常範囲内であるが，死滅精子が50%以上のもの。

治療：炎症による場合には抗菌薬や抗炎症剤の投与を行う。副生殖腺の分泌機能を正常に保つためにテストステロン投与や射精回数を増やすことにより改善されることもある。

f．奇形精子症

形態学的に奇形精子の割合が正常範囲より多い状態をいう。

原因：過度の採精（未熟精子の増加）あるいは暑熱ストレス（夏季不妊症）による。

診断：精液検査により奇形率上昇を確認する。正常では10%以下，20～30%を超えると受胎率が低下する。

g．血精液症

精液に血液が混じているものをいう。

原因：陰茎の腫瘍，陰茎や包皮の裂傷，尿道の出血，射精口付近の尿道炎および陰茎海綿体の異常。

診断：精液検査により血液の混入を確認する。

治療：性的休養，抗菌薬の投与，外科処置（外傷性）を行う。

h．膿精液症

精液中に化膿性の滲出物あるいは好中球，剥離上皮細胞等の異常細胞が存在する状態をいう。

原因：副生殖腺の炎症性病変，尿道や膀胱の炎症，精嚢腺炎でよくみられる。

診断：精液中に，化膿性の滲出物，好中球，剥離上皮細胞等異常細胞の有無を確認する。

治療：抗菌薬の投与，外科処置を行う。交尾による雌性生殖器への感染に注意する。

i．夏季不妊症

高温多湿の季節に，造精機能や副生殖腺の機能が一時的に減退し，精液性状が不良となって繁殖供用不能となる，あるいは受胎率の低下がみられる現象をいう。

原因：精巣への血液の供給および精巣の温度調節機能が損なわれ，精子形成が障害を受けるために起こる。栄養の摂取量減少，飼料消化率の低下，甲状腺機能の低下，環境温度の上昇が原因としてあげられる。

診断：精液検査により精子活力の低下，濃度低下，奇形率上昇を確認すると同時に，受胎率低下，精子中プラズマロジェン含有量の低下，精液中フォスファチジルコリンの異常な高値を確認する。

治療：畜舎の冷却（換気，散水等），動物体への散水，栄養価の高い飼料の給与を行い，飲水量を増加させる。

3．生殖器の疾患

a．先天異常

ⅰ）生殖器形成異常

無精巣，単精巣，潜在精巣，中腎傍管嚢腫，中腎管の部分的形成不全（精巣上体の部分的無形成），一側あるいは両側性精嚢腺欠如・部分欠損症（右側の無形成が多く，右側の精巣上体無形成を伴う），精索血管形成不全，精巣逸所症（潜在精巣），精巣上体メラニン沈着症，両側性尿道球腺無形成，尿道球腺低形成，尿道球腺メラニン沈着症，尿道下裂，重複陰茎，包皮小体遺残，尿道突起剥離，らせん状陰茎弯曲，先天性短小陰茎，包皮後引筋無形成，陰茎後引筋無形成，陰茎後引筋低形成，陰茎海綿体静脈血流異常（勃起不全），陰茎背溝閉塞などによる。

ⅱ）間　　性

解剖学的に完全な雌型あるいは雄型を示さず，両性の特徴を併せもつ状態をいう。間性は，半陰陽，副生殖腺の異常，性腺の発生異常からなる。半陰陽は真性半陰陽と仮性半陰陽に分類される。前者は卵巣と精巣の両者あるいは両方の組織の混在した卵精巣を有するものを指す。後者は，さらに雄性仮性半陰陽（精巣をもつが，外見は雌に似る）と雌性仮性半陰陽（卵巣をもつが，外見は雄に似る）に分けられる。牛においては，核型がXX/XYキメラで，一側が卵巣で他側が卵精巣であった症例，および核型がXX/XXYキメラで，一側は正常卵巣で他側が未発達の性腺であった症例が知られている。いずれも，陰茎を有しており外見上は雄に似るが，精巣が陰嚢内に存在せず，発達した子宮を有していた。

ⅲ）精巣発育不全

精巣に病変をもつ種雄牛の4～31%を占める。通常交尾欲は正常であるが，精巣は可動性で小さく柔軟である。重度の発育不全は一般に若齢牛にみられ，両側性の不妊牛の場合，精液は透明水様性で，精子は通常少数または皆無である。射出精液の沈査には巨細胞（6～8核を有する多核細胞），メデュサ細胞がよくみられる。巨細胞は精母細胞の不完全な成熟分裂を示す。中程度から軽度の本症では，精巣の大きさと硬さはほとんど正常と同じであるが，精子濃度が低く，精子活力が低下し，奇形精子が増加する。

iv）潜在精巣

精巣が陰嚢内に下降せず（牛の精巣下降の発生時期は出生前後である），腎臓尾側から鼠径管内に至るいずれかの位置あるいは鼠径部皮下に停留する。一側性あるいは両側性に発生し，前者の場合，繁殖能力を有するが，後者では不妊となる。停留している精巣は小さく柔軟である。温度調節が障害されるため精子形成は行われないが，アンドロジェンは産生されるため交尾欲は正常である。遺伝的要因が考えられている。

v）染色体異常

牛の染色体は正常では29対58個の常染色体と1対2個の性染色体の合計60個からなる。核型がXXYである精巣未発達の不妊雄牛，1/21あるいは1/29ロバートソン型転座による雄牛の受胎能力低下（表現型は正常）が知られている。

vi）精子の異常

奇形精子は重篤な1次奇形と軽度な2次奇形に分類される。前者には，頭部重複，頭部形成不全，洋梨状頭部，中片部重複，中片部狭小，中片部膨化，近位細胞質小滴，尾部巻縮，尾部形成不全および尾部重複があり，後者には，頭部矮小，頭部狭小，頭部過大，遊離頭部，遠位細胞質小滴，中片部屈折，遊離尾部，尾部屈折，尾部弯曲（ヘアピン状）および尾部先端巻縮がある。

b．陰茎，包皮の異常

i）勃起不全

先天的な原因で起きる場合と，心理的原因による場合がある。先天的なものでは，陰茎発育不全と陰茎後引筋の伸張不全があり，予後不良である。心理的原因には，精液採取時における負傷などがある。この場合，長期間性的に休息を与えた後，精液採取の訓練を再度行う。

ii）包皮粘膜の損傷

包皮後引筋の先天的な片側欠如や筋量減少により包皮脱が発生し，外反した包皮粘膜の炎症が起きる。外傷等を併発すると悪化し，外科的な包皮環状切除が必要になる。

iii）陰茎の損傷，陰茎海綿体の破裂

陰茎白膜裂傷：しばらく精液採取に供されていない期間があった後，再び採精に使用したときに発生しやすい。これは激しい突進運動と人工腟を強く陰茎に当てることが原因となって起きる。陰茎腹側白膜が人工腟に激突し裂傷を起こす。このとき，陰茎の遊離部と包皮の尾側端の接合部において陰茎縫合線から裂傷が開始し背側に向かって半周あるいは全周裂ける。外科処置および術後の包皮消毒により治癒する。

陰茎海綿体の破裂：交尾および授精に際して，雌牛の陰唇，腟弁遺残物あるいは陰門下部等に陰茎が激突した場合や雌牛が急に転倒するなどにより陰茎が激しく屈曲した場合に白膜と海綿体に破裂が起こり，血腫を生じる。このような状態は陰茎の折損と呼ばれる。血腫は2次感染により化膿し，癒着を起こして交尾不能となることがある。

iv）亀頭包皮炎

陰茎亀頭と包皮の炎症である。吸血昆虫による刺傷，外傷，擦過傷，裂傷，蹴傷，脱落した人工腟のゴムバンドが陰茎周囲に巻きつくことによる血行障害などにより亀頭包皮炎を起こす。一般に腫脹，炎症，疼痛，膿性分泌物および包皮口に悪臭のある排泄物の付着がみられる。慢性化したものでは，潰瘍や瘢痕を形成し，癒着により勃起不能となる。感染症が原因の症例では，牛伝染性鼻気管炎ウイルス（牛ヘルペスウイルス1型）感染により，包皮腔からの膿性浸出液の分泌，包皮口の腫大・浮腫・充血，陰茎の点状出血，黄白色から赤色小顆粒の散在する陰茎炎を発症する。また，トリコモナス（*Trichomonas foetus*）感染では，包皮炎（局所充血・腫脹・膿性粘液分泌），精巣と輸精管への炎症の波及が起きるが，治療困難なため淘汰が望ましい。カンピロバクター（*Campylobacter fetus*）は包皮内に潜むが，無症状（包皮洗浄液中に検出される）である。一般に治療は，包皮洗浄，ヨード剤の塗布，カンピロバクター感染ではストレプトマイシン，クロラムフェニコール，エリスロマイシンを包皮あるいは亀頭へ塗布する。

v）陰茎の腫瘍

伝播性線維乳頭腫は，パピローマウイルス感染により若齢牛に多発する陰茎の腫瘍で，陰茎先端部に形成される。通常3歳以内に自然治癒するが，出血，疼痛あるいは2次感染による亀頭の浮腫・疼痛・癒着のため勃起不能となる。電気メスによる腫瘍の焼絡切除により2週間程度で完治する。

c．陰嚢の疾患

ⅰ）陰嚢皮膚炎

吸血昆虫（アブ，刺しバエ）による刺傷，出血，化膿，痂皮，肥厚，打撲，蹴傷等により発生する。慢性例では，不規則な表皮および真皮の増殖を引き起こし，徐々に皮膚が肥厚する。組織学的には，陰嚢皮膚の血管拡張，表皮突起の伸張を伴う著しい肥厚や線維性結合組織の著しい増生が乳頭層を増大させる。皮脂腺や汗腺は萎縮し消失する。精巣上体や精巣と癒着が起こり，精巣萎縮の原因となることもある。この場合，精巣の温度調節が不十分となるため造精機能が影響を受ける。レンサ球菌，ブドウ球菌，*Arcanbacterium pyogenes* などが皮膚から侵入し化膿および膿瘍形成，あるいは壊死を起こす。陰嚢の視診・触診により診断する。また，陰嚢内容物を採取してその性状（量，色，臭気）を調べ，細菌培養を行う。温湿布・冷湿布，抗炎症剤の投与，抗菌薬等の全身または局所投与を行う。

ⅱ）陰 嚢 炎

打撲，外傷，陰嚢皮膚炎から波及し，陰嚢皮膚の著しい肥厚と総鞘膜の周囲の水腫が起こる。陰嚢が左右不対称となり，陰嚢温度が上昇する。精液検査で，最初に精子活力の低化，次いで精子数の減少，最終的には造精機能障害（円形状の精母細胞のみ）が認められる。また，超音波検査で総鞘膜周囲の水腫を確認する。急性で冷湿布を施し，抗菌薬の大量投与を行い，デキサメサゾンや非ステロイド性抗炎症薬（NSAIDs）を併用する。精液検査を２カ月後に再度行い，精子数の上昇を確認することにより治癒の可否を判断する。

ⅲ）陰嚢水腫

総鞘膜腔内に水様透明な漿液あるいは漿液線維素性滲出物が貯留する疾患である。先天的には鞘状口の閉鎖不全により起こる。後天的には陰嚢ヘルニアから継発，蹴傷等の外傷，精索捻転による循環障害，あるいはフィラリア症から発生する。精巣の著しい圧迫萎縮が起こり，また精巣の温度調節が不良となり精液性状が悪化する。穿刺により貯留液を除去する。原因に応じて，抗菌薬や利尿剤を使用する。

ⅳ）陰嚢血腫

総鞘膜腔内に血液あるいは血様浸出液が認められる。主に外傷や挫傷により発生する。

ⅴ）陰嚢ヘルニア

腸が鼠径輪から陰嚢内に脱出した状態であり，精巣温度調節が阻害される。また，鼠径輪が小さい場合は嵌頓ヘルニアによる絞扼性腸閉塞を生じる。先天性では鼠径輪の閉鎖が不十分なときに発生し，無痛で柔軟な波動性のある腫瘤として鼠径部に認められる。後天性の場合は，滑走，交配および疼痛等によって腹圧が上昇したときに腹腔臓器の脱出が起こり，陰嚢の腫大と疼痛，突然歩行困難，後躯開張，発汗を示す。腸内容物の流動と腸蠕動運動を触診および聴診することにより陰嚢水腫と類症鑑別できる。

ⅵ）陰嚢腫瘍

老齢牛で，線維乳頭腫，および黒色腫が知られている。

d．精索，精管，精管膨大部の疾患

ⅰ）精 索 炎

牛では発生が少ない。精索捻転，寄生虫性精巣動脈炎，打撲，去勢手術後の感染に起因する。また，陰嚢皮膚炎や精巣上体炎に併発する。急性で，腫脹，発熱，疼痛，分泌物の貯留，歩様異常などが認められ，慢性で肉芽形成，肥厚，硬結，癒着等がみられる。治療では，抗菌薬の投与および外科処置を施す。

ⅱ）精管炎，精管膨大部の炎症

精管膨大部を有する動物で精管炎が発生しやすい。*Brucella abortus*，ブドウ球菌，レンサ球菌，結核菌，緑膿菌，ウイルス等が原因となる。感染は通常一側性であるが，両側性の場合もある。精管膨大部炎の場合は，直腸検査により精管膨大部の腫大，硬結および疼痛を確認する。精液検査では，精子活力の低下，白血球の混入が認められる。治療として，抗菌薬，抗炎症剤を投与する。

e．副生殖腺の疾患

ⅰ）精巣上体炎

感染症としてブルセラ病があげられる。*B. abortus* の感染により，精巣上体炎，精巣炎を起こし，不妊となる。精巣・精巣上体内で細菌が増殖し，精液中へ排菌され，交尾により伝播する。急速凝集反応，試験管凝集反応あるいは補体結合（CF）反応により判定される。その他，*A. pyogenes*，レンサ球菌，ブドウ球菌，大腸菌，緑膿菌，ウイルス等の感染により引き起こされる。また，外傷や吸血昆虫の刺傷による陰嚢皮膚炎症から波及して発症する。精巣上体尾に多発し，精巣上体頭および尾が腫大し，触診により精巣と精巣上体との区別が不明瞭となる。精子の通過障害が生じ，管腔の膿瘍形成，精巣上体管の

閉塞による精液瘤と精子肉芽腫を形成する。これは無精子症や血精液症の原因となる。急性では温湿布や冷湿布，抗菌薬，抗炎症剤等を投与する。

ii）精液瘤，精子肉芽腫

先天的原因として盲端になった中腎管（ウォルフ管）の遺残物，あるいは後天的原因として打撲・感染症・腫瘍等による炎症・圧迫や癒着から精巣上体管が閉塞することによって精巣上体管に精子が貯留し，嚢胞状に拡張した状態を精液瘤という。精液瘤の管腔上皮が変性して精子が管外へ漏出し，間質組織と接触すると精子に対する炎症反応が起こり精子肉芽腫が形成される。精子がうっ滞することにより精巣内の精細管に変性が起き，石灰沈着がみられる。

iii）前立腺炎

B. abortus およびその他の細菌あるいはウイルスによって起こる。不顕性感染が多い。

iv）精嚢腺炎

尿道から上行性に細菌感染が波及し，包皮粘膜炎から精嚢炎を発症する。感染症として，ブルセラ菌，ブドウ球菌，緑膿菌，クラミジア等が知られている。通常は臨床症状を示さないが，ときに背弯姿勢を伴う腹膜炎症状，食欲減退，排糞時に疼痛症状を示す。直腸検査で，不規則に腫脹した精嚢腺が触知され，圧痛を示す。また，精嚢腺の肥厚・癒着等も触知される。超音波画像検査による精嚢腺の炎症を確認することが診断に有効である。また，採取される精液の検査では，膿精液症を示し，精液の色調異常（灰白色，淡緑黄色），白血球の混入，精子数減少，精子活力低下，精子奇形（尾部欠損），カタラーゼ活性が高値，精液 pH 異常（7.0 以上），フルクトース濃度の低下（50 mg/dL 以下）等が認められる。病理学的には病変が３種類に分類される。Ⅰ型は慢性の間質性炎と線維化を特徴とし，剥離上皮細胞と好中球が管腔に認められる。Ⅱ型は腺上皮細胞の退行変性を特徴とし，多量のフォイルゲン陽性クロマチン塊が管腔中に認められる。Ⅲ型は排泄管の閉鎖により腺胞が嚢胞状に拡張し，膿瘍を形成する。治療として，抗菌薬の大量投与，抗炎症剤の併用，頻回の精液採取を行う。慢性化しやすく，その場合，膿瘍が形成される。再発による長期治療が行われると精子活力が低下する。

f．精巣の疾患

i）精 巣 炎

原因：打撲，衝撃，雌牛の蹴りによる精巣の外傷により発症する。感染症においては，ブルセラ病（陰嚢の腫大と熱感；精巣上体炎を併発），結核病，コリネバクテリウム感染症（交尾欲減退・欠如を伴う），放線菌感染症，ウイルス感染症，クラミジア感染症（肉芽腫性精巣炎）により起こる。また，精巣周囲組織の炎症（吸血昆虫の刺傷による陰嚢皮膚炎等）から精巣へ炎症が波及して起こる。精巣炎が進行すると精巣変性に陥り，また，精巣上体炎を併発しやすい。

症状：急性期には激痛と高熱を示し，歩様異常，食欲不振を呈する。精巣は腫大し，水腫を伴う。造精機能が低下あるいは停止し，一時的あるいは永久的な不妊症に陥る。精粗細胞への影響の有無により生殖不能症となるか否かが決定する。精液では，精子濃度が低下し，奇形精子，白血球および剥離した未熟精細胞が出現する。造精機能が停止した場合は無精子症となる。ブルセラ病では主に精嚢腺炎と精巣上体炎が起こるが，精巣炎も引き起こす。精巣白膜の炎症により陰嚢が腫大し，陰嚢皮膚は熱感を示す。好中球を含む壊死巣が精巣に多発的に発生する。多くの精細管が破壊され，残りの精細管は重度に変性する。

治療：急性期には冷湿布を施し，細菌性の場合は抗菌薬を投与する。精巣炎が片側性で副生殖腺へ炎症が波及していなければ，罹患した精巣を外科的切除することにより，生殖能力は保持される。

ii）精巣変性

炎症が長期化すると精巣の石灰化が起こる。

検査：超音波画像検査，精液性状検査（無精子症）を行う。

原因：

①温度：鼠径ヘルニア，潜在精巣，皮膚感染，陰嚢皮膚炎，打撲，血腫等による精巣温度の上昇による。

②精巣の循環障害：精巣バイオプシー，老齢による循環障害から起こる精細管の変性による。

③年齢：老齢により精巣変性が起き，年齢の進行に伴い受胎性が低下する。

④外傷，ストレス，疾病：創傷性胃炎，闘争による打撲，化膿性関節炎，輸送ストレスによる急性あるいは進行性精巣変性が起きる。

⑤感染症：*B. abortus*，結核（精巣の粟粒結核），化膿桿菌，放線菌，ランピースキン病，牛伝染性鼻気管炎ウイルス（牛ヘルペスウイルス1型）は精母細胞に障害を与え，精子形成を停止させる。
⑥栄養不良：大腸周囲の脂肪壊死や不適切な飼養管理による体重減少は精巣変性と萎縮を起こす。
⑦照射：X線あるいは放射性物質の放射線の照射により精巣変性が起き，精子形成が阻害される。

症状：

①雄畜の繁殖成績低下：軽度の交配受胎率低下から完全な不妊症まで範囲が広い。
②精巣の大きさ減少：1/2から2/3に減少する。
③精巣硬度の低下：急性で中等度，重度の変性で柔軟となる。
④精巣の疼痛熱感：急性の炎症の場合，発現する。

診断：

精液検査が精巣変性の診断にきわめて有効である。1週間以上の間隔で数回検査する。

①精子濃度減少：正常の1/3〜1/2へ低下し，あるいは精子減少症〜無精子症となる。
②精子活力低下：正常の1/3〜1/2以下まで低下する。
③奇形精子の増加等：奇形精子が増加し，軽度精巣変性では15〜20%，中等度精巣変性で20〜30%，および重度の精巣変性で35〜60%以上となる。また，重度の精巣変性では精子形成過程において頭部，頸部および中片部に起こる1次奇形が，正常に形成された後に精巣上体，精管，尿道を通過する間に尾部に起こる2次奇形より多数出現し，濃縮核をもつ精母細胞等の未熟細胞が認められる。

治療：

①原因を除去する。
②ビタミンAの投与と良質な粗飼料を給与する。
③急性精巣炎では休養を与える。
④炎症の治療では抗菌薬およびグルココルチコイドの投与が有効である。

予後：

軽度〜中等度ではほぼ良であるが，進行性老齢性精巣変性，膿瘍形成を伴うもの，線維化と萎縮を伴うもの，若年の精巣形成不全による精巣変性および両側性精巣腫瘍では不良である。

iii）精巣腫瘍

セルトリ細胞腫，間質細胞腫（ライディヒ細胞腫）および精上皮腫が知られており，間細胞腫は老齢牛で良性のものがみられ，精上皮腫はまれにみられる。精巣腫瘍は隣接する精細管を圧迫することにより精巣変性を引き起こすため，精子の生産と受胎能力が低下する。

〔村瀬哲磨〕

2　雌の繁殖障害

繁殖が一時的または永続的に停止あるいは障害されている状態を繁殖障害という。さらに，生殖器の異常および疾患により受精の成立が妨げられている状態を不妊症，受精が成立しても胚～胎子が死滅あるいは流産して成育しない状態を不育症として区別する場合がある。

A．繁殖障害の原因と発生状況

1．繁殖障害の原因

繁殖障害の原因には，生殖器の解剖学的異常，ホルモン分泌の異常，飼養管理（栄養および環境）の不良，微生物感染，授精技術および臨床繁殖検査技術の不良があげられる。

a．解剖学的異常

生殖器の解剖学的異常はその性状および程度により受胎の妨げとなる。先天性と後天性のものがある。

b．ホルモン分泌の異常

性腺刺激ホルモン放出ホルモン（GnRH）および性腺刺激ホルモン（GTH）の拍動性（パルス状）分泌が低下すると，卵胞が発育・成熟せず，排卵が起こらない状態である卵胞発育障害となり，発情周期（卵巣周期）は営まれなくなり，動物は無発情を呈する。あるいは黄体形成や黄体機能が不十分となり，プロジェステロン分泌が不足して妊娠が障害される。さらに，GnRH および GTH の一過性大量放出（サージ）が欠如あるいは不足すると，卵胞は排卵しない，あるいは排卵することなく異常に大きくなって卵巣嚢腫となる。

c．飼養管理の不良

低栄養や慢性感染症ならびに消耗性疾患による発育不良は，春機発動の遅延をもたらし，春機発動後においては，発情持続時間の短縮，発情や発情徴候の不明瞭化，卵胞が発育あるいは成熟しない卵胞発育障害をもたらす。また，泌乳や授乳に伴うエネルギー不足（分娩後の体重の減少）は，黄体形成ホルモン（LH）のパルス状分泌の頻度を減少させ，発情周期の再開遅延や卵胞発育障害を招く。さらに，栄養状態は受胎の成否および繁殖障害の発生と密接に関係しており，牛のエネルギー収支状況を体脂肪の蓄積程度で判定するボディコンディションスコア（body condition score：BCS）が分娩時に低い牛では，乳牛，肉牛ともに発情周期再開の延長と空胎日数（次回妊娠までの日数）の延長が起こる。ちなみに，BCS を１～５の５ポイントで評価すると，1.0（１ユニット）の変化は乳牛の生体重で概ね 40～60 kg，その約 70％が体脂肪と推測されている。乳牛において BCS の低下が 1.0 ユニットを超えると，受胎率が著明に低下する。

飼養環境の良否も生殖機能に影響を及ぼす。運動は牛における分娩後の初回排卵，発情発現，空胎日数を短縮し，受胎に要する交配（人工授精および自然交配）回数を減少させる。また，血液中（血中）副腎皮質ホルモン（コルチコイド）の主体であるコルチゾール濃度の増加をもたらす飼養環境の不良ならびに蹄病や関節炎のような疼痛性疾患（ストレス）は GTH 分泌の抑制，黄体期における血中黄体ホルモン（プロジェステロン）濃度の低下および黄体退行時におけるコルチゾールの増加を招き，不受胎および黄体退行や卵胞の発育・成熟・排卵の異常などの繁殖障害をもたらすことが示唆されている。

d．微生物感染

細菌，ウイルス，真菌，原虫などの微生物の感染により流産や繁殖障害が起こる。

通常，生殖器感染を起こし繁殖障害を惹起する病原微生物はブドウ球菌，レンサ球菌，大腸菌，*Arcanobacterium pyogenes* などの常在菌が多い。

e．人為的要因

雄牛不在の家畜群においては，雌がスタンディング発情や発情徴候を示しても飼育者がそれを見逃してしまうこと，発情開始の時期や発情の状態が的確に把握できていないために交配時期が不適切となり不妊となること，また，人工授精や胚移植および繁殖障害診療の技術の不良および失宜により繁殖障害を招くことがある。

2．繁殖障害の発現および発生状況

牛の淘汰理由として繁殖障害の占める割合は大きい。

a．繁殖障害の発現状況

繁殖障害は発現状況により次のように大別される。

ｉ）春機発動すべき時期を過ぎても，あるいは，分娩後の生理的卵巣休止期（分娩後50日）を過ぎても，卵巣機能が正常に営まれず，無発情などの異常発情を示し，交配できない状態（卵胞発育障害，卵巣囊腫，鈍性発情，黄体遺残など）。

ⅱ）発情は発現するが，卵巣，卵管や子宮などに異常があり，交配しても受精が成立しない状態（排卵障害，卵管炎，子宮内膜炎など）。

ⅲ）受精が成立しても妊娠が維持されない状態。胚の死滅，流産，胎子ミイラ変性や胎子浸漬などを含む。胚の着床障害や死滅および胎子の早期死では，それらは吸収されるか気づかれずに流産する。

ⅳ）分娩中の異常（難産，死産など）および分娩後の異常（胎盤停滞，子宮修復の遅延など）。

ⅴ）乳房・乳頭の疾患（乳房炎，血乳症，乳頭損傷など）および新生子の疾患（新生子の仮死，臍出血，胎便停滞，臍炎，白痢，新生子黄疸など）。

このうち，不妊症にはｉ）とⅱ）が含まれる。不育症にはⅲ）が含まれる。なお，妊娠は受精の成立から分娩までの雌動物の状態をいい，この期間を妊娠期間という。受胎は胚が子宮に着床し，発育可能な状態になった状態をいい，妊娠初期の一時期を画して称する。牛における胚の着床開始時期は排卵後18～22日とされる。

b．繁殖障害の発生状況

全国の家畜保健衛生所が参加して行われた1973～1985年の調査によると，空胎（妊娠していない）牛の割合は乳牛では10～20%，肉牛では20%前後であり，卵巣疾患および子宮疾患が繁殖障害の主体をなしている（家畜衛生週報No.1973，農林水産省畜産局衛生課，1987）。また，1985年度の病因別内訳をみると，卵胞発育障害（卵巣静止，卵巣萎縮，卵巣発育不全），卵巣囊腫（卵胞囊腫，黄体囊腫）および子宮内膜炎が主要な疾病であることがわかる。

農林水産省経営局が家畜共済制度に加入している家畜に関して取りまとめた平成22年度農業災害補償制度家畜共済統計表（平成24年12月）をみると，病傷事故の総件数に占める生殖器病の割合は，乳牛の雌等については24.7%（350×10^3件/$1,417 \times 10^3$件），肉用牛等については17.3%（208×10^3件/$1,202 \times 10^3$件）と高いことがわかる。そのなかで，卵巣静止（5.0，5.0%）や卵胞囊腫（3.7，2.4%）の治療が多く，さらには，鈍性発情（3.7，2.8%）や黄体遺残（7.1，3.4%）として治療されるものが多い。

B．繁殖障害の診断検査と治療方針

1．繁殖障害の診断検査

繁殖障害を的確に治療および防除する上で最も重要なことは正確な診断である。診断に際しては正確な診断を期してあらゆる角度から適切な検査を行わなければならない。

a．病歴，問診，視診

診断に先立って個体および群について年齢，産地，病歴，繁殖歴，発情および交配状況，飼料給与ならびに管理状態，一般状態などを聞き取り，調べる。また，外貌，栄養状態および一般健康状態について視診する。

年齢：若齢過ぎるものや老齢過ぎるものは繁殖に供用しない。

産地：遠隔地から導入した場合には，当初は環境や飼養管理の急変のために生理的に変調をきたし，繁殖成績が不良となることがある。

病歴：過去に罹患した疾病の種類と発病時期を知ることは，生理・健康状態を把握し，診断，治療を行う参考になる。

繁殖歴：分娩の回数と年月日（時期）および各妊娠次における妊娠に要した授精回数と授精年月日，繁殖障害および受胎のために要した治療とその時期，難産および胎盤停滞の有無，流産の時期とその妊娠ステージ（習慣性流産の可能性とその時期の予測），最終分娩年月日（繁殖障害の経過が推定される）およびその後の疾病罹患状況と治療状況を聞き取り調査する。

発情および交配の状況：最終分娩後の発情および発

情徴候の発現月日，発情および発情徴候の強弱ならびに持続時間，交配（交尾および人工授精）年月日を聞き取る。なお，交配を行った牛についてはその後に発情および発情徴候がみられた場合でも妊娠診断を行い，不妊であることを確認した上で，必要な諸検査を実施する。

飼料給与および管理状況：給与飼料の種類と量，それらの乾物量（DM），可消化粗蛋白質（DCP）および可消化養分総量（TDN），泌乳量や哺乳および運動の有無，発情および発情徴候の観察方法を聞き取る。

外景検査（視診）：BCS を記録する。持続的な外陰部の充血，腫脹，弛緩は卵巣嚢腫の場合にみられる。外陰部からの膿様物（膿性粘液）の排出は子宮，頸管，腟における化膿性疾患の存在を示唆する。牡相（雄相）は卵巣腫瘍や卵巣嚢腫の場合にみられる。

b．繁殖機能検査

病歴の聴取，問診，視診により繁殖障害の性状を推測した上で繁殖機能検査を行う。一般繁殖機能検査として，腟検査（子宮頸管粘液の肉眼的および顕微鏡的検査を含む），直腸検査を行う。必要な場合には超音波画像検査，診断的子宮洗浄，血中および乳汁中のプロジェステロン濃度の測定，子宮洗浄回収液や外子宮口部排出粘液（子宮頸管粘液）の細胞検査や細菌・ウイルス検査，子宮頸管粘液の精子受容性の検査，子宮腔内採取細胞検査や子宮内膜バイオプシー，卵管通気検査などの特殊繁殖機能検査を行う。このほか，全身的健康状態を調べるため，血液，尿，糞便について生化学，寄生虫病学，細菌学，ウイルス学的および抗体検査を行う必要のある場合もある。

検査の際は，動物の保定を適切に行うことが重要である。術者のみならず動物にも危害が及ばないように適切に保定する。また，検査は動物に苦痛を与えないように穏和かつ丁寧に手際よく短時間に行う。検査が長時間に及ぶと，動物は飽きて落ち着かなくなり，努責を発し，検査の続行が困難となる。

検査に用いる器具，器材は厳重に消毒し，術者の手指も十分洗浄・消毒する。また，器具の操作は無菌的に行い，検査により生殖器に感染を起こさせたり，感染を増悪させないように注意する。

ⅰ）腟 検 査

腟鏡，子宮頸管粘液採取器などの器具は消毒薬などで十分消毒して用いる。腟内を腟鏡用電灯や懐中電灯で照らすと観察が容易になる。腟検査および子宮検査や処置を行うに当たっては，腟前庭には細菌が多く存在するが，腟深部には細菌はほとんどいないことを十分認識し，それらの検査を可及的無菌的に行う必要がある。

腟検査の実施に当たっては，尾も邪魔にならないように頭側背方あるいは上方に保定して外陰部を洗浄，消毒した後，消毒した腟鏡を腟内に静かに挿入する。

腟鏡を外子宮口ないし子宮腟部近くまで深く挿入した後，十分開き，子宮腟部の形状，充血・腫脹・弛緩の有無と程度，外子宮口の開口の有無と程度ならびに外子宮口からの排出液の有無と量および性状などについて素早く詳細に検査する。次いで外子宮口あるいは子宮腟部の粘液を採取し，最後に，腟粘膜の色調，化膿の有無，付着粘液の性状などを観察する。

採取した粘液は，色調，混濁あるいは膿様ないし絮状物の混在の有無および程度，粘稠性，pH を調べる。粘液中の細胞や細菌を検査する場合には，スライドグラスに粘液を薄く塗抹して風乾し，メタノール固定を行った後，ギムザ染色などの染色を行って鏡検する。

ⅱ）直腸検査

（1）検 査 法

牛では，直腸に手腕を挿入し，直腸壁を介して内部生殖器を触知する直腸検査が可能であり，卵巣における卵胞の発育，排卵および黄体形成ならびに子宮の状態や妊娠の成否が触診できる。

直腸検査に当たっては，直腸を損傷しないように指先の爪を短く切り揃えておくことが必要である。また，衛生管理の面から直腸検査用ポリエチレン製手袋を用い，1頭ごとに交換して行う。腟検査や気腟（後述）などにより腟が空気で膨満している場合には直腸に挿入した手掌で膨満した腟を圧迫するなどして空気を排除することにより直腸検査が行いやすくなる。さらに，直腸壁が緊張して硬く筒状になっている場合には，頭側の狭くなった内腔部の直腸壁の皺壁に指先をかけて手前に軽くマッサージするように引くことにより緊張が解けて直腸壁が柔軟となり，検査ができるようになる。粗暴な直腸検査は直腸壁の損傷およびその後の瘢痕硬化による検査不能な状態を引き起こすのみならず，卵巣における卵胞の破裂や黄体の剥離などの損傷とそれに伴う出血

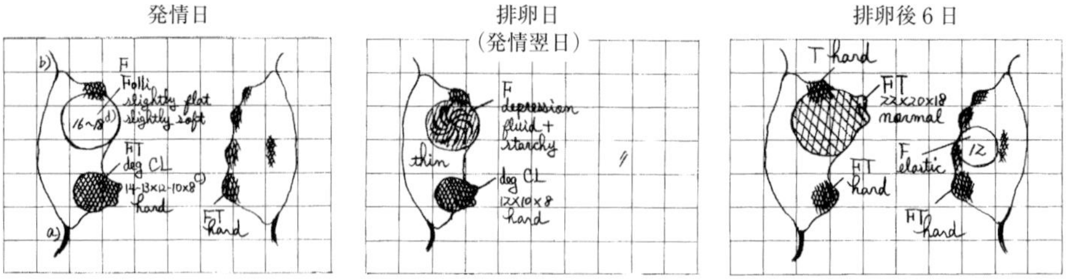

固有卵巣索(a)を常に定位置にして記録する。a：固有卵巣索，b：卵巣堤索，c：高さ×幅×厚さ(mm)，d：直径(mm)，1マス＝10 mm

〔記録用語例〕

小指と薬指の間に卵巣靭帯を保持して卵巣を触診した場合，F：示指で触知される側面，M：中指で触知される側面，FM：示指と中指の両方で触知される部位，T：母指で触知される側面，FT：示指と母指の両方で触知される部位に存在することを示す。

Folli：卵胞，devel Folli：発育卵胞，mature Folli：成熟卵胞，atretic Folli：閉鎖卵胞，CL：黄体，devel CL：発育黄体，func CL：開花期黄体，degen CL：退行黄体，preg CL：妊娠黄体，CCL：嚢腫様黄体，lutein：黄体化している，FC：卵胞嚢腫，LC：黄体嚢腫，estrous cycle：発情周期，luteal phase：黄体期，early luteal phase：黄体初期，functional luteal phase：黄体開花期，regression stage of CL：黄体退行期，follicular phase：卵胞期，proestrus：発情前期，Estrus：発情期，postestrus：発情後期，ovulation：排卵，flat：偏平な，hard：硬い，depression：陥凹，fluid：液体，starchy：粘稠な，elastic：弾力的な，thin：菲薄な

図1　臨床繁殖検査における卵巣触診のカルテ記載要領（金田，加茂前原図）

をもたらし，治療不能の卵巣癒着を招くため，直腸検査は優しく，ダイナミックに，注意深く行う。

（2）検査項目

子宮頸管：太さ，長さ，ならびに腫脹，走行の異常，硬結や疼痛の有無などを調べる。

子宮：子宮の下垂の状態や収縮性，子宮角の左右対称性，太さ，長さについて調べる。さらに，子宮壁の弾力性，厚さ（肥厚，菲薄），粗造性（ザラザラ感），脆弱性，子宮腔内への貯留物などの異常について検査する。なお，子宮の収縮性，子宮角の太さ，子宮壁の弾力や厚さは発情周期の時期に応じて微妙に変化するので，それらの生理的な変化を十分理解しておく必要がある。

卵管：癒着，硬結，腫大の有無を調べる。

卵巣：卵巣の大きさ，形状，硬さ，弾力，癒着の有無について調べる。さらに，卵胞，黄体，嚢腫卵胞，腫瘍の有無，個数，大きさ，形状などを検査する。検査所見は，実物大の大きさでカルテに記録し，記録した所見の経日的な変化により，診断や治療の判定および予後判定を行う（**図1**）。

iii）超音波画像検査

妊娠診断や胚および胎子の生死鑑別のほか，卵巣および子宮疾患の診断などに用いられる。画像による客観的な検査である。操作が簡単で短時間に検査でき，母体や胎子に侵襲を及ぼさない。通常，探触子を手掌中に保持して直腸に挿入し，検査する。画像は，一般的に，水分含量の高い組織や体液はエコーレベルの低い（低輝度＝エコーフリー）状態として黒く描出され，水分含量の低い充実組織はエコーレベルの高い（高輝度＝エコージェニック）状態として白く描出される。

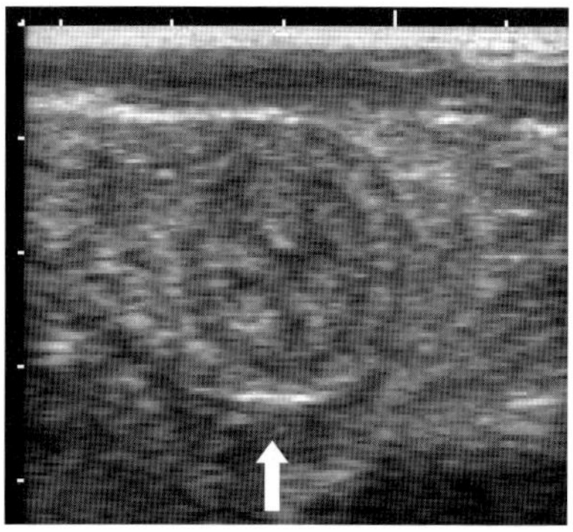

図2　ホルスタイン種初産牛（牛No.18）の左子宮角横断面の超音波画像

⇧：排卵後2日

牛の子宮は，横断面では子宮内膜が子宮腔に接した円ないし楕円形，縦断面では円柱状の輝度のかなり高い領域として，輪筋層は子宮内膜の外側の低輝度の黒い線状ないし薄層状部分として描出される（**図2**）。さらに，輪筋層の外側には血管層が高輝度の白い層状構造として，その外側には縦筋層が低輝度の黒い線状ないし薄層状部分として描出され，最

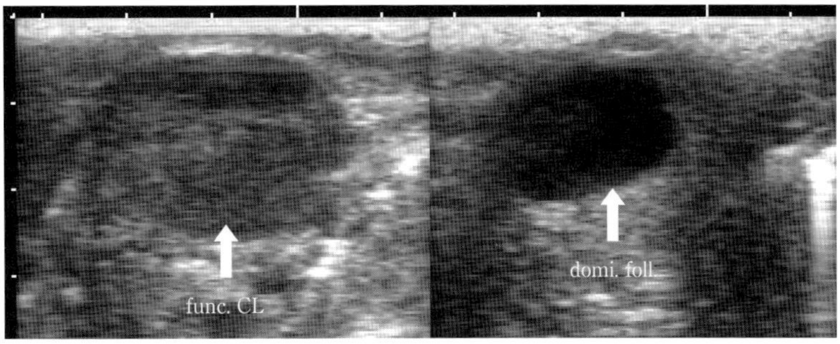

図３　ホルスタイン種初産牛（牛 No.7）における排卵後 14 日の左卵巣の開花期黄（func. CL）と右卵巣の主席卵胞（domi. foll.）

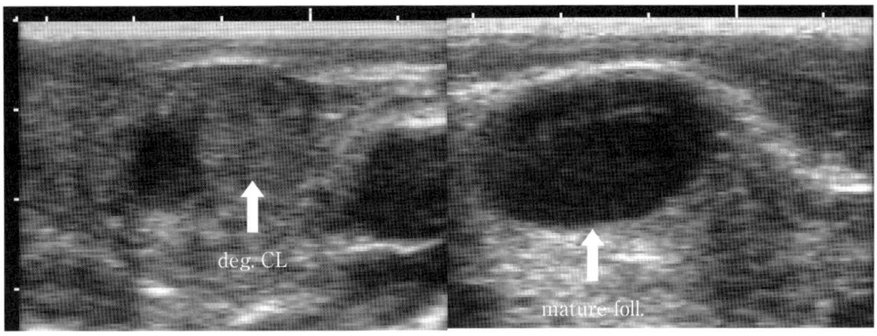

図４　ホルスタイン種初産牛（牛 No.８）における排卵後 21 日の左卵巣の退行黄体（deg. CL）と右卵巣の成熟卵胞（mature foll.）

外側に子宮外膜が高輝度の白い層状構造として描出される場合もある。しかし，多くの場合，血管層，外縦筋層および外膜の３つ層の識別が困難であり，それらは一体となって１層に描出される。

卵巣では，卵胞の卵胞腔は無輝度～低輝度の黒い円形，発育黄体や開花期黄体は低輝度の円ないし楕円形領域として描出され，卵巣支質は高輝度の白い領域として描出されるので，それぞれ識別できる。牛においては，卵胞の卵胞腔は直径 20 mm 未満の低輝度の円形領域，開花期黄体は長径 18～26 mm のかなり低輝度の円ないし楕円形領域（**図３**）として認められるが，退行黄体はかなり高輝度あるいは高輝度であるため支質との区別が困難な場合が多い（**図４**）。

ⅳ）子宮洗浄

子宮疾患の診断および治療に用いられる。子宮洗浄は妊娠および妊娠の可能性のないことを確認したうえで行う。

診断的子宮洗浄においては，子宮洗浄管あるいは胚回収用バルーンカテーテルを用いて滅菌生理食塩液 100～200 mL を子宮腔内に注入して子宮全体を洗浄した後，洗浄液を回収して肉眼的に混濁の程度，膿様ないし絮状物あるいは粘液の混在の有無および程度などを調べる。細胞検査は，スライドグラスに回収液あるいは回収液の遠心沈渣（800～1,000 回転，５～10 分間）を塗抹し，風乾，メタノール固定後，ギムザ染色などを行って炎症性細胞や細菌の有無などについて鏡検する。また，細菌学的な検査が必要な場合には，洗浄液を直接あるいは集菌（2,000G≒7,000 回転，10～15 分間遠心）し，細菌培養して菌分離を行うとともに，スライドグラスに塗抹して火炎固定し，グラム染色を施して鏡検する。

治療のための洗浄は１回を原則とする。洗浄液として 40～42℃に温めた滅菌生理食塩液を子宮腔内に注入し，洗浄排出液が透明になるまで子宮腔全体を反復して洗浄し，最後に洗浄液を十分排除する。

ⅴ）乳汁中および血中のプロジェステロン濃度の測定

プロジェステロンの主な分泌源は黄体および胎盤である。非妊娠時やプロジェステロンが胎盤から分泌され始める前の妊娠前期に，体液中のプロジェステロン濃度を測定することにより，黄体の機能状態を把握することができる。プロジェステロン濃度の測定を直腸検査や超音波画像検査による卵巣の卵胞や黄体の検査と同時に，必要な場合には日数をおいて数回行うことにより，卵胞発育障害，黄体形成不全，黄体遺残，排卵障害などの診断および卵胞嚢腫と黄体嚢腫あるいは嚢腫様黄体との鑑別診断，さらには卵巣嚢腫の治療効果の判定がより精度高く行える。

検査材料には，牛では主として血液と全乳あるいは脱脂乳が用いられる。牛では血液中のプロジェステロンは赤血球表面に存在する酵素により代謝され採血後の時間経過とともに濃度が低下するため，検査材料に血液を用いる場合には，採血後直ちに冷却し，60分以内に遠心分離して採取した血漿がよい。保存は－20℃で凍結保存する。乳汁中プロジェステロン濃度は血液中の濃度と同様の傾向を示して推移する。全乳を用いる場合には混合乳あるいは後搾り乳がよく，重クロム酸カリウムを0.15%あるいは窒化ナトリウムを0.3%の割合に添加し，2～8℃に保冷すると6カ月間保存が可能である。全乳の凍結保存は，融解後に乳脂と乳清の分離を招くため適さない。脱脂乳としては，3,000回転で20～30分間遠心した後，上層の脂肪層を除去したものを用いる。保存は－20℃で凍結保存する。

vi）子宮の細菌検査

子宮洗浄回収液，外子宮口排出液，あるいは子宮腔内の分泌液や子宮内膜バイオプシー片について細菌学的検査を行う。なお，子宮洗浄回収液については集菌して検査（子宮洗浄を参照）する。

（1）鏡　検

被検材料をスライドグラスに薄く塗抹あるいは押捺した後，風乾，メタノール固定してギムザ染色，あるいは火炎固定してグラム染色を施し，鏡検する。

（2）培　養

好気性一般細菌の検出には血液寒天平板培地あるいはハートインフュージョン平板培地，真菌類の検出にはサブロー寒天平板培地を用いて培養する。嫌気性菌の検出には嫌気性菌用培地を用いた市販のガスパック法で培養を行う。培養後は発育したコロニーの状態および数を調べ，主要検出菌をグラム染色して鏡検し，菌の種類を同定ないし推定する。さらに，分離菌の抗菌薬に対する感受性を感受性ディスクで調べ，有効な薬剤を検索する。

vii）子宮内膜バイオプシー

子宮内膜採取器を無菌的に子宮頸管から子宮腔内に挿入し，子宮内膜組織片を採取する。採取した組織片は10%ホルマリン液などで固定し，組織切片を作製して組織学的に検査する。なお，子宮内膜バイオプシー実施後の子宮洗浄は，バイオプシー部から洗浄液が子宮組織内へ侵潤して炎症を増悪する可能性があるため，禁忌である。バイオプシー後は感染防止のため，子宮腔に抗菌薬を注入する。

viii）子宮頸管粘液の精子受容性の検査

子宮頸管粘液の精子受容性は受精の成否にかかわる重要な要素である。検査は，スライドグラス上に発情期の子宮頸管粘液と精液を1滴ずつ互いに接触するように滴下し，これにカバーグラスをかけ，37～38℃で両液接触面における精子の子宮頸管粘液への進入状態を観察する。発情期の正常な粘液においては精子は粘液中によく進入して活発な前進運動を示し，長く生存する。非発情期や異常な粘液では精子は粘液中に進入できない，あるいは進入できても緩慢な前進運動や不動化状態を示す。

ix）卵管疎通性検査

卵管の疎通性検査法として，牛において通気法，デンプン法，通色素法がある。通気法においては，人医用の卵管通気検査装置が応用される。なお，子宮内膜炎例や子宮内膜バイオプシー実施後においては，炎症の卵管，卵巣，腹腔への波及や用いた気体のバイオプシー部位から子宮組織への迷入を招く場合があるため，本検査は行うべきでない。

c．総合診断

卵巣疾患の診断は，卵巣は発情周期（卵巣周期）に伴って生理的な変化を呈する器官であり，その発情周期に伴う生理的な変化の異常を見極める必要があるため，1回の検査で診断を行うのは困難な場合が多い。通常，7～14日の間隔をおいてさらに1～数回検査し，診療録（カルテ）に記載した先の状態との変化を比較し，生理的な発情周期に伴う変化を踏まえ，総合的に診断する。

繁殖機能検査で生殖器に著明な変化を認めた場合には，通常はその著明な変化を繁殖障害の主因とみなすことができる。しかし，ときには著明な変化を起こしている真の原因が他にあることがある。例えば，卵巣疾患は栄養不良や慢性消耗性疾患と関係している場合が多いので，栄養，健康状態および管理状況に注意を払う必要がある。

2．繁殖障害の治療

a．治療方針

繁殖障害の治療の目標は妊娠，分娩である。治療処置は，正確な診断に基づいて立てた合理的な治療方針に沿って行わなければならない。

治療効果をあげるためには栄養管理および環境管理を適切に行い，健康状態の増進を図ることが大切である。飼育者にそのことを十分説明し，理解を得ること，すなわちインフォームドコンセントが重要である。

b．治療の実施

治療処置は合理的な治療計画のもとで実施し，治療後の病状の経過を観察して治療効果を判断する。治療効果の有無が明らかにならないうちに別の処置を行ったり，同じ処置を反復したり，あるいは様々な薬物を乱用することは，治癒機転を混乱・破綻させ，病状経過の把握を困難あるいは不可能にする。

飼育者は，症状が消失して発情が発現すると，完全に治癒していないにもかかわらず交配を急ぐことがある。しかし，このような交配は炎症を急激に増悪させる場合がある。予測される発情時期や交配可能時期などについて飼育者にはあらかじめ説明しておくことが大切である。

c．治癒判定および予後判定

適切な治療処置を行っても妊娠，分娩の見込みのないものについては用途変更あるいは淘汰を勧める。

d．カルテへの記載

病歴，問診，視診，診断所見，治療処置および経過を個体別にカルテに記載しておく。この場合，卵巣所見は実物大の大きさで記述する。カルテへの記載は正確な診断，治療方針の決定，効果的な治療の実施，治療効果の判定，予後判定，および治療成績の取りまとめにおいてきわめて重要である。

C．繁殖障害の種類と治療

1．生殖器の疾患

a．先天異常

遺伝的要因，染色体異常，発生過程における分化や発育の異常などにより起こる。中腎傍管の部分的形成不全などを除き，妊娠の成立が望めず，不妊症となる。

i）染色体異常

牛の正常な染色体構成は29対の常染色体と1対の性染色体の合計60個（60，XY；60，XXと記す）である。染色体に異常のある卵子や精子による受精および胚の卵割時における染色体分離の異常などにより染色体異常が起こると，染色体異常の致死的影響によって大半の個体は死滅し，吸収あるいは流・死産される。出生した個体でも，その多くは生殖細胞形成能を欠き，不妊や習慣性流産を示す。治療法はない。

染色体異常は数的異常と構造異常に大別される。数的異常には倍数性と異数性があり，構造異常には転座，欠失，ギャップ，重複，逆位，モザイク，キメラがある。

（1）倍 数 性

体細胞の染色体数は生殖子（卵子，精子）の染色体数（n）の2倍の二倍体（2n）になっているが，半数体（n），三倍体（3n），四倍体（4n）が生じることがある。これを倍数性という。三倍体は，卵子の老化による2精子核および2卵核受精により起こる。

（2）異 数 性

染色体数が種固有の2n個にならず，1～数個多いあるいは少ないことを異数性という。生殖細胞の減数分裂の過程で染色体不分離が起こると，高1倍体（n＋1）あるいは低1倍体（n－1）の生殖子が形成され，それと正常な生殖子が受精すると，特定の染色体を3個もつ（トリソミー）あるいは1個欠く胚（モノソミー）が生じる。また，胚の卵割時における染色体不分離によっても生じ，常染色体，性染色体いずれにも起こる。生殖器の形態異常や不妊症を示す。

（3）転　　座

染色体に切断が起こり，切断部分が同一染色体の他の部分あるいは他の染色体に接合する場合，および非相同の染色体間で部分的な交換が起こった場合を転座（後者を相互転座）という。染色体は形態的に中部動原体型，次中部動原体型，次端部動原体型および端部動原体型に分類されるが，転座が非相同の端部動原体型染色体の動原体部分の接合によるものをロバートソン型転座という。常染色体の最大のもの（No.1）と最小のもの（No.29）との間に起こる転座（1/29転座）は黒毛和牛種を含む世界の38品種以上の牛に認められている（図5）。この1/29転座牛では，表現型に先天異常は認められないが，受

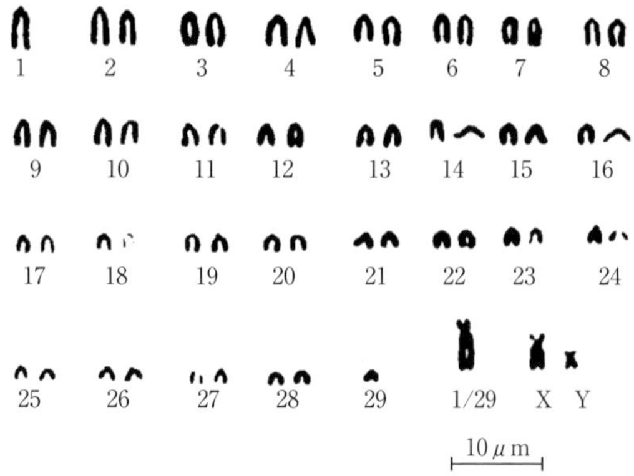

図5　牛の 1/29 転座

（原図：三宅陽一）

胎率の低下が認められている。

（4）欠　　失

染色体の一部が欠損した異常を欠失といい，その部分の遺伝子は失われている。

（5）ギャップ

染色体または染色分体の一端に陥没が生じ，索状につながっている状態をいう。

（6）重　　複

染色体のある部分が重複（2つ以上）した異常をいい，重複した染色体は他方の相同染色体より長くなっている。

（7）逆　　位

染色体の中間部で1～2カ所に切断が起こり，切断部分が180°回転して同一腕内で接合した状態を逆位という。

（8）モザイク

同一の受精卵あるいは細胞に由来するが，染色体不分離などにより生じた染色体構成の異なる細胞が一個体内に混在する状態をいう。半陰陽，生殖器異常，繁殖障害を示す雌牛で性染色体モザイクが認められている。

（9）キ メ ラ

異なる受精卵や細胞に由来する細胞が同一個体に混在する状態をいう。牛のフリーマーチンはこの代表である。

ⅱ）フリーマーチン

牛の異性多胎の場合，雌胎子の約 92～93％は生殖器に先天異常を起こし，不妊症となる。これをフリーマーチンという。フリーマーチンでは雄胎子と雌胎子の胎膜の血管に吻合が起こり，両胎子間で血液が交流し，性染色体キメラ XX/XY を示す。内部生殖器の発達はきわめて悪く，卵巣の精巣化が，様々な程度にみられ，1つの生殖巣に卵巣の組織と精巣の組織が混在する卵精巣を呈する。雌雄両性の内部生殖器をもつ例もある。外部生殖器は正常な雌とほぼ同様である。同腹の雄も性染色体キメラを示すが，繁殖能力に障害はない。

成因：胎膜血管の吻合により血液の交流が起こり，雄の Y 染色体上に位置する性決定領域（sex-determining region Y：SRY）が未分化な雌の卵巣原基を雄性化してアンドロジェンの分泌を起こすことによる。

症状：卵巣は発達せず，中腎傍管（ミューラー管）から発生する管状生殖器部分（卵管，子宮，子宮頸管，腟）の発達もきわめて悪い。腟前庭および外陰部は正常な場合が多いが，肥大した陰核や長い房状の陰毛がみられる場合がある。

診断：臨床診断基準として，腟前庭は正常であるが，腟は形成不全で正常牛の 1/3 以下の大きさであることがあげられる。正常な子牛では長さ 20 cm，太さ 2 cm の筒状探子を挿入すると，12～18 cm 挿入できるが，本症子牛では 8～10 cm 挿入できるのみである。直腸検査が可能な 8～14 カ月齢の牛では発育不良な生殖器を触知することにより臨床的に診断する。臨床診断基準を満たし，さらに，培養白血球の染色体検査による XX/XY のキメラや PCR による Y 染色体由来の雄特異バンドが検出される場合は，本症が確定診断される。

ⅲ）間　　性

間性とは，解剖学的に完全な雌型または雄型を示さず，両性の特徴を併せ持つ状態をいう。間性には半陰陽などが含まれる。間性の発生頻度は牛では少ない。染色体に形態的異常はみられないが，表現型の性あるいは性腺の性と性染色体に一致がみられない異常例（間性：XX 雄，XY 雌など）では，生殖器の異常や生殖子の欠如などにより不妊症を示す。治療法はない。

（1）半 陰 陽

一個体が，卵巣と精巣を同時に，あるいは両組織の混在する生殖巣（卵精巣）を保有する，または，外部生殖器や第二次性徴が示す性とは反対の生殖巣を有する場合をいう。

真性半陰陽：一個体において卵巣と精巣の両生殖巣をもつか，あるいは両方の組織の混在した卵精巣をもつものを真性半陰陽という。これらのなかには性染色体キメラやモザイクを示すものがみられる。

仮性半陰陽：外部生殖器や第二次性徴が示す性とは反対の生殖巣をもつものを仮性半陰陽という。雄性仮性半陰陽では外見上の特徴は雌に似るが精巣をもち，雌性仮性半陰陽では外見上の特徴は雄に似るが卵巣をもつ。

iv）中腎傍管の部分的形成不全

中腎傍管の部分的形成不全は牛にも発生し，卵管，子宮，子宮頸管および腟の発育が部分的に抑制される。卵管形成不全，卵管間膜嚢胞，ホワイトヘッファー病などがある。

（1）卵管形成不全

卵管は先天異常が最も多く発生する部位で，一側性の形成不全，卵管の重複，部分的形成不全が検査した牛の0.05〜0.1％にみられる。治療法はない。

（2）卵管間膜嚢胞

卵管間膜にみられる嚢胞を卵管間膜嚢胞という。通常，直径1 cm 程度である。卵管を圧迫して受精卵および胚の通過障害を起こさない限り支障はない。

（3）ホワイトヘッファー病

牛の先天的な管状生殖器（卵管，子宮，子宮頸管，腟）の部分的形成不全をいう。白色被毛のショートホーン種の雌の10％にみられたことから，ホワイトヘッファー病といわれる。白色被毛遺伝子と関連した常染色体劣性遺伝子によって発現すると考えられている。本症は白色被毛のほか芦毛や褐白色のショートホーンにもみられる。ホルスタイン，ジャージー，アンガス種の牛にも同様の生殖器奇形がみられるが，被毛とは無関係である。

本症には，子宮角の大部分を欠き，子宮体，子宮頸，腟が欠如するもの（1型），一側の子宮角を欠如するもの（2型；一角子宮型），腟より頭側の生殖器は正常であるが，腟弁が遺残しているもの（3型；腟弁閉鎖型）がある。生殖器の形成不全部分には線維性の紐状ないし膜状構造物が認められる。卵巣は正常で，春機発動すると発情周期が発現し，管状生殖器は分泌活動を営むため，形成不全部位より卵巣側の管腔には分泌物が貯留して拡張する。

腟弁閉鎖型においては腟弁切開を行う。他の場合には治療法はない。

v）中腎傍管の隔壁遺残

中腎傍管の隔壁遺残による異常が牛においてみられる。重複外子宮口（二重子宮口），腟の肉柱および腟弁遺残などがある。

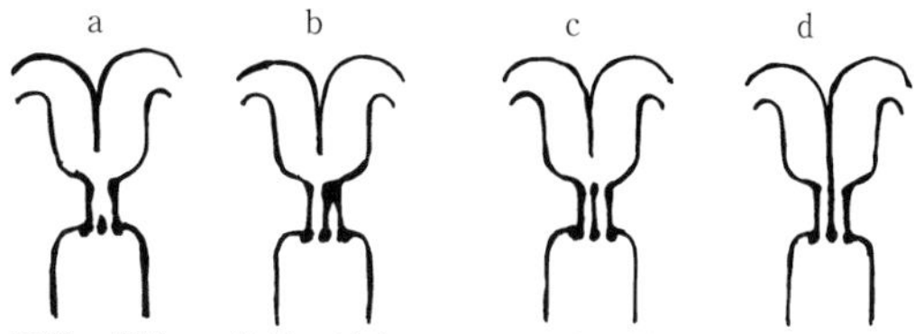
a
b
c
d
両側の管腔が内部で融合し，1本化する
片側の子宮頸管が盲端（盲管）に終わる
両子宮頸管が子宮体に通じる
両子宮頸管がそれぞれの子宮角に連なり，両子宮角が分離独立している(重複子宮タイプ)

図6　重複子宮外口における子宮頸管の走行（模式図）

（1）重複外子宮口

外子宮口が重複しているものをいう。中腎傍管の融合不全と考えられており，牛では0.2〜2.0％程度にみられる。妊娠にはほとんど影響がない。

この疾患は劣性遺伝子による遺伝と考えられており，ヘレフォード種では常染色体単一劣性遺伝子によるとされている。

人工授精に際しては，外子宮口と子宮の連絡状態を見極めた上で（**図6**），受精の成立が期待できる経路を介して精液を注入する。

（2）肉　　柱

中腎傍管中隔の遺残したもので，腟深部において背側と腹側の腟壁を連ねる垂直の索状物としてみられる。通常，妊娠成立に支障はないが，まれに分娩に際して胎子の通過を障害し，難産を招くことがある。切除処置を行う。

（3）腟弁遺残

腟前庭と腟の境界部にみられる膜状物を腟弁といい，通常，牛では胎生期に消失する。しかし，まれに有孔または無孔の輪状膜として遺残する場合があり，腟弁遺残という。

本症では，卵巣は正常であり，正常な発情周期の営みに伴って管状生殖器の分泌活動も営まれるため，無孔の腟弁遺残では分泌液が子宮および腟内に貯留して数〜数10L になる。多量の分泌液が貯留した場合には黄体遺残となり，無発情を呈するようになる。なお，ホワイトヘッファー病にも無孔の腟弁遺残（3型）があることは先述した。

処置：無孔の腟弁遺残では腟弁の切開が必要とな

る。有孔の部分的腟弁遺残は交配の際に破れるので特に問題はない。

b. 陰門，腟の疾患

ⅰ）陰門狭窄

先天性および後天性に発生する。後天性は発育不良の未経産牛にみられ，経産牛では分娩時の陰門裂傷に続く瘢痕形成の結果として生じる。いずれも分娩時に胎子通過障害を起こし，難産となる。

処置：分娩の障害となり，粘滑剤を用いて手指での拡張が不可能な場合には，陰門会陰側切開を行う。

ⅱ）腟 狭 窄

先天性の腟狭窄はフリーマーチンやホワイトヘッファー病でみられる。ジャージー種では遺伝的な直腸－腟狭窄が知られている。後天性は分娩時の腟損傷や重度な腟炎の治癒後における瘢痕収縮，骨盤腔内の腫瘍などにより起こる。分娩に際して難産の原因になる。

処置：重度な場合には帝王切開により胎子を摘出，出生させる。

ⅲ）腟 嚢 胞

中腎管（ウォルフ管）の遺残物であるガルトナー管に分泌物が貯留したもので，ガルトナー管嚢胞ともいう。ガルトナー管は腟の腹側の粘膜下を頭側から尾側にかけて対をなして走行し，通常はみられないが，分泌液が貯留するとクルミないし小児頭大となって腟壁から膨隆する。大きいものは交尾の障害となる。

処置：交尾を障害する場合には嚢胞壁を切開し，内容を排除する。

ⅳ）尿　　腟

子宮間膜，腟壁などの生殖器を保定，保持する組織が弛緩して子宮および腟が下垂・沈下する結果，排尿された尿が逆流して腟深部に貯留する状態をいう。栄養不良や老齢のものに多くみられる。

腟炎，子宮頸管炎，子宮内膜炎を継発し，また，自然交配では貯留した尿の影響で精子が死滅し，不妊症となる。

処置：尿腟のみの場合には，交配前に生理食塩液で腟洗浄を行うことにより受胎が可能となる。子宮頸管炎や子宮内膜炎を併発しているものでは受胎が困難な場合が多い。それらに対しては，尿道延長術や腟底防壁形成術などを行って尿の逆流を防ぐと同時に，子宮頸管炎や子宮内膜炎の治療を行うことにより，高率に妊娠することが認められている。

ⅴ）気　　腟

陰門の閉鎖不全のため，腟に空気が出入りする状態を気腟という。空気が子宮まで吸引される場合もある。排尿，排糞，運動時などに独特の排気および吸気音を発する。分娩時における会陰部の伸展や裂傷による陰唇並列異常のほか，老齢に伴う肛門陥没や先天性体形異常による陰門の水平化（通常は体軸に対して垂直）による陰門閉鎖不全により起こる。老齢の痩せたものに起こりやすい。空気とともに汚染物や病原微生物が腟，場合によっては子宮に侵入するため，腟炎のみならず子宮頸管炎や子宮内膜炎を引き起こし，不妊症となる。

処置：恒久的な陰門矯正手術を行う。陰門閉鎖手術を行う場合もある。陰唇の重度な損傷，老齢および先天性の場合には，予後不良である。

ⅵ）腟　　炎

腟の創傷，腟脱，交配，分娩に伴う微生物感染によるほか，非衛生的な腟検査や人工授精，粘膜刺激性の強い薬剤による腟洗浄などによって原発性に起こる。継発性には胎盤停滞，子宮内膜炎，子宮頸管炎に続く。

微生物感染による腟炎の大部分は，ブドウ球菌，レンサ球菌，大腸菌，*A. pyogenes* などの常在菌によって起こる。

症状：膿様物が陰門から排出され，陰部，尾根部などに付着する。腟検査では，腟粘膜に充血，腫脹，膿様分泌物や線維素の付着がみられる。

治療：刺激性の少ない消毒液や生理食塩液による洗浄を行う。通常，１回に２～４Ｌの洗浄液を用いて洗浄し，数日間隔で反復して数回行う。腟洗浄後に抗菌薬あるいはヨード剤軟膏の腟内注入あるいは塗布を行う。

単純性腟炎の予後は良好である。

c. 子宮頸管，子宮の疾患

ⅰ）子宮頸管狭窄，子宮頸管閉塞

成熟雌畜において，発情期においても子宮頸管が開放されずに狭窄している状態を子宮頸管狭窄あるいは単に頸管狭窄，閉塞している状態を子宮頸管閉塞という。発情に伴う人工授精時において精液注入器の頸管深部あるいは子宮への挿入が困難となる。また，子宮頸管が閉塞している場合には，子宮腔に分泌物が貯留し，後述の粘液子宮や子宮水症を併発する。

本症は分娩に伴う子宮頸管部の裂傷や重度な頸管

炎の瘢痕収縮に継発することが多い。また，精液注入器の粗暴な挿入や子宮頸管拡張棒による乱暴な頸管の拡張などにより生じた人為的な子宮頸管の損傷に継発する。強度な狭窄や閉塞は不妊症や難産の原因となる。

処置：狭窄が軽度な場合の交配は，子宮頸管拡張棒を用いて拡張して子宮内授精を行う。狭窄の拡張が困難な場合でも子宮頸管の深部に授精することにより，受胎することがある。瘢痕収縮による重度の狭窄は処置の方法がない。子宮頸管狭窄による難産の場合には，消毒した手指で子宮頸管を徐々に拡張し，助産する。拡張が困難な場合には，帝王切開を行う。閉塞の場合は子宮頸管拡張棒等を用いて疎通を図る。疎通性が確保・維持されない場合には受胎は望めない。

ii）子宮頸管炎（頸管炎）

子宮頸管の炎症を子宮頸管炎あるいは頸管炎という。子宮内膜炎に併発することが多い。難産，胎盤停滞，流産，腟炎に継発することが多く，また，精液注入器，子宮頸管拡張棒，バルーンカテーテルなどの消毒不良やこれら器具の挿入操作の不良による子宮頸管の損傷により，人為的な頸管炎が起こることがある。感染性のものは大腸菌，レンサ球菌，ブドウ球菌，*A. pyogenes* などの腟前庭に常在する細菌による場合が多い。

本症罹患畜の約半数は子宮内膜炎を併発しており，子宮内膜炎を診断する上で本症発見の意義は大きい。単なる頸管炎であるか子宮内膜炎を併発しているかの診断は，診断的子宮洗浄等を行って子宮内膜炎の有無を調べることにより行う。

症状：膿様物が陰門から流出する。腟検査により膿様滲出液の外子宮口からの排出，外子宮口部および子宮腟部の充血，腫脹さらに，しばしば，うっ血，腫大した頸管皺襞の外子宮口よりの反転露出が認められる。

治療：本症に対する治療処置は，通常，合併症にも有効であり，合併症が治癒すれば頸管炎も治癒する。

ヨード剤，抗菌薬の軟膏の子宮頸管への注入あるいは塗布が行われる。子宮内膜炎や腟炎が合併している場合には，子宮頸管炎のみならず，それらの合併症も同時に治療する必要があるが，そのような場合には，ヨード剤，抗菌薬の子宮内への注入が行われる。本症が尿腟や気腟に継発する場合には，原発性疾患の治療を併せて行う。

予後は通常，良好である。

iii）子宮内膜炎

子宮内膜の炎症を子宮内膜炎といい，子宮疾患のなかで最も発生が多い。本症に罹患すると子宮腔内における精子の運動と生存および胚の生存と着床が阻害され，不妊症となる。

原因および発生機転：常在菌のレンサ球菌，ブドウ球菌，大腸菌，*A. pyogenes*，緑膿菌などの感染によることが多い。伝染性のものには，カンピロバクター菌，ブルセラ菌，トリコモナス原虫による感染がある。感染経路は主に経腟感染であり，常在菌による自発性感染（日和見感染）が重視されている。難産，胎盤停滞，気腟に際して，さらに，産褥期に自然あるいは人為的に感染が起こる。また，交尾や人工授精，子宮や腟などの生殖器の検査や処置の際に，精液や授精器具あるいは検査・処置器具を介して細菌が子宮に感染して起こる。常在菌でないブルセラ菌，馬パラチフス菌による場合は血液を介する下行性感染によることが多い。

子宮における細菌感染の成立は卵巣性ステロイドホルモンの分泌状態と密接に関連しており，エストロジェンは子宮の細菌感染防御能を高めて子宮を清浄化するが，逆に，プロジェステロンは細菌感染防御能を低下させて細菌感染を起こしやすくする。特に黄体初期の子宮は細菌感染を起こしやすく，逆に，発情期を反復する間に子宮内膜炎は自然治癒する可能性がある。子宮内膜炎に罹患したものの大半は発情周期を繰り返すうちに自然に治癒するが，子宮蓄膿症を継発する危険性もある。さらに，精液中に含まれるヒアルロニダーゼが本症の発病を促進するように作用する可能性があることも示されている。

微生物感染以外に，刺激性の強い薬液や高温の子宮洗浄液の子宮腔内注入による急性の子宮内膜炎もある。牛では肝蛭の異所寄生によるものも認められている。

子宮内膜炎の型別と症状：子宮内膜炎の多くは外子宮口からの異常滲出物の排出を伴うが，伴わない場合もある。前者を滲出性子宮内膜炎，後者を潜在性子宮内膜炎という。滲出性子宮内膜炎は，臨床的に，硝子様滲出物あるいは灰白色絮状物を含んだ硝子様滲出物を排出するカタール性子宮内膜炎と膿汁を排出する化膿性子宮内膜炎（図７）に分けられ，硝子

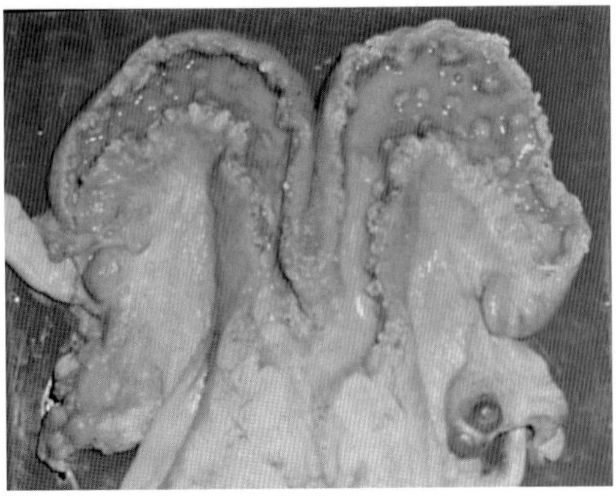

図7　牛の化膿性子宮内膜炎
子宮腔内に黄白色の膿性の滲出液がみられる（円山八十一氏提供）

様滲出物に膿が混在する場合はカタール性化膿性子宮内膜炎という。

診断：一般的な臨床診断法として腟検査と診断的子宮洗浄あるいは子宮腔細胞診があり，必要な場合には特殊検査として，子宮内膜バイオプシーおよび子宮腔の細菌検査を併用する。

腟検査において，滲出性子宮内膜炎では外子宮口から硝子様あるいは膿様の滲出液を漏出し，子宮腟部および外子宮口粘膜は充血・うっ血するが，潜在性子宮内膜炎ではそれらの所見は認められない。しかし，潜在性子宮内膜炎においても発情期には子宮の分泌が活発になるため，粘液に混濁や灰白色絮状物ないし膿様物の混在がみられるようになる場合があることから，本症発見のための腟検査は発情期を選んで行うのが望ましい。また，本症罹患牛における発情期の頸管粘液の pH は正常牛（平均 6.5）に比べて高く，臨床診断の参考になる。

診断的子宮洗浄において，本症罹患畜から回収した洗浄液は乳白ないし黄白色に混濁するか，多量の絮状物ないし膿様物を含む。しかし，健康牛においても黄体期の子宮洗浄回収液にはかなりの混濁と絮状片の混在がみられるため，本症の診断には，洗浄回収液について，ギムザ染色等を行って鏡検し，炎症性細胞の存在を確認する必要がある。さらに，本症の原因菌に対して抗菌作用のある薬物を用いて治療効果をあげるためには，原因菌を特定して薬剤感受性を調べるなどの細菌学的検査を併せて行う必要がある。

なお，本症においては，直腸検査により，子宮腔への滲出物の貯留等による子宮の膨満や子宮壁の粗造化あるいは肥厚などが触知される場合もある。また，超音波画像検査により，貯留した炎症産物により子宮腔が高輝度（エコージェニック）ないし幾分高輝度に描出される場合もある。

治療：子宮内膜炎の治療には，子宮を滅菌生理食塩液で十分洗浄した後，薬液を注入する方法が行われる。注入する薬物としては抗菌薬，ヨード剤などの化学療法剤が用いられる。抗菌薬の使用に当たっては薬剤の体内残留や乳汁への移行を考慮し，使用基準を遵守する必要がある。注入する薬液量は通常 20～40 mL である。

ヨード剤は従来から子宮注入薬として広く用いられ，刺激性の少ないポビドンヨード溶液が多い。ヨード剤の子宮内注入に当たっては，排卵後 2 日以降の黄体初期および黄体開花期に注入すると，子宮内膜に一過性の炎症が起こり，その炎症の修復過程に当たる処置後 3～4 日に黄体退行因子である $PGF_{2\alpha}$ が子宮内膜で産生され，それによって黄体が退行し，通常，処置後 6～11 日に発情が起こることを理解しておく必要がある。

滲出物が多量の場合を除き，子宮洗浄を行うことなく直接子宮腔に薬液を注入することにより，かなり高い治療効果が得られる。

治療後の発情時において粘液に絮状物ないし膿様物の混在がひどい場合には交配を中止し，次回発情まで経過を観察する。

諸外国では機能性黄体を有する本症牛にプロスタグランジン $F_{2\alpha}$（$PGF_{2\alpha}$）製剤の投与も行われる。$PGF_{2\alpha}$ を投与して黄体を退行させ，発情とそれに伴うエストロジェン濃度の上昇を誘起することにより，子宮の分泌と収縮の亢進による滲出物の排出を促進し，高エストロジェン環境下での子宮の感染防御能を活性化して，治癒を図るものである。

気腟や尿腟に継発する場合には，気腟や尿腟を治療するための陰門の縫合あるいは矯正手術等を併用する必要がある。

予後：予後は一般に良好である。しかし，経過が長く，子宮内膜の極度な線維化を伴うものは不良である。

ⅳ）子宮蓄膿症

子宮腔に膿あるいは膿性滲出物が貯留する状態をいう。本症は，化膿性子宮内膜炎により子宮腔に滲出した膿あるいは膿性滲出物が，頸管の機能的閉鎖

表1 直腸検査による子宮蓄膿症，粘液子宮（子宮水症），妊娠の類症鑑別診断のための主要所見

項目	子宮蓄膿症	粘液子宮（子宮水症）	妊娠
子宮膨満	左右対称	左右対称	妊角膨満 （不対称）
子宮収縮	欠く（弛緩）	欠く（弛緩）	かなりあり （妊娠3カ月まで）
子宮の波動感	あり（粘稠）	あり（水様～粘稠）	あり（水様）
子宮壁	非薄あるいは肥厚	非薄	非薄
子宮動脈	発達せず （左右同等）	発達せず （左右同等）	妊角側発達 （妊娠3カ月後期以降 特異的振動）
胎膜・胎盤	なし	なし	妊娠35日以降に胎膜 妊娠3カ月以降に胎盤節
胎子	なし	なし	妊娠3カ月以降に触知

あるいは病的閉塞のために排出されず，子宮腔に貯留する状態である。死亡した胚あるいは胎子が子宮内に留まり，それに二次的な化膿性細菌が感染して本症となることもある。また，トリコモナス原虫の感染によるものもある。牛に多発する。貯留する膿汁あるいは膿性滲出物は50 mL～10数Lに及び，通常，濃厚な粘液状からクリーム状を呈し，その色調は黄白ないし灰白色あるいは緑灰ないし桃灰色を示す。

症状：子宮腔に膿汁あるいは膿性滲出物が貯留するため，子宮における黄体退行因子の産生・放出が抑制され，黄体遺残となり，無発情を呈する。

診断：腟検査においては，通常，併発する黄体遺残を反映し，外子宮口は緊縮・閉鎖して妊娠期と同様な所見を示す。

直腸検査においては，子宮は左右対称性に膨満して下垂し，収縮性を欠き，粘稠感のある波動を呈し，子宮壁は多くの場合に菲薄である。本症は，子宮粘液症（粘液子宮）・子宮水症（水子宮）および妊娠2～3カ月と類似した触感を示すため，鑑別診断に注意を要する。子宮粘液症・子宮水症と本症の鑑別診断については，直腸検査では困難な場合が多い。本症と妊娠との診断区分の要点を**表1**に示した。診断に疑点が残る場合には7～14日の間隔をおいて数回検査すべきである。妊娠の場合には妊娠ステージの進行に応じた所見や変化がみられるが，本症ではそれを欠く。

子宮蓄膿症と子宮粘液症あるいは子宮水症を鑑別診断するためには，妊娠していないことを確認した後，試験的子宮洗浄を行って貯留液を回収し，炎症細胞の有無または細菌の有無を調べ，炎症性の変化が認められる場合を子宮蓄膿症，認められない場合を子宮粘液症・子宮水症とする。

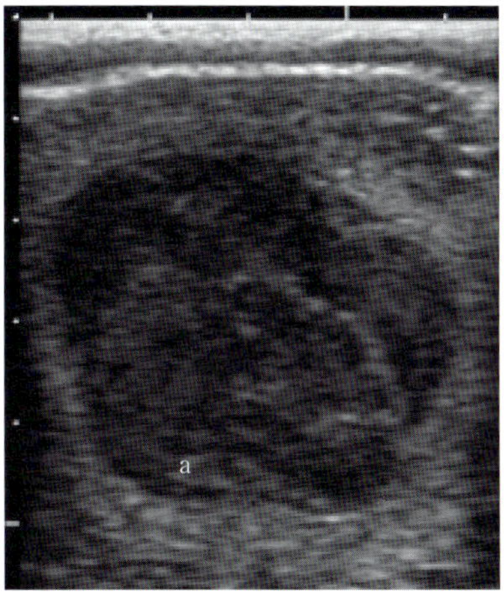

図8 子宮蓄膿症を示したホルスタイン種経産牛1症例（牛 No.55）の超音波画像所見
子宮腔内は輝度のやや高い滲出液が吹雪状に描出（a）されている

超音波画像検査においては，本症の場合には，膿が貯留して拡張した子宮腔は輝度のかなり高い吹雪状の白い領域として描出されるが（**図8**），粘液子宮・子宮水症の場合には，水様液ないし粘液が貯留して膨満した子宮腔は無～低輝度の黒い領域として描出される（**図9**）ことから，ある程度鑑別診断が可能である。

治療：$PGF_{2\alpha}$製剤を投与して黄体を退行させ，発情を誘起することにより，子宮頸管の弛緩，子宮の収縮運動を促進して膿汁の排出を図る。誘起した発情は，同時に高エストロジェン濃度による子宮の感染防御能の活性化をもたらし，清浄化を促進する。そ

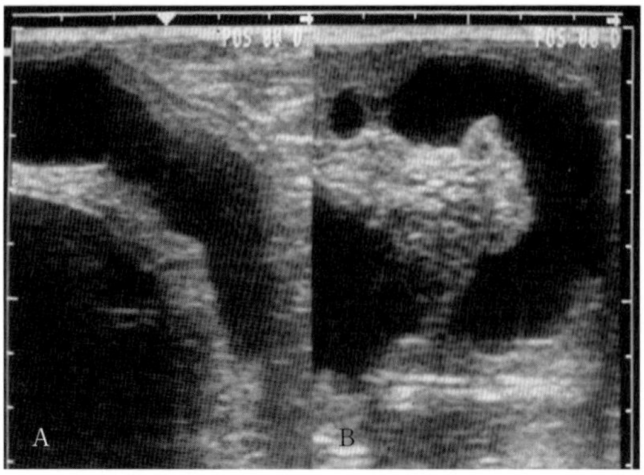

図9　子宮水症を示した牛1例の超音波画像
A：左子宮角，B：右子宮角

のほか，排膿して子宮洗浄を十分行い，抗菌薬を子宮内に注入した後，$PGF_{2α}$製剤を投与する方法も行われる。

治療により発情周期が正常に営まれるようになっても，正常発情周期を1～2回経て子宮が正常に回復し，発情期の粘液に膿性物が認められなくなるまで交配は休止する。

予後：本症における治療後の受胎率は46～51％とされる。早期に治療が行われるほど受胎の可能性が高くなる。経過の長いものでは子宮内膜が線維化し，受胎が望めない場合がある。

v）子宮炎（子宮筋炎）

炎症が子宮内膜のみならず子宮筋層にまで及ぶ状態を子宮炎あるいは子宮筋炎という。重度の子宮内膜炎に継発するほか，難産に伴う子宮破裂，切胎施術時の子宮壁の損傷，停滞した胎盤の粗暴な除去，子宮洗浄管や精液注入器による子宮壁の損傷・穿孔などにより起こる。

症状：本症では，結合織が増殖して子宮壁が部分的あるいは全般に硬化，肥厚することが多く，子宮外膜炎を併発することも少なくない。また，子宮壁に膿瘍を形成することもある。

診断：直腸検査によって子宮壁の硬化，肥厚を触知することにより比較的容易に行える。

治療：炎症が一部分に限局し，膿瘍の形成がない場合には，抗菌薬の全身投与により治癒する可能性がある。しかし，炎症が広範に及ぶ場合には適切な治療法はなく，回復して受胎する見込みは少ない。

vi）子宮外膜炎

子宮外膜に炎症が起こった状態をいう。周囲の器官との間に癒着を生じることが多い。本症は子宮筋炎に継発するほか，子宮破裂，帝王切開術，子宮洗浄管や精液注入器による子宮壁の穿孔および穿孔に伴う刺激性の強い薬物の子宮外への漏出，交尾時における陰茎による腟壁の穿孔，直腸検査時における直腸壁の穿孔などによって起こる。さらに，創傷性胃炎，腹膜炎に継発する場合もある。本症の病勢は，子宮外膜の表面に線維素が軽度に増生する程度のものから子宮間膜，第一胃，腸管，大網膜，膀胱などと広範かつ強固に癒着するものまで様々である。

症状：急性期には腹膜炎と同様の症状を呈し，食欲不振，排糞・排尿時における疼痛による背弯姿勢を示し，呼吸および脈拍は促迫し，反芻が停止して乳量は減少する。

診断：直腸検査により，子宮触診による疼痛，外膜表面における線維素の付着，周囲組織との癒着を確認して行う。

治療：細菌感染の場合には抗菌薬の全身投与を行う。治癒後に残った軽度な癒着は，直腸から手で剥離でき，受胎の障害にならない。癒着が広範でかつ強固な場合には，妊娠，分娩する可能性は低い。

vii）子宮粘液症（粘液子宮）と子宮水症（水子宮）

子宮腔に25 mL～4 Lの水様液あるいは粘液が貯留する状態がしばしばみられる。前者を子宮水症，後者を子宮粘液症という。貯留液の性状が水様液（子宮水症）あるいは粘液（子宮粘液症）かの違いを除けば両者は類似している。子宮壁は菲薄となり，子宮内膜の嚢胞性変性を伴うことが多い。通常，子宮感染はない。

原因：中腎傍管の部分的形成不全，無孔性腟弁遺残や子宮頸管閉塞に継発する。

症状および診断：黄体遺残を合併する場合には，無発情を呈する。無発情で子宮が膨満する本症例については，妊娠および子宮蓄膿症との類症鑑別に注意を要する（**表1**）。

本症と妊娠との鑑別診断については，直腸検査において，本症では子宮は左右対称性に膨満して水様性ないし粘稠性の波動感を呈し，胎子付属物，子宮動脈の肥大および妊娠特異的振動は認められない。しかし，妊娠の場合には，通常，左右子宮角は不対称性に膨満し，胎齢が進んだ状態では胎子や胎子付属物および妊角側の子宮動脈における肥大と特異的な振動（砂流感）が触知される。また，本症と子宮蓄膿症との鑑別診断については，直腸検査において，ともに子宮角は左右対称性に膨満し，通常，粘

表2 超音波画像検査による子宮蓄膿症，粘液子宮（子宮水症），妊娠の鑑別診断のための主要所見

項目	子宮蓄膿症	粘液子宮（子宮水症）	妊娠
子宮内肛	左右同様 中～低輝度 （吹雪様）	無～低輝度	無輝度
胎膜・胎盤	なし	なし	あり
胎子	なし	なし	あり

稠性の波動感を呈することから，鑑別診断は困難なことが多い。したがって，本症と子宮蓄膿症との鑑別診断は，妊娠していないことを確認した上で，診断的子宮洗浄を行って貯留液あるいは洗浄液を回収して検査し，炎症性所見の有無により行う。超音波画像検査では，本症においては拡張した子宮腔が無輝度の黒い領域として描出されるが（図9），妊娠の場合にみられる胎子および胎子付属物は認められない（表2）。また，子宮蓄膿症においては，多くの場合，子宮腔内に貯留する膿がかなり輝度の高い灰白ないし白い領域として描出される（図8）。

治療：腟弁遺残による場合はこれを切開する。子宮頸管の閉塞による場合は子宮頸管拡張棒を用いて疎通を図り，貯留物を排除する。貯留液が粘稠な場合には，子宮洗浄を行って貯留物を排除する。管状生殖器の管腔の閉鎖がなく，黄体遺残を合併する場合には，$PGF_{2\alpha}$製剤を投与して遺残黄体の退行を促す。

治療を行っても再発するものでは，回復して妊娠することは少ない。

d．卵管の疾患

卵管疾患には，卵管の炎症である卵管炎，卵管腔の閉塞した卵管閉塞，卵管腔に非化膿性の分泌物が貯留する卵管水腫，炎症があり化膿性分泌物が貯留する卵管蓄膿症，卵管の一部あるいは大部分が周囲組織と癒着した卵管癒着，卵管腔の一部が狭窄した卵管狭窄がある。それらの疾患は卵子や精子さらには受精卵・分割卵・胚の通過や生存を妨げ，不妊症をもたらす。卵管の疾患は牛に多く，発生率は約10%で，それらの25%は両側性である。なお，卵管は先天異常が最も多発する部位であるが，その発生率は0.05～0.1%と低い。

原因：卵管疾患の多くは流産，胎盤停滞，子宮内膜炎，子宮蓄膿症に継発し，炎症の子宮からの上行性波及による。卵巣や卵管の粗暴な触診，強い指圧による卵巣嚢腫や嚢腫様黄体の破砕は卵巣に損傷および出血を起こし，卵巣と周囲組織や卵管との癒着を招く。

診断：卵管の腫大，硬結や癒着が著しい場合，および卵管水腫や卵管蓄膿症が顕著な場合には直腸検査による診断が可能である。しかし，軽症の場合には直腸検査による診断は困難な場合が多い。なお，卵管分泌液は腹腔へ流出しているため，閉塞部位があると，その子宮側に貯留する。

卵管の疎通性を調べる検査法として，通気試験法，デンプン法，通色素法がある（卵管疎通性検査を参照）。

治療：確固とした治療法はない。急性症には抗菌薬の子宮腔内注入や全身投与などを行う。子宮内膜炎などに継発する場合には，原発炎症の治癒とともに卵管の炎症も終息する。通気試験を実施することにより，疎通性が回復して受胎した例が報告されている。

予後：急性症では抗菌薬の投与により，改善される場合がある。しかし，重症の慢性症の大部分は予後不良である。

e．卵巣の疾患

雌畜の不妊症のなかで卵巣疾患の占める割合は最も高い。卵胞の発育や成熟，排卵，黄体形成および退行などの卵巣における一連の周期的な活動（卵巣周期）に異常をきたし，発情周期が正常に営まれなくなり，無発情となって交配ができない，あるいは，発情に異常をきたして交配が適切にできない，または，排卵が遅延するあるいは起こらないため，不妊症となる。

卵巣の疾患は，卵巣癒着や卵巣腫瘍を除けば，ほとんどのものが機能的な異常であり，卵巣機能を調節している視床下部におけるGnRHの分泌異常または子宮における黄体退行因子$PGF_{2\alpha}$の産生や放出の異常に起因する。さらに，これらの異常は根本

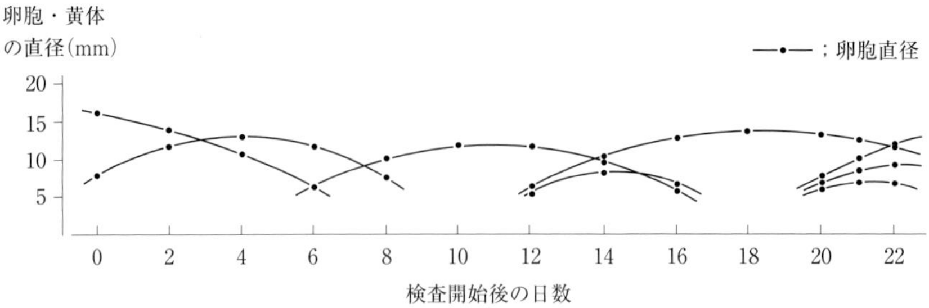

図 10　卵巣静止のホルスタイン種未経産牛１例（牛 No.525）における卵胞の消長（直腸検査による触診所見）

的には栄養，管理，衛生，環境などの飼養管理と密接に関連している。

卵巣疾患の診断は，１回の臨床検査で行うことは無理な場合が多く，再検査を７～14 日の間隔をおいて行い，必要な場合には再々検査を行って卵巣状態の変化を見極めて行う。

ｉ）卵胞発育障害

卵胞が発育しない，あるいは，ある程度までしか発育せずに閉鎖退行し，発情・排卵が起こらず，無発情を続ける状態を卵胞発育障害という。卵胞発育障害は卵巣の状態により卵巣発育不全，卵巣静止，卵巣萎縮に細分される。

（１）卵巣発育不全

春機発動すべき時期に達しても発情を示さず，卵巣が十分発育することなく小さく硬く，卵胞も黄体もみられない状態を卵巣発育不全という。未経産牛では，正常に発育した卵巣は，卵胞も黄体もみられない場合には，長さ２～2.5 cm×幅１～1.5 cm×厚み 0.7～１cm の小指頭大の大きさを呈する。

春機発動の時期は生後月齢よりもむしろ成育の程度，すなわち体重によるところが大きく，ホルスタイン種雌牛では平均 270 kg 前後，黒毛和種雌牛では平均 230 kg 前後である。

（２）卵巣静止

春機発動すべき時期を過ぎた未経産牛および分娩後の生理的卵巣休止期を過ぎた経産牛において，発情がみられず，卵巣自体の大きさは正常で発育不全や萎縮はみられないが，卵胞が発育しない，あるいはある程度までは発育するが成熟することなく閉鎖退行を繰り返している状態を卵巣静止という（図10）。卵胞の発育程度は様々であるが，排卵が起こらないことから，黄体はみられない。卵胞発育障害の大部分は本症に該当する。

未経産牛においては，ホルスタイン種牛では体重 300 kg，黒毛和種では体重 260 kg を過ぎても発情がみられず，卵巣周期が営まれていないものは本症と診断する。また，経産牛においては分娩後 50 日を過ぎても黄体形成がみられず，卵巣周期が開始されないものは本症と診断する。これは，乳牛のホルスタイン種牛では分娩後 50 日以内に 93%，肉牛の黒毛和種では分娩後 50 日以内に 85%（２産以上では 97%）のものが卵巣活動を開始することに基づく。

（３）卵巣萎縮

機能を正常に営んでいた卵巣が萎縮，硬結した状態を卵巣萎縮という。無発情を呈し，卵巣は著しく小さく，硬く，弾力を欠き，卵胞も黄体も認められない。

原因：直接の原因として，視床下部からの GnRH のパルス状分泌の不足があげられている。そのため，下垂体前葉からの GTH，特に LH のパルス状分泌が減少し，卵胞が発育しない，あるいはある程度まで発育するが成熟しない。第一義的（根本的）な原因として，エネルギー不足，蛋白質およびリンの不足，環境ならびに社会的および疼痛性ストレス，慢性消耗性疾患などがあげられている。

治療：一般健康状態が不良なものについては，その第一義的な原因を見極め，その原因に応じて飼料給与の改善，飼養環境状態の改善，疼痛性疾患や慢性消耗性疾患の治療などを行い，栄養や健康およびストレスの改善を図ることが最も重要である。

ホルモン剤投与による治療も行われるが，一般健康状態や飼養管理状態の不良なものにおいては治療効果が期待できない。ホルモン治療は，健康状態が正常に近く，内分泌状態も正常に近い家畜において発情周期の開始を刺激，促進すると考えられることから，牛では卵巣に成熟卵胞に近い大きさの直径 14

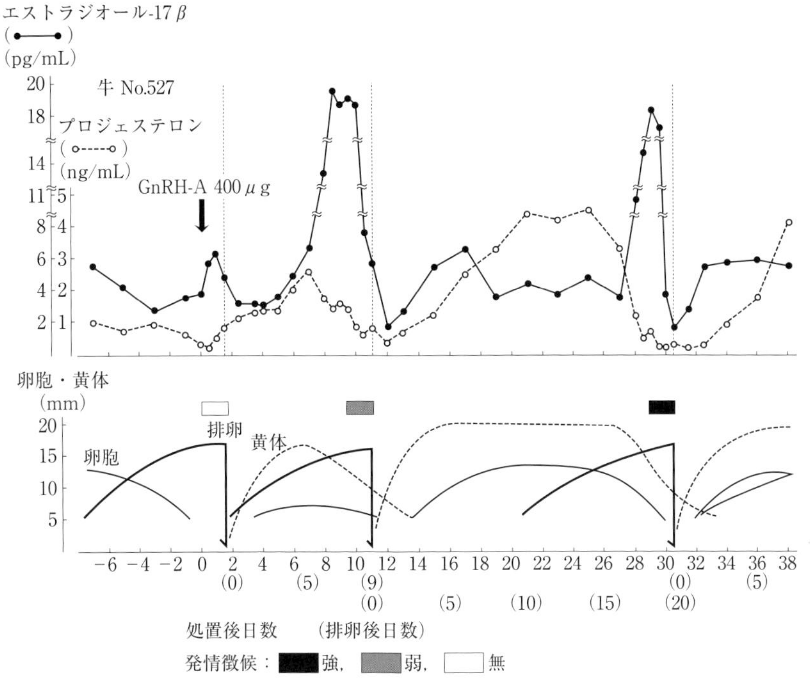

図11　卵巣静止のホルスタイン種未経産牛の１例（牛 No.527）における GnRH 製剤投与後の卵巣の反応および血中エストラジオール-17βとプロジェステロンの推移

～18 mm の卵胞の発育がみられる状態の本症例についてホルモン治療を試みるべきである。治療には GnRH 製剤（酢酸フェルチレリン 100～200μg，ブセレリン 10～20μg）あるいは人絨毛性性腺刺激ホルモン（hCG）1,000～1,500IU，馬絨毛性性腺刺激ホルモン（eCG，妊馬血清性性腺刺激ホルモン PMSG）750～1,000IU の投与，さらには eCG 500～1,000IU と hCG 500～1,000IU の同時投与が行われる。これらのホルモンを投与することにより排卵あるいは卵胞の発育と排卵を誘起して黄体の形成を促し，それを契機として卵巣周期と発情の発来を誘い，発現した発情期に交配する（図11）。GnRH 投与後６日に eCG 500IU を追加投与することも効果的である。hCG および GnRH 製剤を投与すると多くのもので 36～42 時間後に排卵が誘起される。また eCG を単独投与すると 72～96 時間後に排卵が誘起される。その他，プロジェステロン腟内徐放剤（CIDR や PRID）を 12 日間処置すると，抜去後数日のうちに発情が発現し，その後に排卵が起こり，有効である。

ⅱ）卵巣嚢腫

卵胞が排卵することなく，成熟卵胞の大きさを超えて発育を続け，異常に大きくなり，長く存続する状態を卵巣嚢腫という。その場合，排卵することなく異常に大きくなった卵胞を嚢腫化卵胞（嚢腫卵胞）という。牛においては，通常，排卵することなく直径が 25mm 以上となった卵胞を嚢腫卵胞といい，そのような嚢腫卵胞が 10 日以上存続する状態を卵巣嚢腫という。排卵が起こらないことから機能的な黄体は存在しない。卵胞が発育し，排卵することなく異常に大きくなる嚢腫化過程において，卵胞および嚢腫卵胞はエストロジェンを旺盛に分泌することから，血中エストロジェンは発情期レベルの高値を示し，それとともに発情徴候が発現する。嚢腫卵胞の大きさと個数は様々で，片側の卵巣に限局する場合も両側にみられる場合もある。乳牛に多発するが，肉牛にも発生する。発症時期は乳牛では分娩後１～４カ月に多く，15～45 日にピークを示す。

卵巣嚢腫は，卵胞嚢腫と黄体嚢腫に分けられる。卵胞嚢腫は嚢腫卵胞壁が卵胞の状態を保持しており，黄体化を伴わない状態をいう。黄体嚢腫は嚢腫卵胞壁が黄体化した状態をいう。しかし，嚢腫卵胞は，嚢腫化初期においては黄体化せずに卵胞嚢腫の状態であったが，その後黄体化して黄体嚢腫の状態となり，閉鎖退行過程においては黄体組織が退行して再び卵胞嚢腫の状態となった症例がみられることから，必ずしも卵胞嚢腫と黄体嚢腫は独立した別々の疾病とは限らない可能性がある。また，卵巣嚢腫は排卵後に形成される黄体において内部に液が貯留した大きな内腔が形成される嚢腫様黄体（後述）とは区別される。

原因：直接の原因は，排卵を起こすのに必要なLHの一過性大量放出（サージ）が起こらないことによる。最近，卵胞嚢腫牛の視床下部の性中枢におけるエストロジェンの正のフィードバックに対する感受性が低下しており，その結果，LHサージが起こらないことが示唆されている。また，濃厚飼料の多給，副腎皮質刺激ホルモンやエストロジェン処置，およびエストロジェン様物質を高濃度に含むアルファルファ，赤クローバーなどのマメ科の牧草の給与によっても発症することが知られている。

症状：嚢腫卵胞は閉鎖退行（変性退行）し，それに伴って新たに卵胞が発育・嚢腫化して嚢腫卵胞となること（入れ替わり）を繰り返す（図12）。嚢腫卵胞の入れ替わりの周期は15.1±0.9～26.4±4.2日と幅があるが，平均的には19.3±1.52～20.8±3.7日であることが報告されている。血中エストロジェン濃度は，卵胞が発育，嚢腫化して最大となる時期に発情前期～発情期と同等あるいはそれ以上の高い値を示して推移し，嚢腫卵胞の閉鎖退行に伴って低下する。すなわち，嚢腫卵胞の入れ替わりに伴って波状の消長を示す。したがって，外陰部の充血や腫脹などの外部発情徴候や他の牛への乗駕は，血中エストロジェンが高い値を示す時期に一致して持続的に発現し，減少に伴って一時的に消退する。また，まれに卵胞が嚢腫化する時期に乗駕許容（発情）を示し，持続発情を示す場合もある。さらに，嚢腫卵胞の入れ替わりの時期に発育している卵胞が自然排卵し，自然治癒する場合もある。

従来，症状として色情・性欲が亢進した思牡狂，無発情，およびそれらの中間型ないし移行型があるとされてきた。思牡狂のものにおいては，嚢腫卵胞の少なくとも1個は顆粒層が肥厚，充血し，卵胞膜内膜にも充血があり，卵胞液のエストロジェン含量が高いが，無発情のものではいずれの嚢腫卵胞においても顆粒層は欠損し，卵胞膜内膜は非薄あるいは黄体化しており，卵胞液にはエストロジェンがほとんど含まれないことが示されている。しかし，近年，思牡狂を示すものが少なくなったといわれる。経過の長いものでは，広仙結節靭帯が弛緩して尾根部が隆起する特異的な所見を示す。未経産牛が本症を発症した場合には，乳腺の発達や泌乳が起こることがあるが，これは血中エストロジェン濃度の増加によるものと考えられている。

黄体嚢腫では血中プロジェステロン濃度が黄体開花期レベル（2 ng/mL以上）に増加した時期には血中エストロジェン濃度は低い値となるが，プロジェステロン濃度が低い値となると，卵胞の発育・嚢腫化に一致して再び増加する。

診断：直腸検査または超音波画像検査を数回行い，卵胞が排卵することなく嚢腫卵胞となることを確認する。正常な卵胞および嚢腫様黄体との鑑別が困難な場合には，7～14日の間隔をおいて再検査あるいは再々検査を行い，嚢腫卵胞がさらに大きくなっているか，変化なく存続している，あるいは閉鎖退行して新たな嚢腫卵胞が形成されている場合に本症と診断する。この場合，卵巣嚢腫では排卵が起こらないため，黄体は形成されないことに留意する。

排卵直前の成熟卵胞の直径は，ホルスタイン種では，通常16～18 mm前後であり，25 mmを越えないことから，卵胞が排卵することなく25 mm以上の大きさとなって10日以上存続する状態は卵巣嚢腫とみてよい。卵胞が直径14 mm以上となってその大きさを増大して嚢腫化している時期においては旺盛にエストロジェンを分泌しているため，発情徴候が発現する。卵巣嚢腫では，通常，直径25～40 mmの大きさの嚢腫卵胞が1～4個，片側あるいは両側の卵巣に認められる（図13）。ホルスタイン種牛よりも体格が一回り小さい黒毛和種牛では，卵胞の大きさも一回り小さいため，卵胞が排卵することなく直径20 mm以上となり，高い血中エストロジェン濃度を伴って10日間以上存続する状態は，卵巣嚢腫と診断できる。

子宮は，太く腫大し，壁は柔軟で，弾力性を欠く状態を示すことが多く，発情前期や発情期のように収縮が強く，緊張，腫脹する状態を示すこともある。

直腸検査による触診では臨床的に卵胞嚢腫と黄体嚢腫を区別することは困難である。また，超音波画像検査においても壁の1～2 mmの厚みの黄体化層を確認するのは困難であることから，両者の鑑別診断は困難である。

血中および脱脂乳中のプロジェステロン濃度が1 ng/mL以上，全乳では2 ng/mL以上の場合には，

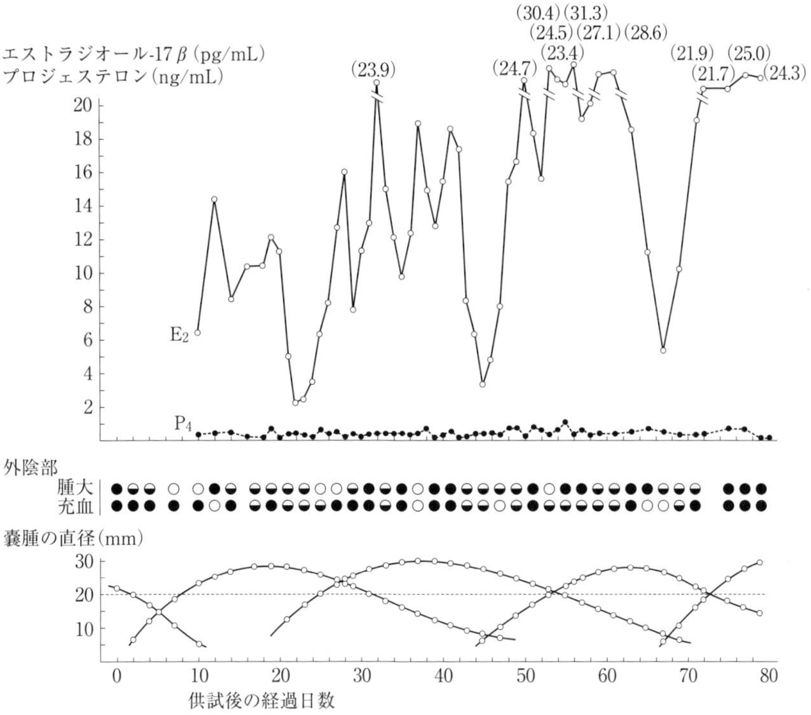

外陰部発情徴候 ●：陽性，◒：弱陽性，○：陰性

図 12　卵胞嚢腫の黒毛和種経産牛 1 例（牛 No.137）における嚢腫卵胞の消長ならびに血中エストラジオール-17β（E_2）とプロジェステロン（P_4）濃度の推移および外陰部発情徴候の変化

機能的な黄体組織が存在すると判断できることから，プロジェステロン濃度の測定が黄体化の有無および程度を調べるのに有用である。しかし，プロジェステロン濃度の検査を行っても，黄体嚢腫と冠状突起が不明瞭な嚢腫様黄体（後述）を鑑別診断することは 1 回の検査だけでは困難である。数回の直腸検査あるいは超音波画像検査およびプロジェステロン濃度の検査を行って，卵巣周期の営みの有無により両者を鑑別診断する必要がある。

直径 100 mm 以上の嚢腫様構造物は顆粒膜細胞腫（後述）である可能性が高い。

治療：早期に治療を行うことが望ましい。

卵胞嚢腫の治療には，排卵を誘起して黄体形成を図る，あるいは排卵しなくても黄体化を図る目的で GnRH 製剤（酢酸フェルチレリン 100～200μg，ブセレリン 10～20μg）や hCG 3,000～5,000IU の注射を行う。また，人為的に黄体期を作出するために外因性に CIDR や PRID の 12～18 日間処置を行う。

GnRH 製剤あるいは hCG 処置後の反応として，発育している（大きさを増大している）嚢腫卵胞あるいは嚢腫卵胞と共存する直径 10 mm 以上の発育している卵胞が LH あるいは hCG に反応して（図 14）処置後 30～42 時間に誘起排卵し，その後に黄体が形成される（図 15），あるいは，処置後 2～7 日の間に閉鎖黄体化して黄体化組織が形成され，その黄体あるいは黄体化組織の退行に伴って正常な卵胞が発育，成熟して排卵し，卵巣周期が正常に営まれるようになることにより治癒する。これらのことから，治癒機転として，処置により形成された黄体組織から分泌される，あるいは外因性に投与したプロジェステロンが視床下部の性中枢に作用して GnRH の分泌を適正化するとともに，エストロジェンによる正のフィードバックに対する反応性を回復させることによると考えられている。

黄体嚢腫の治療には卵胞嚢腫と同様に hCG，GnRH 製剤または CIDR や PRID が用いられる。治癒機転としては，黄体あるいは黄体化組織の機能を増強・補強することにより間接的あるいは直接的にプロジェステロン濃度の増加をもたらし，その結果，視床下部・下垂体がエストロジェンのポジティ

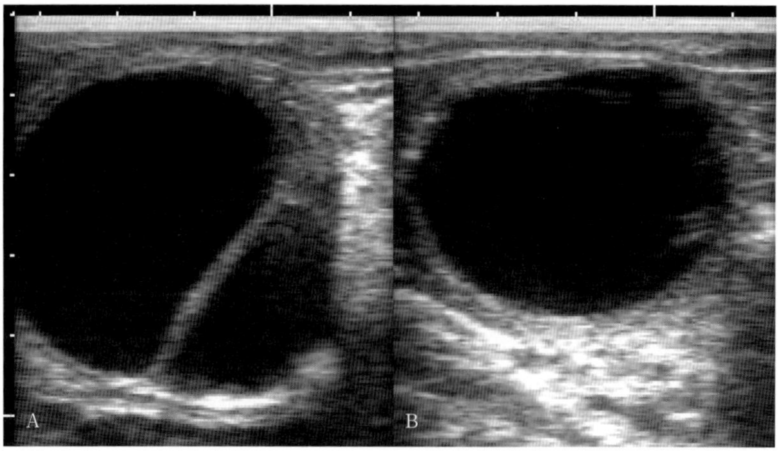

図 13　卵巣嚢腫のホルスタイン種経産牛１例（牛 No.17）における卵巣の超音波画像
A：左卵巣，B：右卵巣

ブフィードバックに対する反応性を回復するようになり，黄体組織の退行および血中プロジェステロン濃度の低下に伴って発育・成熟した卵胞が排卵し，卵巣周期が正常に営まれるようになると考えられている。なお，海外では $PGF_{2\alpha}$ 製剤の投与も有効とされているが，その有効性についてはさらに詳しく検証する必要がある。

卵巣嚢腫の治療において，異種蛋白質性ホルモンである hCG などを反復投与すると，投与したホルモンに対する抗体である抗ホルモンが産生される。この抗ホルモンが体内に高濃度に存在すると，同種のホルモンを投与しても不活化され，効果が現れない。牛では抗 hCG が比較的容易に産生され，かなり長期間存続する。hCG を数回投与しても治療効果がみられない牛に抗 hCG の産生されている例がかなり認められている。抗 hCG の産生されているものには hCG 以外のホルモン剤の投与が有効である。

予後：早期に発見され，早期に治療されるほど予後は良好である。分娩後６カ月以内に治療を受けた牛において，１回の治療で 79％が受胎し，11％が再治療を要し，10％が不妊その他の理由で転売されたことが報告されている。子宮内膜の嚢胞性変化を併発する例や子宮内膜が萎縮した例では予後は不良である。

iii）発情の異常

発情の異常には，卵巣疾患により卵巣周期が正常に営まれないために発情が発現しない無発情，卵巣周期は営まれるが発情を伴わない鈍性発情，発情持続時間の短い短発情，発情が異常に長く続く持続性発情，排卵を伴わない無排卵性発情（正常様発情）がある。

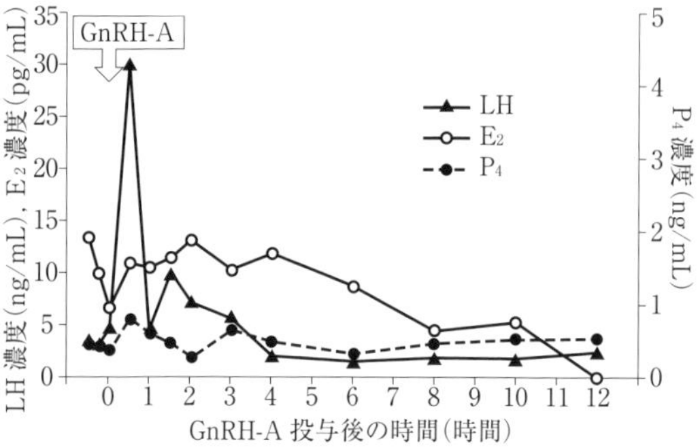

図 14　卵胞嚢腫のホルスタイン種経産牛１例（牛 No.10）における GnRH 製剤投与後 12 時間の血中黄体形成ホルモン（LH），エストラジオール-17β（E_2）およびプロジェステロン（P_4）濃度の推移
GnRH-A：酢酸フェルチレリン 100 μg/2 mL 筋肉内注射

（１）無 発 情

春機発動すべき時期および分娩後の生理的卵巣休止期を過ぎても，さらに季節繁殖動物においては繁殖季節を迎えても，卵巣疾患により卵巣周期が正常に営まれず，発情および発情徴候が発現しない状態を無発情という。本症を招く卵巣疾患には，卵胞発育障害，黄体遺残などがある。

治療：原因となっている卵巣疾患を治療し，卵巣周期の発現を促す。

（２）鈍性発情

卵胞が発育・成熟して排卵する時期に発情が発現しない状態を鈍性発情という。発情徴候は弱いもの

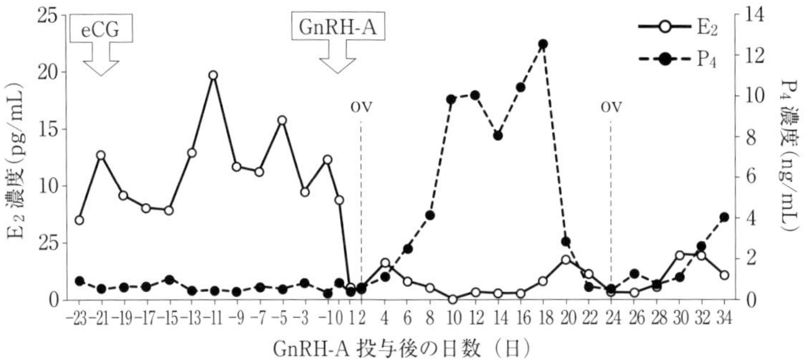

図 15 卵胞嚢腫のホルスタイン種経産牛１例（牛 No.10）における GnRH 製剤投与前後

57 日間の血中黄体形成ホルモン（LH），エストラジオール-17β（E_2）およびプロジェステロン（P_4）濃度の推移

GnRH-A：酢酸フェルチレリン 100μg/2 mL 筋肉内注射，eCG 1,000IU/5 mL 筋肉内注射，OV：排卵

から認められないものまで様々である。この場合の排卵を無発情排卵という。

牛においては，春機発動に伴う初回および第２回排卵時には鈍性発情が多発し，初回，第２，第３回排卵時における鈍性発情の発現率はそれぞれ 74%，43%，21% である。また，分娩後の卵巣周期の開始に伴う初回，第２，第３排卵時あるいは初回，第２，第３，第４，第５，第６回排卵時における鈍性発情の発現率は，それぞれ 77%，55%，35% あるいは 70%，37%，16%，14%，９%，８% であることが示されている。これらのことから，牛の春機発動および分娩後の第１～３回排卵時における鈍性発情は生理的なものとみなされ，それぞれ卵巣周期開始に伴う第４回排卵時以降に鈍性発情を示す場合を病的な鈍性発情と診断する。

鈍性発情は牛の卵巣疾患のなかで特に発生率が高く，乳量の多い牛，哺乳中の肉牛，飼養管理条件の悪い舎飼の牛に多発する。また，関節炎，蹄病，その他の疼痛性疾患に罹患しているものは発情および明瞭な外部発情徴候を示さず，群飼されている場合には乗駕せず，飼乗駕許容を拒み，群から離れる。

原因：明らかではないが，GTH 分泌の異常，エストロジェンやプロジェステロン分泌の異常，あるいはエストロジェンとプロジェステロンの量的不均衡，発情発現に関与する神経のエストロジェンに対する感受性閾値の上昇，心理的要因などが考えられている。

診断：直腸検査や超音波画像検査により卵巣周期が営まれていることを確認し，卵胞が発育・成熟して排卵する時期に，発情の発現状況を少なくとも１日 12 時間間隔で朝夕２回あるいは８時間間隔で３回，１回当たり 20～30 分間観察を行い，発情発現の有無と照合して診断する。すなわち，卵巣周期が営まれているが，発情が発現すべき時期に発現しないことを確認して診断する。黄体遺残および妊娠との鑑別診断に注意を要する。特に，人為的な発情の見逃しとは厳に区別する必要がある。

治療：排卵後５日以降の黄体期に $PGF_{2\alpha}$ 製剤を投与して黄体を急激に退行させると，明瞭な発情が発現する。牛では $PGF_{2\alpha}$ のジノプロスト 15～30 mg，類緑物質であるクロプロステノール 0.5 mg を筋肉内に１回注射する。また，牛では排卵後２日以降の時期に子宮腔内にヨード剤〔ルゴール液または２% ポビドンヨード溶液（有効ヨウ素濃度 0.2%）〕50 mL を注入すると処置後４～５日から黄体が退行し，通常，処置後６～11 日に発情が発現する。そのほか，牛では CIDR や PRID を７日間腟内挿入することにより，抜去後数日のうちに発情が発現する。

（３）短 発 情

卵胞が発育・成熟して排卵する時期に発情は発現するが，発情持続時間が異常に短い状態を短発情という。通常の発情持続時間は 14.0 ± 4.8（SD）時間であるため，発情持続時間がその平均－２SD の 10 時間未満の場合は本症と診断できる（**表３**）。発情の見逃しや交配の時期を逸することにより，不妊症を招く。

原因として GnRH/LH サージの早期発現などが考えられるが，不明である。特別な治療法はない。

表３　発情，排卵の時間経過と血中 LH の動態

牛 No.	発情開始から終了	発情開始から排卵	発情終了から排卵	発情開始から LH 頂値	LH 頂値から排卵	LH 放出*の時間幅	LH 頂値
	時間	時間	時間	時間	時間	時間	ng/mL
G-2	17.0	33.0	16.0	7.0	26.0	10.0	4.05
121	12.0	31.0	19.0	6.5	24.5	8.0	28.5
132	12.0	30.0	18.0	6.0	24.0	8.0	12.3
133	12.0	30.0	18.0	5.5	24.5	8.5	38.5
135	17.0	32.0	15.0	5.5	26.5	8.0	81.5
平均±2SD	14.0±4.8	31.2±2.4	17.2±3.0	6.1±1.2	25.1±2.0	8.5±1.6	40.3±45.8
134	22.0	37.0	15.0	13.0	24.0	8.0	9.7

*：LH が≧２ng/mL の濃度水準を保持した時間
（百目鬼ら，1981）

発情・排卵は起こることから，発情観察を頻繁に行って，あるいは発情発見用補助機具を使用して発情を発見し，排卵前の授精適期に交配を行う。

（４）持続性発情

発情が異常に長く持続する状態を持続性発情という。この場合，排卵障害（後述）が合併することが多い。

成熟した卵胞が長期間にわたって存続する場合，および卵胞の発育，成熟，閉鎖退行が次々に起こる場合にみられ，卵胞が嚢腫化して嚢腫卵胞となる場合にみられることがある。牛に多発する。牛では乳牛に多くみられ，正常な発情持続時間 10〜27 時間（平均 18 時間）に対して３〜５日以上にも及ぶことがある。

治療：発情が異常に長く持続している場合には，発情期に成熟卵胞の存在を確認した上で，排卵を促進するために排卵促進剤として GnRH 製剤（酢酸フェルチレリン 100〜200μg，ブセレリン 10〜20μg）あるいは hCG 1,500〜3,000IU を投与し，12〜18 時間後に交配を行う。

（５）無排卵性発情（正常様発情）

卵胞は発育・成熟して発情が発現し，発情持続時間も正常と異ならないが，卵胞が排卵することなく閉鎖退行，閉鎖黄体化あるいは嚢腫化する場合の発情を無排卵性発情あるいは正常様発情という。

診断：卵胞が発育・成熟する時期に発情観察を行って発情が正常に発現することを確認すると同時に，直腸検査あるいは超音波画像検査を行い，卵胞が排卵することなく閉鎖退行，閉鎖黄体化あるいは嚢腫化することにより診断する。

治療：診断は，結果的に発情は発現したが排卵が起こらなかったことを確認することにより行われる。牛では排卵は通常，発情開始後 31.2±1.2（SD）時間に起こるため，その平均＋2SD の発情開始後 34 時間になっても排卵が起こらず，無排卵性発情が予測される場合には，成熟卵胞が存在することを確認した上で，持続性発情と同様に，排卵促進剤として hCG または GnRH 製剤を投与し，12〜18 時間後に人工授精する。

iv）排卵障害

排卵障害は，卵胞が発育・成熟して発情は発現するが，排卵が正常に起こらない状態をいう。排卵遅延と無排卵がある。

排卵性 LH サージが遅延するか，あるいは，欠如または不足することが原因と考えられている。その他，卵巣に広範な癒着がある場合には，排卵が物理的に障害され，無排卵となる。

交配適期を逸するため，または排卵が起こらないため，不妊症となる。

（１）排卵遅延

卵胞は発育・成熟して発情が発現し，最終的に排卵は起こるが，発情開始から排卵までに長時間を要する場合を排卵遅延という。

診断：発情開始後の排卵が予測される時期（発情開始後 31 時間前後）に排卵確認を経時的に行い，排卵時間を見極めて診断する。

牛では排卵は通常，発情開始後 31.2±1.2（SD）時間に起こるため，その平均＋2SD の発情開始後 34 時間を過ぎて排卵した場合には本症と診断できる。

治療：診断は結果的に排卵が遅延したことを確認してなされる。そのため治療は，通常，排卵が正常に起こらず，排卵障害が予測される場合に，成熟卵胞

の存在を確認した上で，排卵促進剤を持続性発情の場合と同様に投与する。その場合，投与した排卵促進剤による排卵は，通常，投与後30〜42時間に誘起されることから，投与後24〜30時間以内の排卵は内因性の自発性排卵と判断される。

（2）無 排 卵

卵胞が発育・成熟して発情が発現するが，排卵することなく閉鎖退行あるいは閉鎖黄体化，または嚢腫化する場合を無排卵という。この場合の発情を無排卵性発情あるいは正常様発情という。

診断：無排卵性発情（正常様発情）に準じる。なお，排卵することなく壁が黄体化した閉鎖黄体化卵胞は12〜18日間存続して退行する。

治療：無排卵性発情（正常様発情）に準じる。

v）黄体形成不全

黄体において，黄体組織の発育や発達が不十分なものを黄体形成不全という。これらではプロジェステロンの分泌が不十分なため，血中のプロジェステロン濃度は正常なものに比べて低い。

形成された黄体の形状により，発育不全黄体と嚢腫様黄体に区分される。

（1）発育不全黄体

発育不良で小さく，プロジェステロン分泌機能が不十分な黄体を発育不全黄体という。多くの場合，寿命が短く，発情周期は短い。

牛では，春機発動および分娩後の卵巣周期の開始時において，初回排卵後に形成される黄体は発育が不十分で小さく，血中のプロジェステロン濃度も低く，寿命も短いものが多い。また，分娩後の生理的な卵巣休止期や病的な状態である卵巣静止の牛に，卵巣周期を開始させるためにGnRH製剤やhCGあるいはeCGを投与した場合に，誘起排卵後に発育不全黄体が形成されることが多い（図11）。

原因：不明であるが，LHやFSH分泌の不足，排卵した卵胞および形成された黄体におけるLHレセプターの不足，子宮における黄体退行因子である$PGF_{2\alpha}$の早期生産などが考えられている。

診断：通常の黄体よりも発育が悪く小さいことにより診断する。この場合，血中のプロジェステロン濃度も通常よりも低く，多くの場合，短い発情周期を示す。黄体が発育して最大となった時点の長径が18mm未満であることを目安として診断することが提示されている。

治療：卵巣嚢腫の治療としてGnRH製剤を投与したところ，誘起排卵後に10日前後の短い発情周期を伴って発育不全黄体が7回連続して形成された経産牛の1症例において，発情時にhCG 1,500IUを投与したところ，正常な黄体が形成され，発情周期も正常になったことが認められている。このことから，発情期や周排卵期におけるhCG 1,500〜3,000IUを注射することが提案されている。

（2）嚢腫様黄体

牛の黄体は，黄体初期にはしばしば中心部に内容液を入れた小腔がみられる。この小腔は，通常は黄体の発育とともに黄体組織あるいは結合組織で充填されて消失する。しかし，排卵後7〜14日の黄体開花期においても内容液を入れた内腔が大きく（直径7〜10 mm以上），周囲の黄体組織の層が菲薄なものがみられる。そのような黄体を嚢腫様黄体という。嚢腫様黄体は，通常の黄体と同様に自然に退行し，ほぼ正常な発情周期が営まれる。

牛の嚢腫様黄体の黄体組織中プロジェステロン含量は正常な開花期黄体のそれより低く，血液中のプロジェステロン濃度も低いものがある（図16）ことから，嚢腫様黄体は不妊症の原因になると考えられている。また，リピートブリーダー（後述）のなかには，嚢腫様黄体の形成されているものがかなりあると推測されている。他方，嚢腫様黄体が形成されたものにおいても妊娠するものがあることから，不妊症の原因にはならないとする考えもある。

原因：不明である。

診断：嚢腫様黄体は排卵後に形成される黄体であることから，排卵することなく閉鎖黄体化した卵胞（閉鎖黄体化卵胞）や排卵することなく異常に大きくなって嚢腫卵胞となり，壁が黄体化した黄体嚢腫とは区別される。嚢腫様黄体は内部に内容液を貯留した内腔を有するため，直腸検査による触診において，通常，排卵後2〜5日の黄体初期に正常な黄体より大きく，黄体層が薄く，卵胞あるいは嚢腫卵胞に類似した緊張感を呈することが多く，かつその緊張感は排卵後7〜14日まで継続して触知される。

直腸検査による触診において，大部分の嚢腫様黄体は正常黄体と同様に排卵部位から黄体組織が反転・隆起して形成される冠状突起が明瞭で，内腔周囲の黄体組織層の厚い嚢腫様黄体は，正常黄体との識別が困難なことが多い。しかし，超音波画像検査では内腔が無〜低輝度で黒く描出されるため（図17），容易に診断される。

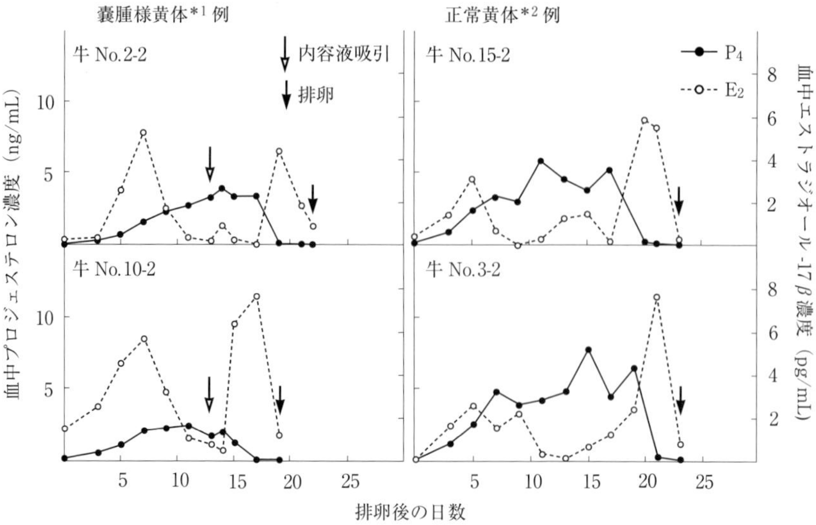

図16　嚢腫様黄体の牛2例（Nos. 2-2, 10-2）と正常黄体の牛2例（Nos. 15-2, 3-2）における血中プロジェステロン（P_4）とエストラジオール-17β（E_2）濃度の推移
＊1：排卵後3日の超音波画像検査で直径≧7 mm の内腔を有する黄体,
＊2：同検査で内腔の直径が7 mm 未満の黄体

しかし，嚢腫様黄体には冠状突起が認められないものがある。特に，嚢腫様黄体の直径が 30 mm 以上で，内腔が大きく，内腔周囲の黄体組織層の薄いものでは，冠状突起は直腸検査のみならず超音波画像診断においても確認できないことが多く（図18），卵巣嚢腫，特に黄体嚢腫との鑑別には注意を要する。

なお，内腔が大きく，内腔周囲の黄体組織層の薄い嚢腫様黄体は，注意深く触診を行った場合でも排卵後3～7日の黄体初期には破裂しやすく，破裂した場合や内容液を吸引除去した場合には，多くのものにおいてその2～3日後には黄体組織の充満した発育良好な充実性の黄体となる（図19）。しかし，卵巣嚢腫の場合には，嚢腫卵胞から卵胞液を吸引排除しても黄体化は起こらない。この違いは，本症と卵巣嚢腫との鑑別診断を行う上で重要な鑑別診断点となる。

治療：交配を行っていない場合には，発情周期はほぼ正常に営まれるため，特に治療の必要はない。しかし，交配後に嚢腫様黄体が形成された乳牛において，人工授精後5～10日に内容液を卵巣注射器により吸引排除あるいは直腸からの軽い指圧により破裂排除したところ，充実した黄体となり（図19），多くのもので妊娠が成立したこと（表4）から，交配後5～10日の内容液の排除が推奨されている。

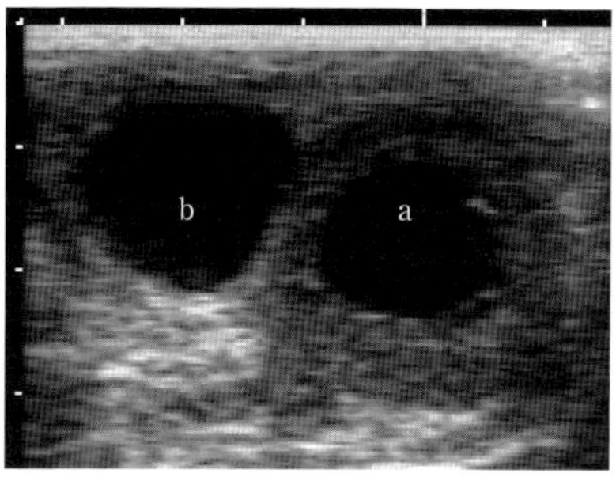

図17　嚢腫様黄体が形成されたホルスタイン種経産牛の1例（牛 No.7）における排卵後9日の卵巣超音波画像
左卵巣：嚢腫様黄体（a）と共存する主席卵胞（b）

vi）黄体機能不全

獣医繁殖学では唱えられていないが，産婦人科では認証されている疾病である。本症は黄体機能の異常によりプロジェステロンが十分に分泌されず，子宮内膜が完全な分泌期像を示さないために不妊，不育の原因となる状態をいう。牛においては，黄体の発育は良好であるが，黄体機能が十分ではなく，プロジェステロン濃度の低い状態が該当する。黄体機能の維持・退行の機序が十分に解明されていないため病因は不明なところもあるが，卵胞期における卵胞刺激ホルモン（FSH）や LH 分泌の異常，および黄体期における LH 分泌の異常が考えられている。

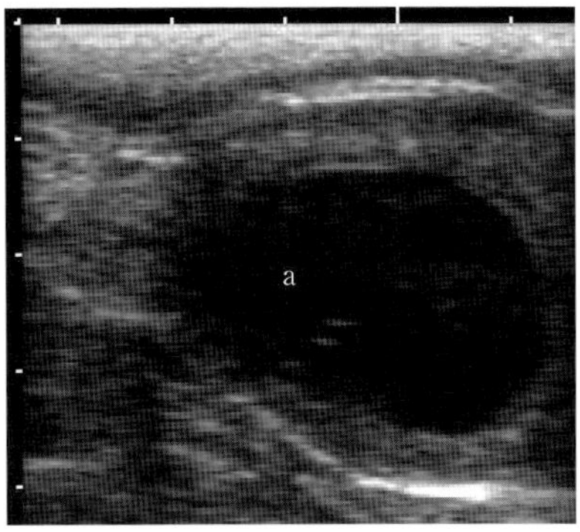

図 18　嚢腫様黄体が形成されたホルスタイン種経産牛1例（牛 No.2）における排卵後8日の卵巣超音波画像

右卵巣に内腔の大きな嚢腫様黄体（a）がみられる

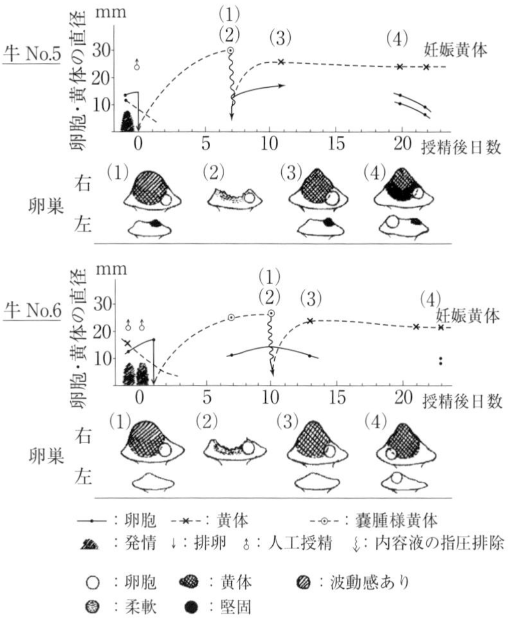

図 19　嚢腫様黄体の内容液を指圧排除した牛2例（牛 Nos. 5，6）におけるその後の卵巣の変化

（金田義宏ら，1970）

産婦人科で行われる治療法は黄体期前半にhCG 5,000IUを隔日に3回投与，プロジェステロン12.5 ngの連日投与，あるいはプロジェステロンとエストロジェンの合剤の週1回投与などが行われる。

vii）黄体遺残

妊娠していないにもかかわらず黄体が異常に長く存続し，その機能を発揮する状態を黄体遺残という（図 20）。牛に多発する。プロジェステロンが旺盛に分泌されるため，黄体が遺残している間は無発情となる。

原因：子宮における分泌物，死亡胎子やその産物の存在および慢性の子宮内膜炎による黄体退行因子である $PGF_{2\alpha}$ の産生または放出の阻害が考えられている。しばしば胎子ミイラ変性，膿や粘液の貯留により本症が発生する。

診断：無発情を呈し，機能的な黄体が正常な発情周期の存続期間を超えて異常に長く存続することを確認して診断する。子宮蓄膿症やミイラ変性胎子などの明らかな子宮の異常を認める場合を除き，ただ1回の繁殖検査で本症を診断することは無理である。鈍性発情と鑑別診断するため，7～14日の間隔をおいて2～3回検査を行い，あるいは血中または乳汁中のプロジェステロン濃度を3～4日間隔で6～7回測定して，機能的な黄体が異常に長く存続することを確認して診断する。本症を診断する場合には，早期妊娠との鑑別にも十分注意しなければならない。

治療：$PGF_{2\alpha}$ 製剤（ジノプロスト15～30 mg，クロプロステノール500μgなど）の筋肉内注射が行われる。処置後数日内に遺残黄体は退行して発情が発現し，排卵が起こる。

viii）卵巣炎および卵巣癒着

卵巣炎は卵巣支質の炎症で，周囲組織と癒着を起こすことが多い。本症の初期には卵胞は発育，成熟し，発情も発現するが，卵巣に癒着があると，癒着部位では排卵が阻害され，卵胞は閉鎖黄体化あるいは嚢腫化する。慢性化したものでは卵巣支質が線維化して卵巣機能が廃絶するため，無発情となる。

原因：粗暴な卵巣の触診ならびに強い指圧による卵巣嚢腫や嚢腫様黄体の破砕などによる出血や炎症に起因する場合と，子宮内膜炎，卵管炎，腹膜炎などの波及による場合がある。

診断：炎症の初期である急性期には直腸検査による触診において，卵巣は腫大し，疼痛を示すことにより，比較的容易に診断できる。卵巣の癒着が広範囲になるに従い，卵巣の輪郭が不明瞭となり，可動性は減少あるいは消失する。

治療：適切な治療法はなく，両側性の場合は予後不良である。片側性の場合は反対側による受胎の可能性がある。

f．生殖器の腫瘍

生殖器の腫瘍はまれで，必ずしも不妊症を招くとは限らない。

表4　未経産牛における嚢腫様黄体処置後の受胎成績

処置	受胎率	
	処置前の発情期における授精（%）（受胎頭数/授精頭数）	処置後の初回発情期における授精（%）（受胎頭数/授精頭数）
指圧による内容液の排除	5/ 8 (62.5) *1	1/3 (33.3)
注射器による内容液の吸引排除	10/24 (41.7)	8/11 (72.7)
注射器による内容液の吸引排除後，hCG1,500 IU 注入	7/12 (58.3) *1	1/2 (50.0)
無処置	7/24 (29.2) *2	3/11 (27.2)

＊1，2間に有意な傾向（$p<0.10$）あり　（金田義宏ら，1980）

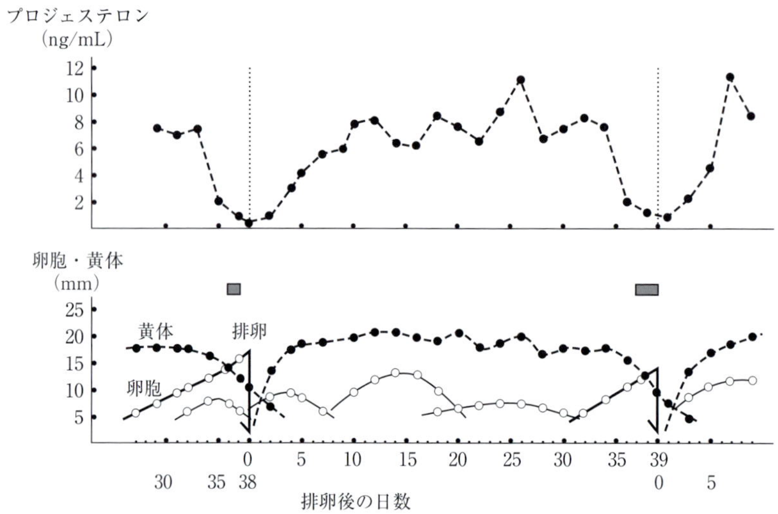

図20　黄体遺残により発情周期が延長した無交配の黒毛和種未経産牛の１例（牛No.138）における卵巣の変化と血中プロジェステロン濃度の推移
■：外部発情徴候発現

陰門および腟では，線維腫，平滑筋腫，癌がまれにみられ，線維肉腫，血管腫などもたまにみられる。これらにより不妊症になることはまれであるが，難産の原因となることがある。牛の線維乳頭腫は外部生殖器の伝播性腫瘍であるが，通常１～６カ月以内に自然に退行，消失する。

子宮には，平滑筋腫，線維筋腫，線維腫，癌，リンパ肉腫などが発生する。通常，平滑筋腫，線維筋腫，線維腫は単在し，硬く，円形で塊状を呈する。リンパ肉腫は子宮壁にびまん性の斑点状肥厚を生じることがある。腺癌は硬く，中凹の触感を示す。直腸検査や超音波画像検査を注意深く行えば，子宮腫瘍と子宮膿瘍，癒着，結核などの疾患との鑑別は可能である。

子宮に腫瘍が発生しても妊娠することがあるが，子宮腫瘍による不妊症に対しては受胎性を回復させる治療法はない。

卵巣では，顆粒膜細胞腫が最も多く，癌，血管腫，嚢腺腫なども発生する。腫瘍が大きい場合は，卵巣はその重さのため腹腔に深く沈下する。検査に当たっては，頸管鉗子を用いて外子宮口と腟円蓋部から子宮腟部を鉗圧して保持した後，鉗子を手前に引き寄せて子宮を骨盤腔に牽引し，連動して卵巣を骨盤腔近くに引き寄せて検査する必要がある。また，腫瘍が大きい場合には，卵巣動脈は肥大し，太くなる。卵巣腫瘍が発生すると，通常，発情（卵巣）周期は営まれなくなり，不妊症となるが，病巣が一側卵巣の場合には罹患卵巣を摘出することにより受胎性を回復することがある。

顆粒膜細胞腫は牛では最も一般的な卵巣腫瘍で，

若齢から老齢のあらゆる年齢に発生する。通常一側性に発生する。悪性であることはまれである。顆粒膜細胞腫が発生した牛のなかには，思牡狂，仙坐靭帯の弛緩，未経産牛における泌乳などのエストロジェン産生を示す症状が発現するものがある。直径100 mm 以上の腫瘤状構造物は顆粒膜細胞腫を疑うべきである。本腫瘍には，割面が硬くて黄色を示すもの，直径が10～75 mm の多数の嚢胞で満たされているもの，1個の大嚢胞からなるものなどがある。超音波画像検査において蜂巣状構造が描出される場合には，多数の嚢腫が充満するタイプの本症が疑われる。

2．飼養管理の不良

生殖器の機能障害による繁殖障害はその背景に何らかの内分泌異常が存在するが，その異常を特定することは困難な場合が多い。内分泌異常は遺伝的要因による場合もあるが，多くの場合，栄養の過不足，泌乳，ストレスなどの飼養管理や環境の不良により起こる。また，発情の見逃しや適期を失した交配は受精成立の機会を逸することになり，見かけ上の繁殖障害として現れる。

a．栄養管理の不適（栄養障害の項 59 頁を参照）

b．ストレス（栄養障害の項 59 頁を参照）

c．繁殖管理の不良

i）発情の見逃し

人工授精を行っている牛群では，発情の発見，特に発情開始時期の発見は授精を適期に行い，高い受胎率を得る上で最も重要である。発情の見逃しは人工授精，ひいては受胎の機会を失わせ，また，発情発見の遅延は授精適期を誤らせ，繁殖率の低下や不妊をもたらす。

発情を的確に発見するためには観察者の発情に対する正しい知識と発見の訓練が必要である。知識と訓練が十分な場合には発情発見率は82～97％と高いが，そうでない場合には67％と低いことが知られている。

発情を発見するためには連日，少なくとも朝夕2回，望むらくは朝昼夜の3回，1回当たり 20～30 分間，他の牛の乗駕を許容する行動（スタンディング発情）およびその他の発情徴候の発現状況を詳細に観察する必要がある。

（1）発情見逃しの理由

発情を見逃す理由として次のことがあげられる。

①発情と発情徴候についての知識不足

発情は，雄の交尾を許容する状態をいう。発情とみなす状態として，雌同士の乗り合いにおいて他の雌牛の乗駕を許容する状態であるスタンディング発情（乗駕許容）がある。スタンディング発情において，乗駕している牛が雄であるとすれば，乗駕されて逃げずに静止している雌牛は雄の交尾を許容している状態，すなわち発情とみなされる。スタンディング発情は，発情時に限ってみられるが，他の牛への乗駕は発情時以外にもみられることから，スタンディング発情は最も信頼できる発情の指標である。発情を示している期間を発情期という。発情は，排卵に向かう成熟卵胞から旺盛に分泌される発情ホルモン（エストロジェン）によりもたらされる。

また，発情期には外陰部の充血や腫脹，粘液流出，さらに子宮腟部の充血や腫脹，外子宮口の開大や透明粘液の流出などの発情徴候が発現する。これらの発情徴候は，発情同様，排卵に向かう成熟卵胞から旺盛に分泌されるエストロジェンがもたらす特徴的な変化であるが，あくまでも発情徴候であり，発情ではない。発情徴候は発情に先立って発現し，発情開始期に最も顕著となり，その後漸次消退する。

②牛群の頭数の増大

牛群の頭数の増大に伴って発情発見の精度や効率が低下する。これは飼育管理担当者1人当たりの観察頭数が増加し，個体識別および発情・発情徴候の発見が不十分になることによる。

③発情持続時間の短い場合

牛の発情持続時間は10～27 時間の範囲で，未経産では平均 14 時間，経産牛では平均 18 時間といわれているが，10 時間未満のものが 20％あるいはそれ以上みられる。そのようなものは，朝夕2回の発情観察では発見されないことがある。朝，昼，夜の8時間間隔で3回の定時観察が勧められる。

④観察場所の問題

発情を観察する場所が狭小で牛が混雑する状況や足場が悪い状態においては，発情でないのに乗駕を避け切れずに乗られてしまうことや足場が悪い，あるいは硬いために同居牛が乗駕行動を示さず，発情が確認できないことがある。

（2）発情発見率の向上

発情観察の方法により発情発見率にかなりの差がみられる（表5）。発情の見逃しを少なくして発情発見率を向上させるために，次のような試みがなされ

表5　方法別にみた牛の発情発見率

方法＼発表者	Donaldson (1968)	Lauderdale (1974)	Foote (1975)	その他
1日3回試情	93.1%	— %	— %	— %
他の雌牛の乗駕により	81.0	—	—	—
人が24時間連続監視	100	97～100	89	—
1日3回定時観察	91	81～91	—	—
1日2回定時観察	90	81～91	72	—
日常作業時の観察	—	56	56	—
チンボール法	98	98～100	80～87	—
ヒートマウントディテクター法	—	—	98	96*1～98*2

＊1：森ら（1978），＊2：Baker（1965）　　（杉江，1980）

ている。

①個体を識別しやすくする方法

首への番号タックの装着，耳票番号の取付け，体表部への個体番号の凍結烙印などが行われる。

②照明の改善

夜間や暗い牛舎などでは，明るい照明にすることにより，発情や発情徴候の観察が正確かつ容易になる。

③発情観察の適正化

連日，最低朝夕2回，20～30分間にわたり発情や発情徴候の発現状況を観察する。できれば8時間間隔で1日3回観察することが望ましい。その場合，乗駕の性衝動は15～20分間隔で発現することから，発情観察は，観察対象牛が起立して自由に行動できる状態にして，少なくとも20～30分間は行う必要がある。なお，牛の採食や搾乳時および糞掃除時などの作業時の発情観察は避ける。

④発情発見用器具の使用

雌牛の十字部ないし仙骨部に発情発見用器具を接着剤で装着する。この発情発見用器具は内部に液体を入れたプラスチック容器を内蔵する。発情になり乗駕を許容すると，乗駕した牛の胸垂ないし胸底部が内部のプラスチック容器を圧迫し，容器内の液体が流出して，発情発見用器具が赤色を示す。すなわち，発情発見用器具の赤変をみつけることにより，乗駕許容を間接的に知ることができる。

また，雌牛の十字部ないし仙骨部および臀部に専用のクレヨンでマーキングを施し，施したマーキングがスタンディング発情となって乗駕許容を繰り返すことにより消失することを観察し，スタンディング発情を間接的に知る方法も行われる。

スタンディング発情時の乗駕圧を背仙部に装着したセンサーで感知し，テレメトリーで送信して記録する乗駕感知装置が開発され，市販されている。

また，発情期には雄を求めて活発に歩き回る発情徴候を，歩数計を用いて歩数の増加として計測し，歩数計のデータを受信器で受信して表示する装置が開発，市販されている。発情徴候としての歩数の増加と減少が発情の発現および終息と連動することが明らかにされ，発情に強く相関した雄を求めて活発に活動する発情徴候を無人で観察できる効果的な発情徴候観察手法として活用されている。

⑤試情用雄牛やアンドロジェン処置牛の使用

精管結紮やその他の不妊処置を施した雄牛あるいはアンドロジェンを処置した去勢牛にマーキング装置（チンボールなど）を装着し，それらの雄牛に接触，乗駕された雌牛は着色されるようにしておくことにより，発情を調べる。また，これに④の発情発見用器具を併用することも行われる。アンドロジェンを処置した雌牛も代用雄として有用である。この場合，プロピオン酸テストステロン油剤を毎週1回3週間筋肉内注射することにより，最終投与後2週間は試情牛として使用できる。

⑥発情の誘起

$PGF_{2\alpha}$製剤の投与やヨード剤などの子宮内注入を行って黄体を退行させ，発情を誘起する，あるいは，CIDRやPRIDを12日間前後処置して人為的に黄体期を作出し，処置を中断することにより発情を誘起する。$PGF_{2\alpha}$製剤は排卵後5日以降の黄体期に投与すると処置後2～4日，ヨード剤は排卵後2日以降に子宮内注入すると処置後6～11日，プロジェステロン腟内徐放剤では抜去後2日に発情が発現するため，発情発現時期が予知でき，その時期に集中して発情観察を注意深く行うことにより，発情が発見できる。

⑦排卵同期化と定時人工授精

$PGF_{2\alpha}$製剤とGnRH製剤の投与を組み合わせて黄体退行，卵胞発育，排卵を人為的に調節し，予測される排卵に先立って授精適期に人工授精する方法である。発情観察を行って発情時期を見定める作業が省力できる。方法は，$PGF_{2\alpha}$投与前7日にGnRHを投与して$PGF_{2\alpha}$投与時に発育卵胞が存在するように卵胞の発育を調節し，$PGF_{2\alpha}$投与後48時間に再びGnRHを投与することにより排卵を誘起して，第2回GnRH投与後12～18時間に人工授精する方法である。

ⅱ）交配（人工授精）時期の不適

人工授精の適期は受精能力の高い新鮮な精子が受精能力および発育能力の高い新鮮な卵子と会合する時期である。それにかかわる生殖子関連事象として排卵の時期，精子の受精部位への到達時間，精子の受精能獲得時間および受精能保有時間，卵子の受精能保有時間がある。牛においては，排卵時間は発情開始後30時間，受精に必要な多くの精子が受精部位である卵管膨大部に到達するのに要する時間は6～8時間，精子が雌の生殖器内で受精能を獲得するのに要する時間は6～8時間，精子の雌生殖器内における受精能保有時間は24時間前後，排卵された卵子が受精能を保有している時間は12時間前後とされている。人工授精に際しては，これらの事象を考慮して，授精適期に交配することが重要である。時期を失した交配は不受胎となる。

適期に人工授精を行うためには，発情，特に発情の開始時期を的確にみつけることが重要である。牛の授精適期は発情開始後6～24時間である。通常，発情が早朝（9時以前）に発現した場合にはその日の午後，午前（9～12時）に発現した場合にはその日の夕刻あるいは翌日の早朝，午後に発現した場合には翌日の午前中に人工授精を行う。

3．リピートブリーディング

発情周期は正常あるいはほぼ正常に営まれるが，正常な雄あるいは精液で反復して交配を行っても受胎せず，臨床検査では不受胎の原因となる異常が認められない状態をリピートブリーディングといい，そのような状態の雌畜をリピートブリーダー（低受胎雌畜）という。

牛においては，3発情期以上にわたって交配を行っても受胎せず，不受胎の原因が臨床的に認められないものをリピートブリーダーという。

繁殖障害を簡単にリピートブリーディングと診断するきらいがあるが，臨床検査を詳細に行えば，そのなかには排卵障害，黄体形成不全や黄体機能の不全，潜在性子宮内膜炎などがかなり含まれていると推察されている。

リピートブリーディングの直接の原因は受精障害あるいは胚死滅である。

その要因として，①授精時期の不適や授精技術の不良などの繁殖管理の不良，②栄養・代謝障害，③ストレス，④内分泌異常，⑤生殖器の炎症，⑥子宮頸管粘液の精子受容性不良，⑦生殖子および初期胚の先天性あるいは後天性異常，⑧生殖器の先天性あるいは後天性の解剖学的異常などがある。その他，⑨繁殖能力の低い雄による交配や雄の交配への過度の供用によっても起こる。

リピートブリーダー牛の受精障害の原因として，排卵障害9％，卵管閉塞7％，卵巣の癒着2％，子宮内膜炎3％，異常卵子3％であり，そのほか卵子が回収できなかった例17%，さらに受精障害の原因を明らかにできなかった例25%であったことが報告されている。さらに，子宮頸管粘液の精子受容性が高度に発現しているものでは受胎率が高いが，リピートブリーダー牛の発情期の子宮頸管粘液には精子受容性の不良なものが多いことが認められている。子宮頸管粘液の分泌や組成はエストロジェンおよびプロジェステロンの支配を受けており，その量や組成は精子の生存や子宮内進入と深くかかわっている。この分泌液の量や組成が正常でない場合には精子の移動障害や死滅が起こる。さらに，子宮内膜炎の病歴がある牛では子宮頸管粘液の精子受容性が悪いことも知られている。

リピートブリーダー牛では，胚の死滅率が高い。牛における胚死滅の状況を調べた主な成績を**表6**に示した。胚死滅は桑実胚が脱出胚盤胞となる受精後7～8日から11～13日にかけての時期に多く起こる。リピートブリーダー牛における交配後の不受精率および胚の死滅率は，それぞれ29～41％および29～72％と高率である。リピートブリーダー牛では受精後7～8日から11～13日にかけての桑実胚から脱出胚盤胞になる時期に胚死滅が多発する。なお，超音波画像検査で調べた妊娠時期別にみた胚～胎子死滅の発生頻度は，30～60日が最も高く15%，

表6　リピートブリーダー牛における不受精および胚死滅の状況

報告者	産歴	頭数	不受精率（%）	35 日までの胚死滅率（%）
Tanabe TY *et al.*（1953）	未経産	200	40.8	28.7
Tanabe TY *et al.*（1949）	経産	104	49.7	39.2
Hawk HW *et al.*（1955）	経産	100	検査せず	72.0
Ayalon N（1969）	経産	129	29.0	36.0

（Ayalon N, 1978）

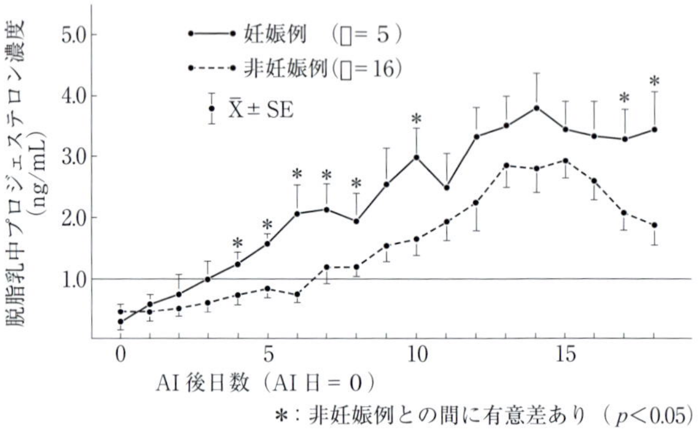

図 21　リピートブリーダー牛における妊娠例および非妊娠例の脱脂乳中プロジェステロン濃度の推移
（木村ら，1987）

60～90 日が 6 %，90～120 日が 3 %である。

リピートブリーダー牛のなかにはプロジェステロン濃度の増加が緩慢なものや濃度が低いものがみられる（図 21）。

診断：交配を 3 発情期以上にわたって行っても受胎せず，不受胎の原因が臨床的な検査を行っても認められないことにより診断する。ただし，この場合，不受胎の原因がどこかにあるはずであるので，排卵障害，卵管通気検査，子宮内膜炎，黄体形成不全や黄体機能の不全，子宮頸管粘液の精子受容性不良について詳細な検査を行うべきである。さらに，胚の死滅に関連して，交配後の発情周期の延長や超音波画像検査による胚の死滅についても調べるべきである。それらの検査により異常が認められないものについて，本症と診断するべきである。

臨床的な胚死滅について，超音波画像検査により胚の存在と生死が確認できるのは排卵後 24～25 日以降であり，それ以前は困難である。しかし，牛では胚が 11～13 日齢以前に死滅すれば発情周期は通常の 17～25 日を示すが，それ以降に胚が死滅した場合には黄体の退行が遅れ，発情周期は延長する。そのため，交配後に発情周期の延長がみられたものでは，胚の早期死滅が疑われる。

治療：要因を推測し，要因に応じた治療あるいは管理改善処置を行う。すなわち，排卵障害に対しては排卵促進処置，授精時期の不適や授精技術の不良には発情観察を十分行って授精を適期に，かつ適切に行う。子宮内膜炎による胚の死滅には子宮内薬液注入を，黄体形成不全や黄体機能の不全によるプロジェステロン分泌の不足による胚の死滅には GTH あるいはプロジェステロンの投与を行う。栄養・代謝障害には適切な飼料給与，ストレスにはストレス要因の排除（飼養環境を適正化やストレス性疾患の治療）を行う。生殖器の解剖学的異常や生殖子の異常の場合には治療法はない。

〔加茂前秀夫〕

4．妊娠期の異常

a．流産，早産，死産

流産とは，胎子が母体外で生存能力を備える段階に達する前に娩出されることである。流産には胎子が生きて娩出される，あるいは死んで娩出される場合のどちらも含まれ，胎子の死は流産の前提条件ではない。胎子が母体外で生存能力を獲得する最短妊娠期間は，正常妊娠期間のほぼ90％を経過した頃であり，牛では８カ月といわれている。一般に娩出された胎子は肉眼的に確認できる大きさである場合を指す。また，牛では胚（胎子）の主要な器官形成が完了するといわれる妊娠42日以降の死亡を流産とし，それ以前は胚死滅として両者を区別することがある。

胎子が母体外において生存能力を備える時期以降に生きて娩出された場合を早産という。このような新生子は，適切な保護や処置によって発育することが可能である。また，この時期あるいは娩出の直前または経過中に死んだ状態で娩出された場合を死産という。なお娩出時には生存していても，虚弱で，すぐに死亡した場合は生後直死といい，死産とは区別される。

流産の原因は，細菌，ウイルス，原虫，真菌などの病原微生物の感染による感染性流産と，微生物感染以外の原因により引き起こされる非感染性流産に分けられる。流産は，特に妊娠初期や散発性であれば生産者の見逃しや，流産が発見されたとしても，発生直後に新鮮な材料を得ることができないこともあり，原因の特定が困難な場合が多い。非感染性流産で散発性の場合には原因の特定ができないことが多い。一方で，牛群における流産発生率（妊娠牛中の流産頭数の割合）は，乳牛で５％以下，肉牛で３％以下であるといわれており，流産発生率がこれを超える場合には，原因特定のための調査を実施すべきである。

b．感染性流産

細菌，ウイルス，真菌，原虫などの病原体が原因となって起こる流産を感染性流産という。感染性流産は，病原体，宿主，環境要因に状況によって発生が散発的に起こることもあり，必ずしも流産の集団発生を意味するものではない。感染性流産の原因を的確に診断するためには，検査に適した新鮮な材料を迅速に採取することが重要である。流産の原因となった病原体が特定された場合は，感染拡大を防ぐための防疫対策および衛生管理を厳重にするとともに，利用可能なワクチンについては，接種して感染を予防する。牛における主な感染性流産について**表７**に示す。

c．非感染性流産

非感染性流産は，微生物感染以外の原因により引き起こされる流産で，通常，散発的に発生するが，原因によっては集団発生することもある。牛における非感染性流産の主な原因について**表８**に示す。治療処置としては，原因およびその要因を排除することによる予防が主体となる。転倒しやすいような床面等の牛舎構造，密飼いや暑熱等の飼養環境，牧草地や給与飼料中への化学物質や有害植物の混入など流産を引き起こす可能性のある場合は，改善策を講じる。また，感染や特別な外部感作がないにもかかわらず，妊娠のたびにほぼ一定の時期に流産を反復する習慣性流産の予防には，流産警戒期の２～３週間前からプロジェステロン製剤を投与する。

d．膣　脱

膣脱とは，膣壁が陰門から脱出する状態をいう。原因は十分に解明されていないが，誘因として前回分娩時の膣の損傷，膣周囲組織の重度の脂肪沈着，大きく弛緩した陰門などがあげられる。また，エストロジェンは産道の提靭帯を弛緩させる作用があることから，エストロジェン様物質を多く含む飼料の給与は膣脱の発生要因と考えられている。通常，妊娠後期にみられるが，ときとして分娩後に発生することもある。軽度の膣脱では牛が座っているときのみ膣壁が陰唇間に露出し，起立すれば膣内に還納する。重度の場合は，膣粘膜が外気，尾，糞などに触れることによる刺激や乾燥により努責を強め，脱出部分の硬結や増大ならびに炎症を発する結果，起立しても脱出した膣が還納しなくなる。膣脱の処置としては，脱出した膣部の粘膜を洗浄，消毒して元の位置に還納，整復する。整復後，膣圧定帯を装着する。膣圧定帯を装着しても努責が強く，効果の少ないものは，陰門縫合，陰門周囲の皮下を一巡するようにテープを通し断端を結紮して外陰部の開口を制限する陰門の埋没巾着縫合，あるいはボタン縫合を行う。この際，排尿するのに十分な間隔を開けるよう注意する。

e．子宮ヘルニア

子宮ヘルニアとは，妊娠子宮の一部または全部が，臍ヘルニア，鼠径ヘルニア，会陰ヘルニア，横隔膜ヘルニアおよび腹壁ヘルニアの破裂口を通して脱出するものをいう。牛の子宮ヘルニアの多くは腹壁ヘルニアで，妊娠７カ月以降に発生しやすい。妊娠後期に外部からの大きな物理的圧力が腹部に加えられることによる外傷性のもののほか，過大胎子や双胎など子宮に過度の重量が加わったりすると発生することがある。これらの場合，腹壁は強く収縮で

表7　牛における主な感染性流産

病名	病原		臨床症状
牛ウイルス性下痢・粘膜病	Bovine viral diarrhea virus	ウイルス	早期流産，先天異常，持続感染
牛ヘルペスウイルス感染症	Bovine herpes virus I	ウイルス	流産，膿疱性陰門腟炎
アカバネ病	Akabane virus	ウイルス	流産，早産，死産，先天異常
アイノウイルス感染症	Aino virus	ウイルス	流産，早産，死産，先天異常
チュウザン病	Chuzan virus	ウイルス	流産，早産，死産，先天異常
ブルセラ病	*Brucella abortus, Brucella melitensis*	細菌	流産（妊娠６～９カ月）
カンピロバクター症	*Campylobacter fetus*	細菌	不妊症，流産（妊娠４～７カ月）
レプトスピラ症	*Leptospira interrogans* serovar Pomona など	細菌	流産（妊娠４～６カ月以降）
リステリア症	*Listeria monocytogenes*	細菌	流産
牛ネオスポラ症	*Neospora caninum*	原虫	流産，死産，虚弱子
牛トリコモナス症	*Trichomonas fetus*	原虫	流産（妊娠１～４カ月），不妊症
真菌性流産	*Aspergillus fumigatus* など	真菌	流産（妊娠５～７カ月）

表8　牛における非感染性流産の主な原因

分類	原因
母体側の異常	低栄養
	微量元素・ビタミン欠乏（マグネシウム，ビタミンA，ヨードなど）
	腫瘍やアレルギー
	硝酸塩，ヒ素などの化学物質や有害植物の摂取による中毒
	プロジェステロン分泌不足などの内分泌異常
	子宮の癒着や瘢痕形成による拡張不全
胎子側の異常	胎子の染色体異常などの遺伝的要因，胎子奇形
	双胎～多胎妊娠
人為的要因	妊娠子宮の洗浄処置，妊娠診断時の粗暴な胎膜触診
	妊娠期におけるプロスタグランジン製剤や副腎皮質ホルモン製剤などの誤投与
物理的あるいは環境要因	母体の転倒や腹部の打撲などの外部感作
	長時間の輸送や重篤な全身性疾患などによるストレス

きず，胎子を産道へ推進させることができないため，難産を招く可能性が大きい。恥骨前縁から剣状突起にかけての腹部の明瞭な膨大が認められるような広範な腹壁ヘルニアでは，分娩時に腹圧をかけることができずに正常分娩ができないことが多い。さらに，胎子または母体あるいは両方の死を招くこともあり，注意深く観察しながら自然分娩時に助産する準備を整えておくか，帝王切開を行う。

f．胎膜水腫と胎子水腫

胎膜腔内に多量の胎水が貯留するものを胎膜水腫という。胎膜水腫には羊膜水腫と尿膜水腫があり，これらが合併して起こることもある。羊膜水腫に比べ尿膜水腫の方が発生頻度は高い。これらの場合，胎子は正常なこともあるが，多くは水腫胎（胎子浮腫）となる。

ｉ）尿膜水腫

尿膜水腫は，胎膜水腫全体の約９割を占める。尿膜水腫は胎盤機能の異常により発生すると考えられている。双胎や体外受精由来あるいは核移植由来胎子の妊娠では発生リスクが増加する。尿膜水腫は主に妊娠後期になって発生し，その尿膜水は急速に増量する。尿膜水の増量の程度は様々である。尿膜水の量が40～80 L程度の軽症例では分娩時まで気づかないことがあるが，多いものでは250 L以上にも達する。このような尿膜水腫では腹囲全体の膨満が認められ，直腸検査において液体を貯留し，膨満緊張した子宮に触れるが，胎子の触知は困難である。これに対し，双胎や多胎で胎膜水腫でない場合は，直腸検査により胎子を触知することができる。重症例では，呼吸速迫，頻拍，食欲低下，起立困難などの症状が現れる。尿膜水腫の牛の子宮は，過度の膨満により子宮筋無力症となっているため，難産となるか娩出期が発来しない場合も多い。また，胎子娩出後に胎盤停滞を継発しやすく，子宮修復の遅れから子宮炎の発症率も高い。母牛に起立困難などの重度の症状が現れていない場合は，経過を観察しながら分娩を待つか人工流産などの処置を施す。牛がほぼ分娩予定日を迎えていて，起立している場合には帝王切開を実施する。分娩誘起処置を施すことも可能であるが，子宮筋無力症のため難産となり，助産が必要となる可能性が高い。

ⅱ）羊膜水腫

羊膜水腫は，奇形胎子など胎子側の原因で起こると考えられる。正常胎子の場合，妊娠中期以降の羊水は胎子が嚥下して吸収されていくが，これができない異常胎子の場合，羊水量が増加することになる。正常な妊娠牛の場合，羊水量は４～８Ｌであるが，羊膜水腫の場合は 20～120Ｌにも達する。羊膜水腫を伴う異常胎子の原因は遺伝性，非遺伝性の両方が考えられる。胎子の異常があることから，羊膜水腫では人工流産処置が勧められる。分娩予定日に近い場合は，経腟分娩が可能であるかを見極め，帝王切開や切胎術も考慮する。

ⅲ）胎子の水腫

胎子の水腫として，水頭症，腹水症，水腫胎が知られている。水頭症は，脳室内あるいは脳と硬膜との間に脳脊髄液が多量に貯留する結果，頭蓋骨が腫大する状態を指す。頭部が膨満するため，分娩に際し，難産となる。腹水症（腹膜の水腫）は，胎子の感染性疾患や軟骨形成不全のような悲感染性要因のいずれによっても起こる。腹水症は胎子が子宮内で死亡して自己融解した際にも観察されることがある。一般に，流産胎子が腹水症になっていることは少なくなく，難産の原因となり得る。水腫胎は，胎膜水腫に併発して，あるいは単独で発生する。胎子の皮下組織に重度の水腫を生ずるもので，胎子の容積は増大する。水腫胎の原因は，胎子または胎膜における血行障害と考えられている。水腫胎の胎子はほとんどの場合，死亡しており，帝王切開や切胎術等により体液を排出し，胎子の容積を減少させたうえで摘出する。

g．胎子ミイラ変性

妊娠中期に死亡した胎子が腐敗せずに子宮内において体液を失って萎縮硬化し，チョコレート色を呈するものをミイラ変性という。胎齢３～５カ月齢でミイラ化する例が多いが，７～８カ月齢でも起こる。牛における発生は 0.13～1.8％と報告されている。胎子ミイラ変性では，卵巣には遺残黄体が存在しており，発情を示さない。そのため胎子ミイラ変性は，分娩予定日を過ぎても分娩徴候が認められないという主訴により発見されることが多い。胎子死亡の原因は様々であるが，通常，子宮は無菌である。臍帯，胎膜，胎盤も萎縮し，胎水は吸収され，胎子の死後の経過が長くなるほど胎子はより脱水され，硬化する。直腸検査では，妊期に相当する子宮の膨満は認められず，胎水が少ないか，あるいはないため，子宮の波動性を欠く。胎盤は触知されず，子宮内に硬結した胎子を触知することができる。$PGF_{2\alpha}$ 製剤の投与などの人工流産処置によりミイラ変性胎子を排出させるが，胎子が大きい場合や人工流産処置によっても排出されない場合は，帝王切開によって摘出する。

h．胎子浸漬

死亡した胎子が子宮内にあって，自己融解により濃厚粘稠なクリーム様液と骨格が残留するものを胎子浸漬という。子宮筋無力症などが原因で死亡胎子が子宮外に排出されないために起こる。軟組織の融解により，骨格は遊離して骨片となっていることが多い。初期には子宮頸管は閉鎖しているが，日時の経過とともに弛緩し，細菌が侵入して腐敗が起こる。胎子浸漬は，ミイラ変性と同様に胎齢４～７カ月齢での発生が多い。牛における発生は約 0.1％といわれ，胎子ミイラ変性よりも発生は少ない。直腸検査では，子宮の妊角は沈下するが胎盤は触知されず，胎子の骨格が触知されることがある。卵巣には遺残黄体が認められることが多く，このような場合では発情を示さない。腟検査では初期には子宮頸管は閉鎖しているが，日時が経過すると外子宮口がやや開口し，汚れた悪臭液を漏出し，このなかにしばしば胎子の被毛，蹄または骨片が存在するものがある。治療は胎子ミイラ変性と同様に行い，子宮内膜炎の治療に準じた処置を併用する。早期に浸漬胎子が排出されたものでは，その後の受胎は可能であるが，慢性の子宮内膜炎を併発して予後不良となることも多い。

i．気腫胎

胎子が子宮内で死亡した後，子宮内に侵入した大腸菌や *Clostridium* などにより胎子が汚染して腐敗する結果，急速に胎子の皮下や内臓にガスが蓄積して膨化したものを気腫胎という。気腫胎では，産道を通過しにくくなり，難産の原因となる。母牛は，腐敗菌の産生する毒素により中毒症状（発熱，低血圧，心拍数増加など）を示す。外陰部から，あるいは腟検査により外子宮口から悪臭を伴う赤褐色～帯赤灰白色の漏出液が認められる。直腸検査では，子宮の膨満を認め，胎子の触診では蓄積したガスのため捻髪音を感じる。通常は，牽引のみでは娩出できないため，多量の産道粘滑剤を用いて，胎位を整復した後に娩出を試みるか，切胎術を行う。子宮頸管の拡張が不十分である場合，子宮が収縮している場合，胎水がほとんど残っていない場合などは切胎が困難なので，帝王切開術を選択する。腐敗菌による感染や症状悪化を防ぐため，全身療法等を併用して処置すべきであるが，一般に繁殖性の予後は不良となることが多い。術者は腐敗菌の自己への感染を防止する万全の注意を払う必要がある。

j. 胎子奇形

胎子の奇形の原因は，遺伝性因子と，栄養素の欠乏，化学物質，放射線，ウイルス等の感染性病原体などの環境因子によるものに大別される。なお，先天異常とは出生時にみられる異常であり，機能的異常と形態的異常の両者を含むが，このうち奇形は形態的異常のみを示す概念である。奇形を引き起こす遺伝性因子としては，常染色体単一性劣性遺伝子をホモで保有した際に臨床症状を示す疾患が問題となる（「染色体異常症・遺伝病」の項参照）。牛では，複合脊椎形成不全症や眼球形成異常症など，常染色体の劣性遺伝により奇形を生じる疾患の遺伝子保因牛が存在することが知られている。

環境因子には様々な催奇形性物質があり，妊娠牛の高熱や微量元素欠乏等も催奇形要因となることが知られている。牛における催奇形要因の例を**表9**に示す。

先天奇形の場合，難産となることが多い。水頭症や水腫胎（「胎子の水腫」の項参照），あるいは関節弯曲症，反転性裂体などの単胎奇形においても，経膣による分娩が困難な場合は，切胎術や帝王切開により胎子を摘出する

一卵性双胎において，両胎原基の分離が完全でない場合に起こる奇形を重複奇形という。重複奇形には体の一部を共有しつつ一部が結合している不完全重複奇形と，２つの体が完全あるいはほぼ完全に揃いつつ体の一部が結合している完全重複奇形がある。不完全重複奇形には二顔体，二頭体，二殿体，頭胸結合体，二頭二殿体などがあり，完全重複奇形には頭蓋結合体，坐骨結合体，胸結合体，殿結合体などがある。また，非対称的双胎で正常子と無心体からなる分離双胎奇形があり，通常は正常な胎子が娩出される際にその胎膜に臍帯で付着して娩出される。

k. 長期在胎

動物は，種，品種，系統などにより妊娠期間がほぼ一定しているにもかかわらず，妊娠期間が通常の範囲を著しく超えても分娩の徴候を示さないもの，または分娩を開始しないものを長期在胎という。長期在胎は，分娩発来の引き金となる胎子の下垂体からの副腎皮質刺激ホルモンの分泌増加などの内分泌機構が作動しないために起こると考えられている。長期在胎の原因として，胎子の常染色体上の劣性遺伝子によるものが知られている。これらによる長期在胎では，胎子過大，種々の顔面奇形，大脳欠損，下垂体欠損，副腎の高度の形成不全などを伴うものがある。また，矮小の奇形胎子の場合にも長期在胎となることがある。非遺伝性の原因としては妊娠初期にバイケイソウを母牛が摂食することにより長期在胎が集団発生した例が報告されている。また，体細胞クローン胎子では長期在胎の発生率が高いことが報告されており，遺伝的なDNA配列の変異に限らず，DNAの変化を伴わない遺伝子の機能の変化（エピジェネティクス）によっても引き起こされると考えられる。牛では，妊娠期間が３週間～３カ月延長して継続することがあるが，一般に在胎日数が300日を超えるものを長期在胎として扱っている。処置としては，$PGF_{2\alpha}$製剤などを投与して誘起分娩を行う。なお，長期在胎のなかには胎子の過大や奇形により難産となることがあるので留意する必要があり，通常の助産処置で娩出できない場合には，切胎術や帝王切開が必要となる。

l. 胎子過大

胎子過大とは胎子が過大で，産道の通過が困難であるかまたは不可能なものをいう。真性胎子過大と比較的胎子過大がある。真性胎子過大は骨盤腔の大きさが正常で胎子が過大，比較的胎子過大は胎子の大きさは正常であるが，骨盤腔が小さい場合をいう。牛における真性胎子過大は，長期在胎の結果として発生することが多い。牛では通常体重60 kg以上のものを過大胎子という。胎子の生時体重は，交配種雄牛，在胎日数および性別などの影響を受ける。ホルスタイン種の場合，在胎日数が，未経産牛では285日，経産牛では287日を過ぎると胎子過大による難産が増加するとされる。牛では，下垂体の異常または形成不全と副腎の形成不全が認められる

表9　牛における催奇形要因の例

要因		症状
ウイルス感染症	アカバネ病	水無脳症，関節弯曲症
	チュウザン病	水無脳症，小脳形成不全症
	アイノウイルス感染症	小脳形成不全，関節弯曲症，水無脳症
	牛ウイルス性下痢粘膜病	小脳形成不全，内水頭症，盲目症
微量元素・栄養素欠乏	ビタミンA	無眼球，小眼球，夜盲
	マンガン	関節弯曲症
	ヨード	甲状腺腫
植物	バイケイソウ（ユリ科）	単眼症，関節弯曲症
	ルピナス属（マメ科）	口蓋裂，関節弯曲症，斜頸
	ドクニンジン（セリ科）	関節弯曲症

単一劣性遺伝子による奇形で胎子過大が起こることが報告されている。この場合，母牛は分娩予定日を過ぎても産道は弛緩せず，長期在胎となり，帝王切開を実施しても子牛は生後直死となる。また，体外受精由来胚や体細胞クローン胚を体外培養する場合に，使用する培地や培地添加物によっては，胚移植後に発育した胎子が過大になる場合があることが知られている。なお，体外受精由来胚の体外培養に起因すると考えられる胎子過大は，妊娠期間の延長（長期在胎）とは無関係であるとされている。胚の体外培養に起因する胎子過大が推察される場合には，当初より分娩誘起あるいは帝王切開などを行うことにより，分娩時の事故を減少させることができる。

〔吉岡耕治〕

5．周産期の異常

a．子宮捻転

牛の子宮捻転は，妊娠中期以降に子宮が頸部あるいは子宮体部または角部において捻転し，食欲不振などの全身症状の発現や分娩の進行を妨げる状態をいう。

原因：牛の子宮は，他の動物に比較して解剖学的に不安定で，子宮捻転が生じやすい。子宮捻転の80%は左方捻転であり，単胎で体重が大きい胎子が多い。牛の単胎妊娠は妊角方向に傾きやすく，腹腔の左側には第一胃が占有し一旦傾いた子宮は元に戻りにくい。これらのことから，牛の子宮捻転は左方が多いと考えられている。分娩が近づくと，子宮頸管は軟化し，さらに子宮捻転しやすい状態へと変化する。子宮捻転は，舎飼い牛に多く発症する。首をつながれた不自然な寝起き，一方向に限られた寝起きの連続は発症要因となるであろう。

症状：子宮捻転は，その発症の時期，捻転の程度により症状が異なる。妊娠中期～後期に発症する子宮捻転は子宮体部に発し，重度の捻転による子宮周囲の血行障害が生じ，挙動不安，食欲不振および寝起きや発汗などの疝痛症状により発見される。病態が進行すると子宮炎や毒血症により眼結膜の充血，心悸亢進，呼吸促迫が認められることもある。多くの子宮捻転は，分娩直前または分娩経過中に起こり，子宮頸部に発する。分娩の開始とともに症状が現れ，分娩が進行しないことで発見される。捻転が軽度の場合，長時間にわたる陣痛のみが異常所見で，その時点での検査により診断される。捻転の程度は90～360°以上まで様々であるが，多くは180°程度である。発見が早ければ，血行障害も軽度で半数以上の胎子が生存している。捻転後の母牛による努責により子宮基部において屈折を認めることが多い。

診断：分娩時の子宮捻転は，腟検査により狭窄する腟壁と捻転方向にらせん状あるいは縦方向に延長する皺壁により確認できる。子宮頸管の拡張状態は症例により異なるが，捻転が軽度で，頸管がある程度拡張していれば，狭い子宮頸管の先に胎子が把握可能である。妊娠中期～後期（6～8カ月）における子宮捻転の多くは子宮体部で発生することから，この時期の腟検査による触診による診断は困難である。直腸検査により捻転方向や程度，子宮の浮腫，硬結感，胎子の生死などを触知することができ，子宮捻転の的確な診断の補助となり，他の疝痛を伴う疾患との鑑別診断においても有用である。

治療：子宮捻転の整復は，①胎子を回転する，②母体を回転させる，あるいは③子宮自体を回転させる方法により行われる。

①胎子回転法：180°以内の軽度の捻転においては，

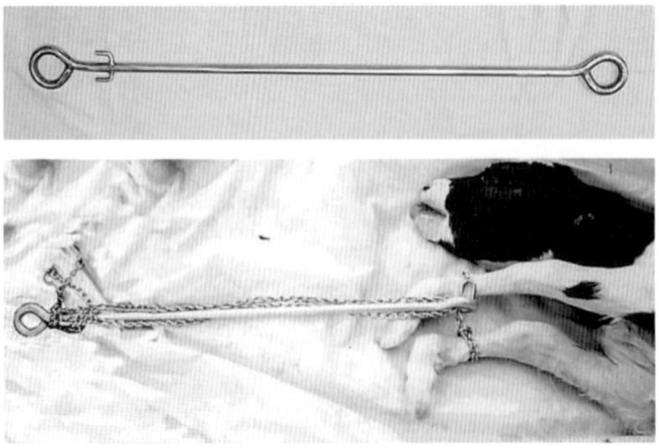

図22　子宮捻転整復棒

立位での胎子回転法が選択できる。子宮内に手を入れ胎子の頭部（眼窩）あるいは前肢を把握して，捻転方向と逆方向に押し込みながら回転させる方法である。子宮捻転整復時に子宮弛緩剤（塩酸クレンブテロール）の使用により整復が容易になると報告されている。

②子宮捻転整復棒法：人工的に破水させた後に，胎子の両前肢を産科チェーンにより子宮捻転整復棒に結束した後に用意した舵棒を捻転棒に装着し，押し込みながら捻転と逆方向に回転することで整復する（図22）。

③母体回転法：傾斜地において頭を低くした位置で母牛を捻転側を下側位にして横臥させる。こうすることで子宮が前方に伸び整復しやすくなる。母牛の四肢を結束する。術者は産道より胎子の一部（前肢あるいは後肢）を把握する。術者が胎子を保持したまま，数人の助手により母体を子宮捻転の方向にゆっくりと回転させる。整復が不十分な場合には，数回これを繰り返す（図23）。

④後肢吊り上げ法：まず，母牛を子宮捻転の方向を上にして横臥させる。後肢を柔らかいロープで結束した後に，トラクターなどで術者の肩の高さまで吊り上げる。術者はこの時点で産道より胎子の一部を把握し，そのまま保持しながら母牛を元の位置まで下ろすことで捻転を整復する。子宮基部に屈折がある場合も，吊り上げにより子宮が前方に伸長することで整復が容易となる（図24）。

⑤開腹手術：左右膁部いずれか，あるいは両膁部切開を行って捻転した子宮を整復する。子宮損傷が軽度で，胎子が生存し，分娩予定日まで日数がある場合には整復した後は，胎子は摘出せずに経過観察する。

子宮捻転では，子宮頸管が弛緩，拡張していないことが多く，整復直後に胎子を牽引する場合には注意が必要である。頸管の拡張が不十分な場合は，母牛の陣痛や努責により子宮頸管が拡張するまで待つ必要がある。整復後24時間以内であれば胎子の生存率に差はみられない。捻転が整復不能，あるいは整復後24時間経過しても子宮頸管の拡張が不十分であれば帝王切開を選択する。

予後：子宮捻転の程度が軽く胎子が生きている場合には，整復は容易であり，予後も良好である。捻転が重度で，胎子が死亡して時間が経過している場合には，子宮内の胎子が腐敗し気腫胎となる。こうした症例では，帝王切開が必要となるが，子宮が血行不良により壊死を起こし，子宮感染が重度の場合には，一般に予後は不良である。

b．難　　産

難産とは，自力での自然分娩（安産，正産）に対し，助産をしないと分娩が不可能な状態をいう。難産では，分娩第1期（開口期）あるいは第2期（産出期）が著しく延長し，難産の結果として第3期（後産期）も延長する。牛における難産の発生率は一般に，初産牛で10～15%，経産牛では3～5%程度とされる。難産においては，適切な時期に適切な助産がされなければ，子牛は死亡する。一般に，分娩事故率（胎子死亡率）が5%を超える農場の分娩管理には何らかの問題があるといわれている。

原因：難産の原因は，大別して胎子側の要因と母体側の要因とに分けられる。近年は，牛を飼養する環境も変化し，特に乳牛においては高泌乳化，多頭化が進み，分娩管理上の失宜や不適切な助産に起因する難産が多く発生している。

ｉ）胎子側の原因

胎子側の原因としては，胎子の過大，胎子失位，胎子の奇形，双胎などがある。

①胎子過大：胎子の体重が大きいほど難産の発生は多く，死産率も高くなる。出生時の体重は，在胎日数の延長，性別，交配種雄牛などの影響を受ける。初産牛では5日間，経産牛では7日間程度延長することで難産が増加する。オスはメスより体重が3～5kg程度大きく，在胎日数もやや延長する。種雄牛によっては，在胎日数が延長し，子牛が大きく，難産率が高い牛もいる。

②胎子失位：胎子に失位があると，その部位が産道の通過を妨げ，難産となる。失位には，胎位，胎向

図 23　急速母体回転法

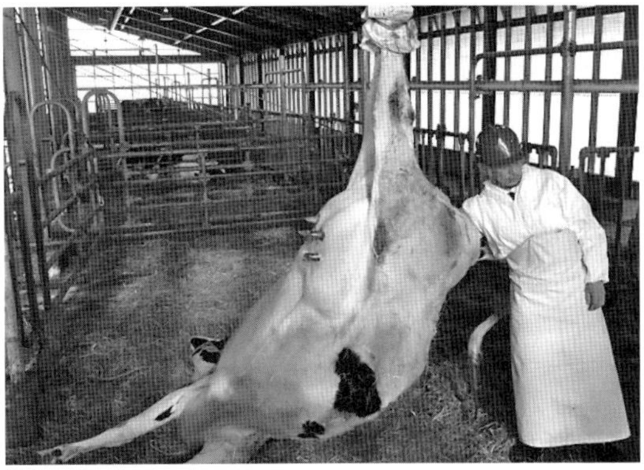

図 24　後肢吊り上げ法

および胎勢の異常がある（**表 10**）。頭位における胎勢の異常には，頭部の失位（側頭位，頭頂位，胸頭位，背頭位）と前肢の失位（肩甲屈折，腕関節屈折，球節屈折，頂上交差位）があり，胎向の異常には側胎向と下胎向がある（**図 25**）。尾位における胎勢の異常には，後肢の屈折（股関節屈折，飛節屈折，球節屈折）などがある。胎位の異常には，胎子の体軸が縦になっている縦位と，胎子の体軸が横の横位とがある。縦位のうち，腹側が産道に向いているものを縦腹位，背側が産道に向いているものを縦背位という。また，同様に横位には，横腹位と横背位がある。これらの胎子失位は，胎子が衰弱あるいは死亡時に生じやすい。軽度の失位は，母牛が寝起きする際の，前後左右への振動と胎子自らの胎動により正常胎位に戻ることがあるが，母体が衰弱あるいは起立困難である場合には胎子失位が軽度でも，失位のまま分娩が進行し，難産となる。

③**胎子の奇形**：胎子の奇形による難産はまれだが，水腫胎，反転性裂胎，二重胎（重複奇形）などは，産道の通過が困難なため，難産となる（**図 26**）。

④**双胎**：双胎分娩の場合，双方が同時に産道に進入することで難産となる。また，双胎妊娠の場合には，子宮内が狭く，胎動が制限されることから，第 1 子が失位する可能性が高い。また，第 2 子は分娩時間の延長により母胎衰弱から陣痛微弱となり難産となる。双胎分娩の分娩事故率は 30～40％と高い。

ⅱ）母体側の原因

難産の母体側の原因としては，骨盤腔の狭小，子宮無力症（陣痛微弱症），子宮捻転などがあげられる。

①**骨盤腔の狭小**：骨盤腔の狭小は，初産分娩時に多い（比較的胎子過大）。発育が不十分な未経産に交配が行われ，また，妊娠後の発育不良となることが難産の原因となる。

②**子宮無力症（陣痛微弱）**：原発性の子宮無力症は，高齢の多経産牛で多く認められる。低 Ca 血症もこの原因となる。分娩が長引くと，子宮筋の消耗やオキシトシンなどの枯渇により子宮無力症が起こり，二次的子宮無力症と呼ばれる。

③**子宮捻転**：子宮捻転により産道は狭窄し，分娩第 1 期（開口期）が延長する。（a．子宮捻転を参照）

④**子宮頸管および外陰部の弛緩，拡張不全**：子宮頸管の弛緩および拡張の不全は，開口期のホルモン分泌異常や胎子の頸管侵入への物理的刺激の不足などが原因で起きる。子宮頸管の弛緩および拡張の不全な状態で産出期が開始すると難産となる。外陰部の弛緩不全は初産牛で多く認められる。早すぎる分娩介助が原因のことも多い。

⑤**肉柱**：初産牛において，腟内の肉柱が胎子の産道内通過の妨げとなることがまれに起こる。

ⅲ）分娩管理上の失宜

管理者の分娩管理上の失宜あるいは不適切な助産により，難産が発症し，重篤な難産へと移行することは少なくない。

①**不適切な分娩環境**：寝起きしづらい狭く滑る牛床や首をつながれた状態での分娩は，分娩の正常な進行を阻害し，胎子失位を生じやすくする。また，隔離されたストレスや騒音，高温多湿のヒートストレス下での分娩においても，正常な分娩の進行が妨げられる。

②**不適切な分娩介助**：産道が十分に弛緩・拡張する前の，早すぎる分娩介助は，特に初産牛の分娩にお

表10　胎子失位一覧

	胎位	胎向	胎勢
正常頭位	頭位	上体向	両前肢伸長
正常尾位	尾位	上体向	両後肢伸長
失位	縦腹位		
	縦背位		
	横腹位		
	横背位		
	頭位	側胎向	
		下胎向	
		上胎向	側頭位
			胸頭位
			頭頂位
			背頭位
			肩甲屈折
			腕関節屈折
			球節屈折
			頂上交差位
	尾位	側胎向	
		下胎向	
		上胎向	股関節屈折
			飛節屈折
			後趾球節屈折

いて，難産につながり，胎子死の原因となる。一方で，経産牛の子宮無力症の分娩などにおいては，分娩の発見が遅れ，介助に入るタイミングが遅くなることで胎子が衰弱し，新生子仮死や，胎子失位につながることもある。また，失位している状態のままの不適切な牽引介助により難産がさらに重度となる場合もある。

診断：

ⅰ）分娩異常の時間的な判断基準

分娩の進行において，介助に入るタイミングや難産かどうかを判断する時間的な判断基準は以下のとおりである。

・分娩第１期（開口期）の初期陣痛が開始してから６時間が経過しても第１破水が起こらない。
・第１破水（尿膜絨毛膜の破裂）後，30分しても足胞（羊膜）が現れない。
・外陰部に足胞が現れてから，経産牛で１時間，初産牛で２時間経過しても娩出しない。
・産出期において陣痛の間隔が５分以上に延長する。あるいは，30分以上分娩の進行がみられない。

以上の場合には，難産を疑い，検査を行うことが推奨される。

ⅱ）難産の診断

難産の診断は，時間的な判断基準をもとに，腟からの内診による触診により胎子の生死，助産の要・不要および時期，胎子失位，双胎，奇形，子宮捻転の有無について診断し，その後の助産，整復方法について検討する。必要に応じて直腸検査により診断を確定する。

①正常頭位および正常尾位：胎子が上胎向の場合，蹄底が下を向いていれば前肢，すなわち頭位，上を向いていれば後肢，すなわち尾位と判断できる。さらに，球節の上部にある関節の触診により蹄底方向に屈折すれば腕関節（足根関節），すなわち前肢で，蹄底と逆方向に屈折すれば飛節，すなわち後肢である。正常頭位においては，両球節と腕関節の間に頭部を確認できる。尾位では尾が触診可能である。分娩の初期には，胎子は下体向あるいは側胎向で位置し，分娩の進行とともに，回転して産道に進入するため，分娩初期の下胎向あるいは側胎向は正常胎位である。

②胎子の生死：胎子の生死は，肢の牽引反射，趾間刺激反射あるいは口腔内の手の挿入による吸引反射による胎動の有無により判断する。これらの反射が認められない場合には，胎子が死亡あるいは衰弱していることが考えられる。

③胎子過大・産道狭窄：胎子過大あるいは産道狭窄の診断は，胎子を牽引介助する上で最も重要である。胎子の大きさは頭位であれば胎子の蹄，球節および頭部の大きさで推定する。尾位であれば蹄，球節，大腿部から腰部にかけての太さが判断材料となる。同時に，産道および子宮頸管の弛緩拡張度合いを触診し，産道が十分に弛緩拡張し，胎子の頭部あるいは腰部周囲を全体に難なく触診可能であれば牽引介助し安全に娩出させることが可能である。母体骨盤腔と胎子の明らかな不均衡により娩出不能と判断できる場合には，帝王切開を選択する。

④胎子失位・双胎：正常頭位，正常尾位以外の所見が得られた場合には，胎子の失位が考えられる。産道内に３肢以上触診された場合には双胎の可能性が高く，すべてが前肢あるいは後肢の場合には双胎が考えられる。縦腹位または横腹位の場合には胎子が死亡していることが多く，失位している肢は押し込みづらく，反転性裂胎のような奇形では整復不能である。

A
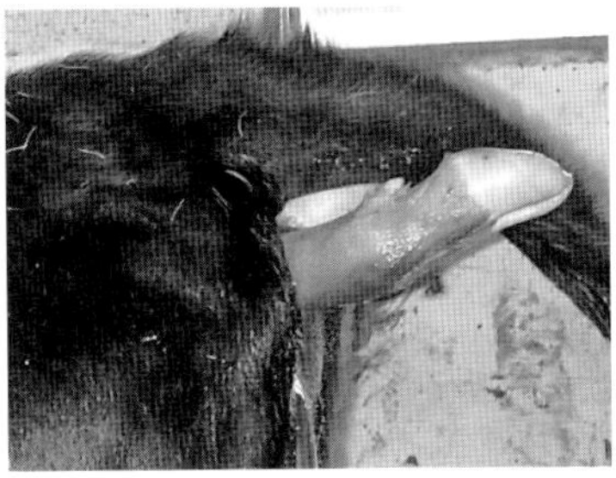
B
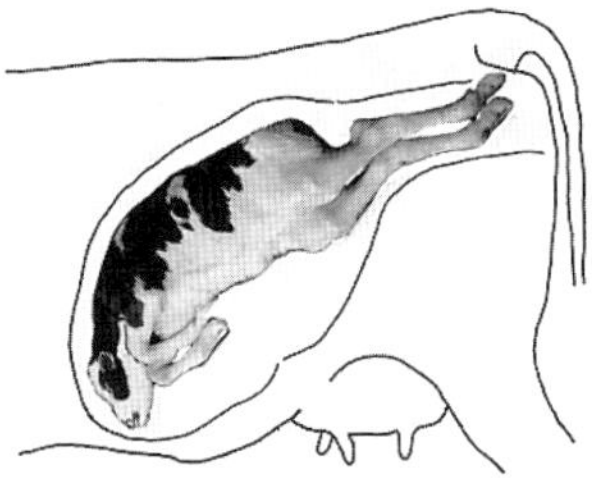
C
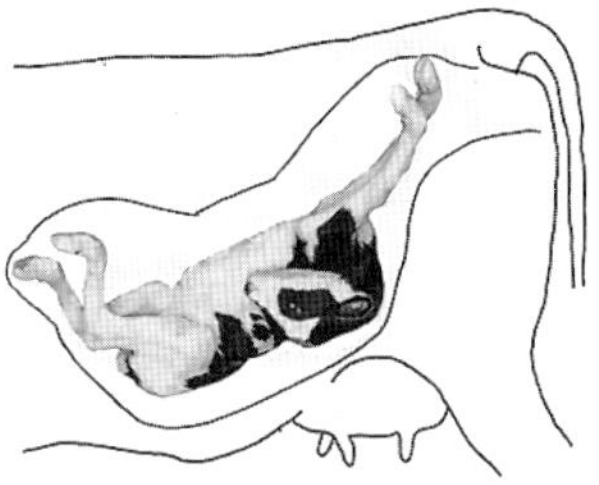

図 25　間違えやすい失位
正常尾位（A，B）と側頭位下胎向（C）

A
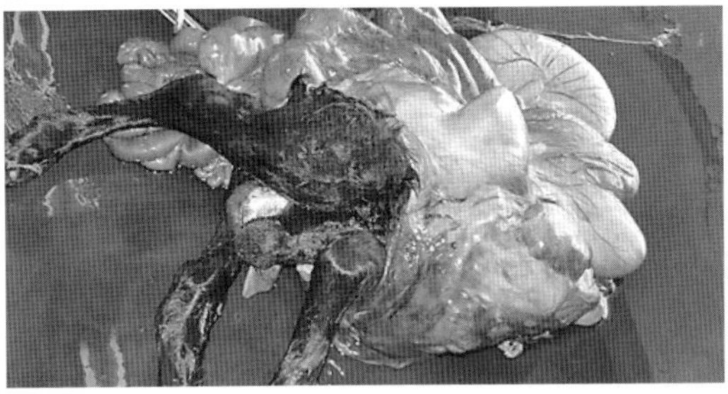
B
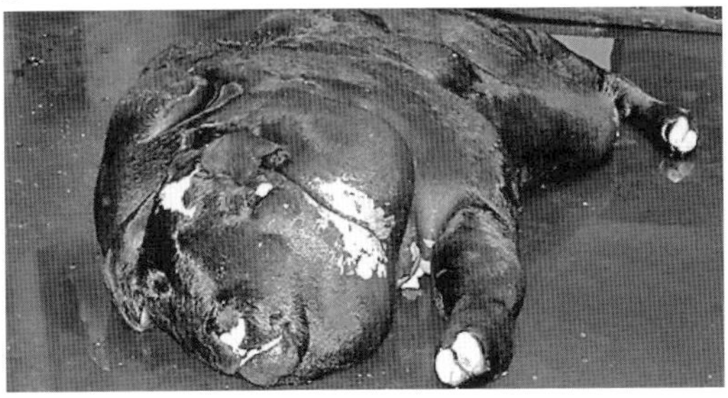

図 26　帝王切開にて摘出した奇形胎子
A：反転性裂胎，B：胎子水腫

⑤子宮捻転：（a．子宮捻転を参照）

処置：難産の助産に入る前に，母体が衰弱している場合，低 Ca 血症が原因の難産などにおいては，その対症療法が優先される。胎子過大あるいは産道狭窄を感じても，胎子に失位がなく活力がある場合には，足胞が現れてから経産牛で 1 時間，初産牛で 2 時間は，牽引せずに産道が十分に弛緩・拡張するまで待つべきである。時間が経過して，難産が予想される状態においては，試験的な牽引により判断する場合もあるが，胎子が生存し，経腟の娩出が困難，あるいは失位整復に時間を要すると判断できる場合には帝王切開が優先される。一方，胎子が死亡している場合には，失位整復後の経腟分娩が望まれ，切胎術も選択肢の 1 つとなる。

胎子失位整復の際に，狭い産道において，そのまま整復することは困難である。整復を行う前に産道内に先行して侵入している胎子の頭部や前肢を一旦子宮内に押し込む必要がある。その際に，母牛が寝ている状態では困難であり，母牛を起立あるいは吊起する必要がある。重度な失位の整復の際には，後肢吊り上げ法を用いる。母牛の後躯を術者の腰の高さ程度に持ち上げ，産道粘滑剤を大量に子宮内に注入し，胎子を子宮内に押し戻した後に失位整復する。胎子への影響を考慮し一連の作業は無麻酔下で行い，吊起には柔らかいロープを用いる。短時間であれば，母牛に対する影響はほとんど認めない（図 27）。

整復時には，産科チェーン，ロープなどを用い，産科鈎など鋭利な器具は最低限度の使用に留める。失位部の整復の際は，器具，胎子の蹄尖および歯を術者の手で覆いながら子宮壁を傷つけないように，慎重な操作が必要である。

予防：難産は一旦発生すると，適切な処置を施しても，胎子や母牛に悪影響が生じるため予防が重要である。

・胎子の大きさは種雄牛の大きさの影響を強く受ける。特に，体格の小さい牛や育成牛に対しては，分娩難易度や分娩能力を参考に種雄牛を選択し，ホルスタインでは，雌の判別精子や和牛を交配することも行われている。
・未発育の育成牛への早すぎる交配を避ける。ホルスタイン未経産牛への交配の目安としては体高 125 cm，体重 350 kg 以上であり，分娩時には 140 cm，600 kg に達することを目標とする。
・妊娠期間の延長は，難産の発生を増加させることから，出産予定日より初産牛で 5 日間，経産牛で

図27　後肢吊り上げ法による失位整復

7日間過ぎた場合には，数種類のホルモンを組み合わせた分娩誘起が推奨されている。

・寝起きのしやすい，広い（20 m^2 以上），清潔で温度や換気がよく，すごしやすい分娩房が求められる。

・分娩開始から産子の娩出まで十分に観察し，分娩の異常を早期に発見する必要がある。

c. 分娩時の産道の損傷

分娩時の産道の損傷は，初産牛に多く，助産分娩による不適切な胎子の整復や牽引時に発症する。産道の損傷とは，子宮破裂，子宮頸管の裂傷，腟裂傷，外陰部裂傷，会陰裂傷，腟および直腸穿孔などがある。長時間の胎子による産道の圧迫や挫傷により神経麻痺や起立不能の原因となることもある。産道損傷からの感染により産褥熱を発症し，食欲低下からケトーシス，第四胃変位，脂肪肝などの周産期疾病を継発する。産道損傷の疼痛による努責から子宮脱を継発することもある。産道損傷の多くは，その後の汚染や感染症などにより不妊の原因となる。

原因：産道損傷の多くは，産道が十分に弛緩していない状態での強い牽引により生じる。特に初産牛で足胞が現れてから間もなくは産道が十分に弛緩・拡張しておらず，この時点で早すぎる介助が行われると産道損傷が発症する。子宮捻転の整復直後の牽引も同様の理由により産道損傷の危険が多い。失位整復時の不適切な操作により胎子の蹄あるいは歯によって子宮破裂は生じる。自然分娩においても，まれに努責や寝起きの際に胎子の脚などにより産道損傷が起こることもある。一方で，分娩の延長などにより産道に浮腫が生じると，産道の狭窄や粘膜の弾力が失われることで産道損傷を受けやすい。

症状：陰門や外陰部の損傷は，分娩後に肉眼的に確認できるが，それ以外は持続的な出血が続く場合にのみ認識できる。難産の助産により胎子を娩出させた後には，産道の触診により出血や裂傷の有無を確認することで診断する。子宮破裂および腟や直腸穿孔の場合には，娩出前の直腸検査および肛門から胎子の脚の出現によって診断できる場合もある。

治療：損傷や出血部位が確認できる場合には，可能な限り外科的に止血あるいは創口を縫合閉鎖する。子宮破裂の場合は開腹手術が必要である。外陰部や会陰裂傷は損傷した直後に縫合する。癒合不全の場合には，腟炎，気腟，会陰裂創あるいは全会陰裂創となり不妊の原因となるため，陰門形成術などが必要となる。

d. 子 宮 脱

分娩後の母牛の努責により子宮が反転し一部または全部が陰門外に脱出した状態を子宮脱という。治療されない場合は確実に死に至ることから，牛の疾患として最も緊急性を求められる疾患の1つである。

原因：分娩後の強度の努責が直接的な原因であるが，長時間の難産や牽引分娩，産道損傷，スタンチョンなどで首をつながれた分娩や分娩後の姿勢不良による起立困難，低Ca血症などが要因として考えられる。胎盤排出のための後陣痛により子宮脱を発症することもある。

症状：子宮が反転して脱出していることから，分娩直後の子宮脱の場合，多くは脱落前の胎膜・胎盤に覆われている（図28）。胎膜が脱落後であれば子宮粘膜表面に子宮小丘を確認することができる。経産牛では低Ca血症を伴い，起立不能の症例も多くみられる。

治療：発見後整復までの間に，子宮表面の汚れは除去し，タオルまたはポリ袋などで覆い，粘膜の損傷，汚染，乾燥を防ぐ。重篤な低Ca血症が疑われる症例は，整復前にCa剤を投与する必要がある。起立できる症例は，起立した状態で整復を試みる。この際，両側からタオルなどで子宮を保持することで整復が容易となる。起立不能の場合でも，カウリフトによる吊起や，後肢吊り上げ法を用いて後躯を吊り上げることで整復が容易となる（図29）。努責がひどく整復困難な症例は尾椎硬膜外麻酔する場合もある。整復前に剥離可能な胎膜は除去し，子宮は生理食塩液で洗浄する。砂糖の散布や術者の滅菌細手袋の装着は整復を容易にし，子宮を保護する。子宮内

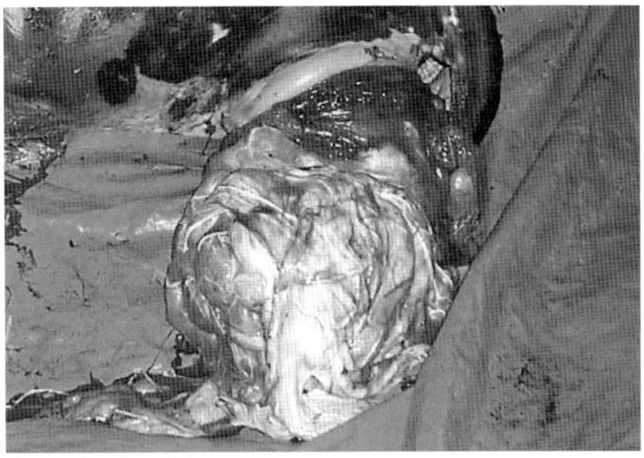

図 28　子宮脱
脱出した子宮は胎膜に覆われている

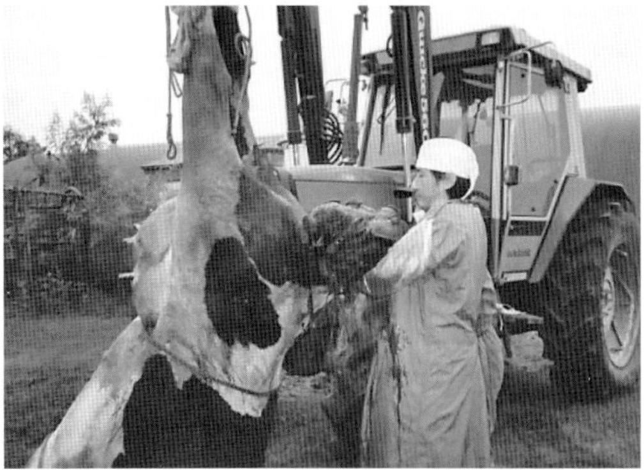

図 29　後肢吊り上げ法による子宮脱整復

に内臓が入り込み腫れている場合にはよくマッサージして腹腔内に戻す必要がある。非妊角が脱出している場合には先に整復する。次いで，子宮基部の子宮頸管部の前後左右を交互に押し込み腟部を元に戻す。最後に脱出した妊角を先端部分からゆっくり少しずつ両手を交互に動かしながら骨盤腔に向かって押し込む。子宮脱整復棒などを使い整復後の子宮を完全に押し込み，子宮の重積をなくす作業は再発防止に役立つ。再脱出防止のための陰門縫合が行われるが，24 時間後には抜糸する。うっ血や浮腫がひどく子宮損傷が重篤な場合には子宮摘出術も選択肢の１つである。整復後は子宮の収縮や止血を目的としてオキシトシン 50～100IU を投与し，経産牛に対して Ca 剤の投与，出血や脱水が疑われる症例には，止血剤，補液などを行う。感染症予防のための抗菌薬の全身および子宮内投与も有効である。

予後：起立可能な牛の予後は良好であるが，子宮脱から整復まで長時間が経過した牛，経産牛および起立不能である牛の予後は一般的にはよくない。産褥熱，子宮炎，子宮癒着などを継発し繁殖成績も低い。

予防：寝起きのしやすい分娩房において，より自然に近い状態で分娩させることにより子宮脱の発症を予防することができる。分娩後，寝たまま努責し，子宮脱が予想される牛に対しては，起立させ，尾椎硬膜外麻酔あるいはオキシトシンを投与する。

e．胎盤停滞

胎盤が生理的に排出される時間を超えて排出されない状態を胎盤停滞という。牛の胎盤は通常胎子娩出後２～８時間程度で排出され，経産は初産より胎盤排出時間が長い。胎盤停滞の時間的な定義としては，一般に胎子娩出後 12 時間とされている。胎盤停滞の発生率は乳牛で概ね 10％前後とされている。胎盤停滞発症牛の多くが産褥熱や子宮内膜炎を発症し，繁殖成績の低下につながるため，経済的なリスクが大きい疾病である。

原因：胎盤の剥離機構の不全を胎盤停滞の原因として考えると，胎盤停滞の原因は，①子宮筋の機能障害，②母体－胎子間の胎盤結合の保持の２つに大別することができる。子宮筋の機能障害では，分娩前の栄養低下，低 Ca 血症，難産，分娩時のオキシトシンなどのホルモン不足，ビタミン E やセレニウム（selenium：Se）の不足，分娩前の運動不足などが考えられる。胎盤結合の保持では，膠原・蛋白分解酵素の不足などによる胎膜の剥離機能不全，早産，分娩前の栄養低下，分娩前後のストレスなどを原因とした免疫機能不全が発症要因として考えられている。

症状：停滞した胎盤は，多くはその一部が陰門外に露出しているが，胎盤の排出が確認できない際は，腟内に手を挿入（内診）して胎盤の有無を確認する。時間の経過とともに胎膜は分解，軟化し悪臭の悪露を排出する。さらに子宮感染を併発したものでは体温の上昇，食欲低下，泌乳量の減少をきたし，産褥熱や子宮炎を継発する。

治療：胎盤停滞の治療の目的は，①胎盤の排出を促進すること，②子宮感染症の予防および治療である。胎盤の排出を目的にしてオキシトシン，$PGF_{2\alpha}$，エストロジェン，Ca 製剤などが投与されるが，その効果は一定ではない。停滞する胎盤の用手除去は，片手で陰門外の胎盤を軽く引きながら，もう一方で子宮内の胎子側胎盤（胎盤節の胎子絨毛膜絨毛から形成される部分）を母体側胎盤〔胎盤節の母体の子宮内膜（子宮小丘）から形成される部分］から1つずつ剥離する方法で行われる。子宮全体の胎盤剥離が困難なこと，子宮小丘を傷つけ出血を伴い産褥性子宮炎を起こす危険性が高く，その後の受胎性が悪いことなどにより行われなくなっている。用手除去せずに胎盤を軽く引いた後に外へ出ている部分を切断し，残りは自然排出する方法が推奨されている。子宮感染症に対しては，胎盤排出後の子宮内へのオキシテトラサイクリン3～5gの注入並びにアモキシリン10 mg/kgやセフチオキシム1 mg/kgの全身投与が推奨されている。

予防：胎盤停滞の予防方法として，分娩前の栄養低下を予防し，乳熱や難産を生じないような分娩前後の管理，Seやビタミン E 製剤の投与などが行われている。分娩後2～3時間で胎盤を排出しない牛に対しての50IUのオキシトシン投与は，胎盤停滞発生率を減少させる。低 Ca 血症の牛に対する Ca 剤の点滴投与は胎盤排出にも効果的である。

f. 産褥性子宮炎

産褥性子宮炎は，子宮壁あるいは産道の損傷部位からの細菌感染により分娩後1～数日中に起こる急性子宮炎をいう。*Escherichia coli* や *Arcanobacterium pyogenes* などの細菌によるが，細菌の種類や病原性により症状が異なる。

原因：難産に伴って起こった子宮内膜，子宮壁あるいは産道の損傷部位や胎盤停滞の粗暴な用手除去が原因となる。

症状：その症状により，以下の3つに分類される。

グレード1：子宮の拡張，膿様悪露の排出，全身症状なし。

グレード2：乳量減少，食欲低下，39.5℃以上の発熱などの全身症状。

グレード3：肢端冷感，沈うつなどの毒血症の症状を伴う。

重症例では悪臭を伴う膿様悪露を排出し，起立困難となり，重度脱水，食欲廃絶し，予後不良となる。産褥期の発熱，排出する悪露の性状，硬固で熱感ある子宮の触診，子宮周囲の癒着などにより診断する。

治療：全身症状を伴う場合は，抗菌薬の全身あるいは局所投与が必要である。症状の程度により対症療法が必要であるが，毒血症が疑われる場合には，毒血症を助長するような殺菌的な抗菌薬の選択を控え，副腎皮質ホルモンあるいは抗炎症剤，強肝解毒剤や抗凝固剤などを含む大量の補液が必要となる。子宮内の悪露に対してサイフォン式の排出も推奨されている。

予後：軽度の子宮炎では，早期に適切な治療が行われれば予後は良好である。子宮回復が遅れる可能性が高く，受胎性は一般に低下する。重度の子宮炎は，癒着などを誘発し，不妊の原因となる。

g. 産 褥 熱

分娩時の子宮，膣などの産道損傷から細菌感染を起こして発熱し，全身症状を表すものを産褥熱という。病原細菌としては *Clostridium* spp.，*Fusobacterium necrophorum*，*E. coli* あるいは *A. pyogenes* などが関与する。病原菌がリンパ管経由で血中に入り増殖する産褥性敗血症と，静脈内に侵入した病原菌が血栓を形成した後，諸臓器に化膿巣を作る産褥性膿毒症がある。産褥性子宮炎や産褥性子宮頸管炎で発熱を伴うものは広義の産褥熱に含まれる。

原因：分娩時の産道損傷，胎盤停滞，胎盤用手除去時の子宮損傷などを介しての細菌感染が原因となる。

症状：食欲減退から停止，発熱，頻脈，呼吸促迫，眼結膜の充血などの毒血症あるいは敗血症の症状がみられる。急性期には白血球数の減少が認められる。

治療：抗菌薬（アモキシリン10 mg/kgやセフチオキシム1 mg/kg）の全身投与および子宮内へのオキシテトラサイクリン5gの注入が推奨されている。毒血症を疑う場合には副腎皮質ホルモンあるいは抗炎症剤，強肝解毒剤や抗凝固剤などを含む大量の補液が必要となる。

予後：早期に適切な治療が行われれば全身症状は改善されるが，病原性が強く毒血症が著しい場合には予後不良となる場合もある。多くは，子宮炎や子宮内膜炎に移行するため，子宮や卵巣機能の回復が遅れ繁殖成績が低下する。

h. 悪露停滞

分娩後子宮内に貯留した悪露は，子宮の退縮とともに排出され2週間程度ではほとんど認められなくなる。この子宮退縮が不十分な場合，悪露が排出されず子宮内に貯留し子宮修復を妨げる。こうした状態を悪露停滞という。

原因：難産，胎盤停滞，双胎分娩および低 Ca 血症などによる子宮無力症および産道損傷からの細菌感染による産褥性子宮炎が直接の原因となる。ケトー

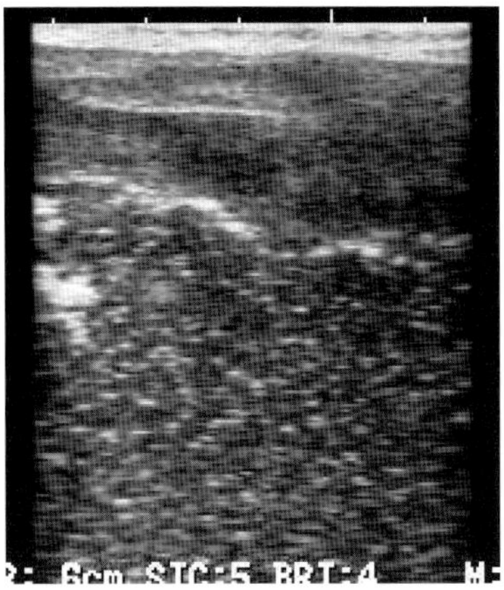

図 30　悪露停滞の子宮エコー像

図 31　カウリフトによる牛の吊起

シスや第四胃変位など長期間の食欲不振からくる栄養低下も関与している。

症状：産褥期に長期間微熱が続き，食欲低下，泌乳量低下がみられた牛に多い。分娩後２週間を経過しても悪露の排出が続き，直腸検査により子宮が下垂し，子宮内に液体が貯留していることで診断される。超音波画像検査により子宮内にエコー輝度が中程度から高度の液体が貯留し，ときに子宮内にガスの存在を認める（図 30）。

治療：全身症状がある症例に対しては抗菌薬の投与を含めた対症療法を施す。$PGF_{2\alpha}$の投与により子宮内の悪露は数日間で排出される。再検査を２週間後に行い子宮回復の遅れている牛には$PGF_{2\alpha}$を再投与する。

i．ダウナー牛症候群

ダウナー牛症候群（downer cow syndrome）とは，乳牛において原因不明で分娩前後に起立不能となる疾患の総称であり，いまだ定まった疾患名ではない。産前産後起立不能症ともいわれ，非定形的な乳熱で数回の Ca 剤による治療を行っても起立しない牛も含まれる。

原因：原因はそれぞれの牛により異なる可能性があり，明確ではない。原発性（一時的）要因としては乳熱の主因である Ca，無機リン（IP）の欠乏の他，Mg，K などの欠乏，分娩時に生じた産道の損傷，神経や筋肉の損傷，栄養低下からの筋力低下，肝機能不全などが考えられる。継発性（二次的）要因には，長時間の起立不能により生じた筋肉および神経の圧迫による損傷，起立困難時のたび重なる無理な起立への試みの際の筋肉や腱の損傷，断裂，産道損傷からの感染症，心筋変性による循環不全などが考えられる。

症状：起立不能が主たる症状であり，一般的には，後躯の脱力症状がみられる。元気，食欲はやや低下するものの消失することはなく，体温は正常あるいはやや上昇する。多くの症例は，起立欲はあるが，後躯が脱力し，球節を屈曲させるナックリングを呈し，そのために滑りやすい牛床においては，起立時に後方あるいは側方に滑走する。吊起により起立できる場合もあるが，後躯の麻痺が重度の場合には，ナックリングにより負重が困難で起立維持ができない。Ca 剤を数回投与しても起立しない場合，本症が疑われる。臨床病理的には，血清 Ca は正常範囲であるが，IP，Mg，K などが低下している症例が多い。血清アスパラギン酸アミノトランスフェラーゼ（AST），クレアチンフォスフォキナーゼ（CPK＝クレアチンキナーゼ：CK）などは筋組織の損傷に伴い著しく上昇する。

治療：Ca 剤により治療した後に起立しない症例では，血液検査を行い，IP，Mg，K などが低下していれば補液により補充する。脱水が認められる場合は，酸塩基補正を含めた大量の補液が必要である。食欲低下が認められれば，糖，アミノ酸の補給を行う。産道の炎症を治め，神経麻痺を改善させる目的で抗菌薬や副腎皮質ホルモンの投与が行われる。起立欲があり中腰まで起立可能な症例では，吊起により起立させることが可能であり，１日数回の吊起を繰り返すことで自力で起立できるようになる（図 31）。ナックリングが重度な症例は，開脚滑走を防止するため，開脚防止器具の装着やギプス固定が行われる。

〔石井三都夫〕

6．泌乳障害および乳房・乳頭の疾患

泌乳障害とは，泌乳機能の異常によって泌乳量の減少や停止または乳質の変化を引き起こした状態である。これには泌乳量が減少した減乳症，泌乳が停止した無乳症および乳質に異常をきたした異常乳症が含まれる。泌乳機能の異常に際しては，乳房炎に罹患した場合のように乳量と乳質の変化が同時に並行して起こることが多い。

異常乳とは，正常乳の呈する乳汁固有の物理的，化学的および生物学的性質と異なる性質を有し，また正常乳と異なる成分を含んでいるもの，あるいは正常乳のなかに含まれている成分の濃度が著しく低い乳汁をいう。これには初乳や末期乳（泌乳末期の乳）のような生理的異常乳，アルコール不安定乳，低成分乳，異常風味乳，搾乳後に塵埃などの汚物が混入した異物混入乳および乳房炎による体細胞数増加乳などが含まれる。

a．減乳症と無乳症

減乳症は，乳腺または乳管系の異常により泌乳期の動物の泌乳量が極度に減少した状態をいい，無乳症は泌乳が停止した状態をいう。分娩直後または泌乳期の途中に生じ，その発生要因は多義にわたる。

最も多くみられるものは乳房炎によるものである。急性および慢性乳房炎が重症で，乳腺組織の損傷が強く，硬結が乳房全体に広がって線維化が進んだ場合は無乳症となり，泌乳の回復は一般に困難である。特に甚急性壊疽性乳房炎および化膿性乳房炎の多くのものは，減乳症または無乳症になる傾向が強い。

未経産牛乳房炎に罹患すると，治療の効果や自然治癒の結果として外見上臨床的に治癒し乳房が小さく柔らかくなったようにみえても，初産の分娩後に無乳症となることが多い。この場合，分房自体は大きく腫大し，他の健康分房と同じように泌乳が期待されるにもかかわらず，乳汁が分泌されない。この原因は，乳汁を分泌する乳腺胞は十分発達しているにもかかわらず，乳管洞が存在せず，その部位が膿瘍の器質化によって生じた結合組織によって置換されていることに由来する。このような例に対する治療方法はない。

栄養不良や全身性の疾患が重度であるときは，減乳症または無乳症となる。しかし，この場合は泌乳機能に異常がないので，栄養状態や病気の回復に伴って泌乳が回復する。

まれに遺伝的に乳房の発育や泌乳を支配するホルモンの分泌に異常があるものや，後天的に乳房の発育が不良なものがある。これらの治療は困難で，多くは治癒の見込みがない。その他，強度の乳管洞乳頭部の狭窄，流産や早産，環境の激変および不慣れな搾乳によっても無乳症が生じる。

診断は，乳房の発育の状態，乳房炎の有無と程度，狭窄部位の存在，乳汁生産障害および射乳機転の障害などに基づいて行われる。原因が究明または推測された場合は，治療の対象となるかどうかを判定し，原疾患や乳房炎の治療，ホルモン剤の投与または狭窄部位の処置などを試みるが，効果のないことも多い。何らかのストレスによりオキシトシンの分泌が低下し射乳しない場合は，搾乳直前にオキシトシンを注射により投与する方法が一般的である。また，初産後の最初の搾乳は，その牛にとって今後の搾乳されることが気持ちよいことか悪いことかの判断をすることになるので，このときの搾乳作業は特に気をつける必要がある。

b．異常乳症

i）生理的異常乳

生理的異常乳には初乳と末期乳が含まれる。初乳とは分娩後数日間に分泌される乳汁で，その後に分泌される常乳とは組成が異なり，固形分，蛋白質，脂肪および灰分が多く，乳糖は少ない。また，常乳と比較して熱による凝固を起こしやすいため，日本では分娩後５日までの乳汁は食品として流通させることを禁止されている。末期乳とは泌乳期の終わり頃に分泌される乳汁で，脂肪や蛋白質は常乳よりも高く，乳糖は低い。常乳に比べ体細胞数は高くなる。

ii）アルコール不安定乳

搾乳後の新鮮な乳汁に70％アルコールを等量混合した時，凝固物を生じる乳汁をアルコール不安定乳という。これには，滴定酸度が0.181％以上の高酸度乳（日本農林規格による二等乳）と，0.180％以下の酸度（日本農林規格では正常酸度）のアルコール不安定乳がある。前者は一般に酸高乳または高酸度アルコール不安定乳と呼ばれており，後者がいわゆる低酸度アルコール不安定乳である。バルク乳で陰性であっても，個体乳で陽性を示す場合も多くある。個体の陽性割合が高い場合にはバルク乳が陽性

となり，バルク乳を廃棄しなければならず，大きな経済的な損失を招く。

本来，このアルコール試験は，原料乳の受け入れ時の乳汁検査に用いられてきた。すなわち，市乳用や加工用として使用する原料乳が，殺菌の工程で熱凝固するかどうかを，受乳時に簡単に調べるための検査であった。ところが，アルコール検査で陽性反応を示すもののなかに熱凝固しない乳があり，また，食品衛生の見地からも，新鮮度とアルコール試験成績とが必ずしも並行していないことがわかっている。したがって，牛乳の取引や食品衛生上からは，この試験の意義は薄れつつあり，現在，牛乳取引規格にアルコール試験を採用している国は，日本を除けば酪農先進国ではほとんどみられない。

しかしながら，家畜衛生の立場から，アルコール不安定乳を分泌する乳牛に健康上何らかの問題がある場合は，これが生体内で起こった泌乳機能障害の1つの現れであるために，その対策を講ずる必要がある。

発生要因は複雑であり原因がはっきりしない場合が多く，その対策に苦慮する。発生要因としては高温などの環境による影響，ケトーシスや肝機能障害などの疾病および発情期や妊娠後期における血液中のエストロジェン濃度の上昇などが考えられる。また，飼料給与に関しては，低いTDN充足率の影響が大きく，高蛋白の給与も発生を高めるといわれている。

生乳にアルコールを加えた場合に凝固が生ずるメカニズムは次のように考えられている。本来，蛋白質はミセルという形で安定した状態で存在している。しかし，乳汁中の無機イオンのバランスなどの影響を受け，カゼインのミセル構造が変化し，アルコール添加や加熱によりミセルが壊れ凝固してしまう。

アルコール不安定乳とアルコール安定乳の酸性度，pH，細菌数，体細胞数，氷点，無脂固形分，乳脂量，ラクトース，蛋白質，カゼイン，乳清蛋白質，非蛋白質性窒素，尿素，クエン酸塩，P，Cl，Ca，Mg，Na，K，Ca^{2+}および140℃における凝固時間（clotting time：CT）を比較すると，pH，体細胞数，無脂固形分，カゼイン，Cl，Na，K，および凝固時間に有意差がみられ，アルコール不安定乳ではCl，Na，Kが高く，pH，体細胞数，無脂固形分，カゼイン，CTが低く，短い。

両群の蛋白質量には差がないため，不安定乳となる根底にはカゼイン量の低いことがあるものと思われる。また，Cl，NaおよびKなどのミネラルも大きな要因と考えられる。pHも重要な要因と考えられ，pHを上昇させることによりアルコールに対する安定性が増すことが報告されている。その報告においては，体細胞数は安定乳の方が高かったため，乳房炎はこの場合の不安定乳の原因とは考えられない。無脂固形分の差はカゼイン量の差によるものであり，CTの差はミネラル，特にCl，NaおよびKと関係しているものと思われる。Ca^{2+}の増加はアルコールや熱に対する安定性を減少させることも報告されている。以上のことから，(Cl＋Na＋K)/カゼインの値がアルコールに対する安定性の指数として使用できる可能性がある。事実，乳汁にNaClを加えることによりアルコールに対する安定性が減少することも報告されている。

アルコール不安定乳に対する対策は，最も疑われる要因を排除することである。夏場の暑熱期に発生するような場合は，採食量の低下によるエネルギー不足になっている可能性があるため，暑熱対策を講じ採食量を維持することが重要である。ケトーシスもアルコール不安定乳を引き起こすと考えられていることから，特に泌乳最盛期の牛では注意が必要である。ルーメンアシドーシスも大きな要因の1つである。薬物などによる処置としては，メンブトン製剤の投与，食塩の給与および乳酸菌製剤の投与が効果的であったという報告があるが，その作用機序は不明である。泌乳後期にもアルコール不安定乳が出やすいとされ，これらにはリン酸カルシウム，クエン酸カルシウムおよびビタミンA・D・Eの投与が有効であるともいわれている。現段階では，考えられる要因を排除し，適正な飼養管理を行ったうえで，有効であったと報告されている処置を施すなど，対症療法的な対応を取らざるを得ないのが現状である。乳汁中のCl，NaおよびKを減少させ，カゼイン，Ca^{2+}およびpHを増加させるような飼養管理ができればアルコール不安定乳の問題は解決されるのかもしれない。

iii）低成分乳

牛乳の主要成分は乳蛋白質，乳脂肪およびラクトースであり，これに少量の無機物およびビタミン類などが含まれる。これらの成分が一定以下のものを低成分乳と呼んでおり，その基準は国や地域により異なる。日本においては乳脂率が3.2または3.0%以下，無脂乳固形分率が8.2または8.0%以下を低成分乳としている地域が多い。

原因は遺伝的要因，生理的要因，飼料的要因，環境要因および疾病要因などがある。乳脂率や無脂乳固形分率は泌乳量と反比例し，遺伝的に高泌乳の牛や，分娩後の泌乳量の多い時期には生理的に低下する傾向にある。粗飼料の給与不足は第一胃内のpHの低下，セルロース分解菌の減少およびプロトゾアの減少を招く。その結果，プロピオン酸や吉草酸の生成が増加し，乳脂肪の原料となる酢酸や酪酸の生成が減少するため，乳脂率が低下する。また，エネルギーの給与水準が低下すると，特に蛋白質不足を伴うような場合には，無脂乳固形分率が低下する。これは乳成分の原料の供給不足と考えられている。環境要因としては気象環境によるものが主なものである。日本では夏季に乳脂率および無脂固形分率が低下する。これは暑熱時の牛の体温の上昇に伴い第一胃内温度が上昇し，第一胃内発酵に変化が生じ，低級脂肪酸の生成が減少するために乳脂率が低下する。また，暑熱時には呼吸数の増加や体温の上昇のためにエネルギー消費量が増加し，さらに食欲も低下するためにエネルギー不足に陥る。この結果，乳脂率と無脂乳固形分率の低下が同時にみられる。第一胃内の発酵異常，肝機能障害，発熱性の疾患，急性中毒および乳房炎などにより乳脂率や無脂乳固形分率の低下を招くことがある。特に乳房炎の場合は無脂乳固形分率が低下し，なかでもラクトースは乳房炎の症状が重いほど減少が著しい。

対策は原因となっている要因を明らかにし，排除することである。すなわち，適正な飼料給与，暑熱対策などの飼養環境の改善および疾病発生の予防と治療である。特に乳房炎については防除対策を徹底する必要がある。

iv）異常風味乳

牛乳の風味は，牛乳だけがもつ特有の香気と，調和のとれたうまみによって形成されており，これらの調和が乱れたものが異常風味乳である。これには搾乳された乳汁がすでに異常風味となっている場合と，搾乳後の乳汁が異常風味となる場合がある。異常風味としては生理的風味異常（牛乳臭，飼料臭，雑草臭，牛舎臭），化学的風味異常（酸化臭，金属臭，加熱臭，日光臭），酵素的風味異常（脂肪分解集），細菌的風味異常（不潔臭，腐敗臭，麦芽臭，酸臭），機械的・偶発的風味異常（洗剤臭，塩素臭，ペンキ臭）がある。

搾乳された乳汁がすでに異常風味となっている原因には，飼料の臭気成分，第一胃内の異常発酵により消化過程で発生した臭気成分および牛舎内の各種の臭気成分が，呼吸器や消化管から吸収され，血液を通って乳汁中に移行する場合である。飼料の臭気成分には発酵異常のサイレージ，雑草，ニラ，ニンニクおよびタマネギなどがある。舎内の臭気成分には糞尿，飼料，特に変敗した飼料，搾乳器械を消毒するためになどに用いる薬剤，ペンキおよびオイルなどがある。また，牛がケトーシスに罹患すると，アセトン体が血中から乳汁に移行して乳牛臭が強くなる。これらの異常風味乳に対する対策としては，給与する飼料に気を配り，牛舎の換気を十分に行うことである。

搾乳後の乳汁が異常風味となる場合には，前述の牛舎内の各種の匂いが牛乳に移行することのほかに，搾乳された後の乳汁が変質し，脂肪分解臭となる場合がある。これは牛乳成分の脂肪が分解して遊離脂肪酸を生成することによるもので，パイプラインミルカーのパイプのなかやバルククーラー内で牛乳が異常に混合攪拌されたときなどに起こりやすい。したがって，パイプラインの配管方法を検討し，牛乳の攪拌泡立ちを最小にすることが重要である。

その他の異常風味となる要因は，乳成分，細菌数および体細胞数である。乳成分のうち風味と関係が深いものは脂肪，蛋白質および乳糖であり，これらの濃度が高く塩類が適当に含まれれば良好な風味が得られ，これらの成分が低い低成分乳は風味にかける。牛乳中の微生物はその代謝産物や酵素の作用により牛乳の風味を悪化させる。また，乳房炎乳は乳糖が減少し塩素が増加するために塩味が増し，不快な臭気がある。さらに，体細胞数の多い乳ほど脂肪分解臭が強まるといわれている。これらの原因による異常風味を避けるためには，乳房炎の防除対策を徹底することが重要である。

c. 血乳症

乳汁に血液が混入して乳汁が微桃色から暗赤色となる場合を血乳症という。分娩後に生理的に生じるものが多く，泌乳のために血液が急激に乳房内に流入し毛細血管が拡張するため，血管の透過性が亢進して赤血球が血管外に漏出したり，毛細血管が破裂したりすることによる。その他に，乳房炎や乳房の打撲なども原因となる。生理的なものは数日～十数日で自然に消退するが，重度で長期間持続する場合はビタミンK，トラネキサム酸，またはボログルコン酸カルシウムを投与する。ホルマリンの経口投与も効果がある。他の原因による場合はそれぞれに応じた治療を行う。

d．乳房水腫

乳房水腫は分娩前後に生理的に生じ，乳房に強度の腫脹，浮腫，およびうっ血が認められる。初産牛や高泌乳牛に多くみられ，分娩前２～３週間頃から始まり，分娩後２週間ほどで自然に消失する場合が多い。浮腫は下腹部から四肢に及ぶこともあり，浮腫部を指圧すると圧痕が指圧部に残る。各分房の境界がはっきりしなくなるくらい異常に大きくなることがあり，搾乳に支障をきたす場合もある。泌乳の開始に伴い急激に血液が乳房内に流入することにより，毛細血管から組織液が漏出することが直接的な原因であるが，分娩前の濃厚飼料の多給，過肥，塩分給与過多および運動不足などが誘因となる。軽度のものは自然に消散するため治療は必要ないが，重度なものでは搾乳が困難となるだけでなく，乳腺機能が低下したり乳槽内腔が狭窄したりすることによる泌乳量の減少や乳房堤靱帯の断裂などを招くため，治療が必要となる。病的な浮腫は生理的な浮腫より長期間持続し，分娩後数カ月に及ぶこともある。治療には利尿剤や副腎皮質ホルモンの投与が行われる。また，乳頭の踏傷や乳房堤靱帯の断裂を予防するために乳房用のサポーターを装着する。この他に，乳房中隔に多量の漿液や膿汁が貯留する乳房中隔水腫がある。この場合は穿刺により貯留物の排除を試みるが，予後はよくない場合が多い。

e．乳頭の異常

ⅰ）乳頭の損傷

牛はしばしば有刺鉄線やその他の障害物，または自己の蹄により乳頭に切傷，挫傷，裂傷および断裂などを引き起こす。これらは乳管洞乳頭部（乳頭槽）に達しないものと，達するものに区別される。前者は単純な皮膚縫合または局所的な一般創傷療法で治癒が期待できる。しかし，後者に対しては正常な乳頭機能を維持するために，できるだけ早期に正確な縫合や部分的切除を含む外科的治療が必要である。さもなければ乳房炎に移行することが多く，また瘻管を形成してその部位から乳漏を生じることもある。この場合の縫合法には埋没縫合，垂直マットレス縫合または水平マットレス縫合を用いるが，いずれの方法でも縫合糸を決して乳管洞粘膜に穿孔させず，乳頭壁筋層に深くかけることが重要である。乳頭先端を受傷した場合では，括約筋に損傷が起こると漏乳となったり，損傷が治癒した後に結合組織が増生し乳管狭窄となったりする場合がある。

搾乳時に用いる乳頭消毒剤の種類やその濃度が不適切な場合は乳頭の皮膚が荒れ，亀裂が生じ疼痛を示す。また，真空圧が適切でないミルカーを用いての搾乳や過搾乳は乳頭孔に損傷を引き起こし，乳頭先端に発赤，腫脹，浮腫および出血などが生じる。重度になると乳頭先端は過角化症が進行し，突出したように変形する。寒冷地では厳冬期に乳頭に凍傷を起こすこともある。

ⅱ）乳管狭窄（乳頭狭窄）

乳頭管が狭窄し，乳汁の排出が悪く搾乳が困難となった状態である。原因は乳頭先端の挫傷，過搾乳および不適切な真空圧のミルカーを用いた搾乳による乳頭先端の損傷などに継発する場合が多い。その結果として乳頭管内で結合組織が増生し乳頭管の狭窄が生じる。初産牛には先天性的に乳頭管が著しく細い場合がある。また，乳頭内に異物が形成された場合や，乳頭先端の乳頭腫なども原因となる。乳頭内の異物や狭窄部位は乳頭用外科器具を用いて除去し，増生物の除去を試みる。しかし，泌乳期間中の外科的処置を行った場合には搾乳に導乳管などを挿入することも多いため，乳房炎を継発することが多く，また，外科処置後に結合組織が増生し再び乳頭管が狭窄することも多い。したがって，乳管狭窄を起こさないことが重要であり，日常の搾乳作業や管理では乳頭に外傷を与えないように，特に過搾乳などにならないよう十分注意する必要がある。軽度の先天的狭窄では，テーターポイントやＬチューブの乳頭内への装着により治癒する場合が多い。

ⅲ）感染による異常

感染による乳頭の異常には偽牛痘と潰瘍性乳頭炎がある。いずれもウイルスによるもので，偽牛痘は乳頭の微細な傷に感染増殖し，特徴的な輪状痂皮を形成する。潰瘍性乳頭炎は初産牛のような若い牛に多くみられる。乳頭に水泡が形成され，それが自戒し潰瘍となる。重度な場合には乳頭は黒く変色し壊死脱落する。

f．漏　　乳

漏乳は乳頭括約筋が弛緩して乳を漏らすことをい

う。搾乳直前の少量の漏れは問題ないが，常時の漏れは乳房炎の原因となる。漏乳の原因にはいくつかの要因が考えられる。カルシウム不足により筋肉の収縮力が低下し，乳頭先端の締まりが悪くなるために漏乳しやすくなる。また，飼料中の蛋白質が高濃度な場合，オキトシンの作用が強くなり漏乳となることがある。乾乳牛では，飼料中のカルシウムと蛋白質による要因のほか，ケラチンプラグが十分形成されていない可能性も考えられる。物理的な要因としては，乳頭の踏傷により乳頭先端の括約筋が損傷を受け，乳頭孔の閉鎖障害が生じる結果，漏乳となる。適切な飼料供与を心がける以外には治療法はなく，一時的にゆるく輪ゴムをかけたり，ディッピングをしたりして乳房炎を予防する。

〔金子一幸〕

7．新生子の疾患

a．新生子仮死

出生時に胎盤剥離や臍帯遮断が起こると，酸素分圧と血中 pH の低下および炭酸ガス分圧の上昇が起こる。これらの刺激は新生子の横隔膜反射による胸腔内陰圧を生じ，閉鎖していた肺胞が拡張して初めて外気を肺胞内に取り入れる引き金となる。出生後呼吸に不可欠な肺胞の拡張が起こるためにはⅡ型肺胞細胞から合成されるサーファクタント（肺胞表面活性物質）により肺胞内の表面張力が十分に低下していることが肝要である。このサーファクタント合成には副腎皮質ホルモンを必要とする。

未熟新生子の場合や胎便を含んだ羊水を肺吸入した場合に，サーファクタント作用が不十分となり，呼吸困難もしくは仮死状態となる。このような状態になると，本来出生後に起こる動脈管閉鎖が阻害され，動脈管開存症の状態となり，血液は肺を回らずに全身を空回りすることになり，低酸素症になる。低酸素症や仮死状態においては血流の再配分（図32）が行われ，優先度の高い脳に配分される一方，優先度の低い肺，腎臓，消化管などへの血流は制限される。新生子が寒冷状態に長く置かれても同様の状態が起こり，心臓の卵円孔閉鎖不全を起こし，低酸素症および代謝性アシドーシスを起こす。仮死状態における血液再配分により最も大きな機能障害を受けるのは肺であり，出生直後まで肺胞に満たされている肺水が血流量不足のため速やかに吸収されず，空気の流入が阻害される。さらに，胎子期に飲み込まれた羊水が血流不足により吸収されず，胃や小腸に貯留しているために，新生子が出生後初乳を摂取できない結果につながる。

新生子の難産などによる低酸素症を改善する方法として，気道を確保するために新生子を逆さに吊るして羊水を排出させることが行われているが，排出される羊水は，ほとんど胃内からのものとされている。したがって，この処置は胃内の羊水を排除することで初乳摂取を早める可能性はあるが，呼吸改善には結びつかない。低酸素状態の根本的な改善には空気送気法や酸素陽圧換気法（intrapulmonary percussive ventilator：IPV）療法が推奨される。空気送気法として実際に使用される子牛用人工呼吸器セットは最初に羊水を吸い出し，その後に空気を送気する方式となっている。また，寒冷環境下の低体温症および低酸素症による二次的低体温症においては保温，マッサージおよびアシドーシス治療も必要となる。今後の課題として，人医療で実施されている低酸素症に由来する動脈管開存症や卵円孔閉鎖不全の治療法として，PG 生成阻害剤であるインドメタシンを数日間数回投与する方法も検討されるべきである。

b．胎便停滞

新生子は，出生後速やかに初乳を消化吸収できるように胎子期から羊水の消化吸収「訓練」を行っていると考えられ，その羊水の排泄物は直腸内に胎便として蓄積される。この胎便は初乳を摂取することにより出生後排泄される。ところが，初乳摂取不足や腸機能障害，肛門・直腸形成異常により胎便の排泄不全になる場合があり，これを胎便停滞という。

肛門や直腸が解剖学的に正常であるのに，出生後２日間以上排便を認めない場合に胎便停滞が疑われる。X 線撮影やバリウム造影により，宿糞を確認できる。また，直腸内に指を挿入すると，硬い塊状の胎便を大量に触知できる。

胎便停滞においては腹痛症状を示し，食欲は減退する。その場合は温湯で調整した５～10％グリセリン水溶液を 0.5～１L 注腸して，胎便を排泄させる。また，緩下剤の投与も排出に効果がある。

c．白　痢

主として１～２週齢の子牛にみられる灰白色の下痢を白痢という。大腸菌，サルモネラ菌，コロナウイルスおよびロタウイルスなどの感染による。新生子仮死などにおいては消化器への血液循環が抑制さ

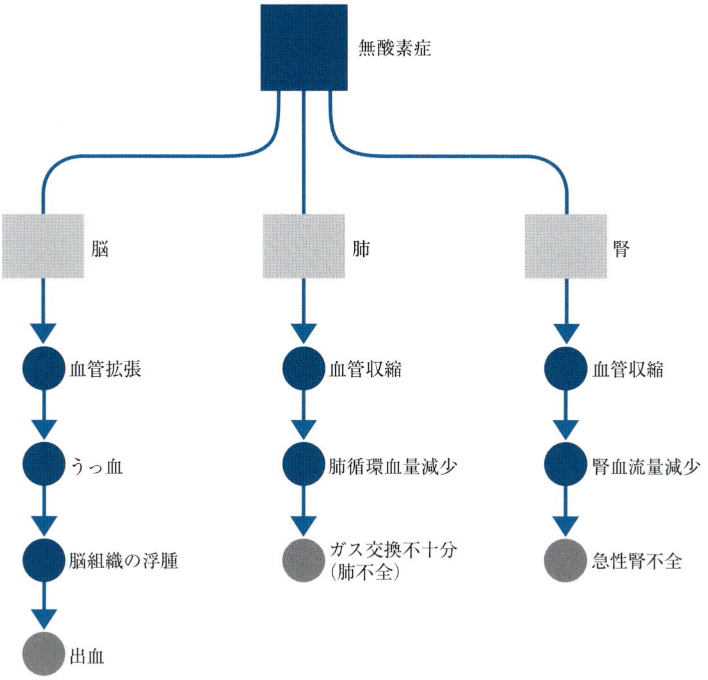

図 32　無酸素症における血液再配分

れているために，消化器内の羊水が吸収されず，初乳摂取時期が遅延したり，摂取できないことにより免疫グロブリンが吸収できない状態になりやすい。その状態においては免疫力が低下し感染に対する抵抗力が低いあるいはないため発症すると考えられる。

治療法としては化学療法とともに，脱水やアシドーシスへの治療も必要とするケースが多い。また，新生子仮死においては低体温症を伴うことが多いが，低体温症においては全身免疫機能が低下することから，保温やマッサージも不可欠となる。

d．鎖　肛

先天的に肛門が閉鎖しているために便を排泄できない状態を鎖肛という。牛の新生子において発生が認められている。我が国における先天異常子牛1,000 例の中で 17 例（２%）に鎖肛の存在が報告されている。この先天奇形では鎖肛だけでなく直腸と腟が結びついた直腸腟瘻を形成することがある。鎖肛は胚形成期における排泄腔分化の異常が原因とされており，一説に早期妊娠診断時における羊膜血管触診によって腸閉鎖が起こるという報告がある。

鎖肛子牛では当初初乳を飲むが，その後，元気消失，食欲不振となり，排便がないことで気づかれることが多い。頻回に背弯姿勢をとるが排便できない。停滞した宿糞のために肛門部の膨隆を認めることがある。

肛門部の皮膚を切開して，直腸と皮膚を縫合して，肛門を形成する。直腸閉鎖の場合は，開腹術が必要となる。

〔津曲茂久〕

V

感染症の制御

1　免　疫

2　ワクチン

3　化学療法薬

4　プロバイオティクス

5　消毒法と飼養衛生管理基準

1 免 疫

A. 牛の免疫機構

1. 一次および二次リンパ器官

a. リンパ器官の発生

牛の免疫系は胎生初期に発達し始める。胎子胸腺は胎齢40日齢頃に認められ，脾臓は55日頃，リンパ節は60日頃にはそれぞれ観察されるが，パイエル板は175日頃まで発達しない。末梢血中のリンパ球は45日頃までに，IgM^{+}細胞は60日頃までにそれぞれ観察される。

b. 一次リンパ器官

リンパ球が分化成熟する器官を一次リンパ器官といい，牛の一次リンパ器官には胸腺と回腸パイエル板がある（図1）。胸腺は甲状腺付近にまで達する頸葉と胸腔内心臓前方にある胸葉からなる。相対的なサイズは新生子期に最も大きく，性成熟期に最大となり，加齢に伴って退縮し，徐々に脂肪組織へ置き換わる。しかしながら，成長した動物の胸腺にもわずかながらリンパ組織が残存しており，機能的であると考えられている。胸腺はＴ細胞が分化成熟する場であり，胸腺内のＴ細胞は，自己抗原と強く反応するＴ細胞レセプター（TCR）をもつ場合，アポトーシスによって排除される負の選択と，主要組織適合遺伝子複合体（MHC）クラスⅡと緩やかに結合できる細胞を選抜する正の選択を経て成熟する。選択の結果，生き残ったＴ細胞は胸腺を離れ，血流を介して末梢の各器官へ移動する。もう１つは，Ｂ細胞の一次リンパ器官と考えられている回腸パイエル板である。本器官は非常に強大なリンパ器官であり，回盲口より約２ｍ空腸側に連続した構造をもつ。回腸パイエル板には長楕円形のリンパ濾胞が密に存在し，その濾胞はほとんどＢ細胞からなる（図2）。牛と同じ反芻動物である子羊の回腸パイエル板を外科的に除去すると，少なくとも１年程度はＢ細胞機能不全になることから，回腸パイエル板が最も有意なＢ細胞の産生源である。つまり回腸パイエル板は，系統発生学的に鶏のファブリキウス嚢と同様にＢ細胞の一次リンパ器官であると考えられている。さらに回腸パイエル板も加齢に伴って退縮し，成体では消失してしまう。

c. 二次リンパ器官

二次リンパ器官には，リンパ節，脾臓，空腸パイエル板および血リンパなどがある（図1）。リンパ節は，リンパ液中の抗原を補足するためにリンパ管に接続した濾過装置である。内部はリンパ洞とリンパ組織（皮質，傍皮質および髄質）からなり，皮質には胚中心が形成され，免疫グロブリンのクラススイッチ，メモリーＢ細胞および抗体産生細胞の誘導が起こっている。傍皮質はＴ細胞領域であり，高内皮性細静脈を介してＴ細胞が実質へ移動する。また脾臓は血液の濾過装置であり，異物（抗原）と古い赤血球を除去する。脾臓の実質は，赤脾髄と白脾髄からなる。赤脾髄は赤血球の貯蔵に関与するとともに，大食細胞性毛細血管周囲鞘で抗原の補足を行っている。白脾髄は主にリンパ性動脈周囲鞘と脾リンパ小節で構成されており，リンパ球が免疫応答を担う。さらに脾リンパ小節内には胚中心が形成され，リンパ節のそれと同様の免疫応答が起こっている。次に空腸パイエル板は，長さ10～20 cmのパッチ状を呈し，小腸全域に20～40個認められる。この器官は腸の局所免疫を担い，生涯にわたって機能すると考えられている。それらは洋梨型のリンパ濾胞が散在的に存在し，広い濾胞間Ｔ細胞領域からなり，リンパ濾胞にはＢ細胞とＴ細胞が認められる。さらに牛は，特徴的なリンパ器官である血リンパをもつ。この器官は大動脈などの血管周囲や腸間膜に存在し，リンパ節に類似の構造をもつ。リンパ節と明らかに異なるのは，リンパ洞に多数の赤血球が含まれるということである。皮質には胚中心が形成され，

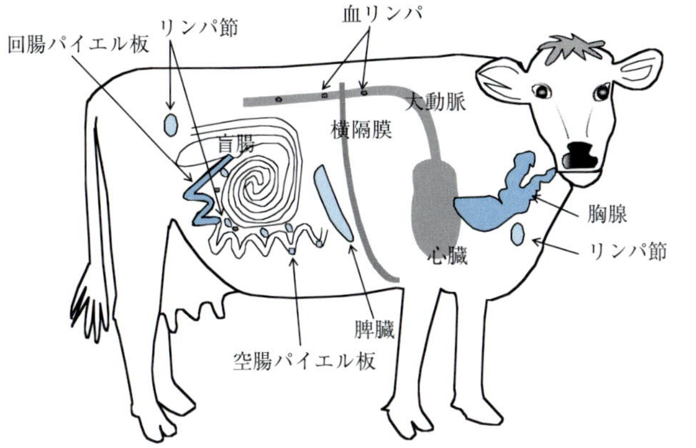

図１　牛のリンパ器官

一次リンパ器官には，胸腺と回腸パイエル板がある。
二次リンパ器官には，リンパ節，脾臓，空腸パイエル板，血リンパがある。

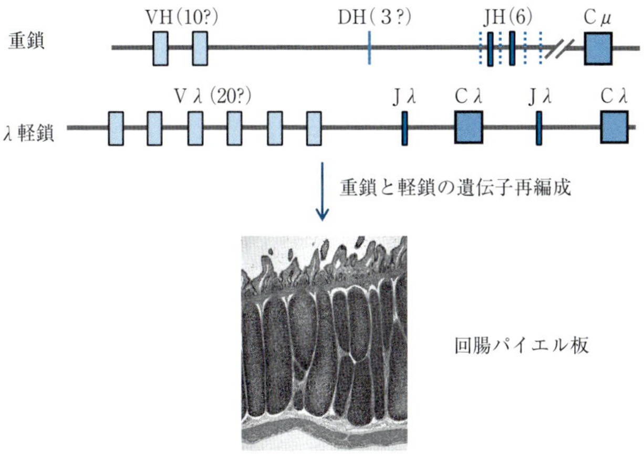

図２　BCR の多様性生産機構

遺伝子再編成で産生できる多様性は少ないので，回腸パイエル板リンパ濾胞内で分裂増殖する過程で点突然変異によって多様性を産生する。

傍皮質にはＴ細胞領域が存在するが，血リンパにおけるリンパ組織の形成は均質でなく非常に多様である。

２．Ｂ細胞

ａ．Ｂ細胞の多様性産生機構

牛Ｂ細胞の抗原レセプター（BCR）の組換えは，脾臓や骨髄などのリンパ組織で起こる。BCR は，κ軽鎖をコードする IGK，λ軽鎖をコードする IGL，さらに重鎖をコードする IGH の３つの遺伝子クラスターからなる。これら３つのクラスターは，それぞれ可変領域を構成するＶ領域をコードする多数のＶ遺伝子，数個のＪ遺伝子およびＤ遺伝子と，定常域であるＣ領域をコードする数個のＣ遺伝子からなる。発生過程で VJC（軽鎖）と VDJC（重鎖）遺伝子の再編成が起こり，BCR を発現しているＢ細胞が産生される。その後，回腸パイエル板のリンパ濾胞へ移入したＢ細胞が分裂増殖する過程で，点突然変異が起こり可変部の多様性が産生されている（図２）。牛は 10 個程度の少ない IGHV 遺伝子をもつとともに，多くの偽遺伝子もみつかっている。IGHD 遺伝子は長さが極端に異なる遺伝子をもつために，相補性決定領域（complementarity-determining region : CDR）３領域の長さが多様であることが知られている。IGL は約 20 個の IGLV をもつが，そのうち十数個が偽遺伝子であり，産生できる多様性が少ないことから，遺伝子変換が使われているとする報告もある。

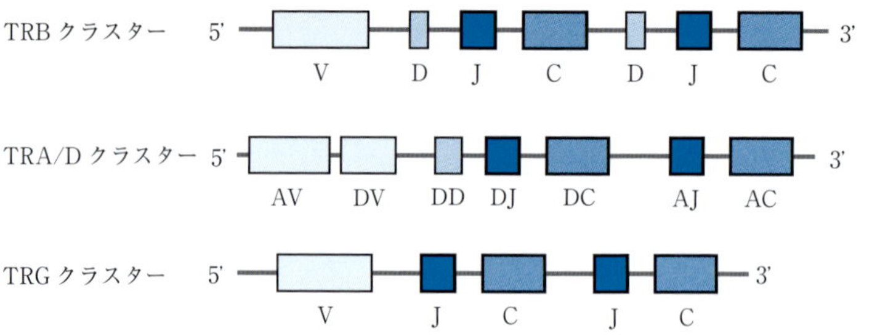

図3　T 細胞レセプター

TCR は，α鎖とβ鎖，あるいはγ鎖とδ鎖の組合せが使われる。TCR の 4 種類のペプチド鎖は 3 つの遺伝子クラスターのなかにコードされている。

b. 免疫グロブリン（Ig）

牛 Ig 軽鎖では，λ鎖が主に使われる。重鎖は IgM，IgG，IgA，IgE，IgD があり，IgG のサブクラスには IgG_1，IgG_2，IgG_3 がある。特に IgG_1 は血清 IgG の約 50％を構成しており，乳汁中の主要な Ig としても知られている。Ig 分子は，牛では胎盤を介して胎子へ全く移行しないので，新生子は初乳を介して得られる抗体に移行抗体のすべてを依存している。

3．T 細胞

a. T 細胞の多様性生産機構

TCR は，α鎖とβ鎖，あるいはγ鎖とδ鎖の組合せが使われ，抗原と結合できる 2 種類の TCR を産生する。可変領域と定常域からなり，可変領域の多様性は遺伝子再編成，塩基の挿入と欠失という組合せ対合によって産生される。牛δ鎖の TRDV 遺伝子は 60 近くみつかっており，非常に種類が多いことが特徴である。TCR の可変領域では，B 細胞 BCR の可変領域に起こるような点突然変異は起こらない。TCR の 4 種類のペプチド鎖は 3 つの遺伝子クラスターのなかにコードされている（図3）。つまり，TRA/D クラスターはα鎖とδ鎖を，TRB クラスターはβ鎖を，TRG クラスターはγ鎖をコードしている。TRA/D クラスターの再編成は T 細胞のなかで最も早く起こり，その位置関係から，TRA 遺伝子の再編成はδ鎖遺伝子を除去することになる。

b. γδT 細胞

成熟した牛末梢血 T 細胞の約 10～15％がγδT 細胞で，残りの 85～90％はαβT 細胞である。しかしながら子牛では，γδT 細胞の比率が高く 60％にも達する。これらの比率は飼育管理やストレス要因によっても変動する。末梢血γδT 細胞の多くは，ワークショップクラスター1（WC1）を発現している。WC1 分子はスカベンジャー受容体として細胞表面にある糖蛋白で，人やげっ歯類の CD163 と近い。γδT 細胞は非ペプチド抗原，pathogen-associated molecular patterns（PAMP）や danger-associated molecular patterns（DAMP）を直接認識する。さらに細菌や原虫を認識すると，パーフォリンやグラニュリシンを産生することから，キラー細胞としての役割も担っている。WC1 あるいは T 細胞レセプターからの刺激によって，γδT 細胞は腫瘍壊死因子（tumor necrosis factor : TNF）-α，インターロイキン（interleukin : IL）-1，IL-12 やインターフェロン（interferon : IFN）-γなどを産生する。よって Th1 バイアス（後述する Th1 へのシフト）に関与している。さらに抗原提示能をもち，自然免疫応答と獲得免疫応答の橋渡しをしている。

c. CD4 分子と CD8 分子

TCR に関連する分子として CD4 と CD8 があり，免疫グロブリンスーパーファミリーに属する。CD4 または CD8 のどちらが存在するかによって，T 細胞と相互作用する MHC 分子のクラスが決まる。すなわち，ヘルパー T 細胞でみられる CD4 は MHC クラスⅡ分子と結合するが，細胞傷害性 T 細胞で発現する CD8 は MHC クラスⅠ分子と結合する。抗原提示細胞上の MHC 分子と結合することによって，TCR の情報伝達を増強する。

d. Th1 と Th2 細胞

$CD4^+$ ヘルパー T 細胞は，主に Th1 と Th2 細胞に分類される。それらは産生するサイトカインの種類によって識別されている。抗原提示細胞である樹状細胞からの IL-12 分泌によって，Th1 反応が誘導される。Th1 細胞は IL-2，IFN-γ，TNF-βなどを産生し，遅延型過敏症，マクロファージの活性化などの細胞性免疫を誘導する。Th2 細胞は，IL-4，IL-5，IL-10，IL-13 などを産生する。これらは B 細胞の IgG，IgA および IgE 産生を増強する。牛でも IgG_1 産生は IL-4 によって刺激され，IgG_2 産生は IFN-γ によって刺激される。よって，Th1 細胞と Th2 細胞は存在すると考えられている。しかし，同時に牛 $CD4^+$ 細胞は，IL-2，IL-4，IL-10，IFN-γ などを含む多くのサイトカインを産生することも知られており，Th1 と Th2 細胞の両方で産生するサイトカインをともに分泌しているので，Th0 細胞の性質ももつと考えられる。

4．抗原提示細胞

a．抗原提示細胞の種類

樹状細胞は T 細胞に抗原を提示する細胞群であり，未成熟な細胞は抗原摂取と処理を積極的に行い，成熟細胞になると細胞膜上に MHC 分子や共刺激分子を高発現する。牛の樹状細胞が発現する共刺激分子は，CD40，CD80 や CD86 だけでなく，CD172a や CD26 などもある。T 細胞を刺激する異なるサブポピュレーションが知られており，1 つは IL-12 を産生し，もう 1 つは IL-1 や IL-10 を産生し，それぞれ Th1 細胞と Th2 細胞を誘導し免疫応答を制御することから，DC1 と DC2 であると考えられている。マクロファージも抗原提示細胞であり，抗原を補足・処理し MHC 分子上に抗原情報を提示する。さらに B 細胞も抗原を補足・処理し，MHC 分子上に抗原情報を提示する抗原提示細胞としての役割を担っている。特に，抗原と親和性の高い BCR をもった B 細胞が増加した二次免疫応答では，重要な役割を担っていると考えられている。

5．抗原提示レセプター

a．MHC

抗原提示レセプターは MHC と呼ばれる遺伝子クラスターによってコードされた糖蛋白質のレセプターである。MHC は 3 つの遺伝子座で構成される。MHC クラスⅠ分子は大部分の有核細胞にみつかる内在性抗原のレセプターである。クラスⅡは抗原提示細胞の表面にみられ，外来性抗原を提示するレセプターである。クラスⅢは，補体蛋白質などの自然免疫と関連した様々な機能を有する多種多様な蛋白をコードしている。牛の MHC を BoLA と呼ぶ。BoLA クラスⅡ領域はⅡa とⅡb からなり，広範囲の逆位とそれによって生じたギャップが存在するユニークな構造をもつ。

b．MHC 分子と疾病との関連性

MHC ハプロタイプ（遺伝子複合体内にある対立遺伝子群のことで，それらはグループとして遺伝し，特定の表現型を決定する）と感染症に対する抵抗性は関連していることが知られている。つまり，BoLA 対立遺伝子と牛白血病，トリパノソーマ症，口蹄疫ウイルスなどに対する抵抗性，ダニに対する感受性には関連がある。

〔保田昌宏〕

B．母子免疫

母子免疫（maternal immunity）は，受動免疫（passively immunity）の一種で，母が獲得した抗体を胎盤や初乳を介して子に付与することをいう。牛の場合，子牛は初乳中に含まれる抗体を腸管を介して吸収する。免疫機能が未熟な新生子が感染から免れるための重要な生体防御機構である。

哺乳動物は母子間の免疫グロブリン（Ig）の移行様式により，① Ig が胎内で移行し，母子間の血清 Ig のレベルがほぼ同等に達する（人，猿，家兎），② Ig が生後数時間以内に初乳を介して一部移行する（有蹄類），③ Ig が胎内で一部移行し，生後初乳を介しても一部移行する（ラット，マウス，猫，犬）の 4 つに分類される。牛はこの分類の②に属し，胎内で胎盤を介しての Ig の移行はなく，母子間の Ig の移行は全面的に初乳を介して行われる。

血清中の Ig 各クラスの含量比は動物種によって大差はないが，乳汁中のそれは表 1 に示すように著しく異なることが知られている。人の初乳は IgA が総グロブリン量の 90％を占めるが，牛，豚では 80％以上が IgG である。人では初乳から常乳に移行するに伴って各クラスの Ig が約 1/10 に減少するが，移行の経過を通じて IgA の含量比が最も高い。牛でも同様に常乳への移行に伴い，各クラスの Ig は減少するが，含量比は IgG が最も高い。

このように，生まれたばかりの子牛は無 γ-グロブリン血症（agammaglobulinemic）であるため，受動免疫を得るために適切な初乳を適切なタイミングで摂取することが大切である。

表1　人，豚，牛の血清と乳汁の免疫グロブリン濃度と量比

動物種	Ig	濃度（mg/mL）			量　比（%）		
		血清	初乳	常乳	血清	初乳	常乳
人	IgG	12.1	0.43	0.04	78	2	3
	IgA	2.5	17.35	1.00	16	90	87
	IgM	0.93	1.59	0.10	6	8	10
	FSC		2.09	+			
豚	IgG	21.5	58.7	3.0	89	80	29
	IgA	1.8	10.7	7.7	7	14	70
	IgM	1.1	3.2	0.3	4	6	1
牛	IgG_1	11.0	47.6	0.59	50	81	73
	IgG_2	7.9	2.9	0.02	36	5	2.5
	IgA	0.5	3.9	0.14	2	7	18
	IgM	2.6	4.2	0.05	12	7	6.5
	FSC		0.2	0.06			

FSC : free secretory component
（Bittle LJ : Field use of bovine vaccines. J Dairy Sci 53 : 625-627, 1970.）

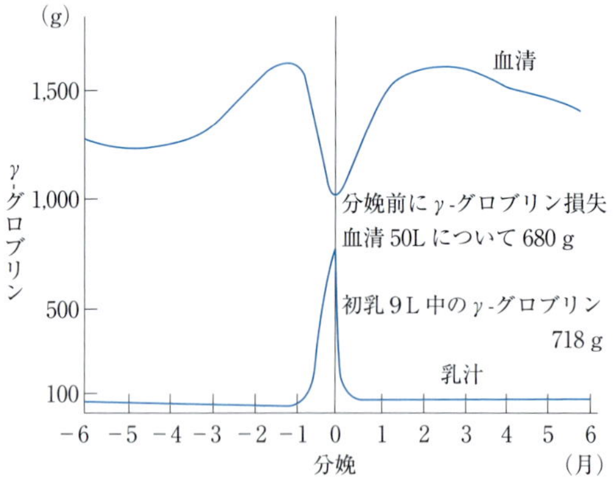

図4　周産期の牛血清および乳汁免疫グロブリンの変動
（Fey H : Collibacillosis in calves. 70-72, Hans Huber Publishers, Bern, Stuttgart, Vienna, 1972.）

1．牛乳汁中の免疫グロブリン

分娩の5週前から，エストロジェンとプロジェステロンの作用のもとで母牛血清のIgが乳汁中へ移行を始め3週間ほどで最大に達する。このようにIgのほとんどが母牛血清から移行したものであるため，**図4**に示したように母牛血清のγ-グロブリンの低下に伴って，初乳中のγ-グロブリンが増加し，初乳中にγ-グロブリンが濃縮される。初乳中のIgは，IgG_1，IgG_2，IgM，IgAが主成分であるが，その75〜85%はIgG_1で，他のIgの2〜10倍を示す。母牛血清から乳腺上皮細胞を介して初乳へIgが移行する場合，IgG_1が選択的に移行する。この選択移行には，乳腺上皮細胞にIgG_1特異的なレセプターが存在し，IgG_1を選択的に取り込むばかりでなく，エストロゲンとプロゲステロンが乳腺上皮細胞に働いて選択的に透過性を増しているとされる。このように母牛血清中のIg，特にIgG_1が初乳に移行するため，母牛血清のIgG_1含量は分娩前に著しく低下するが，IgG_2，IgM，IgA含量は大きく変化しない。これはIgAとIgMは乳腺中の形質細胞から初乳中へ放出されるためである。母牛血清中のIgG_1は分娩4週後には回復する。**図5**に示したように，乳汁中のIgは分娩後2日以内に急激に減少し，1週以後は徐々に減少する。初乳中のIg濃度に影響を与える要因として，分娩前後の漏乳の程度，産歴，乾乳期の長さ，飼育環境などが報告されている。

2．乳汁免疫グロブリンの吸収

子牛が母子免疫を得るためには，初乳を適切に摂取することが重要で，得られた受動免疫により生後しばらくの間の感染から免れることができる。Igの腸管からの吸収には，初乳の摂取量，出産状況，飼育環境（季節含）のほか血清中のコルチゾール濃度が影響を与える。初乳は生後5〜6時間以内に体重の5%以上を摂取するのが望ましいとされている。血清中IgG_1濃度は10 mg/mLが適切で，濃度が適切でないと腸炎，肺炎などの罹病率，死亡率ともに高くなる。

子牛は，哺乳によってIgを経口摂取し，それが腸管で分解されることなく小腸の吸収細胞によって血中へ移行するには時間的制限があり，生後12〜48時間以内にこの移行は停止する。このような新生子

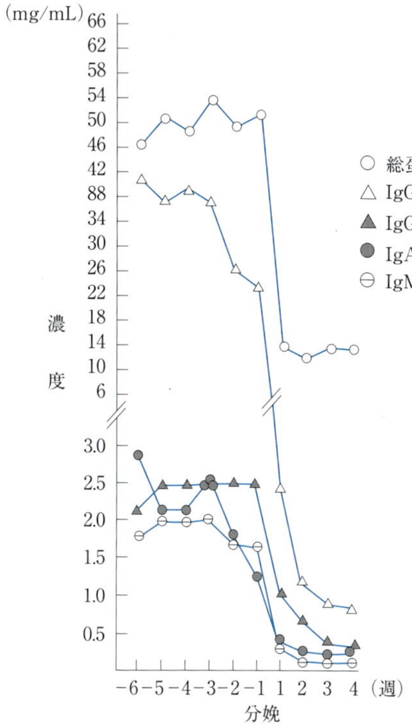

図5　乳汁免疫グロブリンの推移

（Butler JE : Immunoglobulins of the mammary secretions. 217-255, Lactation Ⅲ. nutrition and biochemistry of milk/ maintenance. Larson BL, Smith VR eds., Academic Press, New York, London, 1974.）

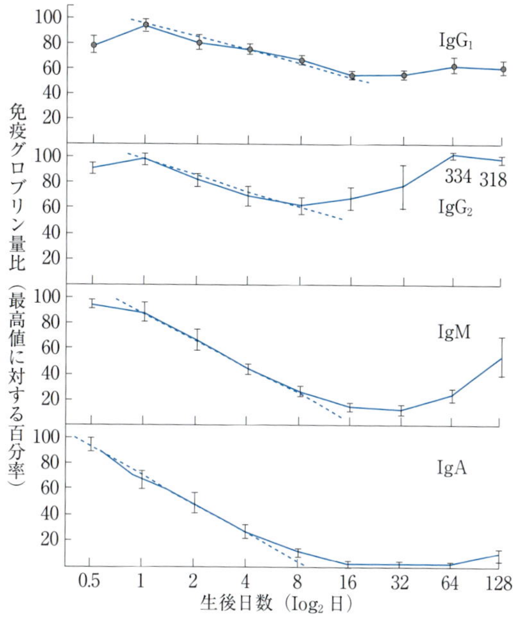

図6　生後血清 IgG_1，IgG_2，IgM，IgA の含量

における高分子物質の腸管から血液への移行の停止を gut closure と呼ぶ。Ig のような蛋白質が腸管で消化されず，完全な形で血液へ移行するには，いくつかの機構が働いている。牛の初乳中にはトリプシン阻止物質が含まれ，トリプシンによる Ig の分解を防いでいる。また，生後 20 時間以内の子牛の胃にはペプシノーゲン顆粒を含む消化細胞が多く，塩酸を分泌する胃壁細胞が少ないことから，胃内容の pH が 5.9〜7.2 であるため，ペプシンの活性が抑制される。さらにプロテアーゼ，アミラーゼ，リパーゼ，マルターゼなどの酵素活性も低い。Ig の吸収は腸吸収細胞を通して血中へ移行し，大半は空腸と回腸で腸管上皮細胞の飲細胞運動や粘膜固有層のエキソサイトーシス（exocytosis）によって行われる。Ig の gut closure までの時間は，IgG は生後 27 時間，IgA は 22 時間，IgM は 16 時間とされるが，Ig の吸収率は時間に依存し，生後 4 時間以内が最も活発であるため，生後の哺乳は早いほど吸収効率がよく，吸収効率が高いのは生後 12 時間までとされる。このため，吸収効率を高めるには品質のよい初乳を一定量以上与えることが必要でホルスタイン種では 2 L とされているが，前述のように初乳中の Ig 量は母牛の産歴や飼育環境によって異なるため，初乳の品質にも注意が必要である。また，生後 24 時間，母牛と同居した子牛の Ig 吸収が高いとの報告もある。

3．子牛血清中免疫グロブリンの推移と測定

子牛は生後に経口摂取した初乳中の Ig を腸管を通して非選択的に吸収するので，IgG_1，IgG_2，IgM，IgA のすべてが初乳から子牛の血清へ移行するが，子牛血清中の Ig の含量は，IgG_1，IgG_2 より IgM，IgA の方が早く最高値に達する。**図6**に示したように各 Ig は最高値に達した後，直線的に減少するが，IgA と IgM は減少率が高く，消失する時期も早い。半減期は IgG_1，IgG_2 が 16〜32 日，IgM は 4 日，IgA は 2.5 日である。

新生子牛の血清中 Ig レベルを測定するには，一元放射免疫拡散法や濾紙電気泳動法のように直接に Ig を測定する方法と，屈折計や硫酸亜鉛混濁試験などから間接的に測定する方法があり，屈折計による血清蛋白濃度測定は現場でも簡便に実施でき，脱水のない状態で 6 g/dL 以上であれば，Ig を適正に吸収したことが推測される。また，初乳を摂取した子牛は 10 時間前後から一時的な蛋白尿を示し，初乳

摂取前の尿蛋白質量は0.2 g/dLであるが，摂取後は2.0 g/dL程度になる。

〔窪田　力〕

C. 免疫疲弊化と免疫賦活化

免疫とは，微生物からの感染防御や異物の無毒化と除去および自己組織抗原を特異的に免疫寛容することで生体を正常な状態に保つことである。しかし，異物が排除された後も免疫反応が活性化したままでは，生体にとっては危険な状態であるといえる。そこで過剰な免疫応答や炎症反応に対する負のフィードバック機構が重要である。このフィードバック機構は種々の免疫抑制因子や制御性T細胞等によって制御されている。

Programmed death 1（PD-1）とprogrammed death-ligand 1（PD-L1）および2（PD-L2）は，近年同定された細胞膜上の免疫抑制受容体とそのリガンドでありB7-CD28ファミリーに属している。PD-1は多くの種類の細胞に発現しており，免疫活性化刺激により発現が誘導されることが知られている。人において，PD-1は主に活性化T細胞やB細胞の細胞膜に発現している。また，休止期のT細胞では発現が確認されないが，活性化により誘導されることが報告されている。一方，PD-L1は活性化T細胞，樹状細胞，単球，血管内皮細胞，肝臓の間質細胞，角質細胞など，造血系に限らず非造血系の細胞にも広く発現している。この2つの分子からなるPD-1/PD-L機構はT細胞による過剰な免疫反応を抑制し，免疫寛容にも強く関与していることが解明されている。

PD-1の細胞内領域には，免疫抑制レセプターの細胞内にみられるimmunoreceptor tyrosine-based inhibitory motif（ITIM；I/L/V/S/TxYxxL/V/I）が2カ所存在する。PD-1とPD-L1が結合するとITIMによって2つのチロシン脱リン酸化酵素SHP-1およびSHP-2が誘導され，抑制性シグナルが細胞内に伝達される。この抑制性シグナルが，近傍のCD3/CD28からの活性化シグナルを阻害することでIL-2，TNF-αやIFN-γなどのサイトカインの転写活性を低下させ，免疫寛容が起こっていると考えられている。PD-L1はI型あるいはII型IFNにより発現誘導が増強される。通常の生体内，例えば胎盤などの免疫学的寛容が起きやすい組織ではPD-L1が恒常的に発現しており，自己抗原反応性T細胞のPD-1と結合することで，免疫系システムによる破壊から正常組織を保護している。

獲得免疫は抗原提示細胞による免疫記憶をもつT細胞への抗原提示によって開始される。すなわち生体のなかで，抗原提示細胞を介して病原体や腫瘍由来抗原を認識したナイーブ細胞（未分化リンパ球）が活性化し，認識した抗原だけに反応する単一な細胞集団へと分化する。この抗原特異的に分化した細胞をエフェクター細胞といい，感染細胞などの標的細胞を破壊し生体内の恒常性を保っている。しかし，獲得免疫によって導かれたエフェクター細胞が，標的抗原が存在するにもかかわらず細胞性免疫の機能を発揮しない場合がある。主に難治性の慢性感染症や腫瘍疾患で認められる現象であり，この状態をリンパ球の疲弊化という。近年の研究からPD-1/PD-L1機構を代表とする種々の免疫抑制因子が，この免疫疲弊化に強く関与することが示唆され，難治性疾病の病態進行および維持に関連することが明らかにされている。すなわち，PD-1が，抗原特異的T細胞（エフェクター細胞）上で発現上昇し，感染細胞や腫瘍細胞で発現したPD-L1と結合することでエフェクター細胞の免疫疲弊化を誘導する。結果的にPD-1からの抑制性シグナルを受けたT細胞は抗原提示などの活性化刺激を受けても反応しない無応答（アネルギー）という状態に陥り，細胞増殖能，サイトカイン産生能，パーフォリンやグランザイム依存性の細胞傷害機能が著しく低下する。慢性感染症の例をあげると，ヒト免疫不全ウイルス（HIV）感染，ヒトT細胞白血病ウイルス1型（HTLV-1）感染，B型およびC型肝炎，エプスタイン・バーウイルス感染，結核，リステリア症，マラリア，トキソプラズマ等で報告されている。また，慢性感染症だけではなく，メラノーマ，非小細胞肺癌，ホルモン療法耐性前立腺癌，腎細胞癌，大腸癌などの種々腫瘍性疾患においてもPD-1/PD-L1機構の関連が示唆されている。これらの報告以外にも，他のウイルス感染症，自己免疫疾患，細菌感染や寄生虫感染でも関連があることが報告されており，PD-1/PD-L機構は免疫異常を引き起こしている様々な疾患において，非常に重要な役割を果たしている。感染症や腫瘍疾患におけるPD-1およびPD-L1発現上昇の機序は，①同一抗原の持続的刺激，②病原体由来因子による制御，③IL-2やIL-7などのサ

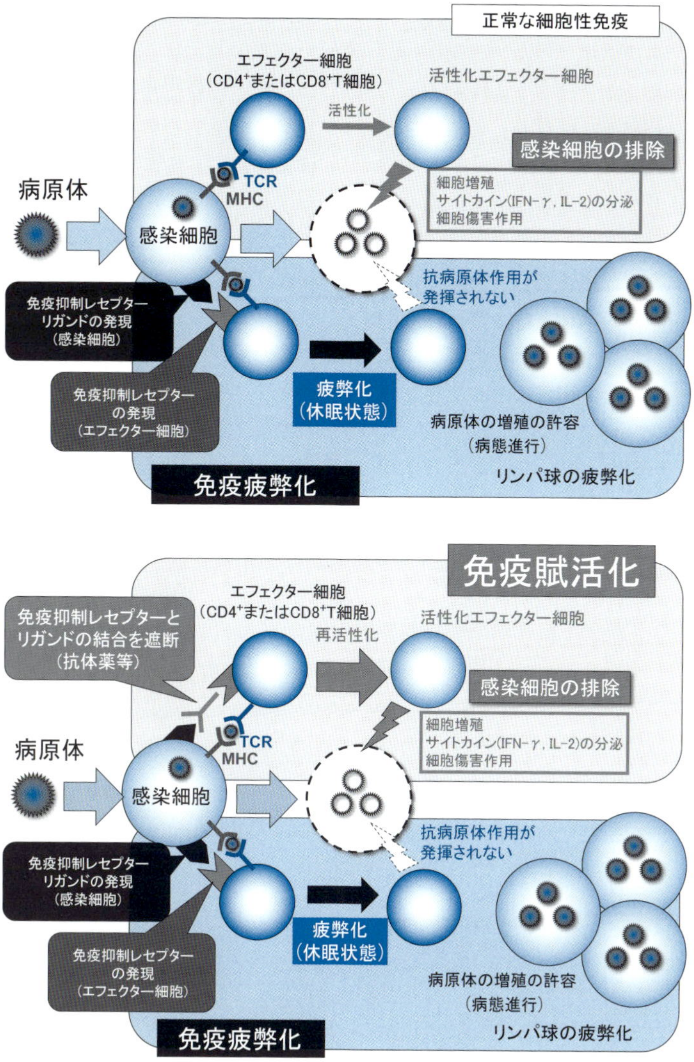

図７　免疫疲弊化と免疫賦活化

イトカイン環境などによるものと示唆されているが，広範囲な病原体種や癌種に及んで認められている現象から詳細については，いまだ明らかにされていない。また，近年の解析で，抗原特異的リンパ球に発現する cytotoxic T-lymphocyte antigen 4（CTLA-4），lymphocyte-activation gene 3（LAG-3），T-cell immunoglobulin and mucin domain-containing protein 3（Tim-3）などの PD-1/PD-L1 機構以外の免疫抑制因子についても免疫疲弊化への関与が示唆され，現在解析が進められている。

一方，この免疫疲弊化は可逆的であることから，抗体等を用いて抗原特異的リンパ球の免疫賦活化（図７）を図る研究も行われている。同制御法の特徴はサイトカインの単独投与とは異なり，抗原特異的なエフェクター細胞を標的とすることから細胞増殖能をはじめ種々のサイトカインの誘導および細胞傷害機能など多機能的な効果により抗病原体効果や抗腫瘍効果が発揮されることにある。各種動物感染モデルや腫瘍モデルにおいても，免疫抑制因子に対する抗体の投与によって細胞性免疫が再活性化され病原体の排除効果や腫瘍の退縮ならびに延命効果が報告されている。また，人においては，種々の腫瘍患者の PD-1/PD-L 機構を標的とした抗体療法が第Ｉ相臨床試験まで行われ，良好な抗腫瘍効果等が報告されている。現在，本法を改変した新規治療法の治験が次々と追随している。

獣医畜産領域での免疫疲弊の研究は，ほとんど行われておらず，唯一，牛白血病ウイルス感染症においてウイルス動態や病態進行とPD-1をはじめとする免疫抑制因子の発現が密接に関与していることが報告されている。牛白血病ウイルス感染症は感染後，無症状期，持続性リンパ球増多症（PL）期を経てB細胞の白血病（リンパ肉腫）を発症する。この病態進行にはウイルスを排除するのに必要なサイトカインの産生能やリンパ球の機能が低下するなど細胞性免疫の抑制が顕著である。各病態におけるPD-1およびPD-L1の発現解析結果より，病態が進むに伴いPD-1はCD4およびCD8陽性細胞，PD-L1はB細胞上で発現が亢進していることが報告されている。PD-L1の発現は白血球数，ウイルス力価およびプロウイルス量と有意な正の相関を示す一方，免疫抑制の指標であるIFN-γ発現量とは有意に負の相関を示していた。また，CTLA-4，LAG-3，Tim-3についても牛白血病ウイルス感染症に認められる免疫疲弊化との関連が示唆されている。免疫異常を呈する牛の疾患は多いが，機序についてはほとんど明らかになってない。今後，他の牛の感染症における免疫疲弊化について詳細な研究解析が待たれる。

既述のように，人ではPD-1またはPD-L1抗体の投与により，疲弊化に陥った免疫細胞の再活性化を誘導し，慢性感染症や腫瘍疾患への治療やワクチン効果を増強する可能性が示唆されている。現在行われている人の臨床応用研究において，PD-1またはPD-L1抗体が投与される際に懸念される副作用は報告されていない。今後，牛病を含めた獣医畜産領域への応用が期待される。

〔今内　覚〕

2　ワクチン

A．牛のワクチン

感染症による損耗の防止は，畜産経営の安定化のためには非常に重要である。多頭飼育が進むなかで牛用ワクチンは，牛に有効な免疫を与えることにより感染症の予防，症状の軽減化および経済的な損失の軽減をもたらし，我が国の畜産業の発展に寄与してきた。1956年には4種の疾病に対する単味ワクチンのみであったが，新たに出現した感染症への対応や，より省力的で効果のあるワクチンの開発が進められ，現在までに呼吸器系感染症，下痢，異常産の予防等の生ワクチン，不活化ワクチン，トキソイドの単味および混合ワクチン約70品目が承認されている。日本の牛用ワクチンの開発は，家畜衛生試験場（現 動物衛生研究所）により行われ，牛のウイルス性呼吸器病や流産等に対するワクチンが開発され実用化された。その後，国内の製造販売業者の独自開発や外資系の製造販売業者の参入により，多くの種類のワクチンが流通するようになった。

近年の牛用ワクチン開発の傾向は，輸入ワクチンの増加と接種の省力化の面から混合化，多価化が進んだことである。生および不活化ワクチンともに混合化，多価化が進んだが，特に不活化ワクチンの混合化，多価化は，1990年代からのオイルアジュバントの実用化により可能となった。

1．ワクチンの種類

牛用ワクチンの主成分は，ウイルスまたは細菌である。寄生虫病に対するワクチンは，現在承認されているものはない。また，DNAワクチンや遺伝子組換え生ワクチンもまだ承認されたものはない。

性状から分類すると生ワクチンまたは不活化ワクチンに分類される。外毒素をホルマリン等で処理し，免疫原性を有したまま，その毒性を消失したトキソイドも承認されている。

免疫から分類すると能動免疫と受動免疫を目的とするものがある。能動免疫を目的とするワクチンの代表例は，牛伝染性鼻気管炎や牛パラインフルエンザ等の呼吸器系の感染症に対するワクチンである。受動免疫を目的とするワクチンの代表例としては，牛大腸菌性下痢症に対するワクチンがある。

抗原の種類は，1成分（単味）から最大6成分までである。ウイルス性ワクチンでは，牛伝染性鼻気管炎，牛パラインフルエンザ，牛RSウイルス感染症，牛アデノウイルス感染症の生ワクチンと牛ウイルス性下痢・粘膜病に対する2価（Ⅰ型とⅡ型）不活化ワクチンを組み合わせた6種類の抗原が入った混合ワクチンや，牛ウイルス性下痢・粘膜病ウイルス（Ⅰ型）も生ワクチンとした5種混合生ワクチンがある。細菌性ワクチンでは，クロストリジウムが5種類入った不活化ワクチン等の混合ワクチンがある。多価化ワクチンとしては，牛ロタウイルス感染症3価・牛コロナウイルス感染症・牛大腸菌性下痢症（K99精製線毛抗原）混合（アジュバント加）不活化ワクチンがある。このワクチンは，抗原性の異なる3株のロタウイルスを含み，野外流行株の抗原の多様性に対応している。

2．ワクチンの接種方法

免疫対象（子牛，妊娠牛，産子），期待される免疫の種類（能動か受動免疫か），感染症の発生時期，病原体の感染時期（ベクターの活動時期）等によりワクチンの接種方法は異なる。

a．妊娠牛に免疫を与えるワクチン

ベクター（吸血昆虫）を介する感染症であるアカバネ病，イバラキ病，牛流行熱，チュウザン病等のワクチンは，吸血昆虫が発生する前または疾病の流行期前にワクチン接種を終了し，繁殖牛を免疫する。血中抗体を産生させベクターからウイルスを媒

介されてもウイルス血症を防ぐことにより，感染や異常産を予防する。生ワクチンは1回，不活化ワクチンは2回接種が必要であり，毎年接種が必要である。

牛ウイルス性下痢・粘膜病のワクチンは，妊娠中にウイルスに感染し流産や胎子が持続感染牛にならないよう，母牛を免疫することにより垂直感染を予防する。生ワクチンは種付け前にワクチンの接種を終える。不活化ワクチンは，妊娠牛にも使用できる。一妊娠期ごとにワクチン接種が必要である。

b. 牛に能動免疫を与えるワクチン

呼吸器系のウイルス感染症，マンヘミア・ヘモリチカ感染症等のワクチンがある。呼吸器系のウイルス感染症のワクチンは，生後1カ月齢と4～5カ月齢時に接種し，その後，毎年1回接種する。移行抗体の影響を受けやすいので注意を要する。

炭疽，クロストリジウム感染症，牛サルモネラ感染症，破傷風，ボツリヌス症は，月齢に関係なく発生する。ワクチンは，初回免疫（1～2回接種）後半年～1年ごとに接種する。牛コロナウイルス病は，冬季に流行するため，毎年流行前の9～10月頃にワクチンを接種する。

c. 子牛に受動免疫を与えるワクチン

牛コロナウイルス病，牛ロタウイルス病，大腸菌性下痢症等のワクチンは，生後3週齢以内の発生が多いため，能動免疫では予防することが難しい。そのため，妊娠牛を妊娠末期に免疫し，初乳を介して産子を移行抗体で免疫する。一妊娠期ごとにワクチン接種が必要である。

3. ワクチン接種上の注意事項

ワクチンの効果に最も影響を及ぼすのは移行抗体である。生および不活化ワクチンは移行抗体によりその免疫効果が阻害されるため，移行抗体の消失時期にワクチンを接種することが望ましい。

主にオイルアジュバントワクチンでは，接種部位等からアジュバントが消失するまでに長期間を要するものがある。アジュバントが消失するまではと畜場へ出荷できないため，使用上の注意に「本剤はと畜場出荷前○週間は使用しないこと」と記載されている。

これらの重要事項は，使用上の注意に，一般的注意，使用者に対する注意，牛に対する注意，取扱い上の注意に分けて記載されており，新しい情報が適宜追加される。

一般的注意には上記使用制限期間，使用者に対する注意には誤って人に注射してしまったときの対応，牛に対する注意では副作用や相互作用，例えばアカバネ病生ワクチンは，イバラキ病生ワクチンまたは牛流行熱生ワクチンと同時接種すると，干渉作用によりアカバネ病生ワクチンの効果が抑制されるなどの情報が記載されている。

4. ワクチンの品質管理

a. ワクチンの有効性，安全性

ワクチンを市販流通するためには，薬事法に基づく農林水産大臣の承認が必要である。ワクチンの有効性，安全性は，承認申請段階，製造所における自家試験，国家検定，市販後の再審査および再評価で確認されている。承認審査段階では，実験室内試験および臨床試験による有効性，安全性の試験成績に加え品質，安定性等総合的な審査が行われ，その有用性が認められたものが承認される。ただし，承認申請時に求められる臨床試験は，ごく限られた症例（牛用ワクチンの場合，2カ所60頭以上の試験成績）で評価されており，出現率の低い副作用はみつからない可能性もある。そのため，新規に承認されたワクチンについて，市販後に大規模な使用成績等調査を行い，原則6年後に安全性と有効性を再度確認する再審査および学術雑誌から文献等を収集し，現在の獣医学・薬学等の学問水準で有効性，安全性等を定期的に見直す再評価が実施されている。また，製造販売業者の自家試験，農林水産省動物医薬品検査所が実施する国家検定では，ワクチンが承認された規格に適合していることを確認している。

平成20年度から我が国でも効率的，効果的にワクチンの品質の安定性，均一性を確保するための製造および品質管理制度であるシードロットシステムが導入された。従来の最終小分製品や中間工程の検査に加え，製造用ウイルス株，細菌株，細胞株などのシードについて，その特異性や病原性復帰等に関する規格を定め，製造工程における継代数の制限や検査，記録等を行うものである。シードロットシステムを採用し，農林水産大臣に承認されたワクチンは，原則国家検定を受けずに市販流通できることとなった。ただし，家畜伝染病予防法の法定伝染病に対するワクチンは，検定項目を簡素化した上で国家検定を継続している。

b．ワクチンの副作用

ワクチンの製造販売業者は副作用が疑われる有害事象を知ったときには，農林水産大臣への報告が義務づけられている。また，獣医師等も重大な副作用を知った場合で保健衛生上の危害の発生または拡大を防止するため必要があると認めるときは農林水産大臣へ報告しなければならない。平成22年度の動物用医薬品の副作用報告は207件あり，ワクチンの副作用報告は146件で全体の71%を占めていた。ワクチンの副作用報告は犬が最も多く83件，次いで牛が33件（ワクチンに関する副作用報告の22.6%）であった。

副作用を防止するためには，過去のワクチン接種後のアナフィラキシーショックの有無や健康状態を調べた上で，ワクチンの使用説明書をよく読み，接種の適否を慎重に判断する必要がある。ワクチン接種は，用法・用量を遵守し，ワクチン接種後は観察を怠らず，仮に副作用が発現した場合は，速やかに使用説明書に記載された対処法を行う。

ワクチンを含む動物用医薬品の副作用情報データベースは，動物医薬品検査所のホームページ（http://www.maff.go.jp/nval/）から閲覧できる。

〔中村成幸〕

B．新しいウイルスワクチン

これまでのワクチンの多くは，生ワクチンや不活化ワクチンなど病原体そのものを使用するものであった。しかし，近年の遺伝子工学が飛躍的に向上した現在においては，従来型のワクチンに代わり，感染抗体との識別が可能なもの，病原体の抗原部分をコードした遺伝子を用いるDNAワクチン，ならびに病原体の一部を組換え蛋白質として用いるサブユニットワクチンなどが安全性の高いワクチンとして開発が進められている。

1．遺伝子欠損ワクチン

人為的に遺伝子を欠損させた弱毒生ワクチンで，実用化されているものに豚のオーエスキー病ワクチンおよび牛伝染性鼻気管炎ワクチンがある。オーエスキー病ワクチンは，病原体であるヘルペスウイルスの病原性に関与するチミジンキナーゼ（TK）遺伝子を人工的に欠損させたものである。牛伝染性鼻気管炎ワクチンは日本では未承認だが，オーエスキー病ワクチンと同様TKを欠損させた上に，さらに糖蛋白質E領域（gE）を欠損させた生ワクチンである。同じヘルペスウイルスである猫ヘルペスウイルス1型についてもTK遺伝子欠損ワクチンの開発が試みられている。

2．遺伝子組換え（ベクター）ワクチン

弱毒化したウイルスや細菌をベクター（運び屋）とし，このベクターに目的とする病原体の感染防御抗原をコードする遺伝子を挿入し作出されたワクチンである。ウイルスベクターとしては，ワクチニア，鶏痘，カナリア痘，マレック病等のウイルスが用いられている。ベクターワクチンはベクター自身と目的とする病原体の両者の免疫が可能である。実用化されている遺伝子組換えワクチンとしてワクチニアウイルスをベクターとした経口狂犬病ワクチンや鶏痘ウイルスをベクターとしたニューカッスル病ワクチン，マレック病ウイルスをベクターとした伝染性ファブリキウス嚢病ワクチンおよびニューカッスル病ワクチン，黄熱病ワクチンをベクターとしたウエストナイルウイルスワクチンなどがある。

遺伝子組換えワクチンは生ワクチンであり，目的とした抗原に対する液性免疫と同時に細胞性免疫も誘導されることから効果的な防御が得られる。かつ，アジュバントの添加を必要としないため，アナフィラキシーや肉腫形成などの副作用もないという利点がある。このため，遺伝子組換え生ワクチンは現在世界的に研究開発が進んでいる。しかし，人工的に作出された組換え体であり，自然界に拡散してどのような影響を及ぼすのか不明な点が多いことから，米国以外ではその承認には慎重な姿勢を示すところが多い。日本でもようやく産業動物用として弱毒マレック病ワクチン株にニューカッスル病ウイルスの防御抗原遺伝子を組み込んだベクターワクチンの製造販売が承認されたばかりである。

3．DNAワクチン

DNAワクチンは遺伝子組換え技術の発展によって可能となったワクチンで，抗原そのものではなく，抗原をコードする遺伝子を発現プラスミドに組み込み，それを接種することにより生体内で抗原を発現させ，その抗原蛋白質に対する免疫応答を惹起するというものである。発現された抗原蛋白質は，細胞内で酵素処理されMHCクラスⅠと会合して抗

原提示されワクチン効果を発揮する。そのため，不活化ワクチンで誘導される抗体産生はもとより，通常は生ワクチンでしか誘導されない細胞傷害性T細胞の応答も誘導できる。

これまでのワクチンの生産は病原体を大量に培養する必要があったが，DNAワクチンは少量の病原体から感染防御抗原をコードする遺伝子をクローニングすれば，大腸菌でそのプラスミドを増やして精製するという一般的な方法で，従来に比べて短期間にワクチンの生産ができる。また，プラスミドは温度安定性が高いことから，世界規模でのワクチン利用を考えた場合，貯蔵や輸送に厳密な温度管理が必要とされることの多かったこれまでのワクチンと比べて大きな利点がある。

DNAワクチンは安全である上，液性免疫と細胞性免疫の両者が誘導されることから注目されているが，有効性はまだ現行ワクチンには及ばない。現在までに，サケの伝染性造血器壊死症ワクチン，馬のウエストナイルウイルス感染症ワクチンおよび犬メラノーマワクチンが外国で実用化されている。

4．サブユニット・ペプチドワクチン

病原体の感染防御抗原の重要な蛋白質を人工的に作製したものがサブユニットワクチンである。また，不活化ワクチンがワクチン効果を発揮するために必要な部分は，サブユニットよりもさらに小さい断片で，B細胞やT細胞が認識する10数個のアミノ酸配列であることから，この部分を人工的に合成して作ったワクチンがペプチドワクチンである。実用化されているサブユニットワクチンとして猫白血病ワクチンがあり，日本でも製造販売されている。

サブユニット・ペプチドワクチンは，抗原性のある部分の純度が高く安全性は優れているが，免疫原性が弱いため効果的なアジュバントが必要であること，細胞性免疫の誘導が弱いという問題点もある。

5．経口ワクチン（食べるワクチン），粘膜ワクチン

経口・粘膜ワクチンは注射によるワクチンと同様，全身系免疫と同時に粘膜免疫も誘導できる。食べるワクチンは，植物に病原体の防御抗原を発現させ，経口的に摂取することで免疫しようとするワクチンで，投与の容易さ，投与による家畜へのストレスがないことから開発が期待されている。しかし，コストや組換え植物の法規制などの問題からまだ実用化されたものはない。経鼻投与などによる粘膜ワクチンとして，コレラ毒素Bサブユニット（CTB）などをアジュバントとして使用し，目的抗原を投与すると，分泌型IgAが誘導され粘膜感染防御に有効であることが示されている。

〔村上賢二〕

C．新しい細菌ワクチン

細菌を用いたワクチンには，弱毒生ワクチン，不活化ワクチン，トキソイド，サブユニットワクチン等が市販されているが，それぞれのワクチンには，誘導・増強できる免疫応答（細胞性免疫，液性免疫），免疫持続期間，開発期間などに違いがある。一般的に，弱毒生ワクチンは，細胞性免疫も誘導でき，免疫持続期間が長いという特徴があるが，開発期間が長く，また，病原性復帰の危険性などが指摘されている。一方，不活化ワクチンは，感染因子が不活化されているため安全性は高く，また，移行抗体の影響を受けにくいが，液性免疫のみを誘導し，免疫持続期間が短いため複数回接種する必要がある。

畜産領域で使用されるワクチンには，安全性と有効性に加え，省力的，また，安価であることが求められている。それらを解決するための方法として，現在では，遺伝子組換え技術により，遺伝子組換え（ベクター）ワクチンを用いた多価ワクチンが研究開発されている。これにより，1つの微生物（ベクター）に複数の病原体に対する防御抗原を導入することができるため，接種回数の削減や製造コストを抑えることも可能になる。また，弱毒生菌ワクチンを経口投与することで粘膜免疫を誘導でき，さらに，接種労力および接種動物へのストレスが軽減されることから，注射に代わる省力的な投与ができる経口投与型ベクターワクチンの開発が熱望されている。本項では，研究開発が盛んに行われている遺伝子組換え（ベクター）ワクチンについて紹介する。

1．遺伝子組換え（ベクター）ワクチン

弱毒生ワクチンは，長期継代などにより病原性が弱毒化した株を選抜しているため，弱毒化機構が不明であることが多く，そのため病原性復帰が懸念される。そこで，遺伝子工学的手法を利用し，病原遺伝子を欠損させた弱毒株や，栄養要求性の変異株を

表1　細菌ベクターワクチンの一例

Salmonella 属菌	*Lactococcus lactis*
Corynebacterium pseudotuberculosis	*Erysipelothrix rhusiopathiae*
Shigella flexneri	Bacillus Calmette-Gurerin（BCG）
Listeria monocytogenes	*Escherichia coli*
Bacillus anthracis	*Vibrio cholerae*

研究開発中，牛以外を対象としたものも含む

表2　細菌ベクターワクチンの特徴

利点	欠点
・高分子の抗原や複数個の外来遺伝子の導入が可能 ・副作用が発生したときに抗菌薬で制御できる ・製造コストが比較的低い ・経口投与の可能性。粘膜免疫の誘導が期待できる ・マクロファージを含む特定の細胞に抗原を直接運ぶ ・遺伝子を欠損させることで安全性が高まる	・ベクターに対する免疫によるワクチン効果の減少 ・弱毒生ワクチンをベースにした場合，病原性復帰の懸念 ・プラスミドを利用する場合，脱落や他の細菌への伝達の可能性がある

作製することで病原性復帰の危険のない，弱毒生ワクチンが開発されている。さらに，これらの遺伝子欠損ワクチンや，現在使用されている安全性が高く実績のある弱毒生ワクチンに，目的とする病原体の抗原遺伝子を導入した遺伝子組換え（ベクター）ワクチンの開発が進められている（**表1**）。ベクターワクチンは，ウイルスを利用したものが先行している（一部，実用化されている）が，細菌を用いる利点もいくつかある（**表2**）。例えば，細菌のゲノムサイズは，ウイルスに比べ大きいので，サイズの大きい外来遺伝子や，複数個の遺伝子の導入も可能である。次に，細菌は，外来遺伝子をゲノムに組込む以外にプラスミドの状態で保持させることも可能である。したがって，外来抗原を発現させるだけでなく，DNA ワクチンのデリバリーベクターとしても応用できる。しかし，プラスミドが脱落する可能性があるので，注意が必要である。また，ワクチン接種による副作用が発生した際は，抗菌薬の投与により制御が可能である点も特徴にあげられる。

さらに，ワクチンを開発する際に重要な概念として DIVA（differentiating infected from vaccinated animals）がある。DIVA とは，ワクチンを接種した動物と自然感染した動物とを区別することである。例えば，口蹄疫や高病原性鳥インフルエンザのような摘発淘汰を対象とする病原体に対する抗体が検出された場合，自然感染によるものかワクチン接種によるものかが識別できないと両者とも淘汰することになるが，ベクターワクチンを使用すれば，特定の抗原に対する抗体しかできないため識別が可能になる。このように，ベクターワクチンを利用することで DIVA 理念に基づいたワクチンの開発が可能になり，国家防疫上重要な感染症に対応することが可能になるであろう。

2．ゲノム情報を利用したワクチン開発

Rino Rappuoli らによって確立された「Reverse Vaccinology」という微生物の全ゲノム配列を利用した新しいワクチン開発戦略がある。彼らは，*Neisseria meningitides* group B のゲノム配列をコンピュータによるゲノム解析を行うことによってワクチン抗原の候補を同定し，その遺伝子産物がワクチン抗原として機能するかを探索した。すでにいくつかの細菌にもこの手法は応用され，新規のワクチン候補が同定されている。この方法は，病原体を培養せずにゲノム配列情報から，ワクチン抗原となりうる特徴，例えば，表層蛋白質や分泌蛋白質等をコードする遺伝子を予測し，また，株間に保存されているかなどを解析して，ワクチン抗原を同定していく手法である。そのため，人工的に培養できない病原体などに対しても応用できるため大変有用な手法であ

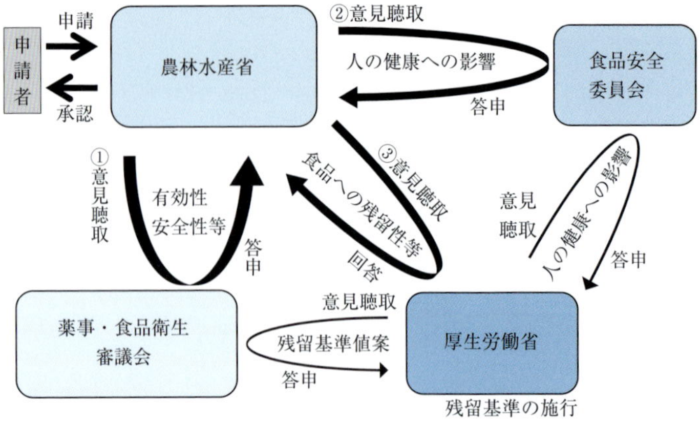

図1　動物用医薬品の承認の流れ（食用動物）

る。今後，この方法は著しく進展していくことが予想される。また，ベクターワクチンの技術と組み合わせることで，今まで開発することができなかった難培養性の病原体に対するワクチンの開発が期待される。

〔小川洋介〕

D．薬事関連法規

ワクチンを含む動物用医薬品は，人用の医薬品と同様に「薬事法」〔昭和35年（1960年）法律第145号〕に基づいてコントロールされている。動物用医薬品については農林水産省が一貫して所管し，薬事法に基づいて動物用医薬品に関する農林水産省令等を定めるとともに，申請手続きに関する通知や申請書添付資料に係る試験法ガイドラインの発出等を行う。

薬事法の目的は，医薬品等について，その品質，有効性および安全性を確保し，保健衛生の向上を図ることである。承認システムはこれを保障するための最も基本的なシステムとして機能している。本項ではこの承認システムを中心に，動物用医薬品の製造や使用に関連する法規について解説する。

1．動物用医薬品の製造販売承認制度

a．承認の手続き

動物用医薬品を製造販売しようとするメーカー等は，当該製品について農林水産大臣の承認を得なければならない。製造販売しようとする医薬品の承認は，申請者から提出された資料をもとに，品目ごとに名称，成分・分量，製造方法，用法・用量，効能・効果，副作用等を審査して行う。また，農林水産大臣の許可を受けた製造所または認定を受けた外国製造所で製造されることを前提に製造販売承認が与えられる。

図1に食用動物用医薬品の承認までの流れを概観した。新動物用医薬品の審査は，農林水産省の担当部局の精査を受けた後，申請品目の種類に応じて薬事・食品衛生審議会（薬食審）の動物用医薬品等部会の下に組織された各調査会（生物学的製剤，抗菌薬，一般用医薬品または水産用医薬品等）において，その有効性・安全性等が審議される。新規ワクチンは生物学的製剤調査会の所掌であり，この調査審議が終了すると，動物用医薬品等部会での審議，次いで薬事分科会において報告が行われる。

食用動物に使用する動物用医薬品の畜水産物を介した人への健康影響評価については，内閣府食品安全委員会が担当している。動物用ワクチンについても原則として評価を受ける必要があるが，不活化された病原体成分や，アジュバントおよび不活化剤が，すでに健康影響評価を受けたものである等の場合は対象から除外される。

また，承認に先立って厚生労働大臣は，食品中の動物用医薬品の最大残留基準値（MRL）を定める必要があるか否かについて判断する。一般に，クラシカルな動物用ワクチンの成分についてMRLが設定されることはない。

これらの審査・評価がすべて終了し，承認して差し支えないとの結論が出た場合には，所定の手続きがなされて，農林水産大臣により製造販売承認が与

えられる。

b．承認申請に必要な資料

医薬品の承認審査は，申請者の提出する資料に基づいて行われる。申請に必要な資料は，有効成分が新規のものであるか，または既承認医薬品と同一であるか等によって異なっている。このような資料を作成するための試験方法について，各種のガイドラインが制定され農林水産省動物医薬品検査所の所長通知として発出されている。この多くは，日本・米国・EU の三極を主メンバーとした動物用医薬品の技術的国際調和活動（VICH）で検討され，国際的な合意が得られたものである。VICH は 1996 年から実施され，これまでに，品質，安全性，有効性等に関する各種の VICH ガイドラインが計 40 以上作成されている。

c．安全性試験と臨床試験

牛，馬，豚，鶏，うずら，蜜蜂，食用に供するために養殖されている水生動物，犬または猫に使用する医薬品の承認申請書に添付する適用対象動物の安全性，毒性または残留性に関する資料は，OECD の「Principle of Good Laboratory Practice（GLP 原則）」に準拠した「動物用医薬品の安全性に関する非臨床試験の実施の基準に関する省令」〔平成 9 年（1997 年）農林水産省令第 74 号〕（GLP 省令）に従って収集，作成されたものでなくてはならない（一般に，動物用ワクチンの場合，毒性および残留性に関する資料は求められない）。

牛，馬，豚，鶏，犬または猫に使用する医薬品の治験を実施しようとする者は，「動物用医薬品の臨床試験の実施の基準」〔平成 9 年（1997 年）農林水産省令第 75 号〕（GCP 省令）に従わなければならない。新動物用医薬品の治験を依頼しようとする者は，あらかじめ農林水産大臣に治験届出書を提出しなければならない。

d．動物用医薬品に係る遺伝子組換え生物

遺伝子組換え技術は，新規の製剤開発に必要不可欠なツールとなっている。我が国では，「遺伝子組換え生物等の使用等の規制による生物の多様性の確保に関する法律」〔平成 15 年（2003 年）法律第 97 号〕（カルタヘナ法）に基づき，遺伝子組換え生物の使用が制限されている。遺伝子組換え生物を使用する動物用医薬品については，その製造販売承認申請の準備段階において農林水産大臣による製造施設の確認等を受けなければならない。組換え生ワクチンの場合は，野外における臨床試験等を行う前に，開放系使用の農林水産大臣承認を得なければならないので，特に注意が必要である。

2．動物用医薬品の製造

a．製造業の許可等

業として医薬品を製造する者は，製造所ごとに農林水産大臣の製造業許可（外国にあっては外国製造業の認定）を得なければならない。この許可は，医薬品の製造・品質管理・貯蔵する施設の質を保障するものであり，許可は 5 年ごとに更新される。

各製造所は，製造業の許可を得るために「動物用医薬品製造所等構造設備規則」〔平成 17 年（2005 年）農林水産省令第 35 号〕（構造設備規則）に示された規定に適合しなければならない。

都道府県知事は，製造業許可（許可更新）申請時に動物薬事監視員を製造所に立ち入らせて製造所の構造設備が構造設備規則に適合していることを確認させ，その結果を大臣に提出する。

また，医薬品製造業者は，その製造所ごとに製造管理者として原則として薬剤師（生物学的製剤のみを製造する場合には，医師，獣医師等の細菌学に関する専門知識を有する者でも可）を置かなければならない。

b．製造管理

動物用医薬品の製造所における製造管理および品質管理の方法は「動物用医薬品の製造管理及び品質管理に関する省令」〔平成 6 年（1994 年）農林水産省令第 18 号〕（GMP 省令）に示された規定に適合しなければならない。承認申請された動物用医薬品の本省令への適合性が審査され，承認申請と同時に提出される適合性調査の申請に基づき書面または実地の調査により確認される。また，承認された医薬品の GMP の適合性確認は，5 年ごとに実施される。

3．動物用医薬品の使用

a．要指示医薬品

農林水産大臣は，使用者に特別の配慮および注意が必要とされる医薬品について，その販売時に獣医師の指示または処方せんを必要とするもの（要指示医薬品）として指定している。牛，馬，めん羊，山羊，豚，犬，猫および鶏に使用される抗菌薬，ホルモン剤，ワクチン等がこの範疇に該当する。獣医師は，自ら診察しないでワクチン等の生物学的製剤，

要指示医薬品等の投与または処方をしてはならない（獣医師法第18条）〔昭和24年（1949年）法律第186号〕。

b. 副作用報告

製造販売業者等は，当該品目の副作用その他の事由によるものと疑われる疾病，障害または死亡の発生，当該品目の使用によるものと疑われる感染症の発生等を知ったとき，獣医師はこれらの発生により，保健衛生上の危害の発生または拡大を防止するため必要があると認めるときは，その旨を農林水産大臣に報告しなければならない（薬事法第77条の4の2）。

農林水産省は報告された副作用情報を，関連する有効性および安全性に関する科学文献情報とともに収集，整理する。これらの情報を整理した結果は，動物用医薬品再評価調査会における調査審議等に使用される。この結果を受け，農林水産大臣は，保健衛生上の危害の発生または拡大を防止するために必要な措置を講ずる。このなかには，医薬品の回収命令から承認の取消しまで様々なレベルの措置が含まれる。

〔能田　健〕

参考資料

・農林水産省 動物医薬品検査所，日本における動物薬事制度の概要
http://www.maff.go.jp/nval/kouhou/pdf/yakujigai-yo080514.pdf
・薬事法および関連省例は，法令データ提供システム（http://law.e-gov.go.jp/）で閲覧が可能
・農林水産省動物医薬品検査所長通知［平成12年3月31日付け12動薬A第418号］，薬事法関係事務の取扱いについて—別添8 動物用医薬品等の承認申請資料のためのガイドライン等
http://www.maff.go.jp/nval/hourei_tuuti/pdf/12-d-418-b08-23-d-3367.pdf
・VICHホームページ
http://www.vichsec.org/

3　化学療法薬

A. 化学療法と耐性菌

化学療法薬（抗菌薬）は，微生物が産生する抗生物質（antibiotic）と合成抗菌薬（synthetic antimicrobial agent）から構成されている。現在では，いくつかの抗生物質が完全合成あるいは部分合成で製造されており，両者の区別は必ずしも明確でない。しかし，抗菌薬の開発のきっかけが微生物の産生する物質である場合は抗生物質として取り扱っている。

1. 動物用抗菌薬の種類と作用機序（図1）

a. 細胞壁合成阻害薬

一般に細菌の細胞内浸透圧は大きく，細胞壁が合成されずに脆弱になると細菌は破裂し死滅する。これを利用したのが細胞壁合成阻害薬で，抗菌薬は細胞壁の合成阻害部位の違いにより，β-ラクタム系抗生物質，ホスホマイシン系抗生物質，グリコペプチド系抗生物質に分類され，殺菌作用を示す。

β-ラクタム系抗生物質は，ペニシリン結合蛋白質（penicillin binding protein：PBP）に結合して架橋構造の合成を阻害する。代表的なβ-ラクタム系抗生物質は，ペニシリン系，セフェム系である。セフェム系には化学構造によりセファロスポリン系，セファマイシン系およびオキサセフェム系がある。セファロスポリン系は，抗菌スペクトル，抗菌力などの特性から第1～4世代に分けることができる。動物用セファロスポリン系抗生物質であるセフチオフル，セフキノム，セフォベシンは第3世代セファロスポリンである。

b. 代謝阻害薬

葉酸はビタミンB群の水溶性ビタミンで，細胞の増殖に不可欠な成分である。細菌は動物と異なり，独自に葉酸合成系を保有している。このため，これを阻害する抗菌薬は高い選択毒性を示す。

サルファ薬とトリメトプリムが代表的な葉酸代謝阻害薬であり，これらの合成抗菌薬は代謝の阻害段階が異なり，2剤を併せることで相加効果を発揮するため，ST合剤として使用される。

c. 蛋白質合成阻害薬

DNAの遺伝情報はmRNAに転写された後，細胞内小器官であるリボソームにおいて蛋白質に翻訳される。細菌と動物のリボソームは構造的に異なり，細菌のリボソーム（70 S：Sは沈降係数）は動物のリボソーム（80 S）より小さく，また細菌のリボソームは30 Sと50 Sのサブユニットからなるのに対して，動物のリボソームのサブユニットは40 Sと60 Sである。蛋白質合成阻害薬は細菌のリボソーム（30 Sまたは50 S）に強く結合するが，動物のリボソームにはほとんど作用しないために，選択毒性を発揮する。抗生物質の結合は，リボソームの構造に依存する。

蛋白質合成を阻害する抗生物質には，殺菌作用を示すアミノグリコシド系，それに静菌作用を示すマクロライド系，テトラサイクリン系，クロラムフェニコール系などがある。

アミノグリコシド系抗生物質（カナマイシン，ゲンタマイシン，ストレプトマイシンなど），テトラサイクリン系抗生物質は30 Sサブユニットに結合し，マクロライド系（エリスロマイシンなど）やクロラムフェニコール系（クロラムフェニコール）は50 Sサブユニットに結合して蛋白質合成を阻害する。

d. 核酸合成阻害薬

核酸合成阻害薬にはリファンピシンとキノロン系合成抗菌薬がある。

リファンピシンは，RNAポリメラーゼに結合してmRNAの転写を阻害する。

キノロン系（ナリジクス酸，フルオロキノロン系など）は，DNA合成系酵素であるDNAジャイレースに結合してDNAの複製を阻害する。フルオロキ

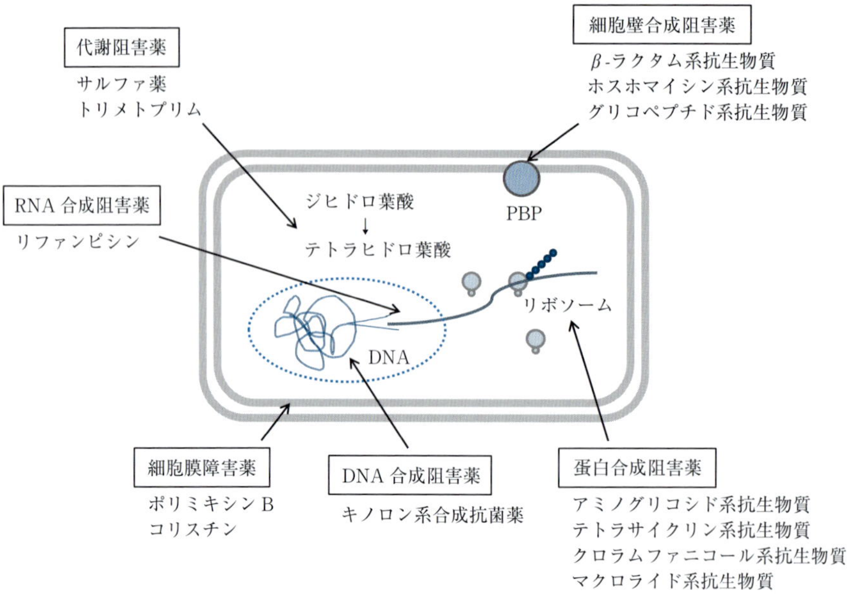

図1　動物用抗菌薬の種類と作用機序

ノロン系は，基本骨格であるピリドピリミジン環の7位に塩基性のピペラジニル基を導入した後に，6位にフッ素を導入して細胞膜の透過性を高め抗菌活性を増大させた。現在，フルオロキノロン系は動物用として承認のある抗菌薬のなかで最も抗菌力が強く，エンロフロキサシン，ノルフロキサシン，マルボフルキサシンなどがある。

2．薬剤耐性菌とは何か？

ある一定濃度（耐性限界値：breakpoint）の抗菌薬に対して，試験管内で細菌の発育を阻止できない現象を薬剤耐性（antimicrobial resistance）といい，抗菌薬存在下で発育する細菌を薬剤耐性菌と呼ぶ。反対に細菌が死滅または発育を阻止される場合を感受性と呼び，感受性菌という。

薬剤耐性は絶対的な概念ではなく相対的なもので，薬剤耐性菌であっても抗菌薬の濃度を高めれば細菌は死滅する。

a．薬剤耐性の生化学機構

i）酵素による不活化

抗菌薬が活性を示さなくなることを不活化といい，分解と修飾と呼ばれる2つの方式がある。細菌が産生する酵素によって分解や修飾を受けた抗菌薬は，抗菌薬の作用点への親和性が失われることにより不活化される。

ii）一次作用点の構造変化

抗菌薬の作用点が細菌内で量的に増加すれば，抗菌薬が存在しても細菌は十分に正常な機能を保つことができる。また，抗菌薬の作用点の機能が損われないような構造上の変異が起これば，抗菌薬が作用点に結合することができず薬剤耐性となる。

iii）細胞質膜の透過性の低下

抗菌薬は，外膜に存在する孔形成蛋白質であるポーリンを通って細胞内に侵入する。ポーリン孔が狭くなったり，ポーリン数が減少すれば抗菌薬の通過は困難になることから，細菌は耐性化する。

iv）細胞外への能動排出（薬物排出ポンプ）

抗菌薬の細胞内への流入を阻害するのではなく，逆に流入した抗菌薬を効率的に細胞外へ排出することにより細菌は耐性化する。

b．薬剤耐性の遺伝学機構

i）R プラスミドの接合伝達

染色体とは別に細胞質中に存在し，染色体DNAより小さく，かつ自律増殖可能な環状2本鎖DNA（プラスミド）で薬剤耐性遺伝子をコードしているプラスミドを薬剤耐性（R）プラスミドと呼ぶ。Rプラスミドは，接合（conjugation）によってプラスミドをもたない細菌に伝達される。

ii）形質導入

バクテリオファージが細菌のなかで増えるときに近隣にある染色体DNAの一部（耐性遺伝子）を取

り込んで，次の細菌に感染（形質導入：transduction）して形質を発現するものである。

iii）形質転換

溶菌した細菌から飛び出した裸のDNAに含まれる耐性遺伝子が，細胞質膜が弱った他の細菌に入り込み，遺伝子の組換え（形質転換：transformation）を起こして薬剤耐性菌になる。

iv）トランスポゾン

DNAからDNAに転移し，転移に伴って薬剤耐性も移る現象が明らかになり，その転移因子をトランスポゾン（transpozon）という。トランスポゾンは，挿入配列が進化したもので，耐性遺伝子を2個の挿入配列が挟むような構造をとっており，染色体やプラスミドへ手当たり次第に挿入される。

v）インテグロン

耐性遺伝子の挿入場所と挿入させる酵素（インテグラーゼ）がすでに細菌に用意されており，ある特異的な塩基配列を端にもった耐性遺伝子（カセット遺伝子）を次々に挿入したり，また外したりしうるもので，インテグロン（integron）と呼ばれる。

c．薬剤耐性菌の出現メカニズム

薬剤耐性菌出現における抗菌薬の役割は，抗菌薬による突然変異菌の誘発ではなく，あくまで抗菌作用による薬剤耐性菌の選択（selection）にある。生態系に存在する各種の細菌集団から，使用する抗菌薬に感受性のある細菌を駆逐し，薬剤耐性菌のみを選択・増殖させることである。

これは病気の動物における体内での現象にとどまらず，広く生態系での総体的な抗菌作用とも密接に関係する。つまり，薬剤耐性菌の選択の場は，非常に多くの細菌が生息する人や動物の腸管と環境である。

薬剤耐性遺伝子は，抗生物質産生菌のゲノム上に由来する。抗生物質産生菌の破壊に伴い耐性遺伝子は自然界に放出され，遺伝学的機構により自然界に存在する様々な細菌に保存され耐性遺伝子のプールとなる。その後，過剰の抗菌薬が使用されると，薬剤耐性遺伝子（薬剤耐性菌）の選択が行われ，薬剤耐性菌がまん延すると考えられている。

3．動物用抗菌薬の使用

動物用抗菌薬の薬剤耐性菌対策には，規制当局が対応しなければならないもののほか，臨床現場において獣医師の対応が求められるものがある。耐性菌を抑制するとの観点からみれば，耐性菌対策にはむしろ現場の獣医師の役割が大きい。その中心的なものが抗菌薬の慎重使用の原則の励行である。従来，化学療法には「抗菌薬の用法・用量を遵守し，使用上の注意をよく読んで正しく使用する」という意味で「適正使用」という言葉が汎用されてきた。「慎重使用」とは，使用すべきかどうかの判断を含めて抗菌薬の必要なときに適正使用により最大の治療効果を上げ，耐性菌の出現を最小限に抑えることである。つまり，「適正使用」より，さらに注意して抗菌薬を使用することである。

元来，WHOが提唱して普及した言葉であるが，獣医療における抗菌薬の慎重使用については，各種団体が様々なガイドラインを発出している。それぞれが特徴のあるガイドラインであるが，基本的な記載内容は類似している。現在，農林水産省は，OIEのガイドラインを土台とする我が国固有のガイドラインを作成している。そのなかで，獣医師の責務に関する骨子は以下のようなものである。

①抗菌薬の使用または使用の指示の直前に，対象家畜を診察し，的確な診断に基づき抗菌薬を使用するべきである。

②飼料添加物，特に抗菌性飼料添加物の使用状況や使用経験を把握すること。

③抗菌薬を選択する場合は，対象感染症の病性，薬剤感受性試験などにより決定した推定または確定病原菌に対する有効性，投与方法，対象となる抗菌薬の体内動態および残留性等を総合的に考えること。

④抗菌薬を使用し，または使用の指示を行う場合は，用法・用量，効能・効果，投与間隔，投与期間および休薬期間を正確に把握し，対象動物に十分かつ必要最小限な量および期間とすること。

⑤適応外使用は，行わないことが望ましい。

⑥抗菌薬の予防的投与は，獣医師の責任において，きわめて限定された条件の下で厳格に適用されるべきである。

⑦個体治療を原則とし，群治療は避けることが望ましい。

⑧抗菌薬の併用は，毒性の増強による副作用の出現を助長し，有効性を阻害するような薬理学的拮抗をもたらしたり，休薬期間に影響を与えるおそれがあることから極力避けること。

⑨日本で動物用医薬品として承認されていない抗菌

薬は使用しないこと。

細菌，真菌などによる感染症に抗菌薬を使用するに当たっては，本書の各感染症の治療・予防の項に記載されている内容を参考にされたい。

〔田村　豊〕

4　プロバイオティクス

1世紀以上も前に，免疫学者であるMechnikovが，乳酸菌による健康長寿説を唱えたが，その考えが基礎となってプロバイオティクスの概念が誕生し，大変馴染みの深い言葉として定着するまでに至っている。現在では，「食品・飼料免疫学」という新たな境界学問領域において，プロバイオティクスの生理機能性を生かした利活用が大いに期待されている。プロバイオティクスは，抗生物質（antibiotics）に対比される言葉で，生物間の共生関係（probiosis）を意味する生態学的用語が起源とされ，当初「腸内フローラのバランスを改善することにより，宿主に有益な作用をもたらす生きた微生物」と定義された。現在では「十分量を摂取することにより宿主の健康に有益な作用をもたらす生きた微生物（live microorganisms, which when consumed in adequate amounts, confer a health benefit on the host）」と再定義され，人をはじめ産業動物において，その発展的利用が展開されている。また，プロバイオティクスとプレバイオティクス（「大腸内の特定の細菌の増殖および活性を選択的に変化させることにより，宿主に有利な影響を与え，宿主の健康を改善する難消化性食餌性成分」）をあわせたシンバイオティクスの利活用も拡大している。さらに，プロバイオティクスのもつ作用のなかでも特に免疫調節作用に着目し，「イムノバイオティクス（immunobiotics）」という概念が提唱され，免疫調節作用を介する疾病予防等への期待が急増している。この背景には，薬剤に頼らない産業動物の健全育成および人の健康生活の確保が切望されている現状がある。さらに最近では，死菌体の効果に対する考え方から「パラプロバイオティクス」の名称も提案されており，今後，新たな定義づけや用語の整理が必要となる。

産業動物において，プロバイオティクスに期待される効果には，発育促進，飼料効率の改善，下痢予防，腸内環境の清浄化，抗菌効果および免疫調節等

表1　EUで牛用飼料添加物として認可されている菌株（製品）名

菌株（製品）名	対象	用途	牛以外の対象動物
Saccharomyces cerevisiae NCYCSc 47	子牛	腸内菌叢安定剤	バッファロー（搾乳用）・山羊（搾乳用）・めん羊（搾乳用）・肥育豚
Saccharomyces cerevisiae MUCL-39885	乳牛	腸内菌叢安定剤	母豚・馬・子豚
Bacillus licheniformis（DSM 5749） *Bacillus subtilis*（DSM 5750）（In a1/1 ratio）	子牛	生菌剤	七面鳥・母豚・子豚・肥育豚
Bacillus cereus var. *toyoi* NCIMB40112/CNCM I -1012	肥育牛	生菌剤	兎・肉用鶏・子豚・肥育豚・母豚
Enterococcus faecium NCIMB11181	子牛	生菌剤	肉用鶏・子豚
Enterococcus faecium NCIMB 10415	子牛	生菌剤	母豚・子豚・犬・猫・肉用鶏・肥育豚・七面鳥
Enterococcus faecium DSM 7134 *Lactobacillus rhamnosus* DSM7133	子牛	生菌剤	
Saccharomyces cerevisiae NCYCSc 47	乳牛・子牛	生菌剤	子豚・母豚・子羊
Saccharomyces cerevisiae CBS493.94	乳牛・肥育牛・子牛	生菌剤	
Saccharomyces cerevisiae MUCL39885	肥育牛	生菌剤	
Saccharomyces cerevisiae CNCMI-1077	乳牛・肥育牛	生菌剤	

（European Union Register of Feed Additives 153rd Edition より抜粋）

表2　牛用飼料に使用可能な生菌剤

飼料添加物菌名	制限
Enterococcus faecalis	*Clostridium butyricum* 製剤および *Bacillus subtilis* 製剤と混合して使用する場合に限る。
Enterococcus faecium	
Enterococcus faecium	*Lactobacillus acidophilus* 製剤と混合して使用する場合。
Enterococcus faecium	*Bifidobacterium thermophilum* 製剤および *Lactobacillus acidophilus* 製剤と混合して使用する場合。
Clostridium butyricum	
Bacillus subtilis	
Bacillus cereus	
Bifidobacterium thermophilum	
Bifidobacterium pseudolongum	
Lactobacillus acidophilus	

農業・食品産業技術総合研究機構編：日本飼養標準・乳牛（2006年版），中央畜産会より抜粋

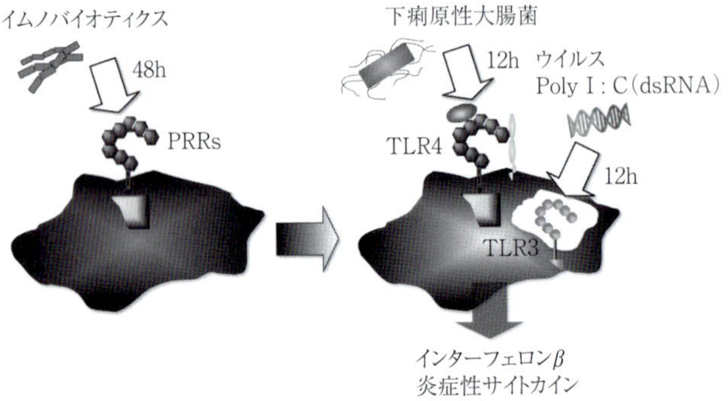

図1　子牛腸管上皮細胞によるイムノバイオティック *in vitro* 選抜・評価法

イムノバイオティクスは子牛腸管上皮細胞上に発現するパターン認識受容体（PRRs）に認識され，その後，下痢原性大腸菌やウイルス等の病原体からの刺激に対し，免疫調節機能性を発揮する。本選抜・評価系では，炎症性サイトカインやI型インターフェロン産生や細胞内シグナル伝達調節を指標として，牛対応型イムノバイオティクスの的確な選抜および詳細な分子免疫機構解明が可能となる。
PRRs：細菌やウイルスを構成するパターン分子を認識する受容体
TLR4（Toll様受容体4）：パターン認識受容体の1つで，グラム陰性細菌細胞壁成分のリポ多糖を認識する
TLR3（Toll様受容体3）：ウイルス由来の2本鎖RNA（dsRNA）を認識する受容体
Poly I:C：TLR3の2本鎖RNA合成リガンド
インターフェロンβ：I型インターフェロンの1つで，抗ウイルス作用を示す
炎症性サイトカイン：炎症を誘導するサイトカインで，腸管上皮細胞では，IL-6，IL-8やMCP-1（CCR2）の発現が解析できる

がある。EUでは，世界に先行して2006年から成長促進目的の抗菌性飼料添加物の使用を中止した。その後，腸炎発症の増加から治療目的の抗菌剤使用量が増えたとされ，新たな課題が浮上した。プロバイオティクスは，その多様な生理機能性から成長過程で抗菌性飼料添加物の代替として有望視され，新たな課題を抱えるEU諸国を中心にその有効利用が進められている。現在，EUでウシ用飼料添加物として認可されている菌株名を**表1**にまとめた。酵母製品が半数以上を占め，その種は *Saccharomyces cerevisiae* のみであり，その他は，*Bacillus* 属菌あるいは乳酸菌が使用されている。対象は仔牛が多いが，乳牛や肥育牛にも腸内菌叢安定剤あるいは生菌剤として使用されている。一方，現在我が国において牛用飼料に添加使用可能な生菌剤は8種である（**表2**）。EUとは異なり，今のところ酵母はなく，ビフィズス菌を含む点が特徴的である。乳酸桿菌や乳酸球菌は，EUと同様に含まれているが，乳酸桿菌の菌種が異なる。

現在のところ，飼料添加物としての認可の厳しさから，その数は限られているが，サイレージ発酵における有用なプロバイオティクスの探索や，発酵飼料においてプロバイオティクスの付加価値を見出す等の努力がなされている。牛における実験成果につ

いては，他の動物に比べ大型であるため，時間，資金および労力がかかり，再現性のある *in vivo* 試験の蓄積が極端に遅れている。人や単胃動物用のプロバイオティクスを応用しようとする考え方もあるが，必ずしも最適であるとはいえず，やはり牛対応型のプロバイオティクスが望まれる。そのため，子牛から乳酸菌やビフィズス菌を分離・同定し，プロバイオティクスとしての有用性を検討する報告は増えているが，牛において疾病制御の観点からの詳細な研究は，牛に特化した *in vitro* 評価系がなかったため，ほとんど進んでいない。北澤らが最近提案した牛腸管上皮細胞を用いた牛対応型のイムノバイオティック *in vitro* 選抜・評価法（図1）により，選抜・評価が飛躍的に進み，動物実験の軽減を達成しながら，牛の疾病制御に貢献するイムノバイオティクスの効果的な選抜が進むことを期待する。

〔北澤春樹〕

5　消毒法と飼養衛生管理基準

A. 消毒法

消毒とは，微生物による感染を防止する目的で，対象とする微生物を感染症が惹起しえない水準まで殺滅または減少させる処理方法であり，一定の抗菌スペクトルを伴う処理方法である。消毒薬を使用する化学的消毒法と，湿熱や紫外線などを用いる物理的消毒法があるが，ここでは主に消毒薬による消毒法について述べる。

消毒の方法は様々であるが，畜産現場においては，畜舎内外など家畜の飼養環境に散布したり，用具を浸漬したりして，疾病の発生防止，疾病発生時の感染の広がりを防止する目的で使用する。消毒薬の種類は様々であり，適切な消毒効果を得るためには消毒対象となる病原微生物の種類，環境要因の変化による消毒効果への影響，さらには消毒薬の副作用などを考慮しつつ使用する必要がある（**表1**）。

ハロゲン系消毒薬の塩素剤およびヨウ素剤はすべての病原体に対して，消毒効果を示す。そのため，不明疾病の発生や重要伝染病の発生に際しては，塩素剤が使用されることが多い。アルデヒド系消毒薬のホルマリンは，すべての病原体に対し消毒効果を示すが，発癌性が認められていることから，使用に際しては様々な規制を受けている。フェノールや逆性石鹸は芽胞に対して効果がなく，またエンベロープのない小型ウイルス（サーコウイルス，口蹄疫ウイルス，パルボウイルスなど）に対して効果を示さない。逆性石鹸は抗酸菌に対して効果を示さず，消毒薬として使用範囲が限定されている印象を受けるが，アルカリ化することにより，強力な消毒効果を示し，芽胞を除いて，今まで効果を示さなかったエンベロープのない小型ウイルスや抗酸菌に対して効果を示すようになることが知られている。

次に消毒薬で消毒を行う際，消毒効果に影響する次の要因を考慮に入れて行う必要がある。

1．消毒薬効果に影響する要因

a．温　度

消毒薬の殺菌力は，一般的に温度の上昇に伴い高まり，低温下で殺菌力が減弱する。しかし，ハロゲン系消毒薬である塩素系やヨウ素系消毒薬は，温度の上昇によって蒸散するため殺菌効果が低下することがある。

b．濃　度

多くの消毒薬は濃度に比例して殺菌速度が速くなる。ホルマリンや塩素では濃度に比例して，陽イオン系では濃度の２乗に，フェノール系では濃度の５乗に比例して殺菌速度が速くなる。

c．pH

消毒薬の多くは電解質であるため，原則として分子型では有効だが，イオン型では無効である。ゆえに塩基性物質は酸性での効力が低く，酸性物質はアルカリ性になると効力が低下する。また，アルコールやホルマリンのような中性物質は pH の影響を受けにくい。

d．有機物質

消毒薬は反応性の強い物質であるため，血清や汚物といった有機物質の影響を受け，有機物の存在下において効果が低下する。そのなかでもフェノール系の薬物は影響が少ない消毒薬として知られている。

このように，消毒薬の効果には様々な要因が影響する。消毒薬には皮膚・粘膜の刺激性や毒性，臭いの有無といった差異もある。また，消毒薬はそれぞれ作用する微生物の範囲，スペクトルが決まっているため，適切な消毒効果を得るためには，対象とする病原微生物を明らかにし，その上で消毒薬の種類や使用方法を厳密に守って使用することが必要である。

表1　各種消毒薬の各種微生物に対する消毒効果

消毒薬	細菌	抗酸菌	ウイルス	芽胞	酵母	カビ	毒性
塩素剤	++	++	++	+	++	++	中程度
ホルマリン	+	+	+	+	+	+	高い
フェノール	+	+	±	−	+	+	高い
過酢酸	++	++	++	++	++	++	低い
逆性石鹸	±	−	±	−	++	++	低い
過酸化水素	++	+	+	±	+	+	低い
ヨウ素剤	++	++	++	+	+	+	中程度
水酸化ナトリウム	+	+	+	+	+	+	高い

++：即殺菌，+：殺菌，±：ある程度殺菌，−：効果なし

2．消毒薬の使用例

フェノール系消毒薬は畜舎消毒，踏み込み消毒槽等に広く使用されている。クエン酸，酪酸，塩酸（酢酸）などの酸は，口蹄疫発生時（口蹄疫ウイルスは酸に弱い）の消毒や，家畜が食しても問題がない飼料中のサルモネラ消毒等に使用される。消石灰および炭酸ナトリウムなどのアルカリ消毒資材は粉末のまま使用され，畜舎通路や地面などの消毒に使用される。塩素系消毒薬は車両消毒や，めん羊や山羊の皮膚消毒に使用される。ヨウ素系消毒薬は，主に酪農における搾乳時の乳頭の消毒や乳房の創傷部の消毒に使用される。逆性石鹸は踏み込み消毒槽に使用される他，畜舎で作業する人の手指の消毒，油脂分の多い羊の浸透消毒に使用される。両性石鹸のクロルヘキシジンは搾乳後の乳頭の消毒に使用される。アルデヒド系消毒薬であるホルマリンやグルタルアルデヒドは畜舎や車両の消毒薬として使用されることになっているが，現在は規制により，ホルマリンを大量に使用することはない。アルコールは引火性があることと，高価なことから大量に使用することはなく，作業員の皮膚の消毒に使用される程度である。

3．消毒薬の使用上の注意

畜舎などの消毒の基本として，糞尿など固形物を取り除き，流水や洗剤により汚れを取り除いた後に消毒薬を使用すると効果的である。どのような消毒薬といえども，有機物が多量に混入すると，効果が減退する。

また，ほとんどの消毒薬において，効果が減少する要因が低温である。冬場では低温の影響から消毒薬の効果が現れにくくなるので，消毒薬の効果を最大限に引き上げるため，消毒を実施するにあたり，糞尿などの有機物をブラシなどでよく洗い落とすことが重要である。固形の有機物を取り除いた後，洗剤などで表面を綺麗にし，温水で洗い流す必要がある。このとき，使用した洗剤が残っていると，消毒を逆性石鹸で行う場合は効果が減退するので注意しなければならない。消毒薬は，18℃以上の温度で効果が増すので，消毒薬を50℃くらいの温水で希釈して使用するとより効果的である。ただし，塩素剤やヨウ素剤を消毒薬として用いる場合は，温度が高すぎるとかえって効果が落ちるので，20℃くらいの常温で使用する必要がある。消毒薬の濃度を夏場より高めに設定すること，また逆性石鹸を用いる場合はアルカリ化すると効果が高くなることなども考慮に入れて消毒作業を行うことが重要である。

白井らの研究結果から，クリアキルなどの逆性石鹸を使用する際に，0.1％水酸化ナトリウムを添加すると，消毒効果が増強され，今まで効果を示さなかったエンベロープを有しない小型ウイルスに対しても効果を示すようになることが明らかになった。水酸化ナトリウムの代わりに，消石灰の上澄み液にクリアキルを低濃度で添加すると，消毒効果が増強されるので，冬場の低温状況では，このような使用法により消毒効果を保つようにするとよい。また，一般的に使用される消毒薬として，低温条件でも効果が落ちないのはアルデヒド系や塩素系消毒薬なので，用途に応じてこれらの消毒薬を使用すると効果が保たれる。

〔白井淳資〕

B．飼養衛生管理基準とバイオセキュリティ

家畜伝染病の発生を予防するためには，日頃から

の家畜の飼養衛生管理が重要であり，「必要なもの以外，入れない。持ち出さない」が原則で，農場バイオセキュリティの徹底が重要である。また，家畜伝染病による被害を最小限に止めるためには，家畜の異状の早期発見・通報および迅速で的確な初動防疫が重要である。

2010 年 4 ～ 7 月に発生した口蹄疫では，畜産業界のみならず観光業界，運送業界などが未曾有の大被害を被った。そのため，2011 年 10 月 1 日から新しい飼養衛生管理基準（家畜伝染病予防法施行規則第 21 条において規定）が施行された。

ここでは，それらのなかから牛の飼養衛生管理基準について抜粋し，概説する。当該飼養衛生管理基準に従うことで，家畜伝染病の発生予防やまん延防止のみならず，慢性疾病の予防，育成率や増体の向上が期待される。

1．家畜防疫意識の向上

家畜伝染病の発生の予防およびまん延の防止に関し，家畜保健衛生所から提供される情報を確認し，家畜保健衛生所の指導などに従う。家畜保健衛生所などが開催する家畜衛生講習会あるいは農林水産省のホームページの閲覧などを通じて，家畜防疫に関する情報を積極的に把握する。

また，関係法令を遵守するとともに，家畜保健衛生所が行う検査を受ける。

2．衛生管理区域と立入り制限

農場内に衛生管理区域を設置する。衛生管理区域とは，畜舎やその周辺の飼料タンク，飼料倉庫，生乳処理室，堆肥化施設，農機具庫等を含む区域であり，居住空間などそれ以外の区域と，ロープ等で両区域の境界がわかるようにする。

衛生管理区域の出入口の数を必要最小限とする。不要な者を衛生管理区域に立入りさせず，衛生管理区域への立入り者が飼養牛に接触する機会を最小限とする。

出入口付近に「関係者以外進入禁止」など看板の設置やその他必要な措置をとる。

当日に他の畜産関係施設などに立入った者および過去 1 週間以内に海外から入国，または帰国した者を，必要がある場合を除き，衛生管理区域に立ち入らせない。ただし，家畜防疫員，獣医師，家畜人工授精師，削蹄師，飼料運搬業者，集乳業者，その他畜産関係者については，手指の洗浄または消毒および靴の消毒だけでなく，当該農場の出入りに必要と判断された衣服の消毒，手袋・帽子や上着着用，靴の履き替えやシューズカバーの装着など（図 1），畜産専門家として模範となるべきバイオセキュリティ（病原体の侵入防止・拡大防止）対策をとる。

観光牧場，動物園など不特定かつ多数の者が立ち入ることが想定される施設においては，出入口における手指および靴の消毒など，不特定かつ多数の者が衛生管理区域に出入りする際の病原体の持込みおよび持出しを防止するための規則をあらかじめ作成し，家畜防疫員が適切なものであることを確認する。

3．衛生管理区域と牛舎の出入口の消毒など

衛生管理区域の出入口付近に消毒薬噴霧器や車両用消毒槽など消毒設備を設置し，出入りする車両の消毒（図 2）および立入り者の手指の洗浄または消毒および靴の消毒をさせる。

牛舎の出入口付近にも消毒設備を設置し，立入り者に対し，出入りする際に手指の洗浄または消毒および靴の消毒をさせる。

他の畜産関係施設などで使用した保定用具や体温計など，飼養牛に直接接触するものを衛生管理区域に持ち込む場合には，洗浄または消毒をする。不要な物品については畜舎に持ち込まない。

過去 4 カ月以内に海外で使用した衣服および靴を衛生管理区域に持ち込まない。やむを得ず持ち込む場合には，事前に洗浄，消毒その他の措置をとる。

4．野生動物に対する注意

野生動物の侵入防止やネズミの駆除などを行う。給餌・給水設備ならびに飼料保管場所にネズミ，野鳥などの野生動物の排泄物などが混入しないようにし，適切な飼料・飲用水を給与する。

5．飼養環境の衛生

牛舎その他の衛生管理区域内にある施設および器具の清掃または消毒を定期的にする。

注射針，人工授精用器具，その他体液などが付着する物品を使用する際は，1 頭ごとに交換または消毒をする。

牛の出荷または移動により牛房などが空いた場合には，その都度，清掃および消毒をする。

図１　獣医師の訪問時の態勢

図２　衛生管理区域出入口の車両消毒

健康に悪影響を及ぼすような過密飼育をしない。牛舎構造や舎内環境によって異なるが，基準では，乳牛では 2.4 m^2（単飼），5.5 m^2（群飼），肉用牛では 2.0 m^2（単飼），5.4 m^2（群飼）となっている。

6．牛の健康観察と異状発見の際の早期通報と移動停止

飼養牛の健康観察を毎日行う。飼養牛が特定症状（現在，口蹄疫に関する症状が定められている。396 頁参照）を呈していることを発見したときは，直ちに家畜保健衛生所に通報し，農場からの牛およびその死体，畜産物ならびに排泄物の出荷および移動をしない。衛生管理区域内物品を衛生管理区域外に不用意に持ち出さない。

飼養牛に特定症状以外の発熱，下痢，呼吸器症状などの異状で，死亡率の急激な上昇または同様の症状を呈している牛の増加が確認された場合には，直ちに獣医師の診療を受ける。当該牛が監視伝染病に罹患していないことが確認されるまでの間，農場からの牛の出荷および移動をしない。当該牛が監視伝染病にかかっていることが確認された場合には，家畜保健衛生所の指導に従う。

7．牛の導入または出荷の際の注意

他の農場などから家畜を導入する場合には，導入元の農場などにおける疾病の発生状況，導入する家畜の健康状態の確認などにより健康な家畜を導入する。導入した家畜が伝染病などの異状がないことを確認するまでの間，他の家畜と直接接触させない。

牛の出荷または移動を行う場合には，牛に付着した排泄物などの汚れを取り除き，出荷または移動の直前に当該牛の健康状態を確認する。

8．埋却地などの確保

埋却地の確保または焼却もしくは化製のための準備措置をとる。埋却地は成牛（24 カ月齢以上）1 頭当たり 5 m^2 を標準とする。

9．台帳記録と保存

次の事項について台帳記録し，少なくとも 1 年間保存する。

①衛生管理区域への立入り者（牛の所有者および従業員を除く）の氏名および住所または所属。衛生管理区域への立入りの年月日およびその目的

立入った者が過去 1 週間以内に海外から入国し，または帰国した場合，過去 1 週間以内に滞在したすべての国または地域名および当該国または地域における畜産関係施設などへの立入りの有無。

ただし，観光牧場その他の不特定かつ多数の者が立ち入ることが想定される施設においては，衛生管理区域の出入口における手指および靴の消毒など，不特定かつ多数の者が衛生管理区域に出入りする際の病原体の持込みおよび持出しを防止するための規則をあらかじめ作成し，家畜防疫員が適切であることを確認する。

②牛の所有者および従業員が海外に渡航した場合には，その滞在期間および国または地域名

③導入牛の種類，頭数，健康状態，導入元の農場な

どの名称および導入の年月日

④出荷または移動した牛の種類，頭数，健康状態，出荷または移動先の農場などの名称および出荷または移動の年月日

⑤飼養牛の異状の有無ならびに異状がある場合にあってはその症状，頭数および月齢

10. 大規模農場における追加管理基準

農場ごとに，家畜保健衛生所と緊密に連絡をしている管理獣医師または診療施設を定める。また，3カ月に1回程度，定期的に当該獣医師または診療施設から飼養牛の健康管理について指導を受ける。

所有者は，従業員が飼養牛の特定症状を発見したとき，当該所有者あるいは管理者の許可を得ず，直ちに家畜保健衛生所に通報することについて規定したものを作成し，これを全従業員に周知徹底する。家畜の伝染性疾病の発生の予防およびまん延の防止に関する情報を全従業員に周知徹底する。

なお，大規模農場とは，成牛200頭以上または育成牛3,000頭以上をいう。また，成牛とは，乳牛および和牛では月齢が24カ月齢以上の牛を，乳用種の雄および交雑種は，肥育ステージを考慮して17カ月齢以上をいう。

〔末吉益雄〕

Ⅵ

ウイルス病，プリオン病

1. 口蹄疫

口蹄疫ウイルス（*Foot-and-mouth disease virus*）による熱性急性の伝染病で，主に偶蹄類が感染して，口腔，鼻腔や蹄部に水疱を形成する。家畜伝染病予防法における家畜伝染病であり，国際獣疫事務局（OIE）のリスト疾病でもある。

原　因

口蹄疫ウイルスは，ピコルナウイルス科（*Picornaviridae*），アフトウイルス属（*Aphthovirus*）に分類され，大きさが直径20数nmの小型球形1本鎖RNAウイルスである。口蹄疫ウイルスには相互にワクチンの効かないO，A，C，Asia 1，SAT1，SAT2，SAT3の7血清型（タイプ）が存在する。同じ血清型でもワクチン効果が部分的にしか認められないウイルス株も多い。ウイルス粒子は，エーテル・クロロフォルム耐性でエンベロープを有さない。口蹄疫ウイルスは，低温条件下でpH 7.0～9.0の中性領域では安定で，4℃，pH 7.5では18週間活性が維持されるが，pH 6.0以下では速やかに不活化される。

発生・疫学

口蹄疫は，アジア，アフリカなどで広く発生が認められ，南米では大規模なワクチン接種により本病の防遏に当たっているが，一部で散発的な発生が認められる。ここ数十年の間に口蹄疫の発生の認められない地域は，オセアニアと北米だけである。日本では2000年（98年ぶりの発生）と2010年の2度の発生がある。いずれも，Oタイプのウイルス O/JPN/2000およびO/JPN/2010が分離された。これらウイルスのVP1を認識する遺伝子領域の分子疫学解析から分類されるトポタイプ（topotype：地域型）は，前者がMiddle East South Asia（ME-SA）topotype，後者がSouth East Asia（SEA）topotypeに属し，いずれも日本における発生時期に広くアジア地域で流行したウイルス株である。64年間，口蹄疫の清浄性を維持していた韓国でも，2000年に口蹄疫が発生し，その後，2002年，2010年にも口蹄疫の発生が起こった。2010年にはAタイプと2回のOタイプによる計3回の発生があり，最後のOタイプによる発生は大規模（約350万頭を殺処分）で，防疫のために全国レベルでのワクチン接種を余儀なくされた。発生収束後もO，A，Asia 1の3価の口蹄疫ワクチン接種を全国的に実施している。一方，台湾においても，1997年68年ぶりに口蹄疫が発生し，壊滅的な経済被害を受けた。その後，2003年からワクチン接種清浄国の地位に復帰したが，2009年に再び口蹄疫が発生した。台湾全土でワクチン接種を実施して，口蹄疫の防遏を図っているが，2012年も発生は続いている。台湾では，1997年から3種類のOタイプ（Cathay, ME-SA, SEA topotype）による口蹄疫の発生が確認されている（**図1**）。

アジア地域における近年の口蹄疫発生の特徴は，1990年代以降，当該地域における新興国の経済発展により，短期間に急速なまん延が認められることである（**表1**）。Oタイプ以外ではAタイプによる散発的な発生がある。また，Asia 1タイプによる発生は，東アジアでは2009年以降報告はない。

口蹄疫に罹患した動物は，水疱形成前からウイルスを排出する。このため，接触感染によって周囲の感受性動物は容易に感染する。牛は一般に，口蹄疫ウイルスに感受性が高く，少ないウイルス量で感染が成立する。一方，豚は牛に比べてウイルスに対する感受性は低いが，感染後のウイルス排泄量は牛の100～2,000倍といわれる。日本ではバイオセキュリティの高い施設で飼育され，感染の成立には大量のウイルスを必要とする豚よりも，ウイルス感染量が少なくて発症する牛への感染をより警戒すべきである。

症　状

口蹄疫の潜伏期間は，一般に牛で約6日，豚では10日，めん羊で9日といわれる。感染ウイルス量や宿主への感受性，病原性の強さなどによっても変動する。通常は発熱，流涎，跛行などの症状からはじまり，口，蹄および乳房周辺の皮膚や粘膜に水疱が形成されるが，その期間は短く，水疱が破裂してびらんとなる（**口絵写真1，2，❷頁**）。2000年と2010年の2度の国内発生において，黒毛和牛では口腔内

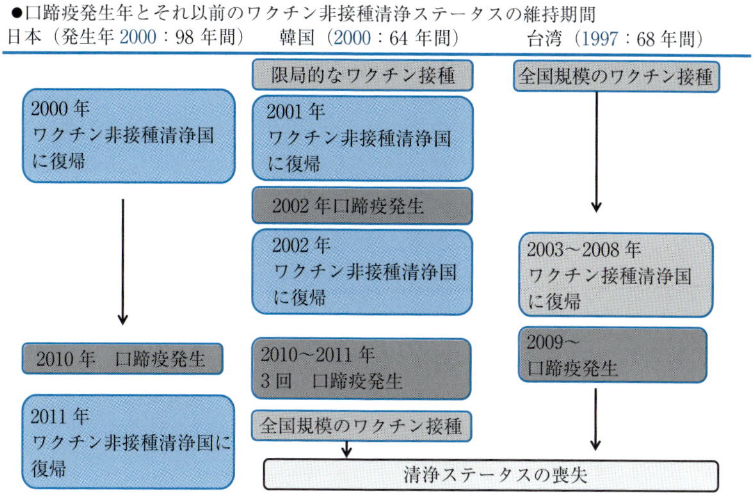

図1　最近の日本，韓国，台湾の口蹄疫の清浄ステータスの変遷

表1　東アジア国々で発生した口蹄疫の血清型とトポタイプ（遺伝子型）

1997～	O：Cathay topotype
台湾（全国発生）*，中国からの感染豚の不法持込み	
1999～2002	O：ME-SA topotype（PanAsia lineage）
中国，台湾，日本，韓国，ロシア・アムール川流域，モンゴル	
2005～2009	Asia 1：
香港，中国，ロシア・アムール川流域，モンゴル，北朝鮮	
2009～2010	A：ASIA topotype
中国，韓国	
2010～2012	O：SEA topotype（Mya-98 lineage）
中国，韓国，日本，ロシア・アムール川流域，モンゴル，北朝鮮，台湾	

＊：疫学的な解析

表2　牛と豚における口蹄疫の特徴的な症状

牛	豚
発熱	跛行（歩行以上），移動を嫌がる
乳量減少	起立不能
流涎（泡状，初期には透明）	蹄部のびらん，潰瘍
びらん（水疱より観察される頻度は高い）	水疱（舌，口腔内，鼻腔内，乳房，乳頭）
水疱（舌，口腔内，鼻腔内，乳房，乳頭）	口腔内の病変は観察しにくい
蹄部病変は少ない	哺乳豚の死亡

や鼻腔内における水疱形成より鼻腔内，歯齦や舌におけるびらんがよく観察されている。牛では蹄部の病変はまれに確認された。また，乳牛では発病前から泌乳量の低下も認められる。幼若動物では心筋変性により死亡することがある。2010 年の発生では，哺乳豚で主に死亡が確認された。しかし，口蹄疫ウイルス株間で病原性状の違いが認められ，その症状にも多様性がみられる。2000 年に日本で発生した口蹄疫では感染牛（黒毛和牛）の症状はきわめて軽度であり，流涎のほか口腔，鼻腔内にびらん，潰瘍を認めたが，水疱形成はなく，蹄部には肉眼的病変は全く確認されていない。感染試験ではホルスタイン種やめん羊，山羊には感染は認められなかった。黒毛和牛に 2000 年に分離された口蹄疫ウイルスを感染させて，豚を同居させた実験では豚への感染は成立しなかった。2010 年の口蹄疫では，野外で牛，豚，山羊等の多くの宿主に典型的な口蹄疫の症状が観察された（表2）。

診　断

1．発見から口蹄疫病性鑑定に至る流れ

農家や臨床獣医師が，家畜の頭数によらず１頭でも臨床症状から口蹄疫を疑う場合，直ちに最寄りの家畜保健衛生所に連絡を取る。通報を受けた家畜保健衛生所は，都道府県庁に連絡，知事は農林水産省に連絡するともに，家畜防疫員を迅速に現場に派遣し，発生農家の状況の把握や家畜の症状の観察に努めさせる。家畜防疫員は，口蹄疫を疑う農場と病状にかかわる調書を作成するとともに，家畜の症状が認められる部位の写真を撮影する。これらは電子メールで農林水産省に送られ，農林水産省は動物衛生研究所の専門家との間で，病変部位等の写真と作成された調書に基づいて，口蹄疫を疑う症例であるかなどの検討を行う。口蹄疫を否定できないと判断される場合には，直ちに病変部位の採材を行い，東京都小平市にある動物衛生研究所海外病研究施設にその病性鑑定材料を運び，抗原や抗体検査などの実験室内診断を実施する。

2．実験室内での口蹄疫の病性鑑定

口蹄疫の実験室内診断は，口蹄疫ウイルスのような国内に存在しない病原体を安全に取り扱うために内部が常時陰圧に保たれ，病原体が外部に漏洩しない高度封じ込め施設（BSL3）内で病原学的検査と血清学的検査が実施される。

a．病原学的診断－診断材料：病変部（水疱液，水疱上皮等），涎・鼻汁拭い液

①RT-PCR，リアルタイム RT-PCR（口蹄疫ウイルスに共通の遺伝子領域を利用）
②抗原検出 ELISA（７血清型を同定）
③CF 試験（現在は，抗原検出 ELISA で代替される）
④ウイルス分離（初代牛腎臓細胞や牛甲状腺細胞，株化継代細胞）

b．血清学的診断－診断材料：血清

①抗体検出（液相競合）ELISA（２日を要する。各血清型に分けて実施）
②中和試験（ウイルスが分離された場合，実施可能）

治療・予防

清浄国における口蹄疫防遏の基本は，早期発見・早期通報を前提とする摘発淘汰である。ワクチンを用いずに，移動制限および迅速な殺処分と埋却による対応で口蹄疫を抑え込むこの手法は，ワクチン接種にかかる時間，労力やコストを考慮しても有利な点が多い。また，その後の口蹄疫清浄化復帰への過程で行われるサーベイランスや復帰までにかかる期間の短縮につながる。しかし，摘発淘汰のみでは，口蹄疫の防疫に十分な効果が得られないと判断された場合には，ワクチン接種による防遏も検討される。口蹄疫ワクチンは不活化ワクチンであり，抗原性の異なるウイルス株が多く存在するため，流行ウイルスとワクチン株の抗原性が一致していないと効果が認められない。したがって，ワクチンを予防的に用いて口蹄疫を防ぐことはできない。このため，国はアジア地域における口蹄疫の発生状況や流行株の抗原性などの情報を疫学的に解析して，適切なワクチンを海外から購入し，緊急事態に備えて国内備蓄している。また，一部は濃縮抗原として海外で保管し，緊急時に供給するワクチンバンクの制度を取り入れている。いずれにしろ，ワクチンと野外発生株の抗原性が一致しなければ，これらワクチンは使用できない。ワクチン接種の決定は，国が判断して実施される。

ワクチン接種後に動物が口蹄疫ウイルスに感染した場合，咽頭部にウイルスが長期間持続感染した状態（キャリア）になる可能性がある。さらに，精製度の高い不活化ワクチンを使用した場合には，ワクチン接種牛と自然感染牛との識別は群単位で可能とされるが，非構造蛋白質に対する抗体は感染後かなりの日数を経てから産生されることから，緊急ワクチン接種における防疫では十分な配慮が必要である。

口蹄疫清浄国における発生においては，感染拡大防止の観点から治療は行うべきではない。

〔坂本研一〕

2．牛伝染性鼻気管炎

牛ヘルペスウイルス1（*Bovine herpesvirus 1*：BHV-1）を病因とする急性熱性呼吸器病。呼吸器症状の他，結膜炎，膿疱性陰門腟炎，亀頭包皮炎など様々な病態を示す。初生牛では致死的な全身感染，妊娠牛では顕性・不顕性感染にかかわらず流産を起こすことがある。一度感染したウイルスは生涯にわたり耐過牛に潜伏感染し，宿主へのストレス等によって再活性化する。家畜伝染病予防法における届出伝染病である。

原　因

BHV-1はヘルペスウイルス科（*Herpesviridae*），アルファヘルペスウイルス亜科（*Alphaherpesvirinae*），バリセロウイルス属（*Varicellovirus*）に分類される，エンベロープを有する直径180～200 nmの球形ウイルスである（**口絵写真3，❷頁**）。135.3 kbpの直鎖状2本鎖DNAをゲノムとし，そのGC含量は72％である。70種の蛋白質がコードされ，約半数が構造蛋白質，そのうち10種が糖蛋白質である。主要糖蛋白質の1つであるgCが受容体吸着蛋白質として機能し，C57BLマウス赤血球を凝集する。ゲノムDNAの制限酵素切断パターンによって2つの亜型BHV-1.1およびBHV-1.2に分類され，後者はさらに2aと2bに分けられる（**口絵写真4，❷頁**）。BHV-1.1は呼吸器感染，BHV-1.2は生殖器感染症例から分離されることが多い。しかしながら，両亜型ウイルス間の組織向性に絶対的な差異はなく，病変の分布は感染経路によるところが大きい。いずれの感染経路においてもBHV-1.2の病原性は低く，流産例からはBHV-1.1が分離される。通常の免疫血清では両者を区別することはできず，すべてのウイルス株は単一血清型である。かつて神経病原性の高い近縁のヘルペスウイルスがBHV-1.3に分類されていたが，現在はBHV-5に再分類されている。BHV-5では，gEが神経細胞間のウイルス伝播に重要な役割を果たす。これまでのところ，我が国ではBHV-5感染の報告はない。BHV-1は，BHV-5以外にヤギヘルペスウイルス1，シカヘルペスウイルス1および2など他の反芻獣ヘルペスウイルスとの抗原交差性が認められる。

本ウイルスの自然宿主は牛および水牛であるが，豚の自然感染例も報告されている。血清調査では山羊，めん羊，カモシカ，鹿などから抗体が検出されている。実験的には家兎が感受性を示し，接種経路によって流産，結膜炎，皮膚炎，髄膜炎などを起こす。また，C57BL乳飲みマウスへの脳内接種では脳および肺で増殖し，致死的感染を引き起こす。

本ウイルスはMDBKなどの牛由来株化細胞あるいは初代培養で細胞の円形化，感染細胞の房状集簇ならびに単層の網状化などの細胞変性を伴って，よく増殖する（**口絵写真5，❷頁**）。豚および家兎由来細胞などでもよく増え，感染細胞内には好酸性の核内封入体（CowdryのA型）が形成される。

本ウイルスの物理化学的処理に対する抵抗性は比較的低く，熱，中程度の酸およびアルカリ，適切に処方された消毒剤によって容易に不活化される。

発生・疫学

本病は世界各国で発生を認めるが，オーストリア，スイス，デンマーク，オランダおよび北欧三国では抗体陽性牛の摘発淘汰によって根絶に成功した。日本では1970年，北海道で初発生後，全国に波及した。近年減少傾向にあるが，2010年以降も北海道を中心に年間200頭ほどの発生が報告されている。当初はBHV-1.1による呼吸器病および流産のみの流行であったが，1983年にはBHV-1.2aによる腟炎が初めて確認された。また，1990年代には弱毒生ワクチンの鼻腔内投与による髄膜炎の散発例が報告されている。

病牛の鼻汁，涙液あるいは生殖器分泌物への感受性牛の鼻部の接触，およびこれらによって汚染された埃，飛沫核，エロゾールを吸入することによって気道感染が成立する。また，交配，汚染精液による人工授精によって生殖器感染が成立する。

ウイルスは，発症の有無にかかわらず生涯にわたり感染耐過牛の三叉神経節あるいは腰・仙椎神経節に潜伏感染する。牛の輸送，集団化などのストレスによってウイルスが再活性化して排出されるため，本ウイルスは牛の放牧病，輸送熱の病因としてきわめて重要である。再活性化時にはほとんど臨床症状は認められず，みかけ上健康な耐過牛が伝播源となるため防疫は難しい。再活性化はステロイドホルモンの投与によっても引き起こされる。

症　状

2～4日の潜伏期の後，漿液性鼻汁，流涎，発熱，食欲不振，元気消沈などが認められ，乳牛では突然乳量が低下する。発熱は4～5日間続き，極期には41℃に達する。鼻汁は数日以内に粘液性～膿性となる。ウイルスの鼻汁中への排出は10～14日間続き，極期のウイルス量は10^{8}～10^{10} $TCID_{50}$/mLとなる。鼻腔粘膜の壊死病巣はしばしば膿疱化し，潰瘍が形成される。潰瘍が偽膜で覆われたジフテリー性炎を併発し，気道が塞がれると開口呼吸となる。結膜炎は呼吸器症状に合併して現れるが，単独で認められることもある。粘膜で増殖したウイルスは神経線維を上向して三叉神経節内に到達し，神経細胞内で環状DNAとなり潜伏する。BHV-1ではまれに，BHV-5では容易に上位の神経細胞に感染して上向し，中枢に達して髄膜炎を引き起こす。妊娠4～7カ月の抗体陰性牛が感染した場合，臨床症状の有無にかかわらず8日～3カ月後に流産を起こす。胎子の肝臓など諸臓器ならびに胎盤に病変が認められるが，一義的には胎子への感染が流産の原因と考えられている。生殖器感染では不顕性が多く，重症例で膿疱性の陰門腟炎あるいは亀頭包皮炎を呈する。汚染精液の人工授精によって子宮内膜炎を起こし，発情期の短縮や受胎率の低下をきたすことがある。乳房内にウイルスを接種することによって乳房炎を起こすことが知られているが，野外ではまれである。若齢牛では内臓諸臓器に限局性壊死性病変を伴った全身感染や胃腸炎を起こす。抗体を有しない初生牛の病変は激しく，しばしばウイルス血症を起こして死に至る。症状の程度はウイルス株，動物の免疫状態，年齢，ストレスの有無によって異なる。パスツレラなどの二次感染により呼吸器症状は重篤化し，気管支肺炎を併発することがある。二次感染がなければ，3カ月齢以上の牛では通常5～12日間で臨床症状は緩解する。

診　断

感染初期の鼻腔，腟および包皮のスワブからウイルス分離を試みる。剖検例では呼吸器粘膜，扁桃，肺および気管リンパ節を，流産胎子では肝臓，肺，脾臓，腎臓ならびに胎盤小葉を分離材料とする。スワブ抽出液あるいは臓器乳剤の上清を感受性細胞に接種する。精液は細胞毒性があるため，10倍希釈して接種する。通常3～5日で細胞変性が出現する。7日後まで細胞変性が認められない場合，培養全体を凍結融解して，その上清を新しい細胞に接種する。分離されたウイルスは免疫血清あるいはモノクローナル抗体を用いた中和試験によって同定する。感染細胞に対する蛍光抗体染色あるいは酵素抗体染色による同定も可能である。迅速診断には鼻腔，結膜および生殖器スワブの塗抹標本の蛍光抗体染色が有用である。また，チミジンキナーゼ，gB，gCおよびgD遺伝子を標的としたPCRは，精液の検査ならびに剖検後の潜伏感染の診断に有効である。

血清診断は中和試験，ELISA，CF試験およびAGIDによる。急性期と回復期のペア血清を調べ，4倍以上の抗体価上昇をもって感染と判定する。C57BLマウス赤血球を用いたHI試験も可能である。

治療・予防

根本的治療法はなく，細菌の二次感染による気管支肺炎を防止するために抗菌薬が投与される。上部気道に偽膜ができて呼吸困難を起こしている病牛には，蛋白質分解酵素の局所注入が有効とされている。

本病は細菌の二次感染による重篤化が多く認められるため，衛生管理の徹底が被害を最小限に留めるために重要である。自然交配は避け，人工授精による感染を防止するために精液は抗体陰性個体から採取する必要がある。初乳の給与は初生牛の発症および重症化を防ぐためにきわめて重要である。

本病に対しては，各国で種々のワクチンが実用化されている。我が国では現在，低温馴化株を用いた筋肉内接種用弱毒生ワクチンが用いられている。これらはいずれも発症予防には有効であるが，感染を完全に防ぐものではない。したがって，ワクチン接種後に野外株に感染した個体は野外株の潜伏を許し，再活性化によって野外株を排出する可能性がある。そのため，本ウイルス清浄群への牛の導入では，抗体陽性個体はワクチンによるものであっても避けなければならない。一方，ワクチンの反復接種によって再活性化時のウイルス排出量を低下させることが期待できる。また，フィードロット状態では移動前のワクチン接種が望まれる。

ワクチン接種個体と野外株感染個体は，マーカーワクチンを利用することによって識別できる。すでに海外では gE 欠損ウイルスによる弱毒生および不活化ワクチンが実用化されており，抗 gE 抗体検出 ELISA との組合せによって野外株感染牛のみの摘発が可能となっている。現在，この識別淘汰戦略による根絶キャンペーンがドイツ，イタリアなどで実施されている。

〔岡崎克則〕

3．牛ウイルス性下痢ウイルス感染症

牛ウイルス性下痢ウイルス（*Bovine viral diarrhea virus 1* および *2*：BVDV1, 2）の感染により牛に急性感染，先天性感染，持続感染および粘膜病を引き起こす感染症である。家畜伝染病予防法において，届出伝染病として「牛ウイルス性下痢・粘膜病」という名称で記載されているが，BVDV 感染症が一般的である。

原　因

BVDV はフラビウイルス科（*Flaviviridae*），ペスチウイルス属（*Pestivirus*）に分類される。直径 40～60 nm でエンベロープを有するプラス 1 本鎖 RNA ウイルスで，ゲノムの大きさは約 12.3 kb である。BVDV は遺伝子の塩基配列の違いから BVDV1 および 2 の 2 つの遺伝子型に分類され，豚コレラウイルスおよびボーダー病ウイルスとともにペスチウイルス属を構成している。ペスチウイルスには上記 4 種に当てはまらないグループが報告されており，Giraffe，Antelope および Bungowannah の各ウイルスがそれぞれキリン，カモシカおよび豚から分離されている。また近年，南米，東南アジアおよびイタリアで分離された新しいグループは遺伝子の相同性から，まだ確定されていないものの BVDV3 が提唱されている。BVDV1 および 2 はさらに遺伝子亜型に細分され，BVDV1 には少なくとも 16 亜型（1a，1b，1c，1d，1e，1f，1g，1h，1i，1j，1k，1l，1m，1n，1o，1p），BVDV2 には少なくとも 2 亜型（2a，2b）が確認されている（図 1）。ペスチウイルスは共通抗原を有しているが，ウイルス種間には抗原性の相違があり，さらに遺伝子亜型間にも差が認められる。地域ごとに流行している株の遺伝子亜型は年々変化しており，我が国では 1a，1b および 2a が主に流行している。

ペスチウイルスは，かつては分離された動物種に基づいて命名されたが，実際には BVDV は牛以外にもめん羊，山羊，豚などの家畜や，鹿，カモシカ，キリンなどの野生の偶蹄目動物からも分離され，宿主域は広い。

BVDV は牛由来の初代細胞でよく増殖するが，培養細胞に細胞変性効果（cytopathic effect：CPE）を引き起こすか起こさないかで，細胞病原性（cytopathogenic：CP）株と非細胞病原性（noncytopathogenic：NCP）株に分けられる。通常の感染牛からは NCP 株が分離されることが多く，CP 株は粘膜病発症牛からのみ分離される。

発生・疫学

BVDV は世界各地に分布し，我が国にも広く分布している。ウイルスの伝播は，汚染された牛舎や管理者を介した間接伝播もあるものの，ウイルスを排泄している動物からの直接伝播が重要である。ウイルス血症を起こしている牛や持続感染牛は，鼻汁，唾液，乳汁，精液，尿などにウイルスを排泄し，他の牛がこれらに接触することによって水平伝播が起こる。特に，持続感染牛は本病の流行に重要な役割を果たしており，公共牧場など牛が集合する場所に持続感染牛が存在すれば牛群全体にウイルスがまん延する。また，野生の偶蹄目動物にも BVDV 感染が認められ，海外では持続感染している個体も確認されていることから，特に放牧場に近づくおそれのある鹿などには注意を払う必要がある。

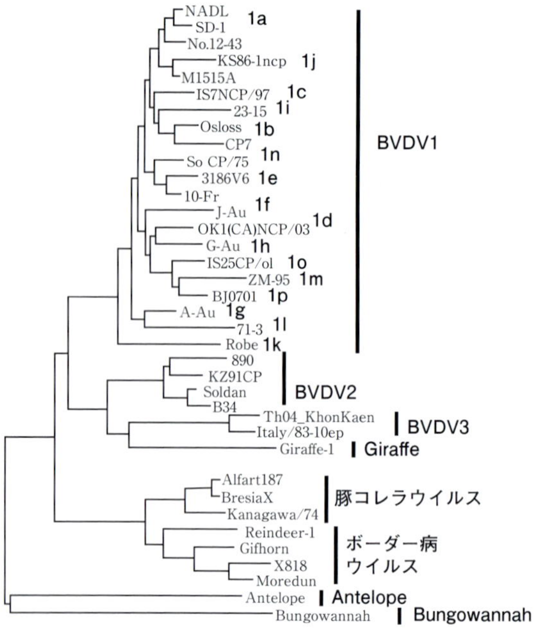

図１　ペスチウイルスの5’非翻訳領域における分子系統樹

症　状

抗体を保有しない牛群にBVDVが侵入すると，急性感染が起こる。また，妊娠牛に感染するとウイルスは胎盤を通過して胎子に感染し，流死産や先天的異常が発生する。さらに，免疫機能が成熟する前の胎子がBVDVの感染を受けると，持続感染牛となり粘膜病を発症する。

1．急性感染

急性感染は特に若齢牛に起こりやすく，軽い呼吸器症状や下痢が観察されるか，臨床症状をほとんど認めない場合が多い。本ウイルスは免疫抑制を起こすことから，症状の発現は免疫抑制に起因する二次感染による可能性もある。種雄牛が感染した場合，生殖能力の低下や一時的に精液中へウイルスが排泄される。繁殖雌牛の場合，卵巣機能低下や性腺刺激ホルモンおよびプロジェステロンの分泌の変化による不受胎が起こる。急性感染では短期間ウイルス血症が起こり，鼻汁などからウイルスが排泄される。さらに一時的な白血球減少，血小板減少および発熱が起こるが，これらの程度は感染した動物の個体差により様々である。通常感染後３週目までに生涯残存する抗体が産生される。一般的に罹患率は高く致死率は低いが，ときに致死率が高く被害の大きい流行が発生する。北米ではBVDV2の高病原性株の感染によって発生した出血性症候群（重症急性BVDV感染症）で，高い致死率が報告されているが，国内での発生はない。

2．先天性感染

抗体を保有しない妊娠牛にBVDVが感染した場合，容易に垂直感染が起こり，感染する胎齢によって様々な障害が発生する。流死産はほとんどの胎齢で発生し，妊娠初期に感染が起こると胎子は感染したBVDVに持続感染する。妊娠初期から中期にかけては神経線維髄鞘形成不全，小脳形成不全，白内障や網膜萎縮などの眼障害など，先天異常が発生する。胎子に免疫機能が備わった後に感染した場合，胎子は免疫応答でウイルスを排除し，BVDVに対する抗体を保有して正常に出生する（図２）。

3．持続感染

免疫機能が成熟する前の胎齢約100日（最大125日まで報告あり）以前の胎子にBVDVが感染すると，胎子は感染したウイルスに対して免疫寛容となり，ウイルスを自己と認識し，体内に保有し続ける持続感染牛となって生まれる。持続感染牛は生涯にわたりウイルスを排泄し続け，感染源となる。持続感染牛は発育不良を示すものが多く，慢性の下痢や

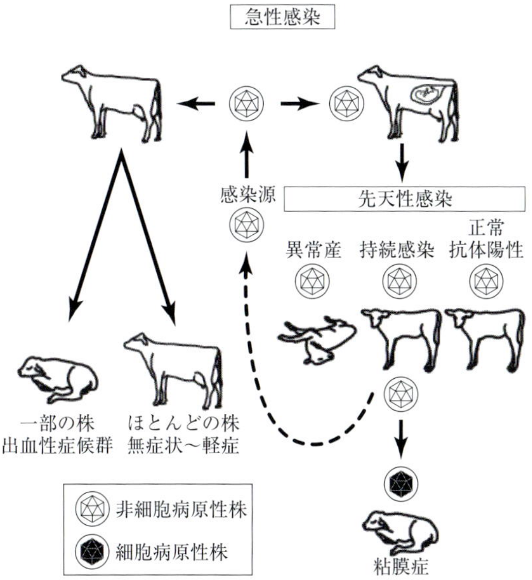

図２　BVDV の感染様式と病態

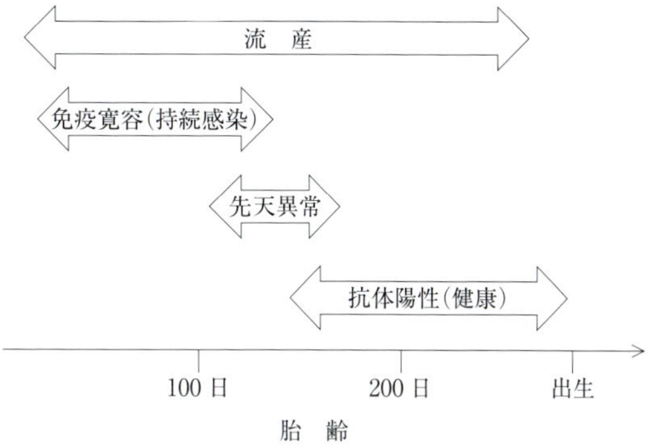

図３　BVDV 感染時期と胎子への影響

呼吸器症状を呈するものもあるが，一般的に臨床的特徴に乏しく，健康牛と全く区別のつかないものもある。性成熟に達した持続感染牛が，繁殖に供用される例も少なからずある。持続感染牛から採取された卵子は BVDV 陰性であるが，透明帯に損傷のある胚は BVDV に感染する可能性があるため，供卵牛のなかから持続感染牛を排除する必要がある。体外受精など卵子の培養を実施する場合，培地に添加する牛血清や共培養に用いる牛の細胞に BVDV が混入していると受精卵が BVDV に感染するおそれがあることから，用いる牛血清や細胞が BVDV に汚染されていないことを確認する必要がある。

4．粘 膜 病

持続感染牛に感染している NCP 株が変異し CP 株が出現するか，NCP 株と抗原性の同じ CP 株が重感染すると，持続感染牛は粘膜病を発症する（図３）。CP 株への変異は，種々の遺伝子構造の変化とそれに伴うウイルス非構造蛋白質 NS2-3 の NS2 と NS3 への開裂により，細胞内のウイルス RNA の蓄積，宿主細胞の DNA 修復に重要なポリ ADP リボースポリメラーゼの分解によりアポトーシスが誘導されることによる。粘膜病の発生率は低く，発症年齢は数週齢から数歳と幅がある。粘膜病は常に致死的で，瀕死になってから気がつくこともある。発症牛は最初食欲不振となり，動くのを嫌い，腹部に疼痛を示す。その後，下痢を示し，急速に衰える。口腔内，特に歯肉縁の潰瘍が確認され，流涙，唾液分泌過剰が認められる。剖検では，消化管の様々な部位に潰瘍がみられ，最も顕著な病変は小腸のパイエル板および回盲部のリンパ節に認められる。組織学的には消化管のリンパ組織が破壊され，パイエル板はリンパ球が溶解し，炎症性の細胞や崩壊した上皮組織などに置き換わる。

診　断

1．病原診断

ウイルス分離：各種臓器，鼻汁，血液，乳汁，精液，尿などからウイルス分離が可能である。特に，血中抗体の影響を受けない洗浄白血球はウイルス分離材料として最適であり，初乳を摂取し移行抗体を獲得した子牛における検査にも有効である。培養細胞は牛の胎子筋肉細胞，精巣細胞，腎細胞，鼻甲介細胞などが用いられる。細胞培養に用いる培地に添加する牛血清は，BVDV あるいは BVDV に対する抗体を含まないことを確認してから使用することが重要である。CP 株については，牛胎子筋肉細胞や牛精巣細胞などを用い CPE を指標として分離の有無を確認できるが，NCP 株の場合には蛍光抗体法で特異蛍光を確認するか，CPE が明瞭な BVDV Nose 株などの CP 株を用いた同種干渉法により判定する。また海外では，イムノクロマトを用いた簡易キットや ELISA が市販されており，野外で簡便に利用することができる。

遺伝子検査：ウイルス分離と同様の材料から全 RNA を抽出し，RT-PCR を実施することによってウイルス RNA の検出が可能である。また，乳用牛において牛群全体のスクリーニング検査として，バルク乳を材料とすることもできる。検出用のプライマーは，Vilcek らが報告したペスチウイルス属共通プライマーが広く用いられているが，新たに提唱されている BVDV3 にはこのプライマーが働かないとの報告があるので注意が必要である。

2．血清診断

BVDV に対する抗体を検出する方法として，ウイルス中和試験と ELISA が用いられている。中和試験には CP 株が用いられるが，抗原性の違いを考慮に入れなければならない。特に BVDV1 と 2 では抗原性の違いが大きいことから，それぞれの代表株を用いて実施する。流行しているウイルスの遺伝子亜型が特定されている場合はその型の株を用いるのが望ましい。また，海外では間接 ELISA のキットが市販されている。

治療・予防

急性感染に対しては，対症療法を行う以外治療方法はない。持続感染牛は治療不能であり，摘発したら早急に淘汰すべきである。

現在国内では，BVDV1 を含む呼吸器病 3 ～ 5 種混合生ワクチンおよび BVDV1 および 2 の不活化成分を含む呼吸器病 5 ～ 6 種混合ワクチンが市販されている。これらのワクチンは急性感染に効果を発揮し，水平感染による被害を軽減するが，垂直感染を完全に防除することは難しい。このことは，本ウイルスの抗原多様性に起因すると考えられるが，あらゆる抗原性状に対応し，胎子感染を完全に阻止できるワクチンの開発が望まれる。持続感染牛の摘発・淘汰は本病を予防する上できわめて重要で，本病の清浄化に成功した国では最も重要な対策として実施された。清浄化を達成した牧場に，新たな持続感染牛を侵入させないことが最も重要な予防策である。

〔長井　誠〕

4．アカバネ病

アカバネウイルス（*Akabane virus*）感染による牛，めん羊，山羊の流・早・死産および関節弯曲症，大脳形成不全を示す先天異常子牛の出産を主徴とする疾病で，関節弯曲症－内水頭症症候群（arthrogryposis-hydranencephaly syndrome）とも呼ばれる。母牛は症状を示さないが，近年，子牛に脳脊髄炎を起こす株が報告されている。家畜伝染病予防法における届出伝染病である。

原　因

アカバネ病は，ブニヤウイルス科（*Bunyaviridae*），オルトブニヤウイルス属（*Orthobunyavirus*）に分類されるアカバネウイルスによって起こる。ウイルスは直径約 90～100 nm の球形ないし不定形粒子で，糖蛋白質の突起をもつエンベロープを有する。ゲノムは 3 分節のマイナス 1 本鎖 RNA（L，M，S RNA）よりなる。L RNA が RNA ポリメラーゼである L を，M RNA がウイルス表面糖蛋白質 Gn，Gc とウイルス非構造蛋白質 NSm を，S RNA が核蛋白質 N とウイルス非構造蛋白質 NSs をコードする。レセプターは現在のところ不明であるが，Gc がレセプターに吸着することによってウイルスの感染が起こり，中和抗体によって細胞への吸着が阻止されるところから，中和抗原として機能する。Gn の機能は明らかではないが，Gc と 2 量体を形成し，粒子形成に働くと考えられている。ゲノムである 3 分節 RNA はそれぞれ，3'と 5'の両末端塩基が相補性を示し，環状構造を取っている。各分節 RNA には L と N が結合し，リボヌクレオ蛋白（RNP）として複製複合体を形成する。

オルトブニヤウイルス属は，かつてウイルス間の CF 抗原性をもとに血清群に分けられ，アカバネウイルスはアイノウイルスやピートンウイルスなどとともにシンブ血清群に分類されていた。しかし，最近の分類では各ウイルスは種として独立し，血清群の考え方は採用されていない。アカバネウイルスでは血清型は単一であるが，近年，抗原性や遺伝学的性状の異なるウイルス株が報告されている。

自然宿主は牛，めん羊，山羊であり，胎子にのみ病原性を示し，成牛や子牛には臨床的な変化を示さないとされていたが，1984年に鹿児島県で脳炎を起こした子牛から分離された株は神経病原性が強く，実験感染でも子牛に非化膿性脳脊髄炎を起こすことが確かめられた。この株は，胎子にのみ病原性を示す株と遺伝学的に異なっていたところから，遺伝学的な変異と病原性の変化が相関する可能性が考えられたが，胎子にのみ病原性を示す株と近縁な分離株も子牛に脳炎を起こすところから，病原性の変化がどのような変異に起因するかは，現在のところ不明である。

実験動物では，哺乳マウスや哺乳ハムスターに脳内接種をした場合，脳内でよく増殖し，脳炎発症から死に至らしめる。マウスの皮下や腹腔内接種でも，接種時日齢によっては脳炎を起こして死亡する。妊娠ハムスターに接種した場合，胎子感染が起こることが報告されている。さらに，発育鶏卵の卵黄嚢内接種によって，鶏胚に牛やめん羊，山羊と類似した内水頭症，関節弯曲症の病変を起こす。

発生・疫学

ウイルスは，1959年群馬県で蚊（*Aedes vexans* と *Culex tritaeniorhynchus*）から分離されたにもかかわらず，恐らく主要な媒介昆虫は蚊ではなく，主としてヌカカを介して伝播する。日本では，ウシヌカカ（*Culicoides oxystoma*）からウイルスが多く分離されている。牛同士の接触感染あるいは飛沫感染は起こらない。

海外では，オーストラリア，イスラエル，韓国，台湾などで病気の発生が報告されているが，抗体の保有状況やウイルス分離成績から，アフリカ，中近東，アジアの温帯から亜熱帯地方に広く分布していると考えられる。オーストラリアにおける媒介昆虫の研究では，主要な媒介ヌカカはオーストラリアヌカカ（*C. brevitarsis*）であるとされている。また，イスラエルでは *C. imicola* から遺伝子が検出されている。

日本では，1959年のウイルス分離時は病気との関係が知られていなかった。最初に本病が確認されたのは1972～1973年の大流行である。秋口から流死産が観察され，翌年1月頃，早産と体形異常を伴った異常子牛の出産件数が最高値に達した。同様の流行は1973～1974年，1974～1975年にもみられ，九州南部に始まった発生は，中国，四国，近畿，関東と広がり，最終的には秋田県にまで発生が及んだ。

ワクチン接種の普及とともに，小規模の散発的な流行にとどまっていたが，1985～1986年には東北地方で大きな流行があり，牛の他にめん羊にも体形異常・内水頭症の発生がみられた。また，1998～1999年の流行では，それまで発生報告のなかった北海道で初めて本病が発生した。その後も九州，中国，四国を中心に散発的発生が続いている。また，ときに子牛に脳脊髄炎を起こす症例が報告されていたが，2006年には南九州で生後感染による子牛の脳脊髄炎が多発した。さらに，2008～2009年には九州から北陸にかけての広範囲な地域で，2010～2011年には東北で比較的大きな流行があり，北海道でも12年ぶりに異常産が観察された。

症　状

成牛は，ウイルスに感染してもウイルス血症と一過性の白血球減少を示すのみで，ほとんど無症状である。吸血昆虫を介して妊娠牛にウイルスが感染した場合，ウイルス血症により胎盤を介して胎子に感染が起こる場合がある。胎子感染の起こる割合はそれほど高率ではなく，感染母牛の約1/3程度と考えられている。ウイルスは胎子のほぼ全身の組織から分離されるが，特に中枢神経系と筋肉でよく増殖する。感染胎子が非化膿性脳脊髄炎によって死亡すると，流死産が起こる。

流産を免れた胎子はそのまま発育し，分娩されるが，大脳の形成不全による内水頭症や関節弯曲症を伴っている場合が多い（**口絵写真6，7，❸頁**）。関節弯曲症による体形異常は，四肢，特に前肢の弯曲，斜頸，脊柱のS字状弯曲などが特徴で，ときに弯曲せず硬直伸張する例も認められる。その他，頭骨の変形などもみられる。関節や骨そのものに異常は認められず，多発性筋炎による矮小筋症のため，四肢部では関節が伸びることができず屈曲する。また，全身の筋肉に同様な変化が認められるため，斜頸や脊柱のS字状弯曲を示す。外見的に正常でも，盲目，虚弱，発育不良を示すこともある。

病理組織学的には，脊髄腹角における運動性の中枢をなす神経細胞の消失，または減数が著しい。妊娠初期の流産胎子では，脳幹部における非化膿性の脳脊髄炎像がみられ，神経細胞の変性，囲管性の細胞浸潤が観察される。胎齢が進んだものや新生子では，大脳の変化が顕著である。脳底部を残して大脳のほぼすべてが欠損したものから，大脳内部にスポンジ状の空隙のあるもの，肉眼的にほぼ正常のものまで種々の程度の病変が認められる。躯幹筋では，横紋筋の形成不全による矮小筋症が特徴である。筋線維は連続した線維状をなさず，断裂や塊状を呈し，著しく体積を減じる。

生後感染による脳脊髄炎では，子牛や育成牛など若齢牛に発生が認められるが，24 カ月齢以上の成牛でも発症する場合がある。発症牛は起立不能や，前肢または後肢のナックリング，異常興奮，神経過敏，旋回運動などの神経症状を示す。病理学的には，広範囲な中枢神経系に囲管性の細胞浸潤やグリオーシス，あるいは神経食現象を特徴とする非化膿性脳脊髄炎が認められる。

診　断

流産胎子の脳，筋肉などの臓器材料や胎盤の凍結切片標本から，抗血清を用いたFAおよび免疫抗体法によって抗原証明を行うことができるが，アカバネウイルス特異的である証明は難しい。また，新鮮な流産胎子の臓器乳剤からウイルス分離が可能であるが，体形異常子牛はすでに抗体を保有しており，ウイルス分離は難しい。分離には乳飲みマウスの脳内接種やハムスター肺培養細胞（HmLu-1 細胞）がよく用いられる。母牛からのウイルス分離は，抗体が陽転する直前の血液を用いれば可能である。S RNA を標的としたRT-PCRやリアルタイム RT-PCR による遺伝子診断も用いられる。

血清学的には，初乳未摂取の異常子牛血清から中和試験によって抗体を検出する。抗体陽性であれば胎子期に感染を受けた証明となる。ウイルス表面糖蛋白質の Gc には，高塩濃度と低 pH の条件下で，がちょう，あひる，鳩の赤血球を凝集する性質があり，HI 試験によって抗体を測定することができる。しかし，野外血清の抗体検出には HI 試験より，中和試験の方が確実である。この他，ELISA も開発されている。

アカバネ病を含めて，節足動物により媒介される疾病は流行を的確につかむ必要がある。そのため，農林水産省は未越夏牛（前年 11 月から 4 月までに生まれた子牛），あるいは抗体陰性牛を対象に抗体を測定する発生予察事業を行っている。

治療・予防

本病は吸血昆虫，主にヌカカによって媒介されるため，畜舎周辺から水たまりをなくしたり，殺虫剤を噴霧するなどして，これらの吸血昆虫の発生を抑制することは可能である。また，畜舎に防虫網を張るなどし，牛と吸血昆虫の接触を断つことも考えられるが，いずれにしても完全な防除は困難である。

現在，アカバネ病単味生ワクチンの他，アカバネ病を含む予防液としてアカバネ病・チュウザン病・アイノウイルス感染症混合（アジュバント加）不活化ワクチンが市販されている。生ワクチンは皮下に 1 回接種，不活化ワクチンは筋肉内に 4 週間隔で 2 回接種する。ウイルスの流行期は夏から秋であるので，流行期以前に抗体が上昇するよう計画的に接種する。次年度以降は，生および不活化ワクチンとも流行期の前に 1 回追加接種を行う。生ワクチンでは，イバラキ病生ワクチンおよび流行熱生ワクチンと同時に投与するとウイルス間の干渉作用により効果が抑制される場合があるため，これらの生ワクチンを接種する場合は 2 週間以上の間隔を空ける必要がある。

体形異常を起こした新生子や脳脊髄炎を示す牛は，治療を行う価値がない。胎子の体形異常のため母牛は難産になりやすく，介助が必要となる。

〔明石博臣〕

5．アイノウイルス感染症

アイノウイルス感染による牛，めん羊，山羊の流・早・死産および関節弯曲症，水無脳症，小脳形成不全を示す先天異常子牛の出産を主徴とする疾病で，家畜伝染病予防法において届出伝染病に指定されている。

原　因

アイノウイルス（Aino virus）は，1964 年，長崎県でコガタアカイエカ（*Culex tritaeniorhynchus*）から分離された。アカバネウイルスと近縁でシンブ血清群に属していたが，アカバネウイルスの項で述べたように，現在では血清群は用いられない。ブニヤウイルス科，オルトブニヤウイルス属に分類されるが，シンブ血清群に属していたシュニウイルス（*Shuni virus*）と遺伝学的，血清学的に近く，シュニウイルスの１分離株とされている。CF などの群特異的血清反応では，アカバネウイルスや他のシンブ血清群ウイルスと交差を示すが，中和試験や HI 試験では交差しない。

ウイルスの性状はアカバネウイルスとほぼ同様であって，直径約 90～100 nm の球形ないし不定形の形態を示し，３分節のマイナス１本鎖 RNA をゲノムとしてもつ。ビリオン内部では，3’と 5’の両末端塩基が相補性を示し，環状構造を取っている。ウイルス構造および非構造蛋白質と分節状ゲノムとの関係も，アカバネウイルスの場合と同様，L RNA が RNA ポリメラーゼであるLを，M RNA がウイルス表面糖蛋白質 Gn，Gc とウイルス非構造蛋白質 NSm を，S RNA が核蛋白質 N とウイルス非構造蛋白質 NSs をコードする。各蛋白質の機能に関する研究は遅れているが，基本的にアカバネウイルスと同様と考えられている。

発生・疫学

日本，オーストラリアでウイルスが分離されている。東南アジアでもアイノウイルスに対する抗体が検出されており，また，シュニウイルスは 1960 年代にアフリカで分離されていることもあって，アカバネウイルスと同様，温帯，亜熱帯に広く分布していると考えられる。

日本では，アイノウイルスによると考えられる牛の異常産が，九州地方や岡山県などで報告されていた。しかし，すべて散発的な発生であり，ウイルスは分離されず，直接的なアイノウイルスの関与は証明されていなかった。しかるに，1995～1996 年にかけて九州各県から中国，近畿地方に異常産が多発し，福岡県において流産胎子の脳材料からウイルスが分離され，ウイルスの病原性が確認された。さらに，おとり牛からのウイルス分離，抗体検査，初乳未摂取異常子牛からの抗体検出などの結果，九州，中国，近畿地方で多発した異常産がアイノウイルスによることが証明された。それまで散発的であった流行形態が，なぜ変化したのかについては現在のところ不明である。さらに，1998～1999 年にかけてアカバネ病が全国的に流行した際，西日本でアイノウイルス感染症も同時に流行し，両ウイルスに感染したとみられる異常子牛の症例も報告されている。その後も，数年おきに小規模な流行がみられる。

アイノウイルスの場合も，当初コガタアカイエカから分離されたにもかかわらず，主要な媒介節足動物はヌカカと考えられており，アカバネウイルスと同様ウシヌカカ（*Culicoides oxystoma*）からウイルスが分離されている。オーストラリアではオーストラリアヌカカ（*C. brevitarsis*）が主要媒介種とされる。

症　状

臨床的変化はアカバネ病に酷似する。すなわち，矮小筋症を伴った脊柱彎曲症および四肢の関節拘縮が高率に認められる。1995～1996 年に認められた先天異常子牛において，アカバネ病に比べ脊椎のＳ字状彎曲など脊柱彎曲症を示す頻度が高かったと報告されている。先天異常子牛では大脳欠損による水無脳症も高率に認められるが，小脳形成不全（**口絵写真８，❸頁**）を示す症例が多数認められる点がアカバネ病と大きく異なっている。また，虚弱，盲目，起立不能などの外見的異常や哺乳力の欠如などを示す場合がある。

病理組織学的には，中枢神経系と躯幹筋の変化が著しい。大脳において，神経細胞の変性，壊死やグリア細胞の浸潤，脱髄が，小脳ではプルキンエ細胞の減数が認められる。アカバネ病ではほとんど報告されていない中枢神経系への石灰沈着がみられ，類症鑑別に役立つ。

アイノウイルスを妊娠めん羊に接種しても，胎子に病変を示さなかったところから，アカバネウイルスと比較して病原性が低いと考えられる。また，シュニウイルスは幼児から分離されたり，馬に脳炎を起こすことが報告されているが，アイノウイルスでは人や馬に対する病原性は確認されていない。

診　断

流行の疫学的解析や，先天異常子牛の病理組織学的検査等を総合的に判断し，原因を類推することは可能であるが，アカバネ病を含めた他の流行性異常産との区別は困難である。アイノウイルスの場合も，牛群の抗体保有率との関係から周期的な流行を繰り返すことが知られている。このため，本ウイルスも未越夏牛を用いた発生予察事業の対象となっており，ウイルスの流行を的確につかむことは，原因究明に大きな意味をもつ。

FA でも抗原確認が可能であるが，アカバネ病の項で述べたように特異性の証明が困難である。おとり牛の血清や流産胎子材料を用いれば，BHK21 細胞や HmLu-1 細胞を用いてウイルス分離が可能である。哺乳マウスの脳内接種によってもウイルスが分離できる。

アカバネウイルスと同様，アイノウイルス特異的 RT-PCR の手法が報告されており，流産胎子からの遺伝子検出は有用な方法である。先天異常子牛の診断は，初乳未摂取であれば中和試験により抗体を検出することで診断が可能である。

治療・予防

ヌカカの発生抑制は，不可能ではないが難しい。また，先天異常子牛は治療の意味がなく，難産の母牛は介助が必要である。予防法として，アカバネ病の項で述べたとおり，アカバネ病・チュウザン病・アイノウイルス感染症混合（アジュバント加）不活化ワクチンが市販されている。

〔明石博臣〕

6．アカバネウイルスおよびアイノウイルス以外のオルトブニヤウイルス感染症

オルトブニヤウイルス属には 48 種のウイルスが分類され，分離株を含めると 200 種にものぼるウイルスが含まれる。アカバネウイルスやアイノウイルスと血清学的に交差を示すシンブ血清群に含まれるウイルスのうち，ピートンウイルス（Peaton virus）はオーストラリアや日本において牛の異常産との関連性が確認されている。さらに近年，日本ではシャスペリウイルスやシャモンダウイルスが分離され，異常産の原因となる可能性について言及されている。また，欧州ではシンブ血清群に属する新しいシュマーレンベルグウイルス（Schmallenberg virus）による牛，めん羊，山羊の異常産が報告された。このなかで，病原性が明らかになっているピートンウイルスとシュマーレンベルグウイルス感染症について述べる。

1．ピートンウイルス感染症

ピートンウイルスは，1976 年オーストラリアのクイーンズランドでオーストラリアヌカカ（*Culicoides brevitarsis*）から分離された。ブニヤウイルス科，オルトブニヤウイルス属に分類され，シャモンダウイルスの 1 分離株とされる。分離当初は病原性が不明であったが，その後，妊娠めん羊への接種試験の結果，胎子に関節弯曲症と内水頭症を引き起こし，アカバネウイルスと同様，催奇形性を有することが明らかとなった。

日本では，1999 年に長崎県でおとり牛の血液から，および宮崎県で採取されたヌカカのプールからピートンウイルスが分離された。また，1987 年に沖縄県で牛から分離されたウイルスが，性状調査の結果，ピートンウイルスであったと同定されている。その後も，しばしば牛において抗体の陽転やウイルスが分離されている。

牛疾病との関連は不明であったが，体形異常を示す子牛の出産例において母牛や子牛から本ウイルスに対する抗体が検出され，牛の異常産との関連が疑われていた。2006 年には鳥取県で発生した体形異常を示す死産例において，脳および脊髄材料からピー

トンウイルスＳRNA と高い相同性を示す遺伝子配列が検出され，牛に対する病原性が確認された。

基本的な病型はアカバネ病と変わらないが，異常産の発生頻度は低く，散発的な発生に留まっている。病変の程度も，アカバネ病やアイノウイルス感染症に比べ軽度であると考えられている。

2．シュマーレンベルグウイルス感染症

2011 年夏から秋にかけて，ドイツ北西部とオランダ東部の地域で乳牛に 40℃以上の発熱，乳量低下，食欲不振，ときに水様性下痢を主徴とする疾病の流行がみられた。流行は２～３週間続き，感染動物は数日後には回復した。同年 11 月以降には，流・早産および神経症状，頭骨，脊椎骨，四肢の異常を示す子山羊，子羊，子牛の出産が相次いだ。異常産子の出産は，ドイツ，オランダをはじめ，ベルギー，フランス，英国など欧州の広い地域に及んだ。発症した乳牛の血液材料を用いた遺伝子解析によって，オルトブニヤウイルス属特異的で，新規のウイルス塩基配列が検出された。このため，最初に病気が報告され，材料が採取された地名であるシュマーレンベルグの名前をとり，シュマーレンベルグウイルスと名づけられた。その後，昆虫細胞と BHK-21 細胞を用い，ウイルスが分離されている。ウイルス核酸の分子系統樹解析から，シュマーレンベルグウイルスは，アカバネウイルスやアイノウイルスに近縁で，シャモンダウイルスやシャスペリウイルスに近いことが報告されている。

病気は牛，めん羊，山羊などで報告されているが，乳牛で認められた臨床症状はめん羊，山羊では報告されていない。一方，胎子の異常は牛，めん羊，山羊などに認められ，産子において斜頸，脊椎や関節の弯曲などの体形異常や，外見正常でも盲目，起立不能や麻痺などの運動障害が認められる。これらの病変は，アカバネ病やアイノウイルス感染症のそれと区別がつけがたい。病理学的には，筋の萎縮，退色，点状出血などが認められ，脊柱弯曲ではしばしば筋の変化が片側性に認められる。中枢神経系では，内水頭症や脊髄の形成不全が顕著で，子羊では小脳形成不全が認められるが，子牛ではまれである。

シュマーレンベルグウイルスの属するオルトブニヤウイルス属の多くは，蚊やヌカカによって媒介されることが知られており，シュマーレンベルグウイルスの場合も *Culicoides obsoletus* および近縁の４種のヌカカのプール材料から遺伝子が検出されており，ヌカカが主要なベクターであると考えられている。

診断にはリアルタイム RT-PCR が用いられる。抗体検査は，組換え抗原を用いた ELISA キットが市販され，IFA や中和試験も報告されている。ワクチンは開発されておらず，本病の防疫には，フィールドサーベイランスによるモニタリングと野外材料を用いたウイルス検査が重要とされている。

〔明石博臣〕

7．牛白血病

牛白血病は，牛白血病ウイルス（*Bovine leukemia virus*：BLV），あるいは原因不明の因子によって起こるリンパ系組織の腫瘍性疾患（白血病/リンパ肉腫）である。ウイルス感染により引き起こされる地方病性牛白血病（enzootic bovine leukemia：EBL）と，原因不明の因子によって起こる散発性牛白血病（sporadic bovine leukemia：SBL）とに分けられる。家畜伝染病予防法では EBL，SBL とも届出伝染病に指定されている。

原　因

EBL は一般には３歳以上の成牛で発症するため，成牛型とも呼ばれる。EBL の原因となる BLV は，レトロウイルス科（*Retroviridae*），デルタレトロウイルス属（*Deltaretrovirus*）に属する。BLV の標的細胞は主としてＢ細胞であるが，マクロファージなど他の細胞にも感染する。レトロウイルスは，ウイルス粒子中のゲノムが RNA であるが，感染後，細胞

内に侵入したウイルスゲノムRNAは自身が持ち込んだ逆転写酵素によりDNAに置き換えられ，さらに宿主細胞のゲノム中の任意の位置に組み込まれてプロウイルスとなる。一度BLVに感染した個体は抗体が陽転しても体内からウイルスは排除されず，一生涯ウイルスを持ち続けると考えられている。

BLV感染牛の多くは不顕性であるが，約30%が末梢血中のリンパ球がポリクローナルに増加する持続性リンパ球増多症（persistent lymphocytosis：PL）となり，またBLV感染牛の0.1～10%程度が数カ月～年単位の時間をかけてEBLを発症する。EBLの発症にはBLVの転写活性化因子taxや宿主の遺伝的背景，免疫状態などが影響し，増殖能が異常に優勢となった腫瘍化B細胞（CD5陽性）がモノクローナルあるいはオリゴクローナルに増殖することでEBLとなる。

BLVが人に感染して病気を起こすことはないと考えられている（1970年代の大規模疫学調査や近年のPCR調査等から）。BLVとウイルス学的に近縁な人のレトロウイルスとしてヒトT細胞白血病ウイルス1型（HTLV-1）が知られているが，HTLV-1はBLVとは異なるウイルスである。牛白血病は食肉処理上において全廃棄の対象となるが，これは人への感染予防ではなく，健康な家畜に由来するものを食肉に供するという考え方等による。

発生・疫学

BLV感染は世界中でみられ，感染の割合は，地域や牛群によって様々である。1871年に牛白血病が初めて記載されて以来，20世紀初頭，特にデンマークやドイツなどの欧州各国で同様の症例が多発し，地方病として伝染性疾患が示唆された。20世紀前半にアメリカ大陸に広がり，病原体であるBLVは1969年に初めて記載される。諸外国，特に欧州連合の国では，国家レベルの清浄化計画が成功し，デンマーク，英国などは清浄化を達成している。家畜感染症の国際基準を決める国際獣疫事務局（OIE）も，BLV清浄化の条件を提示している。

日本では1927年に岩手県で初発以降，全国に広がった。BLV感染牛は無症状であっても感染源となり，知らないうちに感染が広がってしまう。BLV感染牛の増加に伴い，EBL発症牛の増加が深刻化している。このような事情に鑑み，1998年に家畜伝染病予防法において新たに牛白血病が届出伝染病に追加され，発生状況を国レベルで把握することになった。届出数は届出対象に指定された1998年には約100頭であったが，2012年には約20倍に急増した。牛白血病のほとんどはBLV感染によるEBLで，SBLはまれである。また，BLVに感染しているだけでは届出対象とはならないが，BLV感染状況を把握しておくことは，対策上必須である。

EBLは4～6歳に好発する。一般的に肉用牛より乳牛の陽性率が高いといわれる。2007年の国内における全国規模の疫学調査では，乳牛の35%，肉用牛のうち繁殖牛15%，肥育牛8%がBLV抗体陽性で，1982年実施の同様の調査より抗体陽性率が明らかに高くなっている。近年，2歳以下の若齢でのEBL発症も散見され，発症の若齢化が指摘されている。

SBLはウイルスの関与はないものとされるが，詳細は不明である。SBLは発症年齢や腫瘤分布に基づき，子牛型，皮膚型，胸腺型に分類される。子牛型は2歳以下（主として6カ月以下）の子牛にまれに発症する。全身リンパ節の腫大が特徴で，脊髄への腫瘍の浸潤が高頻度でみられることから後駆麻痺や起立不能が認められることが多い。胸腺型は胸腺ならびに全身のT細胞性リンパ肉腫で，6～25カ月の若齢で多くみられる。皮膚型は体表ならびにリンパ節のT細胞性リンパ肉腫で，蕁麻疹様または結節様の皮膚腫瘤が特徴的であり，2～4歳の牛に好発する。

症　状

BLV感染牛の約30%がPLになるが，臨床症状は示さない。ただし，BLV感染による免疫機能障害が易感染性や乳房炎，下痢，肺炎などの疾患を惹起し，廃用につながりやすい可能性が指摘されている。

EBLを発症すると，元気消失，食欲不振，下痢，削痩などがみられ，予後不良で死の転帰をとる。しかし，臨床的に異常が認められないにもかかわらず，食肉検査所の解体検査で心臓や腎臓等にリンパ肉腫（腫瘤）が認められて全廃棄処分となる牛もみられ，農家への大きな打撃となる。腫瘤の形成部位に関連した臨床症状もみられ，神経症状を呈するものもある。体表リンパ節の腫大（浅頸リンパ節の腫大に伴う頸部の腫脹など）（**口絵写真9，❸頁**）や，直腸検査において子宮近辺の腫瘤としてリンパ肉腫が発見されることもある。剖検時にはリンパ節や広範囲の臓器において腫瘍細胞の浸潤がみられる。腫瘤形成の好発部位として，心臓（右心耳），第四胃，脾臓，腸管，肝臓，腎臓，第三胃，肺，子宮，脳などがあげられる。また，眼球後部の腫瘤形成により，眼球突出がみられることもあり，しばしば二次感染による全眼球炎を伴う（**口絵写真 10，❸**頁）。

診　断

牛白血病の病態は多様であるが，前述の臨床学的所見，病理学的検査，末梢血液検査（**口絵写真 11，❸**頁）は，EBL，SBL ともに診断の一助となる。末梢血中の白血球数の増加（年齢を加味した末梢血中のリンパ球数の測定によりリンパ球増多症を摘発する方法，一般に 1 万個/mm^3 以上で，白血病ではときに 10 万個/mm^3 以上）と異型リンパ球の検出（5％以上）は，古くから用いられている方法であるが，リンパ肉腫をもちながら血液像に変化を示さない事例もある。剖検所見として，リンパ節の腫脹ないし腫瘤化や，心臓などに腫瘤形成，脾腫など，また組織学的にはリンパ球性腫瘍細胞の著しいびまん性増殖と激しい組織破壊がみられる。

BLV に起因する EBL の診断には病原体検査（合胞体の出現を指標にしたウイルス検出を指標にしたシンシチウム法，PCR によるプロウイルス遺伝子検出法）や抗体検査が有用である。BLV 感染は持続性ウイルス感染であり，必ずしも EBL 発症を意味するものではなく，区別して考えなければいけないが，EBL 対策には BLV 感染牛の摘発が必須である。

PCR は，末梢血中あるいは腫瘍細胞中の DNA を抽出し，BLV の特定領域を標的としたプライマーを用いて行うことにより，BLV プロウイルス DNA を検出する。また，リアルタイム PCR は，上記同様，BLV プロウイルス DNA を検出することに加え，定量化が可能である。

BLV に対する抗体を検出する検査としては，AGID，PHA，ELISA がある。AGID は特異性は高いが，検出感度は余り高くない。ELISA は多くの検体を処理するのに向いており，高感度であることから，BLV 感染牛のスクリーニング等に有用である。抗体の検出には，牛血清を用いるが，乳汁からの検出も可能とされ，バルク乳から牛群ごとに BLV 感染を検査し，陽性の場合，牛群の個々の牛の抗体を検査して陽性牛を特定することも考えられる。

BLV 感染牛から生まれた子牛が初乳を摂取すると，移行抗体が 6 カ月程度子牛の体内に存在することから，この時期の子牛における感染摘発は，PCR に基づく BLV 遺伝子検査を実施する。また，感染後，抗体が上昇するまでに 1 ～ 2 カ月ほどの時間がかかる（抗体の検出感度による）ため，BLV 遺伝子検査が陽性でも，抗体が陰性となる期間がある。

治療・予防

治療法やワクチンはなく，新たな BLV 感染を防ぐことが肝要である。そのためには，まず抗体検査を実施し，BLV 感染の現状を把握した上で，伝播リスクを下げることが求められる。陰性牛の定期的抗体検査（推奨は 6 カ月ごと）ならびに導入牛の検査を実施し，陽性牛の更新とあわせ，群単位での清浄化に向けて可能な対策を検討する必要がある。

BLV の個体間の伝播は，感染リンパ球が生きたまま新しい宿主に移入されて成立すると考えられる。具体的には，BLV 感染牛の血液や乳汁中の BLV 感染リンパ球を介した水平感染や母子感染である。対策を取らなかった場合，陽性牛がいる農場では，年齢が上がるほど陽性牛の割合が高くなる傾向があり，水平感染が起こっていると考えられる。

BLV 感染牛の血液は 1 μL 以下の量でも新たな牛への感染源となることから，畜主，獣医師，人工授精師の日常作業においても，BLV 感染牛の血液が付着する作業には注意が必要である。

獣医療提供の関係では「1 頭 1 針」を徹底し，除角，直腸検査（粘膜を傷つけるため，肉眼で血液の付着がわからなくても BLV 感染リンパ球が付着している可能性がある），人工授精などの際，血液や体液の付着した器具やグローブの交換や消毒を実施する。また陽性牛と陰性牛を分け，搾乳，給餌，直腸検査等は陰性牛から先に行う。

吸血昆虫による機械的伝播もある。吸血時のアブの口器に付着するリンパ球が乾燥しないうちに別の宿主で吸血を繰り返すことで BLV の水平伝播につながることが実験的にも示されており，アブやサシバエを寄せつけないような対策が求められる。

母子感染について，感染牛から生まれる子牛の子宮内・産道感染は 4 ％未満，初乳や常乳による感染は 6 ～16％といった報告があるが，感染母牛のウイルス感染細胞の割合が高いと母子感染も高率で起こる可能性も指摘されている。初乳中の感染リンパ球が感染源となるため，陰性牛の初乳を与える（陽性牛の少ない農場）か，あるいは陽性牛の初乳を与える場合（陽性牛の多い農場），初乳を凍結や加温（60℃ 30分）処理をして感染リンパ球を破壊することが有効とされている。

陽性牛の淘汰が可能な場合は，優先順位をつけるために，リアルタイムPCRによる末梢血中のプロウイルス量測定が提案されている。末梢血中のプロウイルス量が高い牛は，感染源としてのリスクが高いため，当該牛の優先的淘汰は有効と思われる。また，転写活性にかかわるBLVの遺伝子変異が発病に関与する報告もあり，発病リスクの高い牛の優先淘汰も期待される。

また，次世代に向けては，後継牛をBLV陰性牛からとるようにする。能力の高い牛がBLV陽性であった場合，人工授精，BLV陰性牛への胚移植で，次世代の清浄化を目指して遺伝資源を残す可能性もある。

このように農場単位，牛群単位で，地域ぐるみで，できるところから清浄化対策をとっていくことが推奨される。

〔芳賀　猛〕

8. 牛　疫

牛疫ウイルス（*Rinderpest virus*：RPV）の感染による急性致死性疾病で，偶蹄類動物に下痢，発熱，白血球減少症等を引き起こす。家畜伝染病予防法における家畜伝染病であるが，国際的な牛疫根絶計画の結果，2011年根絶が宣言された。

原　因

RPVはパラミクソウイルス科（*Paramyxoviridae*），モルビリウイルス属（*Morbillivirus*）に属するマイナス1本鎖RNAウイルスであり，構造蛋白質はN，P/C/V，M，F，H，Lからなる。血清型は単一とされているが，病原性や生物学的性状の面では流行株間に差異が認められる。ウイルスは凍結乾燥または−70℃では1年以上保存可能である。熱処理には弱い。

発生・疫学

本病は古くから牛の重篤な急性感染症として知られ，4世紀以降アジア，アフリカ，欧州の各地で流行した。18世紀には欧州全域で大流行を起こして2億頭が死亡したといわれている。20世紀初頭にはアジア，欧州の辺縁，東および南アフリカが流行地であった。日本においては，1872～1911年の間に中国大陸からたびたび侵入し全国的な流行が起こったため，1981年の牛疫予防法，1886年の獣類伝染病予防規則（後の家畜伝染病予防法）により発症牛の殺処分義務化などの対策がとられた。この間に予防法として蠣崎千晴博士が開発した不活化ワクチンは世界初の牛疫ワクチンとなり，中村稕治博士による優れた弱毒生ワクチン開発も行われた。我が国では免疫血清やワクチン接種，検疫等によって牛疫は撲滅された。その後もインドやアフリカではまだ発生が続いていたが，国際的な牛疫根絶計画が遂行された結果，1970年代までに発生率は急激に減少し，2011年FAOによる根絶宣言が出された。

症　状

自然感染に対して最も感受性の高いのは牛と水牛である。流行地ではめん羊，山羊にも発症がみられている。豚，ヤク，ラクダも感受性である。野生動物では大カモシカ，シマカモシカ，キリン，いのししなど偶蹄目の多くが感受性であり，過去には家畜から感染することによって地域的な流行が起こり，その生息数を減少させたり，反対に野生の偶蹄類に病原性の低い牛疫ウイルス株が感染してキャリア（保毒獣）となり，家畜の大流行を招くこともあった。

牛のRPVに対する感受性には，年齢，性の差はなく，牛疫の処女地帯に本病が侵入するとすべての牛が感染する。本病が常在した場合は，成牛は自然感染あるいはワクチン接種により免疫抵抗性をもち，乳飲み期の子牛は母牛からの移行抗体により抵抗性であるため，これらの間の年齢の若い牛の発病率のみが高くなる。牛の品種によって感受性は異なる。東南アジアやアフリカの牛は感受性が比較的低く，和牛や朝鮮牛は非常に高い。

致死率は，牛疫常在地帯原産の牛の間では30%前後であるが，外来の牛が入った場合は80～90%に及ぶといわれる。ウイルス株によって病原性の強さが異なるため，致死率も流行のウイルス株によって異なる。

感染経路は，発病牛からの分泌物や排泄物の飛沫の吸入や，発病牛との直接接触による。発病牛の鼻汁，涙，唾液，尿，糞便にウイルスが多量に排出され，特に鼻汁中のウイルス量は最も多く，重要な感染源と考えられる。ただし，ウイルスは熱に弱く，体外への排出後長期間は生存しないため，流行には感受性動物の密度が要因となる。媒介昆虫は存在しない。

診　断

病原学的検索には，患畜の脾臓，リンパ節，涙，血液を材料とし，ウサギ免疫血清を用いたCF試験や寒天ゲル拡散試験（ADT），RT-PCRによる遺伝子増幅診断法が用いられる。組織材料についてはFAや酵素抗体法でウイルス抗原の検出を行う。さらにマーモセットB細胞由来であるB95a細胞を用いた野外ウイルス分離が可能である。

血清学的には，中和試験，CF試験，PHA，FA，ELISA，AGIDなどにより抗体価を測定する。ペア血清で試験することによって感染を推測できる。AGIDは，流行地での野外診断に広く用いられる。アフリカなど小反芻獣疫の常在地における牛疫と小反芻獣疫の鑑別は重要であり，各ウイルス特異的モノクローナル抗体による競合ELISAや遺伝子増幅診断を行う。

治療・予防

弱毒生ワクチンには，Stiringが報告した山羊化ウイルス，中村らの家兎化ウイルス，家兎化鶏胎化ウイルス（LA株）があるが，Plowrightによって開発された牛腎組織培養馴化ウイルスが世界的に広く用いられてきた。牛疫発生国においては，有効性の高い弱毒生ワクチンの接種が行われていた。効果的な治療法はない。

日本では，1922年に撲滅された。牛疫は国際獣疫事務局（OIE）により最重要疾患であるクラスAに分類されて監視されていた。撲滅プロジェクトは1960年代のアフリカでの共同撲滅プロジェクトや1980年代にアフリカ，アジアで行われていたが，1994年にFAOによってそれまでのプロジェクトをまとめて，国際牛疫根絶計画が発足した。その結果，2001年のケニアでの発生を最後として10年間全く発生がなかったことがOIE総会で確認され，2011年に根絶宣言がなされた。人間の手によるウイルス病の根絶は天然痘に次いで2番目の快挙である。

〔甲斐知恵子〕

9．イバラキ病

流行性出血病ウイルスに属するイバラキウイルス（Ibaraki virus）による急性熱性疾患で，嚥下障害を主徴とする。家畜伝染病予防法において届出伝染病に指定されている。

原　因

イバラキウイルスは，レオウイルス科（*Reoviridae*），セドレオウイルス亜科（*Sedreovirinae*），オルビウイルス属（*Orbivirus*）の流行性出血病ウイルス（*Epizootic hemorrhagic disease virus*：EHDV）群に属するウイルスで，1959～1960年に牛の急性熱性疾患が大流行した際に茨城県の発症牛から分離されたことにちなんで命名された。本ウイルスは遺伝学的および血清学的にEHDV血清型2に含まれる。1997年に九州地方で同時発生したイバラキ病と流死産は，当初ともにイバラキウイルス変異株が原因とされていたが，その後，遺伝子解析によってEHDV血清型７に属する新しい株によるものであったことが判明している。また，妊娠牛を用いた感染実験によって本株が流産を引き起こすことが確認されている。この他，近年では中東や北アフリカで血清型６や７による牛の類似疾患が発生しており，イバラキウイルス（血清型２）以外のEHDVが本病の原因となる可能性が示されている。

イバラキウイルスは，同属のブルータングウイルスに類似する直径約70 nmの球形粒子で，10分節からなる２本鎖RNAゲノムと７つの構造蛋白質（VP1～7）から構成される。VP3およびVP7は，ウイルス遺伝子の転写・複製に必要な酵素として働くVP1（RNA依存性RNAポリメラーゼ），VP4（グアニリルトランスフェラーゼ）およびVP6（RNAヘリカーゼ）とウイルスRNAを取り込んで内殻カプシド（コア）を形成し，VP2およびVP5から構成される外殻カプシドに覆われて感染性ウイルス粒子となる。最外層に位置するVP2は宿主細胞への吸着に関与するとともに，赤血球凝集素および血清型特異中和抗原としての機能を有する。

発生・疫学

イバラキ病は変温動物である*Culicoides*属ヌカカの吸血によって媒介されるため，ウイルスの伝播に伴って季節性（夏～秋）および地域性（関東地方以南）をもって流行する。過去には，本病は牛流行熱とともに「流行性感冒」として取り扱われていた経緯があるが，家畜伝染病予防法の一部改正によって1998年から単独で監視伝染病のなかの届出伝染病に指定されている。

我が国では1959～1960年に初めて発生が確認された。1959年８月末の南九州での発生を皮切りに，12月上旬までの約３カ月の間に関東地方にまで拡大して約39,000頭に被害がみられた。翌1960年には９～12月の間に中部地方で約4,700頭の牛が発症した。その後，ワクチンの開発と接種の普及によって20年以上発生は認められなかったが，1982年に九州地方で33頭の小規模な発生が，1987年には九州地方を中心とした西日本で約200頭の発生が報告された。再び九州地方でイバラキ病が発生した1997年には，同時期・同地域で流死産が多発した（約1,000頭）。両方の症例から多数分離された同一性状のウイルスはイバラキウイルスではなく，EHDV血清型７に属する新規の株であることが確認された。1997年以降，発生報告はない。

本病の発生は韓国や台湾でも認められているが，その他の国々では発生報告はない。しかし，アジアの他，中東，アフリカ，オーストラリア，北米の広範囲にわたってEHDVの流行が確認されており，冒頭に述べたように血清型６や７が牛に疾病を引き起こす例が2006年以降，報告され始めている。

症　状

世界的に流行し，問題となっているブルータング（251頁）に類似する。1959～1960年の大流行時の発病率は1.6%，死亡率は11.3%であり，不顕性感染となる場合が多い。肉用牛（和牛）で多発し，乳用牛での発生は少ない傾向がある。感染牛は症状の有無にかかわらず感染後４～８週間持続するウイルス血症を起こす。感染初期には軽度の発熱，元気消失，食欲減退，流涙，結膜の充血・浮腫，水様または膿様の鼻汁，泡沫性流涎などが認められる。病変としては，上部消化管（舌から胃にかけて）の出血や水腫が著明である。蹄冠部の発赤や腫脹がみられることもある。重症化すると鼻腔・口腔粘膜の充血・うっ血および潰瘍，蹄冠部の潰瘍，跛行などが観察される。初期症状の後，食道や咽喉頭および舌の筋肉の変性壊死に起因する麻痺が現れることがある。それが本病の特徴的症状といわれる嚥下障害である（**口絵写真12，❸頁**）。この場合，食道の漿膜から筋層にかけて充出血，浮腫が，また食道，咽喉頭および舌の横紋筋に石灰沈着を伴う硝子様変性がみられる（**口絵写真13，❸頁**）。筋細胞の再生像が散見され，結合織の増生も観察される。嚥下障害発症牛は飲水の逆流のため，水分飢餓から脱水症状に陥り，誤嚥性肺炎を起こすこともある。一般的に嚥下障害を起こさない限り予後は良好である。1997年の発生で多数認められた流死産胎子には，一部で軽度の非化膿性脳脊髄炎像が観察された以外，特段の病理学的変化はみつかっていない。

診　断

ブルータングや牛流行熱，口蹄疫，水胞性口炎，牛ウイルス性下痢・粘膜病，牛伝染性鼻気管炎，悪性カタル熱などとの類症鑑別が必要である。診断は症状，ウイルス学的・血清学的および病理学的検査結果に加えて，発症牛のワクチン接種歴，同居牛の抗体保有状況，さらに，発生時期・地域，おとり牛からの抗体検出状況やウイルス分離状況などの疫学的情報に基づいて総合的に実施する必要がある。

ウイルス学的診断においては，感染初期の血液，死亡牛のリンパ節や脾臓乳剤を牛腎細胞やハムスター由来株化細胞（BHK-21，HmLu-1）あるいは乳飲みマウス脳に接種することによりウイルス分離を行う。イバラキウイルスは血中に抗体が出現した後も赤血球から分離可能なため，血液を材料とする場合は，ヘパリン加血液を血球・血漿に分け，血球をPBSで３回洗浄して－80℃にて凍結融解後使用するとよい。培養細胞の細胞変性効果や乳飲みマウスの神経症状の出現を指標に７日間隔で継代する。分離ウイルスはFAや中和試験，HI試験，RT-PCRで増幅した遺伝子の解析によって同定する。RT-PCRは分離材料からのウイルスゲノムの直接検出にも有効で，補助的診断法として活用できる。流死産の場合は胎子血液や臓器乳剤を材料として同様の検査を行う。

血清学的診断は，発症牛の急性期および回復期のペア血清を用い，中和試験またはHI試験によって抗体価の有意上昇を確認することで実施する。

予防・治療

イバラキ病予防には，媒介節足動物であるヌカカの吸血を阻止するための忌避剤・ピレスロイド系や有機リン系殺虫剤の使用も考えられるが，大きな効果は期待できない。感染経路の遮断という対策がとれない以上，ワクチンが有効であり，現在，単味生ワクチンおよび牛流行熱との２種混合不活化ワクチンが市販されている。生ワクチンの場合，牛の皮下に１回接種することで免疫を賦与できる。不活化ワクチンの場合，初回接種時には４週間隔で２回接種する必要があり，その後，翌年からは年１回の追加接種で効果を維持することができる。ウイルスの流行期１～３カ月前（通常５～７月）にワクチンの接種を完了しておくことが肝要である。

嚥下障害を起こした牛に対しては，誤嚥防止のため胃カテーテルを用いて水分補給を行う。輸液も脱水症状を防ぐために効果がある。

〔山川　睦〕

10．牛流行熱

牛流行熱ウイルス（*Bovine ephemeral fever virus*）の感染による牛および水牛の急性熱性疾患であって，流涎や関節痛などを主徴とする。家畜伝染病予防法において届出伝染病に指定されている。

原　因

牛流行熱ウイルスは，ラブドウイルス科（*Rhabdoviridae*），エフェメロウイルス属（*Ephemerovirus*）に分類される。エフェメロウイルス属のなかでは，牛流行熱ウイルスのみが病原性を示す。通常，１～２日間，高熱が続いた後，回復することから，three day sickness とも呼ばれている。致死率は低いものの，発症により乳牛では乳量の減少や泌乳の停止，肥育牛では発育の遅延，繁殖雄牛では一時的な生殖不能がみられることから，経済的な損失は無視できない。

牛流行熱ウイルスは蚊やヌカカなどの媒介節足動物により伝播されるアルボウイルス（節足動物媒介ウイルス）であり，疾病の流行には季節性がある。ウイルス粒子は，エンベロープをもつ直径70 nmの弾丸型（**口絵写真14，❹頁**）で，N，P，M，LおよびGの５つの構造蛋白質とマイナス１本鎖RNAゲノムによって構成される。G蛋白質はウイルス粒子表面に存在する糖蛋白質で，中和エピトープを有し感染防御抗原となる。ウイルス粒子はエンベロープをもつため，有機溶媒および界面活性剤に感受性であり，pH5以下あるいはpH10以上で不活化される。また，環境中で長期間，活性を維持することはできず，死亡した病牛の体内では高濃度の乳酸の産生により速やかに感染性を失う。

発生・疫学

牛流行熱の発生はアフリカ，中東，アジア，オーストラリアの熱帯，亜熱帯地域や，温帯地域の一部で確認されている。通常，温帯地域では牛流行熱の流行は，夏から秋にかけて起こる。オーストラリアやアフリカでは，イエカやハマダラカ，*Culicoides* 属のヌカカから牛流行熱ウイルスが分離されており，これらの吸血昆虫が伝播に関与していると考えられる。国内での媒介種は，特定されていない。また，脊椎動物宿主間では，接触やエアロゾル，精液を介しては伝播しない。牛流行熱の発生に季節性があるのは，媒介節足動物の発生量や吸血活動が気温に依存するためと考えられる。また，降雨量が多い場合にも媒介節足動物の生育に至適な環境が形成されるため，流行が起こりやすい傾向にある。牛流行熱は牛および水牛でのみ発症するが，鹿，レイヨウなどの野生の反芻動物でも抗体の保有が確認されており，レゼルボアとなっている可能性がある。

牛流行熱の流行は風下に拡大することが知られており，ウイルスに感染した媒介節足動物が風によって運ばれることにより，広範囲に伝播が起こると考えられている。1968 年にオーストラリアでは，6 週間で約 2,000 km 先まで流行が広がったことが報告されている。また，1988 年および 1991 年に九州を中心とした発生では，中国もしくは韓国の流行と連動していたことが明らかとなり，低気圧の通過に伴い発生した下層ジェット気流により，海を越えてウイルスが侵入したことが示唆されている。

牛流行熱の流行は毎年繰り返されないことから，ウイルスは国内には常在せず，国外から侵入し一過性の流行を起こすと考えられる。日本では，1949～1951 年にかけて約 77 万頭の牛が発症し，死亡牛は約 1 万頭にのぼった。その後，数年おきに流行が繰り返されてきたが，ワクチンの開発と接種の励行により，発生頭数は減少している。九州以北での流行は 1991 年を最後に報告されていないが，沖縄県の先島諸島では 2001 年と 2004 年，2012 年に発生があった。これらの発生と同時期に台湾でも流行が報告されており，両地域で分離されたウイルスの遺伝子配列がほぼ同一であったことから，一連の流行が国境を越えて拡大したと考えられる。中国や台湾では流行熱の発生が継続していることから，今なお国内への侵入の可能性は払拭されず，ワクチン接種による予防やおとり牛を用いた流行状況の監視が必要であって，毎年，定期的に牛流行熱ウイルスに対する抗体陽転状況の調査が行われている。

症　状

牛流行熱の症状は，牛および水牛のみでみられる。感染後およそ 3 ～ 5 日程度の潜伏期間を経て，突発的に高熱（40～42℃）を発し，発熱のピークが 12～24 時間ごとに数回繰り返される。多くの場合，元気消失や倦怠などの他は目立った症状はみられず，その後 1 ～ 2 日で急速に回復する。症状が進んだ病牛では，食欲不振，心拍数の増加，呼吸速迫，鼻漏，鼻鏡乾燥，泡沫性流涎，皮筋・躯幹筋の振戦，関節炎による跛行や起立不能（**口絵写真 15，❹頁**）がみられる。また，発熱と前後してリンパ球や血中カルシウムの減少と，好中球の増加が起こる。乳牛では，初期症状の 1 つとして泌乳量の減少，種雄牛では一時的な繁殖不能がみられる。一般的にこれらの症状は，解熱後 1 ～ 2 日で改善される。重症例では，呼吸数の異常な増加と，それに伴う肺胞の破裂が起こり，頸背部，胸前部あるいは肩端部などに皮下気腫が形成され，窒息死に至る。牛流行熱は，種雄牛や栄養状態のよい肥育牛で重症化しやすい傾向にあり，妊娠牛が罹患した場合は流産を起こす場合もある。通常，牛流行熱による致死率は 1 %程度である。

死亡牛では，鼻腔，咽喉頭，気管などの上気道粘膜に顕著な充出血，肺の退縮不全や間質性気腫が認められる。気腫は縦壁膜，頸部，下腹部の筋間や皮下でも観察される。また，感染実験例では，漿液線維素性多発性関節滑膜炎，腱鞘炎，蜂窩織炎，骨格筋の巣状壊死などが確認されている。炎症に伴う線維素の析出は，関節胞，腹腔，心膜腔，胸腔内にみられる。細気管支や気管支内には，剥離上皮細胞や大単核細胞，好中球を含む滲出物の貯留が認められる場合がある。また，病理組織学的な検査では，血管内皮の腫大や過形成，血管壁の壊死や血栓の形成などの血管病変が観察される。リンパ節や血管周囲への好中球の浸潤も認められる。

診　断

夏から秋にかけて，一過性の発熱，呼吸速迫，関節炎による跛行や起立不能などの症状がみられた場合は，本病を疑うべきである。ウイルス分離は，発熱時の牛から採血したヘパリン加血液を血漿と血球に分け，PBSで洗浄した血球を凍結融解後，BHK21細胞やHmLu-1細胞，Vero細胞に接種，培養することによって行う。特にバフィーコートを材料とした場合，分離効率がよいとされる。また，乳飲みマウスやハムスターを用いた脳内接種により，ウイルス分離を行うこともできる。血清診断では，発症牛の前後血清を用いて，中和試験により抗体価の有意な上昇を確認する。牛流行熱ウイルスは，エフェメロウイルス属の *Berrimah virus* や Kimberley virus などと血清学的に交差がみられるため，ELISAやCF試験，FAでは特異抗体の検出は難しい。血液材料より抽出したRNAを用いて，G遺伝子領域を増幅するRT-PCRが補助的に診断に用いられており，最近ではリアルタイムRT-PCRおよびLAMPによりウイルス遺伝子を検出する方法も開発されている。

治療・予防

一般的に治療は行わない。症状を悪化させないために一番大切なことは，病牛を休養させ，安静に保つことである。対症療法として，フェニルブタゾンの筋肉内注射が炎症に，ボログルコン酸カルシウムの静脈もしくは皮下注射が低カルシウム血症に有効とされる。また，抗菌薬の投与は，細菌の2次感染を防ぐ上で効果的である。

国内では単味不活化ワクチンおよびイバラキウイルスとの2種混合不活化ワクチンが使用されており，媒介節足動物の吸血活動が盛んになる初夏前に接種を行う。媒介節足動物に対しては，忌避剤および殺虫剤が有効であると考えられるが，その予防効果については適切な評価は行われていない。

〔梁瀬　徹〕

11. 牛RSウイルス病

牛RSウイルス（*Bovine respiratory syncytial virus*：BRSV）による急性熱性の呼吸器病。

原　因

牛RSウイルスは，パラミクソウイルス科（*Paramyxoviridae*），ニューモウイルス亜科（*Pneumovirinae*），ニューモウイルス属（*Pneumovirus*）に分類され，マイナス1本鎖RNAを核酸とし，エンベロープを有する直径35〜150 nmの多形性（主に球形）を示す。牛の呼吸器の線毛細胞やII型肺胞上皮細胞で増殖し，急性熱性の呼吸器病を引き起こす。感染細胞には細胞質内封入体が認められるほか，感染細胞同士が融合し，多数の核を有する合胞体（シンシチウム）を形成する。エンベロープは，感受性細胞のレセプターに結合する接着糖蛋白質（G）と，ウイルスと細胞の膜を融合させる融合蛋白質（F）が主要蛋白質であり，らせん形のヌクレオカプシドを取り囲む。感染個体ではG，Fとヌクレオカプシド中の核蛋白質（N）に対する抗体が出現する。*In vitro* では牛の腎臓や肺，精巣などの初代培養細胞や，ミドリザル腎由来Vero細胞などで増殖し，生体同様，細胞質内封入体および合胞体を形成する。33〜34℃での回転培養がBRSVの分離・培養に適している。

発生・疫学

牛RSウイルス病は1970年の発生報告以降，欧米をはじめ世界各国で発生が確認されている。我が国では1968年に北海道で初発生し，その後全国的に流行した。現在では国内に定着しており，毎年散発的な流行が繰り返されている。飛沫感染によって群内に急速に伝播するため，集団発生を引き起こす。主に冬に流行するが，輸送や群編成などのストレスによって子牛が発症するため，いわゆる「輸送熱」としても知られている。また，BRSVは単独感染でも間質性肺炎を引き起こすが，BRSV感染個体は *Mannheimia haemolytica* や *Pasteurella multocida* といった鼻腔内常在細菌に易感染性となり，より重篤な化膿性肺炎を引き起こすことが多い。そのため，BRSVは牛呼吸器病症候群（BRDC）の重要なトリガーファクターとして重要視されている。

症　状

BRSVの潜伏期間は2～5日程度とされる。症状が上部気道炎にとどまり，軽度の「風邪」として2週間程度で回復する場合から，下部気道まで感染が広がり重度の間質性肺炎を呈し，死亡する場合まで個体によって重篤度は異なる。感染歴のある個体でもBRSVに再感染・発症するが，一般には成牛より若齢子牛でより症状が重篤化しやすい。

主症状は発熱（39～41.5℃），湿性の発咳，鼻汁漏出，流涙である。発熱は数日間持続し，繋留熱と呼ばれる。上部気道炎であれば予後は良好である。気管支炎または気管支肺炎へと炎症が進行するとともに元気消失，食欲不振を示し，乳量低下，体温および呼吸数上昇または呼吸困難が認められる。肺気腫や浮腫を起こすと牛はさらに重篤な呼吸困難に陥り，首を伸ばし頭を下げて開口呼吸をするとともに，舌を出しておびただしく流涎するようになる。聴診にて湿性ラ音および喘鳴音が確認され，一部の牛では皮下気腫が認められる。症状が重篤化した牛では予後は悪い。

死亡例では気管支炎から間質性肺炎が認められる。肉眼所見としては気管気管支粘膜の充出血，気管内の泡沫性粘液の貯留のほか，気管気管支リンパ節や縦隔リンパ節の肥大，出血や，肺性心が認められる場合もある。肺の赤色化，硬化などの肉眼病変は主に頭腹側の各葉に散在する。尾背側では肺気腫により膨張することが多い。組織学的所見としては，気管支炎や細気管支上皮炎による気管上皮細胞の脱落・壊死が多く認められる。気管，細気管支や肺胞腔に好中球，マクロファージや脱落上皮細胞などによる閉塞が認められることも多い。肺の硬化した部位では間質性肺炎や無気肺が，尾背側では肺胞壁の破裂を伴う重度の気腫や水腫が認められる。合胞体は，炎症部位の細気管支上皮や肺胞壁のほか，管腔内の脱落細胞などで認められる。肺の硬化した部位では無気肺や間質性肺炎が認められるほか，尾背側で重度の気腫や水腫が認められることもある。

診　断

症状，病理学的所見，ウイルス学的検査および血清学的検査の結果を総合し，診断する。

ウイルス分離には，発症初期の鼻汁，鼻腔や咽喉頭スワブ，死亡例であれば気管スワブや肺の病変形成部位の組織乳剤上清を感受性細胞に接種し，34℃で回転培養する。ウイルス感染細胞には接種から10～14日程度でCPEや合胞体が出現する（**口絵写真16，17，❹頁**）。しかし，BRSVは熱や凍結融解に非常に弱く，容易に失活するため，野外材料からのウイルス分離は困難なことが多い。したがって迅速に結果が求められる場合は，上記材料からRNAを抽出し，RT-PCRによりG遺伝子を検出することが多い。上記スワブの塗抹標本や，感染細胞についてFITC標識BRSV抗体を用いてウイルス抗原を検出するFAも補助診断として使用可能である。

BRSVに近縁である人のRSウイルスでは，抗原検出用簡易キットが市販されており，これらをBRSV抗原検出に用いる場合もあるが，あくまでも補助診断とし，キットの結果のみで診断を下すことは避けるべきである。

血清学的検査では，発症期と回復期のペア血清を用いて中和試験やELISAにより抗BRSV抗体の抗体価上昇を確認する。

治療・予防

有効な治療法は細菌の二次感染を防ぐための抗菌薬投与や，去痰剤，抗炎症剤投与など対症療法のみである。

予防法として，我が国では単味生ワクチンや，4種混合生ワクチン〔牛RSウイルス病，牛伝染性鼻気管炎，牛ウイルス性下痢・粘膜病（BVD-MD），牛パラインフルエンザ〕，5種混合生ワクチン（上記4疾病と牛アデノウイルス感染症），およびBVD-MDを2価とした6種混合生ワクチンが販売されている。さらに最近では，牛RSウイルス病，牛伝染性鼻気管炎，BVD-MD（2価），牛パラインフルエンザ混合不活化ワクチンが販売されるようになった。ワクチン接種に当たっては，疾病の発生状況や牛の飼養環境，健康状態などによって至適条件が異なるため，各農場や地域ごとに効果的なワクチンプログラムを作成することが望ましい。

〔小西美佐子〕

12. 牛ロタウイルス病

A～C 群ロタウイルス（*Rotavirus A～C*）の感染によって起こる下痢を主徴とする急性感染症。牛 A 群ロタウイルス病は新生子牛に，牛 B 群および C 群ロタウイルス病は，主に成牛の集団下痢として確認される。

原　因

ロタウイルスは多くの哺乳類ならびに鳥類の糞便から検出され，いずれも主に若齢期の下痢の原因となる。本ウイルスは由来動物種ごとに牛ロタウイルス，ヒトロタウイルスなどと呼ばれて区別されているが，ときに由来動物種の壁を越えて感染する。

ロタウイルスは直径約 75 nm の球形ウイルスで，その名前はラテン語の *rota*＝wheel（車輪）に由来する（**口絵写真 18，❹頁**）。ゲノムは 11 本の分節 2 本鎖 RNA である。ロタウイルスはレオウイルス科（*Reoviridae*），セドレオウイルス亜科（*Sedoreovirinae*），ロタウイルス属（*Rotavirus*）に分類される。抗原学的および遺伝学的違いにより A～E の 5 群（暫定的には A～H の 8 群）に区別され，これらのウイルス群は現在ウイルス種として分類されている。A 群ロタウイルスは従来の定型的なロタウイルスで，検出頻度が最も高く臨床的にも重要である。牛ロタウイルスは A～C の 3 群が報告されている。

抗原性の詳細な分析は A 群ロタウイルスのみで実施され，抗原は，内殻蛋白質 VP6 に存在する群抗原と亜群抗原，外殻蛋白質 VP4 と VP7 に存在する血清型抗原などから構成される。ウイルス中和試験により検出される血清型抗原は感染防御抗原として重要であり，VP7 および VP4 の抗原性による血清型をそれぞれ G および P 血清型と呼ぶ。一方，VP7 および VP4 各遺伝子塩基配列の相同性による型を G および P 遺伝子型として区別している。A 群ロタウイルスでは現在までに 27 種類の G 遺伝子型と 35 種類の P 遺伝子型が報告されている。牛 A 群ロタウイルスにおいては，G6 と G10 の G 遺伝子型および P［5］と P［11］の P 遺伝子型の検出率が高い。

ロタウイルスの感染性は，低 pH（pH3.5），エーテル，クロロホルム，凍結融解，超音波処理などで安定であり，また糞便中では 60℃で 30 分間，18～20℃では少なくとも数カ月間は感染性を保つ。一方，高 pH（pH10.0 以上），キレート剤（EDTA，EGTA），高濃度の塩化カルシウム，0.1% SDS で不活化される。消毒剤では，次亜塩素酸ナトリウム，ホルマリン，グルタールアルデヒド，ヨウ素化合物などが有効である。

発生・疫学

牛 A 群ロタウイルス病の発生は日本を含めて世界中で確認されている。成牛のほぼ 100% は A 群ロタウイルスの抗体を保有していることから，本ウイルスは多くの農場に常在化していると考えられる。一方，B 群や C 群ロタウイルスは A 群ロタウイルスほど牛集団に浸潤していない。牛 A 群ロタウイルスの感染はいずれの年齢の牛にも起こるが，本病の発生は一般に新生子牛に限り，特に 1～2 週齢の子牛に多い（**口絵写真 19，❹頁**）。子牛が集中して出生する時期に多発する。本病の発生は突然起こり，農場内の子牛に急速に広がる場合が多い。本病の発病率は高く，致死率は 0～50% であるが，寒冷ストレス，他の病原微生物の混合感染，初乳の摂取不足などの増悪因子が加わると致死率は 90% 程度まで上昇する。一方，再感染も多く認められるが，症状は通常不顕性か軽度である。牛 B 群および C 群ロタウイルス病の発生は，主に成牛の集団下痢として確認される（**口絵写真 20，❹頁**）。

牛ロタウイルスの主な伝播経路は糞便を介した経口感染である。発病子牛の糞便が主要な感染源であり，糞便あるいは糞便で汚染した敷わら，水，器具機材などを介して伝播する。牛 A 群ロタウイルス病罹患子牛の下痢便中には 1 g 当たり最大 10^{11}～10^{12} 個のウイルス粒子を含み，10～100 個のウイルス粒子で感染を起こしうる。また，成牛も不顕性にウイルスを糞便中に排出して感染源となる。ロタウイルスは環境中できわめて安定であり，ウイルスの常在化を許す重要な要因となる。A 群ロタウイルスは畜舎の乾燥した糞便，埃および排水からも検出される。

牛Ａ群ロタウイルス病の発生や病状は，病原微生物，宿主および環境要因に大きく影響される。新生子牛の下痢症では，牛コロナウイルス，毒素原性大腸菌，クリプトスポリジウムなど他の病原微生物との混合感染が頻繁に認められ，混合感染は病状を悪化させる。大量のウイルス曝露により潜伏期間は短縮して症状は悪化する。日齢の若い子牛ほど一般に重度な症状を呈する。低栄養状態では下痢持続期間の延長，潜伏期間の短縮，最小感染ウイルス量の減少が認められる。哺育時の過密飼育はウイルス伝播を助長して本病の集中発生のリスクとなる。融雪などによるパドックの泥濘化が顕著な時期に本病の集中発生が多く認められる。

症　状

新生子牛を用いた牛Ａ群ロタウイルスの実験感染では，潜伏期間は12～36時間で，食欲不振，元気消失，黄色ないし黄白色の激しい水様性下痢が１～２日間続く。次いで，泥状～軟便状態の下痢が数日間持続する。下痢による脱水で血液量が減少し，血圧は低下して末梢血管の収縮が起こるため，目がくぼんで皮膚の弾力性がなくなり，四肢末端は冷たくなる。

牛ロタウイルスは小腸絨毛先端部の上皮細胞で増殖する。ウイルスに感染した上皮細胞は変性，壊死に陥り脱落して，絨毛の萎縮を招く。絨毛萎縮の程度や萎縮した絨毛の範囲，また，絨毛の回復速度は子牛の日齢に依存する。

下痢の発生は絨毛萎縮の直前あるいは同時に認められる。絨毛の上皮細胞は栄養物消化の最終段階と消化産物や電解質の吸収に重要な役割を果たし，これらの過程で膨大な量の水分を吸収する。ウイルス感染した上皮細胞の機能不全，絨毛萎縮による消化吸収面積の減少，また，乳糖分解酵素産生能の低下により腸管内の乳糖濃度は上昇して浸透圧の上昇が起こる。さらに，ウイルス感染により血管作用因子が放出されて腸管神経系の活性化と絨毛の虚血が生じる。加えて，エンテロトキシン作用としてウイルス蛋白質NSP4によるカルシウム依存的な細胞の透過性が増大する。これらの結果として下痢が起こる。下痢による大量の水分と電解質の喪失は脱水と代謝性アシドーシスを，また栄養物の消化吸収不全はエネルギー欠乏を引き起こし，死亡原因となる。

病変は小腸に限られる。肉眼的には絨毛の萎縮による小腸壁の菲薄化，小腸の弛緩および多量の黄色水様物の滞留がみられる。組織所見としては，絨毛上皮細胞の膨化，空胞化などの変性と脱落，絨毛の萎縮と一部融合，絨毛での扁平上皮細胞の被覆，陰窩での上皮細胞の過形成などが認められる。

診　断

発病初期の糞便中には大量のウイルスが含まれる。糞便材料を用いて電子顕微鏡観察によるウイルス粒子の検出は最も確実な方法で，他の下痢関連ウイルスの検出も可能である。

ウイルス抗原の検出としてELISA，RPHA，イムノクロマト，ラテックス凝集反応などのヒトＡ群ロタウイルス検出キットが市販されており，いずれも牛Ａ群ロタウイルスの検出に利用可能である。また，発病初期の小腸材料を用いた免疫染色などによりウイルス抗原を検出する。牛Ａ群ロタウイルスにはMA104細胞（猿胎子腎由来株化細胞）を用いたウイルス分離も有用である一方，非Ａ群ロタウイルスの培養細胞による分離は一般に困難である。

糞便からウイルスRNAを抽出して，RT-PCRなどによる遺伝子検査法も広く実施されている。本法は遺伝子型の同定にも有効である。

牛ロタウイルスの抗体検出法としてIFA，ELISAなどがあるが，多くの子牛は初乳を介した移行抗体を有しているため，発病子牛のペア血清を用いた本病の血清学的診断は一般に困難である。

治療・予防

牛Ａ群ロタウイルスは多くの農場で常在しており，本病の清浄化は困難であるが，牛舎の清掃，消毒など衛生管理の徹底は発病率や症状の軽減を図る上で効果がある。また，カーフハッチの積極的な利用や，初乳の十分な給与も非常に重要である。

母牛のほとんどはＡ群ロタウイルスの自然感染を受けているため，初乳中にはＡ群ロタウイルスの抗体を含む。子牛は生後24時間以内の初乳摂取により移行抗体を獲得するが，腸管から吸収されて血液中に移行した抗体がロタウイルスの感染を完全に防ぐことは困難な場合が多い。しかし，移行抗体は感染の程度を抑えて症状を軽減させたり，感染時期を遅らせたりする。よって，初乳を適正に給与された子牛の牛Ａ群ロタウイルス病の発生率や本病による死廃率は，給与されなかった子牛に比べて低い。一方，一定量以上の免疫グロブリンが常時腸管内に存在して作用する状態を乳汁免疫と呼び，乳汁免疫は本病などの下痢症予防に非常に有効である。母子免疫を利用した不活化ワクチンが市販されており，本ワクチンは移行抗体のみならず乳汁免疫による予防効果を期待する。ワクチン以外の受動免疫による予防法として，凍結初乳，免疫グロブリン製剤などを新生子牛に連続給与する方法が報告されている。

治療は対症療法として脱水やアシドーシスの改善を目的とした補液療法が重要である。下痢の発生初期には経口補液剤がきわめて有効である。また，細菌の混合感染や二次感染予防に抗菌薬の投与を行う。

〔恒光　裕〕

13. 牛コロナウイルス病

牛コロナウイルス（Bovine coronavirus：BCoV）による急性の下痢および呼吸器症状を主徴とする感染症で，子牛，成牛ともに感染する。泌乳牛では乳量の大幅な低下をきたし，経済的な被害が大きい。

原　因

コロナウイルス科（*Coronaviridae*），コロナウイルス亜科（*Coronavirinae*），ベータコロナウイルス属（*Betacoronavirus*）に属する牛コロナウイルスが原因である。BCoV を含む *Betacoronavirus 1* には他に，ヒトコロナウイルス OC43，ヒト腸管性コロナウイルス，豚血球凝集性脳脊髄炎ウイルス，馬コロナウイルスおよび犬呼吸器コロナウイルスが属している。

発生・疫学

牛の下痢症は，農家にとって最も経済的損失の大きな疾病の1つである。牛に下痢を起こすウイルスは多数存在するが，発生件数および発生頭数とも多い疾病として牛コロナウイルス病，牛ロタウイルス病があげられる。両ウイルスとも新生子牛に下痢を起こすが，BCoV は成牛の下痢，呼吸器症状にも関与しており，本ウイルスが引き起こす牛の病態は多様であることから，大きな経済的被害を与える。

牛コロナウイルス病の発生は多くの国で認められ，おそらく牛を家畜として飼育する世界中の国に存在する。しかし，ウイルス分離があまり行われないためか，各国流行株間の相関性についての報告は少ない。これまでカナダ，米国，韓国，デンマーク，ブラジルにおける国内流行株間の遺伝子解析について報告されているが，いずれも短期もしくは単年度における流行株の比較にとどまっている。日本においては，長期（1999～2008 年）における国内流行株の遺伝子解析から，これらが系統学的に複数の遺伝子型に分けられ，また主流となる遺伝子型が推移していったことが報告されている。

症　状

BCoV は牛の呼吸器および消化器に感染する。BCoV が感染することにより生じる牛の臨床症状には3つの型（臨床型）があり，これには新生子牛の下痢（calf diarrhea：CD），冬季赤痢（winter dysentery：WD）と呼ばれる成牛の出血性下痢症，そして米国のフィードロット牛にみられる輸送熱（shipping fever）を含む呼吸器症状があげられる。

1．新生子牛の下痢

本病による新生子牛の下痢は世界中で認められ，BCoV は牛集団にまん延しており，ほとんどの成牛は本ウイルスに対する抗体をもっている。そのため，新生子牛は初乳中の抗体から本病に対する免疫を付与されるが，血液中に移行した抗体では腸管を感染・増殖部位とする本ウイルスを防御することは困難な場合が多い。よって，初乳中の抗体量が激減した後，生後1週間を過ぎた子牛に本病は多発する。潜伏期間は感染量に影響されるが，1～3日で，発熱，元気消失，水様性下痢を呈する。下痢便は黄色あるいは灰白色で重症例では血便も認められ，3

～7日間持続する。発症牛は脱水し，他病原体による二次感染により死亡率が高くなる。ウイルスは小腸絨毛の上皮細胞，そして大腸粘膜においても認められる。大腸におけるウイルス増殖が特徴であり，これは本病とともに新生子牛の下痢を引き起こす牛ロタウイルスではみられない。本病による新生子牛の下痢は，同じ農場で毎年繰り返し認められることが多い。この要因として，本ウイルスに対する持続感染牛の存在が考えられるが，科学的検証はなされていない。

2．成牛の下痢

冬季赤痢と呼ばれる成牛の伝染性出血性下痢症は，晩秋から初春にかけて多くの国で発生している。数日間の潜伏期の後，発熱，水様性下痢を呈する。下痢便は淡褐色～暗緑色であり（**口絵写真 21，❺頁**），血便も認められ，3～7日間持続する。舎飼いの乳用牛，特に搾乳牛に多く発生する。ひとたび農場内で発生すると，ほとんどの搾乳牛が一斉に下痢を呈し，泌乳量が激減するため，その経済的被害は大きい。冬季の急激な気温や気圧の低下，周産期における免疫力低下やそれに伴うウイルス排出量の増加が要因として考えられる。本病は冬季に多発するが，他時期にも本ウイルスによる下痢発症例が認められる。

3．呼吸器症状

他のコロナウイルスと同様にBCoVも呼吸器に感染するため，子牛の発熱，咳，鼻汁漏出，そして重症例では肺炎などの呼吸器病にも関与する。最近では，特に米国における長距離輸送後に搬入されたフィードロット牛で多発する輸送熱にBCoVが関与することが報告されており，牛ヘルペスウイルス，牛パラインフルエンザウイルス3型，牛RSウイルス，牛ウイルス性下痢ウイルスなどとともに牛呼吸器病症候群（BRDC）のウイルス性要因の1つとして考えられている。

これらの臨床型が単独でみられる場合もあるが，下痢症を起こした子牛および成牛には同時に軽度の呼吸器症状も認められることも多く，逆に呼吸器から分離したウイルスの動物試験では呼吸器症状に加えて下痢が認められる。さらにBCoV各株間の抗原性は臨床型に関係なく交差することから本ウイルスの血清型は1つであると考えられている。以上のことから，BCoVが示す多様な病態は病原体側だけではなく，宿主側要因や環境要因によって影響されると考えられる。

診　断

発症牛の糞便あるいは鼻汁（鼻腔拭い液）中のウイルス遺伝子をRT-PCRを用いて検出するウイルス学的診断法とペア血清を用いたHI試験により抗体価の有意な上昇を基に鑑定する血清学的診断法が一般的に用いられる。その他は，免疫電子顕微鏡観察が用いられ，コロナウイルスの形態的な特徴から他ウイルスとの識別ができる長所はあるが，感度は比較的低い。ウイルス分離は比較的困難なため臨床現場では行われないが，流行株間の抗原性や病原性状の比較解析を行うためにはウイルスの分離が必要であり，これにはヒト直腸由来癌株化細胞（HRT-18）が適している。

治療・予防

日本においては単味不活化ワクチンが成牛あるいは子牛接種用に，そして混合不活化ワクチン（ロタウイルス3種と大腸菌との5種混合）が母牛に接種することにより初乳を介した子牛の発症予防用に開発されている。しかし，これらの発症予防効果についてははっきりしない。これは，BCoVが腸管粘膜で感染・増殖するため，血中における抗体が腸管内に移動する量では感染防御に十分でない場合があるためである。一方，初乳中の抗体は子牛の腸管粘膜を直接覆うことにより防御効果を示し，また，腸管から吸収され血中に移行する。この子牛腸管における抗体吸収能（open gut）は生後約24～36時間で消失するため，移行抗体の獲得にはなるべく早い初乳の給与が必要である。また，初乳中の抗体は分娩後数日で常乳と同レベルまで減少し，腸管粘膜における局所免疫力が低下するため，ウイルスの感染・増殖が起きやすくなる。これを防ぐためには一定量以上の抗体を常時腸管内に存在させることが必要で，凍結初乳や免疫グロブリン製剤などの連続給与を行う乳汁免疫による方法が有効である。

〔菅野　徹〕

14. チュウザン病

カスバ（チュウザン）ウイルスによる水無脳症や小脳形成不全を伴う先天異常子の出産を主徴とする疾病で，家畜伝染病予防法における届出伝染病である。

原　因

チュウザンウイルスは1985年に牛の血液およびウシヌカカ（*Culicoides oxystoma*）から分離されたウイルスで，レオウイルス（*Reoviridae*）科，セドレオウイルス亜科（*Sedreovirinae*），オルビウイルス属（*Orbivirus*）パリアムウイルス（*Palyam virus*）群に分類される。病名は最初の分離地である鹿児島市中山町にちなんで名づけられた。分離当初，本ウイルスはパリアムウイルス群の新しい血清型のウイルスと考えられていたが，後に1956年にインドで蚊から分離されたカスバウイルス（Kasba virus）と血清学的に同一であることが確認されている。

ウイルスは，同属のブルータングウイルスやイバラキウイルスに類似する直径約70 nmの球形粒子で，10分節からなる2本鎖RNAゲノムと7つの構造蛋白質（VP1〜7）から構成される。VP3およびVP7は，ウイルス遺伝子の転写・複製に必要な酵素として働くVP1（RNA依存性RNAポリメラーゼ），VP4（グアニリルトランスフェラーゼ）およびVP6（RNAヘリカーゼ）とウイルスRNAとともに内殻カプシド（コア）を形成し，VP2およびVP5から構成される外殻カプシドに覆われて感染性ウイルス粒子となる。最外層に位置するVP2は宿主細胞への吸着に関与すると同時に，赤血球凝集素および血清型特異中和抗原としての機能を有する。

発生・疫学

変温動物である節足動物の吸血によって媒介されるため，チュウザン病の流行には季節性・地域性がある。ウイルスは夏〜秋に，異常産はそれにやや遅れて秋〜翌春に西日本を中心に流行する。

チュウザン病の歴史は比較的浅く，初発は1985年11月〜1986年5月であり，南九州地方を中心に2,400頭を越える大規模な発生が確認された。当時の血清疫学調査によって同時期に中国，四国および近畿地方でも抗体陽性牛が発見されているが，本ウイルスは過去に国内には存在せず，沖縄地方を経由して海外から侵入した新興ウイルスであったと考えられている。1986年以降現在に至るまで，本病の発生は九州・沖縄地方で低頻度・散発的にみられる程度にとどまっている。日本以外では，韓国および台湾で発生がある。パリアムウイルス群に属するウイルスは，日本を含むアジアの他，アフリカやオーストラリアでも分離されており，本ウイルス以外にも牛胎子に感染して異常産を引き起こすウイルスが存在する。少数例であるが，2001〜2002年には九州地方でディアギュラウイルス（D'Aguilar virus）による牛異常産の発生が確認されている。

症　状

ウイルスに感染した妊娠牛そのものに特に異常はみられないが，1〜4日程度の一過性白血球減少症と感染後4〜8週間持続するウイルス血症を起こす。アカバネ病やアイノウイルス感染症に類似するが，流産や死産，早産はきわめて少なく，先天異常子の出産を主徴とする。異常子牛にはアカバネ病やアイノウイルス感染症に特徴的な関節や脊柱の彎曲などによる体形異常は観察されない。そのため，これら2疾病とは比較的容易に鑑別できる。病変は中枢神経系に限られ，大脳欠損・脳脊髄液の貯留，小脳の欠損あるいは形成不全が観察される（**口絵写真22，❺頁**）。病理組織学的には，大脳残存例で大脳皮質錐体下部沿いの実質の疎性化や，菲薄化した脳実質への細胞浸潤，石灰沈着などが認められる。小脳では髄質や顆粒層の菲薄化，プルキンエ細胞の減少などが観察される。アカバネ病が「関節彎曲症・水無脳症症候群」，アイノウイルス感染症が「関節彎曲症・水無脳症・小脳形成不全症候群」として特徴づけられるように，チュウザン病は「水無脳症・小脳形成不全症候群」として表すことができる。

感染した子牛は通常の妊娠期間を経てほぼ正常な体重と体形で産まれるが，ほとんどが虚弱，自力哺乳不能ならびに運動失調，起立不能などの運動障害，間欠的なてんかん様発作，横臥状態での四肢の回転あるいは後弓反張などの神経症状を示す。眼球の混濁や盲目などがみられることもある。初発時におけるウイルスの流行状況や異常産発生状況から，また，胎齢120日の妊娠牛を用いた感染実験によって野外例と全く同様の異常産が再現されたことから，チュウザン病は妊娠中期（約4カ月齢）にウイルス感染した場合に多発する傾向にあると考えられる。本病は肉用牛（和牛）で多発し，乳用牛での発生は少ない。また，めん羊・山羊では，ウイルス感染が確認されているものの，これまでに異常産の発生は報告されていない。

診　断

チュウザン病の診断は症状，ウイルス学的，血清学的および病理学的検査結果に加えて，母牛の年齢，産歴，ワクチン接種歴，同居牛の抗体保有状況，さらにおとり牛の抗体陽転状況やウイルス分離状況，牛異常産の発生状況などの疫学的情報に基づいて総合的に実施する必要がある。本病の症例は，感染から時間が経過して現れる先天異常子の出産がほとんどで，すでに体内からウイルスが消失しているため，患畜からのウイルス分離やウイルス遺伝子・抗原の検出は困難である。そこで，異常子牛血清中の抗体を検出することが診断の主体となる。この場合，胎子感染が起こったことを証明するために初乳を摂取する前に採取した血清を検査に用いることが重要である。初乳摂取後の血清を用いると検出された抗体が母牛から獲得した移行抗体か，胎子感染によって産生された抗体かの判別が困難となる。抗体の検出には一般的に中和試験が用いられるが，HI試験も適用可能である。

予防・治療

チュウザン病予防には，媒介節足動物であるヌカカの吸血を阻止するための忌避剤・ピレスロイド系や有機リン系殺虫剤の使用も考えられるが，大きな効果は期待できない。感染経路の遮断という対策がとれない以上，ワクチンが有効であり，現在，アカバネ病およびアイノウイルス感染症との3種混合不活化ワクチンが市販されている。初回接種時には4週間隔で2回接種する必要があり，その後，翌年からは年1回の追加接種で効果を維持することができる。通常4～6月のウイルス流行期前にワクチンの接種を完了しておくことが肝要である。先天異常子には治療効果はない。

〔山川　睦〕

15. パラインフルエンザ

牛パラインフルエンザ3型ウイルス（*Bovine parainfluenza virus 3*：BPIV3）による呼吸器症状を主徴とする牛の急性熱性感染症。

原　因

モノネガウイルス目（*Mononegavirales*），パラミクソウイルス科（*Paramyxoviridae*），パラミクソウイルス亜科（*Paramyxovirinae*），レスピロウイルス属（*Respirovirus*）に属するBPIV3が原因となる。人や，めん羊，豚，犬，猿，モルモット，マウスなどにもそれぞれ種固有のパラインフルエンザウイルスがあり，気道感染症の原因となる。パラインフルエンザウイルスの血清型は1～5型までが知られているが，牛に感染するのは3型のみである。

BPIV3粒子の大きさは直径120～300 nmないしそれ以上であり，脂質エンベロープに包まれている。ウイルス表面にはスパイク状の突起があり，形は球形ないし不定形を示す（**口絵写真23，❺頁**）。エンベロープは非常に脆く，ビリオンは壊れやすいため，電子顕微鏡標本では粒子が壊れて，なかからひも状のヌクレオカプシドが外に出ている像がしばしば認められる。ウイルスゲノムはマイナス極性の1本鎖RNAであり，長さは15.4～15.5 kb，単一分子で，6個の遺伝子よりなる。これまでに3種類の遺伝子型（A～C型）が報告されているが，遺伝子型間での病原性や抗原性の違いは不明である。

BPIV3は牛腎臓初代細胞や，牛腎臓株化(MDBK)細胞，猿腎臓株化(Vero)細胞などでよく増殖し，鶏やマウス，モルモットなどの赤血球を4℃下で凝集する。

発生・疫学

日本で最初にBPIV3が分離されたのは1958年であり，ほぼ同時期に米国やスウェーデンでも分離された。本病は当時，牛の輸送に関連して多発することから輸送熱（shipping fever）と呼ばれ，すでに我が国を含む世界中に広くまん延していた。現在も牛の品種や性別にかかわらず，全国的に発生が認められる。主な感染経路は接触または飛沫による経鼻感染である。本病は年間を通じて発生するが，輸送，放牧または集団飼育の開始などが発症のきっかけとなることが多いため，4月から6月にかけて若齢牛に多発する。本ウイルスの単独感染による死亡率は1％以下ときわめて低い。ただし野外では，本ウイルスの単独感染よりも牛RSウイルス，牛ヘルペスウイルス1，牛アデノウイルスなどの呼吸器感染ウイルス，*Mannheimia haemolytica*，*Pasteurella multocida* などの細菌，マイコプラズマなどと混合感染を起こす場合が多い。混合感染例では，一般に牛呼吸器病症候群（BRDC）と診断される。

症　状

40～41℃前後の一過性発熱，元気，食欲の減退，流涙，流涎，水様性～膿性の鼻漏，発咳，呼吸促迫，肺胞音などがみられる。下痢や流産を起こすこともある。肺炎併発牛の肺の肉眼所見では気管および気管支内に漿液貯留と，前葉および中葉に無気あるいは肝変化病巣が散在することが多い。病理組織学的には気管支から肺にかけての間質性炎が主病変として認められ，肺胞上皮細胞に合胞体（シンシチウム）や細胞質内および核内封入体が観察されることもある。

一般に単独感染では症状が軽度で，他の呼吸器病ウイルスや細菌，マイコプラズマとの混合感染や，ストレス等による免疫状態の変調により症状が重篤化する。

診　断

本病と臨床的に類似した疾病は，牛伝染性鼻気管炎，牛RSウイルス病，牛アデノウイルス病，牛ライノウイルス病，牛レオウイルス病，牛ウイルス性下痢・粘膜病，牛流行熱，牛のクラミジア病，牛のパスツレラ症，牛のマイコプラズマ肺炎など，非常に多い。また混合感染例も多いことから，慎重な診断を行う必要がある。

疫学調査や臨床検査，血液検査，剖検所見などで本病が疑われた場合は，血清学的検査やウイルス学的検査を実施する。血清学的検査としては，ペア血清を用いて中和試験やHI試験を実施し，抗体価の上昇を確認する。ウイルス学的検査としては，鼻腔拭い液や肺病変部の乳剤を牛腎臓の初代または株化細胞に接種してウイルスを分離する。また，鼻腔拭い液の直接塗抹標本や肺病変部の凍結切片標本をFA，または酵素抗体法により染色してウイルス抗原を検出する方法も行われる。補助的診断として鼻腔拭い液からRNAを抽出し，RT-PCRによりウイルス遺伝子を検出する方法も行われる。

治療・予防

確立された治療法はなく，対症療法を行う。また，細菌の二次感染による症状の悪化を防ぐため，有効な抗菌薬を投与する。

本症の予防として，牛のウイルス性呼吸器病（牛パラインフルエンザ，牛伝染性鼻気管炎，牛ウイルス性下痢・粘膜病，牛RSウイルス病，牛アデノウイルス病）に対する3～6種混合生ワクチンが市販されている。適切な飼養管理を行い，ストレスなどの発症誘因をできるだけ少なくすることも有効な予防法となる。

〔畠間真一〕

16．牛乳頭腫症

牛パピローマウイルス（Bovine papillomavirus：BPV）による牛の体表皮膚や，上部消化器および膀胱粘膜に，乳頭腫あるいはパピローマと呼ばれる良性腫瘍を形成する疾病。

原　因

パピローマウイルス科（*Papillomaviridae*）のBPVが原因となる。ウイルスの大きさは約55 nm，形は正二十面体，エンベロープはなく，環状2本鎖DNAをゲノムとしてもつ。

BPVは，主要外殻蛋白質をコードするL1遺伝子の違いに基づいて13種類の遺伝子型（BPV-1～13）に分類されている。BPV-1，2，13はデルタパピローマウイルス属（*Deltapapillomavirus*：δ-PV），BPV-5，8はイプシロンパピローマウイルス属（*Epsilonpapillomavirus*：ε-PV），BPV-3，4，6，9，10，11，12はグザイパピローマウイルス属（*Xipapillomavirus*：ξ-PV）に属する。BPV-7は，現在のところ，属が未定である。遺伝学的に近縁なウイルスは類似した病変を形成することが知られており，δ-PVは線維性乳頭腫，ξ-PVは上皮性乳頭腫，ε-PVは線維性乳頭腫および上皮性乳頭腫の両方の原因となる（**表1**）。

パピローマウイルスの感染宿主域は一般に狭く，本来の宿主以外の動物に感染することはないが，BPV-1およびBPV-2は例外的に馬類にも感染する。一方，*in vitro*では，すべてのBPVがマウス由来のC127細胞やNIH3T3細胞をトランスフォームして細胞集塊を作る。しかし，培養細胞におけるウイルスの増殖は認められない。

発生・疫学

牛の年齢，性別，種類，季節に関係なく世界各地で発生している。体表皮膚の乳頭腫は，2歳以下の雌牛に発生しやすい傾向がある。一方，上部消化管や膀胱粘膜の腫瘍は，年齢，性別等による発生の差がないものの，比較的温暖な国や地域で発生が多い。英国および米国のと畜場における調査では，乳頭皮膚の乳頭腫症発生率は25～37%，口腔から咽頭，食道にかけての腫瘍の発生率は19%であった。我が国でも毎年各地で発生しているが，地域や飼養形態等によって発生に大きな差が認められる。

ウイルスの伝播は，発症牛と未発症牛の直接あるいは間接的接触によって起こる。皮膚表面に付着したウイルスは，その後，吸血昆虫や，頭絡，注射針，耳環，焼印，柵，牛舎，搾乳などによって受けた傷から皮膚深部へと侵入し，数カ月間の潜伏期を経て病巣を形成する。実験的にウイルスを皮内に接種すると，2～4カ月後に病変が出現する。

症　状

顔面，頸部，胸部，腹部，外部生殖器等にδ-PVのBPV（BPV-1，2）が感染すると，表面が凸凹でカリフラワー状の線維性乳頭腫が形成される。四肢にδ-PVのBPVが感染すると，表面が平滑で結節状の線維腫が形成される。蹄にδ-PVのBPVが感染すると，乳頭状趾皮膚炎を発症して飼料の摂取量が減少する。乳頭には，ξ-PVのBPV（BPV-6，9）が感染することで樹枝状あるいは毛状，結節状の上皮性乳頭腫が発生するだけでなく，δ-PV（BPV-1，2）やε-PV（BPV-5）のBPVが感染することで，それぞれカリフラワー状や小結節状の線維性乳頭腫が発生する。複数のBPVが混合感染することもあり，その場合，同一個体に様々な外観の腫瘍が混在して認められる。これら体表皮膚に形成される乳頭腫は，一般に良性で体重減少や斃死等の全身症状を表すことはない。しかし，乳用牛の乳頭に発生すると搾乳困難を生じたり，乳房炎を誘発するなど，効率的な酪農を阻害する（**口絵写真24，❺頁**）。発症後半年～数年経過すると病巣の表面が瘢痕化し，基部が乾燥壊死を起こして脱落し，退縮あるいは治癒することが多い。

一方，上部消化管にξ-PVのBPV（BPV-4）が感染した場合は，樹枝状あるいは結節状の上皮性乳頭腫を形成する。また膀胱にδ-PVのBPV（BPV-2）が感染した場合は，樹枝状の乳頭腫やグロムス腫瘍，黒皮症など様々な腫瘍を形成する。上部消化管や膀胱の腫瘍は，シダ植物の摂取等が誘因となって

表1 BPV の遺伝子型と病変の多様性

属	形成される病気	原因ウイルス	好発部位
δ-PV	線維性乳頭腫	BPV-1	顔面，乳頭，乳房，陰茎，膀胱
		BPV-2	顔面，乳頭，乳房，陰茎，膀胱
		BPV-13	耳
ε-PV	線維性および上皮性乳頭腫	BPV-5	乳頭
		BPV-8	乳頭*
ξ-PV	上皮性乳頭腫	BPV-3	背中
		BPV-4	口蓋，咽頭，食道，胃
		BPV-6	乳頭
		BPV-9	乳頭
		BPV-10	乳頭*
		BPV-11	乳頭*
		BPV-12	舌
属未定	不明	BPV-7	乳頭*

*：BPV-7，8，10，11，13 は乳頭の乳頭腫からみつかっているが，病変の好発部位に関しては不明な点が多く，今後さらなる調査が必要である。

悪性化しやすく，扁平上皮癌へと形質転換して牛が斃死する。たとえ前癌状態であっても，形成箇所によっては摂食障害や血尿により牛が斃死することがある。

診　断

体表皮膚に形成された病巣は，特徴ある外観の腫瘍を形成するので肉眼観察によって容易に発見することができるが，粘膜に形成された病巣は肉眼観察が困難であるため，死後の剖検によって判明することが多い。

臨床検査および疫学調査によって乳頭腫が疑われた場合には，病変を採取して病理組織学的検査を行うことで確定診断する。線維性乳頭腫の場合は，有棘細胞層の肥厚，過角化症，および真皮における線維性組織の増殖が認められる。一方，上皮性乳頭腫の場合は，有棘細胞層の肥厚と過角化症のみが認められる。有棘細胞層上部から顆粒細胞層にかけて単染性の好塩基性核内封入体が認められ，この部位の電子顕微鏡観察でウイルス粒子がみられる。また，免疫組織化学的検査や PCR，ウイルスゲノムの遺伝子解析によって補助的診断を行う。

治療・予防

現在のところ，本症に対する根治的な治療法は開発されていないが，形成される腫瘍の形や部位に応じて以下の治療法を単独もしくは組み合わせて行うことが多い。切除可能な病変は外科的に切除することで早期に治療することができる。大きい肉茎はひもで縛っておくと脱落することもある。切除不可能な場合は液体窒素などによって凍結治療を行うか，抗菌薬であるヒノキチオールやサリチル酸メチルを成分とする薬剤を病変部に塗布する。木酢酸や氷酢酸を塗布する方法も一部で行われているが，疼痛によって牛が暴れるなどの問題がある。また，ヨクイニン（ハトムギ）やインターフェロン α 製剤を飲ませる方法も，ある程度の治療効果を期待できる。自家ワクチンの効果については賛否両論が存在するが，病変が拡大する可能性もあるため推奨されていない。

今のところ，商業的に作られたワクチンはない。放牧施設では，農場周辺の昆虫駆除対策を行うことで発症要因が減り，乳頭の乳頭腫の流行をある程度抑えることができる。

〔畠間真一〕

17．牛丘疹性口炎，偽牛痘

原　因

牛丘疹性口炎は，主にポックスウイルス科（*Poxviridae*），コルドポックスウイルス亜科（*Chordopoxvirinae*），パラポックスウイルス属（*Parapoxvirus*）の牛丘疹性口炎ウイルス（*Bovine papular stomatitis virus*）感染を原因とする。これに対し，偽牛痘は主に同じパラポックスウイルス属の偽牛痘ウイルス（*Pseudocowpox virus*）感染を原因とする。ただし，口周囲に発症した牛丘疹性口炎，乳頭やその周囲に発症した偽牛痘ともに，どちらのウイルスも検出され，発症部位による本疾病名と原因ウイルスは必ずしも一致しない。どのウイルスが原因であるかは，臨床的には区別できず，実験室内での遺伝学的解析を必要とする。牛丘疹性口炎ウイルス，あるいは偽牛痘ウイルス，どちらのウイルス感染でも口周囲に発症すれば牛丘疹性口炎となり，届出伝染病の対象であることから，臨床的にウイルスの分類は重要ではない。全身に発症することはきわめてまれである。また，口蹄疫との類症鑑別が重要であることから，届出伝染病に指定されていない偽牛痘も，牛丘疹性口炎と同様に注意が必要である。

２本鎖 DNA ウイルスであるパラポックスウイルス属のウイルス粒子は，250～300×160～190 nm の特徴的な卵形の形態を示し，フィラメント構造がウイルス粒子表面を覆うため，ネガティブ染色で竹籠状構造として観察される。他の脊椎動物に感染するポックスウイルスの形態がレンガ状であるのと大きく異なる。牛丘疹性口炎ウイルスおよび偽牛痘ウイルスは，互いに血清学的に交差し，同属のオルフウイルスとも交差するが，エンベロープ遺伝子領域の塩基配列解析により識別可能である。PCR 産物の制限酵素切断パターンによる識別も可能であるが，近年国内ではこのパターンによる識別ができないウイルス株も報告されている。

発生・疫学

日本を含め世界中に分布する。病変部の痂皮や脱落した痂皮中には感染力をもつウイルス粒子が存在し，病変部が付着した器具や，痂皮が脱落した飼育施設，放牧場などが感染源となる。体表の傷口が，ウイルスを含むこれらの器具や飼育施設などに接触すると感染が成立する。特定の放牧場飼育歴のある牛で感染率が高いことが知られている。子牛で発症率が高いが，成牛でもストレスなどにより発症する。

症　状

主に口唇，歯齦，口腔，舌，乳頭，乳房などに赤色丘疹，結節，びらんを形成する。口蹄疫と類似の症状を示し，鑑別が困難な場合がある。二次感染により膿疱，潰瘍まで進行することもあるが，全身症状や死亡することはまれである。痂皮を形成し，痂皮が脱落後１カ月程度で外見上治癒し，予後は良好である。

牛丘疹性口炎，偽牛痘，どちらも人獣共通感染症である。偽牛痘から人の手指に感染し，結節として発症したものは，古くから搾乳者結節（milker's nodule）として知られている。

診　断

PCR によるウイルス遺伝子検出，電子顕微鏡による特徴的な竹籠状卵形のウイルス粒子観察，病変部における有棘細胞の増生と空胞変性，細胞質内封入体の確認，およびウイルス抗原検出による病原学的診断が用いられる。牛胎子由来初代培養細胞によるウイルス分離も可能だが困難なことが多い。AGID などによる抗体検出も行われる。

治療・予防

早期発見，早期隔離が感染拡大防止に最も有効である。病変部が付着したり，痂皮が落ちたりした場所は汚染源となるので，飼育施設の消毒を行う。また，皮膚病変が軽減するまで二次感染の防止に努めるなど衛生管理を徹底する。治療法はない。一度発症した牛でも再感染する。

〔猪島康雄〕

18. 水胞性口炎

原　因

本病の原因はラブドウイルス科（*Rhabdoviridae*），ベシクロウイルス属（*Vesiculovirus*）の水疱性口炎ウイルスで，長さ180 nm，幅80 nmである。本ウイルスにはNew Jersey（NJ）型（口絵写真25，❺頁）とIndiana（IND）型の２つの抗原型があり，Indiana型はさらにIND-1，IND-2，IND-3の３つの亜型に分けられる。この３亜型は以前Indiana virus（VSIV），Cocal virus（COCV）およびAlagoas virus（VSAV）と呼ばれていた。本ウイルスには０～４℃でガチョウの赤血球を凝集する能力がある。本ウイルスは発育鶏卵で増殖し，漿尿膜上にポックを形成する。ほとんどすべての培養細胞株で増殖し，接種後12～17時間の早い経過で円形の細胞変性を起こす。また，明瞭なプラックを形成し，プラックには大型と小型の２種類のものがあるとされている。蚊由来の細胞や蚊でも増殖可能で，ほとんどすべての実験動物に感染する。本ウイルスは増殖の早さや明瞭なプラックの形成能，そしてインターフェロンに対する感受性のよさから，インターフェロンの定量等によく使用されている。本ウイルスの起源は，牧場に存在している植物ウイルスだという仮説があり，動物は終末宿主であるとされている。

発生・疫学

現在まで我が国では発生したことはない。NJ型およびIND-1型はメキシコ南部，中米，ベネズエラ，コロンビア，エクアドルおよびペルーの畜産地域で常在化しており，特にNJ型は臨床症状を示す80％以上のケースを占めている。NJ型およびIND-1型の散発的な発生が，メキシコ北部および米国西部で認められている。IND-2型はアルゼンチンおよびブラジルで，馬における発生のみから分離されている。IND-3型の発生は1977年まではブラジルでの馬における散発的な発生だけであったが，1977年ブラジルの牛において初めて確認され，それ以後，馬より低い割合ではあるが，牛でも発生が認められている。水胞性口炎の発生においては，常にこの傾向が認められ，馬の発生が最初に確認され，続いて牛および豚の発生が確認される。本病に最も感受性の高いのは馬で，牛や豚の感染は馬ほどではない。ただし，口蹄疫に症状が著しく類似しているため，牛や豚の発生が重要視される。本病に対し山羊やめん羊は抵抗性を示し発病しない。

症　状

潜伏期は２～４日で，その後発熱する。水疱は鼻部の粘膜，口唇部，舌粘膜に好発し，ときとして乳房や乳頭に発することもある。蹄部の病変はそれほど認められず，細菌等の２次感染がなければ回復は早く，２週間ほどで元の状態に復帰する。若齢の動物は感受性が低く，発症しても軽症で，死亡することはほとんどない。口腔部に発生した水疱のために，多量の流涎や食欲不振が認められるが，予後は一般に良好である。ただ，口蹄疫と臨床的には区別がつかず，本病の存在が口蹄疫の早期発見の妨げとなるため，発生したら直ちに口蹄疫に関する特定家畜伝染病防疫指針に従い，最初は口蹄疫を疑って措置を行わなければならない。

診　断

臨床的には口蹄疫と区別がつかないが，本病は馬が感染すること，また馬が最も感受性が高いことが口蹄疫と大きく異なる。ただし，本病のような水疱性疾病を発見した場合には，すぐに最寄りの家畜保健衛生所に届け出，家畜防疫員の指示に従わなければならない。家畜保健衛生所の職員は口蹄疫に関する特定家畜伝染病防疫指針に従い行動する。

類似疾病としては，水疱および類似病変を形成する口蹄疫，牛丘疹性口炎，また流涎等の呼吸器症状を呈するイバラキ病，牛伝染性鼻気管炎などがあげられる。本病は馬が感染すること，節足動物が媒介するため流行が春から秋までであることなどで区別する。病原診断は，水疱等病変部を感受性細胞，乳飲みマウスおよび発育鶏卵に接種し，ウイルス分離を行う。分離された病原体の同定はサンドイッチELISAにより行うことができるが，最初は口蹄疫を疑い，診断は動物衛生研究所海外病研究施設で行うことになっている。

治療・予防

現在は水酸化アルミニウムゲルアジュバントおよびオイルアジュバント不活化ワクチンが米国およびコロンビアで試験使用されている。これら2種類のワクチンは，接種した牛において高特異性で高力価の抗体が惹起されている。ただ，このワクチンによって，どの程度疾病が防除できるのかは，いまだ明らかとはなっていない。NJ型およびIND型の不活化ワクチンがコロンビアおよびベネズエラで製造されている。本病の予防は，発生情報の早期入手とそれに関係した馬の検疫強化が重要である。

〔白井淳資〕

19．牛アデノウイルス病

病原体

アデノウイルス科（*Adenoviridae*）に属する牛アデノウイルス（BAdV）の経気道および経口感染に起因する急性熱性伝染病で，発熱や消化器症状，呼吸器症状を起こす。BAdVのウイルス核酸は2本鎖DNAで，エーテル，クロロホルム，デオキシコール酸ナトリウムおよびトリプシンに抵抗性であり，広範囲のpH（pH 3.0～9.0）に対しても安定である。BAdVには少なくとも10種の血清型が存在し，さらに培養細胞に対する感受性により，マストアデノウイルス属（*Mastadenovirus*）に分類される牛アデノウイルス1型（*Bovine adenovirus A*），同3型（*Bovine adenovirus B*），同10型（*Bovine adenovirus C*），同9型（*Human adenovirus C*），同2型（*Ovine adenovirus A*）と，アトアデノウイルス属（*Atadenovirus*）に属する牛アデノウイルス4～8型（*Bovine adenovirus D*）に分けられる。最近の我が国では血清型3，5，7型に起因する牛アデノウイルス病の発生報告が多いが，実際には複数の型が広く存在すると考えられている。

疫　学

本病は年間を通じて発生し，主な伝播経路はウイルスに汚染された排泄物（鼻汁，糞便など）による水平感染と考えられている。BAdVの単独感染で発病することはまれで，飼養環境の変化や長距離輸送による体力低下，放牧などの急激な環境の変化によるストレスにより発症することが多い。また，BAdVは牛RSウイルス病や牛コロナウイルス病，ヒストフィルス・ソムニ感染症などと同様に，牛呼吸器病症候群（BRDC）の一因として重要視される。一方，不顕性感染も多く，外見上健康と思われる牛でも，長期にわたり糞便や鼻汁中にウイルスを排泄することがある。このような牛は本病の伝播源となりうるので注意が必要である。

症　状

BAdVの病原性は血清型によって異なり，7型の病原性が最も強いといわれる。感染牛は一過性の発熱と白血球減少症を伴う呼吸器症状あるいは消化器症状を示し，なかには両者を併発する牛もある。発熱は一過性であるが，病原性が比較的強い7型の感染では稽留熱を呈することもある。呼吸器症状としては発咳や鼻漏，消化器症状には血液や粘液を混じた下痢などが認められる。特に子牛では細菌との混合感染で肺炎や発育障害がみられ，下痢を発症すると致死的なこともある。

単独感染の呼吸器病変は軽微であるが，混合感染により重篤化した症例では肺気腫や肝変化病変が認められ，血管内皮細胞には核内封入体が観察される。消化器では第四胃を中心としたびらんや潰瘍，小腸から結腸の粘膜に出血や偽膜形成が認められる。呼吸器と消化器病変以外にも，腎臓の出血病変や関節炎，角結膜炎などがみられることもある。

診　断

本病と類症鑑別を要する疾病には，牛流行熱や牛

RS ウイルス病，牛伝染性鼻気管炎，牛ライノウイルス病，牛ウイルス性下痢ウイルス感染症などがある。確定診断には，ペア血清を用いた HI あるいは中和試験による血清学的診断，牛精巣や牛腎臓初代培養細胞を用いたウイルス分離が行われる。また，PCR による BAdV 遺伝子の検出は迅速であるばかりでなく，ウイルスの型別もある程度可能であるため，診断法として有用である。

治療・予防

本病の予防には血清型 7 型に対する生ワクチンが開発され，混合感染を防ぐ目的から牛伝染性鼻気管炎や牛 RS ウイルス病などとの混合生ワクチンとして 1990 年代より使用されている。本病は子牛での発症率が高いため，新生子牛に初乳を適切に与え，十分な移行抗体を賦与することも有効な予防手段である。有効な治療法はないが，細菌による二次感染を防ぐ目的で抗菌薬の投与が行われる。

〔伊藤寿浩〕

20. 悪性カタル熱

原　因

悪性カタル熱（malignant catarrhal fever：MCF）にはヌー（wildebeest），和名ウシカモシカに由来するウシカモシカ媒介型（WA-MCF）と，めん羊に由来するヒツジ媒介型（SA-MCF）が存在する。WA-MCF はウシカモシカを自然宿主とするウシカモシカヘルペスウイルス 1（*Alcelaphine herpesvirus 1*：AlHV-1）と，めん羊を自然宿主とするヒツジヘルペスウイルス 2（*Ovine herpesvirus 2*：OHV-2）により，それぞれ引き起こされる。両ウイルスともヘルペスウイルス科（*Herpesviridae*），ガンマヘルペスウイルス亜科（*Gammaherpesvinae*），マカウイルス属（*Macavirus*）に属する。AlHV-1 は牛胸腺細胞などで培養可能であるが，OHV-2 の培養報告はほとんどない。

発生・疫学

ウシ科やシカ科に属する多くの動物種に感染し，重篤な症状を引き起こす。発症すると致死性が高い。自然宿主での感染率は高く，不顕性感染し，リンパ球などに潜伏感染している。一方，終末宿主への感染効率は低いため，終末宿主での発生は散発的である。ウイルスを排出している出産直後の自然宿主（子羊など）や，その胎盤と接触することにより感染する。SA-MCF は世界中で発生が認められ，WA-MCF はウシカモシカを飼育している動物園などで発生する。

症　状

WA-MCF も SA-MCF も自然宿主では不顕性感染である。終末宿主においては感染後の潜伏期間は様々であるが，甚急性ないし急性の発症を起こし，発熱，食欲廃絶，起立不能などの全身症状とともに，鼻や唇など可視粘膜のカタルと化膿，角膜混濁，眼瞼浮腫，可視粘膜のうっ血，出血，下痢，出血便，体表リンパ節の腫大などが認められ，発病後は平均 4 日の短時間で多くが死亡する。

診　断

血液検査では，リンパ球の増加や異型単核球の出現が認められる。

肉眼所見としては，粘膜に充血，出血，びらんや潰瘍の多発，リンパ節の腫大が認められ，腎臓に白斑が多発する例も多い。

組織学的な主要病変は，大小単核細胞の浸潤による粘膜上皮の壊死性炎と細胞浸潤による血管炎および出血，リンパ組織でのリンパ球増生である。血管炎は三叉神経付近の怪網や腸間膜の血管，腎臓の弓状血管などで認められる。リンパ節の壊死，過形成は，特に傍皮質に認められることが多い。非リンパ性組織，特に腎皮質，肝臓グリソン鞘の間質にリンパ球の集簇が形成される。非化膿性髄膜脳炎も認められる。

診断にはPCRが適している。OHV-2のウイルス分離は困難であるが，PCRで発症動物からウイルスDNAが検出される。WA-MCFは病変部やリンパ系組織からウイルスが分離される。

血清学的にはAlHV-1に対する競合ELISA，CF試験，感染細胞を用いたFAが行われている。

治療・予防

治療法はない。

予防は，SA-MCFについては，周産期のめん羊と感受性動物との接触を避ける。WA-MCFにはワクチンが存在するが，国内では認可されていない。

〔前田　健〕

21．牛乳頭炎

原　因

牛乳頭炎ウイルス（Bovine mamillitis virus）の分類上の正式名称は，牛ヘルペスウイルス2（*Bovine herpesvirus 2*：BHV-2）である。BHV-2はヘルペスウイルス科（*Herpesviridae*），アルファヘルペスウイルス亜科（*Alphaherpesvinae*），シンプレックスウイルス属（*Simplexvirus*）に属する。BHV-2は乳頭炎（乳頭炎型）以外に偽ランピースキン型（pseudo-lumpyskin）と呼ばれる皮膚に結節を生じる病気を引き起こす。

発生・疫学

感染率は高く，急速に牛群内に伝播し，不顕性感染（潜伏感染）する。若齢牛や特に初産の妊娠牛で症状を示すことが多い。乳頭病変部からの滲出液は高感染価のウイルスを含むため，搾乳機を介しての伝播が疑われているが，主たる伝播様式であるか不明である。海外では，吸血昆虫の媒介も疑われている。牛群レベルでの抗体陽性率は低く，発生は限局的である。

乳頭炎型は米国，欧州，オーストラリアなどで報告されているが，偽ランピースキン型はアフリカ南部の湿度の高い低地や川沿いに発生が多い。

症　状

乳頭炎型は乳頭に水疱および潰瘍を形成する。重症例では乳房広範囲に及び，水疱や潰瘍を形成する。また，搾乳時の疼痛も認められる。哺乳中の子牛では口腔粘膜の紅斑，口唇・鼻腔・鼻鏡に潰瘍を形成する。

偽ランピースキン型は，顔，頸，背，会陰部に結節が生じ，その後，広範囲の皮膚に結節が拡がる。病変は表皮に限局しており，2～3週で完治する。ポックスウイルスによるランピースキン病に類似するが，より病状は軽度である。

診　断

肉眼所見では，乳頭の水疱，子牛の口腔粘膜の紅斑，口唇・鼻腔・鼻鏡に潰瘍，食道，第一胃，第三胃の粘膜表面に丘疹が生ずることがある。

組織学的には，好酸性核内封入体を有する上皮性合胞体の形成が特徴病変である。ただし，肉眼病変出現6日目以降は封入体の検出が困難である。病変部組織の透過型電子顕微鏡観察によるウイルス粒子の確認も有効である。

血清学的には，ペア血清を用いたBHV-2 Minnesota株に対する中和試験，FAを実施する。

ウイルス学的には，筋肉や精巣に由来する牛胎子初代培養細胞を用いて2～3代盲継代を行い，ウイルス分離を行う。接種材料としては，発病初期の病変組織乳剤や水疱液が用いられる。ウイルス感染細胞では，合胞体（シンシチウム）の形成を伴うCPEが認められる。感染細胞には，核内封入体が認められる。AGID，電子顕微鏡観察により感染細胞中のウイルス抗原あるいはウイルス粒子を検出する。病変組織または白血球よりDNAを抽出し，PCR検査を行う。

治療・予防

治療法，予防法ともにない。

〔前田　健〕

22. ブルータング

原　因

ブルータングウイルス（*Bluetongue virus*）は，レオウイルス科（*Reoviridae*），セドレオウイルス亜科（*Sedoreovirinae*），オルビウイルス属（*Orbivirus*）に分類される。10分節からなる2本鎖RNAウイルスで，有機溶媒には耐性であるが，pH 6.5以下とpH 10以上では感染性の顕著な低下がみられる。24の血清型が知られ，それぞれ流行地域や病原性が異なっている。

発生・疫学

本病の発生報告は南アフリカ共和国が最初だが，アフリカ，中近東，アジア，オーストラリア，米国，中南米，欧州など世界中の亜熱帯，温帯地域に拡大している。2006年には，それまで報告のなかった中欧に血清型8による発生があり，年々発生地域が北上している。ウイルスは多種類のヌカカによって媒介されることが知られているが，アフリカでは *Culicoides imicola* が主要な媒介種とされている。欧州における媒介ヌカカについては不明である。

日本では，家畜伝染病予防法において届出伝染病に指定されている。1994年以前は沖縄，九州でウイルスが分離されていたものの，疾病の発生報告はなかった。しかし，1994年に北関東で牛とめん羊が，2001年にはめん羊の発症が認められた。2005年には九州および関東の広い範囲で抗体陽転が認められている。

症　状

症状を示すのは，めん羊，山羊，牛，水牛，野生反芻獣などであるが，めん羊で臨床的な変化が顕著である。めん羊における臨床症状は，発熱，鼻汁漏出，口腔および鼻粘膜や舌のチアノーゼ，腫脹，潰瘍形成などである。1994年日本での発生では咽喉頭麻痺による嚥下障害が認められた。胎子感染の結果，流死産，大脳欠損などの先天性異常がみられる。牛は不顕性感染が主であるが，ときに口部および鼻鏡の潰瘍を示す場合がある。中欧における血清型8の感染では，牛の発症が目立ち，流産や先天性異常も多発している。

病理組織学的には，食道，咽喉頭，舌などの横紋筋の硝子様変性，断裂，壊死およびリンパ球の浸潤，線維芽細胞の増殖が認められる。心内外膜の出血，心筋の変性，壊死も報告されている。

診　断

病原診断材料として，発熱時の血液を採取，血球分画をPBS洗浄後凍結融解し，ウイルス分離に供する。10～11日齢発育鶏卵に接種することによってウイルス分離を行う。BHK 21，HmLu-1，Vero細胞を用いての分離も可能である。分離ウイルスは，FAで同定を行い，特異的抗血清を用いた中和およびHI試験で血清型を決定する。RT-PCRによるブルータングウイルス特異的および血清型特異的遺伝子診断も報告されている。

血清診断は，AGIDによって抗体保有を確認する。競合ELISAも可能である。血清型が多いため，中和試験は実用的でない。

治療・予防

発生国では，弱毒生ないし不活化ワクチンが使用される。我が国ではワクチンは市販されていない。

〔明石博臣〕

23. ランピースキン病

原　因

ランピースキン病は，ポックスウイルス科（*Poxviridae*），コルドポックスウイルス亜科（*Chordopoxvirinae*），カプリポックスウイルス属（*Capripoxvirus*）のランピースキン病ウイルス（*Lumpy skin disease virus*）感染を原因とする。Lumpy skin は「塊の多い」「こぶだらけの」「でこぼこの」皮膚を意味する。同じカプリポックスウイルス属のウイルス感染を原因とする羊痘や山羊痘とは発生地域が異なるため，ランピースキン病ウイルスは，めん羊と山羊には感染しないと考えられる。人には感染しない。

発生・疫学

以前はアフリカ，マダガスカル島に限局していたが，現在はクウェート，イスラエル，イエメンなど中近東でも発生している。感染率は5～45%といわれるが，発生地によっては50～100%に達するなど多様である。死亡率は10%以下である。

症　状

発熱後48時間以内に多数の直径1～3cmの硬い結節性発疹が，体表や口腔，鼻腔，生殖器粘膜などに現れる。結節は，二次感染により壊死，潰瘍に進行し，深さ1～2cmに達するものもある。症状が軽度なものは，牛ヘルペスウイルス2感染症（偽ランピースキン病），牛丘疹性口炎および偽牛痘と類似する。

診　断

PCRによるウイルス遺伝子検出，電子顕微鏡によるウイルス粒子の観察，ELISAによるウイルス抗原検出，めん羊か牛の初代培養細胞によるウイルス分離などによって病原学的診断を行う。最初のウイルス分離には，発育鶏卵やVero細胞は適さない。

治療・予防

発生国では培養細胞，あるいは培養細胞と発育鶏卵で継代した弱毒生ワクチンが使用される。有効な治療法はない。

〔猪島康雄〕

24. 牛　　痘

原　因

牛痘は，ポックスウイルス科（*Poxviridae*），コルドポックスウイルス亜科（*Chordopoxvirinae*），オルトポックスウイルス属（*Orthopoxvirus*）の牛痘ウイルス（*Cowpox virus*）感染を原因とする。人獣共通感染症である。牛痘に感染し耐過した人は天然痘（英名smallpox，ラテン語ではvariola）に耐性となることから，Edward Jennerの牛痘接種法（種痘法）に応用され，天然痘は1977年に人類史上初めて撲滅に成功した感染症となった。しかし，天然痘撲滅のためにワクチンとして用いられていたのはワクチニアウイルスであり，その由来は不明である。このウイルスの自然宿主はげっ歯類，ネコ科動物である。

発生・疫学

英国からロシア，アジアまでユーラシアに分布する。人では搾乳時に感染する。牛と接触していない人でも感染するケースが多く，自然宿主であるげっ歯類や，猫から感染したと考えられる。

症　状

乳房や乳頭に発痘をみる。水疱，膿疱，痂皮を形成する。ネコ科動物は牛痘ウイルスに対する感受性が牛や人よりも高い。人では手指，腕，ときに顔面に，水疱性で炎症性の発痘が生じ，良性に経過する。

診　断

電子顕微鏡によるウイルス粒子の観察，病変部におけるウイルス抗原検出，AおよびB型封入体確認，発育鶏卵漿尿膜あるいは培養細胞接種によるウイルス分離によって診断する。

治療・予防

多くは治療せずに治癒する。二次感染に注意する。

〔猪島康雄〕

25. 牛トロウイルス病

原　因

コロナウイルス科（*Coronavirus*），トロウイルス亜科（*Torovirinae*），トロウイルス属（*Torovirus*）の牛トロウイルス（*Bovine torovirus* : BToV）による伝染性疾病で，子牛および成牛に下痢を起こす。BToV はエンベロープを有する 1 本鎖 RNA ウイルスで，pH 3.0 に対して安定であるが，エーテルやクロロホルムに感受性を示し，加熱によっても容易に不活化される。本ウイルスは多くの点で牛コロナウイルス（BCV）と類似した性状を示すが，両者の間に血清学的交差性は認められない。

発生・疫学

本病の伝播は汚染糞便による経口感染が主体と考えられている。しかし，呼吸器症状を呈した牛の鼻汁からも BToV が検出されることから，呼吸器感染や呼吸器病との関連も指摘されている。診断法の普及に伴って，我が国でも BToV に対する調査が進み，本病の発生報告が増加するとともに，BToV が広く浸潤していることが明らかにされつつある。

症　状

一般に本病は軽症で，発症牛が死亡することは少ない。主な症状は軟便～水様便を呈する下痢で，臨床症状から BCV や牛ロタウイルス（BRV）による下痢と識別することは困難である。また，乳牛では一過性の乳量低下を起こすこともある。

診　断

BToV による下痢は BCV や BRV などとの混合感染症例が多いため，診断には病原学的な鑑別が必要である。2000 年代前半まで BToV の分離は困難であったが，その後，HRT-18 細胞を用いたウイルス分離と培養が可能となり，ペア血清を用いた HI および中和試験による血清学的診断が可能となっている。また，ウイルス学的診断法として BCV や BRV を含むマルチプレックス RT-PCR が考案され，類似疾病との鑑別が容易となっている。

治療・予防

本病に有効な予防と治療法はない。細菌による二次感染の防除を目的とした抗菌薬の投与，脱水に対する輸液などの対症療法は有効である。

〔伊藤寿浩〕

1．牛海綿状脳症

異常プリオン蛋白質の蓄積による牛の遅発性中枢神経疾患。いったん発症すると進行性かつ致死性の経過をたどる。プリオンの感染が原因と考えられている。家畜伝染病予防法では，伝達性海綿状脳症（transmissible spongiform encephalopathy：TSE）として家畜伝染病に指定されている。

原　因

牛海綿状脳症（bovine spongiform encephalopathy：BSE）はプリオン病に分類されている。プリオン病は異常プリオン蛋白質の蓄積により起こる進行性の致死的な中枢神経疾患である。BSE以外にも，羊スクレイピー（scrapie），鹿の慢性消耗性疾患（CWD），伝達性ミンク脳症（TME）や人のクロイツフェルト・ヤコブ病（CJD），クールー病（Kuru），ゲルストマン・ストロイスラー・シャインカー症候群（GSS），致死性家族性不眠症（FFI）などが知られている。猫や動物園の展示動物でみられたTSEは，BSEプリオンが原因と考えられている。また，人の変異型CJD（vCJD）は，BSEに罹患した牛の神経組織を含む食品を摂取したために起こったと考えられている。

プリオン病の原因は，異常プリオン蛋白質が重合したプリオン（prion：proteinaceous infectious particle，感染性蛋白質粒子）による感染と考えられているが，異論もある。しかし，正常プリオン蛋白質も異常プリオン蛋白質も，同一の遺伝子から転写・翻訳されること，その違いは立体構造によることが明らかにされた。また，正常プリオン蛋白質が異常プリオン蛋白質の存在により異常化すること，異常プリオン蛋白質の中枢神経系での蓄積がプリオン病の発症に関連することは，多くのデータにより明らかにされつつある。

BSEの原因については，流行初期は羊スクレイピーの特定の株が牛に伝播した可能性が強く示唆された。しかし，羊スクレイピーの分離株のなかにBSEプリオンの生物学的・生化学的特性を示す株がないことが明らかにされた。また，世界的な流行を起こした定型BSE以外に，非定型のBSE（H型，L型）が存在すること，非定型BSE株が伝達性をもつこと，非定型BSE株のあるものは継代すると定型BSE株に変わること，非定型BSEは，定型BSEの流行とは別に，高齢牛で孤発的にみつかることなどが明らかにされつつある。このようなことから，近年，BSEは牛のなかで偶然発生した非定型BSE株に由来するのではないかという考えが主流になりつつある。

発生・疫学

BSEは1970年代後半から1980年代前半に，英国で流行が始まったと考えられている（図1）。臨床記録では1985年春が初発例になっているが，正式には1986年，英国で新しい疾病として確認され，1988年，英国政府から国際獣疫事務局（OIE）の総会で新疾病として報告された。英国におけるBSEは，1991～1993年をピークに流行し，最盛期は年間3万頭を超す牛がBSEを発症した。公式発表では英国で18万頭を超えるBSE牛が報告されている。

英国ではWilesmithらが，いち早くBSEの疫学調査を進め，流行拡大の原因が汚染牛の神経組織を含む肉骨粉の飼料への利用である可能性を示唆した。肉骨粉の利用は日本では初期に代用乳に使用されていると紹介されたが，代用乳は新生牛が母乳代わりに飲む乳で，動物性油脂は含まれるものの，肉骨粉は含まれていない。しかし，代用乳後に与えられる幼若牛用の人工乳ともいわれるカーフスターターには肉骨粉が利用される。通常は，牛のパイエル板機能の活発な1歳齢以下の幼若牛が高い感受性を有していると考えられている。

牛等の内臓，神経組織，くず肉・骨やその他の非可食部分を高熱で処理すると（化成場におけるレンダリング），動物性油脂（イエローグリース）が滲出し，その油で揚げられた固形分と獣脂に分けられる。肉や骨，神経組織等を含む固形分を回収し，粉砕したものを肉骨粉として飼料に利用した。肉骨粉を動物性蛋白源として利用する家畜飼育方法が，主に乳牛を対象として，先進国を中心に発達していたこと，国際的な流通に乗っていたこと等が，BSE流

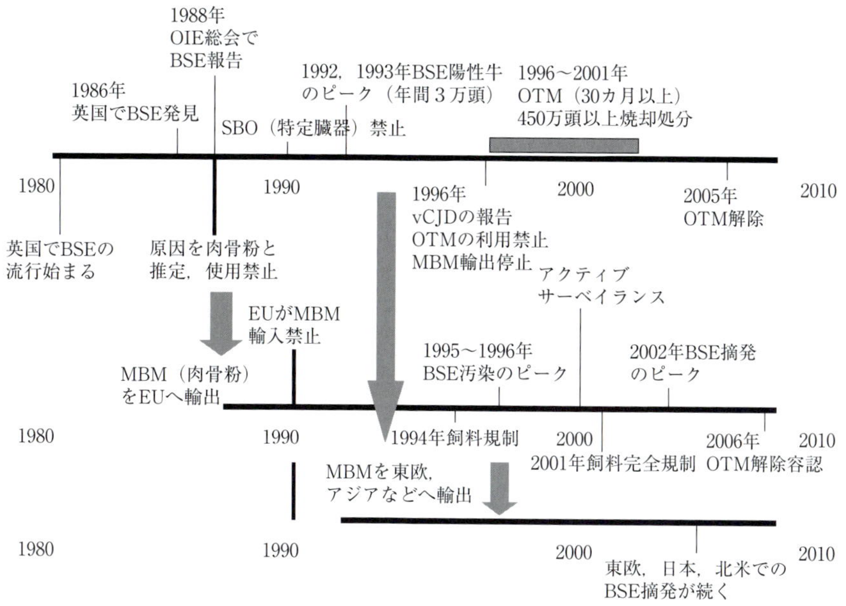

図１　BSEの流行拡大の経緯

行拡大の原因となった。英国での疫学調査の初期には，肉骨粉以外の感染ルートとしての同居感染，母子感染等の可能性も考えられたが，BSEでは水平感染，垂直感染は起こらなかった。また，多くの自然例の検査やコホート疫学調査，実験感染データ等から乳や胎盤には感染性がないことが明らかにされている。

国際的なBSEの流行は英国，欧州，それ以外の地域（第３地域：日本や北米）の順に拡大した。英国ではBSE拡大の原因を肉骨粉と考え，英国内での飼料，次いで肥料等への利用を禁じた。1980年代末期に余剰となった肉骨粉やBSEに感染した可能性の高い牛が，英国から欧州各地に輸出された。その後，欧州は英国からの肉骨粉等の輸入を禁止した。しかし，1996年，英国で肉骨粉の輸出を禁止するまで，また欧州が1994年，自国での肉骨粉の飼料利用を規制してから，余剰となった英国や欧州の肉骨粉等が第３地域に輸出された。その結果，欧州でのBSEの流行（2002年が摘発のピーク），次いで第３地域でのBSE牛の摘発となった。

欧州では2000～2001年にかけてBSE検査をそれまでの発症牛を対象とする受動的サーベイランスから，迅速BSE検査法を用いた能動的サーベイランスに変更した。そのため，EU諸国では摘発頭数が増加したが，2002年を境に明らかに減少した。生まれ年でみると英国が1988年，EU諸国では1995～1996年がピークとなっている。欧州以外にも中近東，南アフリカ，日本，米国，カナダなどでもBSEは検出されており，2010年までに25カ国でBSE陽性牛が報告されている。

しかし近年，BSE陽性牛の摘発数は世界的に著しく減少しており，2008年は125頭と100頭を超えたが，2009～2011年まで70，45，29頭と着実に減少している。これは各国が取った飼料規制等が有効に働いている結果であると考えられる。

症　状

自然感染例や実験感染例のデータから，BSEプリオンの感染経路は主として汚染肉骨粉の経口感染によると考えられている。回腸遠位部のパイエル板からプリオンが取り込まれ，リンパ組織の樹状突起細胞で増幅した後，局所の神経細胞，腸管神経節細胞から逆行性に腸管神経，自律神経，迷走神経を上行する。ドイツ，英国の実験では24カ月で，脊髄の頸部および腰部の神経節に陽性反応がみられ，その後，上向性に輸送され，脳幹の閂部で異常プリオン蛋白質として蓄積する。迷走神背側核，孤束核などで増幅した後，神経系を通じて他の脳部位や脊髄，末梢神経に広がる。末梢神経で検出されるのは感染後32カ月以後で，中枢神経系で陽性になった後，初めて検出される。

このように，BSEプリオンに曝露されてから，中

表1　英国のBSE臨床診断基準

ステージ	異常状況	臨床症状
初期	行動異常	不安動作，音に対する異常反応を示す。 持続的に鼻をなめる，地面をけるなどの行動を示す。 痙攣を起こす。
中期	行動異常 運動失調	音や接触に対して過敏に反応する。 起立時における後肢の開脚姿勢を取る。 歩行時に四肢（特に後肢）を高く上げ，ふらつき歩様を示す。
末期	行動異常 運動失調	攻撃的になる。容易に興奮状態に陥る。 後肢に触れると，激しく蹴ったりする。 四肢を滑らせる。転倒しやすくなる。 起立不能となる。

枢神経系に異常プリオン蛋白質が蓄積するには非常に長い時間がかかる。中枢神経で異常プリオン蛋白質の蓄積が進み，結果として神経症状が発現する。したがって，神経症状が出現するまでには長い潜伏期が存在し，神経症状も徐々に進行する。英国の疫学研究の結果ではBSEの潜伏期は4～6年と長く（平均では5年がピーク），最も若い発症牛は2歳，最も高齢の発症牛は19歳が報告されている。

英国の報告では，発病初期に群から離れる，不安動作や音への異常反応，痙攣などの行動異常がみられている（**表1**）。中期まで進行すると，接触や音刺激への過敏反応，起立時に後肢が開くなどの異常姿勢，および歩行時のふらつきのような運動失調の症状が出現する。末期では攻撃的になり，易興奮状態となる。運動失調は進み，しばしば転倒するようになる。最後は起立不能に陥る。発症後2週間～6カ月の経過で死亡する。

農林水産省から出されている「牛海綿状脳症検査対応マニュアル」では『家畜の所有者，管理者，獣医師等は，農場段階において治療に反応せず「性格の変化」，「音，光，接触等に対する神経過敏」，「頭を低くし柵等に押しつける動作を繰り返す」若しくは「歩様異常又は後躯麻痺」という進行性の臨床症状を呈した牛又はと畜場における生体検査で奇声，旋回等の行動異常，運動失調等の神経症状等により，と殺・解体禁止となった牛を発見した時は，その旨の届出を家畜保健衛生所長に行う』と書かれている。

しかし，日本では，これまでに36例のBSE牛が確認されているが，すべて死亡またはと畜後に診断されており，生前に前述のようなBSEの発症を示唆する異常行動等は確認されていない。我が国で，実験的にBSE感染牛の脳乳剤を脳内接種された牛では，前述したのと類似した症状がみられている。BSEを疑う臨床症状は，いずれも接種後18カ月以降にみられている。その異常として，頭部を下げる姿勢，速歩の多用や硬い後肢の動き，視覚刺激に対する過剰反応，拍手音，金属音などの聴覚刺激に対する過剰反応が多くの個体でみられている。これらの臨床症状は，臨床変化の発見から解剖まで2～6カ月間，漸進的に推移し，特に起立姿勢の異常と後肢の運動失調などが進行性に観察され，解剖時には9頭中4頭が起立不能であったと報告されている。

診　断

BSE牛では前述した臨床症状を示す場合もあるが，多くのBSE陽性牛は無症状で摘発されており，症状のみで診断することはできない。また，プリオンには核酸が存在しないため，遺伝子診断は不可能である。さらに，神経系に蓄積する異常プリオン蛋白質は自己の蛋白質であるために，抗体は産生されない。このように，通常用いられる感染症の診断方法はプリオン病には適用できない。特に，BSEでは異常プリオン蛋白質は神経系に限局しているので生前診断ができず，現状では，確定診断は死後の病理組織検査，免疫組織学的検査，ウエスタンブロット（WB），マウスバイオアッセイなどの方法を組み合わせて診断している（**口絵写真26，❻頁**）。最近は異常プリオン蛋白質を人工的に増幅するPMCA法（protein misfolding cyclic amplification）の適用も検討されている。

迅速BSE検査キットは，大量の検体を一時にこなす利点がある。ELISAは，閂部を採材し乳剤化した後，蛋白分解酵素のプロテイナーゼKで処理し，正常プリオン蛋白質を消化した後，抗プリオン抗体処理したプレートと反応させ，トラップされた蛋白分解酵素抵抗性の異常プリオン蛋白質を2次抗体と結合させ，色素で染め出す方法である。

我が国では，ELISAでスクリーニング検査（一次検査）を行い，陽性の個体について，二次検査として病理組織検査や免疫組織学的検査を行っている。病理組織検査は閂部等を対象に病理標本を作製し，海綿状変性（スポンジ状の空胞）の有無を検索するものである。空胞はプリオン病以外でもみられることがあるので，確定診断には免疫組織学的検査が必要である。免疫組織学的検査は，ホルマリン固定した神経組織を高濃度のギ酸で処理し，病理切片作成後121℃，20分オートクレーブ処理した切片を特異抗体と反応させ，異常プリオン蛋白質を染色する方法である。異常プリオン蛋白質の検出とともに，神経細胞の細胞質，シナプスあるいはクールー斑のような独特の陽性像を示すなど，その分布状態を知ることができる。

二次検査に用いられる別の方法にWBがある。WBは神経組織の乳剤をプロテイナーゼKで処理して正常プリオン蛋白質を分解させた後，電気泳動し，ポリビニール膜に転写した後，プリオンに対する抗体を反応させ，一定の位置に出る3本の異常プリオン蛋白質のバンドを検出する方法である。

マウスバイオアッセイは種々の近交系マウスに病変材料を接種して，プリオンの伝達性を確認するため，また脳内の病変分布のパターンの違いによりプリオン株を同定するためなどに用いられる。最近，プリオンノックアウトマウスに牛や人のプリオン遺伝子を導入（トランスジェニック：TG）した，牛化TGマウスや人化TGマウスが開発され，牛や人の代替として利用されている。

プリオン病の新しい超高感度検査法として開発されたのがPMCA法である。これは，異常プリオン蛋白質が正常プリオン蛋白質の存在下で増幅する特性を利用した方法である。プリオン感染牛の脳乳剤を正常脳乳剤と混合し，超音波処理を行うと異常プリオン蛋白質の増幅が起こる。これを繰り返すと，これまでの検出法に比べ，非常に高感度に異常プリオン蛋白質を検出することができる。スクレイピーと異なり，BSEでは困難とされていたが，デキストラン硫酸を加えることによりBSEでもPMCA法が適用できることが明らかにされた。

前述したようにBSEは英国でのアウトブレイクから約20年を経過して，その発生は世界的規模で終息を迎えつつある。疫学的データから，感染牛の神経組織を含む肉骨粉の使用が流行の原因であると考え，特定危険部位の排除，完全な飼料規制措置等を取ったことが有効に働いたと思われる。しかし，その後の感染実験や自然発症例の研究で，回腸遠位部から上向したプリオンが脳幹部で増幅した後，末梢神経系に下向することが明らかになった。中枢神経まで達していない若齢牛のBSE検査はリスク回避にならず，意味をもたない。他方，無症状の末期牛では，BSE検査をしないで，特定危険部位を除去するだけではリスク回避できない可能性が指摘され，高齢牛でのBSE検査の有用性が評価されている。

これまでBSEの生前診断は不可能であった。しかし，前述のデキストラン硫酸を加えたPMCA法は，唾液からの異常プリオン蛋白質の検出も可能であり，将来は生前診断も可能になる可能性がある。

BSEと診断された大多数の牛では，WBでのバンドの位置が一定していたため，BSEの病原体は1種類と考えられてきたが，近年，バンドパターンが従来型（定型BSE）とは異なるケースが出てきた。そのため非定型として，定型BSEとは異なる種類（H型，L型）に分類された。異常プリオン蛋白質のプロテイナーゼKで切断される位置が異なること，および糖鎖の付加される分子種の傾向が異なるためであった。その後，L型，H型とも伝達性を有していることが明らかにされた。非定型BSEには遺伝子変異型もあり，またL型，H型以外の第3の型があること，非定型株を実験的に伝達すると定型BSE株に変わるものなどがあり，これまでの定型BSEで得られた知識では，説明できない現象がみられている。BSEを撲滅するための方策を考える上では，非定型BSEを含めて，問題の解決を図る必要性が強くなっている。

治療・予防

BSEを含めプリオン病の有効な治療法は，まだ発見されていない。国際的にも陽性牛は摘発淘汰される。ワクチンや抗菌薬のような予防・治療法はない。最も有効な予防法は，感染牛の異常プリオン蛋白質が蓄積しやすい部位（特定危険部位）を焼却等の方法で廃棄処分し，家畜飼料に利用したり，交差汚染しないような措置を取ることである。

特定危険部位は，国際的にはBSEのリスクステータス（無視できるリスク国，管理されたリスク国，リスクの不明な国）により部位，月齢等が異なっている。我が国では盲腸との接合部分から2ｍの回腸遠位部，背根神経節を含む脊柱，脊髄および舌，頬部を除き，脳を含む頭部となっている。BSE陽性牛はすべて焼却し，検査陰性であっても特定危険部位は焼却する。残りの非可食部分はレンダリング後，焼却処分を行う。と畜場および飼料工場では牛と豚由来の材料の交差汚染を避けるために，ラインや施設を分離するなどの措置を取っている。経験的には交差汚染を避けるために，哺乳類由来の肉骨粉を哺乳類の飼料として利用しない完全飼料規制，あるいは哺乳類由来の肉骨粉は牛の飼料に利用しないなどが最も有効な感染予防手段である。また，獣脂についても不溶性不純物含有量が0.15％を超える動物性油脂の使用を禁止する措置がリスク回避方法として導入されている。

〔吉川泰弘〕

Ⅶ

細菌病

1. ヨーネ病

ヨーネ菌（*Mycobacterium avium* subspecies *paratuberculosis*）の経口感染によって惹起される慢性肉芽腫性腸炎であるヨーネ病は，発見者であるJohneらが報告した病名「偽結核性腸炎」から，別名パラ結核（paratuberculosis）とも呼ばれる。本病は家畜伝染病に指定されている。

原　因

ヨーネ菌は抗酸菌の一種であり，細胞壁は脂質に富み，通常の染色法では染まりにくいが，チール・ネルゼン法等の抗酸性染色法で赤く染まる。ヨーネ菌はその菌種名が示すように鳥型結核菌（*M. avium*）の1亜種として細菌学的には分類されている。ヨーネ菌の増殖速度はきわめて遅く，人工培地上にヨーネ菌コロニーを確認するのに最短でも1.5カ月間の培養期間を必要とする。さらに，培養にはマイコバクチンと呼ばれる鉄のキレート物質を培地に添加しなければならない。このため，マイコバクチンがない環境では増殖せず，体外に排泄されたヨーネ菌は通常の環境下では増殖しない。しかし，ヨーネ菌は環境中で比較的長期間生存することが知られており，特に，水中や低温環境下では体外でも1年以上生存すると報告されている。この長期間の生存様式として，ヨーネ菌が芽胞様形態をとることも報告されている。

発生・疫学

世界各国で発生が認められる。我が国での初発報告は1930年，英国からの輸入牛であったが，その後も輸入牛を中心に散発し，1980年以降，国内産牛での発生が増加してきた。1990年代前半までは年間のヨーネ病摘発頭数が200頭前後で推移したが，1998年には「家畜伝染病予防法」の一部改正により，搾乳牛および種畜の5年ごとのヨーネ病検査が義務づけられ，最近の年間摘発頭数は500～1,000頭で推移している（**図1**）。2008年以降は，食品衛生法・乳等省令の規定によるヨーネ病検査頭数減少の影響により，摘発頭数が減少している。北米，欧州諸国では，我が国に比べヨーネ病がまん延している国がきわめて多い。米国では，酪農農場の環境材料からヨーネ菌を分離することによりヨーネ病汚染状況が調査されているが，2007年の農務省の報告では調査された農場の68.1%においてヨーネ菌が分離されている。欧州諸国では国によりまん延率に大きな差があるが，抗体検査による農場レベルの調査では，デンマーク55%，フランス68%，イタリア65%，オランダ54%等，陽性率の高い国が多い。このような諸外国のヨーネ病のまん延状況に比べ，我が国でのヨーネ病摘発率はきわめて低いレベルにある。

感染はヨーネ菌を含む患畜の糞便や乳汁を介した経口感染により成立するが，重症例では胎盤感染も起こる。ヨーネ病では年齢により感受性に差があることが従来から知られている。特に6カ月齢以下の子牛が感染した場合に将来ヨーネ病を発症する可能性が高いとされる。英国ではヨーネ病発生農場の野兎での感染が報告されており，野兎の糞便中からも病牛と同様の遺伝子型のヨーネ菌が分離されることから，ヨーネ菌媒介動物として疫学的に重要視されている。また，野兎を捕食するキツネ，テンでも腸管感染が確認されている。さらにカラス等の野鳥の糞便からヨーネ菌の分離が報告されている。

症　状

発症の多くは分娩1～数週後の下痢によって認められることが多い。発症後急激に削痩し，乳量の低下，乳房萎縮から泌乳停止に陥る。発症前から増体率，乳量，乳質が低下し空胎期間が延長する。通常，食欲や体温は正常牛と変わらない。2～3週間の間欠性下痢からやがて持続性下痢に変わり（**口絵写真27，❻頁**），数カ月から1年以内に衰弱死する。下顎部に浮腫を認めることがある。

診　断

1．臨床症状と顕微鏡検査

慢性の下痢や栄養不良等の臨床症状を示し，糞便塗抹標本の抗酸染色と顕微鏡検査により，糞便中に集塊状のヨーネ菌が認められた場合，家畜伝染病予防法の施行規則に従って，ヨーネ病と診断する。

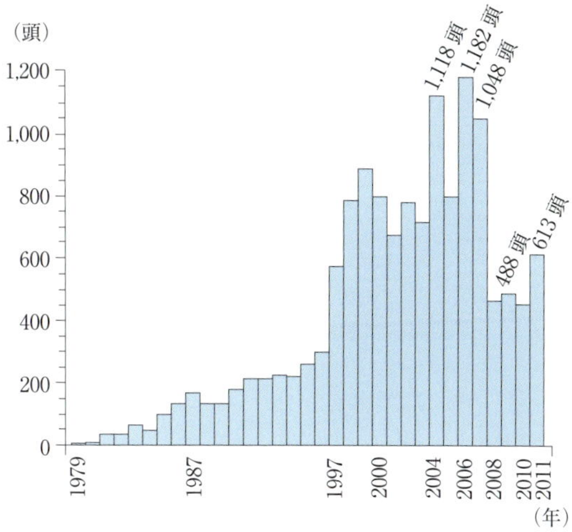

図１　牛ヨーネ病年間摘発頭数の推移

2．ヨーネ菌の分離培養

ヨーネ病の診断法として最も重要な方法の１つはヨーネ菌を分離することであるが，菌の発育が遅いため，コロニーを確認するためには最短でも1.5カ月間の培養を必要とする。このような長い培養期間を短縮するために，液体培養法を用いることによりヨーネ菌の発育を早期に検出する方法が試みられている。

3．糞便中ヨーネ菌の遺伝子検査

ヨーネ菌培養検査中も感染牛からの排菌は続いているため，培養法に代わる迅速検査法として，遺伝子検査はきわめて重要なヨーネ病診断法である。糞便よりDNAを抽出し，ヨーネ菌特異的に存在する遺伝子や挿入配列（IS）をターゲットとして，リアルタイムPCRによりヨーネ菌DNAを検出する方法が開発されている。ヨーネ菌IS900をターゲットとするリアルタイムPCRは感度と特異性が高く，糞便中のヨーネ菌DNA量を推計することができるため，大量排菌牛か否かを迅速に判定することも可能である。

4．細胞性免疫を指標とする検査

ヨーネ菌に感染した牛では腸管局所やリンパ節に初期病変が形成され，それに伴って感染後早期にヨーネ菌に対する細胞性免疫が誘導される。したがって，細胞性免疫を指標とする診断法はヨーネ病の早期診断法として重要である。ヨーネ菌に対する遅延型過敏症を検査する方法として，結核の診断におけるツベルクリンと同様に，ヨーニン皮内反応が用いられる。しかし，ヨーニン皮内反応は病気の進行とともに陰転する等の問題点があるため，ヨーニン皮内反応に代わる検査法として，インターフェロンγやインターロイキン-10等のサイトカインを測定する診断法が開発されている。

5．抗体検査

現在，我が国ではELISAによる抗体検査が行われている。ヨーネ菌を含め抗酸菌は多くの共通抗原物質を保有するため，これら共通抗原に起因する血清中の交差抗体をフレイ菌（迅速発育抗酸菌）で吸収し，非特異反応を抑えた吸収ELISAが用いられている。抗体が陽転する時期は，ヨーネ菌に感染してから長い時間が経過した感染中～後期であることが多いため，抗体検査が陰性であっても，糞便中にヨーネ菌を排菌している感染牛が存在する。したがって，抗体検査のみではヨーネ菌感染牛の一部しか診断することができない。

6．病理学的検査

下痢等の臨床症状を示す発症牛の腸管は，炎症性細胞の浸潤と類上皮細胞肉芽腫の形成，リンパ流のうっ滞により，通常の数倍に肥厚し，粘膜面は皺状に隆起する（**口絵写真28，❻**頁）。しかし，臨床症状を認める個体であっても，病理組織像が大きく異なる場合がある。腸管粘膜下識には，リンパ球，マクロファージ，好酸球の浸潤が著しく，肉芽腫内に類上皮細胞やラングハンス巨細胞を認めるが，その肉芽腫を形成する細胞内に，抗酸染色で染まるヨーネ菌がほとんど認められない病変（少数菌性：paucibacillary）から，類上皮細胞内に多数のヨーネ菌が観察される病変（多数菌性：multibacillary）が存在する。このようなpaucibacillaryやmultibacillaryの病変像の違いは，宿主の細胞性免疫機能が影響するとされており，宿主の細胞性免疫機能の低下により細胞内でヨーネ菌の増殖が活発化し，病末期には粘膜下識がヨーネ菌で充満した類上皮細胞で占められる重篤な病変像を呈する。

治療・予防

本病の化学療法による治療は困難である。諸外国ではヨーネ病の汚染率が高いために，ヨーネ病に対するワクチンを使用しているところもあるが，現行の生菌や死菌ワクチンではヨーネ菌の感染を防ぐことはできず，症状と排菌を緩和する程度とされている。我が国のヨーネ病対策は，摘発・淘汰を基本として進められているので，ワクチンは用いていない。予防対策の基本は，ヨーネ病に汚染されていない清浄農場から牛を導入し，農場内の牛については，ヨーネ病の定期的な検査を行い，清浄性を確認，維持することである。さらに，定期的な検査に加え，飼養環境の改善や畜舎の衛生的管理が本病の対策上きわめて重要である。

〔森　康行〕

2. 牛のサルモネラ症

牛のサルモネラ症は，種々の血清型のサルモネラに起因する感染症で，下痢，敗血症を主徴とした急性あるいは慢性の伝染性疾病である。特定の血清型に起因したサルモネラ症は届出伝染病に指定されている。サルモネラは人の食中毒の原因菌として，公衆衛生上も重要である。

原　因

サルモネラはグラム陰性通性嫌気性菌で，腸内細菌科に属する細菌である。本菌は *Salmonella enterica*, *S. bongori*, *S. subterranea* の3菌種に分類される。*S. enterica* は，さらに *S. enterica* subsp. *enterica*, *S. enterica* subsp. *salamae*, *S. enterica* subsp. *arizonae*, *S. enterica* subsp. *diarizonae*, *S. enterica* subsp. *houtenae*, *S. enterica* subsp. *indica* の6亜種に分類される。また，菌体抗原O抗原と鞭毛抗原H抗原の組合せにより2,500以上の血清型に区別される。例えば，ネズミチフス菌は *Salmonella enterica* subsp. *enterica* serovar Typhimurium であるが，煩雑であるため，*Salmonella* Typhimurium（*S.* Typhimurium）と簡略化して表記することが多い。

サルモネラの自然宿主は人をはじめとして各種哺乳類，鳥類，爬虫類，魚類など広範囲の動物種にわたる。人および動物のサルモネラ症原因菌の多くは，*S. enterica* subsp. *enterica* に含まれる。家畜伝染病予防法において，*S.* Typhimurium, *S.* Dublin, *S.* Enteritidis, *S.* Choleraesuis の4つの血清型に起因したサルモネラ症が届出伝染病に指定されている。特に，*S.* Dublin は牛に宿主適合性が強い血清型である。

サルモネラの病原性にかかわる様々な因子が報告されている。腸管粘膜への付着および定着，上皮細胞侵入性，マクロファージ内における殺菌抵抗性，血清（補体）抵抗性等が知られている。また，マウスに対する致死性などに関与している血清型特異的なプラスミドを保有しているものがあり，例えば，*S.* Typhimurium, *S.* Dubilin, *S.* Enteritidis, *S.* Choleraesuis はそれぞれ大きさ90 kb，75 kb，54 kb，50 kbのプラスミドを保有している（図1）。

発生・疫学

牛のサルモネラ症は世界各国で発生している。欧米諸国においては *S.* Typhimurium と *S.* Dublin に起因したサルモネラ症が多発している。現在，日本においても欧米と同様，最も多く分離される血清型は *S.* Typhimurium であり，次いで *S.* Dublin である。しかし，一方では，近年分離される血清型が多様化している傾向にあることも特徴である。*S.* Typhimurium（血清型O4群：i：1,2）の単相変異株と考えられている血清型O4群：i：−の分離例も報告されている。

我が国では1937〜1940年にかけて *S.* Enteritidis による子牛の集団発生が報告された。その後，1965年，乳用雄子牛の育成牧場において *S.* Typhimurium による集団発生があり，集団哺育の普及に伴って全国に広まった。*S.* Dublin は我が国にはみられない血清型であったが，1976年九州で，*S.* Dublin による子牛の下痢，敗血症と妊娠牛の流産が発生し，その後，次第に北上し，全国に広がった。

従来，牛のサルモネラ症は，子牛に下痢，敗血症をもたらす疾病であり，成牛での発生は散発的であった。しかし，1990年代に入って，成牛，特に搾乳

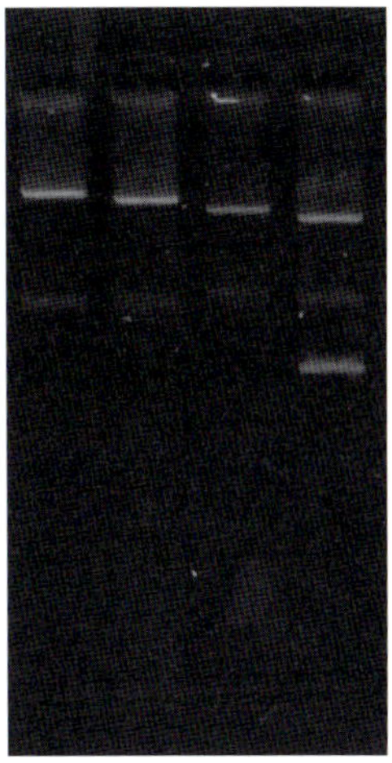

図１　血清型特異的病原性プラスミドのアガロース電気泳動像

牛における *S.* Typhimurium 感染症の発生が増加した。北海道においては，1992 年から発生が増加し始め，1994 年には発生数が 109 戸 632 頭にまで増加し，乳用牛における発生が，肉用牛よりも圧倒的に多くなった。このときの乳用牛での発生は，哺育牛や育成牛にも認められたが，ほとんどが成牛であった。このような成牛のサルモネラ症の発生は，同時期に全国的なレベルで増加した。その後，発生数は減少したものの，2001 年以降再び増加した。

成牛におけるサルモネラ症増加の要因の１つとして，泌乳量を増加させるため，濃厚飼料やバイパス蛋白質を多給することにより，ルーメン機能が低下し，生理機能の失調により抗病性が低下し，サルモネラに対する感受性が高まったことが指摘されている。一方，成牛のサルモネラ症の増加に伴い，分離される *S.* Typhimurium のファージ型に変化がみられることが明らかとなった。サルモネラの感染源追求のための疫学マーカーとして，ファージ型別が用いられる。*S.* Typhimurium の場合，200 以上のファージ型に型別される。1990 年代に欧米諸国において，多剤耐性の *S.* Typhimurium definitive phage type 104（DT104）に起因した家畜のサルモネラ症や食中毒の発生が増加した。DT104 の多くはアンピシリン，クロラムフェニコール，ストレプトマイシン，サルファ剤，テトラサイクリンの５剤に耐性を示す。この菌は，1984 年に英国で人から初めて分離され，その後，1988 年に牛からも分離された。さらに，豚，めん羊，家禽等の家畜からの分離例が増加している。欧米では，牛が DT104 の最も重要なリザーバーであると考えられている。成牛のサルモネラ症増加との関連は不明であるが，1990 年代から我が国の牛サルモネラ症においても高率に DT104 が分離されていたことが報告されている。しかし，2000 年以降，DT104 の分離は減少傾向にあり，これに代わって，ファージ型別不能の多剤耐性 *S.* Typhimurium による発生増加が確認されている。

症　状

経口感染したサルモネラは胃を通過し小腸に達し，そこで増殖する。菌は腸管粘膜上皮細胞に侵入し，腸炎を誘発する。さらに，マクロファージ等に貪食され，腸間膜リンパ節を経て，リンパ管から血行性に全身に広がり，敗血症を誘発する。このような経過の推移は感染菌の血清型や宿主の免疫能力により異なる。

子牛の場合，症状は多岐にわたるが，腸炎型が最も多い。６カ月齢以下の子牛で流行的に発生し，１～４週齢で症状も激しく，死亡率も高い。２～７日の潜伏期を経て，発熱（40～42℃），食欲不振，軟便，悪臭のある黄灰白色～褐色の水様下痢便または粘血便の排出，削痩，脱水，ときに肺炎などの症状を示し，若齢のものほど症状は強い。ときには黄疸，脳脊髄膜炎を起こす例もある。急性例では，敗血症により数日で死亡する。また，回復した場合にも予後不良となる傾向がある。*S.* Dublin による感染例では多発性関節炎や四肢の骨炎もみられる。

成牛のサルモネラ症では，*S.* Typhimurium による搾乳牛の症例が最も多い。症状は子牛と同様，元気喪失，発熱，食欲不振，下痢を示し，起立不能，ときに肺炎がみられ，重症例では死に至る。泌乳牛では産乳量の低下と投薬による牛乳の出荷停止などにより，経済的被害は甚大となる。妊娠後期の黒毛和種においては，*S.* Dublin の感染により，早・流産を引き起こすことが知られている。

診　断

下痢を主徴とする症状は，本症の他に牛大腸菌症，牛壊死性腸炎，牛のコクシジウム病，牛ウイルス性下痢・粘膜病，牛アデノウイルス病，牛コロナウイルス病，牛ロタウイルス病などがあり，類症鑑別が必要である。発生状況，臨床症状あるいは剖検所見などを参考に，最終的に，細菌学的検査により診断する。

急性敗血症では特徴的な病理学的所見に欠けるが，ときに心冠部，肺の出血，脾腫などの所見がみられる。下痢例では腸炎症状を呈し，脾腫，黄疸，肺炎などを伴うことがある。小腸壁の菲薄化と充出血が認められ，腸内容は悪臭のある黄白色ないしは褐色の水様～泥状で，カタル性偽膜性腸炎の像を示す。その他，腸間膜リンパ節のうっ血，浮腫がみられ，ときには肝臓および腎臓に小壊死巣，肺の前葉部に限局性に肝変化肺炎病巣などがみられる。組織病変としては，第四胃および腸管の粘膜固有層の水腫性変化，細網内皮系の細胞浸潤，充血，粘膜上皮細胞の剥離などがみられる。肝臓では，細網内皮系が活性化し，肝細胞の壊死からチフス様結節が散在する。

細菌学的検査による発症例の診断あるいは保菌牛の摘発では糞便または直腸拭い液を，死亡あるいは淘汰例では血液，肝，脾，肺などの主要臓器，腸間膜リンパ節，小腸あるいは盲腸などの腸内容物について菌分離を実施する。必要に応じて悪露，流産胎子，各種環境材料なども検査対象とする。分離培養には，選択培地としてDHLあるいはMLCB寒天培地などが用いられ，検査材料を直接培養するか，ハーナテトラチオン酸塩培地等を用いて増菌培養後選択培地を用いて培養する。磁気ビーズ法の併用やノボビオシン（20 μg/mL）を加えた選択培地を用いることにより，検出感度が向上する。分離菌を，腸内細菌の同定法に従って生化学的性状を調べ，サルモネラと同定後，サルモネラ血清型別用血清を用いて血清型別を実施する。*S.* Typhimurium，*S.* Enteritidis，*S.* Dublin，*S.* Infantis，*S.* Hader 等の血清型については，マルチプレックスPCRによる血清型同定用のキットが市販されている。

血清学的診断法として菌体（O）抗原および鞭毛（H）抗原に対する凝集反応があり，さらにELISAによる診断法も開発されている。抗体価から保菌牛を摘発することは困難であるが，牛群単位で抗体価の変動を調査することにより，農場における汚染状況の把握等に利用できる。

治療・予防

保菌牛の導入を阻止するため，導入牛の隔離飼育と糞便検査を実施し，保菌牛を摘発・隔離する。定期的な畜舎内外の清掃・消毒を実施する。特に，飼槽や水槽の管理を重点的に実施する。野生動物の進入防止，ネズミやハエ等の定期的な駆除により，畜舎環境を整備する。下痢便には多量のサルモネラが含まれており，回復後も長期間保菌して間欠的に排菌することがあり，環境を汚染し，他の牛への感染源となる。飼料や飲水を汚染させないようにし，感染牛に使用した哺乳器具，汚染された器材，敷料，畜舎の壁，床，汚水溜などは十分に消毒する。

牛サルモネラ症のワクチンとしては，2000年から*S.* Typhimurium および*S.* Dublin を主剤とした2価の不活化ワクチンが市販されている。治療には抗菌薬が用いられるが，近年，菌の多剤耐性化が進展しているため，分離した原因菌が十分に感受性をもつ薬剤を選択し，注意して使用する。下痢による脱水症状の激しいものはリンゲル液の注射，経口輸液剤の投与，ブドウ糖やビタミン剤，整腸剤などの対症療法を併用する。

〔内田郁夫〕

3．子牛の大腸菌性下痢

Escherichia coli（大腸菌）はグラム陰性通性嫌気性の桿菌で，人や動物の腸管内に常在し，他の通性嫌気性菌や嫌気性菌とともに腸内細菌叢を構成している。多くの大腸菌は病原性を有しないが，ある種の病原因子を保有する場合，宿主に下痢などの疾病を引き起こす。子牛の大腸菌性下痢は病原性を有する大腸菌により引き起こされ，死亡，淘汰，加療，発育遅延などの損耗要因となる。

原　因

ある種の病原因子を有し，下痢を主徴とする疾病を引き起こす大腸菌を下痢原性大腸菌（diarrheagenic *E. coli*：DEC）と呼ぶ。DEC には６つの病原型が知られているが，このうち腸管毒素原性大腸菌（enterotoxigenic *E. coli*：ETEC）と腸管出血性大腸菌（enterohemorrhagic *E. coli*：EHEC）が子牛の下痢症と関連する。EHEC は血様下痢便の排泄を特徴とする“子牛の赤痢”の原因と考えられている。

分離された大腸菌株は菌体（O），莢膜（K），鞭毛（H），および線毛（F）の抗原性によって整理される。各抗原には固有の番号が割り当てられ，血清型は O:K:H:F で表現できる。

1．ETEC

ETEC の病原因子は付着因子とエンテロトキシンである。一般的な付着因子は線毛であり，牛由来 ETEC の線毛としては F5（かつて莢膜抗原と誤認されたために K99 とも呼ばれる），F41，F17 が高頻度に検出される。牛の腸管上皮細胞にはこれらの線毛に対するレセプターが存在する。線毛により腸管上皮細胞に付着した ETEC はそこで増殖し，エンテロトキシンを産生する。エンテロトキシンには 60℃，10 分で失活する易熱性の毒素（heat-labile enterotoxin：LT）と，100℃，30 分の加熱に耐える耐熱性毒素（heat-stable enterotoxin：ST）が存在する。LT は分子量約 86,000 の蛋白質で，構造的，機能的にコレラ毒素と類似している。一方，ST は分子量約 2,000 のペプチドで，抗原性や生物学的性状の差異から ST Ⅰ と ST Ⅱ に分けることができる。LT および ST は腸管粘膜に損傷を与えることなく吸収され，細胞内サイクリック AMP またはサイクリック GMP の濃度を，それぞれ上昇させることで水分とナトリウムイオンの吸収を阻害し，結果として水様性下痢，脱水，およびアシドーシスを引き起こす。

2．EHEC

シガ毒素を産生する DEC をシガ毒素産生性大腸菌（Shiga toxin producing *E.coli*：STEC）と呼び，このうち付着因子であるインチミンを保有するものが EHEC と呼ばれる。EHEC の染色体上に存在する全長約 40 kb の遺伝子領域，locus of enterocyte effacement（LEE）にはⅢ型分泌装置とインチミンなど，菌の付着に関与するエフェクター蛋白質遺伝子がコードされている。EHEC はⅢ型分泌装置の機能により粘膜上皮細胞に密着し（口絵写真 29，❼頁），宿主細胞に台座様突起物を発現させることで菌の密着と微絨毛の縮退（attaching and effacing：AE）病変を形成する。

樹立細胞株である Vero 細胞が感受性を示すことから，シガ毒素（Shiga toxin：Stx）は以前，ベロ毒素と呼ばれた。その後，本毒素が赤痢菌の Stx と本質的に同等または近縁であることが明らかにされ，現在では Stx と呼ぶのが一般的となっている。本毒素は物理化学的性状や免疫学的性状の異なる Stx1 と Stx2 に大別される。EHEC はこれらの毒素を単独，あるいは両者とも保有する。Stx は１分子の A サブユニットと５分子の B サブユニットが会合した酵素で，B サブユニットが宿主細胞表面上に存在するレセプターである糖脂質グロボトリオースセラミド（Gb3）に結合し，エンドサイトーシスにより細胞内に取り込まれる。そして，細胞質内に移行した A サブユニットの RNA *N*-グリコシダーゼ活性に基づく蛋白質合成阻害が起こり，細胞は死に至る。Gb3 は牛の腸管上皮細胞，腎臓，脳などに分布しているが，血管内皮細胞には存在しないとされており，Stx と子牛の大腸菌性下痢との関連は明らかでない。

発生・疫学

ETEC による大腸菌性下痢は 1970 年代後半から全国的に発生がみられる。下痢発症の日齢は ETEC 単独感染の場合，３～４日齢以内，他の病原体との混合感染の場合は１カ月齢までが多い。我が国における子牛の大腸菌性下痢由来 ETEC 血清型としては O8:K99，O9:K99:F41，O20:K99，O101:K99:F41，O141: K99 などが報告されている。これらの ETEC はいずれも ST Ⅰ 産生菌で，LT を産生する ETEC が牛から分離されることはまれである。また，牛由来 ETEC が保有する線毛は牛の腸管内に存在するレセプターを認識することから，牛の ETEC が人に感染することはほとんどない。

EHEC の関与する“子牛の赤痢”は 1980 年代後半から国内での発生が報告されているが，ETEC による大腸菌性下痢と比べるとその頻度は低い。発病は一般的に２～８週齢の子牛で，分離される血清型としてはO5:K4:H-，O26:K-:H11，O111:H-，O157:H7などが報告されている。赤痢の病態発現には混合感染している他の病原体の関与も無視できない。EHECを含むSTECは，子牛を含めた健康な牛が高率に保菌していることから，EHECが分離されたとしても，それが下痢症の原因であるか否かは混合感染の有無や病原因子の保有を確認するなど，慎重に判断する必要がある。

症　状

ETECによる下痢発症子牛は黄色水様，あるいは灰白色から黄白色の泥状便を排泄し，肛門周囲や尾部を汚す（**口絵写真30.** ❼頁）。体内の水分と電解質は失われ，脱水とアシドーシスが進行する。下痢が続くと皮膚の弾性がなくなり，眼球は陥没する。体温上昇は認められず，症状の悪化に伴い低下する。治療しないと昏睡状態に陥り，死亡する。

EHECによる“子牛の赤痢”では血様，鮮血，凝固血液などを含む下痢便，あるいは粘液様便の排泄が認められる（**口絵写真31，32，** ❼頁）。経過が長引くと脱水症状，哺乳欲廃絶，体重減少などが認められる。

診　断

新生子牛下痢（neonatal calf diarrhea : NCD）は世界中で最も重要な牛の損耗要因の1つであり，急性で病原体の識別が難しい子牛の下痢と定義されている。病原体，牛の週齢，飼養管理，環境因子等が病勢に影響すると考えられる。NCDの原因としてはクリプトスポリジウム，ロタウイルス，コロナウイルス，ETEC，サルモネラ，コクシジウムなどが報告されている。したがって，大腸菌性下痢の診断にはこれら病原体との類症鑑別が必要となる。

腸内容や下痢便を希釈して定量培養すると，大腸菌が関与する下痢ではしばしば原因菌が10^8個/g以上，検出できる。通常，腸内には非病原性の大腸菌が多数存在するので，確定診断のためには分離菌からの病原因子検出が必要不可欠である。複数のコロニーを釣菌して病原因子の有無を検査する。国内ではK99線毛を有し，エンテロトキシンST Iを産生するETECによる下痢症が多い。“子牛の赤痢”も同様に大腸菌を分離し，Stxとインチミンの検出を試みる。我が国ではStx1単独産生株の分離頻度が高い。これらの病原因子が確認できれば大腸菌が下痢に関与した可能性が高いと判断できる。

治療・予防

大腸菌性下痢に限らず，多くの感染症に共通する予防の原則は病原体の農場内への侵入を防止すること，発生した場合は清浄化対策を徹底し，その後も清掃，消毒を継続することで，環境中の病原体濃度を低く保つことである。施設に余裕があれば導入時に一定期間隔離飼育し，着地検疫を実施することが望ましい。

また，牛では胎盤を介した抗体の移行が起こらないので，抗体が多く含まれる初乳の給与が必要である。適切に初乳を給与された子牛の血中抗体価は摂取後24時間でピークに達し，生後3～5週間にわたり感染防御に重要な役割を果たす。

大腸菌下痢が続発している農場ではK99やF17などのETEC線毛抗原を含む牛用大腸菌症ワクチンの使用を考慮すべきである。これらのワクチンは妊娠牛に接種し，分娩後，その初乳を給与することで子牛に免疫を賦与する。EHECに対するワクチンは市販されていない。予防的に生菌剤が投与される場合がある。

下痢便中には大量の起因菌が含まれるので，農場内での拡散を防止するためには隔離治療を行うことが望ましい。ショックとアシドーシスを防ぐため，水分と電解質の補給を優先する。ETECの感染ではしばしば敗血症に移行するため，抗菌薬治療も選択肢の1つである。

下痢が軽度の場合は，経口補液で水分と電解質を補給する。患畜が衰弱し，横臥している場合，子牛が自発的に飲むことができれば，哺乳瓶を使用して電解質液を補給する。飲みたがらなければ静脈内投与する。哺乳瓶から飲まなくなることは敗血症の最初の兆候である。いずれにせよ，十分な量のカリウムイオン，重炭酸イオン，ナトリウムイオン，およびグルコースを含む補液剤または輸液剤を投与する。

抗菌薬治療を行う場合は，薬剤感受性試験の結果から適切な抗菌薬を選択する。牛の細菌性下痢症への適応が承認されている抗菌薬としてはアモキシシリン，アンピシリン，ゲンタマイシン，ビコザマイシン，ホスホマイシン，オキソリン酸，ナリジクス酸などがあげられる。抗菌薬治療には腸管粘膜の直接的損傷作用，回復遅延，これに基づく下痢発現などの可能性が指摘されている。加えて，生産コストの増加や薬剤耐性菌を選択するおそれがあることなどから，抗菌薬の使用には慎重である必要がある

〔秋庭正人〕

4．牛のパスツレラ症

Mannheimia haemolytica または *Pasteurella multocida*（血清型 6:B および 6:E を除く）の感染により発生する呼吸器病を総称してパスツレラ症と呼ぶ。牛の出血性敗血症（284 頁）を参照。

原　因

原因菌である *P. multocida* と *M. haemolytica* は大きさ 0.2～1.0 μm×1.0～2.0 μm の *Pasteurellaceae* 科に属するグラム陰性通性嫌気性の桿菌で，非運動性で芽胞を形成しない。一般にカタラーゼおよびオキシダーゼ産生能が陽性で糖を発酵的に分解する。*M. haemolytica* は溶血性が認められるが，*P. multocida* は溶血性を欠く。

M. haemolytica は，莢膜の抗原性の違いにより 12 種類の血清型に分類されている。牛では血清型 1 型の分離割合が高いが，近年血清型 6 型の分離割合が増加している。また，血清型 2 型に属する株は，1 型や 6 型に比較すると牛に対する病原性が弱い，またはないとする報告もある。我が国の分離株の血清型は図 1 に示したとおりである。

P. multocida は莢膜抗原と菌体抗原の抗原性の違いにより複数の血清型に分類されている。莢膜抗原は A～F の 5 種類に分類され，牛のパスツレラ症からは A，B および D 型の分離が報告されているが，世界的に A 型の分離割合が多い。小池らは牛由来の *P. multocida* の 97％が莢膜抗原型 A 型で，3％が D 型であったことを報告している。Namioka らは菌体抗原を 12 種類に，Heddleston らは 16 種類に分類し，莢膜抗原型との組合せにより本菌の血清型を表している。しかし，菌体抗原型には交差反応が認められ，また，Namioka と Heddleston の菌体抗原型別に相関は認められない。

発生・疫学

呼吸器病による死・廃用頭数は約 12,000 頭/年で肉用牛の死廃事故の約 20％を占めている。呼吸器病の 20～63％に *P. multocida* または *M. haemolytica* が関与していたとの報告もあり，これら 2 菌種は呼吸器病の主要原因菌と考えられる。両原因菌は，臨床上異常の認められない牛の鼻腔や扁桃などの上部気道からもしばしば分離される。松倉らは臨床上健康な牛の 1,488 頭の鼻腔スワブから *P. multocida* が 49.4％，*M. haemolytica* が 18.3％分離されたことを報告しており，*P. multocida* については半数近くの牛が保菌していることになる。一般に，種々の要因で易感染状態となった際に細菌が上部気道から下部気道に侵入・感染・増殖し肺炎を起こすと考えられている。臨床上健康な牛の上部気道に存在する菌と肺病変部から分離される菌との関係については十分に解明されてはいないが，同一牛の鼻腔と気管から分離された *M. haemolytica* の約 70％が遺伝的に一致したとの報告もある。

本症は，年間を通じて発生が認められるが，飼育環境・気候の急変，長距離輸送などのストレスが加わったときに発生が多く，また，牛の導入時や高密度飼育場において多発する傾向にある。本症は月齢に関係なく発生が認められるが，富永は山口県における牛の肺炎を含む呼吸器病の発生状況を調査し，生後 12 カ月齢以下の若齢牛の発生が全体の 89.3％と大部分を占め，特に乳雄を含む肉用牛で多発していることを報告している。これは若齢牛の免疫系の発達が不十分であることや，特に肉用牛では初乳の摂取が不十分または未摂取であることが多く，病原体に対する抵抗性が十分でないためと考えられる。また，肉用牛は多くの場合 8～12 カ月で導入が行われることや，飼育形態の変化などのストレス要因が多いことが，この月齢において呼吸器病が多発する要因としてあげられる。子牛の呼吸器病の約半数が導入後 1 カ月以内に発生しているとの報告もある。

M. haemolytica は増殖時に外毒素としてロイコト

表１　主要な生化学的性状

	M. haemolytica	*Pasteurella*		
		P. multocida	*P. trehalosi*	*P. pneumotropica*
溶血性	+	−	+	−
MacConkey agar での増殖	+	−	+	d
インドール産生	−	+	−	+
カタラーゼ	+	+	−	+
ウレアーゼ	−	−	−	+
オルニチンデカルボキシラーゼ酸産生	−	+	−	+
ラクトース	+	−	−	d
シュークロース	+	+	+	+
D-トレハロース	−	d	+	+
マルトース	+	−	+	d
D-キシロース	+	d	−	d

+：ほとんどの株が陽性，−：ほとんどの株が陰性，d：反応は様々

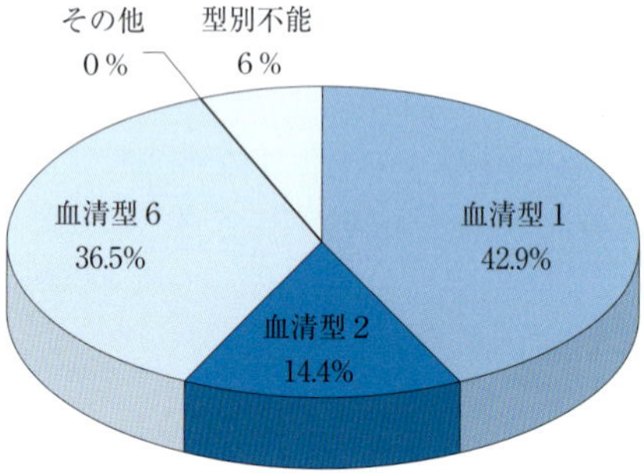

図１　我が国で分離された *M. haemolytica* の血清型

キシンを産生する。ロイコトキシンは白血球（特に好中球）の遊走と血管透過性を亢進させる作用を有している。また，本毒素は肺組織内の好中球表面に付着し，好中球に形態的な変化を生じさせ，最終的に好中球を溶解する。溶解した好中球から放出される酵素や化学物質が肺組織に炎症を引き起こす。

症　状

通常，ウイルスやマイコプラズマ，他の細菌との混合感染による呼吸器病として認められることが多いが，*P. multocida* または *M. haemolytica* 単独感染と考えられる症例も認められる。臨床症状は混合感染している病原体の種類や飼育環境などの要因により多少の差異は認められるが，一般に発症牛では発熱，流涙，鼻汁漏出，発咳，食欲減退，元気消失，呼吸促迫などが認められる。また，重症例では死亡することもある。泌乳牛で発生した場合には，乳量の減少や泌乳停止なども認められる。

診　断

パスツレラ症は臨床症状から他の呼吸器病と区別することは困難なので，本症の確定診断には原因菌を分離する必要がある。鼻腔スワブ，肺病変部または病変境界部の直接塗抹標本をギムザ染色し，両端濃染菌の確認（直接塗抹検査）や肺病変部または肺門リンパ節等を採材する。前述したように健康牛の鼻腔にも原因菌が高い割合で存在していることから，死・廃用牛が認められる場合は，可能な限り肺病変部または肺門リンパ節等を採材する。培地は５％羊脱繊維素血液加寒天培地を用いて 37℃で 24〜48 時間好気性または５〜10％炭酸ガス培養を行い，原因菌の分離を行う。分離菌については**表１**に示した性状を参考に同定を行い，血清型を確認する。牛の呼吸器からは *M. varigena* や *M. glucosida* などの *M. haemolytica* と生化学的性状が非常に近縁な菌種が分離されてくる。*M. varigena* は牛に対して病原性が認められるが，*M. glucosida* は病原性がないとされているので必要に応じて，菌種同定のために詳細な生化学的性状検査（**表２**）や PCR や 16S rRNA の配列解析などの追加試験を行う。*P. multocida* が原因で高い発症率および死亡率を示した場合には出血性敗血症（血清型 6:B および 6:E）との類症鑑別が必要となる。

本症による肺炎では，線維素性胸膜肺炎（気管支肺炎），化膿性胸膜肺炎（気管支肺炎）などの病変がみられる。剖検所見では，肺に様々な広がりをもつ斑状（暗赤色，灰赤色，灰黄色など）の肝変化病巣が認められ，膿様滲出物を伴うこともある。肺胸膜

表2 *M. haemolytica* complex の生化学的性状

	M. haemolytica	*M. glucosida*	*M. varigena*	*M. granulomatis*	*M. ruminalis*
溶血性	+	+	+	−	−
ウレアーゼ	−	−	−	−	−
オルニチンデカルボキシラーゼ	−	d	d	−	−
インドール	−	−	d	−	−
L-アラビノース	−	d	+	−	−
D-キシロース	+	+	+	d	d
マンニトール	+	+	+	+	+
D-ソルビトール	+	+	−	+	d
マルトース	+	+	+	+	d
トレハロース	−	−	−	−	−
エスクリン	−	+	−	d	−
NPG（β-glucosidase）	−	+	d	+	−
ONPF（α-fucosidase）	+	+	d	−	−
ONPX（β-xylosidase）	d	d	d	d	−
ONPG（β-galactosidase）	d	+	d	d	+

＋: ほとんどの株が陽性，−: ほとんどの株が陰性，d: 反応は様々

表3 *M. haemolytica* の薬剤感受性

薬剤名	MIC range（μg/mL）	MIC_{50}（μg/mL）	MIC_{90}（μg/mL）	耐性率（%）
アンピシリン	0.25～>512	2	256.0	21.9
アモキシシリン	≦0.125～256.0	0.25	64.0	16.0
ストレプトマイシン	2.0～>512.0	16.0	>512.0	39.0
カナマイシン	8.0～256.0	8.0	>512.0	18.8
コリスチン	≦0.125～2.0	0.25	0.5	0.0
オキシテトラサイクリン	0.25～256.0	1.0	32.0	20.8
ドキシサイクリン	0.125～32.0	1.0	4.0	19.0
クロラムフェニコール	0.5～64.0	1.0	64.0	16.3
チアンフェニコール	0.5～512.0	2.0	256.0	19.4
フロルフェニコール	0.25～32.0	1.0	2.0	0.2
セファゾリン	0.125～16.0	1.0	4.0	0.0
セフチオフル	0.125～0.25	≦0.125	≦0.125	0.0
セフキノム	0.125～0.25	≦0.125	≦0.125	0.0
ナリジクス酸	0.5～256.0	4.0	256.0	37.9
エンロフロキサシン	≦0.125～16.0	≦0.125	8.0	14.0
ダノフロキサシン	≦0.125～16.0	≦0.125	16	14.0

および間質の水腫性肥厚，胸膜における線維素の付着と胸水の増量ならびに肺門リンパ節の腫脹が認められる。病理組織学的変化としては，細気管支や肺胞上皮細胞の脱落，気管支腔や肺胞内への漿液や線維素の滲出が認められる。また，肺門リンパ節や気管支腔に好中球の浸潤と貯留，間質および胸膜におけるリンパ球のうっ滞と線維素の滲出も観察される。

治療・予防

本症の治療にはアンピシリン，フロルフェニコール，セフェム系薬剤，フルオロキノロンの投与が有効とされているがこれら薬剤に対する耐性菌の出現も報告されているので薬剤の選択には注意が必要である。

表3に1991～2010年に呼吸器病罹患牛から分離された *M. haemolytica* 480株の薬剤感受性結果を示した。

アンピシリン，アモキシシリン，ストレプトマイシン，カナマイシン，オキシテトラサイクリン，ドキシサイクリン，クロラムフェニコール，チアンフェニコール，ナリジクス酸，エンロフロキサシンおよびダノフロキサシンに14～39%の薬剤耐性株が認められた。一方，フロルフェニコールには1株

(0.3%)，セフェム系抗生物質（セファゾリン，セフチオフル，セフキノム）には耐性株は認められず，*in vitro* において高い感受性が認められた。*M. haemolytica* は *P. multocida* や *Histophilus somni* に比較して薬剤耐性菌の出現率が高い傾向にあり，抗菌薬治療への反応が顕著でない症例も認められる。また，血清型間で薬剤感受性に差が認められるので，原因菌については薬剤感受性試験に加え血清型別試験を行うことが重要である。

ワクチンとして牛用マンヘミア・ヘモリチカ1型菌不活化ワクチンと，ヒストフィルス・ソムニ感染症，パスツレラ・ムルトシダ感染症，マンヘミア・ヘモリチカ感染症混合不活化ワクチンの2種類の不活化ワクチンが市販されている。呼吸器病ウイルスに対するワクチンと併用することで，呼吸器病の発生防止や症状の軽減につながる。ワクチン接種は，飼育規模，飼育形態，地域性，季節，浸潤している病原体の種類，経済効率などの様々な要因の影響を受ける。このため一定のワクチンプログラムは存在せず，農場ごとに原因や疾病の発生状況を分析し，ワクチンプログラムを設定する必要性がある。また，本症は，病原体，環境および宿主の3要因が疾病の発生に関与する日和見感染症なので，その予防対策にはこれら3要因を総合的に組み合わせた対策が必要であり，密飼の防止，畜舎の換気・保温，飼育環境の定期的な消毒などを行い，環境ストレスの軽減に努めることも重要である。

〔勝田　賢〕

5．牛のレプトスピラ病

病原性レプトスピラの感染による黄疸と血色素尿，および流死産などの繁殖障害を主徴とする疾病で，我が国では血清型 Pomona，Canicola，Icterohaemorrhagiae，Grippotyphosa，Hardjo，Autumnalis，Australis による疾病が届出伝染病に指定されている。

原　因

レプトスピラ属菌。グラム陰性好気性の細長い(0.1×6～20 μm）スピロヘータで，菌体末端が鈎状に屈曲している。トレポネーマ科の菌に比べ，らせんの回転数が多い。両菌端より1本の軸糸が菌体に絡みながら菌体中央部に向かい，それらをエンベロープが包む。暗視野顕微鏡により回転および屈折により活発に運動する菌体が観察される。中性あるいは弱アルカリ性の淡水中や湿った土壌中では長期間生存可能であるが，酸性条件下や熱，乾燥状態では死滅しやすい。消毒薬や抗菌薬に対しては感受性である。

レプトスピラ属菌は遺伝学的に，*L. interrogans*，*L. borgpetersenii*，*L. kirschneri*，*L. noguchi* など20菌種に分類され，これらはさらに28の血清群と250以上の血清型に分けられている。牛のほか，豚，犬，人等を含め，ほとんどの哺乳類に感染する。

発生・疫学

日本をはじめ世界各地で発生している。原因となる血清型は国あるいは地域によって異なる。日本では血清型 Hebdomadis，Australis，Autumnalis，Krematos が，諸外国では Pomona，Hardjo，Grippotyphosa，Icterohaemorrhagiae などが分離されている。我が国における牛のレプトスピラ症は，1970年代以降ほとんど発生報告はなく，1982年の北海道と2007年の群馬の症例のみである。しかし，最近の血清学的調査では，全国的に抗体陽性牛が認められ，本症の広範囲な浸潤が示唆されている。

感染経路は表皮や粘膜であり，創傷等があればより感染しやすくなる。口腔粘膜あるいは結膜からも感染する。レプトスピラ病は水や湿った土壌などを介して動物間で感染が成立する。生体内に侵入したレプトスピラは血中に入り急速に増殖し，レプトスピラ血症を起こす。血中抗体が出現し感染動物が耐過すると，レプトスピラは腎臓の尿細管に定着する。レプトスピラはそこで増殖し尿中に排菌される。本菌によって汚染された地表水や湿った土壌あるいは敷わらや飲用水・飼料などに家畜が接触する

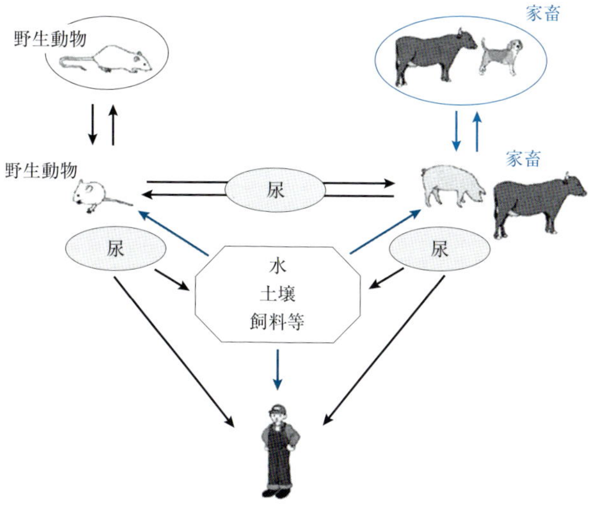

図１　レプトスピラの感染環
（菊地直哉原図）

ことにより，皮膚や粘膜から感染する（図１）。尿中への排菌期間は，牛では数週間～数カ月程度である。急性型の牛では乳汁や生殖器粘液中にも排菌されることがある。

ネズミなどのげっ歯類はレゼルボアとして人や家畜への感染に重要な役割を果している。感染しても発症せず，ほぼ一生涯にわたり菌を尿中に排泄するので，水や土壌を汚染し，家畜や他の野生動物の感染源となる。

症　状

牛のレプトスピラ症は不顕性から急性型，重症型まで幅広い症状を示す。症状の強さは宿主の年齢，免疫状態，病原体の感染量と毒力に起因し，死亡率と関連する。

急性または亜急性の場合，初期には倦怠感，不快感，食欲低下，抑うつ状態，衰弱，結膜充血，貧血，下痢，発熱（１～2.5℃の上昇）がみられ，４～５日間持続する。泌乳牛では黄色の凝固乳がみられ，その後，乳量が低下し，数日から２週間程度にわたり無乳症となる。その後，回復するが，泌乳期間中の乳量の低下をきたす。

重症例では，初期症状として溶血性貧血によるヘモグロビン尿がみられる。尿は赤色，ときに褐色あるいは黒色を呈する。血尿，尿円柱，ヘモグロビン尿は急性腎炎の結果である。黄疸，ときには脳炎症状を呈し，このような状態の場合，脳からもレプトスピラが分離される。腎と肝の変性および不全の結果，発症後３～10日で死亡する。耐過した動物は慢性腎炎となり，尿比重の低下がみられる。中等度の感染では上記の泌乳障害がみられる。

妊娠牛においては妊娠ステージにより異なるが，発症後１～３週に流産，早産が起こる。流産は牛のレプトスピラ症において最もよくみられる症状で，妊娠の最終第３期に起こる。流産胎子は IgM 抗体を産生する。感染した新生子牛は虚弱で，肝あるいは腎で変性がみられ，２次感染等で重症化する。耐過すると慢性保菌牛となり，腎の白斑あるいは皮膜下の瘢痕など，亜急性あるいは慢性病変が認められる。レプトスピラの生殖器感染の結果，亜急性あるいは不顕性のレプトスピラ症に続いて不妊症となる。

診　断

急性例では黄疸や点状あるいは斑状出血が臓器，皮下織，粘膜に認められる。慢性例では病変は腎臓に限局し，皮質に小白斑が多発する。

組織学的には，急性例では腎糸球体と尿細管の高度な変性と壊死，肝小葉の中心性壊死，胆汁うっ滞が，慢性例では腎皮質にリンパ球の浸潤と線維化がみられる。鍍銀染色により，腎尿細管上皮細胞内あるいは管腔内にレプトスピラが観察される。

菌が動物の体内に侵入するとレプトスピラ血症を起こし，発熱などの急性症状を呈する（発熱期）。その後，抗体の出現により血液中から菌は消失し，腎尿細管に定着し尿中に排菌する（慢性期）。したがって，感染初期の発熱期には血液を，慢性期には尿を培養材料とする。コルトフ培地あるいはEMJH培地に接種して30℃5～7日間以上培養，菌陰性の場合，2カ月程度は培養する。臓器を培養する場合は2mm程度の小片を培地に加える。雑菌で汚染されている場合は，血液，尿，腎乳剤等をハムスターや幼若モルモットの皮下あるいは腹腔内に接種し，発熱期の心血，腎乳剤から菌を分離する。

鞭毛遺伝子（*flaB*）や16S rRNA遺伝子を標的としたPCRも用いられている。微量の血液，尿，臓器乳剤などの試料からレプトスピラの特異的なDNA断片を増幅する。

特異抗体は感染1週以降から出現し，3～4週で最高に達する。暗視野顕微鏡を用いた顕微鏡凝集試験（microscopic agglutination test : MAT）が用いられており，現時点では本法が最も標準的な方法である。生菌を抗原として希釈血清と反応後顕微鏡下で凝集の有無を判定する。血清型特異的であるので抗原にはその地域で流行している血清型のものを中心として数種類用いる。ペア血清で4倍以上の抗体価の有意な上昇を陽性とする。ELISAも応用されているが，本法は属特異的抗体を検出するので，血清群/血清型の同定はできないため，陽性例についてはMATを実施し，感染血清型の同定を行う必要がある。

治療・予防

適切な衛生管理は感染予防と感染を最小限に抑えることに多大な効果がある。農場内の湿地の除去，飲用水の安全確保，流産胎子・胎盤・排泄物の適切な処理，定期的な血清学的検査，レゼルボアであるネズミなどのげっ歯類や野生動物の制御などにより家畜の飼育環境のレプトスピラ汚染を防止する。多価不活化ワクチンが北米や欧州では応用されている。感染防御は血清型特異的であるので地域に流行している血清型に対応するよう数種の血清型から構成されなければならない。日本では血清型Hardjoに対するワクチンの販売が予定されている。

治療開始時期の遅れによって重症化しやすく予後を左右する。ストレプトマイシンが最も効果的であり，急性期あるいは慢性期の腎における保菌状態の除去にも効果的である。急性期の治療に当たっては11 mg/kgを1日2回3日間あるいは5 g/頭を1日2回3日間連続投与する。ゲンタマイシン，テトラサイクリンがこれに次ぐ。ペニシリンは菌血症の場合は効果的であるが，慢性期に移行し腎の尿細菌に定着しているレプトスピラの排除には無効である。

〔菊池直哉〕

6．牛の肝膿瘍

牛の肝膿瘍は，肝臓に膿瘍が形成された疾患で，主に*Fusobacterium necrophorum*による感染症であるが，その重要な誘因は集約的な飼育管理法に起因した粗飼料の摂取不足にある。

原　因

肥育牛は，低コストかつ枝肉成績の向上を図るために，群管理で多頭飼育し，乾草などの粗飼料を制限し，穀類など濃厚飼料が高い割合の飼料を給与されている。これら肥育牛の第一胃内は粗飼料不足のため物理的刺激に乏しく，濃厚飼料中の粘性成分が第一胃乳頭を塊状に接着させて（口絵写真33，❼頁），第一胃粘膜上皮細胞は正常な増殖や角化を障害されている。

また，粗飼料の摂取不足は第一胃内の発酵にも影響し，揮発性低級脂肪酸（VFA）の異常発酵によるルーメンアシドーシスのため第一胃粘膜上皮細胞は傷害を受ける。このような牛ではルーメンパラケラトーシスや第一胃炎がみられ，損傷部位から第一胃内の細菌が侵入し，門脈を介して肝臓に到達し，膿瘍を形成する。

肝臓に形成された膿瘍からは主に*F. necrophorum*が分離されるが，ほかにも*Arcanobacterium pyogenes*，*Bacteroides*，*Streptococcus*など様々な細菌が

分離され，*F. necrophorum* 以外の細菌による感染や膿瘍形成への関与も考えられている。

疫学・発生

肝膿瘍は乳用牛より肥育牛に発生が多く，生産効率を追求する飼育管理によって起こる肥育牛の代表的な生産病である。臨床症状をほとんど示さないため，生産現場での発見はほとんどなく，と畜場へ搬入された出荷牛に，解体時の内臓検査によって初めて発見されることが多い。

乳用種の肥育牛は，黒毛和種より肝膿瘍の発生が多く，10～30％の出荷牛に発生している。発生時期は1年を通して発生するが，夏期に発生が多くなるとの報告もある。

形成される膿瘍は通常，1～数個，マッチ棒頭大から人頭大まで様々の大きさでみられるが，多数の膿瘍が肝臓全体にみられることもある。膿瘍は肝臓の表面に観察されることが多いが，肝臓内部から検出されることもある。肝臓の横隔面にできた膿瘍（**口絵写真 34，❼**頁）は，横隔膜へ炎症が波及し，横隔膜炎を伴うことが多い。

増体や枝肉成績などの生産性について，肝膿瘍牛は健常牛と比べて顕著な低下を示さないことが多い。しかし，肝膿瘍のほかに胃炎，腸炎や腹膜炎など他臓器にも炎症がみられる牛では生産性が低下している。

症状・診断

肝膿瘍による臨床症状はほとんど示さないため，症状からの生前診断は実施されていない。

白血球数の増加，血清蛋白量の増加，アスパラギン酸アミノトランスフェラーゼ（AST）やγ-グルタミルトランスフェラーゼ（GGT）が高値となることがある。しかし，変動がみられないことも多く，これらによる生前診断は困難である場合が多い。

血液生化学的な変動として，急性期反応物質であるシアル酸，ムコ蛋白質とα1酸性糖蛋白質（α1-AG）が高値となること，化学的伝達物質であるカリクレイン活性と結合織代謝酵素であるプロリダーゼ活性が上昇することが知られており，このうち，特にシアル酸とムコ蛋白質が肝膿瘍の診断に有効であるとされている。ただし，これらの検査項目は，肝膿瘍以外の炎症性疾患などにも反応するので，他疾患を類症鑑別することで，肝膿瘍の生前診断として利用できる。

超音波検査によって肝膿瘍は，高エコー塊を囲む低エコー量（ハロー）や低エコー球として描出される。しかし，体幹の大きな肥育牛では超音波の届く検査範囲が，主に肝臓右葉の一部に限定され，実用性に乏しい。

治療・予防

肝膿瘍の治療は，生前診断と治療に対する費用対効果に乏しいため，通常実施されていない。

肝膿瘍は，不適切な飼育管理による第一胃内環境の悪化が最も重要な誘因となる疾病であるため，予防には第一胃内環境を正常に維持する飼育管理が必要である。

乾草など粗飼料の給与方法と給与量を改善し，粗飼料摂取量を確保する。粗飼料の摂取量を増やすには，嗜好性のよい粗飼料を準備し，特定の飼料を選択採食させないように粗飼料は細断し濃厚飼料とともに混合給与する。混合給与ができないときは，粗飼料を給与し摂取が終わってから濃厚飼料を給与するなど給与方法を工夫し，粗飼料の摂取量を確保する。

乳用種肥育牛では，と畜場へ搬出する出荷月齢が低く，育成期の若齢牛から濃厚飼料が多給されている。育成期での第一胃粘膜の損傷は，その後の濃厚飼料多給による肝膿瘍の発生リスクとなるため，育成期からの粗飼料摂取量を確保することが重要である。

設定した飼料を群の全頭が摂取できるように適正な採食環境を整える。飼槽や水槽を常に清潔に保つとともに，残飼は給与時の飼料成分と異なることが多いので除去する。

発育に応じた飼育密度と1群頭数に留意し，1頭当たりの飼槽幅を確保する群を編成する。群の全頭が一度に飼槽に並べる群編成が望ましい。過密な群では1頭当たりの飼槽幅を確保できず，採食競争を招き，社会的順位の低い牛は残飼ばかりを摂取することとなる。

針金や釘などの異物の摂取は第一胃粘膜の損傷を招くので，飼槽や牛舎周辺から針金や釘など異物の除去は徹底する。

飼料添加による肝膿瘍の予防法として，炭酸水素ナトリウムによって第一胃 pH を上昇させ，第一胃内環境を改善させることや抗菌薬による第一胃内の細菌制御が検討されている。しかし，予防効果については必ずしも明確ではない。

〔川本　哲〕

7．牛のマイコプラズマ肺炎

牛のマイコプラズマ肺炎とは *Mycoplasma bovis* や *M. dispar* 等のマイコプラズマによる牛のカタル性炎や間質性肺胞炎を主徴とする伝染性肺炎を意味し，牛肺疫（伝染性牛胸膜肺炎）はこの定義から外されている。感染は発症牛あるいは不顕性感染牛との直接あるいは間接的（ウォーターカップ，飼料，鼻汁飛沫等）な接触により経気道的に起こる。人為的なものとして，マイコプラズマ性乳房炎乳汁から子牛に感染を拡げることもある。

原　因

M. dispar および *M. bovis* は子牛に肺炎を惹起する。*M. californicum*，*M. alkalescens*，*M. bovigenitalium*，*M. canadens* および *Ureaplasma diversum* 等は主として二次感染で肺炎を増悪する。

発生・疫学

M. dispar による肺炎の呼吸器症状は３～４カ月齢の子牛に頻発する。その月齢の子牛を供試した経気道感染試験でも肺炎を再現することが可能であるが，哺乳牛や 12 カ月齢以上の牛では肺炎の再現率が低下する。*M. dispar* 以外の病原マイコプラズマは単独感染ではほとんど肺炎を惹起することはない。たとえ感染があっても健康牛であれば不顕性で経過し，能動免疫によって感染したマイコプラズマに対する特異抗体が産生され排除されていく。しかしながら，これらのマイコプラズマのなかには免疫を撹乱するスーパー抗原を有するものがある。また，マイコプラズマは呼吸器粘膜上皮に定着し，粘膜上皮細胞の絨毛運動を停止させることが知られており，ほかの病原体の侵入を容易にさせる。すなわち，スーパー抗原による感作や絨毛運動の停止により易感染状態となった宿主は，ウイルスや細菌などの二次感染により混合感染性の肺炎を呈するようになる。混合感染により肺炎が広がり始めると自然治癒は困難となり，マイコプラズマも長く宿主に潜伏することになる。

我が国ではマイコプラズマ感染を基礎疾患とした混合感染性肺炎が一般的に観察される。特に子牛の混合感染性肺炎は死廃率が高いだけでなく，病原体の温床となり，下痢とともに経済的損失が大きい疾病である。日本をはじめ各国で混合感染性肺炎の基調となるマイコプラズマは *M. bovis* が圧倒的に多い。近年，日本での分離報告のなかった *M. californicum* や *M. canadens* も国内に浸潤していることが確認された。これらのマイコプラズマは世界各地域に分布し，肺炎の増悪要因以外に，乳房炎起因菌としても大きな問題となっている。一方，これらのマイコプラズマは健康子牛の上部気道からも分離されることがあるが，正常肺からは分離されない。すなわち，これらのマイコプラズマが肺に移行して増殖するためにはほかの病原体やストレスなどの誘因が必要と考えられている。したがって，マイコプラズマ肺炎の発生とその頻度は季節や飼養，衛生環境あるいは常在する微生物の種類などによって農場ごとに異なる。

症　状

M. bovis による子牛の気管支肺炎では 39～40℃の発熱，乾性発咳，頻呼吸および高粘性鼻汁の漏出を呈する。*M. dispar* による無気肺を伴う増殖性間質性肺炎では発熱と乾性発咳を認めることがある。ただし，一般的にマイコプラズマの単独感染では臨床症状はほとんど確認されないことが多い。子牛の *M. bovis* や *M. dispar* 感染が慢性化すると中耳炎を併発することが多い。

診　断

剖検時の肉眼的所見として，肺前葉および中葉辺縁部に肝変化した無気肺病変が認められることが多い。このような病変はほかの微生物との混合感染による場合が多く，重篤化するにつれ肺病変部は前葉全体から中葉，副葉，そして後葉へと拡大する。病変部と健常部との境界部は明瞭で病変部は硬化している。混合感染した微生物の種類によって膿瘍や気腫など様々な所見が観察される。

組織所見として，*M. bovis* 単独感染の場合にはカタル性気管支炎および気管支周囲の著明な細胞浸潤，いわゆる周囲性細胞浸潤肺炎あるいはリンパ濾胞の過形成が特徴である。ただし，*M. dispar* による病変は間質性肺胞炎が主なので，周囲性細胞浸潤肺炎像は必ずしも認められない。

自然発生例のほとんどは，ほかの微生物との混合感染であるため，前述の典型的な組織所見のみが認められる病変部位は少なく，化膿性肺炎，線維素性肺炎，水腫・浮腫肺などの病変が混在している。

マイコプラズマの検出法として，肺病変部のFA，あるいはPCRによるマイコプラズマDNAの検出，病変部位からの菌の分離同定等がある。*M. dispar* の分離は一般的なマイコプラズマ培地では発育しないため，変法GS培地やBHL培地等を供試する。分離株は各菌種にそれぞれ特異な免疫血清を用いて同定する。PCRによる直接検出は肺乳剤検体であれば比較的正確な結果が得られるが，鼻汁や鼻腔スワブ材料での陰性結果は注意が必要である。鼻汁に含まれる菌数にはばらつきがあり，排菌量は病状によって大きく変動するためである。また，現在のところ，すべての牛マイコプラズマ菌種をPCRで鑑別検出することは不可能である。したがって，PCRによる直接検出成績は参考程度に留め，培養法を併用することが望ましい。ただし，鼻汁等のサンプルを適当なマイコプラズマ液体培地で増菌培養したものをPCR検出する手段は有効である。

血清診断法として，代謝阻止試験，CF試験，PHA，HI試験あるいはELISAなどが用いられ，良好な成績が報告されている。しかしながら，これらの試験で使用する抗原類は市販されておらず自作しなければならない。

治療・予防

治療は水分補給を十分に行うとともに，マイコプラズマに効果のあるマクロライド系，テトラサイクリン系抗生物質のほか，混合感染している病原体に有効な薬剤を併用する。このためには日頃から農場にまん延している病原体の把握と有効薬剤のスクリーニング，各種ウイルスに対するワクチンの接種を行うことが肝要である。近年の調査では野外分離される *M. bovis* 株のほとんどが *in vitro* の試験においてマクロライド系抗生物質に高度耐性であり，テトラサイクリン系抗生物質にも耐性化傾向を示していた。一方，チアムリンやバルネムリンに対し耐性株は存在せず，高い感受性であった。治療をする場合はできるだけ感染早期に有効薬剤を投与する必要がある。ほかの病原体との混合感染で重篤化した肺炎や中耳炎を併発した症例の薬物治療は困難となるからである。

現在，国内で承認された牛のマイコプラズマワクチンはない。マイコプラズマは感染力が強く，いったん牛群に侵入すると連続飼養する限り排除は不可能となる。したがって，農場内に出入りする車両や人等の管理に加え，外部導入牛の検疫は必須である。

〔小林秀樹〕

8．牛のヒストフィルス・ソムニ感染症

Histophilus somni 感染による髄膜脳脊髄炎，肺炎，心筋炎や生殖器感染症である。

原　因

原因菌である *Histophilus somni* は，従来，“*Hae-*

mophilus somnus" と呼ばれ，その分類学位置づけは未確定のままであったが，2003年，めん羊の生殖疾患や敗血症等から分離される "*Histophilus ovis*" や "*Haemophilus agni*" とともに，新たな菌種 *Histophilus somni* と命名された。

本菌はグラム陰性，非運動性の多形性桿菌で，莢膜，鞭毛，線毛をもたないが，菌体表面に微細な繊維状の構造物であるフィブリルを産生し，菌体外に産生されるマンノースとガラクトースからなる exopolysaccharide は本菌が形成するバイオフィルムの構成成分となる。*H. somni* には細胞付着性，細胞毒性，食細胞機能抑制能や血清抵抗性などの病原性の発現に関与しうる性質が認められる。本菌の産生する高分子量免疫グロブリン結合蛋白質は，その特定ドメインの作用によって細胞骨格形成の制御を担う Rho ファミリーG 蛋白質（Rho GTPase）にアデニル基を付加し，Rho GTPase を不活化する。その結果，細胞骨格形成が障害され，マクロファージ系細胞の貪食機能の抑制や，肺胞上皮細胞の形態変化が生じる。*H. somni* は O 側鎖を欠いたリポオリゴ糖（lipooligosaccharide : LOS）をもち，その Lipid A 成分は他のグラム陰性菌と同様に内毒素活性を示す。LOS のオリゴ糖と類似の構造が宿主細胞の糖スフィンゴ脂質中にも存在するため，LOS の免疫原性の低下をもたらす。LOS の抗原構造や phosphorylcholine の付加には相変異が認められ，宿主の免疫応答からの回避や呼吸器への定着・全身感染の成立に関与する。シアル基が付加した LOS は菌体への抗体結合を阻害し，血清抵抗性の上昇をもたらす。さらに，LOS には血管内皮細胞などにアポトーシスをもたらす作用が確認されるなど，本菌の病原性発現に深く関与する。

発生・疫学

H. somni による髄膜脳脊髄炎は1956年の発生報告以来，米国，カナダで数多く報告され，その後，世界各地で発生が確認されている。国内では島根県下の黒毛和種肥育牛に *H. somni* による髄膜脳脊髄炎の発生があったことが1981年に初めて報告され，以後全国各地で発生がみられている。髄膜脳脊髄炎の発生は年間を通じてみられるが，晩秋から初冬に多発しやすく，導入後数週間以内に多くみられる。これは牛の輸送や気候の変動によるストレスや他の呼吸器疾患などが誘因となるためと理解される。

米国，カナダのフィードロット牛において本菌感染による心筋炎を原因とした突然死が増加している。*H. somni* 感染による肺炎も多くみられ，肺炎起因菌として重要である。マンヘイミア，パスツレラ，マイコプラズマやウイルスとの混合感染が多い。流死産の原因となり，子宮内膜炎，腟炎，包皮炎，膿性精液，虚弱子症候群や乳房炎からも *H. somni* が分離される。また，本菌は健康牛の呼吸器や生殖器，精液からも分離され，雄の生殖器，特に包皮口や包皮腔からは高率に分離される。

症　状

髄膜脳脊髄炎の発症初期には40℃以上の発熱，元気消失，食欲不振がみられ，しばしば運動失調を認める。四肢麻痺，痙攣，起立不能，さらに昏睡状態に陥り死亡する。発病牛は異常が発見されたときには，すでに起立不能の状態であることが多い。発症から死亡までの期間は数時間から数日，多くの場合１日以内ときわめて急性の経過をとる。

肺炎例では元気消失，40℃前後の発熱，食欲減退，鼻汁漏出，発咳が認められる。病勢が慢性に推移する場合は発育不良を伴う。生殖器疾患では受胎率の低下，軽度の化膿性腟炎，頸管炎や子宮内膜炎，また流死産や胎盤停滞が認められる。

診　断

髄膜脳脊髄炎発症牛では肉眼的には髄膜の充血と混濁，脳全般に散在する出血性壊死が認められる。脳脊髄液は混濁増量する。組織学的には脳および髄膜の血栓形成，血管炎，好中球の浸潤やうっ血，出血が認められ，中枢神経系以外の臓器においても血栓形成と血管炎を伴う限局性壊死性病巣が認められる。

肺炎発症牛では肺の一部に暗赤色の肝変化病変が認められる。膿様滲出物，胸膜面や割面に膿瘍を認める。組織学的には多発性の凝固壊死を伴った化膿性カタル性肺炎が認められる。

生殖器疾患では生殖器粘膜に充血や膿様滲出物が認められる。流産胎子は肉眼的には，特に異常が認められない。組織所見では化膿性の腟炎，頸管炎，子宮内膜炎が認められる。また，胎子の各臓器に血栓形成を伴う血管炎と好中球浸潤が認められ，胎盤では壊死性化膿性病変が認められる。

野外発生例では *H. somni* が分離されないものの，

病変部位と一致して免疫組織学的に検出される場合が多いことから，病変部位の抗原検出により，本病の診断精度が高まる。

髄膜脳脊髄炎発症牛では，脳脊髄液，血液，脳，肺その他の実質臓器を菌分離材料とし，肺炎発症牛では綿棒で採取した鼻汁や肺病変部，生殖器疾患では綿棒で採取した粘膜滲出物や流死産胎子の実質臓器と第四胃内容物や胎盤を菌分離材料とする。ブレインハートインフュージョン寒天培地やコロンビア血液寒天基礎培地に牛やめん羊の脱線維素血液を5～10％の割合で加えた血液寒天培地を用いて，37℃，5～10％炭酸ガス存在下で2～3日培養すると，直径1～2 mm の淡黄色，正円形，光沢のある集落を形成し，白金耳でかきとるとレモン色を呈する。*H. somni* は栄養要求性がきびしいため，一般の細菌同定用培地を用いる場合には血清や酵母エキスを培地に添加する必要がある。

また，市販の簡易同定キットを用いて性状検査が可能である。*H. somni* はヘモフィルス属菌のようにX因子（hemin）やV因子（nicotinamide adenine dinucleotide : NAD）の要求性を示さないが，チアミン誘導体，例えばチアミン一リン酸の培地への添加により発育促進が認められる。PCR 増幅による菌種特異的な 16S rRNA 遺伝子断片の検出は本菌の同定に有用である。

髄膜脳脊髄炎発症牛では急性経過をとるため，血清学的診断は難しい。凝集反応，CF 試験，AGID，酵素抗体法などが抗体検出の手法として検討されてきたが，健康牛も抗体を保有することや他菌種との交差反応性を示すことなどが血清学的診断を難しくしている。

治療・予防

本菌は各種の抗菌薬に感受性を示すが，アンピシリン，テトラサイクリン，チルミコシン，エリスロマイシン，ストレプトマイシン，カナマイシンなどに対する耐性菌の存在が知られている。脳脊髄炎発症牛の治癒率は低い。早期発見に努め，発症初期に抗菌薬を適切に投与することが必要である。

髄膜脳脊髄炎予防のための *H. somni* 全菌体不活化ワクチンや，肺炎予防のための *Mannheimia haemolytica*，*Pasteurella multocida* および *H. somni* の3種混合ワクチンが応用されている。髄膜脳脊髄炎や肺炎は導入後短期間に発生するものが多いため，導入前のワクチン接種や導入直後の抗菌薬やビタミン剤の予防的投与などの対策が講じられる。抗菌薬の使用に当たっては，その予防的効果にはばらつきがあること，また薬剤耐性菌の存在や，新たな薬剤耐性菌の出現に対する配慮が必要である。

〔田川裕一〕

9．牛伝染性角結膜炎

牛の伝染性角結膜炎（infectious bovine keratoconjunctivitis : IBK）は，別名ピンクアイ（pink eye），blight，伝染性角膜結膜炎，伝染性結膜炎，伝染性眼炎などといい，*Moraxella bovis* が引き起こす，病変が眼に限局した感染症である。

原　因

M. bovis はグラム陰性の好気性，非運動性桿菌であり，臨床症状のはっきりとした IBK からは通常，溶血性を示すラフ型コロニーを形成する株が分離される。有線毛株が病原性を示す。本菌には線毛の血清型，プラスミド型が知られている。

発生・疫学

本病は全世界で発生しており，致死的な感染症ではないものの，経済的損失は少なくない。ときに産乳量の低下，体調の悪化，増体の悪化などが起こるが，それらは病気による不快，一時的な盲目，それらによる餌喰いの悪化などが原因と考えられている。感染牛の体重減少は10％程度と推定されている。まれに感染牛は全盲となることがあり，放牧時にそのような状態になった牛は飢餓のため死に至ることもある。

本病の流行状況や症状の程度は環境，季節，混合あるいは複合感染した病原体の種類，感染した *M. bovis* 株の病原性の違い，感染牛の免疫状態，ベクターの発生状況などによって様々に異なる。*M. bovis* は直接接触，鼻汁や眼分泌物の飛沫，ベクター等によって伝播する。最も重要なベクターはハエである。本病は年中発生するが，特に夏と秋に多い。*M. bovis* は感染牛に１年中保菌されており，眼分泌物や鼻腔，鼻汁から分離されるが，秋に分離率が高い。本病発生の大きな誘因は紫外線であり，眼が紫外線に曝露されると本病に対する感受性が上がり，症状も重篤となる。牛の品種，年齢などは本病に対する感受性に影響する。

症　状

感染は通常，片眼で起こるが，交差感染等により両眼感染へと進行することもある。潜伏期間は通常２～３日である。初期症状は大量の流涙，羞明，眼瞼痙攣などである。現場では，この時期の症状は見過ごされることが多い。全身症状として，ときに産乳量の低下，食欲不振を伴う軽度～中等度の発熱などがみられることもある。羞明や大量の流涙，軽度の結膜炎あるいは角膜炎がみられた後，眼に漿液性あるいは粘液膿性の分泌物が観察されるようになり，数日以内に角膜に不透明な病変が形成され始める。多くは潰瘍形成に至る前に快復する。また，流涙以外の明らかな臨床症状を呈さず保菌状態で推移する個体も存在する。最初 0.25～１mm 程度の小水疱のようなものが角膜上皮に形成されるが気づかないことが多い。その後，潰瘍は広く深くなり角膜固有質にまで達し，直径が 25 mm を超えることもある。ときに角膜水腫，結膜炎，眼瞼炎となる。角膜破裂が起こることがある。角膜穿孔が起これば全眼球炎や眼球癆，ブドウ膜脱出などに至り，失明することもある。潰瘍形成開始２日目くらいから一方では治癒が進行する。角膜の傷跡は重度の場合，白斑となって数カ月から数年残ることがあるが，ほとんどの場合，角膜の混濁は２～４週間以内に消失する。

診　断

本病は臨床学的および微生物学的に診断される。

本病の臨床学的診断には類症鑑別および病性に影響する様々な因子を考慮することが重要となる。本病の進行や病変の程度にはリケッチア，クラミジア，マイコプラズマ，ウレアプラズマ，ウイルスなども影響を与える。牛伝染性鼻気管炎（IBR）ウイルスとマイコプラズマが最もよく IBK から分離されてくる。*M. bovis* 単独では角結膜炎が必ずしも確実に健康牛で実験的に再現されるわけではないが，あらかじめ紫外線照射やマイコプラズマ感染があれば発症率は高くなる。日光やハエ，埃なども増悪因子として作用する。

他の原因による眼疾病との類症鑑別も必要となる。外傷性の結膜炎は眼に異物や眼にみえる傷が存在することから容易に診断できるが，IBR による結膜炎，悪性カタル熱，牛疫，牛ウイルス性下痢・粘膜病などの角膜炎と IBK との区別は難しい。しかし，これらの病気は角・結膜炎以外の症状もあり，また，眼の病変と進行の状況が IBK とは異なることから，総合的に診断すれば類症鑑別が可能である。これら以外に鑑別を必要とする疾病として光過敏による角膜炎，テラジア感染症，*Pasteurella multocida* による角膜炎などがある。

本病が疑われるときは眼病変部から *M. bovis* の分離を試みる。感染初期の結膜嚢や眼粘膜分泌物から滅菌綿棒で培養材料を採取し，５％牛脱線維素血液加寒天培地に接種し，37℃で 24～48 時間培養する。古い病巣材料では他の菌が混在し，本菌の分離が困難となることもある。分離された株は常法に従って同定する。FA による同定も可能である。血清凝集抗体，ELISA 抗体はそれぞれの牛での感染抵抗性には関係がなく，一方，臨床診断および病原学的診断が比較的容易であることから，血清学的診断はほとんど行われていない。

治療・予防

治療は通常，化学療法が行われるが，それで万全ということはない。眼の表面で有効薬剤濃度を維持させることが容易ではない上に，保菌状態の牛を根治させることは難しいからである。

M. bovis はゲンタマイシン，第１世代のセファロスポリン系抗生物質，トリメトプリム－サルファ剤合剤，テトラサイクリン系抗生物質，サルファ剤などに感受性である。タイロシン，リンコマイシン，ストレプトマイシン，エリスロマイシン，クロキサシリンには耐性株が出現している。ペニシリンプロカインに対しては様々な感受性を示す。したがって使用薬剤の選択に当たっては感受性試験の実施が望

ましい。

通常，急性期の症状に対してはテトラサイクリン系抗生物質，その他の感受性のある抗菌薬を含む眼軟膏や薬液による治療がよく奏効する。化学療法剤の局所適用に加え，皮下注射，筋肉内注射，静脈内注射等が併用されることが多い。薬剤の選択に当たっては感受性に加え残留性，残効性なども配慮されるべきである。

角膜潰瘍の治療に抗菌薬を含む眼軟膏の連続使用も行われるが，快復経過が長いため，毎日，眼の観察を行い合併症の有無を調べることが肝要である。アトロピン投与と眼麻酔を組み合わせた治療が毛様体の痙攣や痛みを抑えるために行われることもある。重篤な例では光線を遮った暗い隔離室に移し替えることも考える。それが困難な場合には，眼をおおう眼帯を工夫してもよい。

予防は，ふだんの注意深い観察による感染牛の摘発と迅速な隔離，治療が重要となる。さらに本菌を伝播するベクターであるハエの退治も大切である。またストレスが本菌の保菌状態に影響することから，ストレスを低減させる飼い方も考慮する必要がある。

ワクチンは日本では市販されていないが，外国では相当前から応用されている。しかし，その効果は必ずしも満足できるものではない。感染防御抗原として，特に線毛抗原が重要であると考えられている。

〔江口正志〕

10．牛のブルセラ病

ブルセラ属菌のうち，主として *Brucella abortus* の感染による流産を主徴とする感染症で，家畜伝染病に指定されている。人への感染性をもつため，人獣共通感染症の重要な疾病のひとつである。

原　因

ブルセラ属菌は系統分類学的にはきわめて均一であり，分類学上はすべてのブルセラ属菌を *Brucella melitensis* 1菌種とし，従来の菌種 *B. abortus*，*B. melitensis*，*B. suis*，*B. neotomae*，*B. ovis* および *B. canis* は生物型（biovar）とすることが提唱されたが，現在も医学・獣医学分野では従来の菌種名が用いられている。加えて，*B. ceti*，*B. pinnipedialis*，*B. inopinata* と *B. microti* の4菌種の存在が知られている。牛のブルセラ病は大部分が *B. abortus* によって起こるものであるが，まれに *B. melitensis* や *B. suis* の感染による場合がある。*B. abortus*，*B. melitensis* および *B. suis* は人へも容易に感染し，病原性も強い。感染臓器，培養菌や汚染材料等はバイオセーフティレベル3以上の施設で取り扱うこととし，十分な注意が必要である。

発生・疫学

世界中に広く分布しているが，北欧・中欧，カナダ，オーストラリア，ニュージーランド，日本は清浄国とみなされる。我が国においても1960年代までは発生が続発していたが，摘発・淘汰による清浄化が進められた結果，現在清浄化を達成している。血清反応による定期検査で反応牛が摘発されることがあるが，細菌学的検査で菌が分離される感染牛は認められていない。ブルセラ菌は経口，経皮，経粘膜などにより感染する。流産胎子，胎盤，子宮からの分泌液や乳汁中には多数の菌が存在し，これらに直接，もしくは間接的に接触することにより伝播する。菌は宿主に侵入した後，食細胞中で生残・増殖し，リンパ節・胸管を通じて血流に入り，全身の臓器，リンパ節や関節等に分布する。乳腺に達した菌は増殖して，泌乳とともに大量の菌が排泄される。ブルセラ菌は生殖器，特に妊娠牛の子宮で活発に増殖するが，それは反芻獣，豚の胎盤や雄生殖器に含まれるエリスリトールがブルセラ菌の増殖を促進するためである。胎盤での菌の増殖に起因する胎盤炎は血行障害と，それに続く流産を引き起こす。

症　状

妊娠7～8カ月で前駆症状なしに流死産を起こす。雄では精巣炎や精巣上体炎を起こす。まれに関節炎が認められる。胎盤，子宮，リンパ節，脾臓，精巣などに肉芽腫性変化が認められる。

診　断

診断は菌分離と血清反応によって行う。菌分離用材料として流産胎子（胃内容，脾臓，肺），胎膜，腟分泌物，乳汁，精液や関節液等を用いる。培養に際しては発育に血清の添加やCO_2の要求性を示す生物型が存在することから，血清または血液添加培地を用いて炭酸ガス培養を行う。菌の発育は通常2～3日でみられ，正円で透明な小集落を形成するが，菌分離が陰性であることを確認するには，2～3週間培養を続ける。菌種の同定はコロニー性状，血清要求性，ファージ感受性，オキシダーゼ産生性，ウレアーゼ産生性の検査によって行い，さらに生物型の同定を行う場合は，炭酸ガス要求性，硫化水素産生性，色素存在下での発育性および凝集反応に基づく抗原性について性状検査を行う。なお，ブルセラ属菌のうち，*B. ovis* と *B. canis* の集落型はラフ型のみであるが，他の菌種ではスムース型からラフ型への集落型変異を起こしやすい傾向があり，ラフ型への変異により血清学的性状やファージ感受性に変化が生じるため，培地での継代には注意が必要である。PCR はブルセラ属菌の同定，また *B. abortus* の同定にも応用可能である。

ブルセラ病の血清診断については家畜伝染病予防法施行規則に反応の術式，判定および診断基準が定められており，急速凝集反応，ELISA および CF 試験を実施する。

治療・予防

本菌は細胞内寄生細菌であるため，治療はきわめて難しく，人では抗菌薬による治療が行われるが，ブルセラ病患畜は淘汰の対象となり，治療は行わない。諸外国では生菌ワクチンや不活化ワクチンを用いた予防対策がとられているが，我が国では検査・淘汰方式による清浄化を維持している。

〔田川裕一〕

11．牛の結核病

本病は，牛型結核菌（*Mycobacterium bovis*），まれにその他の結核菌群の抗酸菌の感染によって肺やリンパ節などに結核性肉芽腫病巣を認める家畜伝染病である。

原　因

M. bovis は宿主域が広く，反芻獣の他，アナグマ，フクロギツネ，野兎，霊長類，ゾウ，豚，犬，猫，キツネ等多くの動物に感染する。本菌は重要な人獣共通感染症の病原体でもある。まれに感染を起こす，その他の結核菌群の抗酸菌を表1に示した。

表1　結核菌群の抗酸菌と主な宿主

菌種名	主な自然宿主
M. africanum	人
M. bovis	牛　→　牛結核の原因菌
M. canettii	人
M. caprae	山羊
M. microti	ハタネズミ類
M. mungi	マングース
M. orygis	オリックス等野生のウシ科動物
M. pinnipedii	アザラシ，オットセイ
M. tuberculosis	人

発生・疫学

世界各国で発生が認められるが，我が国では家畜伝染病予防法に基づき，乳牛と種雄牛はツベルクリンによる定期検査と，陽性牛の淘汰により清浄化が進められている。現在，乳牛ではツベルクリン陽性牛が年間1～2頭摘発されるが，ツベルクリン陽性牛からの *M. bovis* 分離例は認められず，我が国では乳牛の結核はほぼ清浄化されたと考えられる。一方，肉牛はツベルクリンによる全頭検査の対象外であるため，食肉検査において病牛が摘発されることがある。

M. bovis の伝播は，発症牛の咳等とともに排出された菌を含む飛沫の吸入による，経気道感染が主である。さらに，乳汁中にも本菌は排菌され，母牛から子牛への経口感染は感染経路として重要である。また，本菌は糞便中や尿中にも排菌されるため，牛舎環境を汚染し，同居牛への経口的感染源となる。

症　状

重度の肺病巣を有する個体，あるいは全身感染を起こした牛では，発咳，被毛失沢，食欲不振，元気消失，乳量減少，痩削等の症状がみられるが，臨床的異常を認めず，剖検後に本病と診断されることも多い。剖検では結核性肉芽腫病巣が主に肺および縦隔膜リンパ節，肺門リンパ節に好発し，腸間膜リンパ節，顎下リンパ節，耳下リンパ節，乳房上リンパ節等にも認められる。妊娠牛や免疫機能の低下した個体では，全身性粟粒結核となり重症化することがある。病理組織学的には，初期病変は炎症性細胞浸潤からなる滲出性炎症であるが，慢性化し増殖性の結核結節を形成する。

診　断

1．培養検査

病変部リンパ節や乾酪化病巣を有する臓器を培養に供する。乳剤化した組織を水酸化ナトリウム液で処理し，Tween80 添加小川培地等を用いて菌分離を試みる。2～4週後に発育が確認されたコロニーは，チール・ネルゼン染色により抗酸性を調べるとともに，市販の抗酸菌鑑別キットなどで性状を解析する。また，*M. bovis* に特異的な PCR やプローブ法により菌を同定する。*M. bovis* はグリセリン添加培地ではあまり発育せず，Tween80 添加培地が増殖には適している。

2．細胞性免疫を指標とする検査

結核の診断にはツベルクリン皮内反応が主に用いられる。ツベルクリン診断液を尾根部皺壁皮内に注射し，48～72 時間後の腫脹差を測定して判定する。*M. bovis* 抗原に応答する感染牛のリンパ球は，抗原刺激により大量のインターフェロンガンマ（IFN-γ）を産生することから，新たな牛結核の診断法として IFN-γ 検査が試みられている。

3．病理学的検査

結核結節の形成等，特徴的な病理学的所見は診断の一助となる。組織学的検査では，乾酪壊死巣，マクロファージ・ラングハンス巨細胞層等を認め，マクロファージ，巨細胞内あるいは乾酪壊死層内にチール・ネルゼン染色により抗酸菌を認める。

治療・予防

実用的なワクチンはなく，化学療法も困難である。定期的なツベルクリン検査を実施し，陽性牛の早期摘発と淘汰が防疫上重要である。

〔森　康行〕

12. 炭　疽

炭疽は *Bacillus anthracis*（炭疽菌）により，家畜や野生動物に敗血症をもたらす急性の感染症であり，牛，馬，めん羊，山羊等の草食獣は炭疽菌に対する感受性が高い。人にも感染し，人獣共通感染症としても重要な疾病である。我が国では家畜伝染病予防法に基づき，家畜伝染病に指定されている。

原　因

炭疽菌は1～1.2×3～5 μm のグラム陽性の大桿菌である。生体内では菌体表層に莢膜を伴う単独，または短い連鎖状であるが，人工培地では竹節状の長い連鎖となる。寒天培地上では辺縁が縮毛状の集落を形成する。鞭毛を欠き，運動性がなく，芽胞を形成する。芽胞は，熱，乾燥，消毒薬などに強

い抵抗性を有し，土壌中に長期間存在する。

本菌の病原性にかかわる因子として，莢膜と毒素が知られている。莢膜はD-グルタミン酸のポリマーにより構成され，体内での菌の増殖に伴って形成される。炭疽菌は浮腫因子および致死因子と呼ばれる蛋白質毒素を分泌する。さらに，これらの毒素を細胞内に運ぶ役割を果たす防御抗原と呼ばれる蛋白質を産生する。毒素の産生と莢膜の形成に必要な遺伝子は，それぞれ菌の保有する毒素プラスミド（110 MDa）と莢膜プラスミド（60 MDa）上にある。現在用いられている生菌ワクチンは，莢膜プラスミドが脱落した無莢膜変異株によって作出されている。

発生・疫学

本病は，世界各国で発生がみられる。我が国においては，昭和のはじめごろまで，牛，馬を中心に年間数百頭の発生が記録されていた。しかし，飼養形態の変化や衛生管理技術の向上により，その発生は急減し，牛での発生例は2000年以降報告がない。

致死率は高いが，発生規模は小さく，概して散発的である。炭疽菌が個体から個体へ直接伝播されることはほとんどない。炭疽菌は感染動物の分泌物や排泄物中に排出され，また死体の血液をはじめ全身各臓器に存在する。炭疽で死亡した動物の処理が適切でなく，土壌が汚染された場合，芽胞が土壌に長期間生存し，その後の感染源となる。かつて我が国においては，汚染された輸入骨粉が肥料として使用され，その結果，芽胞により土壌が汚染され，炭疽が多発したことがある。家畜における感染経路は主に経口感染および創傷面からの経皮感染であり，土壌中の芽胞が直接あるいは飲水，牧草を介して感染すると考えられている。

症　状

定型的な急性敗血症を呈し急死する。潜伏期は1～5日と考えられている。症状は体温の上昇，眼結膜の充血，呼吸・脈拍の増数，さらに進むと，可視粘膜の浮腫，チアノーゼ，肺水腫による呼吸困難，ときに血色素尿のみられることがあり，経過の早いものは24時間以内に急死する。炭疽による死因は，炭疽菌の毒素によるショック死であると考えられている。

診　断

死亡牛の特徴的病変として，皮下の浮腫，鼻腔や肛門等の天然孔からの出血，血液凝固不全，脾臓の腫大等があげられる。脾髄は暗赤色タール状を呈する。

細菌学的・血清学的診断のために，以下の検査を行う。

莢膜染色：血液，脾臓等の塗抹標本をレビーゲル法，メチレンブルー法，ギムザ法などにより染色し，鏡検する。培養菌では長連鎖菌が観察されるが，通常，急性敗血症で死亡した動物においては1～3個の単連鎖した莢膜をもった大桿菌が観察される。

パールテスト：ペニシリン0.05～0.5単位を含む普通寒天培地に炭疽菌を培養し，顕微鏡下で観察すると，菌体が膨化し，真珠を連ねたようにみえる。他の細菌ではこのような変化は認められない。

ファージテスト：寒天平板培地に菌を塗布し，その中心部にγ-ファージ液を滴下する。37℃で培養後，炭疽菌であればファージを置いたところには菌が発育せず，周囲のみ発育する（口絵写真35，❽頁）。

アスコリーテスト：血液あるいは脾臓の乳剤を約30分間沸騰水中で加熱し，冷却後濾過したものを抗原とし，炭疽沈降素血清に対して，重層法による沈降反応を実施する。室温15分間以内に両液の接触面に白輪を生じた場合を陽性とする（口絵写真36，❽頁）。ただし，炭疽沈降素血清は他の*Bacillus*属菌と類属反応を示すことがある。

動物接種：検査材料の乳剤をマウスまたはモルモットの皮下に接種する。敗血症死したものの心血あるいは脾臓を材料として，上記の検査を実施する。

PCR：プラスミド上の莢膜および毒素遺伝子を標的にしたPCRによる菌の同定方法も応用可能である。

治療・予防

本病が生前に診断されることは少なく，治療することは事実上ほとんどない。同居牛に対して，緊急予防的にペニシリン等を注射することがある。

予防には無莢膜弱毒変異株の芽胞液が生菌ワクチンとして用いられている。このワクチンは莢膜形成能を欠くが，感染防御抗原となる毒素を産生する。0.2 mLを頸側あるいは背側の皮下に接種する。

〔内田郁夫〕

13. 牛肺疫

牛肺疫菌が原因となる肋膜胸膜肺炎を主徴とする感染症で，家畜伝染病に指定されている。

原　因

Mycoplasma mycoides subsp. *mycoides*（牛肺疫菌）。この菌種は２種の生物型，SC と LC 型が定義されていたが，2012 年をもって LC 型が *M. mycoides* subsp. *capri* に編入されたため生物型の定義が解消された。

発生・疫学

牛および水牛に重篤な肋膜胸膜肺炎を惹起する。鹿，めん羊，山羊などの一部の反芻動物にも感染するが，病原性は低く感染期間も短い。アフリカ，アジアを中心に，欧州，中南米など様々な地域で発生がある。特に西・中央アフリカ諸国での発生が顕著である。日本での発生は 1940 年が最後で，徹底した摘発・淘汰により撲滅された。感染経路としては，感染牛との接触や飛沫吸入による気道感染が一般的である。発症牛の鼻汁や気管粘液には多量の病原体が含まれ，発咳により飛沫となるため，集団における伝染力はきわめて高い。牛肺疫菌の病原性や宿主の免疫応答については未解明部分が多く，これは菌株による抗原の多様性や宿主の免疫学的な個体差など多くの要因がからんでいるからである。これらの理由により有効なワクチン開発が進んでいない。

症　状

１．急性症状

牛肺疫の初期症状は，ほかの重篤な胸膜肺炎と区別できない。罹患動物は元気消失，食欲不振，反芻不順，緩慢な発熱ならびに呼吸器症状を呈する。続いて，乾性の連続的な発咳が始まり，体温はときに 40～42℃まで上昇する。肺炎病変が拡がるにつれ症状は悪化し，背中を弓状に曲げ，首を伸長させ，開脚して起立不能となる。このような典型的な症状は子牛で顕著に現れる。子牛では心内膜炎，弁膜炎，心筋炎を伴うことが多い。

２．甚急性症状

急性症状が急性経過で現れるもので，滲出性の心外膜炎による胸膜癒着が起こり，急性時にみられる典型的な呼吸器症状を呈し１週間以内に死亡する。

３．亜急性・慢性症状

臨床症状は乏しく，負荷をかけたときに軽い発咳がみられる程度である。数カ月間にわたり感染持続し，その間に感染を拡げる。このタイプでの死亡率はアフリカで 10～70%，欧州では２～３%と大きく異なる。これは家畜の健康状態，飼養環境や餌の栄養，ストレスなどの違いに加え，それぞれの地域に流行する菌株の病原性の差異によるものと考えられている。

診　断

解剖時の肉眼診断として，いわゆる「肺割面の大理石紋様」がある。抗原検出による確定診断は肺病変部からの牛肺疫菌の分離同定，牛肺疫菌の特異抗体を用いた免疫学的検出法（イムノバインディング法，MF ドット法，免疫病理染色法など），PCR などがある。血清診断法には CF 試験，ラテックス凝集反応，ELISA，イムノブロッティングなどがある。牛肺疫菌には近縁菌種（*M. mycoides* cluster と呼ばれる６菌種）が存在し，これらの菌種による感染抗体は一般的な血清診断では互いに交差することが確認されている。イムノブロッティングはこの交差性を鑑別可能であることから，OIE は血清診断にこの方法を推奨している。

日本には *M. mycoides* cluster の１つ，山羊の伝染性無乳症の原因菌である *M. mycoides* subsp. *capri* がまん延しているため，牛と山羊が同居した農場では牛肺疫の血清診断の際，このことに留意する必要がある。

治療・予防

一般的に治療は行わない。牛肺疫多発地域の農場で大量の抗菌薬を長期間使用して発生を低減化した報告がある。我が国では罹患牛は淘汰することとされており，牛肺疫清浄国では，本病の予防は国内侵入を防ぐことに尽きる。

〔小林秀樹〕

14. 牛の出血性敗血症

特定抗原型の *Pasteurella multocida* が原因となる急性で高い致死率を示す感染症で，家畜伝染病に指定されている。

原　因

P. multocida の莢膜抗原型 B または E，菌体抗原型が波岡の分類では 6，Heddleston の分類では 2 および 2・5 によって起こる。これらの型の菌集落は透過斜光法による鏡検で強い蛍光色を示す（**口絵写真 37，❽**頁）。莢膜抗原型別は PCR でも可能である。

発生・疫学

東南アジア，中近東，アフリカおよび中南米諸国で発生報告があるが，日本，オーストラリア，カナダ，西欧ではない。東南アジアで流行している莢膜抗原型は B，アフリカでは E で，中近東や北アフリカでは両型が存在する。これらの菌は牛，野牛はもとよりゾウ，ヤク，ラクダ，めん羊，山羊，豚などからも分離され，これらの家畜に類似疾病の発生が認められている。

P. multocida の感染は経気道，経口と考えられる。本菌は乾燥，日光に弱く，外界では長期間生存し得ない。発症牛または保菌牛との接触，あるいは敷わら，床などを介して間接的に感染が成立する。川，溜池などの水も重要な感染源となる。本症は 1 年を通じて発生するが，特に乾期の終わりから雨期の初めに多発する。この時期には良質の牧草も少なく，放し飼いされている牛の栄養状態は不良となるうえ，水田の耕作のために使役されることなどが誘因となる。流行地では一見健康な牛の 1.5～44.3%がその上部気道に保菌するとの成績がある。罹患率は 30～60%といわれ，患畜のほとんどが死亡する。流行は 7～10 日で終わる。

症　状

甚急性例では症状に気づかないうちに突然死する。通常，発熱がみられ，元気がなくなり反芻も停止する。流涎，流涙，粘液様鼻汁もみられ，下顎，頸側などが腫脹する。咳，呼吸促迫に続き，呼吸困難になり横臥する。体温は下降し，ついに死亡する。発症から死亡までの経過は概ね数時間～2 日間である。

診　断

甚急性では顕著な病理所見はない。急性例では下顎，頸部，胸前の皮下に膠様浸潤が認められる。胃壁，腸管の漿・粘膜面，心膜などに広範な充出血がみられる（**口絵写真 38，39，❽**頁）。経過の長い例では肺の充血，浮腫，線維素性心外膜炎が認められる。

発病牛の血液，または実質臓器の塗抹・染色標本を鏡検すると両端染色性の小桿菌が認められる。また，これら材料を血液寒天培地で培養すると小集落の発育がみられる。生化学的性状を調べ，血清型別を行う。生前の鼻腔拭い液や陳旧材料には抗生物質含有の選択培地を用いるか，材料の乳剤をマウスに接種する。本菌が存在すれば接種マウスは 1 日以内に死亡し，心血から本菌が純培養される。本症は急性経過をとるため，血清診断は実用的でない。

類症鑑別には発生状況，症状の把握が重要。本症の場合，血液がタール状にならないので炭疽と，筋肉病変の違いから気腫疽，悪性水腫と鑑別できる。

治療・予防

本病は甚急性または急性経過をとるので的確な治療法はない。予防には不活化ワクチンが用いられ，その地域で流行している血清型に属する菌株の死菌にゲル，またはオイルのアジュバントが添加されている。

〔澤田拓士〕

15. 気腫疽

原　因

原因菌である *Clostridium chauvoei* は，グラム陽性の偏性嫌気性桿菌で芽胞形成菌である。芽胞は卵円形，端在性で，まれに菌体の中央にも認められ，菌体より膨隆するため，スプーン状またはレモン状を呈する。周毛性の鞭毛を形成するため，活発な運動性を示し，分離初期には固形培地上で培地表面全体に薄く広がる傾向にある。莢膜は形成しない。

血液寒天上の集落は扁平で，周辺が隆起し，ボタン状を呈する。中等度の溶血性を示す（β溶血性）。*C. septicum* と鑑別が可能な生化学的性状として，本菌はスクロースを分解し，サリシンを分解しない。

発生・疫学

C. chauvoei は世界中の土壌に分布し，温暖な地方に汚染地帯を形成する。動物の腸管内に生息し，健康な動物の肝臓や脾臓からの分離報告もある。アフリカで本病の集団発生が報告されているが，散発的な発生が多い。6カ月齢～3歳の若牛がかかりやすい。我が国では特定の地域を中心に年間数十頭前後の発生が認められたが，ワクチン接種の普及に伴い減少傾向にあり，現在，年間数例の発生をみるに過ぎない。

自然感染は，牛，水牛に多く，鹿，めん羊，山羊，まれに豚，いのしし，馬および鯨にも認められる。豚は一般に抵抗性を示すが，衛生意識の低い農家で発生する。人の病変部から分離されたとの報告があるが，病原性は確定していない。

症　状

突然40～42℃の発熱から始まり，仙骨，肩甲，胸部，大腿部などに腫脹が認められる。腫脹は急速に広がり，冷性または熱性で浮腫性である。腫脹部はその後，中央が冷感を帯び，無痛性で圧すると捻髪音が認められる。

局所リンパ節は，腫脹し充血，疼痛があり，運動機能障害を起こし跛行を呈する。筋組織は暗赤色となり，大量の気泡が認められる。経過は激烈で，発病後12～24時間以内で死亡する。

診　断

皮膚または飼料や飲水を通じて消化管粘膜の損傷部から侵入した細菌は，血流を介して筋肉に達して増殖し，毒素を産生して病巣を形成する。毒素は筋肉の壊死や，細菌の組織侵入を助長する。発病には宿主の多形核白血球を中心とした自然抵抗性も関与すると考えられる。鼻孔から血液を混じた泡沫様物の排出があり，病変部皮下組織に暗赤色の出血性膠様浸潤，ガス泡形成，酪酸臭，暗赤色の滲出液，体表リンパ節の充血，出血，水腫性腫大，肝臓，脾臓および腎臓のスポンジ様変化，脆弱，腐敗性変化，肺の間質性水腫および充血，出血，小腸の限局性充血がみられる。胸腔や腹腔には血様液が貯留する。

病変部から菌を分離し同定することにより診断が可能である。ただし，培養には嫌気培養装置が必要で，特に厳格な嫌気環境を要求する。病変部の材料をスライドグラスに塗抹し，芽胞形成性，無莢膜の大型短桿菌を確認する。

診断にあたっては，*C. septicum* との鑑別が最も重要である。FA あるいは IFA では，両者の鑑別が可能で，広く野外で応用されている。最近，鞭毛のフラジェリン遺伝子などを標的とした気腫疽菌に特異的な PCR が開発され，迅速診断に応用されている。

病変部の3％塩化カルシウム水溶液乳剤をモルモットやマウスの筋肉内に接種すると，病変部に *C. chauvoei* が存在する場合，接種後1～2日で死亡する。死亡動物の肝臓表面のスタンプ標本を作製しギムザ染色すると，単在あるいは短連鎖した桿菌を認める。フィラメント状を呈する *C. septicum* とは容易に鑑別できる。最終的には FA や PCR で確認する。

治療・予防

全培養菌液をホルマリンで不活化した気腫疽不活化ワクチンが従来から用いられていた。最近，気腫疽菌の感染防御抗原は鞭毛に存在することが知られており，本菌の鞭毛および他のクロストリジウム属菌毒素を主成分とした牛クロストリジウム感染症混合ワクチンが市販されている。環境の整備や飼育環境の改善は，感染の機会を少なくし，ストレスを緩和することから，間接的に予防に役立つ。

本菌の薬剤耐性はほとんど知られていないが，症状が明らかな患畜では抗菌薬の治療効果はない。感染初期であればペニシリンによる治療効果が期待できる。

〔田村　豊〕

16. 牛の破傷風

原　因

破傷風は，破傷風菌（*Clostridium tetani*）が産生する神経毒素（破傷風毒素）により後弓反張や四肢伸展などの全身性の強直性痙攣を引き起こす感染症である。本菌は偏性嫌気性グラム陽性桿菌で，特徴ある「太鼓のバチ（drumstick）状の芽胞」を形成する。破傷風菌は芽胞の形で土壌中に広く常在し，牛の出産，除角・去勢，断尾，創傷部位から体内に侵入する。侵入した芽胞は感染部位で発芽・増殖して破傷風毒素を産生する。牛は馬に次いで破傷風菌に高い感受性を示し，国内では毎年 50～80 頭の牛が本病により死亡している。

発生・疫学

北海道から沖縄まで全国で散発的に発生し，特に暖かい地域で好発する。除角・去勢など創傷管理が悪い子牛での集団発生報告もある。特に馬の糞便を介し芽胞が土壌汚染する。世界各地の土壌汚染率は 30～42%との報告もある。2001 年ブラジルで，破傷風菌が混入した駆虫薬を接種された牛 4,504 頭中 297 頭とめん羊 2,830 頭中 50 頭が死亡する事件が発生した。若齢家畜の致死率は 80%を超える。牛では回復率も高い。馬では地域によって異なり致死的ではあるが，平均致死率は約 50%である。

牛では出産，除角・去勢，断尾および外傷部が菌の汚染を受け，傷口より侵入した芽胞がその部位の嫌気度が高まる条件が加わると発芽・増殖し，破傷風毒素を産生する。毒素は運動神経末端より軸索内に侵入，逆行性軸索流により上行し，脊髄運動神経系（中枢神経）に達し，抑制性ニューロン内に侵入し，その神経伝達を阻害することで筋肉の強直が起こる。潜伏期は３日～４週間，ときに数カ月間もあるが，子牛の除角・去勢，成牛の断尾による長野県と岩手県での発生例では２～３週間であった。

症　状

牛の破傷風は馬の場合より緩慢な症状を示す。馬では，２～20 日の潜伏期の後に反射作用が亢進し，刺激に対する反応が強くなり，眼瞼や瞬膜の痙攣，尾の挙上などに続いて全身骨格筋の強直性痙攣が起こる。頭部では咬筋痙攣による牙関緊急（開口障害），眼球振盪，瞬膜露出，鼻翼開張，次いで全身筋肉の痙攣が起こり，四肢の関節が屈曲不能となり，開張姿勢をとり，いわゆる木馬様姿勢などの特有の症状を示す。成牛例では，発病の約３週前にゴムリングによる断尾を施されていた病牛が無熱で，嚥下障害，鼓張，泌乳量の低下，四肢の強直を示し，発病後３～４日目に死亡した。断尾した尾病巣部の増菌培養上清から，*C. tetani* 毒素遺伝子（*tetX*）が検出された。子牛の例では，去勢ゴムリングを装着２週間後に，眼球振盪を発現し，四肢伸張・後弓反張，上眼瞼結膜露出が認められ，化膿していた去勢ゴムリング装着周囲の陰嚢部組織材料から嫌気培養で本菌が分離された。動物種によって予後と経過は異なる。馬と牛は発病後５～10 日，めん羊は第３～４病日で死亡する。症状が弱い場合でも回復には数週から数カ月を要する。

診　断

肉眼・組織学的所見なし。感染部位の検索は必要で病変部が認められた場合には病変部と脾臓の塗抹標本をグラム染色またはギムザ染色し，太鼓のバチ状，ラケット状の芽胞菌を確認する。感染部位を脱気したクックドミート培地での増菌培養後に血液または血清を含む培地で嫌気培養し，グラム染色，マウス接種試験とPCR等で菌体と破傷風毒素の確認をする。大脳皮質壊死症，低マグネシウム血症，ケトーシス，狂犬病等との類症鑑別が必要である。

治療・予防

トキソイドの予防接種が有効である。飼養環境から創傷形成要因を除くことが本症予防上重要である。本症が発生した牛舎やパドックでは，飼養環境の整備，管理器具（除角，去勢，断尾器具）のヨード剤を用いた定期的な消毒の徹底が有効である。

〔髙井伸二〕

17. 牛カンピロバクター症

原　因

原因菌である *Campylobacter fetus* は，らせん状に弯曲したグラム陰性桿菌で，鞭毛を有し活発なコークスクリュー状の運動を行う。発育には血液や血清を要求し，微好気下で培養する。2亜種に分類されており，*C. fetus* subsp. *venerealis* は生殖器親和性が強く，生殖器に感染する。感染雄牛の包皮腔に終生定着し，伝染性低受胎，ときに散発性流産を起こす。*C. fetus* subsp. *fetus* は腸管内に保菌されているが，胎盤親和性が強く，散発性流産あるいは伝染性低受胎を起こす。本病は届出伝染病に指定されている。

発生・疫学

米国，オーストラリア，南米などの自然交配で放牧を行っている牧畜国に広く分布する。我が国では，人工授精の普及に伴って激減したが，東北・北海道などを中心として散発的に発生が認められている。

交配により伝播し，発症雌牛から感染した種雄牛が長期保菌牛となり，その雄牛が多数の処女牛と交配することにより感染が拡大する。菌は感染雌牛から1カ月程度で自然に消失し，その後，感染に抵抗性になるが，一部は保菌牛となる。自然交配下での清浄化は困難である。

症　状

臨床所見はほとんどみられないので，個体の臨床診断は困難である。自然交配をしている繁殖雌牛群で受胎率の低下，不規則な発情や妊娠中期での流産が認められた場合，あるいは人工授精で特定の種雄牛の精液を供用した牛群の受胎成績が低下した場合には本症を疑う。

雄は不顕性感染で症状は現さず，精液性状にも異常は認められない。菌は陰茎上皮や包皮腔の腺窩あるいは尿道先端の粘膜部に定着増殖し，射精時に精液に混入する。雌では初感染牛のみが受胎までの授精回数の増加，不規則な発情回帰を特徴とする低受胎を示し，感染牛群の受胎率は10～20％低下する。流行の初期には軽度の子宮内膜炎，頸管炎などが認められるが，多くは臨床的には異常を示さない。ときに流産を起こし，それは妊娠中期（胎齢4～7カ月）に集中する。流産の7日くらい前から微熱，腟粘液の漏出，外陰部の腫脹等をみる。

診　断

雄には病変は認められない。subsp. *venerealis* の感染による雌の病変は子宮内膜炎で，リンパ球の集簇がみられる。胎盤は水腫性でマクロファージの浸潤を伴って不透明となり，しばしば皮革様となる。絨毛は壊死し黄色を呈する。流産胎子では皮下や体腟の血様の浸潤がみられる。subsp. *fetus* による特徴的な病変は感染胎子の肝臓に形成される黄色の壊死巣で，胎盤は黄色から黄土色を呈し，褐色滲出物で覆われる。

病原学的診断のための検査材料としては，雄では包皮腔洗浄液や精液を，雌からは悪露や腟粘液，流産時の胎盤，流産胎子では第四胃，小腸および盲腸内容を用いる。*C. fetus* は空気中では死滅しやすいので，速やかに培養に供する。分離培養には血液寒天培地および選択培地を用い微好気条件下で培養する。分離菌は PCR により同定することができ，亜種まで識別可能である。FA も応用されており，流産胎子由来の材料からの *C. fetus* 検出に有用である。

本症は生殖器の局所感染であることから血清学的反応の信頼性は低いが，腟粘液凝集反応が用いられている。粘液の性状や性周期の時期などにより，個体差あるいは偽反応が出る可能性もあるので，個体の診断ではなく牛群全体における感染の有無を判断するために実施する。感染後 1 週から腟粘液中に抗体が検出され，約 60 日間持続する。

治療・予防

我が国では症例数が少ないことからワクチンは応用されていない。種雄牛が伝播源となることが多いので，定期的な細菌学的検査を徹底し，繁殖衛生に留意することが重要である。保菌種雄牛を摘発した場合，包皮腔からの完全な除菌は難しいので淘汰が望ましい。

雌牛の治療にはストレプトマイシン，ゲンタマイシン，カナマイシンなどの抗菌薬投与と子宮洗浄を行う。種雄牛の場合は，抗菌薬による包皮腔洗浄および軟膏の塗布を行う。

〔菊池直哉〕

18. 悪性水腫

原　因

Clostridium septicum, *C. novyi*, *C. perfringens*, *C. sordellii* などのガス壊疽菌群が単一に，多くは混合して病変部から分離される。最も多く分離される *C. septicum* は形態的に *C. chauvoei* ときわめて類似する大型桿菌で，培養菌では単在，短連鎖として認める。しかし，感染動物の肝臓のスタンプ標本では長連鎖ないしフィラメントを形成し，他のクロストリジウム属菌との鑑別は可能である。芽胞は卵円形で偏在性に形成され，菌体よりやや膨隆する。寒天平板上の集落は不規則で，中央はわずかに隆起し，周辺は樹根状を呈し，狭い溶血環を形成する。*C. chauvoei* と鑑別可能な生化学的性状として，本菌はスクロースを分解せず，サリシンを分解する。*C. novyi* は厳格な嫌気環境を要求するため，通常の嫌気培養法では分離できない。

発生・疫学

原因菌は土壌中や動物の腸管内に存在し，本病の発生は世界的である。我が国でも全国的に発生がみられるが，散発的である。牛，馬，豚，めん羊，人は感受性である。

本病は偶発的あるいは外科手術により生じた創傷面に，起因菌で汚染した土，泥，汚水などが付着して，菌の侵入が起こり発生する。飼料または飲水を通じての発生もある。分娩に際し，消毒不十分な器具を使用しての発生もあるといわれる。めん羊では断尾や毛刈り後の傷や去勢創などからの感染が多い。あらゆる年齢の動物が感染する。人では手術後の院内感染が問題視されている。

症　状

感染創傷部分は初期に熱性の浮腫を呈し，疼痛があり，急にガスにより腫大する。後に浮腫部の皮膚は壊死に陥り，冷感，無痛性となる。創傷部から血様の漿液が漏出する。食欲は減退し，消失する。歩行困難，横臥が恒常的となり，呼吸困難となって，心拍動が弱まる。最初の症状が出て，1～4 日の経過で死亡する。

診　断

創傷部から侵入した菌が皮下組織や組織の深部で増殖して，毒素を産生して病巣を拡大する。菌種の違いや産生する毒素によって多彩な病変を形成する。一般に，感染部位に隣接する広範囲な部分にわたり，出血性，浮腫性の腫脹が広がり，皮下組織に及んでいる。さらに筋間筋膜に沿って広がり，筋肉は暗赤色となる。

肝臓は気腫性で，腎臓は混濁変性，包膜下気泡，心臓は充出血，心嚢水多量で血様，胸・腹腔も多量の血様液が貯留する。リンパ節は腫大，出血性，水腫性である。また，急性の死亡例では天然孔からの出血を認めることがある。

臨床や剖検所見で悪性水腫の原因菌種を決定することは困難である。気腫疽との鑑別や，急性死の場合は炭疽，エンテロトキセミア，硝酸塩中毒などとの鑑別も重要である。したがって，菌分離や同定などの細菌学的診断が重要となる。死亡動物の病変部位をできるだけ早く嫌気培養する。分離頻度が高い菌種が主要な起因菌と考えられる。嫌気度を要求する *C. novyi* が分離できず，*C. septicum* の分離頻度が高い。最近，病変部位から直接起因菌の DNA を検出する PCR が開発されている。特に，ガス壊疽菌群のフラジェリン遺伝子を標的としたマルチプレックス PCR は簡便に各種菌種を決定できる。

治療・予防

C. septicum の α 毒素は組織の壊死や致死作用を有する。*C. novyi* の α 毒素も致死作用を有し，悪性水腫の原因となる A 型菌と B 型菌が共通して産生する。また，*C. sordellii* は致死毒素と出血毒素を産生する。これら悪性水腫の原因となるガス壊疽菌群の毒素をトキソイド化して混合した牛クロストリジウム感染症混合ワクチンが市販されており，効果をあげている。また，創傷の発生防止に留意し，手術時に細菌による二次感染が起こらないように心掛けることも大切である。本菌の薬剤耐性はほとんど知られていないが，症状が明らかな患畜では抗菌薬の治療効果はない。感染初期であればペニシリンによる治療効果が期待できる。

〔田村　豊〕

19. デルマトフィルス症（デルマトフィルス・コンゴーレンシス感染症）

原　因

Dermatophilus congorensis（グラム陽性でフィラメント状の菌糸を形成する）が皮膚の傷から進入し皮膚の表皮部分に化膿性炎症を引き起こし，円形の脱毛病変を形成する。

発生・疫学

化膿性炎症によって浸み出た体液は固まり，表皮にかさぶたを形成する。このかさぶたは他の牛との接触で容易に剥がれ，赤い湿潤な表皮が露出する。このとき，接触した牛の表皮に本菌が感染すると考えられる。また，ブラッシングにより病変部に触れたブラシで健康な皮膚をこすると小さな傷から本菌が進入し，感染が拡大する。このブラシで他の牛をブラッシングすると感染する。罹患牛の皮膚病変は次第に広がり全身に分布することがある。湿潤な気候で発生しやすく，湿潤な部位（乳房と後肢の接触部分，乳房間溝など）に発生が多い。一般に温暖な地方に発生が多いが，日本では北海道でも発生する。

症　状

円形または丘疹状の脱毛部表面はかさぶた状または石綿状で，これを剥ぐと赤い湿潤な表皮が現れる（口絵写真 40，❾頁）。重度で広範な感染では円形病変が融合し不正形となる。病変は顔，頭部，背，胸，腰，腿，乳鏡，内股などに形成される。石綿状の病変は皮膚真菌症と類似している。

診　断

円形の皮膚病変部のかさぶたを剥ぐと赤い湿潤な表皮が露出したら本症を強く疑う。病変部の湿潤部分を採取しスライドガラスに伸ばして染色すると本菌が糸状に連なっているのが観察される（**口絵写真41，❾頁**）。病変部から本菌を分離・同定し，診断する。

治療・予防

本症は皮膚真菌症と異なり放置しても自然治癒しない。抗菌薬の全身投与と病変部の殺菌消毒を行う。本菌はグラム陽性菌であるために多くの抗菌薬に感受性がある。ペニシリン，合成ペニシリン，マイシリン，オキシテトラサイクリンなどを１週間ないし10日前後，全身投与する。また，かさぶたを剥がしヨード剤や他の消毒剤などで擦り洗いすると治癒までの期間が短縮される。泌乳牛では抗菌薬の使用により牛乳の出荷停止期間が長くなるので，殺菌剤の塗布を試み，効果なき場合に抗菌薬の全身投与に踏み切るのもよい。

一般に感染性の皮膚病は生命にかかわることがなく，発育や産乳量に大きな障害をきたさないため放置されることが多いが，早期診断・早期治療が個体における病変の広がりと牛群内における感染拡大を防ぐ上で重要である。また，ブラッシングにより他の部位へ感染するため，本菌を含め感染性の皮膚病変の部位は避けるか，使用後のブラシは殺菌消毒することが必要である。本症でも病変が類似した皮膚真菌症との鑑別を行い，速やかに治療し病変の拡散を予防する必要がある。

〔黒澤　隆〕

20. 牛のリステリア症

原　因

Listeria monocytogenes の血清型 4b，1/2a，1/2b および３が主に感染するが，その分布には地域特異性がある。*L. ivanovii* も牛とめん羊に流産を引き起こす。

発生・疫学

自然界に広く分布する原因菌（土壌，野菜，サイレージ）を経口的に摂取することにより感染する。汚染した糞便を介して動物間の感染もある。我が国においては，牛，めん羊などの家畜では変敗サイレージを摂取する機会の多い春先（３～６月）に散発的に発生する。易感染因子として低栄養状態，突然の天候変化，妊娠・分娩，輸送などの環境因子が重要である。反芻動物に多いが，まれに新生子馬や豚に敗血症が認められる。ブロイラー鶏では脳炎の集団発生も報告されている。1980年代になり，牛乳，チーズ，サラダなどの食品媒介リステリア症が欧米諸国で集団発生し，食品衛生・公衆衛生分野で世界的に注目されるようになった。

敗血症型，流産型では菌に汚染されたものを経口的に摂取し，腸管粘膜上皮細胞とパイエル板のＭ細胞から菌が侵入・感染し，血行性に伝播する。脳炎型では，口腔内の傷口から三叉神経を介して中枢神経に上行感染する。実験動物としてマウスとうさぎは高い感受性を示す。マウス口唇穿刺塗抹試験では６～12日後に脳炎を呈し死亡し，うさぎの静脈内接種試験では３～５日後に単球増多症が認められる。

症　状

1．脳炎型

群からの離脱，発熱（～40℃），突然の運動障害，沈うつ，不安に始まり，旋回，流涎，起立不能，斜頸，痙攣麻痺などの経過を取り，通常牛では１～２週間で，めん羊や子牛では２～４日で呼吸不全により死亡する。

2．流産型

牛では妊娠後期（6～8カ月）に流死産が起こり，臨床的な髄膜脳炎を伴うことはない。めん羊や山羊では汚染サイレージ給与から2日後に敗血症が，6～13日後に流産（妊娠12週以降）が始まる。なお，*L. ivanovii* による流産とは区別できない。

3．敗血症型

急性敗血症は反芻獣の成獣では報告されていない。幼若子羊と子牛および単胃動物に発生する。発熱，沈うつ，元気消失，多くは下痢を伴い，症状の進行に連れ，角膜混濁，眼球振盪，呼吸困難などを起こし，約12時間で死亡する。

4．乳房炎型

体細胞数の著しい上昇を伴った慢性乳房炎を引き起こす。乳は一見正常にみえることから人への感染源として重要である。

5．ブドウ膜炎・虹彩炎・角結膜炎

汚染サイレージによる目の感染症の報告が近年，増えている。

診　断

脳炎型の病変は脳幹部（特に延髄および橋）に主座し，微小膿瘍形成を伴う化膿性（髄膜）脳炎を認める。病巣にグラム陽性小桿菌を確認できることが多い。小膠細胞の反応を伴い，軟化病巣を形成することがある。神経細胞の変性，主に単核細胞からなる囲管性細胞浸潤（髄膜にもみられることがある）が特徴である。

敗血症型と流産胎子では，肝臓における多発性巣状壊死あるいは微小膿瘍形成があり，病巣にグラム陽性小桿菌を確認できる。類似病変は肺，心臓，腎臓，副腎，脾，脳においてもみられる。

細菌学的診断を目的として，病畜の脳脊髄，胃を含む胎子臓器，胎盤および子宮排泄物からの菌分離を行う。4℃で1～2週間静置（増菌培養）の後，PALCAM 寒天培地もしくはクロモアガーリステリア基礎培地を用いて，30℃で24～48時間分離培養を行う。

分離菌の病原性はマウスの静脈（腹腔）内接種試験，ウサギ眼接種試験（Anton's eye test）（24～36時間後に化膿性角結膜炎を惹起）で確認する。

治療・予防

春先の変敗したサイレージを牛に給与しない。治療にはペニシリンとゲンタマイシンまたはテトラサイクリンを併用する。

〔髙井伸二〕

21．牛の趾皮膚炎

原　因

本疾患の原因は特定されていない。しかし，病変に普遍的に認められる複数の *Treponema* 属菌が主原因と考えられている。病変から分離された株のうち *Treponema brennaborense* と *T. pedis* が新種として提唱されている。

その他には *Porphyromonas levii*，*Mycoplasma* sp.，*Campylobacter sputorum*，*Fusobacterium necrophorum*，*Bacteroides* sp. および牛パピローマウイルスなどが検出されているものの，それらの病変形成への関与の程度は不明である。

発生・疫学

牛の趾皮膚炎は1974年にイタリアで初めて報告された。その後，乳頭状趾皮膚炎，趾乳頭腫症，趾間皮膚炎，疣状皮膚炎，趾間乳頭腫症，footwarts，hairy warts および Mortlaro 病と呼ばれる一連の類似疾患が世界各国で相次いで確認された。日本でも1991年の群馬県での発生後，各地で確認されている。近年，英国で報告された蹄先端壊死（toe necrosis），難治性白線病（non-healing white line disease），難治性蹄底潰瘍（non-healing sole ulcer）も *Treponema* 属菌が関連する一連の感染症である。

本疾患は，フリーストールにて過密飼育されている泌乳初期の経産ホルスタイン種の後肢に多発する。高温多湿の時期に発症しやすい。罹患牛の導入，不衛生な畜舎環境，趾間皮膚の外傷により，本疾患の牛群内における流行のリスクが高まる。

感染経路は不明であるが，直接的な接触による皮膚からの感染と考えられている。一方，本疾患に関連する *Treponema* 属菌が口腔と直腸からも検出されるため，これらの部位を介する伝播の可能性も示唆されている。

症　状

罹患牛には疼痛による跛行，泌乳量の減少，体重の減少および繁殖成績の低下がみられる。本疾患は慢性化ならびに再発することが多い。

病変は，後趾蹄球に隣接する趾間隆起部付近に認められる（口絵写真 42，❾頁）。病変部皮膚は直径 0.5～5 cm の大きさで丘疹状に肥厚する。進行すると，表皮が乳頭腫様の外観をとり，びらん，潰瘍を伴うことが多い。病変部は特有の腐敗臭をもつ。

診　断

病理組織学的検査成績と細菌学的検査成績を基に総合的に診断する必要がある。病理組織学的には，表皮の錯角化と過形成により，角質層から有棘細胞層が著しく肥厚する。Warthin-Starry 染色にて，角質層からの上部有棘細胞層において，細胞間に多数の黒色のらせん菌がみられる。このらせん菌に対する炎症性細胞の直接的な反応は乏しい。抗 *Treponema pallidum* ウサギポリクローナル血清を用いた免疫組織化学的検索にて，らせん菌は陽性反応を示すものが多い。らせん菌の透過型電顕観察では，*Treponema* 属菌特有の軸糸がみられる。PCR にて病変部位から複数の *Treponema* 属菌の特異遺伝子を検出することは診断の一助となる。

治療・予防

治療には，病変部の外科的切除，脚浴，抗菌薬（オキシテトラサイクリン，エリスロマイシン等）の筋肉内注射および患部局所へ塗布，噴霧がある。脚浴には５％硫酸銅が広く用いられている。抗菌薬を用いた治療は有効であるものの，その効果は一時的で，再発する症例が少なくない。

現在のところワクチンはない。予防には，導入牛の事前検査の実施が重要である。牛群内での本疾患の伝播を防ぐには，牛床の衛生管理の徹底，適正飼育密度の保持，定期的な削蹄，迅速かつ効果的な治療の実施が重要となる。

〔芝原友幸〕

22．牛尿路コリネバクテリア感染症

原　因

牛の尿路コリネバクテリア（*Corynebacterium renale*, *C. pilosum*, *C. cystitidis*）の感染による。グラム陽性，通性嫌気性桿菌で，松葉状に配列する。ウレアーゼ陽性で，リトマスミルクをアルカリ化する。*C. renale* はカゼイナーゼ陽性，*C. pilosum* は硝酸塩還元陽性，*C. cystitidis* はキシロース分解性である。牛の膀胱粘膜細胞への付着に関与する線毛を保有する。３菌種のうちで *C. renale* のみが CAMP 反応陽性である。

発生・疫学

全国各地でみられるが，寒冷地，特に冬期間に発生することが多い。主として雌成牛に感染し，子牛や雄牛の症例はまれである。健康な雌牛の外陰部や腟前庭，外尿道口には *C. renale* や *C. pilosum* が，雄牛の包皮腔内には *C. pilosum* や *C. cystitidis* が分布している。妊娠や分娩が誘因となり，菌が上行性に侵入し膀胱内で増殖して感染が成立する。さらに上行後，尿管炎や腎盂腎炎を起こす。病原性が強いのは *C. renale* と *C. cystitidis* で，ともに膀胱炎と腎盂腎炎を起こす。*C. pilosum* はほとんど病気を起こさない。

症　状

血尿，頻回排尿，ときに排尿困難な姿勢を取る膀胱炎がみられる。特に *C. cystitidis* は顕著な出血性膀胱炎を起こす。病勢が進み腎盂腎炎を起こすと発熱・食欲不振・乳量低下を招く。膿汁，粘液，壊死組織片の混入した血尿を頻繁に排泄する。末期になると腎臓は腫大し，尿管と膀胱は腫大肥厚するので直腸検査により触診可能であり，腎の圧痛が認められる。

尿は本菌の産生するウレアーゼによりアンモニアが含まれるので，強いアルカリを呈する。

尿検査により蛋白質や血色素が検出され，尿沈渣には上皮細胞，赤血球，白血球，松葉状あるいは集塊状のグラム陽性桿菌が観察される。

診　断

膀胱粘膜は浮腫，出血がみられ，腔内には膿塊や結石が認められ尿は混濁している。尿管は片側あるいは両側が拡張腫大する。壁は浮腫性に肥厚し，漿膜と周囲脂肪組織と癒着する。管腔は膿や壊死組織片で満たされる。腎臓も片側あるいは両側が腫大し，皮膜は癒着し剥離困難となる。腎臓表面には灰白色斑がみられ，その斑部は髄質乳頭部まで達することもある。腎盂は拡張し多量の膿，組織片や結石を入れる。

組織学的には，膀胱では出血を伴う潰瘍またはびらんがみられる。潰瘍部粘膜の固有層には好中球，リンパ球の浸潤，著しい結合組織の増生がみられる。尿管上皮にも潰瘍またはびらんがみられる。腎臓では髄質から皮質にかけリンパ球の浸潤や間質結合組織の著しい増生がみられ，慢性間質炎像を呈する。

病原学的診断のために，尿から菌を分離する。尿は抗菌薬を投与する前に自然排尿あるいはカテーテルで採取し，速やかに培養に供する。尿を凍結保存すると菌は急速に死滅する。一方，室温に放置すると雑菌が増殖するので，培養まで時間を要する場合は冷蔵庫に保存する。

分離培養には血液寒天培地を用いるが，雑菌汚染が考えられる場合は選択培地を用いる。37℃ 2 日培養後，生化学的性状，AGID により菌を同定する。*C. renale* は CAMP 反応陽性であるので，他の尿路コリネバクテリアとの鑑別に本反応は簡便な方法である。

膀胱炎のみの場合は血清抗体が陰性であるが，腎盂腎炎を起こすと陽性となる。各種の血清反応があるが，デオキシコール酸ナトリウム処理抗原を用いた AGID が広く応用されている。

治療・予防

治療にはペニシリン，ストレプトマイシン，テトラサイクリン，マクロライド系抗菌薬が単独あるいは併用で用いられている。これらの使用で一時的に菌は消失するが，再発することが多いので 1 週間以上の連続投与が必要である。膀胱炎でも，5 日間以上の治療を行う。*C. cystitidis* 感染の場合，その治療効果は非常に低い。

ワクチンなどの予防法はない。感染牛の尿中には多量の菌が含まれているので，早期に摘発し隔離する。

〔菊池直哉〕

23. ボツリヌス症

原　因

ボツリヌス症はグラム陽性偏性嫌気性桿菌であるボツリヌス菌（*Clostridium botulinum*）から産生される毒素により起こるきわめて致死性の高い疾患である。牛ボツリヌス症は，主として C および D 型菌により起こるが，B 型菌による事例も報告されている。

発生・疫学

本症は元来，南アフリカ，南米，オーストラリアなどの地域で斃死した動物の体内で産生された D

型毒素を牛が摂取して起こる疾病である。欧州ではサイレージ中に混入し斃死した小動物が毒素原となるC型およびD型菌による発生や，サイレージの発酵不完全により産生された毒素によるB型菌による中毒が報告され，本症は飼料中に含まれる毒素を摂取することにより発生すると考えられた。我が国では1994年北海道でC型菌による本症の発生が初めて報告されたが，2004年以降，乳牛，肥育牛の区別なく散発的にD型菌による全国的な発生が認められる。最近の発症事例では，飼料などの検体から毒素が検出されておらず，菌が体内で増殖し，産生された毒素による疾病と考えられる。同様な症例はドイツで報告されている。発生農場で生残した見かけ上，健康牛から毒素と菌が長期間排泄され，同一の牛房内の牛が次々罹患する。本症の発生は，食の安全性確保，経済的な損失など生産者および消費者に対して大きな影響を及ぼすため，英国やフランスでは発生時における迅速な検査体制が構築されている。

症　状

乳牛，肥育牛，月齢の区別なく発症する。症状は38℃前後の低体温（発熱しない），起立不能，腹式呼吸が特徴的である。発症後，半日から2日の経過で死亡する牛が大半である。子牛（2カ月齢程度）の発症は少ない。

診　断

ボツリヌス菌および毒素は「感染症の予防及び感染症の患者に対する医療に関する法律」（感染症法）により「二種病原体」に指定されているため，認可を受けた施設でのみ検査が可能である。検査材料は規制の対象ではないが，菌の同定・型別を実施する場合には法令上の規程を遵守する必要がある。検体から直接あるいは培養後，毒素の検出と型別を行う。毒素の確認は，マウス腹腔内注射法が最も感度が高い。毒素が検出された場合には，診断用抗毒素血清を用いた中和試験を行う。我が国で発生している本症の分離菌の大部分は，D/Cモザイク毒素と呼ばれ，毒素の構造はD型毒素（毒素N末端から2/3部分）とC型毒素の一部（毒素C末端領域の1/3部分）で構成されている。そのため，毒素は主としてD型抗毒素で中和されるが，C型抗毒素でも部分的な中和がみられる。したがって，モザイク毒素であることを確認するためには，PCRによる毒素遺伝子の解析は有効な手段である。毒素遺伝子の検出を行う際には，D型毒素と同様の配列をもつN末端領域に加えて，C型毒素と類似した構造を有するC末端領域の塩基配列を検出する。

治療・予防

有効な治療方法はない。本症多発地域では，トキソイドワクチンの接種が唯一の予防方法である。最近，我が国で牛ボツリヌス用トキソイド（C型およびD型トキソイドの混合液）が市販され，その有効性が実証されつつある。しかし，トキソイドの接種は発症を予防することができるが，排菌を防ぐことはできない。本症が発生した牧場で新規に牛を導入する場合は，十分な消毒と土壌などのボツリヌス菌の汚染状況を調べることが必要である。

〔小崎俊司〕

24. 牛のクラミジア感染症

原　因

Chlamydophila pecorum および *Chlamydophila abortus*。*Chlamydophila* 属は *Chlamydia* 属とともにクラミジア科に属し，一般的にこれらもクラミジアと呼ばれる。偏性細胞内寄生性細菌で人工培地では増殖しない。培養にはHeLa細胞やL929細胞を用いる。7日齢発育鶏卵卵黄嚢内培養も行われる。感染性粒子である基本小体が細胞に侵入後，網様体へと形態変化し，感染細胞質内に封入体を形成する。封入体内で網様体は2分裂増殖する。その後，網様体は基本小体に変化し，細胞外に遊離する。共通抗原とし

てリポ多糖体をもつ。

発生・疫学

C. pecorum による疾病として散発性牛脳脊髄炎および多発性関節炎が知られている。北米，オーストラリア，欧州で報告がある。我が国では散発性脳脊髄炎が1953年に3例報告されたが，その後の発生報告はない。多発性関節炎は米国で報告があるが，我が国での報告はない。米国での発生では1～3週齢に多発。健康牛の糞便から *C. pecorum* が検出され，ほとんどが不顕性感染である。

C. abortus を原因とする流産・不妊症が知られている。我が国での確認報告はない。米国，ドイツ，イタリア，フランスなどで報告されているが，発生はまれである。

症　状

C. pecorum 感染牛のほとんどは不顕性感染で無症状のままクラミジアを排出する。発症した場合には，散発性脳脊髄炎では食欲減退，元気消失，流涎，鼻漏，咳を伴う呼吸困難，下痢または軟便，脱水，麻痺等がみられるが，軽症では回復する。経過が長くなるにつれて，痩せ，関節が腫れ，旋回運動，反弓緊張等を示した後，麻痺，横臥し，3～5週で死亡する。死亡率は30～50%。剖検所見に乏しい。組織学的には脳および脊髄の白質と灰白質全体に非化膿性脳炎像および好中球による軟脳膜炎を特徴とする。多発性関節炎では子牛に発熱が続き，食欲減退，肺炎と腸炎を呈し，四肢に関節炎が起き，跛行と強直症がみられる。発症後2～10日で死亡するものが多い。関節液は黄灰色で濁り，膜面に線維素が付着，浮腫と点状出血がみられる。いずれの場合も各臓器に基本小体がみられる。

C. abortus による流産は妊娠7～8カ月にみられるとされている。無症状のまま流死産または虚弱子を娩出する。産後は不妊症となり，クラミジアを持続排出する。

診　断

病原学的診断法としては遺伝子検出が用いられる。以前はクラミジア分離を行ったが，容易ではない。検体は脳脊髄炎例では脳，関節炎では関節液や内臓，流産例では胎盤と胎子の肝臓などが用いられる。不顕性感染牛では糞便から検出可能である。

治療・予防

クラミジア自体は各種抗菌薬に感受性であるが，β-ラクタム系抗生物質は禁忌である。テトラサイクリン系抗生物質が特に有効とされるが，肝臓毒性がみられる場合があり，注意が必要である。

ワクチンはない。予防の主体は牛群や畜舎の衛生管理となる。

〔福士秀人〕

25. 牛のコクシエラ症

原　因

Coxiella burnetii。レジオネラ目コクシエラ科の偏性細胞内寄生性細菌。宿主細胞質内で増殖する。大型細胞から胞子様構造をもつ小型細胞が作られる。理化学的作用には強い抵抗性を示す。最近，コクシエラ用の人工培地が開発され，無細胞培養が可能となった。血清型は単一である。

人獣共通病原体であり，感染症法において三種病原体等に分類されている。取扱いには注意が必要とされる。人におけるコクシエラ症はQ熱と呼ばれ，感染症法における第四類全数届出疾患に指定されている。

発生・疫学

世界各国で発生報告がある。国や地域により感染環は異なる。野外ではダニ－野生動物－ダニの感染環があり，家畜や人がこの感染環に入ることにより感染する。感染動物は保菌動物として乳汁や糞便にコクシエラを排出する。欧米では感染動物の分娩に伴った人への伝播がみられ，ときとして集団発生の原因となる。海外では汚染された生ミルクによる人の経口感染が報告されている。

我が国における牛の疾患としての報告はない。

感染症法におけるQ熱の届け出数は年間2，3例である。その感染源はわかっていない。海外で旅行者が感染し，日本国内で発症した例が報告されている。

症　状

感染動物は軽い発熱程度であり，無症状といってよい。感染動物はコクシエラ血症を起こす。保菌動物は無症状のまま乳汁や糞便にコクシエラを排出し，感染源となる。妊娠牛では流死産ないし虚弱子を娩出する。分娩時の胎盤や羊水は多量の病原体を含み感染源として重要である。感染母牛では繁殖障害を起こすとされているが，確かではない。

流産胎子では脾臓，肝臓，腎臓，生殖器に小肉芽腫性・壊死性病変がみられるという。成牛では死亡例がなく，所見はない。

診　断

病原学的診断としては遺伝子診断が用いられる。コクシエラの分離は必ずしも容易ではない。感染初期であれば血液からコクシエラDNAが検出可能であるが，家畜では困難である。

血清学的診断としては，感染細胞ないし精製菌体を抗原としたIFAが用いられる。非特異反応がときとしてみられるため，注意が必要である。

治療・予防

ワクチンはない。テトラサイクリン系抗生物質が有効とされている。マクロライド系，ニューキノロン系抗生物質も有効である。β-ラクタム系およびアミノグリコシド系抗生物質は無効である。

〔福士秀人〕

26. 類鼻疽

原　因

類鼻疽菌（*Burkholderia pseudomallei*）による感染症で，届出伝染病に指定されている。類鼻疽菌はグラム陰性の好気性桿菌で，鼻疽菌（*Burkholderia mallei*）とは分類学的に近縁で生物生化学性状も似ているが，極多毛の鞭毛を有し運動性がある点で異なる。水田などの湿った土や水中に生息する土壌菌で，南北緯度20°の間を中心とした熱帯から亜熱帯地域で分離される。

発生・疫学

土壌中の菌が創傷感染する例が最も多いが，菌を大量に含んだ土埃や水による経気道もしくは経口感染も起こる。水平感染は起こりにくい。感染は人を含めた様々な動物に認められるが，牛は比較的抵抗性が強く発症例は少ない。人や家畜の発生は雨季に東南アジアとオーストラリア北部で多く認められる。牛の類鼻疽はタイおよびオーストラリアで報告があるが，我が国ではない。

症　状

臨床症状は多様で，家畜で報告されている主なものには，膿瘍，鼻腔粘膜の結節，運動障害，咳，膿性鼻汁，下痢，疝痛，乳房炎，関節炎などがある。鼻疽に似た症状を呈することも多い。臨床経過は，敗血症を起こして斃死する急性例から，食欲や元気を失って徐々に削痩してゆく慢性例まで，様々な病態が報告されている。牛の症状を記載したものは少ないが，臨床的には発熱，関節炎，衰弱などが，剖検所見としては類結核性の肺炎，脾臓や腎臓の膿瘍，胎盤炎，子宮炎などが記録されている。

診　断

病変部からの菌分離と同定が最も確実な方法である。分離には血液寒天培地のほか，選択培地としてマッコンキー寒天培地やAshdown選択培地が用いられる。同定は生化学的性状に従って行い，市販の診断キットも利用が可能である。PCR など核酸検出技術による診断あるいは同定の報告も多い。抗体検査法としては RPHA が汎用されているが，感度と特異性に優れた方法として ELISA やイムノクロマトも報告されている。

治療・予防

ワクチンはない。本症は人獣共通の感染症であり，また我が国は清浄国なので，発生があった場合には感染の拡大と菌の拡散を防止することを最優先とし，土壌汚染が起こらないよう対処する必要がある。感染した牛は治療せずに安楽死させる。

〔安斉　了〕

27. アクチノバチローシス（アクチノバチルス感染症）

原　因

Actinobachillus lignieresii が口腔粘膜の傷から感染することによって起こる。

発生・疫学

原因菌は正常な牛の口内や第一胃内にも存在する細菌で，特に舌粘膜の傷から侵入し炎症を起こし，肉芽組織を形成する。そのために舌は大きさを増し，固くなり弾力を失う。本症が「木舌症」とも呼ばれるゆえんである。舌の運動が抑制されるために嚥下困難となり飼料の摂取，飲水が困難となり，栄養不良と脱水により衰弱し，やがて死亡する。病変はまれに唇，鼻，頭頸部のリンパ節にも形成される。

症　状

食欲はあるものの，舌が炎症で弾力を失い固く腫れた場合に採食困難，噛み出し，流涎，飲水困難，削痩，脱水などがみられる。また，結節状に腫れた部分の表面には潰瘍が形成されることもある。

診　断

舌が固く腫れる牛が認められたとき本病を疑う。本病の発生は散発的である。膿汁中にアクチノマイコーシスと同様の「硫黄顆粒」が存在し，顕微鏡検査では棍棒状または針状の突起物がその周囲に存在する。病変部材料から原因菌を分離・同定して診断する。

治療・予防

病変形成の初期に原因菌を殺すためにヨウ化ナトリウムを体重 1 kg 当たり 70 mg 宛，10～20％溶液として症状に応じ 2～3 日または 7～10 日の間隔で静脈内に注射する。効果がある場合には注射後 48 時間以内に舌の運動性が好転する。本菌の多くはカナマイシンやテトラサイクリンに感受性があるので，これらの抗菌薬の使用は効果を期待できる。

本症の予防はアクチノマイコーシス同様，口内に傷をつけないように注意することである。

〔黒澤　隆〕

28. アクチノマイコーシス（アクチノマイセス・ボビス感染症）

原　因

Actinomyces bovis が口粘膜の傷から感染し炎症を引き起こす。本症が放線菌症とも呼ばれるのは本菌が枝分かれした菌糸体を形成する真菌（カビ）に近い細菌であるためである。本菌は正常な牛の口内に生息していることもある細菌だが，いったん粘膜の傷から骨に感染すると骨に慢性の炎症を引き起こす。

発生・疫学

育成牛から成牛において，異物，イネ科植物の外殻の固い突起，粗飼料中の粗く固い茎などによって作られた傷および虫歯や歯肉炎などから本菌が侵入し，その部位に炎症を起こし，さらに骨にまで炎症が波及すると骨は炎症性の細胞の浸潤によって腫れる。好中球やマクロファージのほかに線維芽細胞が浸潤してくる。これが慢性的に持続するので骨の内部に肉芽組織が形成され，顎の骨は太さを増し変形する（**口絵写真 43，❾頁**）。そのため，歯の噛み合わせが悪くなり，咀嚼困難となって栄養不良となる。牛は次第に痩せて衰弱する。この間，数カ月から 1 年を超える。下顎に多く発生し，上顎ではまれである。子牛の顎が梅干し大からピンポン球大に腫れるのは膿瘍であって本菌の感染ではない。

症　状

主に下顎に腫れがみられ，腫れた部分の歯並びは悪くなる。初期から中期には痛みがないか，少ないために咀嚼には問題がない。通常，飼い主は牛の頭を上方向からみることが多く，下顎の腫れには気づきにくい。骨が大きく腫れて気がついたときには手遅れであることが多い。骨の腫れに伴い皮膚の自潰と白ないしクリーム色の膿汁の排出が起こる（**口絵写真 44，❾頁**）。さらに腫れて，咀嚼が困難になると，食欲はあるも噛み出しがみられる。それに伴い牛は次第に痩せる。

診　断

顎が硬く腫れたとき，本症を疑う。自壊した病変部の膿汁の少量をスライドガラスにとって広げると 0.2～1 mm の黄白色の顆粒（硫黄顆粒）がみられることが本症における膿汁の特徴である（**口絵写真 45，46，❾頁**）。顕微鏡では硫黄顆粒の表面には本菌が生産した棍棒状ないし毛髪状の突起物が放射状に観察される。これをロゼットといい，その中心部には本菌の塊がみられる。病変部から本菌を分離・同定し，診断する。

治療・予防

感染初期に原因菌を殺すため，抗菌薬の適切な投与，ヨード剤の局所投与が推奨されている。したがって泌乳牛には実施できない。育成および乾乳牛や繁殖肉牛に限定されるが，一般的には初期症状が見逃されてしまうため明瞭な症状に気がついた頃には病変が進行しており，治療効果は低い。

本症は感染症であるが次々に発生する疾病ではない。予防対策はないに等しいが，罹患牛がつながれていたスタンチョンや飼槽は十分に消毒すべきである。

〔黒澤　隆〕

29. エンテロトキセミア

原　因

牛では *Clostridium perfringens* のA～E型菌すべてによる発生報告がある。豚はC型菌によるものが多いが，A型菌，まれにB型菌によるものもある。α毒素が主に病変形成に関与する。

本菌は，グルコース，マルトース，ラクトース，スクロースを分解するが，サリシンを分解せず，レシチナーゼを産生する。ゼラチンを水解するが，凝固血清は液化しない。ミルク培地では嵐状発酵（stormy fermentation）を起こす。運動性はない。

発生・疫学

本菌は広く自然界に分布し，土壌，下水，河川からも分離され，人や動物の腸内細菌叢であることが多い。牛，豚，めん羊，山羊，馬，人が感受性である。

本病は世界各地で散発的に発生が認められている。発生は10日齢以下の子牛や3日齢以下の新生豚に多い。2～4週齢の子豚や，離乳後の豚にもみられる。子牛では各菌型により発病時期が異なっていることが多く，1～10日齢ではB，C型菌による発生が多い。

症　状

突然死することが多い。最初は衰弱，腹痛で，次いで震え，出血性の下痢，四肢の麻痺が起こる。挙動不安となり食欲は消失し，発熱する。粘膜はチアノーゼを呈し，呼吸促迫，横臥，痙攣発作の後に死亡する。まれに慢性経過を示す牛や豚が存在し，間欠的，持続的な下痢を呈する。

診　断

本菌の大量接種による実験感染は成功しているが，自然界における動物間の伝播は不明である。動物側の栄養状態や，気象条件，給与飼料の変更なども本病の発生要因となる。

死亡動物は十二指腸・回腸粘膜の壊死，落屑を伴う出血性の炎症を認める。小腸内容物は剥離組織片や半流動状血液粘液が充満し，悪臭ガスが充満している。腹部リンパ節の腫脹，出血，浮腫をみる。肺，心外膜の点状出血，肝臓は退色を伴う変性を呈する。

病変部からの菌分離と同定により診断する。小腸内容を卵黄液を加えたカナマイシン加CW寒天培地に接種し嫌気培養すると，レシチナーゼ反応により培地の黄変を伴う乳白色の円形集落を形成する。A型菌は腸内細菌叢の一員でもあるので，菌数が多いこと（10^5 個/g以上），分離株が有毒株であること，さらに腸管内に毒素が証明できることを診断の目安にする。分離菌の型決定は，A型以外の診断用血清の入手は困難なので，A型以外のものは研究機関に依頼する。

治療・予防

ホルマリン不活化菌液や沈降トキソイドが有効とされる。我が国では牛クロストリジウム感染症混合ワクチンにA型菌α毒素のトキソイドが含まれている。本病の経過が早いことから抗毒素や抗菌薬による治療は困難である。

〔田村　豊〕

30．趾間壊死桿菌症

原　因

趾間壊死桿菌症は，趾間フレグモーネや趾間ふらん，またぐされと呼ばれる蹄疾患であり，趾間の皮膚の傷から *Fusobacterium necrophorum* や *Bacteroides melaninogenicus* が侵入して皮下組織に病変を作る。病変の程度は様々であり，趾間過形成や趾間皮膚炎，趾皮膚炎から継発する例もみられる。

発　生

本症は放牧や運動場における小石，切り株による趾間皮膚の傷や，劣悪な牛床が発病要因となる。

症　状

病変は趾間の皮膚の炎症から始まり，左右対称性なつなぎの腫脹と熱感を伴って跛行を呈する。病変が進行すると趾の疼痛が増加して跛行が顕著となり，食欲減退などの全身症状が発現して乳量の減少と削痩が認められる（口絵写真 47，48，❿頁）。

診　断

本症は罹患蹄を挙上させて検査することによって容易に診断できる。

治療・予防

治療は，趾間における清拭と抗菌薬を加えた生理食塩液による洗浄，趾間病変部に対する抗菌薬の塗布であり，重症例に対しては持続性の抗菌薬の全身投与を同時に行う。

予防は，定期的な削蹄と牛床の乾燥，放牧場や運動場における安全整備が重要である。また，本症などの蹄病の予防を目的とした蹄浴や石灰踏込みの慣行が有効である。

〔小岩政照〕

31．牛呼吸器病症候群

肺炎等の呼吸器病による牛の死廃頭数と病傷事故件数は，2006 年以降それぞれ約 20,000 頭および約 450,000 件と報告されており，ここ数年増加傾向にある。牛の呼吸器病の 95％以上は肺炎で占められている。肺炎はウイルスや細菌などの病原微生物の感染による感染性の肺炎と，子牛に認められる誤嚥性または吸引性肺炎などの非感染性肺炎に大きく分けられるが，一般に牛呼吸器病症候群（bovine respiratory disease complex : BRDC）は感染性肺炎を指す。BRDC は呼吸器病が飼育環境，牛の健康状態，病原体（細菌，ウイルス，マイコプラズマなど）の感染など複数の要因がからみ合い，発病に至る経過や症状が複雑な様相を呈することから名づけられた。特に大規模化・集約化された飼育環境下では，ストレス要因の増加や感染機会の増大などにより BRDC が発生しやすいと考えられる（図 1）。

原　因

BRDC は飼育環境下でのストレスなどにより易感染状態となった個体が，病原微生物の感染により発咳・鼻汁漏出・発熱などの呼吸器症状を呈する環境・常在性の疾患（日和見感染症）である。関与する病原体としてウイルス（牛 RS ウイルス，パラインフルエンザウイルス 3 型，牛アデノウイルス，牛ウイルス性下痢ウイルス，牛ヘルペスウイルス 1 型など），細菌・マイコプラズマ（*Mannheimia haemolytica*，*Pasteurella multocida*，*Histophilus somni*，*Mycoplasma bovis*，*M. disper* など）があげられるが，病態の悪化に伴い，さらに複数の病原微生物が分離されることもある。

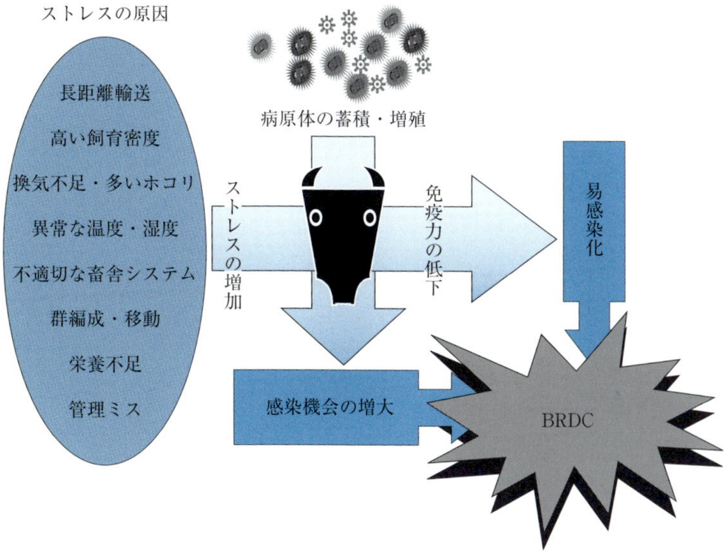

図1　飼育形態の大型化・集約化とBRDC

発生・疫学

BRDCには種々の細菌，マイコプラズマ，ウイルスが関与しており，発症牛は混合感染の様相を呈することが多い。このことから病原体同士による相加・相乗作用が病変の悪化に関与していると考えられる。BRDCは，年間を通じて発生が認められるが，飼育環境・気候の急変，長距離輸送などのストレスが加わったときに発生が多く，また，高密度飼育場において多発する傾向にある。本症は月齢に関係なく発生が認められるが，生後12カ月齢以下の若齢牛の発生が大部分を占め，特に乳雄を含む肉用牛で多発している。これは若齢牛の免疫系の発達が不十分であることや，特に乳雄では初乳の摂取が不十分または未摂取であることが多く，種々の病原体に対する抵抗性が十分でないためと考えられる。また，導入による飼育形態の変化などのストレス要因が多いこの月齢においてBRDCが多発すると考えられる。BRDCの約半数が導入後1カ月以内に発生しているとの報告がこのことを裏づけている。BRDCに関与する細菌は臨床上異常の認められない牛の上部気道（鼻腔および扁桃）からも，しばしば分離される。健康牛の鼻腔スワブの約50%から *P. multocida* と *M. bovis* が，約15%から *M. haemolytica* が分離されたことが報告されており，BRDCの原因細菌は上部気道（鼻腔，扁桃）に常在していると考えられる。このため，ウイルス感染や環境ストレスなど種々の要因で易感染状態となった際に細菌が上部気道から下部気道に侵入・増殖し肺炎を起こすと考えられる（図2）。健康牛の上部気道に存在する菌と肺病変部から分離される菌の70%は同一の遺伝子型を示したとの報告がある。

症　状

一般に元気消失・食欲不振に加え，発熱，発咳，流涙，流涎，鼻汁漏出などの呼吸器症状が認められる。また，重症例では死亡することもある。泌乳牛が発病すると呼吸器症状に加え，泌乳量の減少や泌乳停止などの症状が認められる。

診　断

原因微生物を特定することは，農場における適切な治療や予防対策を考える上で非常に重要である。一般に罹患牛においては，元気消失・食欲不振に加え，発熱，呼吸促迫，発咳，流涙，流涎，鼻汁漏出などの呼吸器症状が認められる。また，呼吸器症状以外に牛アデノウイルス病やレオウイルス病では下痢を併発することや，クラミジア感染症やヒストフィルス・ソムニ感染症では跛行が認められることもあるが，BRDCは複数の微生物が関与する混合感染の様態を取ることが非常に多いので，臨床症状から原因微生物を特定することは困難である。このため，BRDCの診断においては，病原体の分離・同定や血清学的診断法が必要と考えられる。

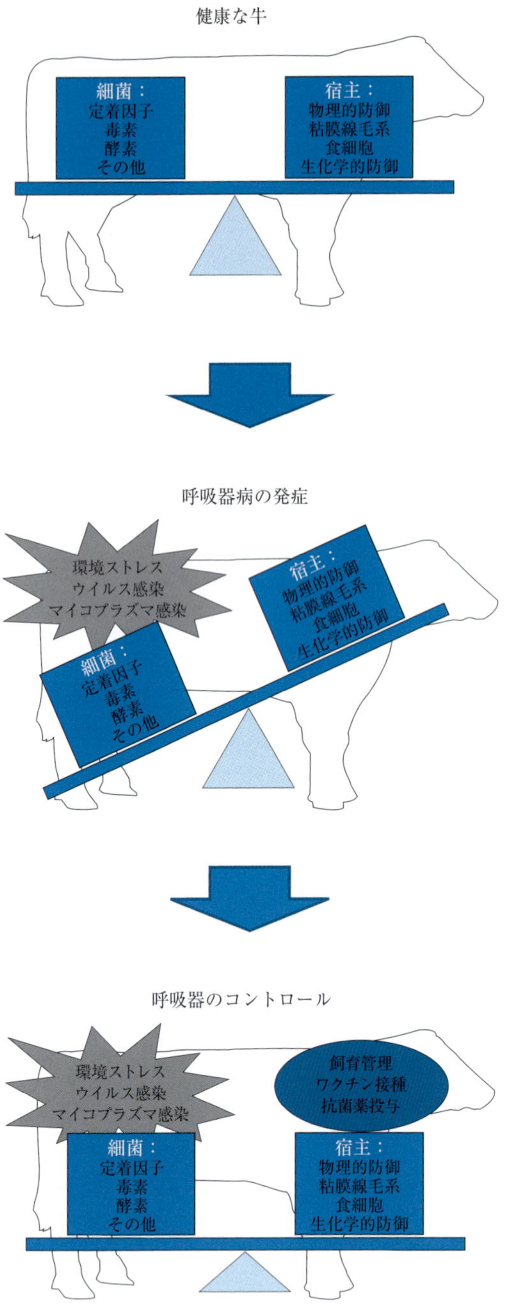

図2　BRDC の発生とコントロール

本項では細菌検査を中心に診断法を記述する。ウイルス検査は一般に，鼻腔や気管拭い液を材料としたウイルス分離や FA によるウイルス抗原の検出，また，急性期と回復期のペア血清を用いて，抗体価の有意な上昇の有無によって診断が行われている。詳細は本書の各ウイルス感染症を参照していただきたい。

細菌分離は，5～10％羊脱線維素血液加寒天培地やチョコレート寒天培地を用いて 37℃で 24～48 時間好気性および５～10％炭酸ガス培養を行い，原因菌の分離を行う。分離材料は生前診断においては鼻腔や気管拭い液を用い，鑑定殺を行った場合や死亡牛がいる場合には，肺病変部や肺門リンパ節等を用いる。また，病変部または病変境界部の直接塗抹標本をギムザ染色し，細菌の有無を確認することも重要である。分離菌については個々の性状を参考に同定を行う。また，可能であれば血清型も確認する。

マイコプラズマの分離培地は，*Ureaplasma diversum* 用として，Taylor-Robinson 培地や Windsor らの培地，*M. dispar* 用として Gourlay らの GS 培地，その他のマイコプラズマ用として DNA 添加 Hayflick 培地が報告されている。分離にあたっては材料を乳剤化し定量培養を行うことが望ましい。特異抗血清を用いた FA または酵素抗体法により発育集落を染色し同定するのが最も確実な方法であるが，初代分離培養には少なくとも７日程度必要で時間を要する。近年，生培地が市販されるようになった。

治療・予防

BRDC は，病原体・環境・宿主の３要因が疾病の発生に関与するので，その予防対策にはこれら要因について総合的に対策を行い，感染源の排除，感染経路の遮断，宿主の防御能の強化が必要となる。特に，牛の導入や畜舎の換気不良および不適切な飼育密度は呼吸器病発症の危険因子として重要であることが報告されている。

1．導　　入

牛の導入に際しては，導入牛の健康状態，導入元の農場やその地域での疾病の発生状況，ワクチン接種の有無等を十分に考慮する必要がある。特に，子牛を購入する場合には，十分に初乳を摂取したものを選定することが，BRDC をはじめ導入後の疾病発生の低減や防止に大きく関与してくるので，事前に摂取状況等を確認することが大事である。また，BRDC による損耗率は輸送距離に比例することが指摘されていることから，輸送に際しては十分量の敷わらを用意し，輸送途中で十分休息を与えストレスの軽減に努める。導入後は，ストレスから回復させるために飼料や飲水を十分に与え，抗体レベルを考慮してワクチンの補強接種（追加接種）を行うことも重要である。また，ビタミン剤等を投与することにより生体の免疫力の回復を促進することも発症予防に効果があるといわれている。

2．飼育環境

発症誘因となる飼育環境，すなわち寒冷，換気不良，過度の乾燥または湿潤などを防除するよう飼育管理の改善に努める。特に気温や湿度の日較差が大きい時期には，普段以上に換気や舎内の温度および湿度管理に十分注意を払う必要がある。良好な飼育環境を維持することは環境ストレスを軽減し，BRDC の発生やまん延の防止になる。また，畜舎内外の定期的な清掃・消毒や衛生害虫の駆除，糞尿の適切な処理により飼育環境における病原体の排除や環境浄化に努め，計画的な飼育計画を立て密飼いの防止，オールイン・オールアウト方式の導入や哺乳期のカーフハッチ利用を促進するなどさらに飼育環境の改善に努める。農場への人や車の出入りを制限し，導入牛の隔離飼育や牛体の消毒を行い農場への病原体の侵入防止を図る。また，飼育分担または作業手順を制定することや，臨床上異常の認められた牛に対しては，感染の拡大を防ぐために，速やかに隔離し適切な治療を行うことも BRDC をまん延させないためには重要なことである。

3．ワクチン接種

子牛に対しては初乳を十分に給与するとともに，導入または群飼の前には BRDC の原因病原体に対するワクチン接種を行い，最もストレスのかかる時期に十分な免疫を付与しておく必要がある。ワクチン接種においては，ワクチン効果が減少することのないように，対象牛群の移行抗体レベルを把握しておく必要性がある。移行抗体の消失時期は母牛の抗体レベルや病原体の種類等に影響を受けることから各農場において定期的な検査を行い，移行抗体を考慮に入れたワクチネーションプログラムの検討が必要である。

4．抗菌薬等による治療

治療に際しては，発症の初期段階で速やか，かつ的確な対処をすることが重要である。臨床症状の発現後，24～96 時間の適切な治療の有無が予後を大きく左右することが報告されている。この間に適切な治療が行われないと慢性肺炎へ移行，または最悪の場合，斃死につながり，さらに感染牛は長期にわたり病原体を排出することから感染源となり生産性を大きく阻害する。しかし，初期段階での治療を急ぐあまり，原因検索を行わず抗菌薬の投与を行うことは，耐性菌の出現や症状の慢性化につながることもあるので慎むべきである。このため，発熱，発咳，鼻汁漏出などの呼吸器症状が認められた場合には，速やかに原因微生物を特定し，原因菌の①薬剤感受性，②薬剤の肺への移行率，③経済性，④残留性などを総合的に考慮して，最も適切な抗菌薬の投与を行うことが重要である。

牛の肺炎の主要原因菌である *M. haemolytica*，*P. multocida*，*M. bovis* の薬剤感受性については多くの報告がある。一般に *M. haemolytica* や *P. multocida* は，エンロフロキサシン，セフチオフル，アンピシリン，フロルフェニコールに高い感受性を示し，*M. bovis* に対しては，スペクチノマイシン，タイロシン，エリスロマイシン，エンロフロキサシン，チルミコシンなどの薬剤が有効である。薬剤感受性は，調査した地域や年代により異なり，また，同一薬剤の多用は耐性菌の出現につながることもあるので特定薬剤の継続使用はなるべく避けた方がよい。このため，農場における定期的な原因菌の調査と分離菌に対する薬剤感受性試験の実施ならびに知見や成績の集積はきわめて重要なことである。

〔勝田　賢〕

1．アナプラズマ病

アナプラズマ病はリケッチア目アナプラズマ科に属するグラム陰性細菌を原因とするダニ媒介性疾病で，*Anaplasma marginale* 感染によるものが牛，水牛，鹿の家畜伝染病に指定されている。国内では現在 *A. marginale* によるアナプラズマ病の発生はないが，家畜伝染病病原体に該当しない *A. centrale* が分布している。*A. phagocytophilum* および *A. bovis* も牛への感染性を有する。

原　因

A. marginale は赤血球内の主に辺縁部に寄生する（**口絵写真49，⑩頁**）。基本小体と呼ばれる直径約0.3 μmの菌体が赤血球内に侵入すると，菌体膜内で２分裂によって４～８個の小体を形成し，菌の直径が約１μmまで増加する。複数の小体を含む菌体は小体外縁に膜が沿ういびつな円形となる。肝や脾などで赤血球が破壊処理される際に小体が放出されて新たな赤血球に侵入する。牛，水牛のほか，ヘラジカなどのシカ科動物に感染するが，ニホンジカに感染性があるかどうかは確認されていない。めん羊と山羊には感染しない。オウシマダニを含むコイタマダニ属や，カクマダニ属，イボマダニ属などのダニが媒介者となる。媒介ダニ体内で菌体は長期間生存し，経卵巣あるいは経発育期伝播される。また，アブや一部の蚊が機械的に媒介する。国内に広く分布するフタトゲチマダニの媒介性については否定的な結果が報告されている。国内に分布するマダニ属ダニの媒介性については不明である。まれに感染母牛から胎子への胎盤感染が成立する。

A. centrale は *A. marginale* と同様の形態や生活環を示すが，赤血球内の主に中心部に寄生する（**口絵写真50，⑩頁**）。国内の媒介者は不明である。フタトゲチマダニの媒介性については否定的な結果が報告されている。*A. phagocytophilum* は牛，鹿，めん羊，山羊，馬，犬，人の顆粒球内に寄生する。*A. bovis* は牛，水牛の単球内に寄生する。

発生・疫学

沖縄県にはかつてオウシマダニが高密度に分布しており，*A. marginale* の常在地であった。八重山地域における1989年の血液塗抹調査では陽性率48％と報告されている。オウシマダニ撲滅事業が推進された結果，1999年以降 *A. marginale* が血液塗抹に検出される牛は確認されなくなった。ところが2007年および2008年に本病が再び発生した。これらはいずれも15歳齢の牛が分娩前後に発病した事例で，オウシマダニ清浄化以前に感染していた *A. marginale* が分娩ストレスや高齢の状況下で増殖を開始したものと考えられた。沖縄県を除く国内では，岐阜県における沖縄県からの導入牛と，東京都，青森県および北海道におけるオーストラリアからの輸入牛の発病事例が報告されている。東京都事例では，輸入妊娠牛を放牧したところ，貧血死亡事故が続発し，小型ピロプラズマ原虫とともに *A. marginale* が検出された。輸送や妊娠ストレスに加えて，放牧開始後の原虫感染に伴う体力低下のため輸入前に感染していた菌体が増殖したものと考えられた。国外では東南アジア，中近東，アフリカ，中南米諸国，米国，オーストラリアなどで発生がある。

A. centrale は国内に広く分布している。これまで感染が確認された事例は全例が小型ピロプラズマ原虫との混合感染事例である。放牧牛ばかりでなく舎飼牛にも混合感染事例が報告されている。国外ではアフリカ，中近東，アジア諸国，オーストラリアなどに分布している。*A. phagocytophilum* は国内の牛，ニホンジカ，シュルツェマダニ，ヤマトマダニ，日本紅斑熱疑いの入院患者から遺伝子断片が，犬から抗体が検出されている。米国では人の死亡例が発生しており，人獣共通感染症の病原体として留意すべきであるが，国内では病原体の検出事例はない。*A. bovis* は国内の牛，ニホンジカ，フタトゲチマダニから遺伝子断片が検出されているが，病原体の検出事例はない。

症　状

A. marginale 感染牛の主要症状は発熱，貧血，黄疸である。感染後２～５週間の潜伏期を経て循環赤血球に菌体が検出される。菌体増殖に伴い発熱を示

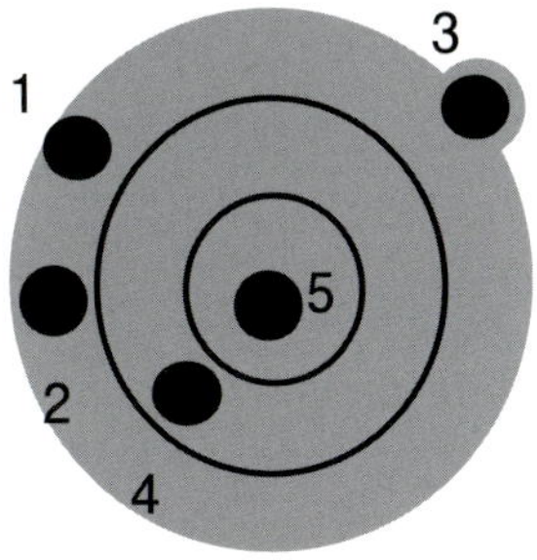

スコア	所　見
1	赤血球辺縁に密着
2	赤血球半径の外 1/3
3	赤血球辺縁に突出
4	赤血球半径の中 1/3
5	赤血球半径の内 1/3

寄生赤血球 100 個の平均スコア
A. marginale　3.0 以下
A. centrale　3.5 以上

図１　スコア採点法によるアナプラズマ種の鑑別

し，貧血が進行して死亡に至ることもあるが，多くの場合，増殖は一過性で，アナプラズマ血症の発現から２～５週後には血液塗抹に検出されない寄生度となる。急性感染期には胆嚢が拡張して濃縮胆汁が貯留する。血管内溶血を起こさないため，重症例でも血色素尿はみられない。慢性感染期に入った牛では，ストレスや体力低下がなければ再び菌体が増殖して貧血が進行することはない。耐過牛は再感染に対して強い免疫を獲得するが，体内からすべての菌が消失することはなく，生涯キャリアになる。若齢牛は成牛に比べて感染抵抗性が高く，年齢とともに病態が重篤化する。

A. centrale の病原性は弱く，多くの場合は不顕性感染にとどまる。国内の感染事例における貧血病態は，混合感染していた小型ピロプラズマ原虫に起因するものと考えられている。しかし，脾摘出牛に本病原体を接種すると *A. marginale* 感染と同様の急性症状を示すことから，高度のストレスや体力低下時には *A. centrale* 単独感染においても発病に至る可能性が考えられる。*A. phagocytophilum* は牛に発熱，泌乳量減少，流産，呼吸器症状を，また，馬に発熱，黄疸，運動失調を，犬に血小板減少症と貧血を起こす。*A. bovis* は牛に発熱を起こすとされる。

診　断

臨床所見と血液検査による貧血の確認，血液塗抹検査による菌体の検出，CF 試験による血清抗体の検出により診断する。*A. marginale* 感染と *A. centrale* 感染の鑑別が重要となる。血液塗抹検査のための抗凝固剤にはエチレンジアミン四酢酸を用い，薄層塗抹をメタノール固定後にギムザ染色して倍率 1,000 倍で観察する。計 100 個以上の菌体寄生赤血球を確認できる場合は，寄生位置を点数化したスコア採点法を用いて種の鑑別が可能である（図１）。赤血球核遺残物であるジョリー小体，点状のゴミや小型ピロプラズマ原虫との鑑別が必要である。ジョリー小体は辺縁がなめらかなほぼ正円で，均質に染色される。アナプラズマは特に大型のものは辺縁が不規則で均質に染色されにくい。また，大きな菌体が寄生する赤血球の周囲には，小さな菌体の寄生赤血球も観察される。

CF 試験は 56℃ 30 分間非働化した血清検体を用いて実施する。診断用の *A. marginale* 抗原液が市販されている。*A. centrale* 感染牛血清もこの抗原と反応するが，80℃ 10 分間加熱した抗原には反応しない。*A. marginale* 感染牛血清は加熱抗原に対しても陽性反応を示すので，感染種の鑑別が可能である。抗体はアナプラズマ血症の発現前後から検出されるが，数週間から数カ月間以内に陰転する。このため，感染から時間が経過したキャリア牛は摘発できない。海外では ELISA に基づく検査キットが販売されているが，交差反応のため感染種の特定はできない。アナプラズマの各種に特異的な PCR が報告されている。

治療・予防

治療には持続性オキシテトラサイクリンが有効である。１回の筋肉内投与で効果があるが，菌体の一部は体内に潜伏する。*A. centrale* を接種して *A. marginale* 感染を予防する生ワクチンが一部の国で使用されている。動物検疫所において生体輸入牛の *A. marginale* 感染摘発のため，臨床所見確認，血液塗抹検査と CF 試験が実施されている。しかし，輸入検疫時に感染を摘発できない場合がまれにある。キャリア牛の検査結果が陽性を示さない場合や，輸入直前の初感染のため日本到着時にもまだ潜伏期間の場合である。今後も輸入牛が *A. marginale* を国内に持ち込む可能性がある。輸入牛を導入した場合は農家到着時や飼育期間中，特に放牧開始時や妊娠，分娩時に注意が必要である。ダニ媒介性疾病は根絶が容易でない上に，温暖化はダニの生息を助長することが推察される。オウシマダニが国内に再定着した場合には，アナプラズマ病の発生リスクが増加する。*A. centrale* 感染を原因とする発病リスクは今後も低い。

〔中村義男〕

乳房炎

A．感染および防御反応

乳房炎の定義と発症の現状

乳房炎（bovine mastitis）は，「乳用牛の職業病」ともいわれる乳生産農場において日常的にみられる牛の疾病である。そのため乳房炎は，酪農経営上で最も大きな経済的な損失を及ぼしている。乳房炎の定義は「乳房内に侵入した微生物の定着と増殖（感染成立）によって乳管系や乳腺組織の炎症が誘導され，それによって乳汁合成機能の低下や乳汁性状の異常を認めた場合」をいう。したがって単に微生物が乳房内に侵入しただけでは乳房炎の発症とは呼ばず，乳腺組織において微生物の感染が成立することによって宿主側に何らかの炎症反応が確認されたものを乳房炎の発症とする。

農林水産省がまとめている家畜共済統計表によると，平成21年度における乳用牛等に係る病傷病類別事故件数は約142万件であり，そのなかでも泌乳器疾患，いわゆる乳房炎などとされるものが最も多く，約43万件となっており，乳用牛の病傷事故の30%を占めている。経年推移をみても，乳用牛の飼養頭数が年々減少しているのに反し，乳房炎の発生率はむしろ増加傾向にある。近年の産業動物に対する医療技術の向上や搾乳機の性能の向上があるにもかかわらず，乳房炎の発生が減らない現状に，乳房炎の制圧の難しさがうかがえる。**図1**に，我が国における最近の乳用牛の飼養頭数と泌乳器病等件数の推移をまとめた。

乳房炎の発症要因

乳房炎発症は，牛個体，牛群あるいは牛舎環境に存在している微生物が乳房内に侵入し，その微生物が乳腺組織に定着・増殖するいわゆる感染成立が主原因となる。まれに乳管閉塞などの非感染性の乳房炎もあるが，通常は微生物感染の事象なくして乳房炎の発症は起こらない。その原因となる微生物は多種多様であり，これまでに140種以上の報告がされている。しかし，原因となる微生物は，細菌，マイコプラズマ，真菌，藻類などに限局され，そのなかでも実際に罹患牛から検出される微生物は細菌に属する微生物であることが特に多い。

乳腺組織への微生物感染の他，乳房炎の発症を左右する要因として，牛側（宿主）の要因，環境的な要因，人的な要因がある。微生物の乳房内への侵入は，牛体表あるいは牛床などの環境内の常在微生物が乳頭口から偶発的に侵入することもあるが，特に泌乳期の乳用牛の場合は，人が行う搾乳作業の工程もあることから，その作業を介して感染牛から非感染牛へ伝播感染が起こる可能性もある。いわば微生物の感染成立は乳房炎発症における「一次的要因」であり，感染を左右するリスク要因は「二次的要因」としてとらえることができる。乳房炎罹患牛の発見後は他の牛あるいは牛群へのまん延予防対策を講ずる必要があるが，その対策を考える上での乳房炎の原因究明は，一次的な要因である原因微生物の同定とともに，二次的な要因も含めて総合的な考察をすることが肝要である。**表1**に，乳房炎の発症を左右するリスク要因をまとめた。

乳房炎の分類

乳房炎の分類は何を指標にするかにより様々な角度から分類することができるが，一般的には乳房炎の診断をする上での判断材料となる指標をもって分類することが多い。通常は，①臨床症状（乳汁の性状も含む）による分類，②泌乳期（泌乳ステージ）別による分類，③原因微生物による分類などを併せて行う。

①臨床症状（乳汁の性状も含む）による分類

臨床症状による分類では，全身あるいは乳房に何らかの症状が認められる臨床型乳房炎と，臨床症状が確認できない潜在性乳房炎とに大きく分ける。潜在性乳房炎は，全身の症状および乳房所見においても特筆することがなく，かつ乳汁の性状も肉眼的には異常の確認がされないものであるが，乳汁の理化学的検査により乳汁中の体細胞数の増加，乳汁性状などに異常が認められる場合をいう。臨床型乳房炎

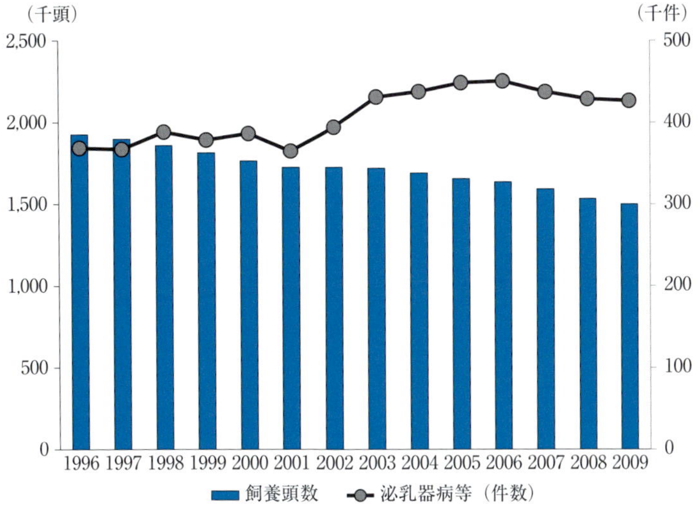

図1 我が国における乳用牛の飼養頭数と泌乳器病等件数の推移

表1 乳房炎の発症を左右する二次的要因

牛側の要因	遺伝的抵抗性あるいは感受性 免疫応答 栄養状態
環境の要因	飼育環境における微生物の生存状況 バイオハザード体制(外部からの持込み微生物の管理) ストレッサー
人的の要因	搾乳作業の習熟度 搾乳機の清浄度 搾乳機の装着順位

は重篤度別に,さらに甚急性乳房炎,急性乳房炎,慢性乳房炎に分けるのが一般的である。泌乳期の乳房炎の主な症状は「B. 細菌性乳房炎」の項を参考にされたい。

②泌乳期(泌乳ステージ)別による分類

泌乳期別による分類は,乳房炎がどの泌乳ステージにおいて発症しているのかで区分けするものであり,一般的には,泌乳期乳房炎と乾乳期乳房炎に分ける。どの泌乳ステージにおいても乳房炎の発症で現れる臨床症状は,①により分類されるので,①と②の分類は列記されることが多い。しかし,出産の経験のないいわゆる未経産牛の乳房炎は,泌乳期にも乾乳期にもあてはまらないので,未経産牛乳房炎として区別するのが一般的である。

③原因微生物による分類

前述のように乳房炎原因になりうる微生物は多種あるが,細菌,マイコプラズマ,真菌,藻類の範疇で通常区分けされる。特に細菌は,乳房炎の原因となる微生物のなかでも最も多く検出され,なかでもブドウ球菌群,レンサ球菌群,大腸菌群は国内外を問わず検出頻度が高い菌として知られている。細菌で乳房炎を分類する場合には,菌の伝染力の違いによりさらに伝染性乳房炎原因菌と環境性乳房炎原因菌とに分ける。伝染性の菌は感染乳房から正常な乳房へ感染が広がるものであり,環境性の菌は牛や牛群環境に常在する菌が乳頭と接触することで感染を起こすものであり,それぞれを伝染性乳房炎および環境性乳房炎と分類して呼ぶこともある。**表2**に,乳房炎を発症させる原因となる主な微生物と感染特性をまとめた。

未経産牛乳房炎および乾乳期乳房炎の場合は,乳汁検体が採取できないこともあるが,可能な限り原因微生物は同定しておきたい。原因微生物を同定し分類することは,乳房炎の診断にはもちろんであるが,治療や予後あるいは周囲の牛への感染予防を考える上でもきわめて重要な情報となる。

なお,原因微生物の違いによる乳房炎の特徴は,本項以降の各微生物による乳房炎の項でくわしく述べられているので参考にされたい。

乳腺における防御反応

微生物感染に対する生体の防御反応には,①乳頭や乳頭管構造による物理的な防御反応,②化学的生理活性物質による防御反応,③免疫機構が担う防御反応などがある。

表2　乳房炎を発症させる原因となる主な微生物と感染特性

微生物	原因となる微生物群	主な微生物種（学名）	感染特性
細菌	レンサ球菌群	*Streptococcus agalactiae*	伝染性
	その他のレンサ球菌群（OS）	*Streptococcus uberis* *Streptococcus dysagalactiae*	環境性
	黄色ブドウ球菌	*Staphylococcus aureus*	伝染性
	コアグラーゼ陰性ブドウ球菌群（CNS＝黄色ブドウ球菌以外がほとんど含まれる）	*Staphylococcus epidermidis* *Staphylococcus hyicus* *Staphylococcus intermedius*	環境性
	大腸菌群	*Escherichia coli* *Klebsiella pneumoniae*	環境性
	緑膿菌	*Pseudomonas aeruginosa*	環境性
マイコプラズマ	マイコプラズマ	*Mycoplasma bovis* *Mycoplasma bovisgenitalium*	伝染性
真菌	酵母など	*Candida* spp.	環境性
藻類	プロトセカなど	*Prototheca zopfii*	環境性

1．乳頭や乳頭管構造による物理的な防御反応

乳頭口および乳頭管を形成する組織は，乳房炎の原因微生物が乳房内に侵入するときの最初の物理的バリアとなっている。通常牛では乳頭管の先端に一穴の乳頭口があるが，乳頭口の先端から内部に続く乳頭管の表面上皮細胞から分泌されるケラチンで形成される層で固められ，その層によって微生物の乳管への侵入を防御している。また，乳頭口の周囲には乳頭口を閉じるための括約筋が発達しているが，乾乳状態や搾乳期における搾乳間歇時では，その括約筋が緊張しているため外部からの微生物の侵入を物理的に防いでいる。

ただし，搾乳作業によりケラチン層が脱落しやすくなることや，搾乳後しばらくの間（数時間単位）で括約筋が弛緩することがあるので，その間に物理的なバリアが緩み，微生物の侵入の機会が増すことがあるので注意を要する。またケラチン層には，乳房内侵入を防いだ微生物が生存していることがあるが，乳房炎軟膏などのカニューレを意識せずに乳頭管に挿入してしまうと，逆に乳房内に微生物を押し入れてしまう危険性（フルインサーション）が増すので，これにも注意を要する。

2．化学的生理活性物質による防御反応

乳管の上皮細胞や乳腺粘膜を構成する上皮細胞，あるいはその粘膜面に浸潤している各種の免疫系の細胞からは，様々な生体由来の化学物質が分泌される。主に乳腺組織で分泌される抗菌作用のある生理活性物質としてはラクトフェリンが代表的である。ラクトフェリンは鉄分子と結合する性質をもつことから，鉄を栄養源とする微生物，特に細菌の増殖を抑える作用が知られている。また，細菌の膜を分解する作用があるディフェンシンも乳腺での抗菌性の生理活性物質として知られている。**表3**に，乳腺において抗菌作用を示す主な化学的生理活性物質をまとめた。

これらの化学的生理活性物質の多くが免疫系の細胞から分泌されることから，免疫機構が担う防御反応の一部として位置づけることもできるが，その多くが非特異的に広範囲の微生物に対し働く作用であることから，ここでは化学的な防御として記載した。

3．免疫機構が担う防御反応

乳房炎原因菌に対する防御作用のなかでも，生体（宿主）が最も積極的に反応する防御反応は免疫応答である。乳房炎の場合，炎症の原因となる微生物が感染する場が乳腺組織であるので，そこで作用する免疫機構が重要である。免疫応答は外部から侵入してきた微生物を「特異的」に認識して防御反応を示すのが特徴であるが，その機構は大きく自然免疫と獲得免疫に分けることができる。これらの機構の間には，自然免疫から獲得免疫に移行する時間軸の連続性がある。自然免疫は，侵入してきた微生物種をある程度の幅（スペクトル）をもって認識することができ，生体は常にこの機構を発動させる準備をしていることから短時間で（数時間の単位）応答を開始させることができるのが特徴である。一方，獲

表3　乳腺において抗菌作用を示す主な化学的生理活性物質

生理活性物質	分泌する主な細胞	主な働き
酵素類		
リゾチーム	好中球	細菌の膜を分解
ラクトペルオキシダーゼ	乳腺上皮など	細菌へのグルコースやアミノ酸の供給阻止
抗菌ペプチド類		
ディフェンシン	好中球	細菌の膜を分解
lingual antimicrobial peptide（LAP）	乳腺上皮	他の抗菌ペプチドと作用して抗菌
その他		
ラクトフェリン	乳腺上皮，白血球など	鉄に結合し菌繁殖を抑制
ヒスタミン	好塩基球，マスト細胞	寄生虫を攻撃，炎症誘導

得免疫は，外部微生物の侵入を自然免疫で排除しきれなかった場合に発動する微生物種を高度に認識する特異性の高い免疫機構であり，そのため応答が開始されるまでに長時間（数日～数週間の単位）を要するのが特徴である。それぞれの機構により微生物に対する対処法は異なるが，微生物の貪食を中心に働く自然免疫に対し，抗体や細胞障害を駆使する獲得免疫の方が微生物に対する攻撃は強いとされる。

現在のところ，乳腺において働く免疫機構は自然免疫が中心であるとされ，乳房に侵入する微生物の多くが感染の成立に至る前に，この自然免疫機構により排除されるものと考えられている。

a. 自然免疫

乳房における自然免疫の機構は，微生物を貪食する作用をもつマクロファージや好中球などの白血球が主に担う。物理的さらには化学的な防御反応を突破し乳房内に侵入した微生物は，乳腺組織を構成する乳腺上皮細胞への定着を試みるが，その場となる上皮細胞は微生物の定着による刺激を細胞内に伝達し，貪食作用をもつ白血球を感染局所に集める免疫メディエーターであるサイトカインやケモカインを細胞内で合成し，細胞外に分泌する。乳腺における自然免疫の一連の応答様式は，微生物の乳房内侵入→感染組織による侵入の認識→免疫メディエーターの合成・分泌→貪食細胞の局所への移動→微生物の貪食による排除が基本的である。インターロイキン8（IL-8，CXCL8）などは，血液中から好中球を乳房の感染局所に集める作用をもつ代表的な免疫メディエーターのケモカインとして知られている。

乳房炎になると乳汁中の体細胞数が増加するが，その細胞数は自然免疫の応答により血中から乳腺に移動してくるマクロファージや好中球の数を反映している。炎症が強くなるほど，その炎症を抑えるのに必要な免疫細胞を移動させることから，乳汁中の体細胞数は乳房炎の重篤度の指標としても活用される。また，重篤な乳房炎の乳汁から，しばしば“ブツ”と呼ばれる凝固物が混入することがあるが，その主な成分は乳房内で微生物を貪食し終えたマクロファージや好中球の塊である。

b. 獲得免疫

乳房において獲得免疫が積極的に機能し，乳房炎原因菌の防除する反応機序は現在のところ，詳細には明らかにされてない。しかしながら，乳腺組織や乳汁中には，獲得免疫で中心的な役割を担う高度な特異性と免疫記憶を特徴とするTリンパ球およびBリンパ球などが一定の割合で存在すること，さらには乳房炎罹患牛の乳汁から乳腺に感染した微生物に対する特異的な抗体が検出されることなどから，乳腺においても獲得免疫が働いていることは明らかである。

〔林　智人〕

B. 細菌性乳房炎

原　因

細菌性乳房炎は，細菌の泌乳組織への侵入，定着，増殖，炎症誘発物質の産生，乳腺組織への炎症性細胞の遊走，炎症反応による組織傷害という一連の流れに伴い発症する。細菌性乳房炎の主な誘因としては，高年齢や多産，腰や乳房の高さが低いなどの体型やそれらにかかわる遺伝的因子，濃厚飼料の多給，搾乳器具の異常，多頭飼育，導入牛に対する不十分な衛生管理，不衛生な牛舎環境，削蹄などの牛体管理の失宜があげられる。これら誘因は牛舎環境・牛群・牛体における原因菌のまん延・定着を促すとともに，免疫能の低下，乳房・乳頭の損傷など，細菌の乳房感染成立に深く関与する。

細菌性乳房炎の主な原因菌はブドウ球菌（staphylococci），レンサ球菌（streptococci），大腸菌群（coliforms）であり，我が国の乳房炎検査試料の60〜70％からこれら原因菌のいずれかが分離される。また発生事例は多くないが，腸球菌（enterococci），micrococci，緑膿菌（*Pseudomonas aeruginosa*），*Arcanobacterium pyogenes*，*Pasteurella multocida*，*Bacillus cereus*，*Clostoridium perfringens*，放線菌，抗酸菌など，多種多様な細菌が乳房炎原因菌として報告されている。これら乳房炎原因菌の多くは病原細菌であると同時に，牛の体表や消化管内，飼育環境に常に棲息している常在菌である。乳房炎原因菌は主に牛体に棲息し，搾乳作業や接触を介し伝染性にまん延する「伝染性原因菌」と，主に飼育環境中に棲息し汚染環境から直接牛体に感染する「環境性原因菌」に大別される。主な伝染性原因菌には黄色ブドウ球菌（*Staphylococcus aureus*），無乳性レンサ球菌（*Streptococcus agalactiae*），*Corynebacterium bovis*，マイコプラズマがあげられ，環境性原因菌の代表的な細菌としては乳房レンサ球菌（*Streptococcus uberis*），大腸菌群があげられる。これら原因菌の感染様式の違いはまん延防止対策を立てる上で非常に重要である。

いくつかの細菌由来成分や細菌学的特性は細菌の組織への侵入・定着，乳房内における免疫機構からの回避，炎症反応の誘導に深く関与していることが知られている。大腸菌（*Eschelicha coli*）の内毒素（endotoxin）であるリポ多糖類（lipopolysaccharide : LPS）は好中球の活性化を誘導し，ショック反応の増悪や血管壁の崩壊，それに伴う血流の停滞を誘導する。黄色ブドウ球菌の細胞壁構成成分であるリポタイコ酸（lipoteichoic acids : LTA）は乳中への好中球の動員や好中球からの炎症性サイトカインの分泌を促し，乳房炎を引き起こす。また，黄色ブドウ球菌は乳腺上皮細胞や貪食細胞（好中球やマクロファージ等）に侵入し，細胞内で棲息する能力をもつ。細胞内寄生菌には多くの抗菌薬や液性免疫が作用できないため，黄色ブドウ球菌は長期にわたる乳房内感染が可能であり，抗菌薬治療に対する抵抗性が強いと考えられている。

乳腺組織中の貪食細胞，鉄結合性蛋白質であるラクトフェリン，酵素であるラクトペルオキシダーゼ，各種抗体・補体は生体側の主な感染抵抗性因子である。乳腺組織への貪食細胞の動員が遅い牛や，乳中貪食細胞の生物活性（貪食能，脱顆粒など）が低い牛は乳房炎を発症しやすい。一方，乾乳期の牛は乳腺組織中のラクトフェリンが高濃度で維持され，高い静菌作用を示すため，泌乳期の牛に比べ細菌の新規感染が多いにもかかわらず乳房炎を発症しにくい。このように，細菌および生体側が産生する様々な因子とそのかかわり合いの結果，乳房炎は発症に至るが，その機序は非常に複雑であり未解明な部分が多い。

発生・疫学

細菌性乳房炎は200年以上前から世界中で発生が認められ，我が国でも古くから乳房炎に伴う経済的損失が問題となっている。乳房炎の予防・治療に関する研究も長年進められ，様々な乳房炎防除対策が講じられている。しかしながら，今日に至るまで乳房炎の発生件数は増加している。乳房炎は酪農家や乳牛にとって日常的に起こりうる疾病である。近年，酪農経営の大規模化や機械化，年間泌乳量が２万kgを超える高泌乳牛の登場など，個体ごとの健康管理がより困難になるとともに乳牛への負担も増大している。その結果，乳牛の職業病，常在疾病ともいうべき乳房炎への対策の重要性はますます高まっている。

乳房炎は原因菌種によって疫学的特性，つまり感染源，感染経路や伝播力が大きく異なる。伝染性原因菌の多くは牛を含めた反芻獣に対する宿主特異性が強い細菌であり，当然ながらこれらの多くは伝播力も強い。代表的な伝染性原因菌である黄色ブドウ球菌やマイコプラズマのうち，乳房炎原因菌となる菌株群の多くは反芻獣間でのみ世界中で感染が維持されている。一方，環境性原因菌の多くは感染対象である牛の存在よりも，湿度や温度，日当たりなどの要因が感染源，感染経路の特定に重要となってくる。緑膿菌や藻類であるプロトセカによる乳房炎は牛舎内の低湿な環境や水回りが感染源，感染経路となっている場合が多い。また，薬剤耐性菌による乳房炎発生事例が近年報告されている。これらの一部は牛舎内環境下で耐性化したものでなく，ヒトに感染していたものが酪農環境中に持ち込まれた可能性が高いことが分子疫学的解析により示唆されており，農場における衛生管理意識の改善が求められる。パルスフィールドゲル電気泳動法（pulsed-field gel electrophoresis : PFGE）や各種一塩基多型解析（single nucleotide polymorphism : SNP）などの遺伝子型別法は従来の表現型別法（血清型，莢膜型，毒素型など）と比較し，より詳細な解析結果が得られ，乳房炎原因菌の感染源，感染経路，無症状保菌牛の特定に有用な解析手法として認識されている。

症　状

乳牛が乳房炎に罹患すると，乳汁の合成機能の阻害により泌乳量の減少が認められ，重篤な場合は泌乳停止，乳房の壊疽・壊死，最悪の場合は生命の危険につながる。また乳房炎乳は炎症性変化に伴う乳中体細胞の増加ならびに乳汁成分の変化により，健康乳と比較して商品価値が著しく損なわれている（口絵写真51，⑩頁）。

乾乳期に発生する「乾乳期乳房炎」，未経産牛で発生する「未経産牛乳房炎」は泌乳期の乳房炎と異なり早期発見，治療が困難であるため，診断時にはすでに重篤な場合が多い。そのため泌乳期の乳房炎より予後不良，あるいは治癒後も無乳症となる確率が高い。それぞれの乳房炎の主な症状ならびに原因菌は表４のとおりである。

診　断

細菌性乳房炎の診断は臨床検査，細菌学的検査，理化学的検査に大別される。

1．臨床検査

a．稟告，視診，触診

患畜の病歴，飼養管理状況，搾乳状況，分娩（予定）時期を調査する。導入（預託）牛の場合，導入（預託）時期，導入（預託）元，導入（預託）元の疾病発生状況も併せて調査することが望ましい。全身症状，合併症の有無を検査し，乳房の視診，触診を行う。特に，①乳房および乳頭の大きさ，形状，色調，②熱感，冷感，疼痛，腫脹，硬結，弾力性，および創傷の有無，③乳頭口の開き具合，乳漏，乳管洞の硬結，乳房リンパ節の腫脹の有無，④搾乳刺激による射乳能力について詳しく検査する。

b．乳汁検査

乳汁の肉眼検査には前搾り乳を用いることが一般的である。最初の２～３搾りを容器に搾り捨て，その次の乳汁を採取する。乳汁の色調，臭気，粘稠度，ガス産生・凝固物混入の有無を検査する。ストリップカップ法（黒布法）を用いると乳中凝固物の判定が容易になる。

c．California mastitis test（CMT）変法（PLテスター）

乳牛の各分房から，最初の２～３搾りを容器に搾り捨てた後の被検乳２～３搾り（５mL程度）を検査用シャーレに受け，シャーレを傾け余分な乳汁を捨てる。被検乳と同量（１～２mL）の試薬（２％ alkyl aryl salfonateと0.02％ bromothymol blueの混合液）を入れ，約10秒間シャーレを静かに水平回転運動させ，30～60秒経過後，シャーレを静かに傾けて乳汁をゆっくり流下させ，乳汁中の凝集の状態と色調を観察する。炎症反応により乳中体細胞数が増加した乳汁の場合，陰イオン性界面活性剤（alkyl aryl salfonate）添加による体細胞の細胞膜破壊の結果，多量のDNAが放出され乳汁が凝集する。また，乳房炎乳は炎症反応による乳腺細胞の透過性亢進に伴い，主に炭酸水素イオン（HCO_3^-）が血液から乳汁に流入するためpHがアルカリ性に傾く。その結果，被検乳は試薬中のbromothymol blueにより緑変する。CMT変法による判定の結果，陰性のものは乳中体細胞数10万/mL以下，疑陽性は約35万/mL，陽性は100万/mL以上であると考えられる。

2．細菌学的検査

細菌検査に用いる乳汁は後搾り乳を用いることが望ましい。乳汁採取時は乳頭をアルコール綿で清拭し，被検乳を無菌的に採取する。被検乳は冷蔵で輸送し，なるべく速やかに細菌培養用培地に塗抹する。乳房炎の細菌検査には５％羊血液添加コロンビア寒天培地が一般的に用いられる。乳房炎原因菌が好気～通性嫌気性菌であればほとんどの場合37℃，５％ CO_2 条件下，18～48時間の培養でコロニーが観察できる。甚急性乳房炎や皮下気腫を伴う乳房炎のように，嫌気性菌による乳房炎が疑われる場合は嫌気条件下で同様に培養する。細菌検査の結果，コロニーが確認できない場合は，①マイコプラズマ性乳房炎，②非細菌性乳房炎（非特異性乳房炎），③被検乳中の抗菌薬残留を疑う。培養の結果，有意に多く認められるコロニーについて，コロニーの形態，色調，溶血環を観察し，グラム染色，オキシダーゼ

表４　各種乳房炎の主な症状と原因菌

主な症状 ＼ 病勢		泌乳期乳房炎（臨床型乳房炎） 甚急性	急性	亜急性	慢性	泌乳期乳房炎 潜在性乳房炎	乾乳期乳房炎	未経産牛乳房炎
全身症状	発熱	＋	＋	±	－	－	±～＋	±～＋
	振せん	＋	±～＋	－	－	－	－	－
	頻脈・呼吸促迫	＋	±～＋	－	－	－	±～＋	±～＋
	元気・食欲減退	＋	＋	±	－	－	±～＋	（＋）
	起立不能	＋～±	－	－	－	－	－	－
	敗血症	（＋）	（－～±）	－	－	－	－	－
		結膜充血，角膜混濁，死亡	下痢					（関節炎，跛行，流産，長期在胎，虚弱子分娩，死亡）
乳房の変化	潮紅	＋	＋	±	－	－	＋	＋
	腫脹	＋	＋	±	－	－	＋	＋
	疼痛	＋	＋	－～±	－	－	＋	＋
	硬結	－	－～±	±	±～＋	－	±～＋	＋
	壊死・壊疽	（＋）	－	－	－	－	－	－
	皮膚の変化	青紫色，冷感（乳房皮下気腫）	潮紅，熱感（浮腫）	－	－	－		熱感，（乳頭潰瘍・糜爛）（浮腫，乳頭硬結）
乳汁の変化	乳量激減	＋	＋	±	－～±	－		
	凝固物	＋	＋	＋	±～＋	－	±～＋	±～＋
	色調など	水様，帯黄色，帯赤色，漿液性，引縷性，血様，膿様	希薄水様，帯黄色，灰白色，黄褐色，赤褐色，赤色，（粘稠性）	水様	－～±	－	混濁	黄白色，灰色，クリーム状，漿液性，膿様，加水乳様
	体細胞の増数	＋	＋	＋	＋	＋		
	電気伝導度	＋	＋	＋	＋～±	＋～±	＋	
	NAGase	＋	＋	＋	＋～±	＋～±	＋	
		（腐敗臭）						（腐敗臭）
主な原因菌		*E. coli*，*K. pneumoniae*，*S. aureus*，*C. perfringens*	*S. aureus*，*S. agalactiae*，*S. dysgalactiae*，*A. pyogenes*，*E. coli*，*P. aeruginosa*，*Nocardia* spp.	*Streptococcus* 属，*Staphylococcus* 属，*A. pyogenes*，*P. aeruginosa*	*Streptococcus* 属，*Staphylococcus* 属	*S. epidermidis*，*S. aureus*，*C. bovis*，*Lactobacillus* 属	*Streptococcus* 属，*Staphylococcus* 属	*A. pyogenes*，*P. indolicus*，*S. aureus*，*S. epidermidis*，*S. dysgalactiae*

試験，カタラーゼ試験を実施し，菌同定用生化学検査キット（bioMérieux 社 Api シリーズ，日水製薬 ID テストなど）による試験，16S リボゾーム遺伝子の遺伝子解析，場合によっては菌種特異的な試験（黄色ブドウ球菌のコアグラーゼ試験など）を実施し菌同定を行う。分離された原因菌についてはさらに薬剤感受性試験を実施し，治療に有効な抗菌薬を選定する。

3．理化学的検査

a．乳中体細胞数検査法

以前は直接個体鏡検法（breed 法）が多用されていたが，検査に時間と手間を要するため，現在は体細胞を蛍光染色し自動検出する蛍光光学式体細胞数測定法による検査が主流となっている。

b．電気伝導度測定法

乳房炎乳は炎症反応に伴う細胞膜の透過性亢進により，ナトリウムと塩素の増加が認められる。これら乳汁成分の変化は，乳汁に直接電極を入れ電気伝導度を測定することで確認できる。本検査法では 6.2 mS/cm（25℃）以上，または分房間差値（4 分房の電気伝導度のうち最も低い分房との差）0.5 mS/cm（25℃）以上の場合，異常と判定する。

c．NAGase（N-acethyl-β-D-glucosaminidase）活性測定法

NAGase は乳腺細胞のリソソームに含まれる酵素で，炎症反応に伴い乳腺組織の損傷部より乳汁中へ放出される。常温（15～30℃）条件下で合成基質である 4-methylumbelliferyl-N-acethyl-β-D-glucosaminide を乳汁中 NAGase により加水分解させ，発生する蛍光物質 4-methylumbelliferrone を蛍光光度計（励起波長 360 nm，蛍光波長 450 nm）で測定し NAGase 活性を求める（**図２**）。10 nmol/min/mL 以上が異常値と判定される。

d．化学発光測定法

泌乳組織へ細菌が侵入すると，乳汁中好中球が速やかに貪食し排除する。貪食反応に伴い産生される活性酸素はルミノール添加による発光反応として検出される。乳汁内で起こるごく初期の炎症性変化を指標とするので，細菌の乳房感染の早期発見に有用である。6.76×10^4RLU（relative light unit）以上が異常乳と判定される。

e．その他の検査法

カタラーゼ活性測定法：炎症反応によって亢進する乳汁中カタラーゼ活性を乳房炎判定に利用する（スミス氏発酵管法，簡易法）。

塩素量測定法：乳汁中塩素量は通常 0.09～0.14％であるが，乳房炎時は炎症反応により 0.15％以上，甚だしいときは 0.30％以上になる場合もある（Schales and Schales 法，Rosell 法，Hayden の変法）。

治療・予防

（「E. 防除対策」も参照されたい）

乳房炎の病勢が判定できたら，**表５**の指針に準じて治療方針を決定する。抗菌薬は原因菌の同定結果と薬剤感受性試験結果に従い選択することが望ましいが，不可能な場合は，乳房炎発生農場や乳房炎発生地域の過去のカルテをもとに効果の期待できる抗菌薬を第 1 選択薬として用いる。また，乳房炎治療薬は定められた効能・効果，用法・用量，および使用禁止期間，出荷制限期間を遵守し，適正な使用を心掛ける。

1．泌乳期治療

乳房内薬液注入療法は最も一般的な治療法である。乳房炎対象分房の乳汁を排除した後，十分消毒した乳頭口に直接薬剤を注入する。1 日 1 回，3 日間連用が原則である。重篤な乳房炎で病巣部への十分な薬剤の到達が望めない場合は，全身療法を試みる。乳房病巣部の薬剤濃度を高めるために，通常量より多くの薬剤を全身投与（皮下注射，筋肉注射，静脈注射，動脈注射）する。抗菌スペクトルあるいは組織浸潤性の点からテトラサイクリン系ならびにマクロライド系抗生物質が全身療法には有用と考えられる。また，全身療法の実施に際しては，炎症反応の抑制や細菌性毒素の排出・希釈を目的とした，副腎皮質ホルモン，非ステロイド系抗炎症剤，オキシトシン，抗ヒスタミン剤，利尿剤，補液の併用も必要に応じて検討すべきである。壊疽性乳房炎のように病巣部の境界が明瞭な場合や，慢性乳房炎でも病巣部の硬結が顕著な場合は，病巣部の乳房実質に直接薬剤を注射する乳房実質内注射法が有用である。また，会陰動脈や外陰部動脈など乳房に分布する動脈に直接薬剤を注射する動脈内注射法は全身療法に比べ乳房への薬剤の浸透度が高く，甚急性，急性および慢性の各乳房炎に高い治療効果が認められる。1 日 1 回，1～3 日間投与を基本とし，投与量は全身療法の場合の 1/2～1/10 量である。

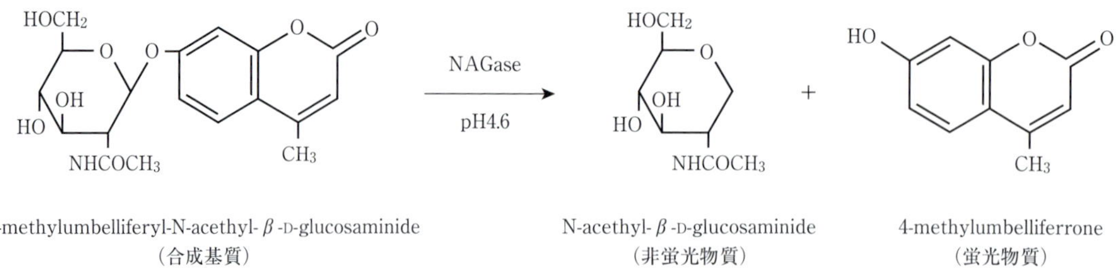

図2 NAGase 活性測定法

表5 病勢別治療指針

病勢	治療指針
甚急性	全身症状がなくなるまで全身療法と乳房内薬液注入を継続する。
急性	乳房の消炎療法を主とし，3～5日連続して乳房内薬液注入を行い，最終治療後7～10日の検査によって治療効果を判定し，その後の方針を立てる。全身症状のある場合は前項に準ずる。
亜急性	通常3日間の乳房内薬液注入を行い，前項と同様に効果を判定する。
慢性	急性乳房炎に転化する兆候があれば，細菌検査によって抗菌薬を選択し，急性症に準じて治療する。もし泌乳量の多い時期の治療を避けたいときでも黄色ブドウ球菌，無乳性レンサ球菌，減乳性レンサ球菌が検出された場合には，抗菌薬による治療を行うべきである。乾乳時には乾乳用抗菌薬による治療が必要である。
潜在性	原則として抗菌薬による治療の対象にならないが，細菌検査で黄色ブドウ球菌，無乳性レンサ球菌，減乳性レンサ球菌の感染が認められたときは直ちに泌乳期でも治療を行う。治療ができない場合は乾乳期に治療することが望ましい。

2．乾乳期治療

乾乳初期および分娩前後は乳房への新規感染が特に高まる時期である。乾乳期治療は乾乳期間における新規感染の予防と，泌乳期間中に治療できなかった潜在性乳房炎および慢性乳房炎の治療という2つの目的のため実施する。急速乾乳後，乾乳用軟膏を全分房に1回注入する方法が一般的である。乳房炎が問題となっている牛群では，全頭全分房に適用することが望ましいが，通常は臨床型乳房炎経験牛および乳中体細胞数が高い牛に適用する。乾乳期治療は黄色ブドウ球菌のような難治性原因菌の乳房感染であっても泌乳期治療に比べきわめて高い治療効果が得られ，治療に伴う牛乳の損失や出荷乳への薬剤残留の心配がないなど多くの利点がある。

3．予　防

細菌性乳房炎の低減化を図るには，各牛群における乳房炎原因菌の感染源・感染経路，乳房炎発生の誘因を明らかにし，対策を立てることが重要となる。

定期的な個体ごとの乳汁検査（CMT 変法，黒布法，細菌検査など）は，無症状保菌牛や乳房炎罹患牛の早期発見につながる。また，牛房・牛床などの牛周辺環境は伝染性原因菌，環境性原因菌にかかわらず重要な感染源となるため，清潔かつ乾燥した状態を維持することを心掛ける。乳房炎原因菌のうち，主に伝染性原因菌は乳牛同士の接触，吸血昆虫，搾乳作業，搾乳牛や預託牛の導入に伴い牛群内に侵入・まん延する。これら感染経路を遮断する飼養形態，搾乳方法，衛生管理の手法の導入は乳房炎低減化に効果的である。また，乳房炎発生に重要な誘因は先述のとおりであるが，これらは乳房炎以外の疾病発生にも深くかかわっている。乳房炎発生の誘因がなるべく少ない牛舎構造，飼養形態，衛生管理，牛体管理の導入・励行は疾病全体の発生低下につながる。

〔秦　英司〕

C．マイコプラズマ性乳房炎

原　因

Mycoplasma bovis，*M. bovigenitalium* のほか，*M. alkalescens*，*M. arginine*，*M. bovirhinis*，*M. californicum*，*M. canadense* などが原因となる。

発生・疫学

新しく牛を導入した直後に発生することが多い。

また，呼吸器病に続発することもある。通常，泌乳期の牛が感染発症する。発症牛の乳汁中には多数のマイコプラズマが存在しており，マイコプラズマによって汚染された乳汁を介して搾乳時に伝播することが多い。伝染力が強く集団発生することもある。発生に季節的変動はない。感染牛群では乳汁からマイコプラズマが分離されるものの発症していない，いわゆる不顕性感染牛が存在することもあり，それらは自然治癒あるいは発症の転帰を示すが，不顕性感染牛の汚染乳汁が感染源となり感染が拡大する場合がある。したがって，マイコプラズマ性乳房炎罹患牛を１頭でも確認したときには，可能な限り早期に全頭検査を実施すべきである。

症　状

罹患分房には発赤，腫脹，硬結が認められるが，罹患牛の疼痛感は少なく，食欲や元気は正常であることが多い。１つの分房が感染発症する場合や，最初から複数分房が同時に感染発症することもある。発症後短期間で泌乳量が激減する例が多く，低下あるいは無乳が長期間持続する場合がある。通常の化学療法が奏功せず，また一般細菌が分離されないことが多い。同じ牛群内で同様の事象が短期間に認められれば，マイコプラズマ性乳房炎を疑う。乳汁中に多数の好中球が浸潤するため体細胞数が異常に多くなり，凝集塊を形成し非常にブツの多い乳汁となり，重度の場合は固体成分と液体成分の分離が認められる。

診　断

一般細菌が分離されてこない乳房炎罹患牛が続発したり，細菌検査で分離された細菌に奏功する抗菌薬を投与しても一向に症状が改善されない乳房炎が牛群内で続発する場合などはマイコプラズマ性乳房炎を疑い，できるだけ早期にマイコプラズマ検査を実施することが望ましい。乳房炎の原因となる微生物の種類は多様であり，臨床症状はそれぞれの原因病原体に必ずしも特異的ではないため，確定診断はマイコプラズマの分離により行う。マイコプラズマの分離・同定には時間を要するため，補助診断法として乳汁を検査対象とするPCRが推奨される。

マイコプラズマに感染していても排菌量が少ない場合は摘発されず，また１回の検査で菌分離陽性とならないことがあり，さらに他の細菌が原因と考え化学療法を実施中の牛ではマイコプラズマが分離されてこないことがあるため，数度の検査を考慮すべきである。

血清中の抗体検査はRPHAなどで可能であるが，乳房炎から分離されるマイコプラズマは呼吸器病，中耳炎，関節炎等の原因ともなり，また，呼吸器，耳，生殖器などに無症状で保菌されていることもあるため，牛群の感染状況，動向を知る上では有益な情報となりうるが，乳房炎の個体診断には参考程度にとどめておくべきである。

マイコプラズマの菌種同定は血清学的性状検査，PCR，16S rRNA塩基配列解析などで行われる。血清学的性状検査による同定に必要な抗血清は市販されていないため，検査が必要なときには動物衛生研究所などの専門機関に相談するとよい。

治療・予防

（「E. 防除対策」も参照されたい）

感染牛が確認されたら速やかに全頭検査を実施し，同じ牛群内の不顕性感染牛を含むその他の感染個体を特定する。マイコプラズマに感染している牛は管理牛群とし，健康牛群とは別に管理し，臨床症状に応じた対策を考慮する。臨床症状を呈している牛は必要に応じて化学療法を検討するが，乾乳措置や淘汰を念頭に置いた対策も考えるべきであろう。不顕性感染牛は感染源となる危険性があるため，化学療法による治療や適切な搾乳管理を行い，未感染牛への伝播を抑制する方策を講じる。管理牛群のマイコプラズマ検査を継続し，マイコプラズマが検出されないことを確認し，健康牛群に戻す。分娩を終えた乾乳措置牛は，再び搾乳牛群に戻す前にマイコプラズマ検査を実施し陰性を確認する。

本病の牛群内感染の広がりを予防するためには，本病が強い伝染性を示す乳房炎であり，汚染乳汁を介して感染が広がることが多いため，特に感染牛の早期発見と感染経路を遮断する搾乳衛生管理が重要となる。防除方法は黄色ブドウ球菌，*S. agalactiae* などが原因となる伝染性乳房炎の防除方法に準じ，搾乳衛生を徹底するともに，搾乳順番，手順の確認と遵守が大切である。

ワクチンは海外では市販されているが，日本では現時点で市販されていない。農場へ新規に導入する牛，搾乳牛群へ組み込む牛のマイコプラズマ検査，バルク乳のマイコプラズマ検査は本病の予防や感染牛の早期発見に役立つ。

〔江口正志〕

D. 真菌性乳房炎

（カンジダ症，アスペルギルス症を参照）

原　因

真菌性乳房炎は，*Candida albicans*，*C. tropicalis*，*C. krusei* などの酵母様真菌や *Aspergillus fumigatus* などの糸状菌が環境から乳房内に侵入することによって引き起こされる。また，抗菌薬の連用による一種の菌交代症によって乳房内で真菌の発育しやすい環境が作られ，それが誘因となるといわれている。

症　状

一般的に病勢は糸状菌より酵母様真菌の方が強く，発生頻度も多い。真菌性乳房炎に罹患した牛は乳房の著しい熱感，腫脹，硬結を示し，乳汁に著しいブツを含み，ときに高熱を発し全身症状を呈する場合もある。しかし，全身および局所症状があっても食欲・元気があまり低下しないのが特徴である。

診　断

真菌性乳房炎は，感染乳汁の培養検査にて容易に診断がつく。酵母様真菌は37℃ 24〜48時間の好気培養で血液寒天培地に半透明から白色の光沢のない微小コロニーを作る。鏡検にてグラム陽性で通常の細菌の5〜10倍の米粒状あるいは発芽様（budding）の菌体がみられる。採材直後でも乳汁中の凝塊を直接塗抹しグラム染色することで菌体を確認することができる。また，糸状菌の場合は数日でコロニーが発現し，その後，培地上に大きな集落を作る。

治療・予防

抗菌薬による治療では効果がないため，早期診断と治療方針の変更が必要である。診断後，速やかに抗菌薬の投与を中止し，頻回搾乳を指示する。早期であれば頻回搾乳でも50％程度の治癒率が得られるといわれている。薬剤治療としては，2％ポビドンヨード20 mLを1日2回3日間乳房内注入する方法や，抗真菌薬であるナイスタチン25万単位を注射用蒸留水に溶かして1日2回5日間乳房内注入する方法があるが，いずれも承認用法外使用となるので注意が必要である。

酵母様真菌が多く存在するのは敷料やサイレージ飼料である。日頃からカビた敷料などは使用せず，衛生管理に注意することが予防となる。

E. 防除対策

牛乳房炎対策の基本的な考え方は，早期発見，早期治療と効果的な防除対策であり，これらを積極的に行うことで損害を最小限に留めることが可能である。しかし，乳房炎の発生要因は，管理・環境的要因や牛の抗病性にかかわる要因など多岐にわたるため，防除対策を実施するためには，畜産学から獣医学に及ぶ広範な知識が必要である。この総合的学問の上に成り立つこの疾病の防除は，乳牛として最終的な乳生産を可能にするか否かの最も重要な部分と関係することから重要な意味をもっている。

乳房炎は，臨床型乳房炎と，潜在性乳房炎に分けられるが，治療の対象とされる臨床型乳房炎は，乳房炎全体の氷山の一角であり，乳房炎全体を低減させるためには，潜在性乳房炎も含めた総合的な防除対策が必要である。

乳房炎に罹患すると乳汁中体細胞数やpHが上昇する。またカゼイン蛋白の低下や，Na・Cl値の上昇を引き起こすなど乳成分も大きく変化する。

乳房炎の早期発見の手法として，よく利用されているものとしてCMT変法，乳汁中電気伝導度の測定や体細胞数の測定があげられる。これらは生産現場で可能な検査であり，即座にその後の対応につなげることが可能な診断方法として，とても有用である。その他の診断の方法には，乳汁の細菌培養検査，乳汁中NAGase，ラクトフェリン濃度，化学発光能の測定などがあり，これらは診療所も含めた検査施設で実施できる方法として乳房炎の原因菌や病態を把握するために利用されている。診断法の詳細は「B. 細菌性乳房炎」の項を参照されたい。

急性乳房炎の対策

前述（乳房炎A〜D）したように，原因となる微生物種によって病原性や牛の病態が異なるため，診断・治療・防除法も大きく相違する。以下に主な原因菌による乳房炎の対策の着目点を述べる。

1．伝染性乳房炎

a．黄色ブドウ球菌による乳房炎

黄色ブドウ球菌は，乳房炎の原因菌のなかで難治性の乳房炎を引き起こすことがよく知られている。また，感染乳汁から搾乳者の手，ミルカーを介して他の牛に伝播することから伝染性の原因菌とされている。感染牛が牛群内に増えると治療しても乳房炎を繰り返す牛が増え，バルク乳の体細胞数も徐々に上昇する。黄色ブドウ球菌は乳頭の荒れや乳頭口の損傷などに存在し，そこから乳房のなかへ侵入する。感染牛の多くは潜在性もしくは慢性乳房炎となり，臨床型乳房炎の発生率は10%前後であるが，実際の牛群での浸潤度はもっと高い。感染が進行すると乳腺に微細膿瘍を形成し，治療に反応しにくくなる。感染乳房の触診では，乳房深部に芯を認めるようなしこりを形成する。

伝染性原因菌である黄色ブドウ球菌に感染した牛は，まず隔離をし，最後に別搾乳することで他の牛への感染を防ぐことが重要である。泌乳期における臨床型乳房炎は，あまり効果的な治療は望めない。しかし，感染牛を早期に摘発し潜在性乳房炎のうちに治療するか，症状がある場合でも乾乳時に治療することで治癒率を高めることができる。黄色ブドウ球菌感染を低レベルにコントロールするには，月1回のバルク乳の培養検査を行い，日頃から感染牛の把握に努めることが重要である。感染牛の対処には，感染分房の数や，初産牛か経産牛か，臨床型か潜在性か，初期感染か慢性感染かなど，個体の価値をよく見極め，泌乳期治療，乾乳期治療，盲乳措置，淘汰のどれを選択すべきかを判断することが重要である。

b．マイコプラズマによる乳房炎

マイコプラズマは，伝染性の化膿性乳房炎を引き起こす。

乳房への感染が起きると，同じ個体の未感染分房へも数日のうちに感染が広がり，著しい乳房の腫脹・硬結と泌乳停止に陥るような激しい乳房炎の症状を呈するようになる。通常の抗菌薬治療ではほとんど効果がなく，血液寒天培地で培養しても有意な菌が分離されないことが増えることで気づくことが多い。乳汁は乳白色から水様を呈し著しい凝塊を含む。しかし，高熱を発熱しているとき以外は，食欲低下などの全身症状はさほどみられないのが特徴である。高度伝染性を示し，感染乳汁から搾乳機器，手，衣類を介し，または悪露などから伝播が起こる。

感染牛が認められた場合は，まずは一刻も早く感染牛を隔離することが重要である。臨床型乳房炎は，あまり治療効果が期待できないので淘汰する。次に全頭全分房の培養検査を行い，他の潜在性保菌牛の摘発をする。その場合，培養法だけでは結果が出るのに時間を要するため，迅速PCR検査で早期に感染牛を摘発し，後に培養法で感染牛を確認するといった，PCRと培養法の併用により防除対策を行うことが重要である。治療後は，再度乳汁の培養にてマイコプラズマが検出されなくなったことを確認して治癒を判断する。その後は2週間おきにバルク乳の培養検査でモニターをしながら分娩牛を随時検査する。マイコプラズマは伝染力が強いことから，早期に感染牛の摘発と治療，隔離を厳格に行うことが大切である。

2．環境性乳房炎

a．環境性ブドウ球菌による乳房炎

環境性ブドウ球菌（*Staphylococcus simulans*，*S. haemolyticus*，*S. equorum*，*S. xylosus* など）による乳房炎は，急性乳房炎を引き起こしても激烈な症状を呈することは少ない。夏季に多く発生し，日和見的である。

乳頭の皮膚に生息するため，搾乳衛生がよくない牛群では保菌割合が高く，バルク乳の細菌培養検査で高い数値を示す。したがって，厳格な搾乳衛生が重要であり，またバルク乳の細菌検査は，これら乳房炎の感染リスクを判断する上で重要である。抗菌薬には比較的感受性があり，治療にもよく反応するため慢性化への移行は少ない。

b．環境性レンサ球菌による乳房炎

環境性レンサ球菌（*Streptococcus dysgalactiae*，*S. uberis*，*S. equinus*，広義には *Enterococcus faecium*，*E. faecalis* などを含む）による乳房炎の発生は，臨床型乳房炎全体の25%以上を占め，最も多い原因菌である。

多くは乳房の腫脹・硬結，乳汁性状は凝塊を含む乳白色を呈し局所症状に限局するが，ときには水様乳を呈し発熱等の全身症状を伴う急性乳房炎を引き起こす。水様乳を呈したときは，大腸菌性乳房炎との鑑別が必要となるが，臨床的に皮温の低下や下痢などの症状がないことで容易に鑑別できる。

日頃より環境衛生，搾乳衛生に留意することが重

要である。特に乾乳期における新規感染が多いとされているので，乾乳軟膏の使用および乾乳期の衛生管理に重点をおくことが重要である。

c．大腸菌群による乳房炎

大腸菌群（*E. coli*，*Klebsiella pneumoniae* など）により引き起こされる。

急性乳房炎の場合は，感染が起きると発熱などの全身症状を伴い，乳房の熱感，腫脹，硬結などの局所症状を示す。乳汁は多くの凝塊を含む水様，希薄な乳白色や黄白色を呈し，乳量は著しく減少する。早期に治療すると２～３日のうちに症状が回復し乳生産も回復するが，治療が遅れ乳腺組織の損傷が著しい場合は泌乳停止に陥る。

甚急性乳房炎の場合は，初期は乳房の熱感，腫脹，硬結と体温の上昇，飲食廃絶，心拍数の増加，水瀉性下痢を呈す。時間が経過するにつれ，内毒素により眼結膜の充血，外陰部粘膜の充血などの DIC（播種性血管内凝固）症状を引き起こす。脱水，耳介の冷感，体温・皮温の低下を認め，起立不能，斃死に至ることがある。ときには乳房および乳頭に冷感，乳房に紫斑を呈し，時間の経過とともに罹患分房のみが壊死脱落するものもある。

大腸菌性乳房炎の発生は，牛を取り巻く環境衛生，気候，温度，牛床の敷料の種類・交換頻度などの環境要因と関係が深く，気温が上昇し環境が粗悪になりがちな夏から秋にかけて発生率が上昇する。分娩や高泌乳生産，夏の暑熱のストレスなどにより，牛の抗病性が低下すると重篤な症状を引き起こす。大腸菌性乳房炎を防ぐには，牛を取り巻く環境を清潔に乾燥した状態に保つことと，ストレスを回避し，適正な飼養管理により牛の健康を維持することで抗病性の低下を防ぐことが重要である。特にパドックの汚泥，牛床の汚れを解消し，牛に快適な環境を提供することが大切である。牛床は敷料を豊富に使用し，交換頻度を高めることが大切である。

総合的な乳房炎防除対策の手法

1．乳房炎防除管理プログラムの概要

効果的な乳房炎防除を推し進めるためには，有効な治療法の開発だけでなく，乳房炎の発生メカニズムをよく理解し，発生予防の観点から事象を捉え施策をとることが重要である。しかしながら，乳房炎の発生要因は多岐にわたるため，問題点を広く調査し総合的な防除対策を講じることが必要である。このプログラムを実施するには，生産者の自主性を尊重し，支援チームは生産者の立てた目標を実現するために最後まで支援する体制を作ることが最も重要である。

a．支援チームの結成

地域の畜産関係機関（共済組合，農協，普及センター，役場など）に属する担当者計６～８名により支援チームを結成し，共通認識のもとに農場を支援する体制を作る。

b．支援農家の目標値の設定

支援農家は自ら目標値を設定し，それを達成するために努力することを宣言するとともに，支援側はその目標を達成できるよう，最後まで支援することを確認する。

c．農場の調査

多項目にわたるチェックリストを用い，可能な限り広い視野で，牛舎環境，牛舎構造，搾乳システムの保守・分析，搾乳システムの洗浄，搾乳作業について調査する。チェックリストは YES，NO の二者択一とし，項目グループごとにチェックリストの総数を分母とした場合の「YES」と判定されたチェックリストの割合を目標達成率として算出する。

具体的な調査項目は，以下のとおりである。

①牛舎衛生および管理

敷料の種類と量，牛体の衛生状態，運動場や処理室の衛生状態を調査する。

②牛舎構造

牛舎の設計，照明，換気などの牛舎構造を調査する。

③搾乳システムの保守点検および分析

National Mastitis Council の分析方法（北海道乳質改善協議会編にて分析シートが提供されている）に準じてシステム点検を実施する。

④搾乳システムの洗浄

システム洗浄の方法，洗剤の濃度，洗浄水の量と温度が適切であるかを調査する。

⑤搾乳方法の観察

推奨される搾乳方法を実施しているかどうかを調査する。

⑥ラップタイム計測

泌乳生理に合った搾乳方法が行われているかどうかを確認することを目的として，個体ごとに前搾り開始，ユニット装着，ユニット離脱の３時点のラップタイムを計測し，「前搾りからユニット装着まで

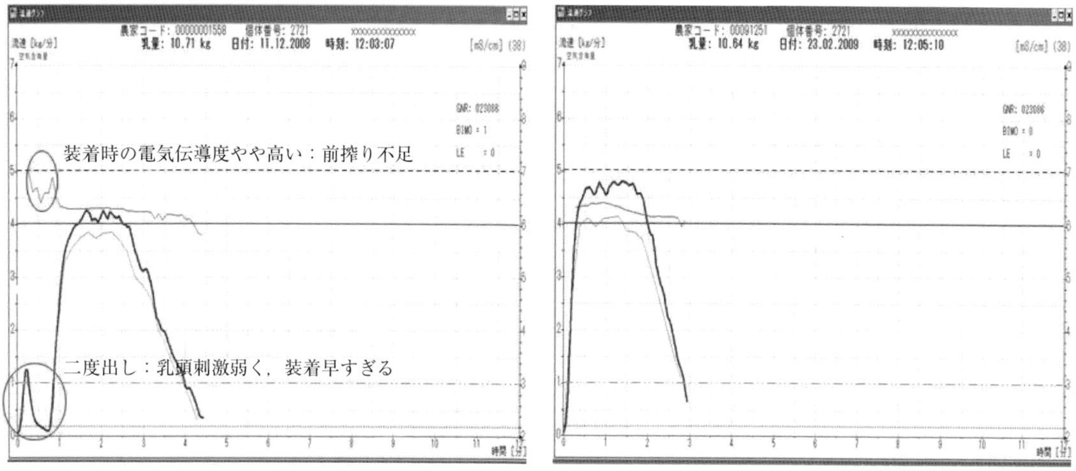

図3　ラクトコーダーによる搾乳のモニタリング

の時間」と「搾乳時間」を調査する。

⑦クロー内圧測定

搾乳者ごとにユニット装着時のクロー内圧の変動を測定することにより，ライナーの装着方法やライナースリップの有無，過搾乳の有無を評価する。

⑧ラクトコーダーによる乳流量の測定

二度出し現象の有無，搾乳開始後の乳流量の立ち上り，最大乳流量，搾乳時間，搾乳ユニット離脱のタイミングなどをモニターすることにより，搾乳刺激と適正なタイミングでの装着がなされているかを評価する（図3）。

⑨乳汁の採取

搾乳牛の全頭全分房の後搾り乳を滅菌スピッツ管に無菌的に採取する。

d．個体乳の細菌培養検査

乳房内に保菌されている微生物の状況は，牛を取り巻く環境，搾乳衛生，慢性乳房炎などの状況を反映している。したがって，乳房に潜在的に保菌されている細菌叢を調査するため，採取した全頭全分房の乳汁の細菌培養検査を行う。主な評価の方法は以下のとおりである。

①黄色ブドウ球菌が検出された場合

乳頭表面の荒れや乳頭口損傷，過搾乳の疑いがある。感染個体の把握と隔離，適切な治療法を行う。

② *S. agalactiae*，*C. bovis*（CB）が検出された場合

ディッピングと乾乳期治療の未実施または不完全な実施の疑いがあるので，厳格なディッピングの励行と乾乳期治療の実施を確認する。

③coagulase negative staphylococci（CNS）が多数検出された場合

搾乳衛生不良の疑いがある。厳格な乳頭清拭を励行する。

④ other streptococci（OS，*S. agalactiae* を除くレンサ球菌，環境性レンサ球菌）が多数検出された場合

慢性乳房炎牛の増加の疑いがある。厳格な泌乳期治療または乾乳期治療が必要となる。

e．バルク乳の細菌培養検査

バルク乳に潜在する細菌は，個体乳だけでなくバルクの冷却，洗浄の状態，搾乳衛生なども反映するので，出荷乳の衛生的品質を評価するのにも役立つ。したがって，バルクの冷却能力の不良，バルクの冷却スイッチの入れ忘れなどによる冷却不良，バルク乳の耐熱性菌が多い場合などは，バルク乳の冷却不足や洗浄不良による生菌数の増加がみられるため，バルク乳の細菌培養から個体の情報はみえにくくなる。

①黄色ブドウ球菌，*S. agalactiae*，*Mycoplasma*，*Prototheca zopfii* が検出された場合

これらの微生物がバルク乳から検出された場合は，これら伝染性または難治性の微生物種が個体から排菌されていることを示しているため，牛群のなかから感染個体を特定し隔離することが必要である。

② CNS が多数検出された場合

搾乳衛生不良の疑いがある。厳格な乳頭清拭を励行することが必要である。

表6　バルク乳中の生菌数の評価

		生菌数（CFU/mL）の範囲			
		目標	やや多い	多い	非常に多い
伝染性	*S. aureus*	0	＜150	150～250	250＜
	S. agalactiae	0	＜200	200～400	400＜
環境性	CNS	＜300	300～499	500～750	750＜
	OS	＜700	700～1,999	1,200～2,000	2,000＜
	CO	＜100	100～399	400～700	700＜

（Farnsworth RJ *et al.*, 1982 を一部改変）

③ OSが多数検出された場合

牛群内に慢性乳房炎が多いことを示しており，治療を含めた乳房炎コントロールが成功していないことを示している。

④大腸菌群（CO）が多数検出された場合

個体からの排菌も疑われるかも知れないが，多くは搾乳中の糞便などの吸引による場合が多い。

バルク乳中の生菌数の評価は，**表6**により評価する。全頭の個体乳細菌培養検査の結果は，National Mastitis Councilの方法（Laboratory handbook on bovine mastitis, revised ed., National Mastitis Council, WI, USA, 1999.）に準じて行い，立会調査時のデータおよび乳検情報，体細胞数成績，バルク乳培養成績のデータは，集積後，総合的に考察する。

f. 結果の分析

立会調査結果，全頭細菌検査結果，バルク乳細菌培養成績，乳牛検定情報等を分析し，危害分析と重要管理点（OPRPまたはCCP）の設定，標準作業手順案，搾乳作業モニタリングシート，乳質モニタリングシートの作成を行う。

g. 支援会議

酪農家と支援チームは，分析結果を基に以下に示す内容について協議する。

①今までの乳質の現況を再確認

支援会議では，冒頭にバルク乳細菌培養成績，牛群検定情報などから導かれる現在の乳質の状況を再確認する。

②問題点と改善点の提示

問題点に対する改善案を提示し，現実的に実行可能な手段を協議する。

③重要管理点の設定

チェックリストから得られた目標達成率の結果より，特に達成率の低かった項目グループについて重要管理点の検討を行う。

④標準作業手順の作成

最終的に行うべき作業の優先順位をつけながら，いつから実行可能かを明確化する。

⑤カスタマイズポスターの作成

支援農家自らが搾乳作業についてのポスターを作成し，それを牛舎に掲示することで，搾乳者全員が統一した作業で搾乳できるようにする。

⑥搾乳作業のトレーニング

搾乳機器を使用して搾乳作業をシミュレーションすることにより，推奨される搾乳作業の習得を行う。

h. モニタリングの実施

支援チームのフォローアップの役割分担を決め，2週間隔で支援チームのメンバーが酪農家への巡回を実施する。そして，搾乳作業モニタリングシートと乳質モニタリングシートを利用して，バルク乳の培養成績，毎日の搾乳作業，バルク乳温，乳房炎治療牛，旬ごとのバルク乳体細胞数，生菌数，耐熱菌数，乳検情報による個体体細胞数，リニアスコア5以上の割合，新規感染率についてモニタリングを行う。各モニタリング項目の推奨値（RV）および限界値（LV）は，農家の存在する地域における目標値を基準とする。各基準値は，バルク乳体細胞数および個体体細胞数（RV 20万個/mL，LV 30万個/mL），生菌数（RV 5,000，LV 10,000個/mL），耐熱菌数（RV 150個/mL，LV 500個/mL），リニアスコア5以上率（RV 8％，LV 20％），新規感染率（RV 5％，LV 10％）とする。

モニタリング時に留意すべき点は以下のとおり。

①支援会議後，新たな問題が生じていないか。

②支援会議後，新たな疑問点が生じていないか。

③改善点の実行がなされているか。

④現状の成績を提示し，改善が認められたら経済効果を提示する。

⑤巡回したメンバーは，他の支援チームのメンバー全員にそのときの内容をレポートとして報告する。

モニタリングにより限界値を連続して逸脱した場合は，危害分析と重要管理点を再分析し，新たに標準作業手順を提示する。

i. 記　録

酪農家にファイルを保管し，すべての記録を残す。記録は定期巡回時に支援チームのメンバーがいつでも検証できるようにしておく。

〔河合一洋〕

VIII

真菌病

1．皮膚糸状菌症（表在性皮膚糸状菌症）

原　因

我が国での皮膚糸状菌症の病原体の90％以上が*Trichophyton verrucosum*である。他に症例数は少ないが，*T. mentagrophytes, Microsporum gypseum, M. canis*を原因とすることもある。*T. verrucosum*は有糸分裂無性胞子菌群に属す。胞子形成ではアレウリオ型分生子を形成するが，胞子産生能はきわめて低く，厚膜胞子を産生することが多い。培養はチアミン添加したサブローデキストロース寒天培地で発育がよい。またはポテトデキストロース寒天培地，BHI寒天培地でもよい。37℃での培養により，約1週間で灰白色のろう様集落から次第に灰白色の絨毛状集落になる。

発生・疫学

欧州，南北アメリカ，オセアニア，アフリカをはじめアジアなどウシ属のいる全世界に分布する。表在性の皮膚感染を起こす病原性真菌である。日本での本菌分離は，1960年代に入ってからであり，東北，北海道の牛から分離された。その後*T. verrucosum*は，全国的に伝播し，今日では乳牛や肉牛から本菌が日常的に分離される。一般に若齢牛ほど*T. verrucosum*に感受性が強く，容易に感染する。*T. verrucosum*は牛以外に人への感染力が強く，人の場合，症状は強いかゆみを伴い，化膿することもある人獣共通感染症として重視される。牛以外への感染は馬，豚，めん羊，山羊，ロバ，犬，猫でも知られているが，症例はきわめて少ない。

症　状

感染好発部位は頭部，頸部，躯幹部，肢部である。特に頭部では眼周囲に発症しやすい（**口絵写真52，⓫頁**）。発症後は病徴著しく進展し，容易に病巣を拡大させる。湿潤なびらん面をもつほどに治癒しにくく，出血，膿様を呈すようになる。また，痂皮形成は感染後であり，著しく肥厚化した硬結組織となり，強制剥離では痛みと出血を伴う。そのため肥厚化した感染部位の組織は長期にわたり残る。

診　断

直接鏡検では感染被毛を20％ KOH液で加温溶解しながら観察する。被毛内での分節胞子による菌鞘形成を認める。培養では，チアミン加真菌用培地で37℃，1～2週間培養することにより観察する（**口絵写真53，⓫頁**）。サブローグルコース寒天での発育は弱いか，認めない。分離培養では接合菌や非病原性カビが早期に発育することから診断しがたく，そのための手法としてアクチジオン（シクロヘキシミド）を添加する場合もある。灰白色ろう様集落が典型的な*T. verrucosum*である。

培養抗原で皮膚反応の診断が可能とされる。

治療・予防

治療法としては外用療法，内用療法がある。前者では薬液，軟膏剤などが外用される。牛の皮膚糸状菌症の場合，特に重要なことは，原因菌の*T. verrucosum*が表皮組織中に深く侵襲し，そのため薬剤に強い抵抗力を示す態度をとることから，薬剤の浸透性に気を使うことである。そのために角質溶解性の強いサリチル酸，硫黄剤と抗真菌薬の併用が必要となる。一般に用いられる抗真菌薬としてはナフチオメートTおよびN，イミダゾール系のミコナゾール，クロトリマゾール，またシッカニン，バリオチン，グリセオフルビン，さらにアムホテリシンBなどが知られる。予防の基本は感染牛との隔離，日頃からの消毒対策が重要である。また十分な給餌と衛生的環境の維持に努める。

〔高島浩介〕

2．カンジダ症

原　因

Candida albicans が主であり，他に *C. tropicalis*, *C. krusei*, *C. parapsilosis* などが知られる。

真菌のなかでも出芽型増殖をする，いわゆる酵母（イースト）である。

発生・疫学

Candida 属の自然界での分布は普遍的であり，牛飼育環境でも高頻度に分離される。飼育環境では主に土壌，飼料，床敷，水回り，空中から分離され，生体では体表，口腔，呼吸器，生殖器，消化器の粘膜に常在する。なかでも *C. albicans* は分布が広く感染する頻度も高い。*C. albicans* は牛飼育環境での分布が広いことから，生体の免疫力，抵抗力減退により容易に感染する日和見感染真菌である。本菌の生体への感染には，生体側の要因だけに限らず，菌自体の感染力の強さも関係しているといわれる。

症　状

続発性感染であることが多い。感染は，粘膜での急性感染は軽症であるが，長期化した場合，慢性経過をとることが多い。

感染部位は広範で，常在部位の感染や菌交代現象から他部組織での感染もある。口内炎，胃腸炎，肺炎，子宮内膜炎，流産，乳房炎などを主な病型とする。

全身症状として食欲減退，40～42℃の発熱を伴う。その場合，粘膜感染に負うところが多く，菌体により灰白色となり，分泌物の増量とびらん，出血性病変を形成する。

診　断

出芽細胞で３～６ μm の酵母様真菌を認める。確定診断は *Candida* 属酵母様真菌の培養による。*Candida* の分離，同定培地としてサブローデキストロース寒天培地，またはポテトデキストロース寒天培地が適している。また，市販培地としてカンジダ培地もある。37℃，３～５日培養で集落や形態観察をする（**口絵写真 54，55，⓫頁**）。その後，資化性をみて同定を行う。近年，遺伝子診断を利用した同定も広く用いられている。組織診断として PAS 染色，グロコット染色すると出芽型細胞が強く陽性染色される。または HE 染色も応用される。陽性細胞数が多いとき，*Candida* を含めた酵母による感染として推定診断される。

治療・予防

急性症状として軽症の場合が多く，消毒薬，抗真菌薬で比較的治療しやすい。慢性化すると感染組織への侵入が強く治癒に時間がかかる。

多くは続発性感染症であり，そのため原発性の原因を確認することが重要となる。

抗真菌薬として，ナイスタチン，アムホテリシンBや消毒薬のヨードカリが用いられる。

予防として *Candida* は普遍的に分布することから牛舎の衛生管理に心がけることが重要である。

〔高鳥浩介〕

3．アスペルギルス症

原　因

Aspergillus fumigatus による感染症例が最も多い。そのほか，*A. flavus, A. terreus, A. nidulans* などが原因となることもある。他の家畜でも牛と同じく *A. fumigatus* が最も多い。

なお，乳房炎では *Aspergillus* 属以外では *Absidia corymbifera, Rhizopus microsporus, R. oryzae, Mucor racemosus, Candida albicans, C. krusei, Prototheca zopfii* などが知られる。

発生・疫学

世界各地に分布する真菌のなかでも普遍的分布をとる。アスペルギルス症の多くは，*A. fumigatus* に起因する。本菌は，土壌，乾草，わら類，発酵飼料，濃厚飼料，畜体など普遍的分布をとる。*Aspergillus* のなかでも胞子サイズがきわめて小さい。胃腸炎，流産はほぼ汚染飼料に由来し，血行を介して発症する。乳房炎は汚染飼料や体表など飼育環境と関係している。

A. fumigatus 以外には，*A. flavus* もまれに原因菌として分離される。本菌は，分布が限られ，主に飼料が発生源とされる。地理的分布をみても熱帯，亜熱帯土壌に広くみられる。

Aspergillus 属は，続発性病原真菌であり，畜体の抵抗力減弱や薬剤による菌交代症として感染する。

症　状

主要病変部位は，肺，胃，腸管，子宮，胎盤，乳房であり，肺では多発肉芽腫性で中心部に懐死を認める。病巣は線維素性懐死性気管支炎，化膿性懐死性気管支肺炎，球菌型肺炎像を示す。

流産は妊娠後期の6～8カ月に起こり，胎子はほとんど死産となる。肉眼では血様体腔液の増量，絨毛膜無毛部の肥厚懐死および胎子皮膚病変を認め，組織学的には胎子血管の変性懐死部に菌糸の存在が認められる。

乳房炎では，多くは続発性で原発病原菌の治療の段階で菌交代症として起こる。

診　断

胃腸感染や流産胎子などでは深在性感染であり，生前診断は困難である。そのため，病理診断によることが多い。組織中ではグロコット染色や PAS 染色で陽性となる。

流産胎子と胎盤の病変部に特徴的な組織内真菌が確認できる（**口絵写真 56，⓫**頁）。

確定診断は原因真菌の分離同定による。培養は，サブローデキストロース寒天培地またはポテトデキストロース寒天培地で 37℃，7日間行い，発育集落と形態から同定する（**口絵写真 57，58，⓫⓬**頁）。または遺伝子検査法を用いた同定による。

病変部における真菌細胞の確認と真菌培養検査および血清学的検査でも診断ができる。

治療・予防

消化器系への感染は，そのほとんどが慢性的経過で進行し，そのため難治性となる。しかし，症状により薬物投与も行われ，アムホテリシンB，5-フルオロシトシン（5-FC）など有効な薬剤の応用も試みられている。また，肺，気管支といった呼吸器系での進行も重篤な結果を招くことが多く，ほとんど致死経過をたどる。乳房炎は，菌交代現象としてみられ，不適切な乳頭の洗浄などによる。

アスペルギルス症は，発症により重篤となり治癒が困難なことから予防に重点をおく。真菌汚染飼料の給飼は避け，床敷などの衛生管理に注意を払う。

〔高鳥浩介〕

4．ムーコル症

原　因

接合菌の *Mucor racemosus*, *Absidia corymbifera*, *Rhizopus microsporus*, *R. oryzae* など。発育の速やかな真菌で，湿った飼料や素材に著しく発生しやすい性質を有する。

発生・疫学

世界各地に分布。好湿性で中温から高温性を特徴とすることから土壌，発酵飼料，乾草，わら類，床敷などに多い。飼料や床敷で多量の胞子を産生し，呼吸器，消化器を介し，肺，肝臓，胃腸などに感染（**口絵写真 59，60，⓬**頁）すると考えられ，感染源として湿った飼料が重視される。消化器系のルーメン粘膜などでの感染病巣を認めることが多い。

症　状

感染は深部臓器のため，感染初期はほとんど無症状であるが，症状が進行すると元気・食欲が低下し，削痩する。急性では致死性に進行する。

前胃，第四胃粘膜に発症し，出血を伴った潰瘍を形成し，びまん性に拡大する。

診　断

続発性感染として消化器で発症するため，生前診断は困難を伴う。診断は病変部組織での真菌確認と真菌の分離同定による。培養は，サブローデキストロース寒天培地またはポテトデキストロース寒天培地で 37℃，7日間行い，発育集落と形態から同定する（**口絵写真 61，62，⓬**頁）。または遺伝子検査法を用いた同定による。

治療・予防

日和見感染症であり，しかも慢性的に経過することから，予後不良となることが多い。

予防にはカビの発生した湿った飼料の給餌はせず，飼料管理，畜舎の衛生管理，基礎疾患の改善が重要である。

〔高島浩介〕

IX

原虫病

1. クリプトスポリジウム病

Cryptosporidium（属）の原虫の寄生による感染症で，新生子牛，新生豚，新生羊など幼畜に下痢を引き起こし，種によっては人獣共通感染症の原因となる。

原　因

本原虫は Apicomplexa（門），Coccidiasina（亜綱），Eucoccidiorida（目），Eimeriorina（亜目），Cryptosporidiidae（科），*Cryptosporidium*（属）に属する。Cryptosporidiidae には本属のみが属する。

本原虫は 1907 年，Tyzzer によって実験用マウスの胃線から発見され，新属新種として *Cryptosporidium muris* が 1910 年に提唱された。その後，*C. parvum* が，同じく Tyzzer により 1912 年に実験用マウスの腸管から発見されている。以後，*Cryptosporidium* に属すると考えられる原虫が各種の動物から報告されたが，その分類の詳細や病原性は明確ではなかった。1971 年になって，本原虫が牛の下痢症と関連することが指摘された。1976 年には 3 歳の女児での感染，1983 年には英国コブハムでの水道を介した 16 人の集団発生，1987 年には米国ジョージア州で 1.3 万人，1993 年ウィスコンシン州で 40.3 万人，1996 年埼玉県越生町で 9,140 人など大型の集団発生が起こり，社会的に重要な人の感染症として大いに注目を集めるようになった。

本原虫は従来，宿主域，感染部位およびオーシストの大きさを主な指標として分類されていた。現在は，生物学的指標に遺伝子情報を加えて種判別が行われており，クリプトスポリジウムの有効な種は 18 種とされ，これらは両生類，爬虫類，鳥類および哺乳類から検出されている（**表 1**）。このうちで，牛に感染性があるとされる種は以下の 4 種である。

C. parvum は牛に対して病原性を呈する代表的なクリプトスポリジウムで，小型のオーシスト（5.0×4.5 μm）をもち，人獣共通感染症の原因となる。これまでに 150 種を越える動物種から小型のクリプトスポリジウムが検出されており，*C. parvum* は広範な宿主域をもつ種とされた時期もあったが，遺伝子解析などにより，そのいくつかは異なる種に分類すべきと考えられている。*C. parvum* は人のみに感染性をもつものを *C. parvum* human genotype または genotype 1，人獣共通感染型を *C. parvum* cattle genotype または genotype 2 と分けていたが，現在は，前者を *C. hominis*，後者を *C. parvum* と分類している。*C. parvum* による人の集団感染例は国内外で多数報告されている。

C. andersoni は牛の第四胃に寄生する大型のオーシスト（7.4×5.6 μm）をもつ種である。感染率は高くないが新生子牛にも感染し，成牛になってもオーシストを排泄し続ける個体もいる。母子間の垂直感染や子牛間の同居感染は起こりにくい。一般に下痢は起こさず，増体重に影響が全く出ない場合も多い。米国および欧州で分離された株は免疫不全（SCID）マウスへの感染性がないとされるが，我が国で分離された株は SCID マウスへの感染性があり，Kawatabi type と呼ばれる。なお，牛から検出された大型種はかつて *C. muris* とされていたが，現在これは *C. andersoni* として扱われている。

C. bovis は 2005 年に記載された種で，*C. parvum* のオーシストとはほぼ同じサイズである。米国では 2〜7 カ月齢の子牛から検出されており，下痢などは引き起こさない。2 週齢の子山羊からの検出例がある。

C. ryanae は 2008 年に記載された種で，哺乳類に寄生するクリプトスポリジウムのなかで最小のオーシスト（3.2×3.7 μm）をもつ。子牛のみに感染し，病原性はないとされる。

以下，家畜衛生および公衆衛生上，重要な *C. parvum* を中心に述べる。

本原虫のオーシストは類円形で，スポロシストはなく，4 個のスポロゾイトと 1 個の残体を生じ，成熟した形で糞中に排泄される。オーシストから脱殻したスポロゾイトは，粘膜上皮細胞の微絨毛内に侵入し，トロフォゾイトとなり，成熟してメロントとなる。メロントから游出したメロゾイトは新たな細胞の微絨毛内に侵入し，無性世代を繰り返す。また，一部のメロントから游出したメロゾイトは，微絨毛内で雌性のマクロガモントと雄性のミクロガモント

表1　クリプトスポリジウムの主要な種

	種名	原記載された宿主名	主な感染部位	著者
爬虫類	*C. serpentis*	アカダイショウ	胃	Levine (1980)
	C. varanii	ミドリホソオオトカゲ	胃	Pavlásek *et al.* (1995)
両生類	*C. fragile*	ヘリグロヒキガエル	胃	Jirku *et al.* (2008)
鳥鶏類	*C. meleagridis*	シチメンチョウ	腸	Slavin (1955)
	C. baileyi	鶏	腸	Current *et al.* (1986)
	C. galli	鶏	胃（前胃）	Pavlásek (1999)
哺乳類	*C. muris*	ハツカネズミ	胃	Tyzzer (1907)
	C. parvum	ハツカネズミ	腸	Tyzzer (1912)
	C. wrairi	モルモット	腸	Vetterling *et al.* (1971)
	C. felis	猫	腸	Iseki (1979)
	C. andersoni	牛	胃（第四胃）	Lindsay *et al.* (2000)
	C. canis	犬	腸	Fayer *et al.* (2001)
	C. hominis	人	腸	Morgan-Ryan *et al.* (2002)
	C. suis	豚	腸	Ryan *et al.* (2004)
	C. bovis	牛	不明	Fayer *et al.* (2005)
	C. fayeri	カンガルー	不明	Ryan *et al.* (2008)
	C. ryanae	牛	不明	Fayer *et al.* (2008)
	C. macropodum	カンガルー	不明	Power and Ryan (2008)

（Fayer R : Exp Parasit 124 : 90-97, 2010 を改変）

となる。ミクロガモントからはミクロガメートが形成され，マクロガモントに接合してザイゴートが形成される。ザイゴートは微絨毛内で成熟し，4個のスポロゾイトをもつオーシストが形成される。オーシストは糞中に排泄されるものもあるが，腸管内で脱殻が行われて腸管内で再感染を起こす。感染局期には下痢便1 mL中に10^7個のオーシストが産生され，感染期間に人で数十億個，子牛で数百億個の原虫が糞中に排泄される。特に，免疫機構によって排除されない場合，腸管内での再感染が長期にわたって続くため，産生されるオーシストの数は膨大となる。寄生部位は，回腸を中心に小腸および大腸である。

発生・疫学

*C. parvum*の宿主域は広いと考えられるが，原虫の遺伝子解析によって確定された自然感染宿主は牛，めん羊，山羊，馬，豚，犬，マウス，オジロジカ，野生のウシ科動物（アラビアオリックス，ゲムズボックおよびアダックス）および人である。今後の研究で，これ以外の宿主動物が明らかにされる可能性はある。本原虫に対する感受性は，動物種や年齢などにより異なるが，一般に幼若なものが高い。不顕性感染も多いが，牛，めん羊，豚，犬などでは下痢症状を示し，ときには死亡する。人ではAIDSなどの免疫不全患者が本原虫に感染すると，下痢が長期化し死亡原因となる。なお，健康な成人であっても感染は成立し，牛の世話を初めて行った若者や，めん羊の放牧地で野営した兵士などが数日間ひどい下痢を呈することなどがしばしば報告されている。人のID_{50}（50％の治験者が感染するオーシスト数）は132個とされ，少数のオーシストの接種で感染が成立する。正確なID_{50}は不明であるが，子牛も少数のオーシストの摂取によって感染するものと思われる。なお，実験的には子牛に10^6～10^7個のオーシストを接種したところ，供試した子牛の全個体に感染が成立したことが報告されている。

症　状

本病の症状は2カ月齢以下の子牛を中心にみられる。下痢，発熱，元気喪失，食欲低下などである。下痢は通常，多量排泄から間欠性，さらに軟便へと推移する。それに伴って便は黄色水様から白色粘性へと変化し，しばしば血液，胆汁，粘液，未消化の乳などが混入する。急性の脱水と衰弱を引き起こし，ときには死亡する。毒素原性大腸菌やロタウイルスとの混合感染により高い死亡率を示す。経過が長引くと脱水，衰弱，体重減少などがみられる。

診　断

生後1～3週間の子牛が下痢をした場合には細菌性およびウイルス性病原体やコクシジウムのほかに，本原虫の寄生を疑う必要がある。

本病の診断は，下痢便または腸粘膜壁に本原虫を証明することである。子牛や子羊の下痢便中には1g当たり10^6～10^8個のオーシストが含まれる。感染した成牛のオーシスト排出数は少ないが，無症状のまま12カ月程度排出し続ける場合もある。

下痢便の生鮮材料検査はコクシジウム・オーシスト検査法に準じてショ糖液浮遊法により行う。塗抹標本の場合，ギムザ染色，キニヨン染色等が行われている。鏡検に当たっては，コクシジウムのオーシストと比べるとはるかに小さいため見逃しやすく，同サイズの酵母と混同しやすい。内部のスポロゾイトの存在を確認することが重要である。また，浮遊法では，カバーグラスに近い位置に浮遊するので，フォーカスの位置に注意する必要がある。病理標本で確認する場合，光学顕微鏡では原虫は粘膜上皮細胞の表面に付着しているようにみえるが，電子顕微鏡では微絨毛内に存在する原虫の像が確認できる。また，FAや免疫磁気ビーズ法など，免疫学的な同定キットも販売されている。糞便サンプルからのPCRによる遺伝子検出も行われており，18S rRNA遺伝子のDNA配列を決定することによって種判別が可能である。

治療・予防

特効薬はない。すでに抗コクシジウム剤など多数の薬剤がテストされたがいずれも無効であった。米国では，ニタゾキサニド®が1歳以上の人用として認可されているが，本剤は牛では必ずしも著効は示さず，認可はされていない。対症療法としては経口補液が一般的である。

オーシストの消毒については，トライキル®などの複合製剤やオルソ剤が一般的であり，5%アンモニア水と10%ホルマリン食塩水が有効であったとの報告がある。オーシストは実験的に50℃60分間では死滅しないが，55℃30分間，60℃15分間，70℃5分間，72.4℃以上であれば1分間の加熱で殺滅されることが明らかにされており，加熱消毒が最も有効である。本病は常在化しやすいので，子牛の糞便の消毒などを徹底する必要がある。なお，飼育の担当者，来訪者の手洗いを徹底し，人への感染にも十分留意する必要がある。

〔中井　裕〕

2．ネオスポラ症

ネオスポラ症は，Apicomplexa（門）に属する細胞内寄生性原虫のネオスポラ（*Neospora caninum*）の感染によって起こる疾病であり，日本および世界各国で発生が報告されている。牛および水牛のネオスポラ症は，家畜伝染病予防法において届出伝染病に指定されている。

原　因

ネオスポラはトキソプラズマ（*Toxoplasma gondii*）に形態的に類似の原虫であり，1988年に新種記載された。ネオスポラの生活環はタキゾイト，組織シスト，オーシストの3つのステージに大別される。タキゾイトは卵円形あるいは半月状で，大きさは平均5.0×2.0 μmである。上皮細胞，髄液中の単核細胞，神経細胞などの細胞質に寄生し，タキゾイト単独あるいは集合体として観察される（口絵写真63，⑬頁）。大きさ55～107×25～77 μmのシストが脳および脊髄に認められ，シストの内部には大きさ3.0～4.3×0.9～1.3 μmのブラディゾイトが多数存在する。オーシストは終宿主のイヌ科動物の糞便中に排出され，大きさ11.7×11.3 μmで類円形を呈し，成熟化したオーシスト内に2個のスポロゾイトが含まれたスポロシストが2つ観察される。

伝播形式および宿主体内での原虫の生態についてはいまだ不明な点が多いが，ネオスポラの生活環は次のように考えられている。イヌ科動物から糞便とともに排泄されたオーシストは外界で成熟して感染性を有し，牛を含めた中間宿主が成熟オーシストに汚染された水や餌を摂取することにより感染する。中間宿主の消化管壁でスポロゾイトが放出され，急速に増殖するタキゾイトへ変化して全身へ感染する。宿主がこの急性期を耐過すると，分裂速度の遅いブラディゾイトを多数含む組織シストが中枢神経系および筋肉で認められる。また，組織シストを含む組織を宿主が経口摂取することによっても感染が成立する。

発生・疫学

現在終宿主とされているのは犬のみであるが，その他にコヨーテ，ディンゴ，ハイイロオオカミといった野生のイヌ科動物が固有宿主である可能性が示唆されている。中間宿主は牛，めん羊，山羊および鹿で，終宿主である犬自身も中間宿主となり得る。その他，野ネズミ，野ウサギ，鶏を含む鳥類等様々な動物からネオスポラの遺伝子が検出されているが，原虫が分離されたという報告はなく，これらの動物が自然宿主である確かな証拠は示されていない。

牛への感染には水平感染および垂直感染の２つの経路がある。水平感染は，犬から排出されたオーシストの経口摂取による。垂直感染では胎盤を介してタキゾイトが母牛から胎子に感染するが，垂直感染には妊娠中にオーシストを経口摂取することにより初回感染した母牛から胎子へ感染する場合（外因性経胎盤感染）と，潜伏感染の状態にあった母牛の体内において妊娠中に原虫が再活性化し胎子に移行する場合（内因性経胎盤感染）の２つがある。牛群内における主要な感染経路は内因性経胎盤感染であるが，乳牛の牛群のような閉鎖的な育種集団で高い感染率を維持するためには水平感染が必須である。

我が国でのネオスポラ症の発生は，1991 年に新潟県，岡山県，広島県で初めて報告されて以来，全国的に散発的な発生報告がなされている。さらに，全国的にネオスポラ抗体陽性の牛が認められ，抗体陽性率の平均は 5.7％と推定されている。

症　状

牛はネオスポラ感染時にほとんど臨床症状を示すことはなく，妊娠牛における流産がネオスポラ症の主な臨床症状である。流産の発生に季節性や地域性はないが，流産は妊娠５～６カ月の妊娠中期に起こることが多い。ネオスポラ症における胎子の症状の程度は，ネオスポラの感染が起こった時点での妊娠期によって異なる。妊娠初期にネオスポラを実験的に感染させた場合，胎盤に炎症や壊死性の病変が形成され，感染後早期に胎子が死亡し，一部の胎子は子宮内で吸収されるかミイラ化する。自然発生例においても，胎子に認められる病変は，妊娠後期に流産したものよりも妊娠初期および中期に流産したものでより重度となり，妊娠期の進行に伴い減少する。一度ネオスポラに感染した牛は生涯にわたって感染状態にあり，感染時以降の妊娠において連続的あるいは間欠的に垂直感染が起こる。感染母牛の胎子が死亡した場合，子宮内で死亡した後の吸収，ミイラ化，自己消化，死産等の転帰をたどる。大部分は妊娠が維持され臨床的には正常であるが先天性感染した子牛として産まれる。先天性感染の発生率は 40～95％と報告によって様々である。先天性感染牛は非感染牛と比較して初回妊娠時における流産が 7.4 倍起こりやすいことが報告されており，先天性感染牛が次世代への感染源になるだけでなく，流産による損失も持続することになる。

その他の臨床症状として，２カ月齢以下の子牛で神経症状，起立不能，出生時の発育不良が確認されている。発症子牛では，前肢，後肢または前後肢に屈曲や異常な伸展が認められ，神経学的検査を行うと膝蓋腱反射の低下やプロプリオセプションの消失が確認されることがある。また，眼球突出や左右非対称等の眼球の異常，まれに水頭症等の中枢神経系の先天性異常が認められることがある。

診　断

ネオスポラ感染動物は通常無症状であり，流産を発症した牛からネオスポラやネオスポラの遺伝子が検出された場合においても，その流産がネオスポラに起因することを必ずしも意味しない。現在，牛のネオスポラ症の確定診断は病理組織学的検査および免疫組織学的検査により行われているが，図１に示したように臨床検査，血清学的検査，分子生物学的検査，疫学調査等の検査結果が牛の流産の鑑別診断を進めていく上で重要な情報となる。また，ネオスポラ症の診断においてはネオスポラ以外の流産の原因を除外することも重要である。

病理組織学的検査および免疫組織学的検査では，

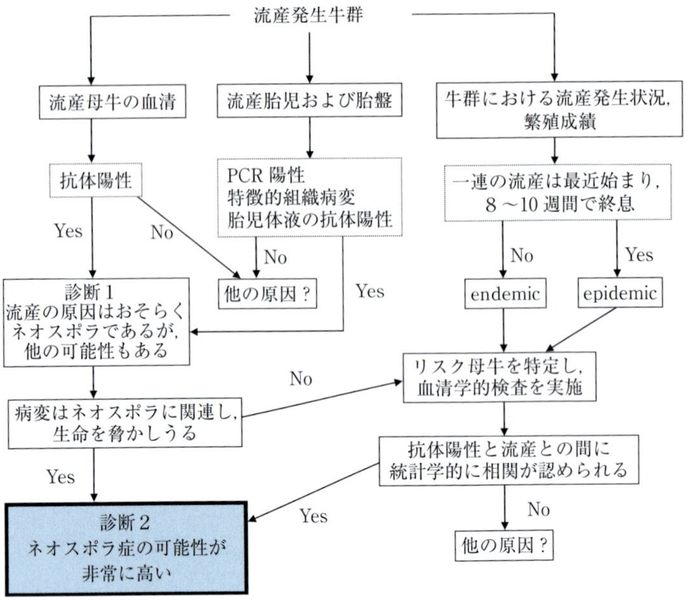

図１　牛のネオスポラ症の診断チャート

流産胎子および胎盤が検査材料となる。組織病変が最も頻繁に認められるのは中枢神経系，肝および心で，非化膿性の炎症細胞浸潤および壊死が主体として認められる（**口絵写真 64，⓭頁**）。

抗体検査は IFA，ELISA，RPHA，イムノブロット等により可能であるが，結果の解釈にはいくつか考慮する点がある。流産発症牛等の高い抗体価を有する個体を検出することは可能であるが，抗体価の低い非発症感染牛の摘発にはカットオフ値を下げるなど感度をより高くする必要がある。また，感染母牛のごく一部が流産を起こすことから，抗体陽性であっても流産を起こさない個体も多数存在する。このように，牛のネオスポラ感染に対する抗体検査結果の評価には様々な問題点がある。今後，潜伏感染牛や胎子の抗体検出に適した抗原が発見されれば抗体検査の有用性が高まると考えられる。

その他の重要な補助的診断法として PCR があげられる。現在では原虫を定量的に検出できるリアルタイム PCR のプロトコールも確立されている。牛のネオスポラ症では流産胎子の組織が PCR の検査材料となるが，胎盤，羊水，慢性感染牛の血液，乳汁，精液等からもネオスポラ遺伝子の検出が可能であると報告されている。

治療・予防

現在のところ，ネオスポラ症に有効な治療薬はなく，ネオスポラ症のコントロールは感染機会の減少を目的とした飼養管理，衛生管理が主体となる。牛のネオスポラ症は，ある地域や牛群において一定の割合で発生する場合（endemic）と突如集団的に発生する場合（epidemic）があり，前者は潜伏感染牛の体内で原虫が再活性化する内因性経胎盤感染，後者は妊娠牛がオーシストの経口摂取による水平感染に起因する外因性経胎盤感染が関与していると考えられている。一定の発生率でネオスポラ症による流産が起こっている牛群においては垂直感染の防除が重要であり，その対策は感染牛，抗体陽性牛の飼養管理が主体となる。対策としては，抗体検査による感染動物の摘発，淘汰や抗体陰性牛の積極的な導入があげられる。また，優良牛が感染している場合，その胚を抗体陰性牛に移植する方法が提案されている。一方，ネオスポラ症が epidemic に発生した場合は，犬から排出されたオーシストの経口摂取による水平感染をコントロールすることが重要である。終宿主である犬と牛との接触を断つことが基本であり，具体的には牛舎や放牧場への野犬の侵入を防止する，犬を放し飼いにしない，犬の糞便を放置しない，オーシストによる汚染防止のために飼料にカバーをかける等の対策があげられる。

その他の防除対策としてワクチンがあげられるが，現在ネオスポラ症に有効なワクチンは市販されていない。タキゾイトの生ワクチンやアジュバントと併用した不活化ワクチン等が研究レベルで検証されているが，牛のネオスポラ症に対し有効な研究結果は得られていない。ネオスポラに対する防御免疫の主体はTh1タイプの免疫応答であり，IFN-γと細胞傷害性T細胞の応答が重要な役割を果たすことが示されているが，感染牛の妊娠中の免疫応答や妊娠牛体内における原虫の動態等についてはいまだに不明な点が多い。現在，原虫の膜抗原，分泌抗原等を用いたサブユニットワクチンの開発が進められており，安全でより有効性の高い実用的なワクチンの開発が求められている。

〔西川義文〕

3．コクシジウム病

Eimeria 属の原虫の腸管寄生による感染病で，主として幼牛に重度の下痢を引き起こす。

原　因

牛のコクシジウム病の起因原虫は，Apicomplexa（門），Coccidiasina（亜綱），Eucoccidiorida（目），Eimeriorina（亜目），Eimeriidae（科），*Eimeria*（属）に属する。Coccidiasina は，Eucoccidiorida 以外に3つの目が存在し，広範囲の寄生性原虫が属しており，これらを総称してコクシジウムと呼ぶ場合もあるが，獣医学および医学分野でコクシジウムおよびコクシジウム病と呼称する場合は，*Eimeria* 属および *Isospora* 属の原虫，およびそれらによる感染症を指す。牛のコクシジウムはすべて *Eimeria* 属であり，14種が知られている（**表1**）。ただし，*E. pellita*，*E. mundaragi* は我が国では未検出である。なお，牛のコクシジウムは人や他の動物には感染しない。

病原性をもつ種は，主に *E. zuernii* と *E. bovis* である。これら以外に，*E. alabamensis* による放牧牛の下痢はしばしば報告されており，*E. auburnensis* および *E. ellipsoidalis* も，ときに下痢を引き起こすとされている。*E. zuernii* と *E. bovis* は空腸下部，回腸，盲腸および結腸に寄生する。

以下に，最も病原性が強いとされている *E. zuernii* の生活環を示す。糞中には核相2nの未成熟なオーシストが排泄され，環境条件下で減数分裂が起こり，胞子形成が行われる。胞子形成オーシストには，2個ずつのスポロゾイトを含む4個のスポロシストが形成される。スポロゾイトは腸管内で脱殻し，回腸の粘膜上皮細胞を通過して絨毛の乳び管（毛細リンパ管）の内皮細胞に侵入し，球形のトロフォゾイトとなり，初代メロントへと発育する。初代メロントは200 μm以上になり，巨大メロントと呼ばれ，内部には10^5個以上のメロゾイトが含まれる。放出されたメロゾイトは大腸の粘膜細胞に侵入し，小型の2代メロントを形成する。2代メロントから放出された2代メロゾイトは，雌性のマクロガモントおよび雄性のミクロガモントとなり，ミクロガモント内に形成されたミクロガメートは游出して，マクロガモントと接合して，ザイゴートとなる。ザイゴートはオーシスト壁をもつオーシストとなって糞中に放出される。ザイゴートと未成熟オーシストの核相は2nであるが，それら以外はnである。オーシストは腸管内で宿主細胞に再感染することはない。したがって，再び経口的にオーシストを摂取しない限り，本原虫は1回の生活環を経て宿主体外に排出される。初代メロゴニーは回腸にほとんど影響を与えないが，2代メロゴニーとガメトゴニーは強い病原性を示し，上皮細胞の剥落，固有層および毛細血管の露出が生じ，盲腸および大腸で激しい出血を起こす。感染の極期は18～21日で，子牛は瀕死となり死亡する場合もある。

発生・疫学

牛のコクシジウム病は世界各地の農場に広くまん延している。臨床的なコクシジウム病は3週齢から6カ月齢の子牛に多くみられるが，離乳直後の感染も少なくない。汚染農場の牛すべてが発病するわけではなく，存在するコクシジウムの種，牛の年齢構成，飼養環境，気候条件などが発病に関与する。子牛の早期の隔離や畜舎を衛生的に保つことにより，発病率を低下させることが可能である。下痢を呈し

表1 牛コクシジウムの分類

種名	オーシストの形態					スポロシストの形態		文献
	形	サイズ（μm）	残体	極顆粒	ミクロパイル	スチーダ小体	残体	
E. zuernii	類円型	12～29×20～21	－	＋	－	＋	＋	Rivolta, 1878
E. bovis	卵円型	23～34×17～23	－	－	＋	＋	＋	Zublin, 1908
E. auburnensis	長卵円型	32～46×19～28	－	＋	＋	＋	＋	Christensen and Porter, 1939
E. alabamensis	卵円型	13～25×11～17	－	－	－	＋	－	Christensen, 1941
E. canadensis	卵円型	28～38×20～29	－	－	＋	＋	＋	Becker and Frye, 1929
E. ellipsoidalis	卵円型	12～32×10～29	－	－	－	＋	＋	Bruce, 1921
E. cylindrica	長楕円型	16～30×12～17	－	＋	－	－	＋	Wilson, 1931
E. subspherica	類円型	9～14×8～13	－	－	－	＋	－	Christensen, 1941
E. pelita	卵円型	36～41×26～30	－	－	＋	－	＋	Supperer, 1952
E. wyomingensis	卵円型	36～46×26～32	－	－	＋	＋	－	Huizinga and Winger, 1942
E. bukidonensis	梨型	43～54×29～39	－	－	＋	＋	－	Tubangui, 1942
E. illinoisensis	長楕円型	43～54×29～39	－	－	－	＋	＋	Levine and Ivens, 1967
E. brasiliensis	長楕円型	24～29×19～22	＋	－	＋	－	＋	Torres and Ramos, 1939
E. mundaragi	卵円型	36～38×25～28	＋	－	－	?	＋	Hiregaudar, 1956

（佐藤臨太郎，2012）

ている牛からは *E. zuernii* と *E. bovis* がみつかることが多く，この2種が病原性をもつと考えられている。しかし，我が国やドイツの調査では，*E. zuernii* の存在は *E. bovis* よりも下痢発症や出血性下痢に高い相関を示し，*E. zuernii* がより強い病原性をもつと考えられている。また，ウイルスや細菌など他の病原体との混合感染が病勢の悪化をもたらす。

症　状

E. zuernii および *E. bovis* の重度な感染の場合，感染後18～21日目頃に感染極期を迎え，カタル性の盲腸炎および大腸炎を起こし，血液，フィブリン，粘膜，腸の組織が混じった重度の下痢を起こす。このとき，発熱，腹痛，貧血，脱水，衰弱，食欲不振，体重減少を起こし，全身の衰弱，削痩を伴って，ときに死に至る。赤痢は1カ月以上にわたって続くこともある。重度の感染では，オーシスト摂取後20日前後で死亡することもある。生残した子牛も完全には回復せず，成長が遅延する場合もある。病原性種の感染においても，摂取オーシスト数が少ないなどの軽度感染では中程度の下痢を呈す程度であり，臨床症状を示さないこともある。

E. alabamensis 感染は多量のオーシストを摂取しない限り発病しないとされている。放牧初期に発生することが欧州諸国で報告されており，血液を含まない下痢が観察される。

これまでに，明確に1種だけを接種した感染実験はわずかであり，*E. zuernii* の病原性や生活環の一部が解析されているだけで他の種の病原性や生活環については不明な点が多い。

診　断

腸の組織や血液凝固塊が混じった血便がみられる場合，まず，*E. zuernii* および *E. bovis* によるコクシジウム病を疑うべきである。診断は糞便中のオーシストの検出によって行う。通常はショ糖液浮遊法を用いる。牛のコクシジウムの多くはオーシストの形態学的特徴だけで種の判別が可能である（表1）。オーシストが形成される以前に下痢を呈する場合もあるので，粘血便の部分からメロントやメロゾイトの検出を試みる。原虫遺伝子の特異的増幅と塩基配列決定によって糞中のオーシストの検出および種の同定は可能であるが，診断法としては確立していない。剖検では赤味を帯びた腹水の貯留がみられ，腸粘膜は貧血のため退色し，盲腸および結腸において点状出血と浮腫が粘膜下および筋肉組織に広がり，粘膜の剥離も認められる。

治療・予防

牛のコクシジウム病は，主に有性世代の原虫によって引き起こされるため，診断を行って治療を開始する時点では，原虫の生活環は終期に入っており，従来の薬剤による治療効果は限られる。本病が発生したときは，発病している子牛を隔離し，補液などによって対応することが重要である。細菌による二次感染を防ぐため，抗菌薬を与える。一方，比較的新しい抗コクシジウム剤としてトルトラズリル（牛用としてはデンマーク等で2006年，我が国では2008年に承認）があるが，本剤は原虫の無性世代および有性世代の両世代に対して有効であり，予防および治療の両目的に使用される。体重1kg当たり15mgの単回経口投与で有効である。旧来使用されてきたアンプロリウム，デコキネート，モネンシンおよびサルファ剤は，原虫の無性世代の殺滅に有効であるが，有性世代に対しては効果がないため発病極期以降での治療効果は望めない。ただし，前3者は諸外国では予防薬として用いられている。サルファ剤の治療効果がこれまで謳われてきたが，原虫に対するよりも混合感染している細菌に対する効果によると考えられている。

感染原因となるオーシストは，消毒剤に対してきわめて高い抵抗性をもつため，塩素などの一般的な消毒薬は無効であるが，トライキル®などの複合製剤やオルソ剤は効果を示す。畜舎や踏込み槽での消毒に用いられる。

一方，オーシストは加熱には弱いため，器具や畜舎の熱湯散布によりある程度の消毒効果が望める。オーシストは環境条件下で数カ月から1年にわたって生存可能であり，本病は常在化しやすい。カウハッチや畜舎の消毒，患畜の隔離など，感染経路の遮断に十分留意する必要がある。

〔中井　裕〕

4．タイレリア病

牛タイレリア病の病原体として10種程度が知られている。世界的には東海岸熱および熱帯タイレリア病がその被害の点から重要疾病であるが，ここでは我が国の放牧衛生上重要な小型ピロプラズマ病を中心に記述する。

A．小型ピロプラズマ病

原　因

小型ピロプラズマ原虫（*Theileria orientalis*）の感染によって起こる疾病で，我が国の放牧における重要疾病である。本原虫の学名については *T. sergenti* が用いられてきたが，その近縁原虫（*T. sergenti/buffeli/orientalis* 群原虫）の種名が整理され，小型ピロプラズマ原虫とその近縁原虫は *T. orientalis* と結論づけられた。本原虫は日本以外には韓国，ロシア沿海州，中国，東南アジア，オーストラリアなどに分布している。

媒介者は主にフタトゲチマダニ（*Haemaphysalis longicornis*）（口絵写真65，⓭頁）であり，他にヤスチマダニ，マゲシマチマダニの若ダニ・成ダニによって媒介される。すなわち，幼ダニまたは若ダニが感染牛を吸血し，これから脱皮した若ダニまたは成ダニが新たな宿主を吸血する際に原虫を媒介する。介卵感染はなく，幼ダニは感染ダニにはならない。マダニ以外にウシホソジラミ（*Linognathus vituli*），シロフアブ（*Tabanus trigeminus*）による機械的媒介も報告されている。

マダニ唾液腺内に形成されたスポロゾイト（口絵写真66，⓭頁）は吸血の際，牛体内に注入され，シゾント，メロゾイトを経て赤血球内に侵入してピロプラズムになる（口絵写真67，⓭頁）。シゾント（口絵写真68，⓭頁）は肝臓，脾臓，リンパ節などの細網内皮系細胞中に多核の細胞内構造物として認められ，後述の *T. parva*，*T. annulata* のようにリンパ球内では認められない。ピロプラズムはマダニの吸血により再びマダニ体内に摂取され，中腸で有性生殖を行った後に唾液腺内でスポロゾイトとなる。

発生・疫学

小型ピロプラズマ原虫は *T. parva*，*T. annulata* に比較して病原性は低いとされている。

本病の発生はマダニの発生状況と関連が深い。放牧牛では入牧後1～2カ月後に発症することが多く，これは入牧した牛が牧野で越冬した原虫感染ダニ（主に若ダニ）に吸血されることによる。ホルスタイン種の初放牧牛での被害が大きく，黒毛和種や放牧経験牛では軽度に経過することが多い。一方，感染耐過牛であっても分娩や輸送など強いストレスが負荷された場合には再発症する場合もある。また，出生直後の牛の赤血球内に原虫が認められることがあり，垂直感染の可能性が示唆される。

症　状

本原虫の感染を受けた牛がすべて発症に至るわけではなく，個体によって症状は異なる。

1．臨床症状

主症状は発熱と貧血である。小型ピロプラズマ原虫感染後，原虫寄生率の上昇，貧血の進行に伴い40℃以上の発熱，粘膜の退色，元気・食欲の低下などがみられる。重症例では可視粘膜は蒼白・黄疸を呈し，心悸亢進，呼吸速迫などの症状を示す。本原虫による貧血はバベシア感染とは異なり血管内溶血によるものではなく，原虫感染・非感染両赤血球の細胞膜の脆弱化および脾臓における赤血球クリアランスの亢進の結果と考えられている。したがって血色素尿の排泄はみられない。

放牧牛の原虫感染率は一般に高いが，死廃率は1％未満と高くはない。しかし，大型ピロプラズマ原虫（*Babesia ovata*）やアナプラズマ，ヘモプラズマなどの住血微生物との混合感染や分娩・強いストレスなどが原因となり症状が悪化したり，再発症する場合がある。

2．血液所見

貧血の進行とともに赤血球数，ヘマトクリット値，ヘモグロビン量が減少し，多染性赤血球など異常赤血球が出現して赤血球は大小不同となる。貧血極期から回復期にかけては造血機能の亢進により大型の幼弱赤血球が出現することからMCV（平均赤血球容積）は増加する。生化学的には，間接ビリルビンの上昇，肝機能，腎機能障害を示すAST（GOT），ALT（GPT），LDHの上昇が認められる。

診　断

血液中の原虫検出および貧血を中心とした臨床症状から診断は比較的容易である。一方，末梢血液中の原虫寄生率と貧血の関係は概ね密接である。しかし，野外では原虫寄生率は高いが貧血の程度は軽く臨床的に軽症であったり，逆に原虫寄生率は低くても重度の貧血症状を示すものがある。これらのことから，診断に当たっては原虫の寄生程度，貧血の程度，疫学情報，発病要因の検索，合併症の診断など総合的に判断することが重要である。

1．原虫の検出

末梢血液の塗抹標本をギムザ染色し，鏡検により赤血球内のピロプラズムを検出する。虫体は柳葉状，コンマ状，桿状，卵円形などの形態がみられるが，前3者は感染初期の増殖期に多く，後者は慢性期にみられる傾向がある。原虫感染赤血球内にはしばしばbarやveilと呼ばれる構造物が認められることが多く，他種のタイレリアとの重要な鑑別点となる。

原虫寄生の程度は赤血球1,000個中の寄生赤血球の百分比を計算し，寄生率で表示する。野外では通常寄生度－～++++と表現されているが，大量の塗抹標本を迅速に処理できる利点がある一方で，高寄生率では適さない場合がある。

また，原虫の主要抗原蛋白質をコードする遺伝子検出を目的としたPCRによる診断法も利用されている。

2．血清学的診断

赤血球中のピロプラズムを抗原としたIFA，ELISAにより特異抗体を検出する。本病の血清学的診断薬は市販されておらず，研究面での応用が主体である。

治療・予防

本病の治療は，抗原虫薬と対症療法が基本である。発見時に重症化している場合は無理な移動は避け，安静を第一として現場で治療を行う。早期発見を心がけ，日々の巡視や定期的な放牧衛生検査により異常牛を早期に発見し，診断・治療に結びつけることが重要である。

抗原虫薬は8-アミノキノリン製剤のパマキン®，プリマキン®が長らく使われてきたが，パマキンの2005年の製造・販売中止以来，現在はジミナゼン製剤のガナゼック®のみ入手可能である。これらの薬剤は赤血球内のピロプラズムに対してのみ有効である。油性パマキン®は200～400 mg/頭の筋肉内投与が行われている。ガナゼック®は本来抗バベシア剤であり，小型ピロプラズマ原虫に対しては大型ピロプラズマ原虫に対する常用量の2，3倍量である7～10 mg/kgの筋肉内投与が必要である。薬液量が多く疼痛が大きいことや血管・神経・筋肉への障害の副作用が報告されていることから，8-アミノキノリン製剤の製造・販売再開や新たな抗タイレリア剤の開発が望まれている。

対症療法は脱水に対する水分補給と電解質補正，アシドーシスの改善，栄養補給などを中心に考える。補液は経口，静脈，皮下いずれのルートでもよいが，衰弱牛に対しては静脈ルートが効果的である。この際，リンゲル液などの電解質溶液と5％ブドウ糖液を1：1～2の割合で使用し，7％重曹液を添加してアシドーシスの改善を図る。その他，ビタミン剤，強肝剤，強心剤，二次感染に対する抗菌薬なども症状に応じて投与する。

重症牛には輸血も効果があるが，血液型に起因する副作用や血液に由来する各種感染症の危険性から慎重に選択する必要がある。

本病の予防は，媒介ダニの駆除による感染予防と草地・放牧管理の徹底などによる放牧環境の整備や放牧馴致および早期発見・治療による発症予防を基本とする。

小型ピロプラズマ原虫の主な媒介者であるフタトゲチマダニは3宿主性（幼ダニ，若ダニ，成ダニとすべての発育期に異なる宿主に寄生すること）のマダニであることから，完全に撲滅することは困難である。したがって，効果のある殺ダニ剤を継続的に使用し，牧野のマダニ生息密度を低く保つことが重要である。

放牧環境の面では，放牧開始前に予備放牧や放牧馴致を行い放牧によるストレスを緩和することにより本病発症による被害を軽減させる。また，良質で栄養価の高い牧草が摂取できるように草地管理・放牧管理を徹底する。

B．東海岸熱，熱帯タイレリア病

原　因

病原体は，東海岸熱が *Theileria parva*，熱帯タイレリア病が *T. annulata* である。

東海岸熱は *Rhipicephalus appendiculatus* などのコイタマダニ属のマダニが媒介し，熱帯タイレリア病は *Hyalomma anatolicum*，*H. detritum* などのイボマダニ属のマダニが媒介する。

T. parva，*T. annulata* ともにシゾントはリンパ球内に認められ，*T. parva* ではシゾント感染リンパ球は癌細胞のように生体内で増殖を行う特徴がある。

発生・疫学

東海岸熱はケニア，ウガンダ，タンザニア，ザンビアなど東部および南部アフリカ，熱帯タイレリア病は北西アフリカ，中近東から中国南部に至るユーラシア大陸で発生がみられる。ともに病原性は強く，致死率は高い。

T. parva では蛋白質組成，抗原性，遺伝子などの点で多様性が認められており，ワクチン開発の障害となっている。

症　状

臨床症状はともにシゾント発育期に一致して発現し，感染後2週目には40℃を超える発熱，リンパ節の腫脹などがみられる。経過とともに元気消失，脈拍・呼吸数の増加などの症状が顕著となり，東海岸熱では感染後3～4週間で70～100％の牛が呼吸困難に陥って死亡する。死亡の原因は肺水腫に起因する泡沫性分泌物による窒息死である。熱帯タイレリア病では赤血球内へのピロプラズムの出現と同時に貧血や黄疸が現れる。致死率は5～90％といわれている。

診　断

診断はともに疫学，臨床症状に加え，腫脹したリンパ節のバイオプシー検査によるシゾントの検出，血液塗抹標本でのピロプラズムの検出を行う。PCRによる遺伝子診断法も利用されている。血清学的診断はIFAなどがあるが，主に疫学調査に用いられている。

治療・予防

東海岸熱は急性経過をとることから治療は感染初期に限られる。ともに抗シゾント効果のある持続性テトラサイクリンや抗シゾントと抗ピロプラズム効果のあるナフトキノン製剤を用いた治療が行われている。

予防では殺ダニ剤を用いた媒介マダニ駆除以外に，東海岸熱ではスポロゾイトやシゾントとともにテトラサイクリンなどの治療薬を投与する感染治療法，熱帯タイレリア病ではシゾント感染細胞を継代培養し弱毒化した弱毒培養シゾントワクチンの接種が行われている。

〔寺田 裕〕

5．バベシア病

バベシア病はバベシア属原虫によって引き起こされる牛や水牛の疾病で，発熱や貧血，血色素尿を主徴とするマダニ媒介性疾病である。家畜伝染病予防法では *Babesia bovis*，*B. bigemina* による牛，水牛のバベシア病は家畜伝染病に指定されている。

原 因

バベシアは Apicomplexa（門），Coccidia（綱），Piroplasmida（目），Babesiidae（科），*Babesia*（属）に分類される原虫である。牛に寄生するバベシアは７種類が報告されており，小型の *B. bovis*（0.9×2.0 μm）と大型の *B. bigemina*（2.8×5.0 μm），*B. divergens* 等が重要である。*B. bovis* と *B. bigemina* は病原性が強く，牛の他にコブ牛，水牛，鹿などにも感染が認められ，家畜伝染病に指定されている。日本では，比較的病原性の弱い *B. ovata*（1.7×3.2 μm）(口絵写真 69，⑭頁）が認められる。

バベシアはマダニによって媒介され，本病の発生はマダニの分布と一致する。また，マダニの体内で有性生殖，牛で無性生殖を行う。マダニの唾液腺に存在するスポロゾイトが吸血の際に動物の血管内に侵入後，赤血球内に寄生・発育し，通常２個の原虫に分裂する。分裂した虫体は赤血球の破壊とともに別の赤血球に侵入し，増殖を繰り返す。このような感染動物を雌成ダニが吸血すると，無性生殖期の原虫はマダニの中腸内で破壊されるが，生き残った生殖母体は赤血球から出て雄と雌の生殖体に分化して接合し，ザイゴート，キネートと発育し，キネートは中腸管壁を貫通して血リンパ内に入って卵巣に到達し，卵に侵入する。経卵感染して孵化した幼ダニや若ダニの唾液腺でスポロゾイトに発育し，これらのマダニが動物を吸血することにより新たな感染を起こす。

発生・疫学

B. bovis は 1888 年 V. Babeş により，ルーマニアで問題となっていた牛伝染性血色素尿の病原体として発見された。*B. bovis* は，中南米，東南アジア，中国，インド，近東，オーストラリア東部，アフリカ，南欧などに分布し，オウシマダニ〔*Rhipicephalus*（*Boophilus*）*microplus*〕や *R. decoloratus*（アフリカ）などが主な媒介マダニである。*B. bigemina* は，1893 年に米国南部の放牧牛に大被害をもたらしていたテキサス熱の病原体として Smith & Kilborne により発見された。さらに，マダニの刺咬により *B. bigemina* が牛に感染することが明らかとなり，獣医学・医学史上，原虫病が節足動物により媒介されることを初めて示した発見として有名である。*B. bigemina* の分布や媒介マダニは *B. bovis* とほぼ同様である。米国では，Smith & Kilborne の生活環の解明に基づき 20 世紀初頭から 36 年にわたり集中的なマダニ撲滅計画を実施し，テキサス熱の終息に成功した。しかし，メキシコには依然として媒介マダニが存在することから，媒介マダニ撲滅後も現在に至るまでメキシコ国境に沿って検疫地帯を設け監視を継続している。また，野生のオジロジカから *B. bigemina* や *B. bovis* に対する抗体やこれらの遺伝子断片が認められている。日本でも，沖縄において *B. bigemina* および *B. bovis* 感染が認められ大きな被害を被っていたが，ピレスロイド系殺ダニ剤であるフルメトリン製剤を用いたダニ撲滅事業が成功し，これらの感染は 1997 年に終息した。

20 世紀初頭に九州や北海道などで牛のピロプラズマ症の集団発生が認められ，その多くはタイレリアとバベシアの混合感染と推察されたが，病原体の分類学的位置づけは長い間不明であった。その後，石原らは大型ピロプラズマ原虫の分離に成功し，形態，媒介マダニ，病原性，交差感染試験の結果から，

1980年に形態的に類似している *B. bigemina* とは異なる新種の *B. ovata* と同定した。*B. ovata* の発生は日本および韓国で認められているが，最近の分子疫学的研究により中国における分布も示唆されている。*B. ovata* はフタトゲチマダニ（*Haemaphysalis longicornis*）により経卵媒介され，全国の牧野に分布している。また，*B. ovata* は同じくフタトゲチマダニにより媒介される小型ピロプラズマ原虫（*Theileria orientalis*）との混合感染が一般的で，感染牛に重度の貧血をもたらすことから放牧衛生上重要な病原体である。北海道における最新の疫学調査では，血液塗抹標本およびPCRにより，それぞれ3.2%，24.5%で原虫あるいは遺伝子断片が検出されており，今なお高率に感染している可能性が高い。

症　状

成牛の方が若齢牛よりもバベシア感染に対する感受性が高い。清浄地域で牛が *B. bovis* 感染した場合，マダニ付着後6～12日で末梢血液中に原虫が認められ，41℃以上の発熱が3～8日間持続する。また，バベシア症の特徴である血管内溶血による血色素尿に加えて，急激な貧血や著明な黄疸が認められる。さらに，*B. bovis* 感染牛では脳内の毛細血管に感染赤血球が停滞，充満して循環障害を起こし，痙攣や麻痺などの神経症状から昏睡状態に陥って死亡する脳バベシア症が認められる。*B. bigemina* 感染牛においても，マダニ刺咬後12～18日で原虫が末梢血液中に認められ，発熱，貧血，血色素尿が認められる。しかし，その程度は *B. bovis* 感染よりも軽く，神経症状も認められない。また，流行地においては *B. bovis* および *B. bigemina* 感染とも上記の臨床症状は軽く，感染耐過している場合が多い。

B. ovata 感染においても発熱，貧血，黄疸，血色素尿（**口絵写真70，⑭頁**）の臨床症状を示すが，*B. bovis* や *B. bigemina* に比較して軽度である。しかし，摘脾した牛を用いた実験感染例では40～41℃の発熱，またヘマトクリット値が10%以下になると肝臓や腎臓の機能障害が認められ，死亡することが報告されている。汚染地では *B. ovata* による単独感染はほとんど認められず，*T. orientalis* との混合感染が一般的である。北海道における最近の疫学調査では，*T. orientalis* の単独感染牛の貧血率は18.2%であったが，*B. ovata* との混合感染ではその貧血発症率が42.9%と高率であった。しかし，*B. ovata* の単独感染で貧血を呈している牛は認められなかった。さらに *T. orientalis* 感染牛では赤血球数の低下が顕著であるが，*B. ovata* との混合感染の場合には，さらにヘモグロビン濃度とヘマトクリット値も連動して低下していた。

診　断

発熱，貧血，血色素尿などの臨床症状や疫学的情報から，バベシア感染が疑われる場合，次のような診断法を実施する。

1．鏡検による原虫検出

血液塗抹ライトギムザあるいはギムザ染色標本を作製し，赤血球内の洋梨状の原虫を顕微鏡で検出するのが最も確実な方法である。バベシアの検出の場合，皮膚末梢血を用いた方が通常の静脈血より検出率が高いといわれている。しかし，感染初期や慢性感染のように寄生率が低い場合（0.1%以下），抗バベシア剤を投与した場合，タイレリアやアナプラズマ等の混合感染のある場合など，原虫の大きさや形態だけで原虫の同定やバベシア種属間の類症鑑別が困難な場合がある。

2．血清反応による抗体の検出

培養によって得られた *B. ovata*，*B. bovis*，*B. bigemina* を用いたIFAにより特異抗体を検出できる。しかし，IFAには，判定が観察者の主観に左右されやすいことや多数の検体処理に向かない等の欠点がある。このため，*B. bovis* や *B. bigemina* に対して，組換え抗原を用いたELISAが開発されている。さらに，簡便・迅速な血清診断法であるイムノクロマトが *B. bovis* や *B. bigemina* 用にすでに開発され，今後これらの方法の普及が期待される。

3．遺伝子診断法

近年，*B. bovis* や *B. bigemina* の遺伝子を増幅させて判定するPCRや簡便で迅速な遺伝子増幅法として注目されているLAMPが開発されている。これらの方法は，牛の輸入拡大に伴う *B. bovis* ならびに *B. bigemina* の国内への浸潤・まん延防止に役立つと期待される。また，形態的に類似している *B. bigemina* を厳密に鑑別可能な *B. ovata* のAMA-1遺伝子を用いた特異性の高いPCRが開発され，混合感染が疑われる場合の遺伝子診断法および分子疫学的調査に有用である。

治療・予防

キノリン誘導体，アクリジン誘導体，ジミナゼン誘導体，イミドカルブ等がバベシア原虫に対して有効とされているが，副作用が強い薬剤もあり，用量や注射部位などに注意を要する。また，バベシアを動物体内で完全に殺滅する薬剤はないのが現状である。したがって，急性期には原虫を確認し適切な薬剤治療を素早く行うことを治療の基本方針とする。また，1つの薬剤を単独で用いるよりも，他の薬剤との併用，症状に応じて輸血，輸液等の維持・対症療法を併用し，臨床症状の改善を図ることが重要である。

ジミナゼン誘導体（ガナゼック®）は *B. ovata* に対する第1選択薬として使用されている。1日1回，2～3 mg/kg を筋肉内投与する。副作用として注射部位の疼痛，跛行，貧血などが認められる。イミドカルブ（イミゾール®）は，1～2 mg/kg で皮下または筋肉内投与が有効とされている。現在までに，いくつかの薬剤が試験管内のバベシアの増殖を抑制するという報告がされているが，感染動物を用いた実験はなされておらず，新たな薬剤の検索，開発が今後の重要課題である。

本病の予防対策として，牛の定期的な感染実態および媒介マダニの同定と吸血活性時期を把握し，感染動物の治療とマダニの長期的駆除を併用することが有効な方法として推奨される。また，放牧初期のストレス軽減を目的とした予備放牧も重要である。オーストラリアでは，オウシマダニに対するワクチンも市販されているが，その効果は限定的である。今後，本病の制圧のために新たな治療薬やワクチンの開発が期待される。

〔五十嵐郁男〕

6．トリパノソーマ病

現在までに哺乳類，鳥類，爬虫類，両生類，魚類など様々な脊椎動物から約 125 種の *Trypanosoma* 属原虫が分離されているが，そのほとんどが非病原性である。トリパノソーマ属原虫は，それぞれ固有の吸血性無脊椎動物ベクターによって生物学的あるいは機械的に媒介され，ベクター体内での発育部位の違いによってステルコラリアとサリバリアの2つのセクションに大別されている。牛に寄生するトリパノソーマにはステルコラリアに属する日和見感染性の種とサリバリアに属する病原性トリパノソーマが知られているため，本項ではそれぞれについて記述する。

原　因

現在知られている牛寄生性トリパノソーマを表1にまとめた。我が国にも分布している牛寄生性トリパノソーマは *T. theileri* のみであり，病原性の強いその他のトリパノソーマは分布していない。*T. theileri* は通常病原性を示さないが，宿主の健康状態によっては貧血や流産などを呈することがある。媒介者はアブ科昆虫であるが，経胎盤感染が疑われる胎子や子牛の陽性例も報告されている。牛の病原性トリパノソーマのうち，ツェツェバエによって媒介される種は媒介者がアフリカ固有種のため，仮に我が国に侵入しても流行が拡大する可能性はきわめて低い。一方，アブ科昆虫によって機械的に伝播する *T. vivax* と *T. evansi* は，媒介可能なアブが我が国にも分布しているため，いったん侵入すると我が国で流行が拡大する可能性がある。実際，イタリア，ドイツ，フランスなどではアフリカなどの流行国から生体輸入した馬，ラクダ，野生動物で *T. evansi* 感染例が報告されている。*T. vivax* は有蹄類にのみ寄生するが，*T. evansi* は有蹄類に加えてイヌ科，ネコ科，げっ歯類などの様々な動物にも寄生するため，流行地からこれらの動物を輸入する際は確実な検疫による水際での病原体侵入阻止が肝要である。

発生・疫学

T. theileri は全世界に分布しており，我が国にも全国的に分布している。宿主特異性が高く，その寄生

表1　牛寄生性トリパノソーマ

種名	主な宿主	媒介者	分布	病名
サリバリア				
T. congolense	牛，馬，山羊など	ツェツェバエ	アフリカ	ナガナ
T. vivax	牛，馬，山羊など	ツェツェバエ，アブ	アフリカ，中南米	スーマ
T. brucei brucei	牛，馬，山羊など	ツェツェバエ	アフリカ	ナガナ
T. brucei rhodesiense	牛，山羊，人など	ツェツェバエ	東アフリカ	ナガナ
T. evansi	牛，水牛，馬，ラクダなど	アブ	アフリカ，中南米，日本を除くアジア各地	スーラ
ステルコラリア				
T. theileri	牛	アブ	日本を含む全世界	非病原性

はウシ族に限定される。

T. vivax の分布はサハラ砂漠以南のアフリカと中南米に限局しており，宿主域も有蹄類に限られている。アフリカでは主にツェツェバエが，中南米ではアブ科昆虫ならびに吸血コウモリによって媒介されている。一方，*T. evansi* はこれらの地域に加えて日本を除くアジア各地にも広く分布しており，牛の病原性トリパノソーマのなかでは最も広い地域に分布している。媒介者はアブ科昆虫であるが，特にアブ属やサシバエ属が好適媒介者である。宿主域も広く，我が国にも媒介可能なアブやサシバエが生息していることから海外感染症として重要である。以下の項目では *T. theileri* と *T. evansi* について記述する（**口絵写真 71，⓮**頁）。

症　状

T. theileri は一般に非病原性トリパノソーマであり，病原性を発揮することはまれであるが，流産，貧血，発熱などの症状を呈した例も報告されている。

T. evansi に寄生された牛は間歇熱，貧血，削痩，浮腫，後躯麻痺，流死産などの臨床症状を呈し，剖検ではリンパ節の腫脹と脾腫が顕著で，他に肝や腎の腫大が認められる。

診　断

T. theileri の検出には血液の生鮮塗抹標本あるいは血液塗抹ギムザ染色標本の顕微鏡検査が簡便であるが，血液中の原虫数が少ないことが多いため感度は低い。5～10 mL 程度の血液をヘパリン等で抗凝固処理した後に遠心し，血漿と赤血球との中間にある白血球層を採取し，15 mL 程度の 10%ウシ胎子血清添加イーグル最小必須培地と混合して，37℃，5%炭酸ガス存在下で7～10日間培養して虫体を検出することも可能である。

一般的な *T. evansi* の診断法は顕微鏡検査による生鮮血液塗抹標本あるいは血液塗抹ギムザ染色標本からの原虫検出である。抗原虫表面抗原抗体の検出を簡便に行えるラテックス凝集反応キットがベルギー熱帯病研究所から入手可能である。我が国では帯広畜産大学原虫病研究センターが *T. evansi* 感染症に関する国際獣疫事務局（OIE）リファレンスラボラトリーであるため，PCR 等による確定診断が可能である。

治療・予防

T. theileri を対象とした治療法はない。必要な場合は *T. evansi* の治療法を試してみる価値はあるが，有効性については明らかでない。予防法は媒介者であるアブやサシバエの刺咬を避けることであるが，経胎盤感染の可能性もあるうえ，病害が問題となることが少ないため，本病のためだけに予防策を実施することはない。

T. evansi の予防ワクチンはないため，媒介アブ等の駆除や刺咬の阻止以外に本原虫の伝播を予防する方法はない。海外で広く用いられている治療薬はイソメタミジウム塩酸，ジミナゼン誘導体，スラミンおよびキナピラミン硫酸・キナピラミン塩酸である。イソメタミジウム塩酸は 0.25～1 mg/kg を筋肉内注射し，予防治療薬として処方されている。ジミナゼン誘導体とスラミンでは一般に後者の方が *T. evansi* に対する効果が高い。ジミナゼン誘導体は 3.5～15 mg/kg を筋肉内注射する。スラミンは 1920 年にドイツで開発された抗トリパノソーマ薬でオンコセルカにも有効である。10 mg/kg を静脈内注射する。キナピラミン硫酸・キナピラミン塩酸は2～5

mg/kg を皮下注射して用いる。

〔井上　昇〕

7．トリコモナス病

牛のトリコモナス病はトリコモナス原虫が寄生することに起因する伝染性生殖器病である。1963 年以降，我が国での発生報告はないが，世界的には広く分布して繁殖障害の要因として重要視されている。家畜伝染病予防法では届出伝染病に指定されている。

原　因

原因病原体は牛胎子トリコモナス（牛生殖器トリコモナス，*Tritrichomonas foetus*）である。**表 1，2** に示すように真核生物の原生生物界に属し，寄生性の原生動物の一種である。この原虫は 4 本の鞭毛を有する単細胞の鞭毛虫類で，4 本の鞭毛のうち 3 本は前方（前鞭毛）に，残りの 1 本は後方に伸び（後鞭毛），後鞭毛と虫体本体との間に半透明の波動膜を有する。大きさは 5 ～25 μm で，紡錘形～卵円形である（**口絵写真 72，73，⓮**頁）。囊子型はなく，栄養型のみであるが，低温処理により偽囊子を形成することが知られている。微細形態学的には細胞内に核が 1 個あり，ミトコンドリアをもたず，また多数のハイドロゲノゾームをもつ。さらにペルタ，軸索，副基体やコスタなどの原虫特有の細胞内形態も有する。

表 1　トリコモナスの分類上の位置

分類項目		
真核生物	Domain	Eukaryota
原生生物界	Kingdom	Protista
肉質鞭毛虫門	Phylum	Sarcomastigophora
鞭毛虫亜門	Subphylum	Mastigophora
動物性鞭毛虫綱	Class	Zoomastigophorea
副基体上目	Superorder	Parabasalidea
トリコモナス目	Order	Trichomonadida
トリコモナス科	Family	Trichomonadidae
トリトリコモナス属	Genus	*Tritrichomonas*

発生・疫学

我が国では牛の生殖器感染症として，届出伝染病に指定されている。雌牛では人工授精によって感染を予防できるため，我が国の牛での症例報告は 1963 年以降ない。

世界的には北米や南米の国々およびオーストラリアなどの放牧が盛んな国々でまん延している。米国のカルフォルニア地方では 5.8～38.5%，オーストラリアでは 30.6～50%，および南アフリカでは 26.4% の原虫保有率であったとする報告がある。

近年，本原虫は牛の生殖器に寄生するだけでなく，豚や猫の小腸にも寄生していることが知られるようになった。

症　状

雄牛では無症状が多いが，雌牛では腟や子宮に寄生し，子宮内膜炎を惹起し不妊の原因となり，ときに早期流産（妊娠 2～4 カ月）や死産を惹起する。子宮蓄膿症などの他の生殖器疾患も認められる。臨床症状として，感染 3 日後から腟粘膜や陰唇の充血・腫脹がみられ，黄白色～乳濁色の分泌物の増加が認められる。

診　断

牛での診断は不妊症の発現や地理的分布から推定されるが，腟内や包皮内からの粘液を用いて塗抹標本を作成し，ギムザ染色などを施して原虫を検出する。培養法も有用で，diamond 培地を用いた培養が行われる。

OIE による培養法では，90 mL の培地（2 g trypticase peptone，1 g yeast extract，0.5 g maltose，0.1 g L-cysteine hydrochloride，0.02 g L-ascorbic acid，0.08 g K_2HPO_4，0.08 g KH_2PO_4，各成分を溶解後，pH7.2～7.4 に調製し，0.05 g agar を加えてオートクレーブする）に，10 mL 不活化牛血清（56℃ 30

表2　主な寄生性トリコモナス

前鞭毛の数	学名	宿主	寄生部位
3本	*Tritrichomonas foetus*	牛	生殖器
	Tritrichomonas suis (synonym of *T. foetus*)	豚，猫	小腸
	Tritrichomonas equi	馬	盲腸，大腸
4本	*Trichomonas vaginalis*	人	生殖器
	Trichomonas tenax	人	口腔
	Trichomonas hominis	人	小腸
	Trichomonas gallinae	鶏，鳩	上部消化管
	Tetratrichomonas ovis	羊	第一胃，盲腸
5本	*Pentatrichomonas hominis*	人	小腸
	Pentatrichomonas gallinarum	鶏，鳩，シチメンチョウ	盲腸

分処理)，ペニシリン 10 万単位とストレプトマイシン 0.1 g を加えて使用する。

また，流産後のホルマリン固定胎盤組織からの原虫の検出法として，モノクローナル抗体を用いた免疫染色法が開発されている。腟分泌液からの抗体を検出する方法として，ELISA や CF 試験も有用である。

最近では，primer として TFR3 (5'-cgggtcttcctatatgagacagaacc-3')/TFR4(5'-cctgccgttggatcagtttcgttaa-3')（種特異的)，や TFR1/TFR2（トリコモナス類特異的）を用いた PCR が開発されている。

猫では糞便を用いた培養法と PCR が行われる。培養法として，外国では InPouch™ TF と呼ばれる市販キット（BioMed Diagnostics）が販売されている。

治療・予防

雄牛ではアクリフラビン液などにより包皮腔を洗浄するが，効果がない場合は淘汰する。

雌牛でもメトロニダゾール（フラジール®）による子宮洗浄が行われるが，あまり実用的ではない。外国では原虫を用いた不活化ワクチンが用いられている。人工授精法は予防効果がきわめて高いが，人工精液の汚染に注意しなければならない。

汚染国からの牛の生体輸入に際しては，検疫が重要と思われる。

〔大西義博〕

X

寄生虫病

1．内部寄生虫病

A．吸虫による疾病

1．肝蛭症

原　因

Fasciola（属）の *F. hepatica*（肝蛭）および *F. gigantica*（巨大肝蛭）の２種であるが，日本に分布する肝蛭は種が決定されていないために日本産肝蛭（単為生殖型肝蛭，無精子型肝蛭；*Fasciola* sp.）と総称されている。終宿主は牛の他にめん羊や山羊などで，成虫は胆管に寄生する。

生 活 環

牛糞便とともに排泄された虫卵は25℃で約14日後にはミラシジウムを形成する。水田などの水中で孵化したミラシジウムは，中間宿主ヒメモノアラガイに侵入してスポロシスト，さらにはその体内にレジアを形成する。レジアはセルカリアを産出し，セルカリアは水中に遊出する。セルカリアは稲や畦草の茎などに達すると蛋白質や多糖類を分泌して被嚢し，メタセルカリアとなる。終宿主である牛はメタセルカリアが付着した稲の茎や畦草を摂取して感染する。小腸内でメタセルカリアより脱嚢した虫体は，腸壁を穿通して腹腔へ移動し，肝表面から侵入，肝実質や血液，組織液を摂取して約30～40日間発育した後，胆管へ侵入して成虫となり産卵を開始する。牛がメタセルカリアを摂取してから虫卵が糞便中に検出されるまでの期間は約66日である。

発生・疫学

世界的に発生がみられるが，特にアジア，アフリカ，中南米の熱帯・亜熱帯地域での発生率は高く，畜産業への影響は甚大である。日本では山間部などの小規模飼育農家で発生がみられるが，近年は減少している。

症　状

急性症：幼虫体が肝実質で発育する時期（肝内移行期）に発生する。すなわち，虫体による肝実質の破壊と出血を伴う線状の病変（虫道）が形成され，創傷性肝炎，腹膜炎の病像を呈して，肝腫脹，胆嚢および肝門リンパ節の腫大，非凝固性の暗赤色液の貯留，肝被膜と横隔膜，大網，腹膜との癒着などがみられ，臨床症状としては食欲廃絶，進行性の貧血，削痩が顕著で，体温上昇（41℃），血便の排泄，起立不能などがみられる。めん羊や山羊では，急性症で死亡することもある。牛における急性症の発生は稲わらや水田青草の給与の時期と密接に関連するため，稲わらを給与する地域では12～１月に発生が多く，また青草を給与する地域では９～11月に発生が多い。

慢性症：成虫が胆管に寄生する時期（胆管内寄生期）に発生する。成虫は胆管上皮に持続的な物理的刺激を与え，また虫体より排泄された代謝産物が周辺組織を化学的に刺激するために，慢性的な胆管炎および胆管周囲炎となる。炎症病変は結合組織の増生を招き，また肝実質における虫道病変の器質化と競合して広範な線維症から肝硬変に移行する。胆管は著しく肥厚し，胆管内には小塊状または砂状の石灰結石が形成され，管腔の閉塞や嚢胞状拡張，さらには胆汁のうっ滞が認められる。これらの病変は特に左葉で著しく，左葉の萎縮とともに右葉が代償性に肥大すると肝臓全体が類円形に変形する。これらによる栄養の低下，眼結膜の貧血，心機能障害，肝の圧痛，胃腸障害，泌乳量の低下，下顎部の浮腫，下痢などの慢性症状がみられる。

その他の症状：幼虫や成虫が気管支や子宮，脊髄，胎子に異所寄生（迷入）することがあり，特に濃厚汚染地域やジャージー種の飼育地域で発生することが多い。局所的な気管支拡張，チーズ様膿瘍の貯留，肺の間質増生などが認められ，慢性的な発咳，膿塊の喀出，血中好酸球の増加などがみられる。また，子宮内迷入による繁殖障害が示唆されている。さらに脊髄腔や硬膜下への迷入による腰麻痺，胎子への移行により新生子牛の発育不良や起立不能，哺乳不能などが発生する。

血液および血液生化学所見：赤血球数の低下（400～

500万），ヘマトクリット値の低下（17～18%），ヘモグロビン量の低下（5～6 g/dL），白血球数の増加（2～3万），特に好酸球の著増（20～40%），アルブミンの減少，γ-グロブリンの増加，GOT および GPT の増加などが認められる。

診　断

糞便内虫卵検査法：成虫寄生を診断する確実な方法で，渡辺法やビーズ法などの沈殿集卵法が用いられる。双口吸虫の虫卵に類似するが，虫卵の色（黄褐色），卵細胞の位置（小蓋側に偏在），大きさ，卵黄細胞の分布密度（高い）などが鑑別点となる。

血清学的検査法：肝蛭特異抗体は感染2～4週後から検出され，高い抗体価が長期間持続されるので，幼若虫の寄生や異所寄生の検出に適する。皮内反応，AGID，ELISA などが用いられる。

治療・予防

治療は以下のような駆虫薬投与による。

トリクラベンダゾール：6～12 mg/kg の1回投与で8週齢～130日齢虫体の90%以上，5週齢虫体の50～90%に駆虫効果がある。食肉の出荷停止期間は28日，また牛乳へは長期間移行するため乳牛での使用は制限される。

ブロムフェノホス：12 mg/kg の1回経口投与で12週齢虫体に90%以上の駆虫効果があるが，5週齢以下の虫体には効果が低い。出荷停止期間は牛乳で5日間，食肉で21日間である。下痢などの副作用を認めることがある。

ニトロキシニル：5～10 mg/kg の皮下または筋肉内注射で5週齢以上の虫体の90%以上に効果がある。食肉の出荷停止は110日，乳牛に使用することはできない。下痢，食欲低下，元気消失などの副作用がある。

ビチオノール：20～30 mg/kg の経口投与で12週齢虫体の50～90%に効果がある。5週齢以下の虫体には効果がない。食肉の出荷停止は10日，乳牛に使用することはできない。下痢，食欲不振がみられる。

予防は次の方法による。

虫卵の殺滅：肝蛭卵は熱やアンモニアに抵抗力が弱いので，牛糞便を堆肥・厩肥として水田に還元する場合には十分に発酵，腐熟させる。

中間宿主の撲滅：殺貝効果を有する農薬（ブラストサイジンS，EDDP などの5～10 ppm）の散布，放牧地環境の改善によりヒメモノアラガイを殺滅する。

メタセルカリア対策：メタセルカリアは熱や乾燥に比較的弱いので，感染源となる給与稲わらの十分な乾燥やサイレージ化，また青草の給与自粛などを実施する。

2．双口吸虫症

原　因

日本では，第一胃または第二胃に寄生する *Calicophoron calicophorum*，*C. microbothrioides*，*Orthocoelium streptocoelium*，*Paramphistomum ichikawai*，*P. gotoi*，*Fishchoederius elongatus*，大腸に寄生する平腹双口吸虫（*Homalogaster paloniae*）の7種が知られる。

生 活 環

ヒラマキガイ類を中間宿主としてその体内で幼生生殖（スポロシスト－レジア－セルカリア）を行い，セルカリアが貝より水中に遊出して稲や畦草の茎で被嚢してメタセルカリアになる（肝蛭の生活環に類似）。牛はメタセルカリアの経口摂取で感染し，小腸で脱嚢した幼虫は小腸粘膜で発育した後に胃または大腸で成虫となる。

発生・疫学

胃寄生種の成虫による病害は低いとされ，重度汚染地域では幼虫に起因する腸双口吸虫症が子牛にみられる。大腸寄生種の平腹双口吸虫症が九州～西日本で報告されている。なお東南～南アジアでは，胆管寄生種（*Explanatun explanatum*）による双口吸虫症が知られる。

症　状

腸双口吸虫症では，幼虫発育による小腸上部の壁の肥厚，カタル性炎，びらん，点状出血などがみられ，元気喪失，食欲不振，立毛，悪臭ある水溶性下痢などの症状がみられる。

診　断

肝蛭症の診断に準ずるが，虫卵は肝蛭卵に類似するので両者の鑑別が重要である。

治療・予防

ブロチアニド 15 mg/kg の投与で，幼虫の 85%，成虫の 87～90%に有効であった。レゾランテル 65 mg/kg の投与で，幼虫の 80～99%，成虫の 85～100%に効果がある。オキシクロザニド 18.7 mg/kg とレバミゾール 9.4 mg/kg の２回投与３日間で，*C. calicophorum*，*O. streptocoelium*，*P. ichikawai* の幼虫の 99.9%，成虫の 100%に有効であった。予防法は肝蛭症に準ずる。

3．膵蛭症

原　　因

膵蛭（*Eurytrema pancreaticum*）と小型膵蛭（*E. coelomaticum*）の２種で，終宿主は牛の他に反芻獣や草食動物などで膵管に寄生する。

生 活 環

オナジマイマイやウスカワマイマイを第１中間宿主，ホシササキリやウスイロササキリを第２中間宿主とする。幼生生殖は，第１中間宿主体内でミラシジウム－娘スポロシスト－母スポロシスト，第２中間宿主体内でセルカリア－メタセルカリアとなる。牛はメタセルカリアが寄生したササキリ類を経口摂取して感染する。小腸で脱嚢した幼虫は膵管開口部より侵入して膵管内で成虫に発育する。

発生・疫学

アジアに分布し，欧州や北米からは報告されていない。日本では，膵蛭が東北から沖縄県まで広く分布し，小形膵蛭は関西から沖縄県まで，特に八丈島，隠岐島，佐渡島，奄美大島，沖縄県などの離島では牛の感染率は他地域に比べて高い。

症　　状

多数寄生により栄養障害，削痩，流涎，被毛粗剛，下痢，貧血などがみられることがあるが，少数寄生では一般には無症状である。

診　　断

沈殿集卵法による糞便検査で虫卵を検出する。槍形吸虫の虫卵と形態が酷似するので鑑別に注意する。

治療・予防

ニトロキシニル 30 mg/kg を１カ月間隔で３回の皮下投与，または初回に 10 mg/kg，２回目（20 日後）と３回目（70 日後）にそれぞれに 30 mg/kg の皮下投与が小形膵蛭の駆虫に有効である。重度汚染地域では，定期的な駆虫や牧野の保虫宿主（野ウサギなど）の駆除が予防対策となる。

4．槍形吸虫症

原　　因

日本では *Dicrocoelium chinensis* および *D. dendriticum* の２種で，成虫は牛の他に反芻獣の胆管に寄生する。

生 活 環

カタツムリ類（ヤマホタルガイなど）を第１中間宿主，アリ（クロヤマアリなど）を第２中間宿主とし，第１中間宿主体内でミラシジウム－母スポロシスト－娘スポロシスト－セルカリア，第２中間宿主体内でメタセルカリアとなる。牛への感染はアリの経口摂取による。小腸で脱嚢した幼虫は胆管開口部より侵入して主胆管で成虫となる。

発生・疫学

日本では牛の感染例は少なく，野生反芻獣（ニホンジカ，ニホンカモシカ）で多い。

症　　状

重度感染で胆管の拡張・肥厚，肝硬変などの慢性的病変を認め，栄養障害，下痢，便秘，削痩を認めることもあるが，少数寄生では無症状のことが多い。

診　　断

沈殿集卵法による糞便検査で虫卵を検出する。膵蛭類の虫卵と形態が酷似するので鑑別に注意する。

治療・予防

アルベンダゾール，チアベンダゾール，フェンベンダゾールが有効である。

B. 条虫による疾病

1. Anoplocephalidae（科）による成虫症

原 因

日本の牛では *Moniezia* 属のベネデン条虫（*M. benedeni*）が原因であることが多く，まれに拡張条虫（*M. expansa*）による。いずれも小腸に寄生し，ベネデン条虫は牛，拡張条虫はめん羊や山羊を主な宿主とする。アジア，アフリカ，欧州では *Thysaniezia* 属や *Avitellina* 属，*Stilesia* 属の種も原因となり，これらは小腸または胆管に寄生する。

生活環

ベネデン条虫はササラダニ類を中間宿主とし，牛はササラダニとともに嚢虫（擬嚢尾虫）を摂取して感染する。小腸で嚢虫の原頭節からストロビラが形成され成虫となる。成虫の寄生期間は約３カ月で，その後自然に排虫される。

発生・疫学

日本の牛ではベネデン条虫の寄生は一般的であるが，発症は子牛の多数寄生例であることが多い。

症 状

発症した子牛では，軟便・下痢がみられるが，一般にはベネデン条虫の病害性はほとんどないと考えられている。

診 断

糞便中の受胎片節を肉眼的に検出する。または浮遊集卵法により虫卵を確認する。

治療・予防

アルベンダゾール 10 mg/kg，フェンベンダゾール 15 mg/kg，フェバンテル５～15 mg/kg などが有効である。

2. 嚢虫症

原 因

Taenidae（科）の無鉤条虫（*Taenia saginata*）の嚢虫（無鉤嚢虫），胞状条虫（*T. hydatigena*）の嚢虫（細頸嚢虫），多包条虫（*Echinococcus multilocularis*）の嚢虫（多包虫）などが原因である。無鉤嚢虫は，長径約１cm の半透明の嚢状体で内部に１個の原頭節と嚢虫液を容れ，心筋や横隔膜，肩部筋などに寄生する。細頸嚢虫は肝表面や大網，腸間膜などに寄生し，長径は 0.5～５cm である。多包虫は肺や肝に寄生し，大きさは数 mm～数十 cm の多房性嚢虫で周辺組織への浸潤性がある。

生活環

終宿主は胞状条虫および多包条虫では犬科動物，無鉤条虫では人であり，成虫はその小腸に寄生する。糞便より排泄された虫卵を牛（中間宿主）が経口摂取すると小腸で六鉤幼虫が孵化し，腸壁より循環系を介して各種別の寄生部位で嚢虫に発育する。終宿主が内臓とともに嚢虫を摂取すると小腸で原頭節からストロビラが形成されて成虫となる。

発生・疫学

日本の牛では，いずれの嚢虫も検出率は低い。

症 状

無症状であることが多く，通常はと畜検査の際に発見される。

診 断

生前診断は行われない。

治療・予防

治療や予防は行われない。

C. 線虫による疾病

1. 消化管内寄生線虫症

牛の消化管，特に胃腸には多種の線虫が寄生し，それらが混合寄生して炎症性の疾病である寄生虫性胃腸炎を引き起こす。

原 因

第四胃寄生の線虫：オステルターグ胃虫（*Ostertagia ostertagi*），牛捻転胃虫（*Mecistocirrus digitatus*），毛様線虫（*Tnichostrongylus axei*）

小腸寄生の線虫：クーペリア属線虫（*Cooperia on-*

cophora, C. punctata)，毛様線虫（*Trichostrongylus axei*)，ネマトジルス属線虫（*Nematodirus helvetianus*)，牛回虫（*Toxocara vitulorum*)，牛鉤虫（*Bunostomum phlebotomum*)，乳頭糞線虫（*Strongyloides papillosus*)

大腸寄生の線虫：牛腸結節虫（*Oesophagostomum radiatum*)，牛鞭虫（*Trichuris discolor*)

生活環

これらの線虫類は中間宿主を必要としない直接伝播で牛に感染する。牛糞便に排泄された虫卵はその内部に1期幼虫（L1）を形成する。①L1は外界で孵化し，発育・脱皮して3期幼虫（L3）となって牛に経口感染し，L3は消化管内で発育・脱皮して成虫となる（オステルターグ胃虫，牛捻転胃虫，クーペリア属線虫，毛様線虫，ネマトジルス属線虫，牛腸結節虫）。オステルターグ胃虫では，L3〜L5が第四胃粘膜内で数カ月間発育を停止させる発育停止現象が知られる。②L1は外界で孵化してL3となって牛に主に経皮感染し，L3は循環系により気管型移行で発育・脱皮し小腸で成虫となる（牛鉤虫，乳頭糞線虫）。③L1は虫卵内で発育して感染幼虫となり，虫卵の経口摂取で牛に感染し（牛鞭虫，牛回虫），牛鞭虫では消化管で発育・脱皮して盲腸・結腸で成虫になるが，牛回虫では感染幼虫は組織型移行により組織中で発育停止幼虫となり，胎盤感染または経乳感染で胎子または新生子牛に移行，その消化管で発育・脱皮して小腸で成虫となる。

発生・疫学

放牧が盛んな畜産国では放牧衛生上できわめて重要な牛疾病の1つであり，その発症を予防するためにマクロライド系駆虫薬が大量に使用され，牧野環境の破壊が問題となっている。一方，日本では放牧期間が短く，舎飼いが多いことなどにより線虫類の重度感染が起こりにくく，本症の被害は余り認識されていない。しかし，原因となる線虫種は全国的に分布しているので，飼育状況によっては発生も十分考えられる。

症　状

病原性は線虫種により異なるが，臨床症状としては食欲不振，下痢，体重の減少，発育不良，貧血，低蛋白血症などがみられ，特に1歳未満牛における慢性的栄養障害，生産性低下が重要である。

診　断

ショ糖遠心浮遊法などの糞便検査による虫卵の検出である。虫卵の形態による種（属）の識別は牛鞭虫や牛回虫など一部の線虫を除いては困難であり，これらの同定は虫卵培養で発育させた3期幼虫の形態学的特徴で行う。

治療・予防

マクロライド系抗生物質（イベルメクチン，ドラメクチン，モキシデクチン）0.2〜0.5 mg/kg，レバミゾール7.5〜10 mg/kg，フルベンダゾール10〜20 mg/kg，チアベンダゾール66〜110 mg/kgがオステルターグ胃虫，クーペリア属線虫，牛捻転胃虫，牛腸結節虫などに有効である。

2．乳頭糞線虫症

原　因

乳頭糞線虫（*Strongyloides papillosus*）は，牛の他に反芻動物やうさぎなどの小腸に寄生する。本虫は消化管内寄生線虫症の原因種でもあるが，成虫の多数寄生による突然死の原因種としても知られる。

生活環

寄生世代と自由生活世代が交代する発育，ヘテロゴニーを行う。自由生活世代または寄生世代の雌成虫が産出した虫卵から孵化した1期幼虫は宿主体外で発育・脱皮して感染性の3期幼虫となり，主に経皮感染する。その後，循環系から気管型移行により肺から気管，咽頭を経て小腸に達して発育・脱皮し成虫となる。

発生・疫学

本症には3型の病態が知られ，きわめて多数の成虫寄生により発生する突然死型，多数の成虫寄生による衰弱死型，比較的少数の成虫寄生による慢性型である。突然死型は8〜9月にオガクズを用いた肥育施設で飼育開始後1〜3カ月経過した2〜3カ月齢の子牛に発生することが多く，発生すると数日間隔で続発する。

症　状

突然死型は健康な子牛が突然倒れ，奇声を発して死亡する。倒れるまで外見的な異常はほとんど確認されないが，蹄間部や皮膚に発赤や痂皮形成，痒覚の兆候がみられる。衰弱死型は食欲低下～廃絶，2～3週間の重度下痢，削痩，流涙，眼窩の陥没などから衰弱死に至る。慢性型は軽度な下痢が持続する。

診　断

ショ糖遠心浮遊法などの糞便検査で虫卵を検出するとともに，EPG（eggs per gram；糞便1g中の虫卵数）の算出が必要である。EPG値が10,000以上では突然死の発生に注意を要し，100,000を超えると突然死の可能性は高い。

治療・予防

イベルメクチン0.2 mg/kg，チアベンダゾール44～46 mg/kgなどが有効である。突然死型の発生を予防するには，オガクズ交換の頻度を増やす，殺虫剤散布によりオガクズ敷料中の幼虫を殺滅する，定期的に駆虫薬を投与するなどの対策を実施して成虫の大量寄生を防止することが重要である。

3．牛肺虫症

原　因

気管および細気管支に寄生する牛肺虫（*Dictyocaulus viviparus*）による。

生活環

雌成虫が産出した虫卵は消化管内で孵化して1期幼虫が糞便に排出される。外界で3期幼虫に発育し，その経口摂取で牛は感染する。3期幼虫は小腸から腸間膜リンパ節，さらに循環系を経て肺毛細血管，肺胞から気管系へ移動し，その間に発育・脱皮して成虫となる。

発生・疫学

日本では全国的にみられ，放牧中や下牧後の肥育牛に発生が多く，特に初放牧牛では重症化しやすい。汚染牧野では毎年発生が繰り返される。

症　状

発熱，発咳，呼吸数の増加，腹式呼吸，肺のラッセル音聴取などがみられる。

診　断

ベールマン法や遠心管内遊出法などの糞便検査法により直腸便から1期幼虫を検出する。

治療・予防

レバミゾール7.5 mg/kg 1回経口投与，イベルメクチン0.2 mg/kg皮下注射，モキシデクチン0.2～0.4 mg/kg皮下注射，エプリノメクチン0.5 mg/kg皮下注射などが有効である。予防には，検疫を徹底し感染牛の牧野導入を避けることが重要である。

4．眼虫症

原　因

結膜嚢や瞬膜下に寄生するロデシア眼虫（*Thelazia rhodesi*），涙腺嚢や涙管内に寄生するスクリャービン眼虫（*T. skryabini*）の他，*T. gulosa*も日本で検出されている。

生活環

イエバエ類（ノイエバエ，クロイエバエ）を中間宿主とする。牛の涙中の1期幼虫を摂取したイエバエ体内で3期幼虫に発育し，イエバエの採餌行動の際に牛の眼窩などに侵入し，発育・脱皮して成虫になる。

発生・疫学

発生は世界的で，日本でも全国的にみられる。

症　状

片眼または両眼に流涙，目やに貯留，結膜の充血，結膜炎，羞明などがみられるが，一般的に症状は軽い。症状が悪化すると角膜炎，角膜混濁，角膜穿孔，虹彩毛様体炎などがみられる。

診　断

キシロカインなどの点眼で局所麻酔した後，生理食塩水による眼洗浄で寄生虫体を検出して形態学的に種を同定する。

治療・予防

眼洗浄による虫体の排除，ドラメクチン 0.2 mg/kg の皮下または筋肉内注射が駆虫に有効である。殺虫剤によるイエバエ類の駆除や牛糞の適切な処理等による環境衛生の保持，殺蛆剤によるイエバエ幼虫の駆除は本症の予防につながる。

5．食道虫症

原　　因

主に食道粘膜に寄生する美麗食道虫（*Gongylonema pulchrum*）や *G. verrucosum* による。美麗食道虫は3～15 cm で細長く，前部体表にみられる疣状隆起が特徴である。食道粘膜内に stitch 状に寄生する。

生 活 環

中間宿主である糞食昆虫類（マグソコガネ）が糞便に排泄された虫卵を摂取すると，その体内で1期幼虫は3期幼虫に発育する。牛は中間宿主を摂取して感染し，幼虫は前部消化管粘膜で発育・脱皮して成虫となる。

発生・疫学

青森県や北海道では，牛の寄生率はそれぞれ8%，18%であった。

症　　状

牛に対する病原性はほとんどないと考えられているが，食道炎を引き起こすとの報告もある。

診　　断

通常は食道粘膜の肉眼的検査によって寄生を知ることが多いが，浮遊法による糞便内虫卵の検出によっても診断できる。

治療・予防

治療にはイベルメクチン投与が有効と思われる。

6．糸状虫症

原　　因

Parafilaria bovicola：皮膚結節内に寄生し，結節は頸部，肩部，体側に頻発する。中間宿主は *Musca* 属のイエバエである。雌成虫が産出した含子虫卵をイエバエが摂取し，その体内で1期幼虫は3期幼虫に発育する。イエバエの採餌行動の際に損傷部や眼窩などを介して3期幼虫が牛に侵入し，その周辺の組織で発育・脱皮して成虫となり，結節を形成する。

沖縄糸状虫（*Stephanofilaria okinawaensis*）：鼻鏡や乳頭，有毛部の皮膚病変部に寄生する。中間宿主はウスイロイエバエ（*Musca conducens*）である。病変部滲出液中の1期幼虫（ミクロフィラリア）をウスイロイエバエが摂取し，その体内で3期幼虫に発育する。イエバエの舐餌行動の際に3期幼虫が牛に侵入し，組織中で発育する。

***Setaria* 属糸状虫〔指状糸状虫（*S. digitata*），マーシャル糸状虫（*S. marshalli*），唇乳頭糸状虫（*S. labiatopapillosa*）〕**：腹腔に寄生し，中間宿主は *Anopheles* 属などの蚊類である。蚊が吸血に際して血中ミクロフィラリアを摂取するとその体内で3期幼虫に発育し，新たな吸血の際に牛体内に侵入する。L3 は皮下織や筋膜下を移動して発育・脱皮し，3～4カ月後に腹腔で成虫となる。なおマーシャル糸状虫の幼虫は胎盤を介して胎子に侵入し，出生後に体腔で成虫になる。

***Onchocerca* 属糸状虫〔咽頭糸状虫（*O. gutturosa*），ギブソン糸状虫（*O. gibsoni*）〕**：咽頭糸状虫は頸部靱帯やその周辺の組織，大腿脛骨靱帯に寄生し，中間宿主は *Simulium* 属のブユ類である。ギブソン糸状虫は胸部や肩部，後肢の皮膚結節内に寄生し，中間宿主は *Culicoides* 属のヌカカである。吸血に際して中間宿主に取り込まれたミクロフィラリアはその体内で3期幼虫に発育し，新たな吸血に際して皮膚から牛体内に侵入，組織中で発育・脱皮して成虫となる。

発生・疫学

P. bovicola はインド，フィリピン，北欧，東欧，南アフリカ，フランス，カナダなどに分布し，日本では輸入牛から検出されている。沖縄糸状虫は南西諸島に分布する。*Setaria* 属糸状虫はインドから極東地域に分布し，日本では全国的に指状糸状虫が多い。咽頭糸状虫は世界的に分布し，日本では中国地方から九州にかけて多い。ギブソン糸状虫は東南アジア，オーストラリアなどに分布し，日本ではまれである。

症　状

P. bovicola：皮膚の結節は顕著でなく，疼痛はほとんどない。春から夏にかけて結節部から血液および滲出液が排出される。

沖縄糸状虫：鼻鏡，乳頭，有毛部に病変がみられる。鼻鏡では慢性的なびらん，腫脹，メラニン色素の消失などが顕著で，発症牛は痒覚のために患部を擦りつけて出血を伴う。乳頭では，丘疹性結節の形成，滲出液排泄，出血，痂皮の形成と脱落がみられ，病変部は通常激しい疼痛を伴い，重度になると乳頭が脱落する。症状は初夏から盛夏に著しく，冬には一時的に改善する。

***Setaria* 属糸状虫**：成虫による病害はないとされ，終宿主の牛では通常，無症状である。

***Onchocerca* 属糸状虫**：角根部，鬐甲部，頸部などに慢性皮膚病（ワヒ病，コセ病）がみられる。

診　断

P. bovicola：出血性および滲出性の結節が季節的に出現するので本虫の寄生が推測されるが，確定診断には滲出液中の虫卵やミクロフィラリアを検出する。ミクロフィラリアは体長 160～230 μm で尾端が細くなり，流血中には出現しない。

沖縄糸状虫：鼻鏡白斑やびらん，乳頭の特徴的病変，発生地域から診断予測は容易であるが，確定診断には病変部組織から虫体やミクロフィラリアを検出する。ミクロフィラリアは体長 75～100 μm で，頭端は太くコブ状となる。

***Setaria* 属糸状虫**：血液厚層塗抹や集虫法で末梢血液中のミクロフィラリアを検出する。ミクロフィラリアは有鞘で，体長は *S. digitata* が 260～280 μm，*S. marshalli* が 360～380 μm，*S. labiatopapillosa* が 240～260 μm である。

***Onchocerca* 属糸状虫**：咽頭糸状虫は病変部組織のミクロフィラリア検出によって診断する。ギブソン糸状虫は結節組織の虫体検出によって診断する。ミクロフィラリアは無鞘で，体長は *O. gutturosa* が 190～220 μm，*O. gibsoni* が 220～270 μm である。

治療・予防

P. bovicola はイベルメクチン 0.2 mg/kg の経口または皮下１回投与で治療する。沖縄糸状虫にはパーベンダゾール 50 mg/kg/day の５日間投与を１クールとして４クール（クール間は２日の休薬）を混飼で給与する。レバミゾール塩酸塩 7.5 mg/kg の１回経口投与，イベルメクチンも有効である。*Setaria* 属や *Onchocerca* 属の成虫に対する治療はほとんど行われていない。

〔板垣　匡〕

2. 外部寄生虫病

1. ウシバエ幼虫症

原　因

ウシバエ属のウシバエ（*Hypoderma bovis*）およびキスジウシバエ（*H. lineatum*）幼虫の皮下寄生によって起こる。

発生・疫学

ウシバエ幼虫は北緯25～60°間の各国の牛に寄生し，皮膚に腫瘤を形成する。牛以外にまれに人や馬に寄生することもある。我が国では北海道で初発生がみられて以来，青森県，熊本県，鹿児島県などで報告されたが，近年発生は認められていない。監視伝染病（届出）に指定されている。

幼虫は蛹化前に皮膚に穴を開けて呼吸および脱出を行うため，皮膚に重大な損傷を与えて皮革価値を低下させることから経済的損失が大きい。

成虫はウシバエでは6～8月，キスジウシバエは5～6月頃に活動する。

症　状

成虫は牛の体表や四肢の毛に産卵し，4～5日後に1齢幼虫が孵化する。1齢幼虫は経皮的に牛体に侵入，体内移行するが，その際に疼痛を伴う。また，移行中に組織溶解，出血，壊死を招き，脊髄内迷入による運動障害も知られている。体内で幼虫が死亡すると，それを原因としたアナフィラキシーにより死亡することがある。成虫が産卵のため牛の周囲に飛来すると，牛は激しく忌避，興奮し，逃避，狂奔から採食不能，乳量低下，流産などの症状を示す。

診　断

背腰部の皮下の結節・腫瘤を発見し虫体を摘出することにより行う。腫瘤はクルミ大から鶏卵大で，背中線両側皮下に好発する。夏季に感染しても背部皮下に達するのは早くても年末であることから，発症の多くは翌年になり，皮下の結節や腫瘤の発見は冬季に限られる。ウシバエではELISAなどの血清診断法が開発されている。

治療・予防

輸入牛による持込み発生が主体であるため，汚染地からの輸入牛については本症を警戒する。十分な観察を行って腫瘤中の幼虫を逃がすことなく摘出し，成虫による感染拡大と定着化を防ぐ。幼虫の摘出は腫瘤を指で両側から押して飛び出させるか切開によるが，誤って虫体をつぶすとアナフィラキシーの原因となるので注意深く行う。

駆虫にはイベルメクチン製剤が全発育期の幼虫に対して有効である。死滅幼虫はできるだけ残さず除去する。

2. シラミ・ハジラミ

原　因

シラミとハジラミは形態的に似ているものの，分類学的には異なった昆虫である。いずれも永久寄生性で宿主に皮膚炎を起こすが，シラミ類は吸血を行うのに対しハジラミ類は吸血を行わず皮膚片を摂取すること，後者は前者に対して頭部が大きいことなどの点で異なる。

シラミは吸血性昆虫のなかで宿主特異性が最も強く，牛に寄生するシラミはウシジラミ（*Haematopinus eurysternus*），ウシホソジラミ（*Linognathus vituli*）（口絵写真74，⑮頁），ケブカウシジラミ（*Solenopotes capillatus*）の3種である。いずれも成虫の体長は3 mm以下で牛のみを吸血する。

ハジラミはウシハジラミ（*Damalinia bovis*）（図1）のみ牛に寄生する。成虫の体長は1.5 mmで牛の皮膚や体毛を摂取し吸血することはない。

発生・疫学

シラミ，ハジラミともに卵，1～3齢若虫，成虫の各発育期をもち，蛹の時期はない。感染は主に接触によるが，牛体から落下してもしばらくは生存しているため，密飼い条件下では容易に他の牛に伝播が起こる。

ウシジラミは成牛に多く寄生し，頭，角の周辺，頸部，耳，胸垂などが好寄生部位である。冬季に寄生が多く，夏季は寄生数が減少する。ウシホソジラミは泌乳牛と幼牛において多発し，冬季に寄生が多い。頸部，胸垂，肩部，臀部など背部を除く全身に寄生する。本種は小型ピロプラズマ原虫を媒介することが知られている。ケブカウシジラミは我が国ではまれであるが，成牛の頭部，頸部，肩部，胸垂など体の前半部に多く寄生する。

ハジラミもシラミ同様，冬季に寄生が多く，夏季は減少する。ほぼ全身性に寄生し，シラミと混合寄生している場合も多い。

症　状

シラミ，ハジラミともに激しいかゆみを引き起こす。そのため牛は落ち着きがなくなり，不安，不眠，食欲不振などの症状を示す。また，体を壁や器物にこすりつけたり，繰り返し舐めたりすることから，被毛不良，脱毛，落屑，皮疹などの症状がみられ，細菌の二次感染が起きた場合には局所の状態は悪化する。シラミでは多数の寄生により貧血を招く場合もあり，発育障害や流産などが認められることもある。

診　断

シラミ，ハジラミの寄生では激しいかゆみや皮膚の異常などの症状に加え，被毛に付着した虫卵が発見されることが多い。虫卵からでは両者の鑑別が困難であることから，虫体の採集に努める。採集した虫体を実体顕微鏡下で観察し，形態学的に種を同定する。

治療・予防

駆虫には有機リン剤，カーバメイト剤，ピレスロイド剤などの殺虫剤が有効である。ピレスロイド剤の1つであるフルメトリン製剤のプアオン法による投与は簡便なことから現在広く用いられている。イベルメクチン製剤も有効である。シラミの寄生がみつかった場合には他の牛から隔離し接触を避けるようにする。

3．疥 癬 症

原　因

ウシニキビダニ（*Demodex bovis*），牛のショクヒヒゼンダニ（*Chorioptes bovis*，*C. texanus*）（**口絵写真75，⓯頁**），ヒツジキュウセンヒゼンダニ（*Psoroptes ovis*），センコウヒゼンダニ（*Sarcoptes scabiei*）などの寄生によって起こる。

発生・疫学

ウシニキビダニは永久寄生性で皮脂腺内に寄生し結節を作る。病変は胸，下顎部，肩などにみられる。接触感染により伝播し，発生は乳牛に多く，肉牛では少ないといわれている。

牛のショクヒヒゼンダニは四肢，特に後肢や尾根部に寄生し，宿主の表皮や皮脂腺の分泌物を摂食している。我が国では最も一般的な疥癬症として知られており，初秋から冬に発生がみられることが多い（ショクヒ疥癬症）。

ヒツジキュウセンヒゼンダニは肩，頸，尾根部周辺に寄生が多く，ダニは皮膚を突き刺してリンパ液を吸う。センコウヒゼンダニのように皮内にトンネルは作らない。監視伝染病（届出）の病原体に指定されている（キュウセン疥癬症）。

センコウヒゼンダニは宿主範囲が広く，牛以外に人にも寄生するため問題となっている。本ダニは宿主によって大きさが異なり，宿主特異性があることから宿主別に変種として扱われることがある。動物によって好寄生部位が異なることも知られている。雌成ダニは皮膚の角質層を穿孔し，真皮直下に達すると水平に「疥癬トンネル」と呼ばれるトンネルを掘り進むのが特徴である（穿孔疥癬症）。

症　状

ウシニキビダニでは痒覚は目立たず無症状のまま経過することが多いが，脱毛，落屑，細菌の二次感染により化膿症を起こす場合もある。皮脂腺内の結節内部には虫体とともにクリームチーズ様の分泌物の貯留がみられる。

ヒゼンダニはいずれも痒覚，皮膚炎を起こすが，原因ダニによってその程度は異なる。センコウヒゼンダニではダニの穿孔，毒物の分泌によりきわめて強い痒覚を引き起こす。ヒツジキュウセンヒゼンダニにおいても痒覚は強いが，牛のショクヒヒゼンダニでは前2者に比べて軽いようである。強い痒覚のため宿主は足で強く掻いたり，壁などに体をこすりつける結果，脱毛，出血，皮膚の肥厚，丘疹や細菌の二次感染により皮膚炎をきたす。

診　断

持続的な強い痒み，脱毛，丘疹，痂皮の形成などから本症が疑われる場合は，ダニの検出を試み，ダニの種を同定して確定診断を行う。病変部の皮膚を掻爬し，その材料を直接あるいは体温程度で約30分間インキュベート後鏡検すると運動する虫体が確認される。寄生ダニが少ない場合は材料を10%水酸化カリウム水溶液に浸してから鏡検する。しかし，これらによってもセンコウヒゼンダニの検出は困難な場合がある。

治療・予防

いずれの疥癬症においても治療はダニ駆除および病変部の二次感染対策が中心となる。ダニ駆除は現在イベルメクチン製剤が主流となっている。キュウセン疥癬，ショクヒ疥癬では有機リン剤，カーバメイト剤，ピレスロイド剤なども用いられている。二次感染への治療には抗菌薬を使用する。

ダニは罹患牛との接触やそれらから落下した表皮や痂皮から感染するため，罹患牛の隔離，動物舎の消毒も重要である。

4．マダニ

原　因

ダニ類は一般に大型のマダニ類（tick）と小型のダニ類（mite）に2分されるが，牛で問題となるのは大型のマダニ類である。家畜衛生上重要なものとしてマダニ科のマダニ属，チマダニ属，カクマダニ属，コイタマダニ属，キララマダニ属などがある。

発生・疫学

牧野で広く認められるマダニはチマダニ属のフタトゲチマダニ（*Haemaphysalis longicornis*）（**口絵写真76，⓯頁**），キチマダニ（*H. flava*），マダニ属のヤマトマダニ（*Ixodes ovatus*），シュルツェマダニ（*I. persulcatus*），タネガタマダニ（*I. nipponensis*）などである。特にフタトゲチマダニは全国に分布し，我が国における最優占種となっている。ウシマダニ亜属のオウシマダニ〔*Rhipicephalus*（*Boophilus*）*microplus*〕は過去に沖縄県～九州に生息しダニ熱の媒介者として恐れられていたが，沖縄県では撲滅され，現在は鹿児島県の離島部のみに限定されている。

マダニの発育期には卵，幼ダニ，若ダニ，成ダニの4発育期がある。幼ダニから成ダニまで同一宿主上に継続的にとどまって吸血し脱皮も宿主上で行うマダニを1宿主性のマダニと呼び，我が国ではオウシマダニのみである。それ以外の我が国のマダニはすべて発育期ごとに宿主を替えて寄生と離脱を繰り返す3宿主性である。

フタトゲチマダニでは雄と交尾せずに飽血，産卵する単為生殖系統があり，全国に分布している。両性生殖系統はかつて関東以西にみられたが，現在は九州の一部の地域にみられるのみである。フタトゲチマダニは小型ピロプラズマ原虫（*Theileria orientalis*），大型ピロプラズマ原虫（*Babesia ovata*）の媒介者として，オウシマダニは *B. bigemina, B. bovis* の媒介者として重要である。

症　状

マダニの吸血によって問題となるのは失血による貧血，痒みや痛みによる不安，病原体の媒介，吸血部位やその二次的な細菌感染などによる皮革の経済的価値損失などである。また，北米のカクマダニ属，キララマダニ属やオーストラリアのマダニ属では唾液内に含まれる毒素によりダニ麻痺症を起こすことが知られている

診　断

牛体に寄生しているマダニを確認する場合，成ダニは肉眼で比較的容易に確認できるが，幼ダニや若ダニは小さいため被毛をかき分け詳細に観察する必要がある。マダニを発見した場合は先細のピンセットを用いて顎体部を損なわないよう採集する。

草地の非寄生期のマダニの採集は，1m四方の白いフランネル布で草上を引きずったり，払ったりして行う「旗ずり法」により行う。

採集したマダニは70%アルコール浸漬標本またはスライドガラス封入標本として顕微鏡下で観察し，種を同定する。

治療・予防

マダニ対策で主となるのは殺ダニ剤の牛体適用である。殺ダニ剤の適用方法は従来の薬浴法，ダストバック法，噴霧法に代わり近年はプアオン法が主流となっている。本法はピレスロイド剤の1種であるフルメトリン製剤などを牛の背線に沿って一定量滴

下するもので，操作が簡便であることから普及が進んでいる。放牧においては入牧時から継続的に使用することが重要であり，特に秋に発生が多い幼ダニ対策の上から放牧期間を通して行うことが望ましい。殺虫剤を練り込んだイヤータッグの装着も効果がある。

放牧地のマダニ対策として過去には草地への殺ダニ剤散布が実施されていたが，周辺環境への影響から現在は行われていない。殺ダニ剤の使用以外に休牧や草地更新も放牧地内のマダニを減らす効果がある。また，野生動物は放牧地内にマダニを持ち込み定着させてしまうリスクがあるため，柵などを施して放牧地への侵入を防止する必要がある。

新たなマダニ対策としてマダニワクチンの開発研究が進んでいる。マダニが保有する吸血や消化といった生理機能に関与している酵素などを蛋白質・遺伝子レベルで解析し，マダニの吸血阻害や病原体媒介阻止をしようとするものであり，将来の実用化が期待されている。

5．サシバエ，ノサシバエ

原　　因

我が国ではサシバエ（*Stomoxys calcitrans*），ノサシバエ（*Haematobia irritans*）（**口絵写真 77，⑯頁**）が主であるが，インドサシバエ，チビサシバエ，ミナミサシバエの分布も確認されている。いずれも吸血性のハエで雄，雌ともに吸血する。サシバエは体長５～７mm，ノサシバエはそれよりも小さく 3.5～５mm である。

発生・疫学

サシバエは晩夏から秋にかけて，ノサシバエは盛夏に多く発生する。寄生する個体数が多く，刺咬によるストレスや失血量も大きいことから牛では増体量や乳量の著しい低下がみられ，世界的に最も被害を及ぼす家畜害虫と考えられている。

サシバエは家畜の糞便，堆肥を発生源とすることから畜舎内や畜舎周辺，ノサシバエは放牧地の牛糞を発生源とすることから放牧地全体において認められる。また，サシバエは吸血時のみ牛体に寄生するが，ノサシバエは吸血にかかわらず牛体に留まる習性がある。

症　　状

サシバエ，ノサシバエともに吸血加害以外に吸血の際のウイルス伝播の可能性が問題となっている。

診　　断

サシバエ，ノサシバエともに口器が細長い針状になっていることから他のハエとの鑑別は容易である。またノサシバエは宿主体上に寄生・静止しているときは頭部を地表に向けて静止する特徴がある。

治療・予防

サシバエでは家畜の糞便や堆肥の適切な処理，糞便や堆肥に対する IGR 剤などの薬剤散布，牛体へのピレスロイド系，有機リン系，カーバメイト系薬剤の適用が中心であり，ノサシバエでは牛体への薬剤適用や殺虫剤入りのイヤータッグの装着が有効である。

6．ア　　ブ

原　　因

動物を吸血するアブは主としてアブ科のアブで，我が国では約 100 種生息する。吸血するのは卵巣発育に必要な雌のみであり，普段は雌雄とも樹液や花蜜を吸う。牛舎や放牧地の地形・環境などにより異なるが 10～30 種のアブが襲来する。北海道ではニッポンシロフアブ（*Tabanus nipponicus*），ゴマフアブ（*Haematopota tristis*），東北・関東ではニッポンシロフアブ，アオコアブ（*T. humilis*），北陸・山陰ではシロフアブ（*T. trigeminus*）が多数を占める。他にはアカウシアブ（*T. chrysurus*）（**口絵写真 78，⑯頁**），ヤマトアブ（*T. rufidens*），ジャージーアブ（*Hybomitra jersey*），キンメアブ（*Chrysops suavis*）などが多い。体長は小型のキンメアブは８～11 mm，中型のニッポンシロフアブは 12～17 mm，大型のアカウシアブでは 19～28 mm である。

発生・疫学

成虫の生存期間は約１カ月で，卵期間は１～２週間，幼虫期間は種によって１～３年に及ぶ。幼虫は主に池沼・小川の岸など湿性土壌中に生息するが，森林林床や草地土壌にも生息し，ミミズや昆虫の幼虫の体液を吸って成長する。

症　状

成虫が繰り返し襲来することにより牛は採食行動を阻害され，増体や乳量の低下を招く。アブの１回の吸血量は大型のアカウシアブで500 mg，中型のニッポンシロフアブで120 mg，小型のキンメアブで50 mgといわれている。吸血の際に牛白血病ウイルス，小型ピロプラズマ原虫，野兎病菌などを媒介することが知られている。

診　断

アブの種の同定は体長，体や触角の色や斑紋，翅の斑紋や翅脈の特徴，額瘤の形や大きさなどが重要な鑑別点となる。アブには種によって季節別の発生消長が認められ，例えば東北地方ではキンメアブは５～６月，アオコアブなどは８月以降発生が多い。

治療・予防

成虫対策としては牛体への殺虫剤の直接噴霧・散布の他，ダストバック，ポアオン，イヤータッグの利用はアブのみならずマダニやサシバエなどとともに総合的な害虫対策となる。ただし，アブは牛体での吸血時間が短く薬剤との接触時間が短いことから速効性かつ薬剤効果の持続する殺虫剤の開発が望まれる。

薬剤以外にはトラップによって誘殺し，牧野のアブの個体数を下げる試みがなされている。設置場所によって捕獲虫数は異なることから，設置場所を吟味するとともに，個体数を下げるには多くのトラップを設置する必要がある。

幼虫対策としては，産卵場所および幼虫の生息地の除去を兼ねて牧野内外の池沼，湿地をなくし，小川などを改善することで湿地生息性アブを少なくすることが可能である。

〔寺田　裕〕

XI

非感染性疾病

1　遺伝性疾患
（遺伝的不良形質・遺伝病）

2　中　毒

3　放牧病

1　遺伝性疾患（遺伝的不良形質・遺伝病）

「遺伝性疾患」という言葉自体が消費者等にマイナスのイメージを与えることに配慮して，「遺伝的不良形質」ということもある。

従来，遺伝性疾患は忌むべきものとして隠され，表に表れることは少なかったが，1980年代になると，獣医療に臨床検査が広く導入され，1990年代には，現在遺伝子型検査が行われている遺伝性疾患の多くで臨床診断が確定された。しかし，これらの疾患遺伝子をもつ種雄牛がいずれも「ビッグネーム」であったこともあり，臨床診断が可能になってもその成果がフィールドに活用されることはなかった。

A．遺伝子診断の開発普及

牛で問題となる遺伝性疾患の大部分は劣性に遺伝し，血友病などの特殊な疾患を除けば，常染色体性に遺伝する。常染色体性劣性に遺伝する疾患では，劣性ホモ接合体は症状を示すが，ヘテロ接合体（保因牛）は症状を示さない。このため，保因牛が繁殖用に使用されて疾患遺伝子を次世代に伝え広げる可能性がある。症状を示さない保因牛と正常ホモ接合体（非保因牛）を区別することができ，保因牛を繁殖に使用しないようにすれば，牛群から疾患を排除することができる。また，両親のいずれかを非保因牛にできれば，劣性ホモ個体は生まれず，1世代で発症する子をゼロにすることができる。このように，劣性遺伝性疾患の遺伝的コントロールの成否は，保因牛と非保因牛を区別できるか否かにかかっている。

従来，この区別のためには，家系分析，試験的交配，生化学的スクリーニングなどが使われてきたが，不正確で時間のかかるものであった。しかし，1990年代に遺伝子解析技術が急速に進歩し，遺伝性疾患のなかで，単一遺伝子による遺伝性疾患の原因遺伝子変異が次々と解明され，遺伝子診断が可能となった。遺伝子型検査によって保因牛を特定できるようになると，臨床診断の段階で予想されたように，1万頭以上の子牛を生産する「ビッグネーム」の種雄牛がキャリアであること，繁殖牛群にも高率にキャリア雌牛がいることが明らかになった。このような臨床診断と遺伝子型検査の進歩を受けて，2001年，農林水産省に肉牛，乳牛の遺伝性疾患専門委員会が設置され，遺伝性疾患をタブー視することなく，正面から摘発，予防に取り組むための枠組みが作られた。

B．遺伝性疾患に対する対応策

和牛の遺伝性疾患への対応策は，①国による対応方針の決定，②家畜改良事業団による遺伝子型検査，②登録協会による和牛登録システムの改正，③種雄牛（県，国，民間保有）遺伝性疾患情報の公開，④生産者への交配指導，⑤遺伝性疾患のモニタリングとその解除の順序で進んできた。乳用牛においても和牛と同様の対応策がとられた。

1．国による対応方針の決定

2001年に農林水産省に肉用牛遺伝性疾患専門委員会が設置され，2002年に乳用牛にも適用される「遺伝性疾患に対する対応方針」が決定された。その内容は以下の6項目からなり，現在も牛の遺伝性疾患を扱う際の指針となっている。

①症状，遺伝様式の明らかな遺伝性疾患の公表
②経済的な影響の大きな遺伝性疾患の「特別な対処を必要とする遺伝性疾患」への指定
③遺伝子型検査の実施および検査結果の公表
④雄牛を通じた疾患遺伝子頻度の低減
⑤特別な対処を必要とする遺伝性疾患の区分：2007年の改正により，指定遺伝性疾患，公表遺伝性疾患に明確に分けることとなり，解除の条件も明記

表1　国内で確認されている牛の遺伝性疾患

疾患名	牛種	対応	年度	症状
バンド3欠損症（B3）	JB	指定	2001	溶血性貧血，発育不良
第13因子欠損症（F13）	JB	指定	2001	臍帯出血
モリブデン補酵素欠損症（MCSU）	JB	指定	2001	尿石症
（キサンチン尿症）		指定解除	2009	
クロディーン16欠損症（CL16）	JB	指定	2001	尿毒症
チェディアック・東症候群（CHS）	JB	公表	2001	止血不全，血腫，アルビノ，白血球巨大顆粒
眼球形成異常症（MOD）	JB	公表	2007	小眼球症
第11因子欠乏症（F11）	JB	情報提供	2007	無症状，血中11因子低下
前肢帯筋異常症（FMA）	JB	保因状況調査	2011	三枚肩
フォンビルブランド病タイプⅢ	JB	臨床診断	1996	止血不全，血腫
矮小体躯症	JR		2002	四肢短小化，関節彎曲
血友病A	JR	症例報告	2006	血腫
白血球粘着異常症（BLAD）	Hol	指定	2002	易感染性，白血球増多症，発育不良
複合脊椎形成不全症（CVM）	Hol	指定	2002	流死産，脊椎形成異常
横隔膜筋症（Hsp70）	Hol	公表	2005	横隔膜病変と遺伝子変異一致せず

JB：黒毛和種，JR：褐毛和種，Hol：ホルスタイン種

された。

⑥特別な対処を必要とする遺伝性疾患に対する具体的対応

原因遺伝子変異が解明されて遺伝子型検査が可能となった疾患について，肉用牛遺伝性疾患専門委員会は，致死性，生産への影響，発症時期などを検討し，経済的な損失が大きなものを「特別な対処を必要とする遺伝性疾患」に指定している。指定した疾患については，海外情報の収集，一定期間のモニタリング調査等を行って，疾患遺伝子の遺伝子頻度を確認し，発症の可能性が低下した場合は，指定を解除する。

2．血統登録

牛の血統登録は，和牛は全国和牛登録協会，乳牛は日本ホルスタイン登録協会が行っている。分子生物学が進歩した現在でも個体記録の根幹は血統登録であることに変わりはない。国の「遺伝性疾患に対する対応方針」が策定されたことに対応して両登録協会とも「遺伝的不良形質の排除，発現の抑制」に関する規定を遺伝子型検査可能な疾患への対処を組み込んだものに改正した。

3．情報公開

国の遺伝性疾患への対応方針では，①症状や遺伝様式が明らかなものについては，その概要を公表すること，②遺伝子型検査が可能なものについては，種雄牛所有者あるいは精液供給機関が保有する種雄牛の遺伝子型検査を行うこと，③遺伝性疾患専門委員会は種雄牛所有者等の同意を得て，遺伝子型検査結果を取りまとめて公表すること，④登録団体は，公表された遺伝子型検査結果を関係者に周知徹底すること，が記載されており，②～④については，比較的短期間で実施に移され，遺伝性疾患の排除に貢献している。

4．交配指導

公表された遺伝子型検査の結果をフィールドで活用する際に重要なことは，遺伝性疾患発生の抑制と改良の推進・資源の有効活用の双方を考えた対応をすることである。このような考えのもとに，検定済のキャリア種雄牛はそのまま残し，新しい候補種雄牛は保因牛でないもののみを採用する方策がとられた。実際には，①正常種雄牛の精液を使用すれば，子牛が発症することはないこと，②保因種雄牛を利用する際には，保因父牛または保因母方祖父をもつ雌牛を避ける，あるいは遺伝子型検査で正常と判定された雌牛を使用すること，③保因子牛は生産上正常牛と差がないことなど，直接生産者と接する獣医師，人工授精師の懇切な指導が求められる。

5．モニタリング

現在の戦略では，人工授精によって強い影響力を発揮する種雄牛から保因牛をなくすことによって，短期的には保因子牛は生まれても発症牛が生まれない状態を作り，長期的には牛群全体で遺伝性疾患の

発生を完全になくすことを目指している。しかし，繁殖雌牛のなかに保因牛がいなくならない限り，遺伝性疾患の発生が再燃する可能性は残る。どのようなモニタリングをすることによって遺伝性疾患を封じ込めるかは，今後の課題である。

2012年現在，指定，公表遺伝性疾患を含めて，黒毛和種牛の6疾患，ホルスタイン種牛の2疾患の遺伝子型検査が，家畜改良事業団で提供されている（**表1**）。遺伝子型検査の対象は主として種雄牛候補牛および種雄牛の母牛，受精用ドナー雌牛で，検体としては当初血液が使用されていたが，その後，採取が容易な被毛に改められた。検査結果は，検査申込者に通知される。

関連ホームページ

・家畜改良センター
http://www.nlbc.go.jp/index.asp
・家畜改良事業団
http://liaj.lin.gr.jp/
・全国和牛登録協会
http://www.zwtk.or.jp/
・日本ホルスタイン登録協会
http://hcaj.lin.gr.jp/

〔小川博之〕

2 中毒

有害物質を摂取することによって起こる中毒は，飼料の管理が適切であれば起こらないが，意図しない有毒植物の給与，想定外の有毒物質の混入など，事故をゼロにすることは難しい。ことに新規の飼料を導入する際には，一度に切り替えないことと観察を怠らないことで安全性を確認する必要がある。

治療において，有機リン系農薬に対するアトロピンやメトヘモグロビン血症に対するメチレンブルーのような特異的治療法が存在する例は多くなく，発症時の飼料を除去することと，輸液，強肝剤等保存，維持療法で回復を待つのが通例である。消化管内の有害物質を排除する方法として，牛では胃洗浄は事実上不可能であるが，有害物質を吸着，吸収を阻害させるため，活性炭を投与することも一部で行われ，効果がみられた例もある。

A．植物による中毒

有毒植物を摂取することによる中毒は，現在も国内で散発している。牧野の有毒植物を牛が積極的に摂食することはあまりないが，ワラビやオナモミなどの牧野の雑草が広範囲に侵入していて避けることができない場合や，有毒な植栽の剪定枝を畜主が敷料代わりに給与した場合，野菜屑，野草など，通常の飼料でないものを大量に給与した場合などに発生している。診断上，確かにその植物を摂取したことを確認することが重要だが，胃内容や血中の有毒成分の検出の他，植物種に特異的な遺伝子配列を検出する手法が，シキミなどの例で用い始められている。以下に特に注意すべき植物について解説する。

1．ツツジ科植物

レンゲツツジ，アザレアなどのツツジ属の植物の他，アセビ（口絵写真 79，⑯頁），ネジキ，ハナヒリノキ，シャクナゲ，カルミアなどの多くのツツジ科の灌木，喬木が山野に自生し，また庭木として多く用いられている。これらの植物の多くは有毒成分としてグラヤノトキシンを含み，細胞のナトリウムチャネルに結合して脱分極を持続することにより，除脈，血圧低下，運動麻痺，呼吸抑制等の症状を引き起こし，斃死することもある。ただし，原因飼料を除去すれば回復は早い。グラヤノトキシンには側鎖と毒性の異なるⅠ，Ⅱ，Ⅲの同族体があるが，植物種，品種，栽培条件等で同族体の構成と含有量は異なることと，身近に何種類もある植物であることから，ツツジ科植物全体に注意する必要がある。

2．アブラナ科植物

カラシナ，菜花，大根などのアブラナ科植物は，シニグリンというカラシ油配糖体を含んでいる。シニグリンは第一胃内でアリルイソチオシアネート等に変化し，多量に給与した場合，消化器粘膜への刺激により胃腸炎が起こり，甚だしい場合には出血性腸炎により斃死する。カラシ油配糖体を長期にわたり摂取すると，ヨウ素の吸収が阻害され，甲状腺腫を引き起こす可能性がある。また，キャベツ，ケールなどはシニグリンの含量が低いが，S-メチルシステインスルホキシドを含んでおり，これが第一胃内で微生物の働きによりジメチルジスルフィドに変化し，溶血性貧血を引き起こすことがある。

3．強心配糖体を含む植物

キョウチクトウ（口絵写真 79，⑯頁）は，強心配糖体であるオレアンドリンを含有し，我が国でも数年に1度の割合で牛の中毒事故が発生している。オレアンドリンは，牛では乾燥葉 50 mg/kg で中毒が起こるとされる強毒物質である。嘔吐，痙攣，下痢などの症状がみられることもあるが，牛では急死で気づくことが多い。庭木の剪定枝の給与が原因となることが多かったが，近年，野草を集めて牛に給与

表1　牛が接触する可能性のある有毒植物

	植物名	毒性物質	中毒症状	備考
樹木	イチイ，キャラ	タキシン	急死，肝障害，腎障害，心毒性	
	シキミ	アニサチン	神経症状，消化器症状	
	ユズリハ，エゾユズリハ	ダフニクマリン等のアルカロイドを含むが不詳	急死，肝障害，黄疸，肝性光線過敏症	
	ソテツ	サイカシン	後躯麻痺	発癌性
野菜，作物	ネギ，タマネギ	アリルプロピルジスルフィド	溶血性貧血	第一胃内細菌の関与があるといわれる
	エゴマ	ペリラケトンなど	肺水腫，肺気腫	
	コンフリー	ピロリチジンアルカロイド	肝障害，腎障害	発癌性
	タバコ	ニコチン	神経症状	
雑草	オナモミ，オオオナモミ	カルボキシアトラクチロシド	急死，肝毒性，低血糖	種子および子葉期の植物に毒性物質が含まれる
	ナルトサワギク等のキオン属植物	ピロリチジンアルカロイド	肝障害，腎障害	発癌性
	ドクゼリ	シクトキシン	急死，神経症状	
	ギシギシ，スイバ	シュウ酸	下痢，胃腸炎，腎障害	
飼料作物	ソルガム	青酸配糖体	急死，呼吸困難	幼植物に毒性物質が含まれるので，草丈60 cm未満のものを給与しない
	ヘアリーベッチ	不詳	皮膚の肉芽腫	

した際，街路樹のキョウチクトウの落葉が混入して中毒に至った例があり，注意が必要である。強心配糖体は，この他，フクジュソウ，スズラン，モロヘイヤなどの植物にも含まれる。モロヘイヤでは，野菜として食用とする葉ではなく，熟した種子と老化した茎に強心配糖体が含まれており，この部位を与えられた牛に中毒が起こっている。

4．ワラビ

ワラビによる中毒は，牧野の整備等により激減しているが，気象や地形によりワラビが特に多く発生する場合もあり，放牧に伴う事故として現在でもときに発生がある。牛が一度に大量のワラビを摂食した場合には，有毒性成分のプタキロシドの骨髄毒性により再生不良性貧血を起こすため，全身の粘膜の出血および血液凝固不全を呈し，急死することもある。しかし，この20年ほどの発生例では，むしろある程度の量のワラビを放牧中に持続的に摂食し続けたために，プタキロシドによって膀胱に腫瘍が発生し，血尿症を呈する病態が多い。血尿症に対し，止血剤の投与などの対症療法が行われることがあるが，膀胱腫瘍を根治することが難しいため，重症の血尿症を起こした牛は予後不良となる。

このほか，我が国で過去に反芻類で中毒の起こった植物が，牧野や畜舎付近に自生しているので，牛が接触する可能性の高い植物について，**表1**に毒性物質，中毒症状をまとめた。

B．マイコトキシン（カビ毒）による中毒

マイコトキシンとは，カビ（真菌）の二次代謝産物のうち，人や動物に対して毒性を有するものをいう。カビは温度や湿度などの環境変化や加熱加工の影響を受けるが，マイコトキシンはこれらの影響を受けないものが多いため，飼料中にカビが発見されると，マイコトキシンに汚染されている場合がある。また，一度マイコトキシンに汚染されてしまうと，飼料から取り除くことは困難である。

我が国においては，1960年代以前にはパツリン等による中毒例が報告されているが，近年は，マイコトキシンによる中毒の診断事例は少ない。通常，飼料中のマイコトキシンが急性症状を引き起こすほど高レベルであることは少なく，低レベルおよび慢性的なマイコトキシン中毒の症状は，食欲減衰，増体率の低下，免疫力低下，感染症，消化器病，繁殖障

表2　主なマイコトキシン

毒素	障害部位	症状	罹患動物	主な産生カビ	汚染されやすい飼料	家畜と畜産物への実態影響	日本における牛用飼料の基準
アフラトキシン	肝臓障害 腎臓障害	食欲減衰，飼料効率・増体率の低下，乳量低下，出血性下痢，黄疸，運動失調，貧血	牛，豚，家きん	*Aspergillus parasiticus* *Aspergillus flavus*	穀物，豆類，綿実	飼料の汚染率が高く，乳へ移行しやすいが，我が国での汚染濃度は低い	0.01 mg/kg＊1， 0.02 mg/kg＊2
ゼアラレノン	繁殖障害（エストロゲン様作用）	外陰部の腫大，乳腺肥大，流死産	豚，（牛，羊）	*Fusarium graminearum* *Fusairum tricinctum*	穀物，豆類トウモロコシサイレージ	飼料の汚染率は高いが，成牛への影響は小さい	1 mg/kg
フモニシン	肝臓障害	免疫機能低下，白質脳軟化（馬），肺水腫（豚）	馬，豚，（子牛）	*Fusarium moniliforme* *Fusarium verticillioides*	トウモロコシ，トウモロコシサイレージ	成牛への影響は小さい	－
オクラトキシン	腎臓障害	多尿，尿糖，蛋白尿	豚，（子牛）	*Penicillium verrucosum* *Aspergillus ochraceus*	穀物，豆類	成牛への影響は小さい	－
シトリニン	腎臓障害	多尿，尿糖，蛋白尿	豚，（子牛）	*Penicillium citrinum*	穀物	成牛への影響は小さい	－
パツリン	神経障害	チアノーゼ，痙攣	牛	*Penicillium expansum* *Aspergillus clavotus*	麦芽根，サイレージ，リンゴジュース粕	リンゴ等の汚染はあるが，飼料の汚染率は低い	－
トリコテセン系毒素 デオキシニバレノール ニバレノール T-2 トキシン など	骨髄障害 免疫障害	食欲減衰，嘔吐，下痢，起立不能	豚，（子牛，鶏）	*Fusarium graminearum* *Fusarium sporotrichioides*	穀物，トウモロコシサイレージ	飼料の汚染率は高いが，成牛への影響は小さい	デオキシニバレノール： 1 mg/kg＊3， 4 mg/kg＊4

＊1：哺乳期子牛用，乳用牛用配合飼料，＊2：牛用配合飼料（哺乳期子牛用，乳用牛用を除く），＊3：生後3カ月未満の牛用飼料，＊4：生後3カ月以上の牛用飼料

害などの病態として現れるといわれているが，因果関係についての検証がされていないため，臨床症状からマイコトキシン中毒として診断することは困難である。**表2**に中毒リスクのある主なマイコトキシンについて，中毒症状と汚染されやすい飼料，家畜と畜産物への影響の実態などについてまとめた。

マイコトキシン中毒が疑われた場合，汚染が疑われる飼料の給与を直ちに停止するとともに，原因の特定のため機器分析やELISA等の分析手段を用いて飼料中のマイコトキシンの量を測定することが重要である。測定に当たっては，飼料中のマイコトキシンは局在している可能性が高いため，偏りがないようサンプリングする必要がある。

マイコトキシン中毒を予防するためには，飼料のマイコトキシン汚染を防ぐことが重要である。飼料作物の生産から貯蔵，牛に給与する段階まで，飼料中のカビの繁殖を抑えるように温度，湿度等を管理することで飼料のマイコトキシン汚染を防ぐことができる。カビのなかには低温でも生育可能なものもあるため，温度条件等の制御に当たってはそれぞれのカビの特性を配慮して対処する必要がある。

マイコトキシンとして知られている物質は300種類以上あり，その大部分は*Aspergillus*属，*Fusarium*属，*Penicillium*属の3属に分類されるカビによって生産される。

Aspergillus **属**：コウジカビとも呼ばれ，緑色，黄土色，茶色，黒色，白色，青緑色等，様々な色の集落を形成する。熱帯から亜熱帯地域にかけて生息す

る *A. flavus* 等はアフラトキシンを生成する。アフラトキシンが問題になるのは，主に輸入穀類（トウモロコシやその副産物）である。

Fusarium 属：*F. graminearum* 等は穀類の赤かび病の原因菌であり，灰白色から紅色で綿毛状の集落を形成する。温帯から低温地帯を中心に世界中に分布し，農作物の栽培中に植物組織内に侵入，増殖する。輸入，国産にかかわらず，穀類やその副産物，トウモロコシサイレージ中にフザリウム産生毒素（ゼアラレノン，トリコテセン系毒素など）が含まれている可能性がある。低温でも生育可能なカビも存在する。一般的にフザリウム産生毒素の牛への毒性は低いが，ルーメンが未発達の子牛では感受性が高い。

Penicillium 属：アオカビとも呼ばれ，一般に集落は青緑色である。温帯から低温地帯の土壌中や環境に生息し，主に穀類のオクラトキシンやシトリニン汚染の原因となる。リンゴに感染する *P. expansum* はパツリンを産生する。*Fusarium* 属と同様，低温で生育するカビも存在する。

C. エンドファイトによる中毒

エンドファイト中毒は，牧草に人為的に感染させた内生菌であるエンドファイト（endophyte）が産生する毒性物質による中毒である。

西洋芝用のペレニアルライグラスおよびトールフェスクのストローは，稲わらの安価な代替品として我が国で流通している。ところが，芝草用の牧草品種には，病虫害予防，生育促進効果を狙って，エンドファイトが感染させてある。牧草の種類により，感染するエンドファイトの種類は異なっているが，いくつかのエンドファイト感染植物は家畜に対する有毒物質を産生する。1つは *Neotyphodium lolli* を感染させたペレニアルライグラス（*Lolium prenne*）で産生されるロリトレム（lollitrem），もう1つは *Neotyphodium coenophialum* を感染させたトールフェスクで産生される麦角アルカロイドである。

1．ロリトレム

ロリトレムには数種の同族体があるが，最も毒性が高いものはロリトレムBである。中毒は，頸部，肷部の皮筋の振戦から始まる。ロリトレムBを含む飼料の給与を続けると，歩様の異常，歩き始めの運動協調性の失調，音や動きに対する神経過敏などの症状が現れ，さらに遊泳運動や痙攣などの重大な神経症状に至る。痙攣等の神経症状の発症機序は細胞膜上のカルシウム依存性カリウムチャネルの1つであるBKチャネルの阻害による神経伝達障害である。

海外でもロリトレムによる中毒は知られており，ライグラススタッガー（ryegrass stagger）と呼ばれている。オレゴン州立大学ではロリトレムBの許容量を1,800 ppbとし，それ以下のものを給与するよう提言している。しかし，黒毛和種は感受性が高く，このレベル以下のものを給与した例でも中毒が発生している。日本では飼料中の濃度のみを許容値とするのではなく，投与試験により算定された黒毛和種に対するロリトレムBの無毒性量（12 mg/kg 体重/日）を目安に，ストロー中のロリトレム濃度（輸入業者により濃度の証明書が添付されている）と牛の体重によって，ストローの給与量を制限する方法を推奨している。

2．麦角アルカロイド

主にエンドファイトの *N. coenophialum* に感染したトールフェスクにはエルゴバリン（ergovaline）をはじめとする麦角アルカロイドが含まれている。麦角アルカロイドは血管収縮作用をもち，これにより以下のいくつかの病態の原因となる。なお，ペレニアルライグラスではエルゴバリンもロリトレムBと同時に産生されることがあるので，麦角アルカロイドに対する注意も必要である。

a．フェスクフット（fesque foot）

耳介，蹄，尾の先端，鼻先など体の先端部分の末梢血管が収縮して血流が乏しくなり，次第に壊死して自壊する。蹄冠の壊死から蹄が脱落したり，鼻先に病変が出たりするため，口蹄疫との鑑別が必要になることもある。主に，寒冷による毛細血管の収縮の起こる冬季に発生する。

b．フェスクトキシコーシス（fesque toxicosis）

逆に夏季に発生するのがフェスクトキシコーシスで，これは体表の血管が収縮するために，体温の放散が十分できず，体温が上昇し，泌乳量の減少や繁殖障害等，生産性の低下が起こる。泌乳量の減少にはプロラクチン分泌量の抑制作用の影響もあるといわれる。脂肪壊死とも関連があるとの報告がある。

表3　牛が接触する可能性のある農薬，動物用医薬部外品等

農薬等の種類	用途	一般名（例）	中毒症状	治療薬	備考
有機リン剤 カーバメート剤	殺虫剤	トリクロルホン＊1 フェニトロチオン＊1 メソミル	コリンエステラーゼ阻害による流涎，発汗，縮瞳，痙攣，肺水腫	硫酸アトロピン 2-PAM（有機リン剤のみ）	
ピレスロイド剤	殺虫剤	ペルメトリン＊1 フルメトリン＊1	接触性皮膚炎 アレルギー性過敏反応 （鼻炎，アナフィラキシー）	対症療法のみ	剤自体の毒性はきわめて低い
クロロニコチニル（ネオニコチノイド）	殺虫剤	イミダクロプリド＊1 アセタミプリド	嘔吐，散瞳，痙攣	対症療法のみ	
ジチオカーバメート剤	殺虫剤・殺菌剤	チラウム マンゼブ	腎炎症状，呼吸器症状 皮膚症状	対症療法のみ	
クロルピクリン剤	土壌燻蒸剤	クロルピクリン	粘膜刺激症状 呼吸器障害， 肺水腫 神経症状	対症療法のみ	
ジクワット剤 パラコート剤	除草剤	ジクワット パラコート	腎障害 肺水腫，間質性肺炎	対症療法のみ	合剤となっていることが多い
アミノ酸系除草剤	除草剤	グリホサート	下痢，嘔吐，肺水腫，溶血	対症療法のみ	グリホサート剤の中毒症状は界面活性剤によるもの
		グリホシネート	下痢，嘔吐，縮瞳，呼吸抑制		
塩素酸塩	除草剤	塩素酸ナトリウム 次亜塩素酸カルシウム	嘔吐，チアノーゼ	チオ硫酸ナトリウム	
抗血液凝固剤	殺鼠剤	ワルファリン＊2 クマテトラリル＊3 ブロマジオロン＊3	皮下，筋肉内，消化管の出血 血尿	ビタミンK_1	

＊1：動物用医薬品としても用いられる，＊2：動物用医薬部外品，＊3：医薬部外品

D．化学物質による中毒

1．農薬等による中毒

圃場での殺虫剤，殺菌剤，除草剤として使われる農薬や，畜舎の殺鼠剤として使われる動物用医薬部外品などによる中毒は，野外で頻繁に起こるものではない。現在使用されている薬剤には，劇薬に分類されるものは少ない。除草剤などでは土壌に付着すればすぐに失活するなど安全性の高いものが多い。しかし，パラコートなどの毒性の高い除草剤も一部で使われており，また農薬の取扱いを遵守しなかったために，至近から大量に噴霧される，飼料に大量の農薬が混入するなどの事故もありうることから，表3に牛が接触しうる農薬，動物用医薬部外品等による毒性作用と治療法についてまとめた。

2．動物用医薬品による中毒

動物用医薬品の投与失宜による副作用の発現はどのような薬物でもありうることであるが，コクシジウム治療薬として投与されるサルファ薬（スルファモノメトキシン）では，下痢症の治癒がみられない

ために投与を繰り返し，過剰投与となってしまう例が散見される。血中で析出したスルファミン結晶が腎臓に蓄積して排尿障害，ときには尿閉による子牛の死亡原因ともなる。前項で述べた農薬等と同成分で動物用医薬品として用いられるものがあるが，これについては**表3**を参照されたい。

3．化学物質による，中毒以外の牛の飼養管理上の問題

過去に使用された残留性有機汚染物質は，分解性が低く，長期にわたって残留することがある。ベンゼンヘキサクロリド（benzene hexachloride：BHC）やディルドリンは，かつて一般家庭で畳の殺虫剤として用いられていた。BHCは牛肉中に残留する他に乳汁中に排泄されるため，飼料中の残留基準（0.02 ppm）が設けられているが，古畳の稲わら製の畳床を牛の飼料として利用する際にBHCおよびディルドリンが飼料の基準値を越えて残留している例がある。2011年にも，このような飼料を給与された牛の脂肪からBHCが検出され，牛肉が回収された。

同じく残留性有機汚染物質であるダイオキシン類（ポリ塩素化ジベンゾジオキシン，ポリ塩素化ジベンゾフラン，コプラナーPCBなど）は，牛以外の動物では飼料汚染による斃死例も出ているが，飼料中の脂質含量が少ないせいもあって牛では中毒事例はほとんど報告されていない。しかし，EUでは飼料および畜産物の汚染実態を継続的に監視しているなかで，基準値を上回るダイオキシン類が検出され，乳製品の回収が行われたことがある。

日本では使われていない除草剤（クロピラリド）が輸入飼料に含まれていた例がある。クロピラリドは牛が摂取してもほとんど吸収されないが，糞便中に分解されないクロピラリドが含まれ，堆肥化して施肥した畑で作物の枯死を引き起こしたことがある。

これら，牛に対する健康影響が少ない化学物質でも，畜産物の安全性や環境への影響の面から飼養管理上注意を要する場合がある。

E．鉱物および無機物による中毒

我が国の鉱物および無機物による牛の中毒の発生は，鉛中毒と子牛の銅中毒がほとんどである。

鉛中毒：鉛を含んだ錆び止め塗料が塗られた畜柵を舐食した子牛の中毒が多い。現在ではこうした塗料を使用することがほとんどなく，鉛中毒事例は減ってきているが，古い畜舎では注意が必要である。近年，牧野に投棄されたバッテリーによる中毒や，漁網をリサイクルしたロープを畜舎で使用し，このロープの芯部におもりとして入れられていた鉛による中毒が発生している。鉛は，蛋白質のSH基，アミノ基，カルボキシル基などと結合するため，酵素系や代謝反応の阻害を起こす。このため中毒症状は多岐にわたるが，消化器症状，貧血，神経症状を示して死亡することもまれでない。死亡牛では肝臓，腎臓に高濃度の鉛が検出され，組織学的には肝細胞および尿細管上皮細胞に核内封入体が検出される。溶血性貧血に伴うハインツ小体が赤血球に観察される。尿中コポルフィリンおよびδ-アミノレブリン酸の上昇を指標とした生前診断も可能である。治療としては，他の重金属と同様Ca-EDTA等のキレート剤を用いるが，効果は限定的である。また，血中鉛濃度の生物学的半減期には幅があり，数十日から年余にわたる例まである。鉛は乳中にも移行するので注意を要する。

銅中毒：銅は必須微量金属であり，飼料に添加されている。しかし，子牛では銅に対する毒性用量が低いので20～100 mg/kgの用量で毒性を示す（成牛では80～300 mg/kg）。銅を豊富に含有する成牛用の濃厚飼料を子牛に給与した場合に発生することが多い。消化器症状の他，溶血による血色素尿，溶血性黄疸がみられる。銅はモリブデンと吸収，排泄が競合するので，治療としてモリブデンのアンモニア塩またはナトリウム塩を50～500 mg/日給与する。

これらのほか，我が国では発生がほとんどないが，土壌等由来で飼料の含有量が高いと中毒を起こしうる元素として，ヒ素，フッ素，モリブデン，セレニウム，カドミウム，水銀などがあげられる。農林水産省では，これらの元素のうち，飼料から検出される頻度が高く，家畜や人の健康に影響があるとされている鉛，カドミウム，水銀，ヒ素について，牛用飼料の指導基準を設定している（**表4**）。また，飼料の汚染実態調査により指導基準の遵守状況について常時監視している。近年，指導基準を超過する事例の報告はなく，これらの重金属等を飼料から摂取したことにより健康被害が生じたとの報告もない。

鉛，カドミウム，水銀，ヒ素を摂取した牛から生

表4　牛用飼料を対象として指導基準が設定されている重金属等

物質名	飼料の主な汚染原因	対象となる飼料	牛用飼料の指導基準
鉛	土壌（塗料や釣りのおもりなどの事故的な混入あり）	配合飼料	3 mg/kg
		乾牧草等	3 mg/kg
カドミウム	土壌	配合飼料	1 mg/kg
		乾牧草等	1 mg/kg
水銀	土壌	配合飼料	0.4 mg/kg
		乾牧草等	0.4 mg/kg
ヒ素	土壌	配合飼料	2 mg/kg
		乾牧草等（稲わらを除く）	2 mg/kg
		稲わら	7 mg/kg

産された畜産物による人への健康影響を確認するため，これらの物質を中毒用量ではなく，飼料汚染事例で想定される低濃度の飼料を牛に長期間給与し，畜産物への移行の程度を分析する試験が国内外で実施されている。いずれの試験結果も，主に食品となる筋肉，乳への移行程度は低く，肝臓，腎臓などの内臓への移行，蓄積性が高い。我が国の内臓の平均摂食量は少ないことから，人がこれらの物質を牛由来の畜産物から摂取する可能性は低いと考えられる。

F. その他

1. 硝酸塩中毒

植物は窒素をアンモニアまたは硝酸態窒素（硝酸塩）として吸収，利用する。吸収された硝酸態窒素は，速やかに必要なアミノ酸，蛋白質に再構成されるが，施肥量が非常に多い場合や雨後の晴天で吸収が急な場合などには硝酸態のままの窒素が植物体に残存することがある。硝酸態窒素の蓄積した植物を摂取すると，反芻胃内では微生物の働きで硝酸態窒素が亜硝酸体に還元され，胃壁などから吸収される。一部はさらに還元されて，アンモニアとなって吸収される。血中の亜硝酸イオンによりヘモグロビンのヘム鉄を酸化してメトヘモグロビンが形成される（メトヘモグロビン血症）。メトヘモグロビンは酸素と結合することができないので，細胞レベルでの酸素不足が生じて可視粘膜はチアノーゼを呈し，重症では死に至る。

自給飼料の窒素施肥過剰や雨後の急な肥料成分吸収の他にスーダングラスなどの輸入乾草に硝酸塩濃度の高いものがみられるので購入する牧草の品質を吟味すべきである。飼料中の硝酸態窒素濃度の基準としては，1988 年に農林水産省草地試験場（現畜産草地研究所）によるガイドラインが制定されており，乾物換算で 2,000 ppm 以下とされている。

急性中毒の確定診断として高速液体クロマトグラフィー（HPLC）を用いて給与飼料の硝酸態窒素濃度を定量する。ただし，迅速に診断するためには，簡易型反射式光度計（RQ フレックス）や試験紙などでおおよその値を調べた後，HPLC 確定診断を行うこともある。罹患牛の血液中硝酸態窒素濃度やメトヘモグロビンの測定が可能である。牛が死亡してしまった場合，眼房水の硝酸態窒素濃度が診断の参考になる。20 ppm を越えていれば疑われるが，死産胎子を含めて，子牛ではもともと高い値であるので注意が必要である。

メトヘモグロビン血症に対しては，2％メチレンブルー生理的食塩溶液（4 mg/kg）の静脈内投与が有効である。メチレンブルーは NADPH を介してメトヘモグロビンをヘモグロビンに還元する。重症の場合はメチレンブルーの濃度を低くして反復投与するとよい。ただし，組織が青色を呈し，尿も暗緑色となり，組織の着色は半年ほど遺残する。

2. ジクマロールによる中毒

スイートクローバー中毒としても知られる本中毒では，植物由来のジクマロールがビタミン K の作用を阻害するために，全身の溶血性変化を伴う中毒を引き起こす。植物に含まれるクマリンは，カビなどの作用で二量体のジクマロールに変換され，これを含む傷んだ植物を摂取することで発生する。海外ではスイートクローバーの他，スイートバーナルグラスなどで起こっている。クマリンはサクラ葉などの香味となっており，キク科，セリ科，イネ科など多くの植物に含まれるので，出血傾向を示す症例では，ジクマロール中毒を疑う必要がある。

罹患牛は皮下，筋肉内，腹腔内，消化管などの出血のため，虚弱，貧血を呈して数日で斃死する。この中毒を疑う例が出た場合，給与飼料を中止した上で，同居牛にビタミンK_1を投与することで被害の拡大を防ぐことができる。確定診断として飼料や斃死牛の肝臓等の臓器からジクマロールの検出を行う。

3．傷害サツマイモ中毒

サツマイモは，サツマイモ黒斑病菌（*Ceratocyctis fimbiriata*），真菌（*Fusarium solani* など）や害虫による食害，さらに物理的な損傷に対して，生体防御機能としてファイトアレキシンを産生する。サツマイモの産生するファイトアレキシンには肝毒性を有するイポメアマロンや，肺水腫や間質性肺炎の原因となる4-イポメアノールがある。サツマイモの黒く変色した傷害部分には苦味物質が産生されるので，人は食べないが，牛では給与されれば摂食してしまう。重度の間質性肺炎まで進行してしまった場合などは，治療による救命は非常に難しくなる。

我が国では，変敗した飼料の給与による中毒は過去のものと思われていたが，飼料価格の高騰の影響，傷んだサツマイモが有毒であるという知識の欠如などから，1999年に長崎県，2006年には京都府，2010年には鹿児島県で中毒事故が発生している。

4．一年生ライグラス中毒

1996年，山形県と愛媛県において，神経症状を主徴とする中毒症例が発生した。ほとんどが子牛や育成牛で，オーストラリアから輸入されたオーツヘイが共通して給与されていた。このオーツヘイには，牧野の雑草である一年生ライグラス（annual ryegrass）が混入していた。この一年生ライグラスの種子に線虫が媒介する細菌（*Clavibacter toxicus*）が感染しており，*C. toxicus* が産生するコリネトキシンという毒素が中毒の原因であった。コリネトキシンの牛での致死量は4 mg/kgと毒性が強く，中毒例では多くの牛が斃死した。オーストラリアその他の国では，牧野に一年生ライグラスが混入して事故が起こることは知られていたが，輸入されたオーツヘイには10～20％以上の混入があった。現在，オーストラリアからの輸入牧草では，*C. toxicus* の菌体抗原検査が行われており，事故は起こっていない。

5．植物による光線過敏症

オトギリソウ，ソバなど光感受性物質を含む植物は，一次性光線過敏症を引き起こす。このような植物を牛が大量に摂取する機会は多くない。むしろ，基礎疾患として肝障害がある牛に，肝性光線過敏症が発生することがある。エゾユズリハによる中毒事例では，回復期の動物に発症がみられた。植物由来のクロロフィルは，第一胃および腸管内で光感受性物質であるフィロエリスリンに代謝されて吸収されるが，速やかに肝臓を経て胆汁に排泄される。肝障害により胆管への排泄が十分できないと，循環血中にフィロエリスリンが蓄積し，日光に当たった体表の血管内で活性酸素が産生され，アレルギー様の紅斑や皮疹が発生する。皮膚症状は白色部で激しく，他に体毛が薄く皮膚の薄い乳房，眼の周囲，外陰部などや日の当たりやすい耳介，鼻鏡周囲などに発生し，重症では表皮が脱落する。健常な牛の末梢血中にはほとんどフィロエリスリンが含まれないので，血中のフィロエリスリンを検出することが診断の助けとなる。

6．水 中 毒

子牛で注意すべき中毒の1つに水中毒がある。一度に大量の水を摂取したために，血液の浸透圧が低下し，血管内溶血をきたすもので，血色素尿を呈することがある。断水後に給水が再開した際や生後初めて給水された際など一度に大量に飲水した場合に起こることが多い。血色素尿症以外の臨床症状として，疝痛，下痢がみられ，重症では不整脈，神経症状などが現れる。診断としては血中のナトリウムイオンと塩素イオンの定量が有効で，ナトリウムは130 mmol/L以下，塩素は95 mmol/L以下の値を示す。一度に大量の水を飲んだ場合は，斃死することもあるが，制限給水を行えば数～24時間で回復することが多い。

関連ホームページ

・輸入ストローの安全な使い方のパンフレット（動物衛生研究所）

http://niah.naro.affrc.go.jp/disease/poisoning/index.html

・動物医薬品副作用情報（動物医薬品検査所）

http://www.maff.go.jp/nval/iyakutou/fukusayo/index.html

〔山中典子，B. 篠田直樹，E. 林美紀子〕

3　放牧病

家畜は放牧すると十分に運動できて新鮮な牧草を食べることができるので健康に発育するが，吸血性の昆虫やダニを介した感染症，過度の日射や暴風雨によるストレス，有毒植物による中毒などの悪影響を受けることがある。畜舎で飼養されている場合と異なり，放牧状態で疾病にかかると早期の発見や治療が難しいため，農家は大きな被害を被ることがある。ここでは主要な放牧に起因する疾病（放牧病）についてまとめた。

A. 吸血昆虫が媒介するウイルス病

1．牛流行熱

Ⅵ章ウイルス病「10．牛流行熱」の項（233 頁）を参照されたい。

2．イバラキ病

Ⅵ章ウイルス病「9．イバラキ病」の項（231 頁）を参照されたい。

B. 吸血昆虫やダニが媒介するリケッチア病・細菌病

1．未経産牛乳房炎

通常の乳房炎は泌乳中の乳牛で発症する疾病として知られており，経産牛乳房炎と呼ばれる。しかし，泌乳開始前の未経産牛や乾乳牛においても乳房炎が発生する（欧米では，泌乳開始前の未経産牛と夏季の放牧中の乾乳牛に発生するものを併せて summer mastitis としているが，我が国では乾乳牛の乳腺組織における夏季の乳房炎と，未発達な乳腺組織しかもたない未経産牛における乳房炎とを区別し，各々を乾乳期乳房炎および未経産乳房炎と呼んでいる）。乳腺組織が発育していない未経産牛における乳房炎は発見や治療が遅れると乳腺発育が阻害されてしまうので分娩後に無乳症となってしまい，乳生産が不可能となるので経済的損失が大きい。未経産牛乳房炎は放牧育成牛中の 13～18 カ月齢の未経産牛が夏季に罹患するもので，急性に発症する。早期に発見した場合には徹底的な治療により臨床的には治癒するが，分娩後に再発し無乳症になってしまうことが多い。発見が遅れて治療しなかった場合には，膿瘍が形成されて硬結が残り，発症した分房は泌乳能力を完全に喪失する。主な原因菌は嫌気性の *Corynebacterium pyogenes* であり，*Peptococcus indolicus* が協同している。未経産牛の乳房は未発達で小さいが，乳房炎に罹患した分房は著しく腫脹する。腫れが同じ体側の他の健康分房や下腹部にまで達することがある。罹患乳房では腫れとともにしこり，熱感，痛みを示す。乳腺組織の膿瘍は，皮膚を破壊して体外に膿を出すことがあり，乳頭口から灰色や黄色の透明な乳清様浸出液や腐敗臭のあるクリーム様膿汁が排出される（未経産牛の乳腺組織は乳頭口が密栓された閉鎖的状態であり，乳管組織が多くて分泌機能をもつ腺胞構造は未発達である）。未経産牛が乳房炎にかかると，炎症による瘢痕形成によって乳管が閉塞してしまう。腺胞が形成されて乳が生成されても乳管が通じていないので腺胞から乳頭へ乳が流下できず，無乳症となる。治療として抗菌薬の乳房内注入や全身投与（皮下注射，筋肉注射，静脈注射，動脈注射）による原因菌の死滅および対症療法（鎮痛消炎剤投与，輸液，冷湿布，温湿布など）が施される。

2．アナプラズマ病

Ⅶ章リケッチア「1．アナプラズマ病」の項（304 頁）を参照されたい。

C．吸血昆虫やダニが媒介する原虫病

1．ピロプラズマ病

ピロプラズマ病は，原生動物の古典的な4分類の1つである胞子虫綱（*Sporozoa*）のピロプラズマ目（*Piroplasmida*）に属し，比較的大型で脊椎動物の赤血球内で増殖するバベシア科（*Babesiidae*）および比較的小形なタイレリア科（*Theileriidae*）の原虫によって引き起こされる伝染病である。我が国で監視伝染病の対象となっている動物は，牛，水牛，鹿，馬で，対象病原体は *Babesia bigemina*〔ダニ熱（tick fever）と呼ばれる〕，*B. bovis*，*B. equi*，*B. caballi*，*Theileria parva*〔東海岸熱（East coast fever）と呼ばれる〕，*T. annulata* である。いずれの原虫もウシマダニ属，コイタマダニ属，イボマダニ属，カクマダニ属などのマダニによって媒介されるので，各々を媒介するダニの種類の分布地域に一致して感染症が中南米，アジア，アフリカ，オーストラリア，欧州など広い範囲で発生している。我が国では沖縄県で *B. bigemina* と *B. bovis* の発生があったが，1993年以後発生していない。放牧している草地の媒介ダニを撲滅することは困難なので大きな被害が出ている。*B. bigemina* や *B. bovis* 感染では発熱，貧血，黄疸，血色素尿を呈し，若齢牛よりも成牛の致死率が高い。*T. parva* では発熱とリンパ節腫脹がみられ，成牛よりも若齢牛において感受性が高く，致死率は非常に高い。*T. annulata* でも発熱とリンパ節腫脹がみられ，致死率が高い場合がある。*B. equi* と *B. caballi* では40℃以上の発熱，貧血，黄疸などがみられ，死亡することがある。これらは臨床症状と血液塗抹標本の鏡検によって赤血球内原虫を確認することによって診断される。なお，*T. parva* の診断は耳下腺下や浅頸部のリンパ節からのマクロシゾントの検出，*T. annulata* の診断は腫脹している体表リンパ節からのマクロシゾント，ミクロシゾント，ミクロメロゾイトの検出によって行われる。併せて病原体の抗体検査（IFA，CF試験，AGID，PHA，毛細管凝集反応，カード凝集反応，スライド凝集反応など）も実施される。有効なワクチンが開発されていないので，媒介ダニを駆除することによって予防される。感染した場合にはバベシア原虫に対してはジアミジン製剤（ガナゼック®，イミドカルブ），タイレリア原虫に対してはテトラサイクリン系抗生物質やナフトキノン製剤（パルバクォン，ブパルバクォン）が有効である。対症療法として補液や栄養補給なども欠かせない。

D．非感染症

1．熱中症

オランダとドイツ北部が原産地のホルスタイン種乳牛は，寒さに強く暑さに弱い体質であるため，夏季に27～28℃以上の高温が長期間続き高湿度となる我が国では体が疲労し，第一胃の機能減退や唾液分泌量の低下が起こり，乳量低下，乳脂肪率低下，繁殖機能低下（受胎率低下など）をきたすだけでなく死亡例が後を絶たない。放牧地に日陰を作る樹木を植えること，十分に飲水できる施設を調えること，鉱塩を欠かさないことなどの対策を怠らないことが重要である。

2．鼓腸症

第一胃および第二胃に正常時には経口的に排出されるガスが排出されなくなって蓄積してしまい，腹部が太鼓のように膨張する疾病である。消化器障害，呼吸困難，血行障害を起こし，死亡に至ることがある。放牧している牛では水分の多い牧草や若いマメ科牧草の多給が原因のことが多い（牧草鼓脹症）。緊急処置を要する場合には，左けん部から第一胃にせん刺針を刺して溜まったガスを抜く。牧草地の草種がマメ科に偏らないようにするなどの草地設計が必要である。

3．低マグネシウム血症

牛や羊に発生する牧草を主因とする低マグネシウム血症（血清マグネシウム濃度が1mg/dL以下）をグラステタニー（grass tetany）と呼ぶ。興奮，痙攣などの神経症状を示す。牧草のマグネシウム不足あるいはカリウム過剰によるマグネシウム欠乏が原因である。牧草ではカルシウムとマグネシウムの吸収がカリウム吸収と拮抗するため，土壌中のカリウム濃度がマグネシウムと比べて相対的に高いと牧草中のマグネシウムが欠乏する。鼓腸症を予防するために自然草地に比べて人工草地ではマメ科牧草を少なくイネ科牧草を多くしているが，イネ科牧草はマメ科牧草に比べマグネシウム含有量が少ないのでグラ

ステタニーの発生が多くなる。また牧草のマグネシウム吸収は低温下では抑制されるため，低温多湿の初春や秋期に多発する。窒素含量の多い牧草を多く摂ると牛は下痢を起こしやすくなるので，腸管からのマグネシウム吸収が低下してグラステタニーの発生が増える。グラステタニーを発症した牛には25%硫酸マグネシウム溶液やボログルコン酸カルシウムを投与するとともに，定期的にマグネシウムを給与する。放牧地にはマグネシウム塩を散布したりマメ科牧草を増やすなどの対策を講じる。

4．肥料による中毒

家畜糞尿を原料とした堆肥や窒素肥料を多量施用して生産された飼料には硝酸塩が多量に含まれる。これに起因する中毒が代表的な肥料による疾患で，我が国では1960年頃から発生が報告され始めた。硝酸塩濃度が高い飼料を大量に摂取して発症する急性中毒は俗にポックリ病と呼ばれ，突然死に至ることが多い。第一胃内で硝酸塩が亜硝酸塩に変わり，これが血液中に入るとヘモグロビンと結合してメトヘモグロビンとなって酸素運搬が障害され，細胞が酸素欠乏に陥って死滅する。硝酸塩が比較的多く含まれている飼料を長期間摂取して起こる慢性中毒の場合には流産，胎子異常，乳量低下，成長不良などが発症するが，その発症機構には不明な点が多い。近年では急性中毒よりも慢性中毒の方が問題視されている。一般に硝酸態窒素含量が0.4%以上の飼料は中毒のおそれがあるので給与してはならない。放牧環境では，草地牧草の硝酸態窒素量のモニタリングを励行すること，硝酸態窒素を蓄積しやすいイタリアンライグラスなどの作付を控えること，窒素を含む肥料の施肥量を適正にすることなどの対策を講じなくてはならない。

5．有毒植物による中毒

強心配糖体やアルカロイドなどの植物に含まれる有毒物質が解明された場合もあるが，いまだに原因毒物が同定されていないことが多い。一般に草食家畜は自ら好んで有毒植物を食べることは少ないが，摂食してしまった場合には症状が急性で斃死して発見されることが多く，原因の解明が難しい。また治療が難しく，対症療法によることが多い。

①アセビ，ネジキ，ハナヒリノキ，レンゲツツジ

グラヤノトキシンによる中毒で，採食後数時間で発症し，嘔吐や泡沫性流涎を起こす。軽症の場合は四肢開張，知覚過敏など，重症では起立不能，疝痛，腹部膨満，呼吸速迫などがみられる。回復は早く，致死率は低い。

②オトギリソウ

光作用性物質であるピペリシンによる中毒で，オトギリソウを食べた家畜が強い太陽光線を浴びると，ピペリシンが活性化されて皮膚炎を起こす。体毛が白っぽい部位や鼻鏡などの無毛部に発症しやすい。

③オナモミ，オオオナモミ

実に含まれるカルボキシアトラクティロシドによる中毒で，低血糖，歩様蹌踉，痙攣，呼吸，心拍数増加がみられ，重症の場合には24時間で死亡する。

④キョウチクトウ

強心配糖体であるオレアンドリンによる中毒で，疝痛，下痢，頻脈，運動失調などがみられ，急死後発見されることが多い。牛に経口給与した場合の致死量は50 mg乾燥植物体/kg体重と低く，強毒性である。

⑤スズラン

強心配糖体であるコンバラトキシンとコンバラマリンによる中毒で，流涎，嘔吐，疝痛，消化器障害（下痢など），心筋の異常興奮による頻脈，呼吸困難，痙攣などがみられる。

⑥モロヘイヤ

成熟した種子に含まれる強心配糖体のコルコロシドなどによる中毒で，食欲不振，下痢，起立不能，体温低下，心拍微弱などがみられる。

⑦ユズリハ

複数のアルカロイドによる中毒で，軽症の場合には疝痛，黄疸，チアノーゼ，便秘または下痢がみられ，重症の場合には急死する。

⑧ワラビ

発癌物質であるプタキロシドは腸や膀胱に腫瘍を作る。ワラビの長期摂取に伴う血尿症は膀胱の腫瘍による。チアミナーゼは，牛では骨髄の造血機能低下を招き，血液凝固不全，血便，血尿がみられ，馬などの単胃動物にはチアミン欠乏を引き起こす。

6．栄養が主因となる疾病

高栄養の放牧草地で放牧しないと摂取栄養価が不足して発育が遅れたり繁殖能力が低下することがある。夏型の高栄養牧草種としてペレニアルライグラ

スやオーチャードグラスなどが推奨され，ケンタッキーブルーグラス，レッドトップ，リードカナリーグラスなども優れている。冬型の高栄養牧草種としてはイタリアンライグラスなどが望ましい。また，土壌中のミネラル成分が不足していると牧草中でも不足するので家畜の繁殖障害などが引き起こされることとなる。我が国の場合，コバルト（ビタミン B_{12} の合成に必要で，欠乏すると食欲不振，乳量減少，発育遅延，被毛光沢消失などの症状が認められ，重症の場合は食欲不振による餓死に至ることがある），銅（欠乏すると貧血，発情鈍化，繁殖能力低下，難産，後産停滞，先天性くる病などを発症する），セレン（欠乏すると子牛白筋症，繁殖障害などが認められる），亜鉛（欠乏すると発育遅延，繁殖障害，脱毛，角化不全などが認められる）が不足することが多いが，モリブデン，ヨウ素，鉄，マンガンは十分に含まれている。なお，放牧地の牧草や土壌の成分分析を定期的に行うことが必要である。

〔眞鍋　昇〕

XII

経済疫学

1　疾病の経済評価

2　経済評価の手法

3　経済評価の実例

1　疾病の経済評価

疾病の経済評価の主な目的は，動物疾病対策の評価を経済的な視点から行うことであるが，大規模に流行する動物疾病の被害額を推定し，その社会的影響の大きさを分析することも含まれる。畜産自体は経済活動であるため，畜産の経営や生産性に関する研究は古くから実施されてきた。一方，動物疾病を対象とした経済評価が本格的に行われるようになったのは比較的新しく，今日でもその手法や用語が完全に統一されているわけではない。しかしながら，近年，動物疾病の経済評価の重要性はますます高まっている。その理由として，近年の畜産経営の企業化，公的予算の縮減などの影響を受けて，疾病対策の実施に経済的妥当性の裏づけが強く求められていることがあげられる。また，多くの先進国では家畜に対する被害が明らかに大きい重篤な疾病が撲滅され，被害の実態を把握しにくい慢性型の疾病が対策の中心になってきているため，経済評価を行った上で対策をとるべき疾病を見極める必要が生じていることも理由の１つである。農家レベルでみると，一般に疾病対策は追加投資が少ない割には生産への効果が大きい対策であると考えられている。しかしながら，それらの効果は農家の状況によって異なるため，経済評価によって様々な疾病対策の経済的効果を比較分析することにより，農家は経営判断に有益な情報を得ることができる。このように，疾病の経済評価は農家，地域，国など様々なレベルで広く応用可能であるが，対象とするレベルによって応用しやすい手法は異なるため，その長所と短所を理解した上で応用する必要がある。

一方，動物の疾病にも流行性疾病や常在性疾病など様々なものがあり，疾病の種類によっても用いる分析手法が異なる。通常は発生がないが，発生すると被害を及ぼすような流行性または散発性の疾病の経済評価を行う場合は，発生時の損害額のみならず発生頻度や発生確率も見積もる必要がある。例えば，隔年周期で発生するアカバネ病のような疾病については，発生頻度や農場に侵入する確率を考慮する必要がある。また，口蹄疫のように急激に発生が拡大する疾病については，発生する確率を予測した上でさらに流行規模も推定しなければならない。このような疾病の経済評価を行う場合は，推定にかかわる不確実性を考慮して，確率論を用いたシミュレーションモデルを用いることも多い。一方，直ちに完全に駆逐することが困難な乳房炎などの常在性の疾病については，被害額を推定するよりも対策の効果を推定することが有益であることが多い。つまり，常在性の疾病については，潜在的な被害を含めたすべての被害を排除することは困難であるため，対策によって回避可能な部分を特定して経済評価を行うことにより，経済的妥当性の高い対策の選択が可能となる。

実際に経済評価を行うに当たっては，最初にどのような目的で評価を行うのかを明確にすべきである。疾病対策の経済評価の多くは，損失や利潤の正確な評価額を推計することを目指しているのではなく，疾病対策の取捨選択などの意思決定に経済的な側面から有益な情報を与えることを目的としている。したがって，多少の不確実性が含まれていることを前提として，いくつかの疾病対策の効率性に優先順位をつけたり，個々の対策が与える影響を比較したりすることが行われる。また，すべての影響を貨幣価値に換算することが難しい場合は，人員数や時間などを用いてコストを分析することも可能である。実際に経済評価を行うに当たって最も問題となることが多いのは，評価に必要な基礎データが存在しないことである。通常はすでに報告されている生産性に関する指標や単位当たりのコストを用いて分析が行われる。我が国では，農林水産省が各種統計調査報告を，畜産関係団体が生産指標に関する資料を公開しており，これらを基礎資料として活用できる。しかしながら，自らの目的に合致するデータがない場合は，新たにデータを収集するか，推定を行うしかない。新たなデータの収集には時間と労力を要するため，調査を実施する場合には経済評価に必要な情報と併せて疾病に関連する情報を同時に集めておくとよい。また，評価に必要なパラメータを関連情報から推定した場合も，後述する感度分析を行い，その推定値が結果にどれほど影響を与えるかについて分析すべきである。仮に，その推定値が評価結果に大きな影響を与える重要なパラメータであれば，さらなる情報収集や専門家への意見照会などを通じて推定値の確からしさを高める必要がある。このことにより，評価結果の信頼性も高まることとなる。一般的には，最初に予備的な評価を行い，評価手法の妥当性やデータの充足状況について確認することが役に立つ。

コストや利益の算出においては，どのような項目を組み入れるのかが重要になる。畜産における生産性とは投入した資材から生み出す利潤の効率性を現しているともいえる。これらインプットとアウトプットの増減が生産性を決めることとなるため，経済評価においてもそれらのインプットとアウトプットを考慮することが基本となる。投入する資材には，水，餌，労働，土地，家畜，施設，薬品などが該当し，生産物としては肉，乳，皮などが該当する。実際の項目の選択に当たっては，その重要性を考慮して分析を進めることが重要である。家畜疾病に関する経済評価では４～５項目がコストやベネフィットの90％を占めるという報告もあり，全体のなかのわずかな割合を占めるに過ぎない項目について詳細に分析することはあまり意味をなさない。また，項目間で重複する内容を含まないよう注意することも必要である。実際に評価に基づいて疾病対策を講じる場合は，その効果をどのように検証するのか，どのように疾病をモニタリングするのかについても，あらかじめ定めておくとよい。

疾病対策の選択に関する意思決定においては，国，地域，農場など，どのレベルにおいても明確な正解がないことがほとんどである。そこでは，考慮すべき要因も異なり，様々な不確実な要素がかかわるため，すべての状況で応用できる統一的な評価手法は存在しない。それぞれの状況に応じて，適切な手法を選択して，ケースバイケースで適用することが求められる。

〔筒井俊之〕

2　経済評価の手法

本項では，家畜疾病の経済評価を行うために必要な事項として，まず初めに疾病による損失の考え方について整理を行い，次に具体的な経済評価の手法について紹介する。

A．疾病による損失の考え方

家畜疾病による損失は，直接的損失と間接的損失に大別される。前者は疾病そのものによって家畜生体に生じる損失を指し，後者はこれに付随する費用や環境要因による損失など，前者に含まれない損失一般を指すものと考えることができる（表1）。

家畜の斃死・殺処分による損失（死廃損失）は，その時点での家畜の評価額と同義である。市場メカニズムのもとでは，死廃事故が生じた時点での家畜の評価額には，残りの経済寿命のなかでその家畜が生産していたであろうネットの価値（生産費を控除した後の価値）が織り込まれている。このネットの価値には，その家畜自身の最終販売額だけでなく，乳・産子の販売額や，我が国ではあまりみられないが，農耕等の動力源としてのサービスの評価額も含まれる。実際，当該家畜の評価額を推計するにあたっては，残りの経済寿命で生産されたであろうネットの価値を推計したうえで，それを現在時点に割り引いて評価する（後に説明する現在割引価値評価のこと）よりも，簡便さを優先して市場価格による評価額を直接推計する場合が多い。例えば，市場価格による評価は，過去の産出額や家畜共済における評価額（共済価額）を利用して，これに事故率を乗じることによって推計することができる。ほかに指標となる価格が存在する場合には，その価格に事故頭数を乗じてもよい。これらのデータは，特に評価範囲が大きい場合，入手が容易であり，迅速な推計には適するが，死廃時点での評価額からの誤差が大きいという欠点がある。また，いずれも平均値やその他の代表値を用いた評価となるため，個体差が大きい場合には誤差を考慮してより細分化されたデータを利用することが望ましい。入手可能性や迅速性には劣るが，家畜伝染病予防法に定められた殺処分の場合，手当金算定にかかる評価額を利用することでこうした誤差を小さくすることができる。一方，農家資産台帳等の簿記データによる大家畜の評価額は，税法上の取扱いにより育成期間中の飼料費のみを積み上げたものとなっているケースが多いと考えられ，この場合は過小評価のおそれが強く，損失の評価材料としては適さない。

死廃事故には至らない損失として，疾病によって生産性（増体，乳量など），生産物の品質（肉質，乳質など），あるいは繁殖成績が低下するという形で生じる損失（有病損失）がある。有病損失については，まず，これら生産物の質/量の低下と疾病との因果関係が定量的に推定される必要がある。乳価や乳質に関するペナルティのように指標となる生産物価格がある場合，疾病の影響を受けた生産量にこの価格を乗じることで損失を評価できる。ただし，評価の範囲が大きいときには，市場供給量の増減に伴う価格の変化について考慮する必要がある。また，出荷される生産物の質/量には影響がないが，疾病のために飼養期間が延長するなど生産コストの増加が

表1　直接的損失と間接的損失

	項目
直接的損失	・斃死・殺処分 ・生産性，生産物の品質，繁殖成績の低下 ・遺伝資源の喪失 ・群構成・生産ローテーションの乱れ
間接的損失	・治療や予防のための費用 ・輸出市場アクセスの喪失 ・生産物に対する需要の低下 ・公衆衛生上の損失 ・地域内の他産業における損失

みられる場合には，この費用の増分によって損失を評価することができる。ただし，疾病の治療に要する費用については，間接的損失で計上されるものとの二重計上にならないよう注意が必要である。

このほかの直接的損失としては，貴重な遺伝資源の喪失や，群構成・生産ローテーションの乱れによる損失が考えられる。これらの損失は評価が難しいが，遺伝資源の喪失による損失は，種雄牛や母牛の手当金算定にかかる評価額に一部ながら反映されている。

次に，間接的損失としては，まず治療や予防のための費用があげられる。個別の畜産経営にとってみれば，家畜共済によってカバーされる診療費は損失とならないのに対し，社会的にみた損失を評価する場合には，実際には支払いが生じない診療コストについても損失として計上する必要がある。

また，我が国ではその重要性は大きくないが，家畜伝染病の発生に伴って輸出市場へのアクセスが一時的に閉ざされると，行き場を失った生産物が国内市場にあふれて価格を低下させることがある。

こうした供給側の要因による生産物価格の変動とは対照的に，社会的影響の大きな疾病の場合，生産物への需要が減退することによって価格が低落することもある。こうした需要側の要因による価格低下とそれによる損失は，疾病への罹患の有無にかかわらず生じうる。

このほかに重要な間接的損失としては，人獣共通感染症による公衆衛生上の損失があげられる。人の健康に対して悪影響が生じた場合には，人の受診・治療行動にかかわる費用のほか，休業や看護に伴う生産性の損失（労賃で評価）や検査その他の対策費用がその疾病による損失として計上される。

家畜伝染病制御のための移動制限に伴うイベント等の自粛や，地域の観光等周辺産業に与える影響も，家畜疾病による重要な間接的損失と考えられる。これらの損失については，売上変動に関する事業者向けアンケート調査等追加的な調査によって材料を収集することが考えられる。また，家畜疾病による畜産業の最終需要の減少がその疾病による畜産生産額の減少によって近似されるとすれば，産業連関分析によってそれが畜産業と直接間接の投入産出関係をもつ産業にどれだけ波及するかを推計することができる。産業連関表は国や都道府県などの単位で，それぞれ複数の産業分類について公表されているが，108部門表以上の分類では畜産業が独立した部門として取り扱われている。家畜疾病による畜産業の最終需要の減少を，公表されている逆行列係数表の畜産業に該当する列に乗じることで，各産業の生産額への1次的な波及効果が推計される。各産業で波及的に生じた損失はそれぞれの産業の雇用者所得を減少させ，それが最終消費の減少を招いて，さらに各産業の生産減少をもたらすことになる。これを2次的な波及効果と呼び，産業連関分析ではこの2次的波及効果まで推計されることが多い。産業連関分析の原理や2次的波及効果の推計手順は，国および各県が産業連関表の公表とあわせてウェブ上等で解説しているので，そちらを参照されたい。

家畜の疾病の経済評価を行う際には，評価の対象（個体，群・農場，地域，国）によって，利用すべき材料や評価項目が変わってくる。例えば，ある疾病による農場レベルでの損失を評価する場合，直接的損失として死廃損失と有病損失を間接的損失として治療や予防に要した費用を用いることで，損失額を推定できるだろう。口蹄疫のような家畜伝染病が地域経済全体に与える影響を評価するためには，死廃損失，有病損失，治療や予防に要した費用の他にも，移動制限に伴う市場の閉鎖や風評被害，他産業への影響などを間接的損失として含める場合もあるだろう。いずれの場合も，損失評価の基準となる状態を明確に定義することが評価の出発点となる。

疾病の損失の評価は，ある時点である対象（農場や地域など）に疾病が発生した場合の損失額を把握することができ，また，経済評価の基本的な要素となるという点で重要である。しかし，疾病の損失の評価だけでは，対策の効果を比較することはできないので，対策の比較を行い，意思決定に生かすためには他の経済評価手法を用いたさらなる分析が必要となる。

B．経済評価手法の紹介

疾病対策を経済的に比較検討するための手法は，**表2**のようにまとめられる。

部分査定（予算）分析（partial budgeting）や粗利益分析（gross margin analysis）は個別の畜産経営の評価に用いられることが多く，費用便益分析（コストベネフィット分析：cost-benefit analysis）はより広い範囲の評価に対して用いられることが多い。

表2　疾病対策に関する意思決定支援のための経済評価手法の分類

評価期間	不確実性	適した手法
短期	考慮しない	部分査定（予算）分析 粗利益分析 数理計画法
	考慮する	上記の手法に感度分析を適用 シミュレーション 決定樹分析
長期	考慮しない	費用便益分析
	考慮する	費用便益分析に感度分析を適用 シミュレーション 決定樹分析

表3　部分査定（予算）分析

利潤の増加	利潤の減少
収益の増加	費用の増加
費用の節約	収益の減少

しかし，評価の対象（個体，群・農場，地域，国）にかかわらず，これらの手法は適用可能であり，実際には入手可能な材料によって手法を選択すればよい。

ここでは，**表2**にあげたうち主な経済手法として，部分査定（予算）分析，費用便益分析，決定樹分析（decision tree analysis）および感度分析（sensitivity analysis）を紹介する。

1．部分査定（予算）分析

部分査定（予算）分析の基本構造は，**表3**の通りである。

表3の左側の列は疾病対策によって追加的に生じる経済的なメリット（利潤の増加）を表し，右側の列は同じく経済的なデメリット（利潤の減少）を表す。経済的なメリットがデメリットを上回れば，その疾病対策は経済的に正当化される。複数の疾病対策がある場合は，(利潤の増加) − (利潤の減少) が最も大きな対策を選択するのがよい。

部分査定（予算）分析は，疾病対策に大きな投資を必要とせず，対策の費用と効果が毎年同じように現れる場合の評価に適した手法である。

今，例えば，ある薬剤の投与によって育成牛の増体が改善されるような例を考える。具体的には，育成初期に1頭当たり1ドーズ120円の薬剤を1回投与することで，ある疾病の発症率が10%から5％に低下し，その結果，発症を免れた個体の増体が改善して，これまでより5日早く出荷できるようになったとしよう。育成牛1日1頭当たりの経費を600円とし，この経営の飼養頭数を20頭とすると，部分査定（予算）表は**表4**のようになる。

表4　部分査定（予算）分析の例

利潤の増加	利潤の減少
収益の増加 なし	費用の増加 120円×20頭＝2,400円
費用の節約 600円×1頭×5日＝3,000円	収益の減少 なし

この例の場合，薬剤投与によって発症頭数は1頭減少する。この1頭の出荷が5日早まり，費用が節約されたことにより利潤が3,000円増加する。これは薬剤費の増加分2,400円を上回るので，薬剤投与による疾病対策は経済的に正当化されることになる。

2．費用便益分析

費用便益分析とは，公共政策分野において事業評価に用いられてきた手法であり，事業によって社会にもたらされる便益と事業に伴う費用を検討することによって，事業を実施するかの判断や代替案の比較評価を行うものである。家畜疾病対策の経済評価においても，農家あるいは地域などの集団を対象に，ある疾病対策によって生じる市場価値をその対策による便益として，この便益と対策に要した費用とを比較することによって，費用便益分析を応用することができる。費用便益分析では便益が費用を上回る（費用便益比が1を超える）場合に，その対策が経済的に正当化される。この条件は，ネットの便益（便益－費用のこと。純便益とも呼ぶ）が正であるといい換えることもできる。

便益や費用は，ある一時点のみで発生するのではなく，多期間にわたって，しかも不均一に生じることが多い。家畜疾病対策の評価手法として費用便益分析を利用する目的は，費用の生じるタイミングと便益の生じるタイミングのずれを調整し，長期的な対策の有効性を評価することにある。異なった時点間での便益や費用は，ある割引率 r で将来の価値を割り引いて現在の価値（現在割引価値）に戻した上で比較される。この割引率というのは，利子率のよ

表5　費用便益分析の例

t	便益（円）当該年度	便益（円）累計	費用（円）当該年度	費用（円）累計
1年後	1,923,077	1,923,077	3,846,154	3,846,154
2	1,849,112	3,772,189	1,849,112	5,695,266
3	1,777,993	5,550,182	355,599	6,050,865
4	1,709,608	7,259,790	0	6,050,865
5	1,643,854	8,903,645	0	6,050,865
6	1,580,629	10,484,274	0	6,050,865
7	1,519,836	12,004,109	0	6,050,865
8	1,461,380	13,465,490	0	6,050,865
9	1,405,173	14,870,663	0	6,050,865
10	1,351,128	16,221,792	0	6,050,865
総和	16,221,792		6,050,865	
備考	不要となるワクチン代1,000円×2,000頭×1.04^{-t}		20万円×2,000頭×疾病の発生率×1.04^{-t}	

うなものと考えればよい。例えば，現在手元に100万円がある場合，これを4％複利で運用すれば，10年後には100万円×1.04^{10}＝約148万円となる。これを逆に考えれば，10年後の148万円は，割引率4％のとき現在時点の100万円と等価であるとみなすことができる。より一般的に，t期先の便益と費用をそれぞれB_t，C_tとするとき，t期先の純便益B_t-C_tの現在割引価値は，$(1+r)^{-t}(B_t-C_t)$で表される。

したがって，ある疾病対策のT期先までの純便益を現在価値で評価し，その総和をとれば，

$$\sum_{t=0}^{T}(1+r)^{-t}(B_t-C_t)=\sum_{t=0}^{T}(1+r)^{-t}B_t-\sum_{t=0}^{T}(1+r)^{-t}C_t$$

となる。上式左辺を各期に分解すると，純便益の構造は，先にみた部分査定（予算）分析と同じで，収益の増加と減少，費用の増加と節約からなる。実際に計算する場合には，上式右辺のように，便益と費用のそれぞれの流列の現在価値を計算してから，その差をとってもよい。

各期の便益B_tおよび費用C_tは，疾病対策によって追加的に生じるものだけを計上する。特に，対策の有無にかかわらず，すでに投下済みで回収できない費用（埋没費用）を含めてはならない。

今，仮に，牛のある伝染病の清浄化対策を例に費用便益分析を考えてみる。ある地域では，従来ワクチン接種によって本病の対策を行ってきたが，近年，本病の清浄化が進んだため，ワクチン接種を中止し，感染牛の摘発淘汰で清浄化対策を進めることになったとする。ワクチン接種中止後，摘発淘汰の徹底で，本病の発生率が1年目は1％，2年目には0.5％，3年目には0.1％となり，4年目以降は清浄化が達成されたとする。ワクチン接種の費用を1頭1回当たり1,000円，早期淘汰された感染牛1頭当たりの損失を20万円，この地域の年間出荷・更新頭数2,000頭と仮定し，この清浄化対策を10年間実行した場合の便益と費用を，4％の割引率で評価した（**表5**）。

この例の場合，ワクチン接種中止による費用の節約は10年間で約1600万円の便益をもたらすことになる。一方，摘発淘汰で生じる費用の増加分は約600万円である。このことから，ワクチン接種の中止，摘発淘汰の徹底という清浄化対策は，経済的に正当化されることになる。また，**表5**から，対策当初は淘汰された牛の費用が先行するが，4年目以降は，ワクチン接種による費用の節約による便益の和が費用の増加分を上回ることを読み取ることができる。

割引率にどの程度の数値を用いるかは，分析の対象に応じて異なる。我が国の公共事業評価においては4％という数字が使われることが多いが，成長著しい経済のもとでは，より高い割引率を使用する必要がある。また，一般的には将来の不確実性が大きいほど，割引率を大きくする必要がある。逆に，環境影響評価などの分野では，世代間の公平等を考慮して割引率をゼロとする考え方もある。実際の評価に際しては，複数の割引率を用いて感度分析を行い，評価結果の変動を確かめることが望ましい。

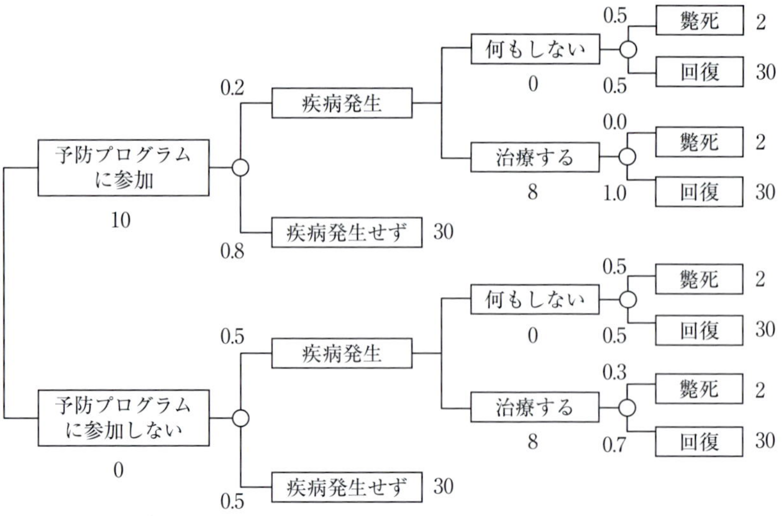

図1　決定樹分析の例

ボックスの下の数字はその対策にかかる費用（万円）を，ボックスの右側の数字はその結果に伴う収益（万円）を，分岐点の○印は確率手番を，○印に続く枝上の数字はその選択肢に到達する確率をそれぞれ表す。

3．決定樹分析

これまでに解説した方法では，家畜疾病とその対策に伴う不確実性が明示的に考慮されていない。この不確実性を考慮するための代表的な手法の1つとして，決定樹分析があげられる。

図1は，例として，ある疾病対策に関する決定樹を描いたものである。決定樹とは，意思決定者がもつ選択肢と確率的に生じる結果を樹状に書き表したものであり，図では左から右に意思決定と結果の流れが描かれている。この例では，ある疾病の予防プログラムに参加するかどうかという意思決定に続いて，実際に疾病が発生するかどうかが確率的に決定され，疾病が発生した場合には「何もしない」か「治療する」かを再度意思決定する状況が想定されている。加えて，予防プログラムに参加することで疾病発生確率が低下するだけでなく，仮にその疾病が発生した場合でも，プログラムに参加していない場合と比べて治療効果が高くなると仮定している。

この例において収益の期待値（これを期待収益と呼ぶ）を最大化する意思決定の組合せを得るには，意思決定の流れとは逆に図の右端から左に向かって期待収益を計算すればよい。

今，予防プログラムに参加していて疾病が発生した場合，何もしないことによる期待収益は $0.5\times2+0.5\times30=16$ 万円であり，他方，治療を受けさせることによる期待収益は $1.0\times30-8=22$ 万円である。この場合，治療した方が期待収益は大きいため，こちらの選択肢が選ばれる。同様に，予防プログラムに参加していなくて疾病が発生した場合，何もしないことによる期待収益は16万円であり，他方，治療を受けさせることによる期待収益は13.6万円となる。この場合，何もしない方が期待収益は大きいため，こちらの選択肢が選ばれる。

疾病が発生した場合の意思決定が定まると，同様の手順で予防プログラムに参加した場合と，そうでない場合の期待収益をそれぞれ計算することができる。この例の場合，予防プログラムに参加した場合の期待収益は18.4万円で，予防プログラムに参加しない場合の期待収益は24万円であるので，期待収益を最大化する意思決定の組合せは，予防プログラムに参加せず，疾病発生時には何もしないこととなる。

決定樹分析のもう1つの利点は，異なる意思決定ルールのもとで採用される対策が変化するかどうかを分析できる点にある。例えば**図1**において，期待収益最大化の代わりに，最悪の状況下における収益を最大化させるという意思決定ルール（このルールはマクシミン原理と呼ばれる）を採用する場合を考える。この例では，予防プログラムに参加することで治療効果が改善し疾病発生時に家畜の斃死を避けることが可能となるため，疾病が発生した状況で最善の行動をとったにもかかわらず生じうる最悪の結果は，予防プログラムに参加した場合22万円の利益，予防プログラムに参加しなかった場合２万円の利益となる。したがってこの場合，期待収益が最大でないにもかかわらず，予防プログラムに参加し疾病発生時には治療を受けるという意思決定がなされることになる。

以上みたように，決定樹分析は疾病対策における意思決定の流れを論理的に明らかにし，複数の意思決定間に相互作用がある場合にも適した方法である。決定樹を描くには，すべてのとりうる対策とその費用，結果が生じる確率と結果のもたらす収益（損失）が特定される必要があるが，それらが不確定な場合，文献データや専門家の意見等をもとに複数の数値を用いて感度分析を行い，結果が変わるかどうかを確かめることも可能である。

4．感度分析

決定樹分析のほかにも，これまで解説した方法に感度分析を組み合わせることで，家畜疾病とその対策に伴う不確実性を損失評価に取り入れることができる。感度分析とは，損失評価に用いられる変数（生産量・品質・価格の変化など）に不確実性がある場合，代表値（平均値や中央値など）を用いた評価に加えて，その変数を変動させて評価を再計算し，結果がどの程度変動するかをみるものである。

感度分析の際に不確実性のある変数をどの程度変動させるかについては，大きく２つの考え方がある。１つは，データや専門家の意見に基づいて変動の幅を定め，その変数の変動が評価結果にもたらす現実的な影響の大きさをみるというものである。もう１つは，不確実性のある変数を一定の比率（１％，10％など）で変化させ，評価結果への影響をみるものである。後者は，不確実性のある変数が複数ある場合に，それぞれの変数の影響の大きさを比較し，評価の不確実性を縮小するためにはどの変数を優先して追加的なデータ収集を行うべきかを定める目的で利用される。

不確実性のある変数が複数ある場合には，変数間の共変動をどう取り扱うかという問題が生じる。変数群の同時確率分布から十分なサイズの無作為標本が入手できることはまれであるため，変数間の相関についてもこれを感度分析の対象としてシミュレーションを行うか，変数１つずつについて感度分析を行い（その際，他の変数は代表値を用いる），変数間の相関については別途記述的に情報を追加するなどの方法をとることが考えられる。

5．その他の手法

最後に，**表2**に示した手法のうち，本項でくわしく紹介しなかったものについて簡単につけ加える。

粗利益分析とは，疾病対策ごとにプロジェクトの粗利益を計算し，粗利益が最も高い対策を採用するものである。ここで粗利益とは，生産物の売上高から，飼料費のように生産量に比例的に発生する費用（これを変動費と呼ぶ）をすべて引いたもののことである。部分査定（予算）分析よりも多くのデータを必要とするが，逆にいえば，粗利益分析が可能なデータが手元にある場合には，部分査定（予算）分析を行うことも可能である。

数理計画法とは，経営や地域の畜産生産と，各要素の投入水準との関係を数理モデル化し，疾病対策によるパラメータ変化のもとで，利潤などの目的関数を最大化する最適解を導き出す手法である。疾病対策前後の経済主体の行動の変化を明示的に分析に取り込んでいる点で優れているが，適用事例は多くない。目的関数を明示的に設定せず，疾病対策による効果を数理モデルによって計算する方法は，一般的にシミュレーションと呼ばれる。いずれの手法も，疾病の動態と疾病対策による効果が数理モデル化される必要があり，モデルに必要なパラメータを文献，調査や実験で収集したデータあるいは専門家の意見等から収集しておく必要がある。

〔山口道利，早山陽子〕

3　経済評価の実例

A. 口蹄疫

1．口蹄疫による経済損失の考え方

口蹄疫の発生が発生地域や，その周辺地域の経済に与える影響は甚大であり，当事者である畜産農家だけでなく畜産農家の支援を行う行政，畜産業，農業，食品関連産業，観光関連産業など様々な主体に影響を及ぼす。

口蹄疫による経済損失の検討は，どの主体に視点を置くかで損失額の考え方が変わる。例えば，畜産農家の視点では，家畜殺処分等による出荷量の減少が損失額となるが，行政側の視点では，補填・補償費のために通常予算に上乗せした額が損失額となる。口蹄疫による経済損失の全体像を把握するためには，誰がどの程度損失を受けているのか，誰が誰に費用を負担しているのか，主体ごとに金額の流れを整理し，重複部分を排除していく作業が必要となる。また，口蹄疫の発生が波及する産業の範囲，地域的な範囲を適切に見極めることも必要となる。本項では国内外における口蹄疫の経済評価の事例を紹介する。

2．口蹄疫の経済評価事例

a．海外の事例

2001年に英国で発生した口蹄疫は，発生農家が約2,000戸，殺処分された家畜が約600万頭にものぼる大惨事となった。英国環境・食料・農村地域省（Defra）の試算によれば，口蹄疫発生が英国の農業や食品産業，観光関連産業に与えた経済損失は，約58億～63億ポンド〔当時のレート（1ポンド＝190円）で約1兆1020億～1兆1970億円〕に上ったとのことである。内訳は農業・食品産業が約31億ポンド（約5890億円），観光関連産業が約27億～約32億ポンド（約5130～6080億円）。Defraの検討では，口蹄疫の発生した自治体や周辺の研究機関など，100以上の関連団体を対象に調査を実施し得られたデータを元に試算が行われた。

b．日本の事例

日本では，2010年に宮崎県で大規模な口蹄疫が発生し，292戸で感染が確認され，ワクチン接種した家畜も含め約29万頭の家畜が殺処分された。

i）畜産農家や事業者側からみた経済損失

宮崎県口蹄疫復興対策本部が2010年8月に公表した「口蹄疫からの再生・復興方針」によれば，口蹄疫による宮崎県内経済への影響額は約2350億円としている。この値は，畜産業・畜産関連業とその他産業への影響に分けて試算されたものであり，同県によれば，畜産業・畜産関連業は畜産統計などのデータを元に試算され，その他産業は事業者へのアンケート調査結果を踏まえて試算されたものとされている。

ii）行政からみた経済損失

口蹄疫の防疫措置のための国と宮崎県の予算と決算を整理し，行政側からみた経済損失を検討したところ，国と宮崎県が口蹄疫対策全体に要した費用は約1800億円であり，このうち実際に口蹄疫の防疫措置のために要した費用は約540億円と推測された。残りの費用は，県内の経済復興のため，観光振興，商工業者への支援事業等に支出されたと推測された。

〔長田侑子〕

B. サーベイランスのコスト

サーベイランスとは，家畜疾病について何らかの対策を計画・実施するために，組織的に検査を行うことなどによりデータを収集・分析し，その結果を対策に反映する一連の取組みをいう。特に，何らかの異常の報告があった家畜を対象に検査する（パッ

シブサーベイランス）のではなく，健康な家畜も含めて一定の範囲の家畜を対象に積極的に検査を行う場合をアクティブサーベイランスと呼んでいる。

日本では，家畜伝染病の主なサーベイランスも国が中心となって実施されており，国が定める法律や規則などに基づき，都道府県の家畜衛生当局（家畜保健衛生所など）が検査を行っている。こうして得られた情報を用いて，感染家畜の隔離や処分，検査陰性証明書の発行などの防疫対策が行われるほか，諸外国や国際機関に対しての情報提供が行われる。また，この結果は，サーベイランスの検査対象や検査方法の見直しにも利用されている。

サーベイランスに要するコストとしては，検査試薬，検査機材，検査者と採材者の人件費，農場等までの移動に要する費用などがあげられ，これには，サーベイランスの頻度，検査対象頭数・検体数，採材・検査に要する時間，適用する検査方法などが関係する。また，検査結果の判明まで家畜や生乳などの出荷ができない場合には，出荷遅延による価格の低下や，生乳の処分に要する経費などもコストとして影響する。一般的には，検査頻度と検査頭数を増やすことでより正確な情報が得られるが，これに応じてコストも上昇するため，サーベイランスの計画に当たっては，統計学的手法を用いて必要最小限の検査頻度や検査頭数を設定するべきである。

現在，日本で定期的なサーベイランスの対象となっている牛の法定伝染病は，結核病，ブルセラ病，ヨーネ病および牛海綿状脳症（BSE）の４疾病である。これらのうち，結核病，ブルセラ病およびヨーネ病については，家畜伝染病予防法に基づいて，少なくとも５年に１回，原則としてすべての乳用牛と繁殖牛を検査することとされている。BSE については，農林水産省の所管として 24 カ月齢以上で死亡した牛を対象とした検査が行われており，これと別に厚生労働省の所管として，と畜場での検査が行われている。

サーベイランスのコストについて分析を行った事例として，平成 17～19 年度までの３年間に都道府県が検査に要した人員数と資材費（検査試薬に要した経費など）に基づき，全国サーベイランスの対象となっている 20 疾病（牛以外の家畜の疾病を含む）のサーベイランスに要するコストが分析されている。この結果，サーベイランスに要する年間平均延べ人数は BSE が最も多く 19,496 人（20 疾病合計の 29%），ヨーネ病で 13,382 人（20%），結核 8,240 人（12%），ブルセラ病 6,594（9.7%）の順で，上位はすべて牛疾病だった。また，資材費では，ヨーネ病が 291,431 千円（39%）で最も多く，BSE が 202,707 千円（27%），豚のオーエスキー病 63,180 千円（8.5%），結核病 35,903 千円（4.8%），ブルセラ病 31,666 千円（4.3%）で，これも牛疾病が上位を占めた。人員，資材費ともに BSE とヨーネ病の２疾病で 50% 以上を占めており，これらが日本のサーベイランスにおいて重要な位置を占めていることがわかる。特に BSE については，この分析の対象となった農場でのサーベイランスとは別に，と畜場においても 21 カ月齢以上の全頭（実際には全月齢について実施）検査が実施されており，全体としては日本で最も検査コストがかかっている疾病であるといえる。

〔山本健久〕

表１　乳牛１頭の収入と費用

事業収益
生乳の売上高，子牛の売上高，厩肥の売上高
事業費用
乳牛償却費，飼料費，労働費，診療衛生費，種付料，水道光熱・動力費，その他の経費
事業外収益
支払共済金
事業外費用
乳牛の帳簿価額，死体の処分費用

C．酪農場における乳牛の分娩事故に伴う損失額の推定

乳牛の分娩事故は，母牛や子牛の死亡，あるいは母牛の生産性低下を引き起こし，酪農経営に大きな経済的損失をもたらす。分娩事故に伴う損失を把握することは，酪農経営の改善を図る上で重要である。そこで，既存の統計データと北海道の家畜共済事業データを活用し，部分査定法によって酪農場における乳牛の分娩事故に伴う損失額の推定を行った事例を紹介する。

1．損失額の推定方法

a．乳牛１頭の収入と費用

乳牛の分娩事故に伴う損失を推定するに当たり，乳牛１頭の年間の収入と費用を整理した（表１）。「事業収益と事業費用」には，生乳生産に直接関係す

表2　分娩事故１回当たりの損失額

（単位：円）

分娩事故の分類	母牛	子牛	母牛の産次			
			初産	２産	３産	４産
ケース１	死亡	死亡	−181,727	−200,954	−174,564	−143,273
ケース２	死亡	生存	−149,999	−169,226	−142,836	−111,545
ケース３	病傷	死亡	−42,601	−42,601	−42,601	−42,601
ケース４	病傷	生存	−10,873	−10,873	−10,873	−10,873
ケース５	生存	死亡	−31,728	−31,728	−31,728	−31,728

る収益（生乳の売上高等）と費用（飼料費等）が含まれる。これらには，生乳生産費統計（農林水産省）を用いた。一方，「事業外収益と事業外費用」は生乳生産とは直接関係せず，固定資産である乳牛を失った際に生じる収益と費用である。今回の推定では，事業外収益として事故の際に支払われる支払共済金を，事業外費用として事故発生時の乳牛の価値である乳牛の帳簿価額および死体の処分費用を考慮した。

b．分娩事故１回当たりの損失額の推定

分娩事故が起こると，事業収入の減少と事業費用の増加が想定される。さらに，事故により乳牛が死亡した場合，乳牛の損失による事業外の収益と費用が見込まれる。分娩事故に伴う事業収益の減少には，死亡子牛の売上高の減少，および生乳の売上高の減少を含めた。生乳の売上高の減少については，北海道の家畜共済実績から分娩事故時には治癒まで14日かかるものとし，分娩後７日間を除いた分娩８～14日目までは生乳の出荷ができなくなるものとした。この間の損失乳量を泌乳曲線から求め，損失乳量に乳価を乗じたものを生乳の売上高の減少分とした。事業費用の増加分としては，事故牛の管理に通常よりも倍の労働時間がかかるものと仮定し，この分の労働費が増加することとした。また，事故牛は１卵巣周期分だけ受胎が遅延し，種付料が増加することとした。

今回の推定では，乳牛の分娩事故を，母牛の死亡または病傷事故の有無と子牛の死亡の有無に応じて５つのケースに分け，各ケース１回当たりの損失額を算出した。損失額の算出には，乳牛の産次による価値の変化も考慮した。

c．分娩事故に伴う１農場当たりの損失額の推定

次に，分娩事故に伴う農場当たりの年間の損失額を推定した。想定した農場は，北海道の平均的な酪農場とし，成牛の飼養頭数を100頭，産次別牛群構成を初産30％，２産24％，３産18％，４産以上28％とした。北海道の家畜共済における周産期疾患の実績から，母牛が分娩事故にあう確率，分娩事故にあった母牛が死亡する確率，分娩事故で子牛が死亡する確率について算出したところ，それぞれ0.108，0.087，0.0427となった。これらの確率を用いて，想定した群内において分娩事故のケース１～５が発生する頭数をモンテカルロシミュレーションで１万回の繰返し計算を行うことによって推定し，分娩事故に伴う１農場当たりの損失額を推定した。

2．損失額の推定結果

分娩事故１回当たりの損失額を推定した結果（**表2**），母牛が死亡する場合（ケース１，２）は損失額が大きく，１回の分娩事故で10～20万円の損失が生じ，特に２産時での事故は損失額が大きかった。

農場レベルでの分娩事故の頭数とそれに伴う損失額をシミュレーションした結果，年間14頭（90％信頼区間：９～21頭）の分娩事故が発生し，その損失額は35万円（同：16～66万円）と推定された（図１）。

〔早山陽子〕

D．乳房炎

乳房炎は発生数が多く，平成21年度家畜共済統計表においては，乳牛の死廃病類別事故割合の8.7％，病傷病類別事故割合の30％を泌乳器疾患が占めている。これらのことから，乳房炎は酪農業に多大な経済損失を与えていると考えられるが，その約70％は乳量の低下に起因するといわれている。

北海道NOSAIにおいて，共済事故実績のデータなどを用いて乳房炎による経済的な損失を算出した

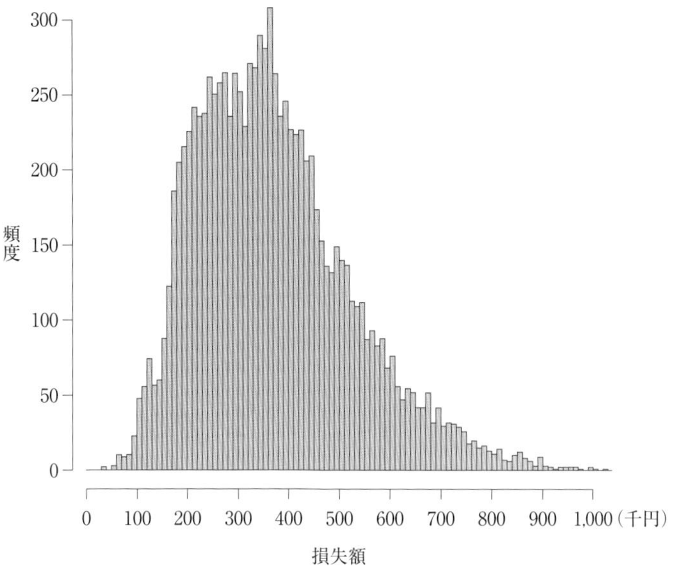

図1　分娩事故に伴う農場当たり推定損失額の分布

成績をみると，北海道における平成11年度の総損失は445億円であり，そのうち潜在性乳房炎によるものが約300億円となっている。米国の成績では，乳牛の疾病による損耗の第1位が乳房炎によるもので，疾病による損耗全体の26％を占め，乳牛1頭当たり年間186ドルの経済的損失があったと報告されている。

北海道のA共済組合に加入しているつなぎ飼いの酪農場80戸において，平成17年2月から6カ月間，臨床型乳房炎の発生と乳房炎による損失額の算出のためのコホート研究を実施し，これらの農場由来の計4,176頭（1戸当たり平均52.2頭）について，臨床型乳房炎の発生，治療期間，治療費用，生乳の出荷停止期間を調査した事例を示す。

調査期間内の乳房炎延べ発生頭数は1,992頭（95.4頭/100頭/年）で，罹患した延べ分房数は2,671分房（128房/100頭/年）であった。これらの牛の治療による生乳の出荷停止期間の総日数は13,119日（出荷停止期間平均＝9.41日）であった。1頭当たりの平均乳量を30 kg/日，生乳の取引価格を75円/kgとすると，調査対象80戸の半年間における乳房炎に起因する生乳の出荷停止による総損失額は，2952万円（＝13,199日×30 kg×75円）と推定された。一方，共済保険点数から算出した対象農場の乳房炎の総治療費は1246万円（薬価332万円，消耗品ならびに獣医師技術料914万円）であった。

以上の成績から，当該80戸における調査期間（6カ月）内の臨床型乳房炎による生乳の出荷停止ならびに治療費の総額は4198万円（2952万円＋1246万円）であり，1戸当たりの年間平均被害額は105万円/年（4198万円×2÷80戸）と推定された。これに北海道の平成17年のつなぎ飼いの酪農場数6,703戸を乗ずると，年間70億3800万円（105万円×6,703戸）の臨床型乳房炎による経済被害が推定された。

さらに潜在型乳房炎による経済被害額について，平成11年の乳房炎調査数値を活用して試算した結果を示す。この調査では，北海道の14支庁から牛群検定に参加しているつなぎ飼いの75戸の酪農家から，搾乳衛生にかかわる要因とバルク乳中の体細胞数などのデータを収集した。これらの酪農家の45戸（60％）はバルク乳中の平均体細胞数が20万個/mL以上で，この値を超えた体細胞数の平均は8.2万個/mLであった。一方，生乳中の体細胞数が20万個/mLを基準に10万個/mL増加するごとに，その牛群の生乳生産量が平均2.5％低下するとの報告がある。北海道の乳牛の1頭当たり平均乳量（平成17年）が9,200 kg/年とすると，バルク乳の体細胞数が20万個から1万個/mL増加するごとに，乳牛1頭当たりの乳量が23 kg/年（＝9,200×0.1×0.025）低下することになる。この数値を，平成17年の調査対象酪農場80戸に当てはめると，潜在性乳房炎に

表3　農家165戸および優良農家41戸におけるベンチマーク：支援者用

指標	項目	農家全体	飼養形態		優良農家
			つなぎ	フリーストール	
疾病	更新率（%）	29.6	27.3	35.4	25.5
	0～30日死廃率（%）*	4.1	2.9	6.1	3.0
	死亡割合（%）	9.0	8.0	11.4	5.7
	除籍中死亡頭数割合（%）*	27.3	26.7	29.0	19.2
繁殖	空胎日数（日）	164	168	162	162
	分娩間隔（日）	437	440	424	430
	授精実施割合（%）	74.5			71.5
	受胎確認割合（%）	39.5			39.6
	授精実施中受胎確認割合（%）*	53.4			55.0
生産	個体乳量（kg/日）	22.9	21.9	23.8	22.7
	バルク乳蛋白質率（%）	3.25			3.24
	バルク乳脂率（%）	4.02	4.03	3.98	4.03
	バルク無脂固形分率（%）	8.68	8.65	8.71	8.64
	バルク体細胞数（千/mL）	183	193	170	182
経営	農業所得率（%）	30.4	32.0	27.5	40.4
	経産牛1頭所得（千円/年）	212			279
	乳価生産費差額（円/kg）*	13.6			23.2
農場概要	経産牛1頭乳量（kg/年）	7,079	6,841	7,347	6,833
	経産牛頭数	63	55	95	51
	産次数	3.2	3.2	2.9	3.1

各数値は中央値，＊：経営（農業所得率，経産牛1頭当たりの所得額）と関連性が高いと判断された項目

よる推定される乳量の減少は，80軒×0.6×8.2万/mL（体細胞数増加分）×23 kg×75円×52.2頭＝3544万円/年間となる。酪農場1戸当たりの年間損失の平均は44万円（3544万円÷80戸）となり，これに北海道の平成17年のつなぎ飼いの酪農場数6,703戸を乗ずると，年間29億4900万円（44万円×6,703戸）の潜在型乳房炎による経済被害が推定された。臨床型乳房炎と合わせると，北海道のつなぎ飼い農場のみで乳房炎により年間約100億円の損失が推定された。

〔山根逸郎〕

E. 酪農のベンチマーキング

酪農のベンチマーキングとは，生産基盤の類似した地域を対象に，生産者の生産意欲を高める多角的な経営改善の目標値を定めたものであり，定期的に更新を行うことで，より適切な数値を設定する必要がある。日本の酪農の生産スタイルは，開放性の畜舎，自給飼料の給与率，草地面積，作付け牧草の種類，乳価などにより大きく異なるため，生産者の達成可能な目標値を設定するためには，地域を中心に考えなければならない。

地域全体および生産者個人の経営の方向性を両面から支援する目的で作成をしている酪農のベンチマーク（目標値），および酪農場の通信簿を紹介する。

生産支援者，または支援団体が，今までの取り組み，これからの方向性を考えるために役立つ基準値としてベンチマーク（**表3**）を作成した。酪農経営は，草地管理，作物栽培，飼料調製，牛舎管理，育成管理，環境整備，繁殖管理，搾乳管理など総合的なシステムによる収支のバランスで成り立っている。それらの過程および結果は，搾乳牛を通して得られる情報を適正に分析，提示することで間接的に評価することができる。粗飼料を自給している草地型酪農地域（北海道釧路地区浜中町）の例を紹介する。疾病，繁殖，生産，経営および農場概要の項目に区分し作成したベンチマークの1例である。農家全体のベンチマークだけではなく，飼養形態区分（実際には放牧の有無，地域内の地区区分などの分類も含まれる）により，統計学的にベンチマークとなる数値が有意に異なる場合は，それらの数値も表記して身近な目標値の設定を可能にした。また，経営が安定している優良農家の数値も示し，さらに高

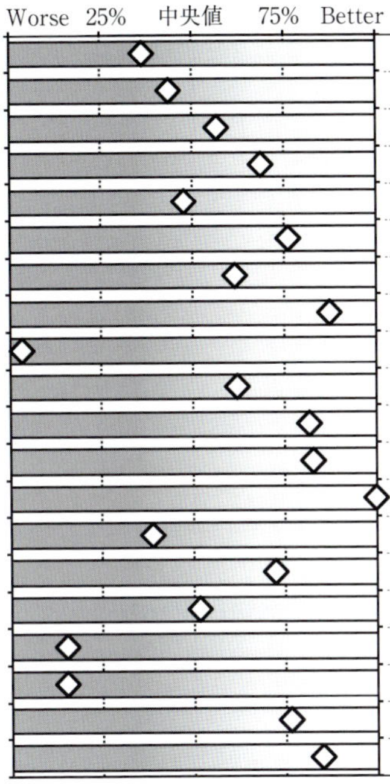

項目	25%点	A 農場	75%点	中央値	目標
農業所得率（%）	22.5	**26.8**	36.1	30.2	
経産牛１頭所得（千円）	139.1	**196.3**	255.3	207.1	
1 kg 乳価生産費差（円）	4.7	**13.2**	18.4	12.3	
経産牛１頭年間乳量（kg）	5924	**7500**	7709	6761	
バルク乳蛋白質率（%）	3.22	**3.26**	3.31	3.27	
バルク乳脂率（%）	3.90	**4.08**	4.08	3.97	
バルク無脂固形分率（%）	8.59	**8.71**	8.75	8.67	
バルク体細胞数（千）	235	**131**	147	181	
診療件数（件/頭/年）	0.8	**1.4**	0.3	0.6	
更新率（%）	36.5	**24.2**	21.7	26.8	
死亡頭数割合（%）	11.5	**3.8**	4.4	7.7	
更新に対する死亡割合（%）	35.7	**13.6**	16.7	27.1	
第四胃変位発生件数割合（%）	0	**0**	0	0	
分娩後 30 日以内死廃率（%）	6.1	**4.4**	1.9	3.5	
空胎日数（日）	163	**150**	124	148	
授精実施頭数割合（%）	69.6	**75.1**	78.6	75.1	
受胎確認頭数割合（%）	34.8	**32.6**	44.8	39.8	
授精に対する受胎割合（%）	47.4	**43.7**	60.9	54.1	
経産牛頭数	47	**89**	88	62	
平均産次数	2.7	**3.7**	3.5	3.0	

図2　A 農場の通信簿：生産者用

い目標を設定できるようにした。

生産者は，自分の行ってきたことの確認および全体的な状況の把握ができることを望んでいる。それぞれの農場の身近な地域の位置づけが明らかになることで，改善点がみつけやすくなる。地域のなかの位置づけをグラフ化し，数値の上での全体的な状況を一目で確認できるように，酪農場の通信簿の例を図2のように取りまとめた。

酪農経営は，地域に根づいた乳生産の上に成り立ち，乳生産は効率的な繁殖によって確保され，繁殖率は疾病発生の予防により向上する。すなわち，酪農経営は，地域の生産スタイルを重視し，牛を健康に管理し，損益を減らすことで維持安定化する。

〔中田　健〕

F．牛白血病

牛白血病は，その病態から地方病性と散発性に大別される。そのうち前者はレトロウイルスの一種である牛白血病ウイルス（BLV）によって引き起こされる（227 頁参照）。BLV による地方病性牛白血病は日本を含め世界各地で発生が認められ，根治療法はなく，リンパ腫を発症して飼養困難となった場合には，農家経営に対して廃用に伴う直接的な損失を引き起こす。一方，BLV 感染牛の多くは発症しないことが知られており，本病の未発症牛による潜在的な生産性への影響については十分に明らかにされていない。ここでは，米国で行われた BLV 感染未発症牛による潜在的な経済損失を農場レベルおよび国家レベルで評価した事例について紹介する。

米国で 1996 年に実施された USDA National Animal Health Monitoring System の “1996 Dairy Study” に関連して，酪農場における農場レベルの生産性と BLV の農場内抗体陽性率の関係に着目し，本病の経済損失について評価が実施された。

米国 20 州から選抜された，搾乳牛を 30 頭以上飼養している酪農場 1,006 戸に対し，飼養頭数に応じて無作為抽出された 10～40 頭の搾乳牛について，BLV 抗体を検出する AGID を実施したところ，88 %の農場において少なくとも１頭の抗体陽性牛が検出された（以下，陽性農場）。これら陽性農場における農場内抗体陽性率は，2.7～100%の間に分布していた。

また，農場における生産性の指標として，農場ごとの１頭当たりの年間産乳量（kg）と，経済指標として以下のように定義した農場の年間生産総額（annual value of production : AVP）を算出した。

AVP
　＝乳による年間総収入額（1 kg当たり 0.286 ドル）＋新生子牛の年間販売総収入額（1 頭当たり 50 ドル）－牛の年間総更新費用
　ここで，
牛の年間総更新費用
　＝年間の更新費用（1 頭当たり 1,100 ドル）－年間に販売した搾乳牛による収入額（1 頭当たり 1,100 ドル）－年間に淘汰した搾乳牛による収入額（1 頭当たり，優良牛で 400 ドル，それ以外で 250 ドル）

全調査農場のうち，評価に必要な疫学情報がすべて得られた 976 戸を分析対象として，農場内抗体陽性率と 1 頭当たりの年間産乳量および AVP の関係を重回帰分析に供した。その結果，陽性農場における 1 頭当たりの年間産乳量は陰性農場と比較して有意に低く，その差は 218 kg（2.7%）であった。AVP についても，陽性農場は陰性農場に比べて有意に低く，平均すると搾乳牛 1 頭当たりの差は 59 ドルであった。この差から全米の乳供給における 1995 年の価格変動を考慮したマクロ経済効果を算出したところ，米国の酪農場では BLV の感染により，年間 2 億 8500 万ドルの損失を受けていると推定された。さらに，これらの損失には BLV による診療衛生費や国際間取引における損失は含まれていないため，実際の損失はさらに高かったかもしれないと考察している。

〔小林創太〕

G. 牛ウイルス性下痢ウイルス感染症の費用便益分析

費用便益分析については，384 頁に記載されている。費用便益分析と似た手法に費用対効果（コストエフェクティブネス）分析があるが，費用対効果の場合は貨幣価値に換算されない効用，例えば動物福祉などを扱う。費用便益分析は，①コストとベネフィットの特定，②割引率，③評価基準の 3 つの構成要素で組み立てられる。疾病対策のコストとしては，人件費，薬剤費，ワクチン費，検疫用施設費，殺処分の補償，輸送費や訓練の費用が含まれる。ベネフィットとしては，生産性の増加，疾病動物や患者の減少，貿易の増加があげられる。

牛ウイルス性下痢ウイルスは胎子感染の結果，新生子牛に免疫寛容を引き起こす。免疫寛容牛は出生後長期にウイルスを排泄するところから，周囲の牛群に対して感染源となり，経済被害の原因となる（219 頁参照）。欧米では，その被害の大きさから長年にわたって分析と対策が取られてきた。2008 年から 2017 年までのスイスでのワクチンを使用しない牛ウイルス性下痢ウイルス感染症の低減計画では，初期の介入費用として全国的な持続感染牛の摘発（採材，採材の労賃，検査費用）・淘汰の費用，持続感染牛のいる農家の牛の移動禁止による損失などがあげられている。介入前後の状況把握のためのサーベイランスの費用，介入前後でどのように発生数が推移するのか予測するための疫学モデルと計画の評価のための経済モデルの費用，電子登録システムの確立とその維持費用，データ解析，リスクコミュニケーションの出費も費用として加算される。牛ウイルス性下痢ウイルス感染症撲滅による貨幣換算のベネフィットとしては持続感染牛や一時的な感染牛への対症療法的な治療費，実験室での検査などの疾病に伴う間接的な出費が減少し，死亡や成熟前の淘汰，流産，牛乳生産の減少などの生産に関する直接的な損失が低下することにより生産性が増すことがあげられる。

費用便益分析を用いて評価された 2008 年から始まったスイスの牛ウイルス性下痢ウイルス感染症の低減計画では，計画以前の 6,011 頭の持続感染牛が 2008 年には 421 頭に激減し，2012 年に経済モデルから推定された累積コストと累積ベネフィットが等しい損失分岐点になり，それ以降はベネフィットがコストを上回ると結論された。2012 年からはすべての乳牛農家のバルクミルクの抗体を年 2 回検査すること，無作為に抽出された乳牛農場以外の牛の血液の抗体を検査するサーベイランスが実行された。このような事例を含め費用便益分析は有用性の高い経済分析法として家畜衛生分野の事業や計画の評価に利用されている。

〔佐藤国雄〕

XIII

関連法規等

1　家畜伝染病予防法

2　その他の関連法規

3　動物愛護法と
アニマルウェルフェア

1　家畜伝染病予防法

家畜伝染病予防法は，家畜の伝染性疾病の発生の予防とまん延防止により畜産の振興を図ることを目的とする法律である（家畜伝染病は法定伝染病ともいわれる）。

平成22年度の口蹄疫や高病原性鳥インフルエンザの発生を踏まえ，平成23年4月に家畜伝染病予防法は改正され，家畜伝染病の発生の予防，早期の通報，迅速な初動等に重点を置いて家畜防疫体制の強化が図られた。

A．家畜伝染病（法第2条）

家畜の伝染性疾病のうち28種類の疾病が，①経済的損失が非常に大きい，②伝播力が非常に強い，③予防・治療法がない，④人への影響が大きい，という要件にどれだけ該当するかを総合的に判断して家畜伝染病に規定されている。各家畜伝染病には対象家畜が定められているが，そのうち牛が対象となっている家畜伝染病は15種類である。

B．届出伝染病（法第4条）

家畜防疫行政上家畜伝染病に準じる重要な伝染性疾病を届出伝染病として農林水産省令で定め，その早期発見に努め，初動防疫の徹底を図るため，獣医師に対して届出義務を課している。なお，家畜伝染病と届出伝染病を合わせて「監視伝染病」と総称している。

C．特定家畜伝染病防疫指針（法第3条の2）

総合的に発生の予防およびまん延の防止のための措置を講ずる必要のある特定の家畜伝染病については，発生予防，発生時の初動措置等について具体的かつ技術的な指針（特定家畜伝染病防疫指針）を定め，その指針に基づき国，地方公共団体，関係機関等が連携して所要の措置を講ずることとしている。現在，口蹄疫，牛疫，牛肺疫，アフリカ豚コレラ，豚コレラ，高病原性鳥インフルエンザおよび低病原性鳥インフルエンザ，牛海綿状脳症について，それぞれ特定家畜伝染病防疫指針が公表されている。

D．飼養衛生管理基準（法第12条の3）

家畜の伝染性疾病の発生予防のため，家畜（牛・水牛・鹿・めん羊・山羊，豚・いのしし，鶏その他家きん，馬）の飼養に係る衛生管理の方法に関し，家畜の所有者が遵守すべき基準（飼養衛生管理基準）が定められており，家畜の所有者はこれを遵守し，家畜の飼養に係る衛生管理を行わなければならないとされている。

E．一定の症状を示す家畜を発見した場合の届出（法第13条の2）

口蹄疫の患畜を早期に発見し通報するため，表1に示す家畜（牛・水牛・鹿・めん羊・山羊・豚・いのしし）が指定された症状を呈していることを発見した獣医師または家畜の所有者は，遅滞なく，最寄りの家畜保健衛生所等に届け出なければならない。

F．病原体所持規制（法第46条の5～19）

家畜の生産に対し大きな影響を及ぼす伝染性疾病の病原体について適切な管理を図るため，国内において家畜伝染病予防法施行規則で定められた病原体を所持する際には許可または届出が必要とされている。

表1　一定の症状の内容

1．牛・水牛・鹿・めん羊・山羊・豚・いのししの場合
次の①～③のいずれかの症状を呈していること。

症状	備考（対象とする家畜伝染病）
①　次のいずれにも該当すること。 イ　39.0℃以上の発熱があること。 ロ　泡沫性流涎，跛行，起立不能，泌乳量の大幅な低下または泌乳の停止があること。 ハ　口腔内等*1に水疱等*2があること。 ※　鹿の場合は，イ・ハに該当すること。 ②　同一の畜房内（1の畜房につき1の家畜を飼養している場合は，同一の畜舎内）において，複数の家畜の口腔内等に水疱等があること。 ③　同一の畜房内において，半数以上の哺乳畜（1の畜房につき1の哺乳畜を飼養している場合にあっては，同一の畜舎内において，隣接する複数の畜房内の哺乳畜）が当日およびその前日の2日間において死亡すること。 ※　ただし，家畜の飼養管理のための設備の故障，気温の急激な変化，火災，風水害その他の非常災害等口蹄疫以外の事情によるものであることが明らかな場合は，この限りでない。	口蹄疫

＊1：口腔内，口唇，鼻腔内，鼻部，蹄部，乳頭または乳房
＊2：水疱，びらん，潰瘍または瘢痕（外傷に起因するものを除く）

G．輸出入検疫の実施，空海港における検疫強化（法第36条から46条の4）

輸出入される家畜や畜産物を対象に動物検疫が行われている。また，人や物を介した家畜の伝染病の病原体の侵入を防止する対策として，入国者に対する靴底消毒，検疫探知犬を活用した携帯品検査等が行われている。口蹄疫等の発生国・地域から入国する航空機や船舶においては，機内・船内アナウンスや質問票の配布により，海外で家畜の飼養施設に訪問した者および日本入国後に家畜に触れる予定のある旅客に対して，動物検疫所に立ち寄ることを案内し，必要に応じて手荷物の消毒や衛生指導が行われている。

〔嶋﨑智章〕

2　その他の関連法規

A. 牛海綿状脳症対策特別措置法

牛海綿状脳症（BSE）の発生予防およびまん延を防止するための法律である。この法律に基づき，24カ月齢以上の牛が死亡したときは，獣医師またはその所有者は都道府県にその旨を届け出なければならないとされている。また，届け出られた牛およびと畜場内で解体された48カ月齢超の牛はBSEの検査を受けることとされている。

B. 家畜保健衛生所法

家畜保健衛生所法は，都道府県の機関として設置され，家畜の伝染病予防に関する事務や家畜疾病の診断，飼養衛生管理の指導などを行っている家畜保健衛生所の事務の範囲等を規定した法律である。

C. 食品衛生法

食品の安全性の確保のために公衆衛生の見地から必要な規制その他の措置を講ずることにより，飲食に起因する衛生上の危害の発生を防止し，もって国民の健康の保護を図ることを目的としている法律である。

〔嶋﨑智章〕

3　動物愛護法とアニマルウェルフェア

「アニマルウェルフェア」は西洋文明のなかで醸成された概念であり，言葉である。動物は神から与えられた人間の被支配物であるとするキリスト教人間中心主義の中世ヨーロッパ社会では，人間の動物への配慮は希薄であったといわれている。牛いじめ（杭につながれた牛を犬に襲わせる大衆娯楽）や，動物裁判（人間に危害を与えた動物を裁判にかけ，八つ裂きなどの刑に処した）などの記録が残っている。また，有名な哲学者である René Descartes（1596～1650，仏）も，「動物は傷ついたとき悲鳴をあげるかもしれないが，痛みを感じているわけではない。時計でも音を出すことはできる」という動物機械論を展開していた。その後，自然科学の発展に伴いキリスト教人間中心主義に対する疑問が生じ，産業革命により人間社会の工業化，都市化の進展と相まって，Adam Smith（1723～1790，英）が強調した「他者への共感」の拡張として，動物への配慮が新たな美徳として見直されるようになった。このような時代背景のもと，1822 年に「畜獣の虐待および不当な取り扱いを防止する法律（マーチン法）」が成立し，1824 年には動物虐待防止協会〔1840 年に英国王立動物虐待防止協会（RSPCA）となる〕が設立された。

ウェルフェアは苦痛や不快なものがない状態を指す。Animal welfare は動物福祉と訳されることもあるが，アニマルウェルフェアとカタカナで表記されることも多い。日本人は古来より万物に敬意を払う傾向はあるものの，畜産業においては生産性の向上に焦点が当てられていたこともあり，家畜の飼養環境の快適性に十分に配慮してきたとはいえない。しかしながら，最近の EU のアニマルウェルフェア政策の進展，国際獣疫事務局（OIE）のアニマルウェルフェアガイドライン策定などヨーロッパを中心とした世界的な動きから，我が国においても家畜のアニマルウェルフェアが注目されつつある。

アニマルウェルフェアの基本として「５つの自由（five freedom）」が定められている。これは 1965 年の英国のブランベルレポートに端を発し，動物の劣悪な飼育管理を改善し，アニマルウェルフェアを確保するために制定されたものである。英国の動物福祉法 2006 や世界獣医学協会（WVA）の基本方針のなかに謳い込まれている。以下に，現在広く受け入れられている「５つの自由」の具体的内容を紹介する。①空腹および渇きからの自由（健康と活力を維持させるため，新鮮な水および飼料の供給）。②不快からの自由（庇陰場所や快適な休息場所を含む適切な飼育環境の提供）。③苦痛・傷害・疾病からの自由（日常の健康管理，疾病に対する予防，的確な診断と迅速な処置）。④正常行動発現の自由（十分な空間，適切な刺激，仲間との同居）。⑤恐怖および心理的苦痛からの自由（心理的苦痛を避ける状況および取扱いの確保）。

我が国には，動物の虐待防止や適正な取扱いを定め動物の愛護を推進するとともに，動物の適正な管理を進め動物による人の生命，身体，財産に対する侵害を防止することを目的とした「動物の愛護および管理に関する法律（動物愛護管理法）」という法律がある。本法律の第 2 条（基本原則）には，「動物が命あるものであることにかんがみ，何人も，動物をみだりに殺し，傷つけ，又は苦しめることのないようにするのみでなく，人と動物の共生に配慮しつつ，その習性を考慮して適正に取り扱うようにしなければならない」と謳われている。人間の支配下の動物は家庭動物，展示動物，産業動物，実験動物に分類されているが，それぞれの動物には飼養衛生管理基準が設定されている。アニマルウェルフェアの向上という世界的な動きに対応した産業動物の飼養衛生管理基準の改定の必要性について，今後検討されていくのではないかと思われる。

〔久和　茂〕

索　引

え

お

か

さ

し

す

せ

そ

た

ち

つ

て

と

な

に

ね

の

は

る

れ

ろ

わ

牛病学〈第三版〉

発　　行　1980年11月20日　第一版発行
　　　　　1988年9月9日　第二版発行
　　　　　2013年10月1日　第三版発行

編　　集　明石博臣・江口正志・神尾次彦・加茂前秀夫
　　　　　酒井　豊・芳賀　猛・眞鍋　昇
発 行 者　菅原律子
発 行 所　株式会社 近代出版
　　　　　〒150-0002　東京都渋谷区渋谷2-10-9
　　　　　電話：03-3499-5191　FAX：03-3499-5204
　　　　　e-mail：mail@kindai-s.co.jp
印 刷 所　研友社印刷株式会社

ISBN978-4-87402-196-5